纺织服装类“十四五”部委级规划教材
全国一流专业/上海市一流课程“服装立体裁剪”教材

服装立体裁剪（上篇）

原型・裙・衬衣・外套・大衣・旗袍・婚纱

刘咏梅 著

東華大學出版社・上海

序言 | PREFACE

2020年老师们积极应对新时代教学环境新变化，开拓思路、革新形式，全力推进线上教学资源建设，推动线上线下混合式教学新范式。2021年东华大学服装学院的服装立体裁剪课程获上海市线上线下混合式一流本科课程。

服装立体裁剪是服装造型设计的一门课程，是从三维的途径实现服装款式构思，从三维的角度理解服装款式造型，建立服装三维款式造型和服装二维样片结构的思维逻辑，最终实现可以从三维的角度思考服装、设计服装。

服装立体裁剪之于服装设计学科犹如人体解剖学之于医学，是服装专业的核心课程。

我国的现代服装学科起始于20世纪80年代，服装立体裁剪课程随着40年的服装学科的发展而发展，逐渐成熟，对服装设计人才的培养、服装产业中服装造型设计的发展有很强的赋能贡献。

东华大学服装立体裁剪课程，从一门（32课时）的课程发展为三门（160课时）的体系课程，其相应的课程教材也从寥寥数页的影印讲义发展为历经30余年教学实践打磨的体系化成套教材。

初建阶段：引进和模仿（1984—1999年）

自1984年东华大学开设服装专业以来，本课程即作为专业主干课程，共 2 学分，教材为自编讲义。之后的十数年间，学校着力外派教师赴日本进修，老师们在引进和模仿中成长，逐渐熟练知识技能，领会深入，于1999年出版第一本课程教材。

发展阶段：精品课程建设（2000—2019年）

邀请国际名师进课堂合作授课；赴国外高校授课、讲座；师生及课程作品亮相法国，参加中法文化交流；支教新疆大学、西藏大学等20余所院校；组织全国60余院校专业教师的课程研讨活动10余次；接受数十名同类院校教师赴东华课程进修。多种形式结合，确立了本课程在国际国内的引领地位与辐射影响力。

经过近20年的建设，服装立体裁剪课程逐步成为内容夯实、体系规范的东华服装结构设计理论的强支撑主干课程；建立了分布三个学期，共计10学分、160学时，必修、选修结合的进阶式课程体系；出版了《服装立体裁剪—基础篇》《服装立体裁剪—礼服篇》《服装立体裁剪—创意篇》等配套系列教材。2014年获批上海市精品课程建设，建立精品课程网站。

新发展阶段：一流课程建设（2020年至今）

随着一流专业、一流课程的建设，服装立体裁剪课程于2020年开始了新一轮课程建设，于2022年获批上海市一流课程，于2023年申报国家一流课程。

本教材为东华大学一流专业、一流课程“服装立体裁剪”的相对应教材和指定用教材，在同类教材中具有显著的影响力，获得多项优秀教材奖项，为百多所服装类相关院校所选用。

本次的改版，更是适应服装立体裁剪课程发展的新阶段要求，融合了基础、礼服和创意，适应教学内容丰富化、多样性的需求，促进激发学生学习内驱力的培养，提供“经典+创意”“结构+解构”“规范+变化”的全立裁教学体系支撑，为“课堂教学示范+课后拓展训练”提供全面支持。

刘咏梅
2023年4月于东华大学

目录 CONTENTS

第1章　绪论

1.1　立体裁剪的基本概念和特征……2
1.2　立体裁剪的基本操作流程……7

第2章　工具及准备

2.1　常用工具……10
2.2　针插的制作……17
2.3　布手臂的制作……19
2.4　人台的贴线……26
2.5　大头针基础针法……35

第3章　原型

3.1　东华原型……38
3.2　原型变化1——胸腰省道构成……46
3.3　原型变化2——肩胸省与胸腰省的合并……50
3.4　原型变化3——胸腰省与肩胸省的合并……55
3.5　原型变化4——H型衣身基础……59
3.6　原型变化5——X型衣身基础……65

第4章　裙装

4.1　裙1——原型直裙……72
4.2　裙2——低腰直裙……78
4.3　裙3——腰省小A裙……83
4.4　裙4——波浪大A裙……88
4.5　裙5——纵向分割衣褶裙……92
4.6　裙6——纵向分割六片裙……98
4.7　裙7——螺旋分割裙……104

第5章　连衣裙

5.1　连衣裙1——常规断腰连衣裙……112
5.2　连衣裙2——高腰断腰连衣裙……118
5.3　连衣裙3——低腰断腰连衣裙……128

第6章　衬衣

6.1　衬衣1——单腰省衬衣 ……………………………………138
6.2　衬衣2——双腰省衬衣 ……………………………………149
6.3　衬衣3——A型衬衣……………………………………………158
6.4　衬衣4——连身立领衬衣 …………………………………169

第7章　外套

7.1　外套1——两面构成外套 …………………………………180
7.2　外套2——四面构成外套1 ………………………………188
7.3　外套3——四面构成外套2 ………………………………202
7.4　外套4——三面构成外套 …………………………………212

第8章　大衣

8.1　大衣1——无省道大衣 ……………………………………222
8.2　大衣2——连身袖大衣 ……………………………………227
8.3　大衣3——插肩袖大衣 ……………………………………238

第9章　旗袍礼服

9.1　旗袍1——基本款旗袍 ……………………………………248
9.2　旗袍2——水滴领旗袍 ……………………………………257
9.3　旗袍3——落肩袖旗袍 ……………………………………264
9.4　旗袍4——圆装袖旗袍 ……………………………………270
9.5　旗袍5——连身立领旗袍 …………………………………277
9.6　旗袍6——插肩袖旗袍 ……………………………………283

第10章　婚礼服

10.1　裙撑 ……………………………………………………………290
10.2　胸衣 ……………………………………………………………295
10.3　婚礼服1——鱼尾曳地婚礼服……………………………298
10.4　婚礼服2——鱼骨裙撑曳地婚礼服………………………306

附录：《服装立体裁剪（上篇）》款式体系指引 ………………315

Chapter 1

第1章 绪论

1.1 立体裁剪的基本概念和特征

一般来说，服装造型设计由款式设计、结构设计、工艺设计三大部分组成，其中作为中间环节的服装结构设计起到了承上启下的作用。一方面，结构设计是款式设计实现的必经之路，通过对服装的外轮廓、内造型进行解析，将其从三维造型转换为二维样片，实现服装造型的塑造；另一方面，结构设计又与工艺设计相接，为服装的裁剪、缝制提供样板，确保成衣的准确加工。

服装结构设计的技术手法主要分为两大类：一类为立体裁剪技术，另一类为平面裁剪技术。这两类技术手法在实际操作中可以交替或组合使用，共同实现款式设计的造型塑造。

立体裁剪是选用与面料特性相接近的试样布料，直接覆盖于人体模型或人体，进行服装样片解析，塑造服装造型，获取服装样片以及拓印获得纸样的服装结构设计方法。立体裁剪技术随着服装造型的发展而发展,在现代服装的造型设计中得到了越来越广泛且深入的运用。

1）立体裁剪与服装造型发展

服装造型是指服装在形状上的结构关系以及在人体上的存在方式，包括外造型和内造型。外造型是指服装的外部造型剪影，即廓型；内造型是指服装外轮廓以内的部件形状和结构形态。

东方服饰文化受到人与空间协调统一哲学思想的影响，传统服装基本上是以平面结构的衣片形状为主，在平面结构中设置足够的松量适合人体的立体形态及其运动的需要。因而，传统东方服装虽然在局部造型也有使用立体造型的技术，但在整体服装造型方法上更多侧重于平面的构成技巧和裁剪方法。如：中国的汉服、日本的和服以及印度的沙丽等。

而在西方服装的发展中，服装被看作是人对空间的占据，强调人体曲面形态的塑造和审美追求，强调服装的三维立体造型。立体裁剪技法在服装的造型构思设计和造型塑造实现中得到产生、应用和发展。

西方服装造型的发展变化可归纳为五个时期：

① 平面式时期。其服装结构的主要形式为缠卷衣，时间为公元4世纪以前的古代。缠卷衣的种类分为古埃及的腰衣式、古希腊的挂肩式、古罗马的披缠式。这类平面式结构是在立体上构成的，相对于平面上构成的平面式结构，在构成方法上是有区别的，如图1.1.1~图1.1.5所示。

图1.1.1 古埃及时期的腰缠衣结构

图1.1.2 古希腊时期的肩挂衣结构

图1.1.3 古罗马时期的披缠衣结构1

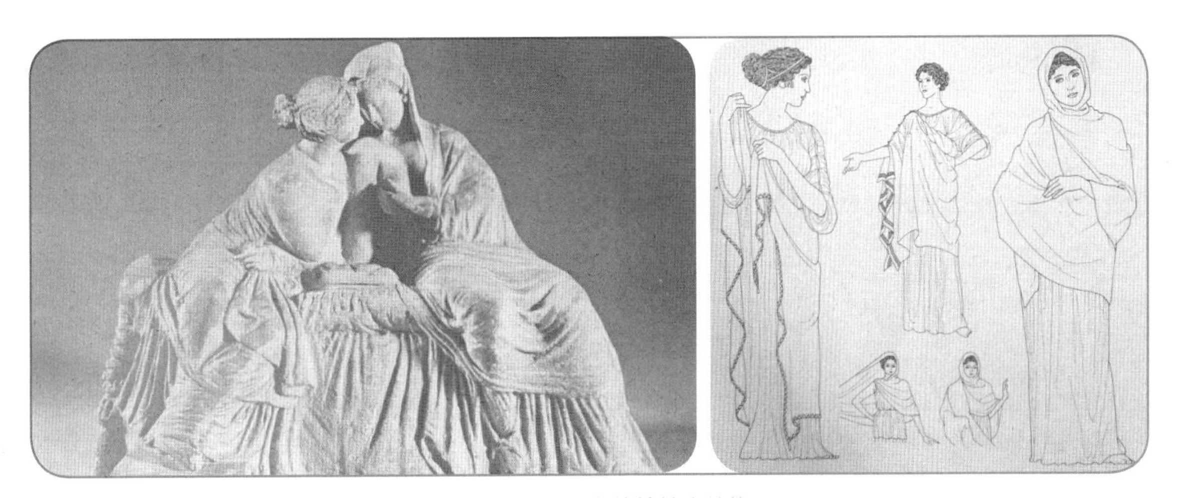

图1.1.4 古罗马时期的披缠衣结构2

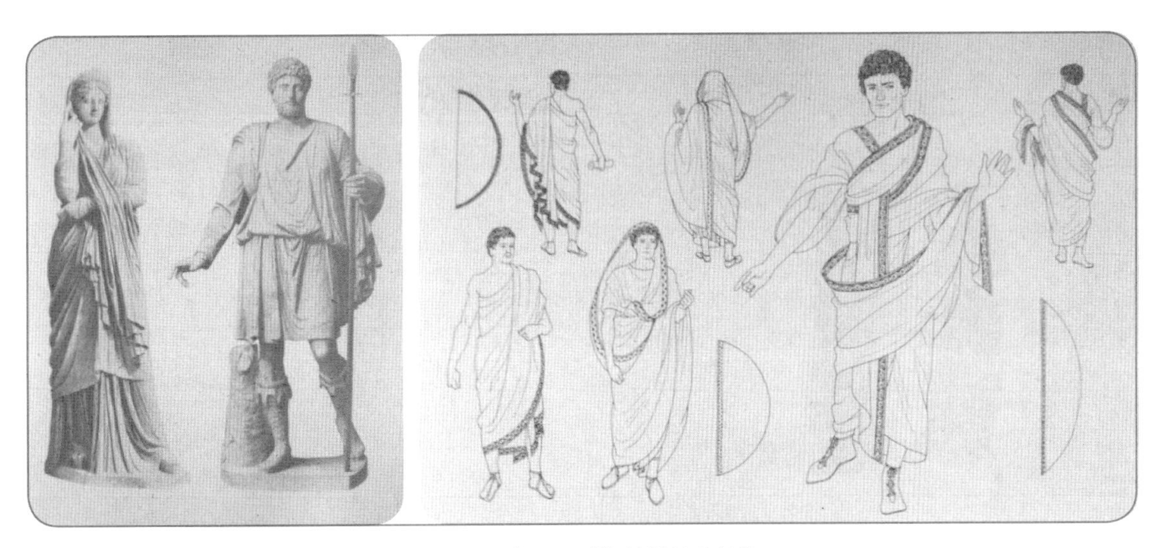

图1.1.5 古罗马时期的披缠衣结构3

② 半立体转化时期。其服装结构的主要形式为筒型衣，最早出现在公元1世纪，第一期筒型衣出现在公元6世纪的拜占廷和公元8世纪的西欧；第二期筒型衣出现在公元11～12世纪的罗马，如图1.1.6所示。

③ 立体式时期。其服装结构的主要形式为窄衣式。其中公元13～14世纪的哥特式为窄衣文化的开始，公元15～18世纪为窄衣文化的发展期。

④ 立体式的完善时期。其服装结构主要表现在：窄衣文化的延伸、高级时装礼服的出现（公元18世纪末～20世纪初）和斜裁的创造。

⑤ 平面与立体式的混合时期。其服装结构主要表现在：公元20世纪高级成衣的出现和成衣的发展。20世纪以后的现代服装设计以典型设计师为代表，设计风格和款式层出不穷，但整体风格可以分为经典完美的结构主义设计风格和突破变异的解构主义设计风格，如表1.1.1所示。

图1.1.6　11～12世纪的筒型衣结构

表1.1.1　13～20世纪服装廓形及结构列表

时间	外造型典型代表	内造型典型代表	结构特点
13～14世纪 哥特时期			• 衣片中插入三角布，形成立体造型。 • 衣袖与衣身分离，出现袖窿结构。

（续表）

时间	外造型典型代表	内造型典型代表	结构特点
15世纪中～17世纪初文艺复兴时期			• 衣片中出现省道、分割线结构，满足人体的曲面形态要求。 • 衣褶、衣裥的运用塑造服装的空间造型与体积感。
17世纪巴洛克时期			• 装饰结构的演绎，使服装外部装饰极显繁华。
18世纪洛可可时期			• 省道、分割线结构的细腻化和成熟化，使服装的合体性日臻完善。

（续表）

时间	外造型典型代表	内造型典型代表	结构特点
19世纪		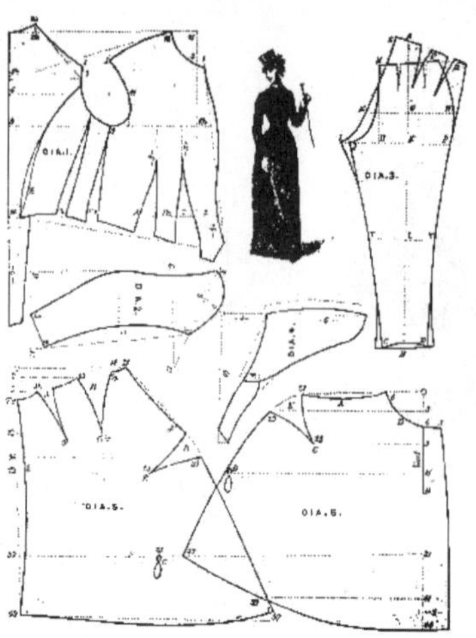	• 服装空间造型的体积收缩，现代三维服装造型的孕育成型。
20世纪		 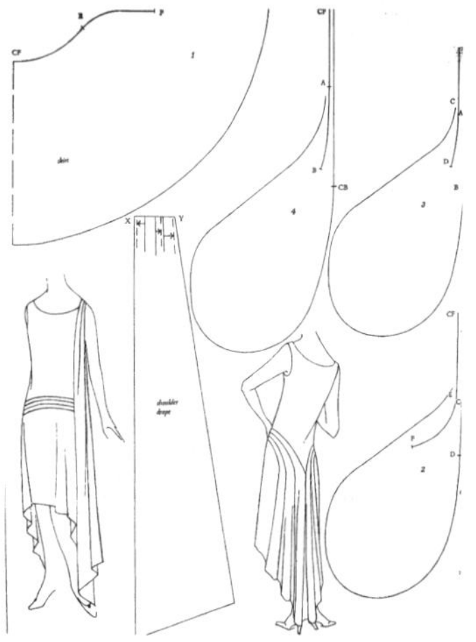	• 结构主义设计风格的演绎与成熟。 • 解构主义风格的出现与发展。

追根溯源，哥特时期人们就开始重视对结构、形体与空间之美的追求，服装的造型形态开始从平面审美趋向立体审美。现代意义上的立体裁剪技术也因此得到应用和发展。

2）立体裁剪与现代服装设计

现代服装设计以结构主义造型的完美塑造为主流，追求解构主义造型的创新变化，造型设计的中心为人体，造型设计的材料为面料，造型设计的目的是服装造型。

了解人体是服装设计的基础，适合人体是服装设计的关键。立体裁剪直接以人体或人体模型为中心进行服装造型塑造，是了解人体、人体曲面构成变化、人体关键点以及服装与人体关系的良好出发点与必经途径。

服装面料特性与服装结构相对应塑造服装造型，即“相同的服装样片+不同特性的面料=不同的服装三维造型”。立体裁剪直接对应材料特性进行服装造型的三维模拟，是了解服装面料性征、掌握面料特性与服装造型对应关系的良好手段。

服装造型以人体为中心塑造三维造型形态，也就是服装适合于人体且塑造服装的空间形态。三维形态特征的明显化和完美化是推动立体裁剪技术应用的源动力。立体裁剪适合于对三维造型要求高的服装。

1.2 立体裁剪的基本操作流程

立体裁剪的基本操作流程如下：

1. 确定款式、款式分析；
2. 选择人台，人台补正；
3. 选择坯布，用布量取；
4. 绘制基础布纹线，整烫用布；
5. 初步造型；
6. 造型确认，标点描线；
7. 连点成线，平面整理；
8. 假缝试样，造型补正；
9. 扫描或拓印纸样。

Chapter 2

第2章　工具及准备

2.1 常用工具

1)人台

人台是立体裁剪的主要工具，人台的选择非常关键。选择人台主要考虑以下一些因素：

①立裁（立体裁剪，后同）人台的材料特征。

用于立体裁剪的人台需要具备可扎针的基本材料特征。

②立裁人台的体型特征。

用于人台制造的体型数据来源于人体体型测量的数据，人台的体型基于人体体型但不等同于人体体型，是以满足服装塑型为目的的人体体型模拟。

数字化体型测量技术的发展以及数字化人台制造技术的运用，使得数字化虚拟人台以及个体体型人台的定制成为可能，但目前服装教育和服装产业用的实体人台仍为基于地区群体体型特征的标准体人台。

标准体人台体型分类与国家的人体体型分类一致，如160/84A人台，即表示身高160cm、胸围84cm、A型体型的人台，简化表示为84号人台。图2.1.1所示为84号人台与104号人台。

③立裁人台的服装品种特征。

立裁人台模拟人体体型为服装塑型而制造，为方便服装的塑型操作，立裁人台根据适用的服装品种不同而分类。如图2.1.2所示为适合上装操作和短裙操作的上装人台（84号），图2.1.3所示为适合短裙操作的裙装人台（84号），图2.1.4所示为适合裤子操作的裤装人台（84号），图2.1.5所示为适合泳衣操作的半连体人台（84号），图2.1.6

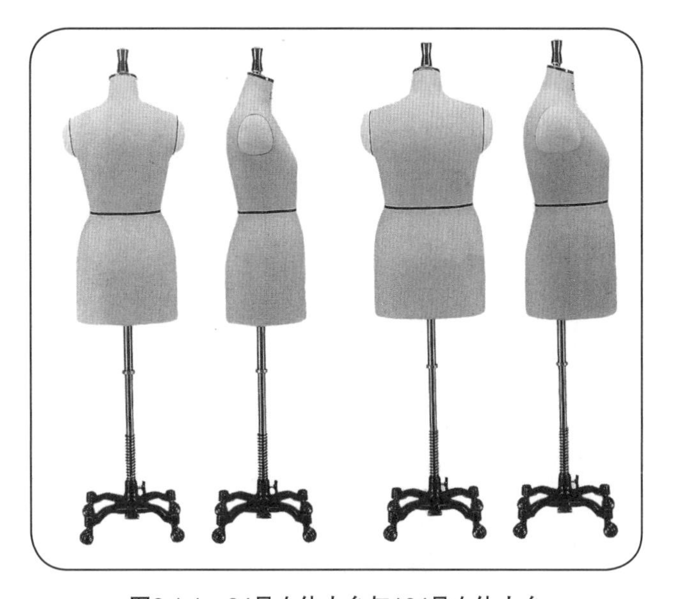

图2.1.1　84号女体人台与104号女体人台

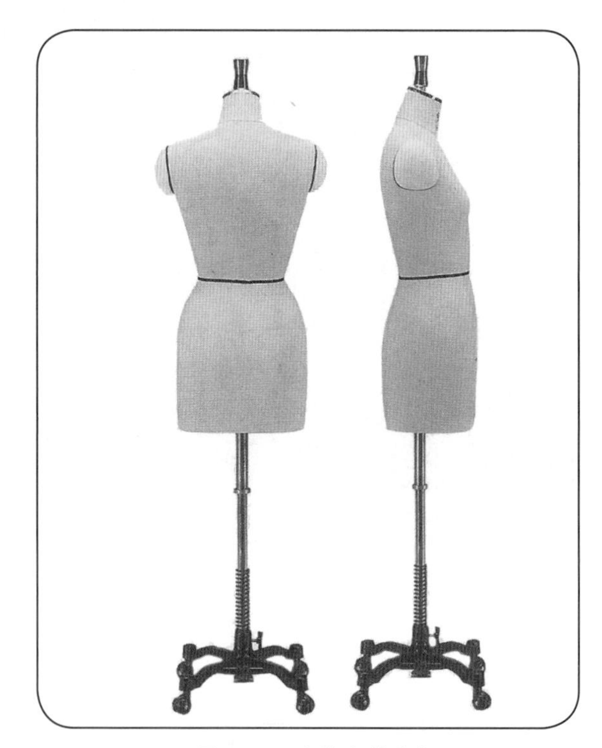

图2.1.2　女体上装人台

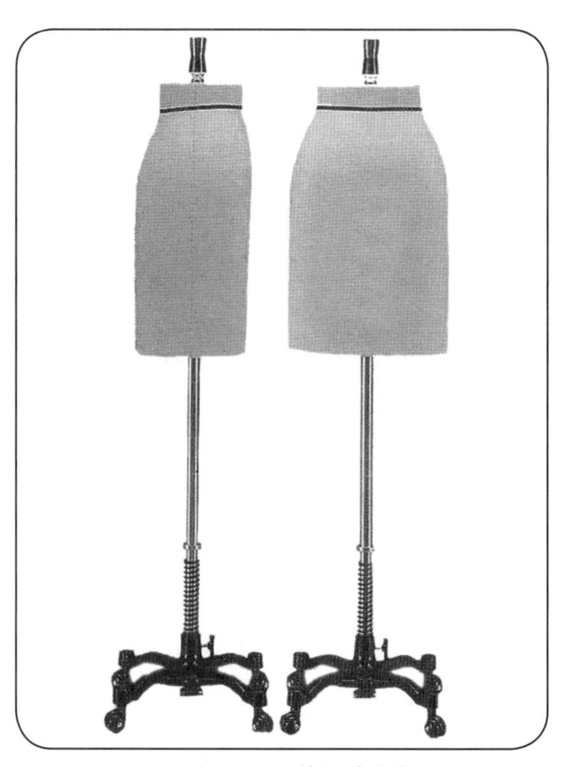

图2.1.3　女体裙装人台

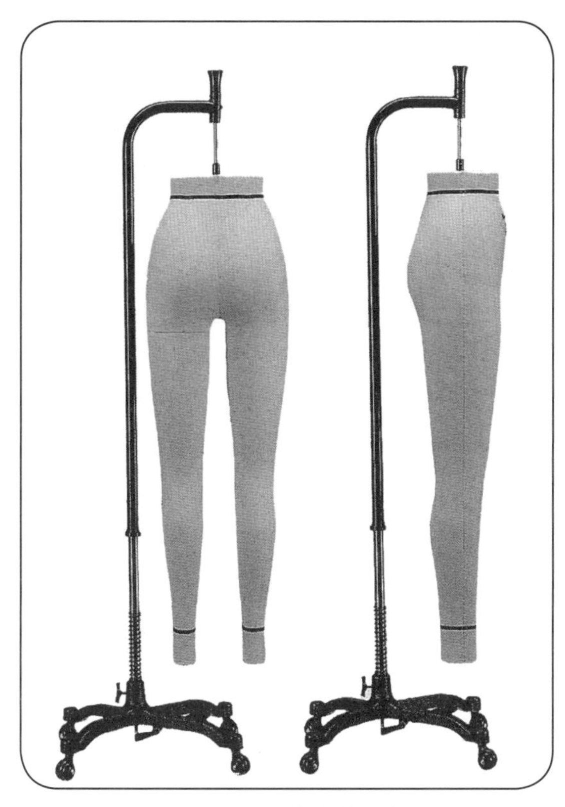

图2.1.4　女体裤装人台

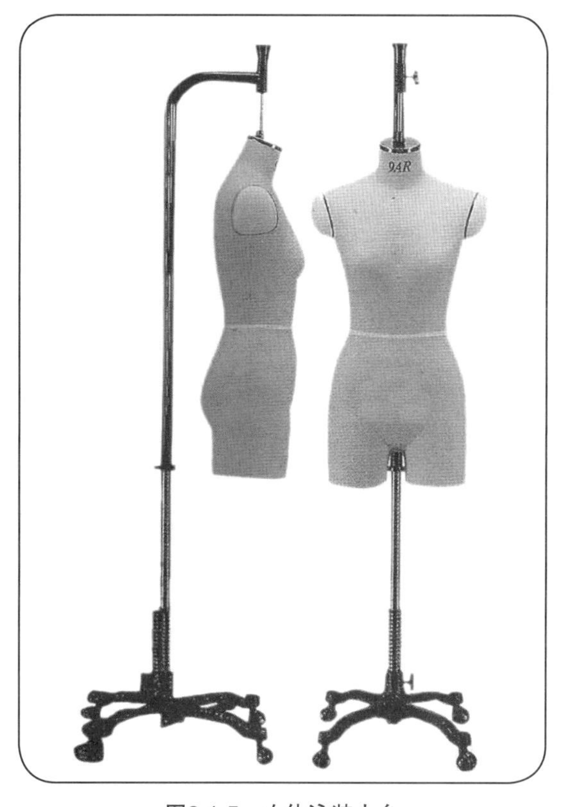

图2.1.5　女体泳装人台

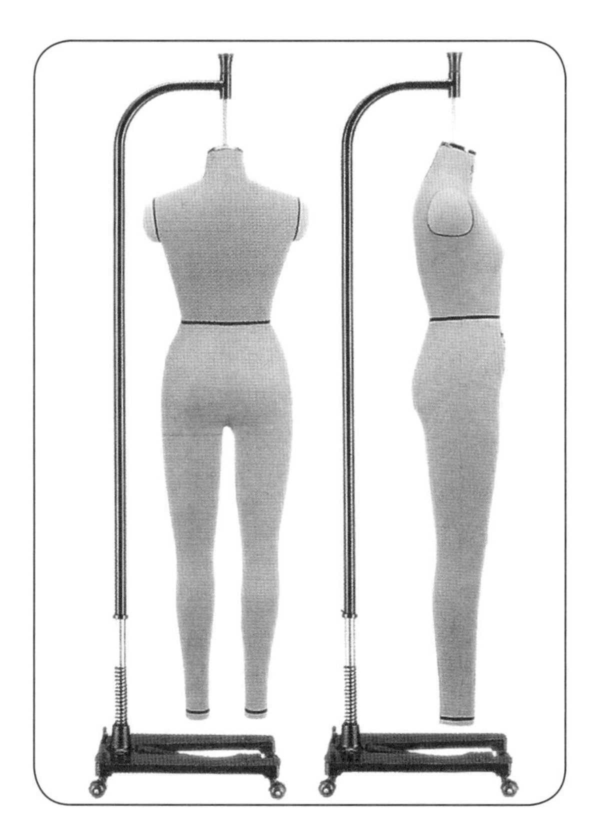

图2.1.6　女体全体人台

所示为同时适合上衣和裤子操作的全体人台（84号）。

基于人体体型以及着装特征，人台体型包含了内穿服装的厚度等所产生的部分体型变化，使其更适合一些专类服装的操作。图2.1.7所示为84号外套人台，图2.1.8所示为84号大衣人台，图2.1.9所示为84号小礼服人台。

④立裁人台的性别、年龄特征。

同样，人台根据性别、年龄的特征差异而有不同。如图2.1.10所示为男体上装人台，图2.1.11所示为男体下装人台，图2.1.12所示为男子全体人台；图2.1.13所示为儿童上体人台，图2.1.14所示为儿童全体人台，儿童人台按年龄分类标号；图2.1.15所示为中年女体人台，图2.1.16所示为老年女体人台；图2.1.17所示为孕妇体人台，孕妇体人台以怀孕月龄分类标号。

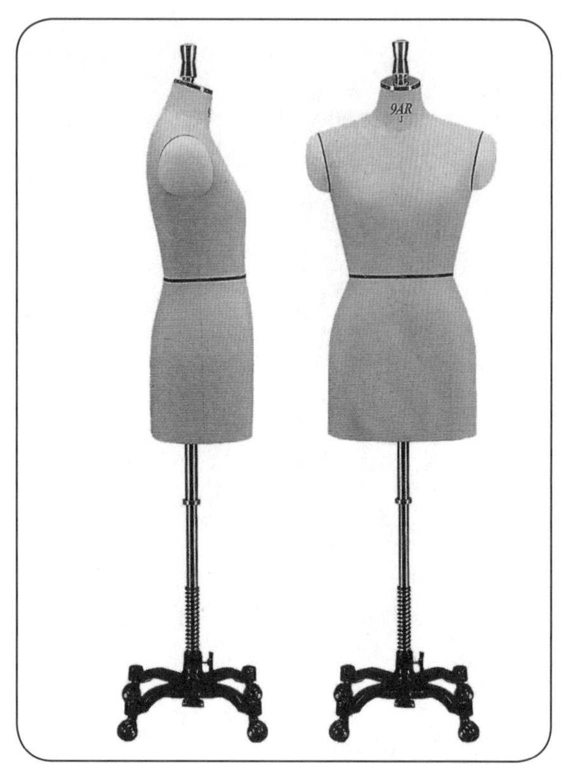

图2.1.7　女体外套人台

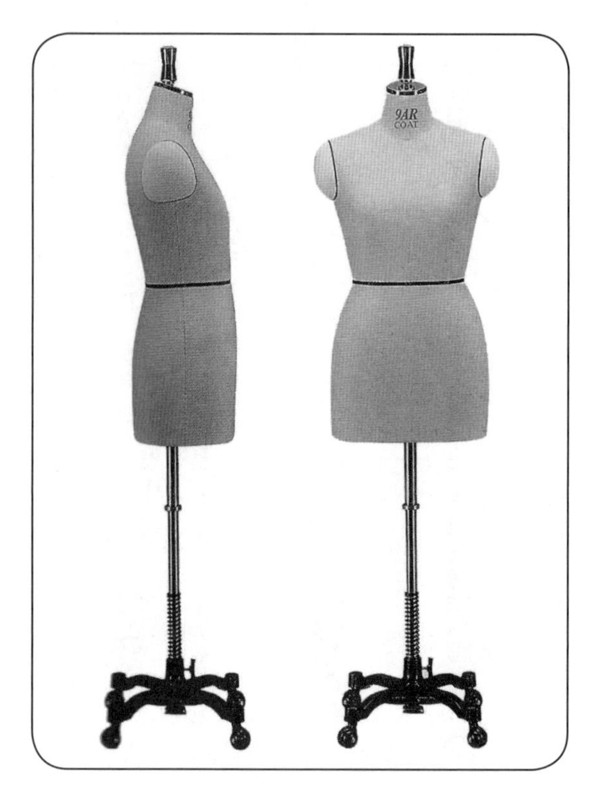

图2.1.8　女体大衣人台

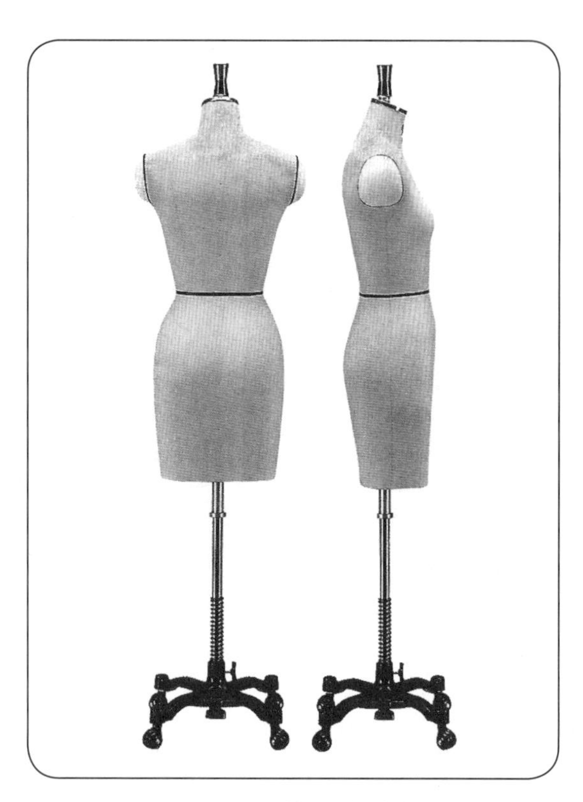
图2.1.9　女体小礼服人台

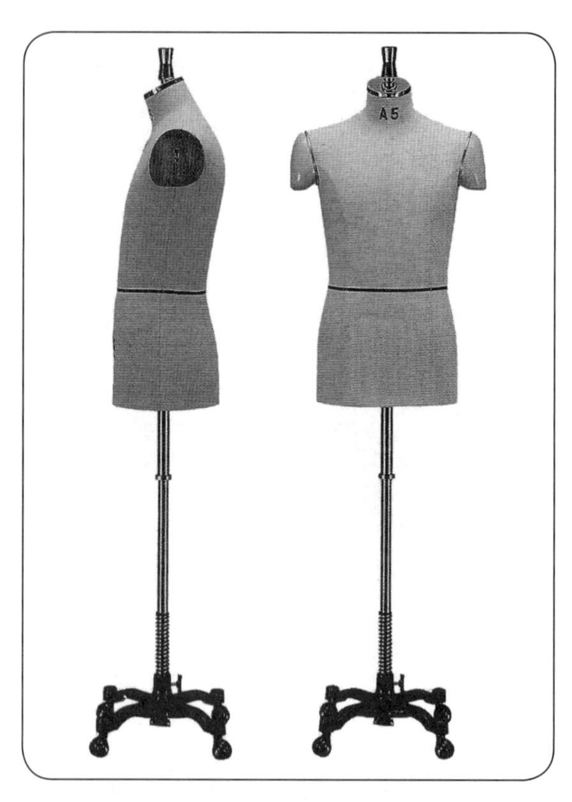

图2.1.10　男体上装人台

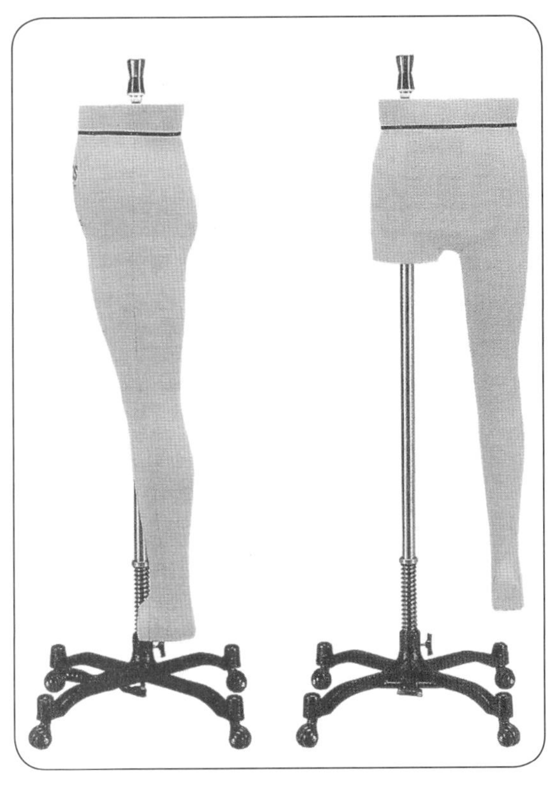

图2.1.11　男体裤装人台

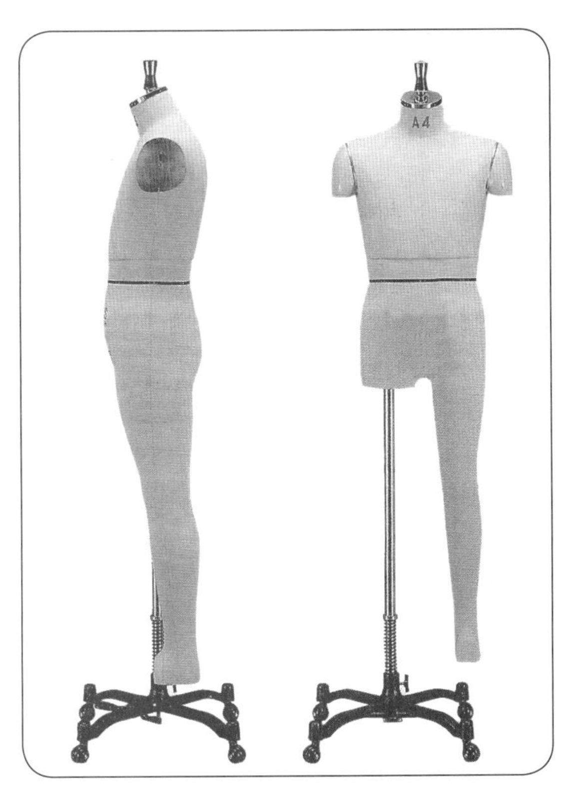

图2.1.12　男体全体人台

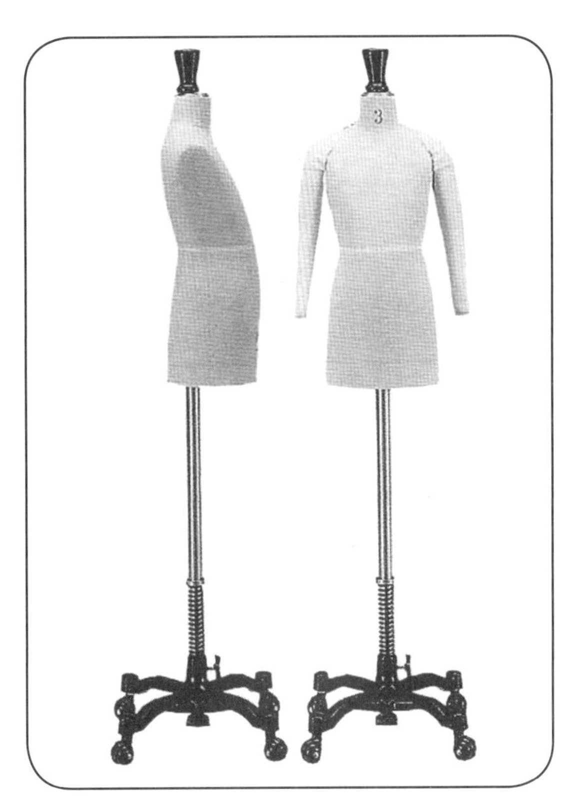

图2.1.13　儿童上体人台

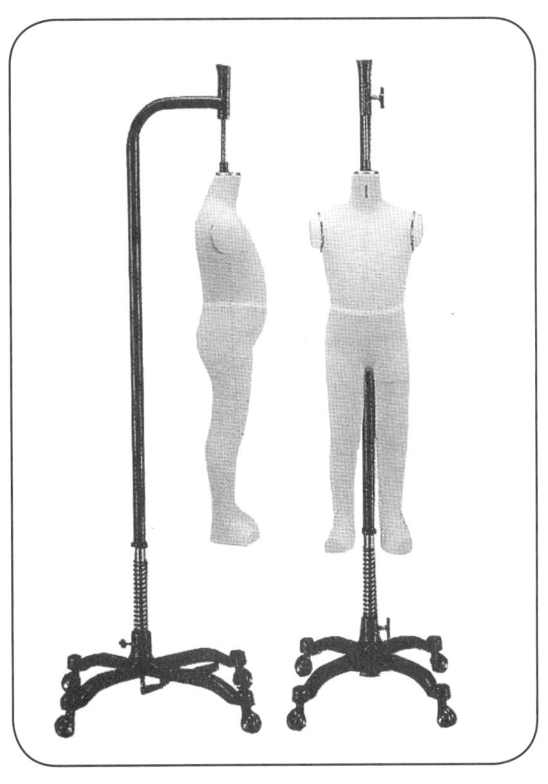

图2.1.14　儿童全体人台

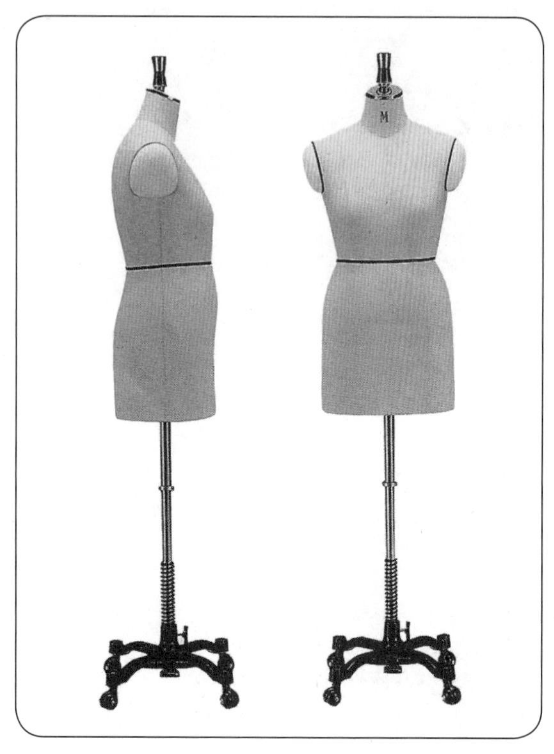

图2.1.15 中年女体人台

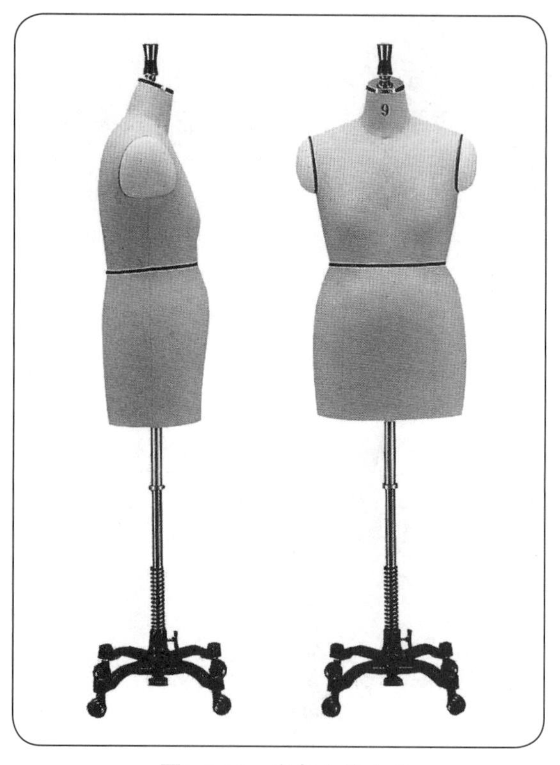

图2.1.16 老年女体人台

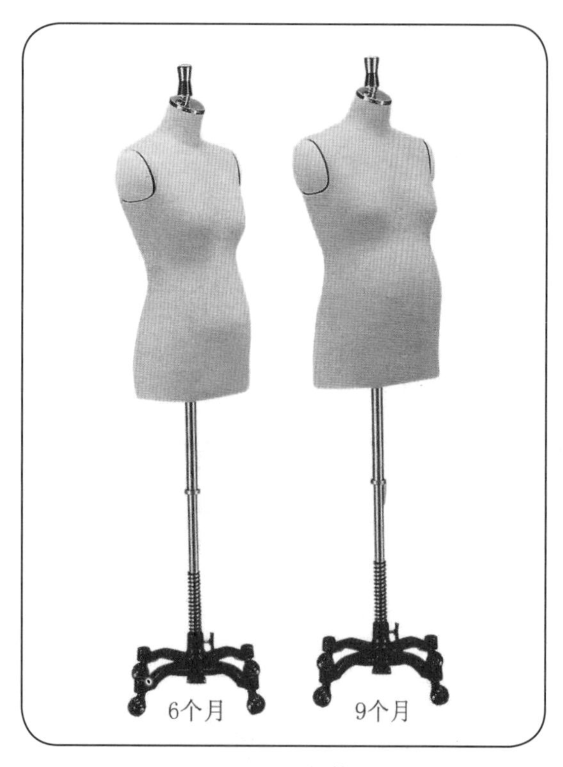

图2.1.17 孕妇体人台

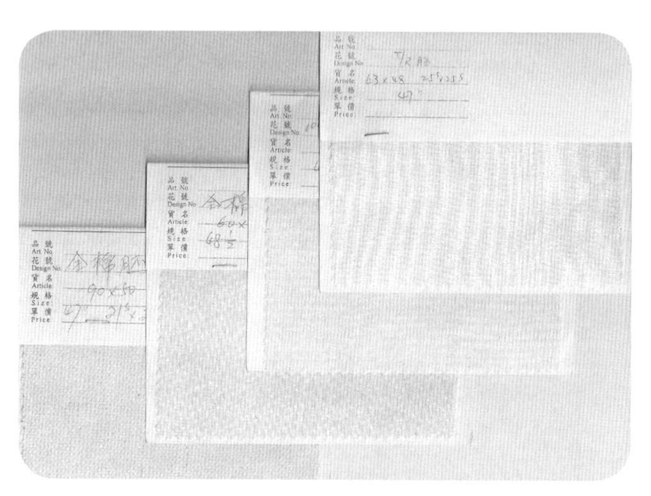

图2.1.18 坯布

2）坯布

立体裁剪一般采用坯布进行初步造型操作，选择坯布的原则是坯布的面料特性与成衣面料的面料特性一致或尽量相似，一般以平纹的全棉坯布为宜，坯布有厚、薄、软、硬、垂、挺之别，如图2.1.18所示为一些不同品号的坯布。

在进行弹性面料和面料斜裁等一些特别面料和裁法的服装立裁时，直接选用成衣面料操作。

3）大头针

立裁大头针的选择比较关键，要选用针尖细、针身长、无塑料头的大头针。以针身直径为标号，

图2.1.19　大头针

图2.1.20　针插

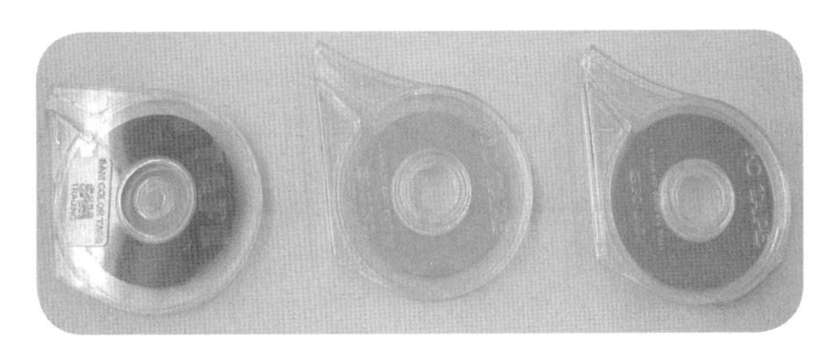
图2.1.21　粘带1

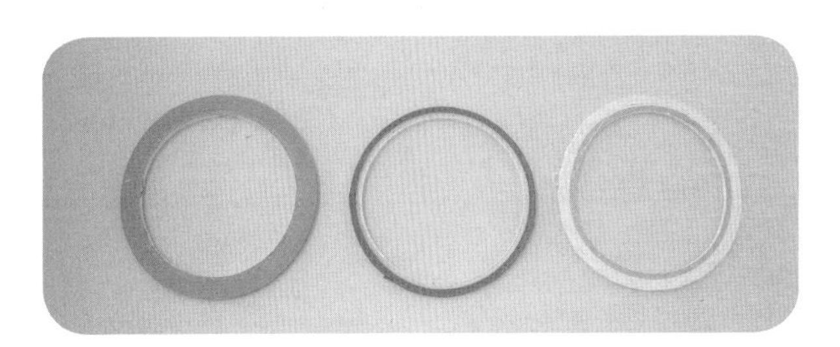
图2.1.22　粘带2

分类为0.5mm和0.55mm两种，如图2.1.19所示。

4）针插

针插是用来扎取大头针的，戴于左手手掌或手腕，可以购买亦可以自己制作，如图2.1.20所示，制作方法参见2.2节。

5）粘带

粘带亦称标志带。立裁用粘带的颜色需与人台颜色和坯布颜色有别，粘带的宽度为0.3cm以下，以具有适当拉伸性的皱纹粘带为好，如图2.1.21、图2.1.22所示。

6）尺

立裁操作常用的服装制图尺有50cm方格直尺（图2.1.23）、30cm软直尺（图2.1.24）、直角尺（图2.1.25）、袖窿弧线6字尺（图2.1.26）以及软尺（图2.1.27）。

7）剪刀

立裁用的剪刀为西式裁剪剪刀，尺寸不宜过大，一般选用9号、10号剪刀，剪刀刀头以尖头且密合为好，如图2.1.28所示。

8）铅笔、橡皮

2B铅笔用于坯布的画线，HB铅笔用于拓印纸样等画线，橡皮要选用较软宜擦的，如图2.1.29所示。

9）复写纸

复写纸用于拓印纸样或拓印布样，以单面黑色复写纸为好，如图2.1.30所示。

10）手工针、线

手工针、线用于样衣的假缝，如图2.1.31所示。

11）铅锤

铅锤工具用于协助贴置人台竖直标志线以及确认布纹的竖直，如图2.1.32所示。

12）镇纸

镇纸用于协助拓印纸样或拓印布样，如图2.1.33所示。

13）熨斗

熨斗用于整烫用布，以蒸汽熨斗为宜，如图2.1.34所示。

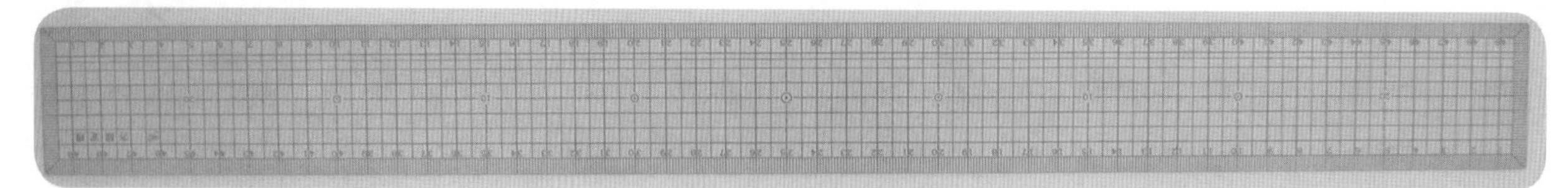

图2.1.23　50cm方格直尺

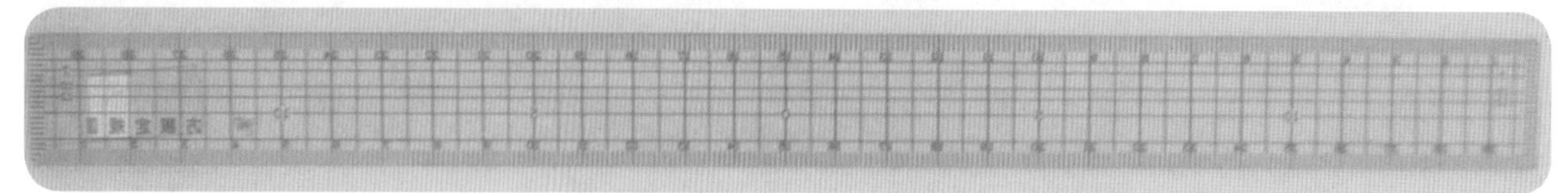

图2.1.24　30cm软直尺

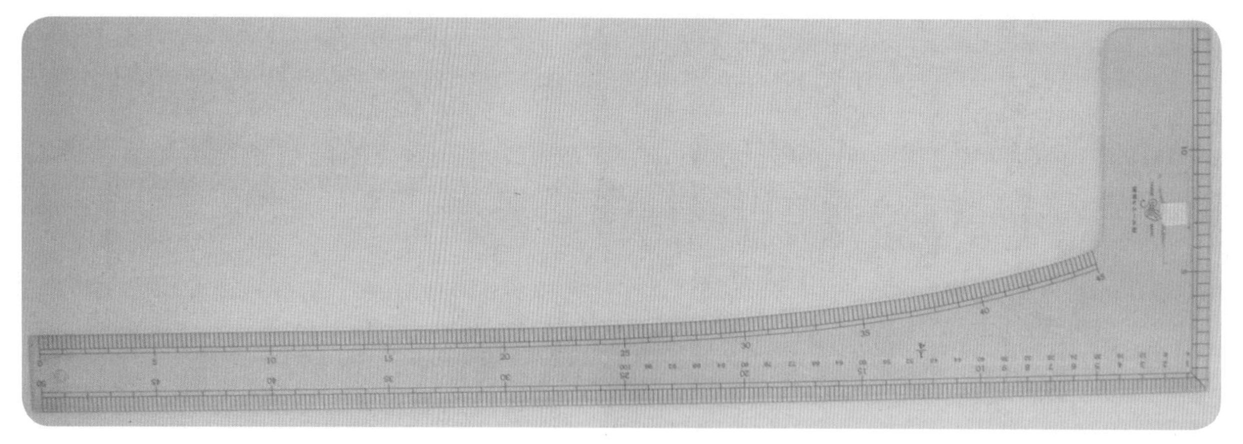

图2.1.25　直角尺

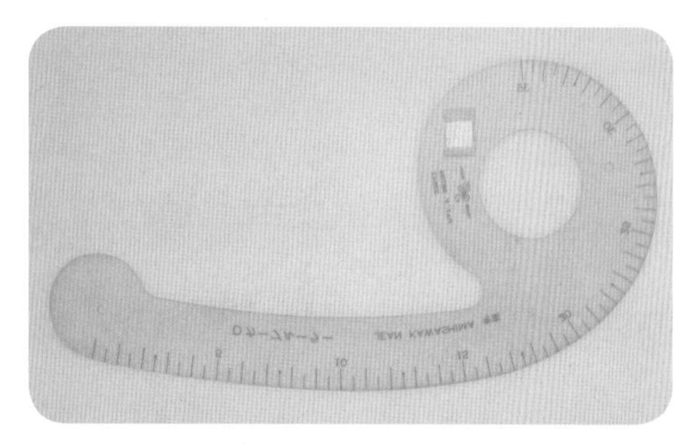

图2.1.26　袖窿弧线6字尺

图2.1.27　软尺

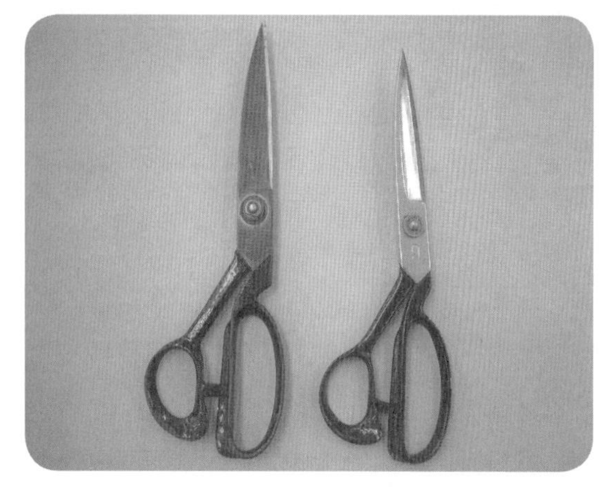

图2.1.28　西式裁剪剪刀

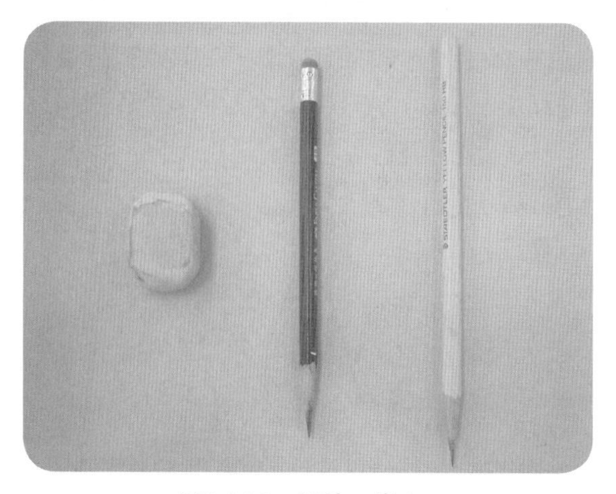

图2.1.29　铅笔、橡皮

图2.1.30　单面复写纸

图2.1.31　手工针、线

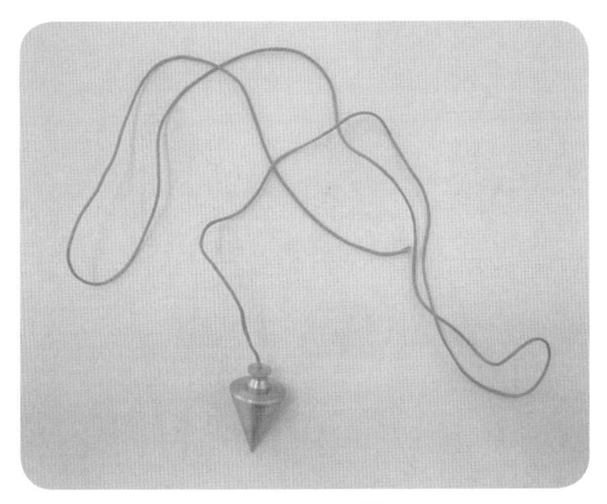

图2.1.32　铅锤

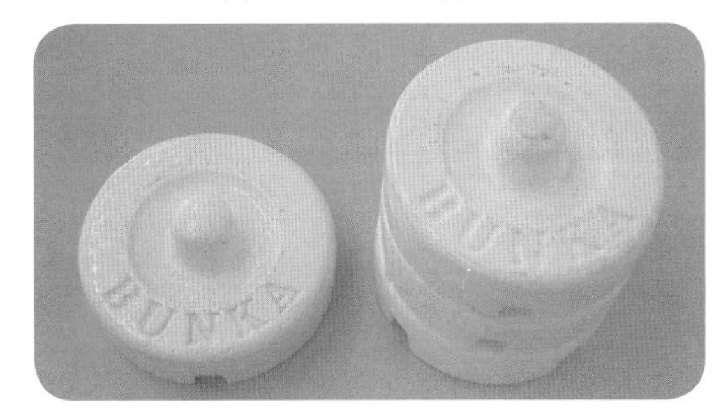

图2.1.33　镇纸

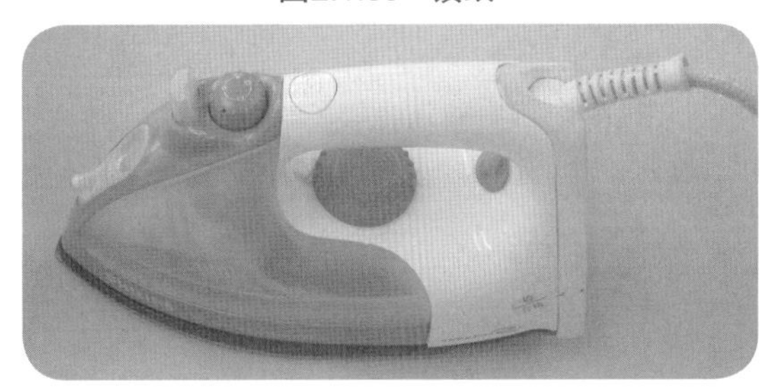

图2.1.34　蒸汽熨斗

2.2　针插的制作

● 操作步骤

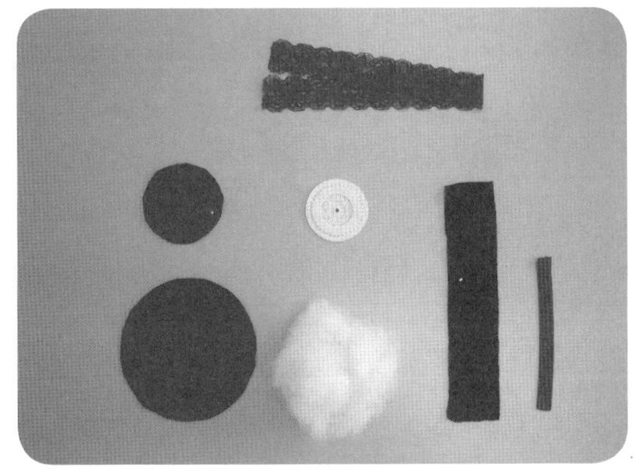

2.2.1

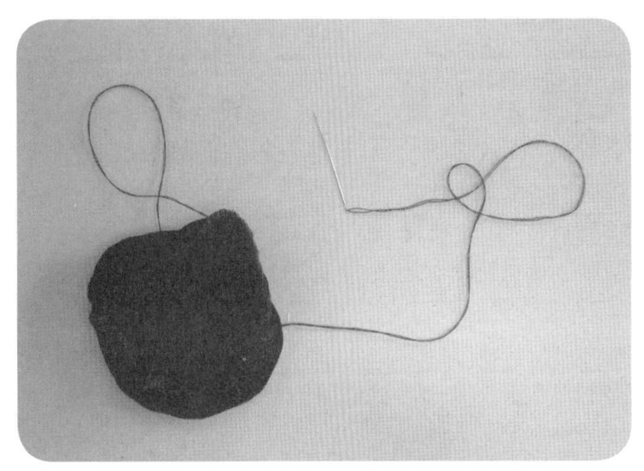

2.2.2

2.2.1　材料的准备: 面料、填充棉、硬底板、橡筋、花边。

2.2.2　用手工针沿小圆片边缘以密针缝纫，抽缩。

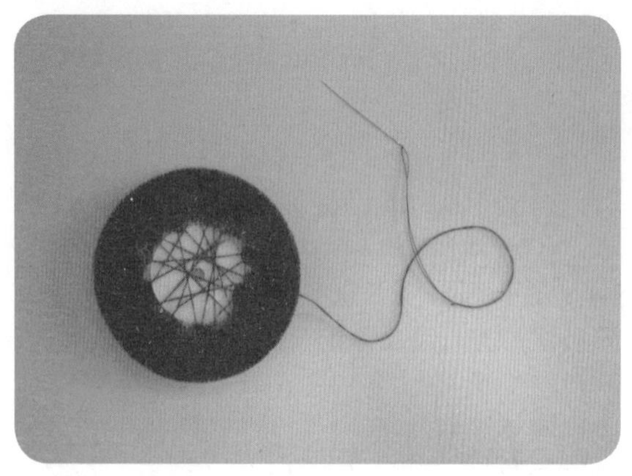

2.2.3

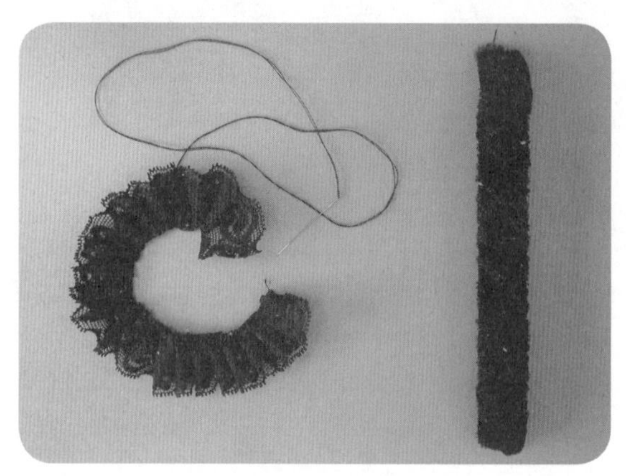

2.2.4

2.2.3　抽紧小圆片面料边缘的缝线，将硬底板包于其中，缝线穿插勾拉固定。

2.2.4　抽缩花边褶裥；将橡筋包布反面缝合、翻正，把橡筋穿于其中，使两头固定。

2.2.5

2.2.6

2.2.5　把橡筋两端缝合于针插底板。

2.2.6　把花边均匀缝合于针插底板边缘。

2.2.7

2.2.8

2.2.7　大圆片面料边缘以密针缝纫并抽缩，塞入填充棉，整理成半球状。

2.2.8　沿针插底板边缘以暗针针法紧密缝合针插球身与底板，针插制作完成。

2.3 布手臂的制作

● 坯布准备(图2.3.1～图2.3.4)

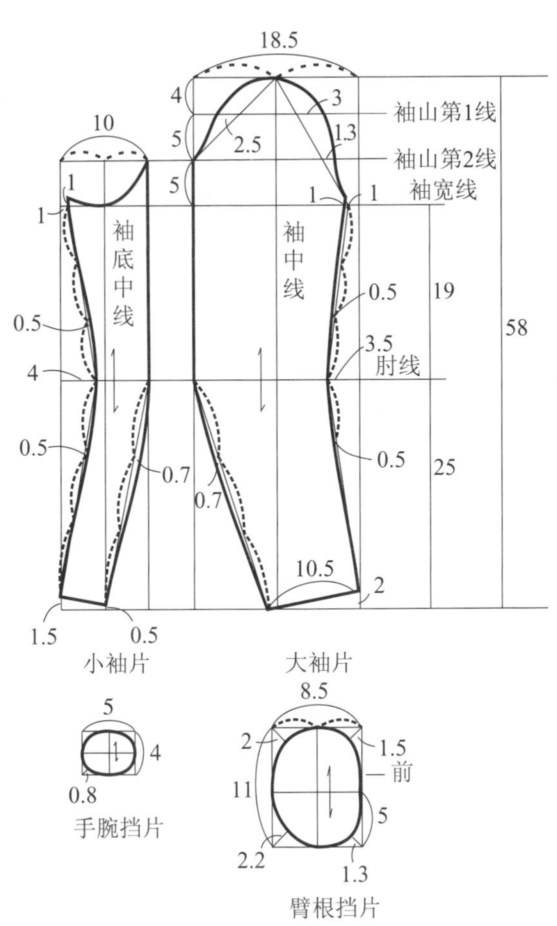

图2.3.1 外袖片净样图

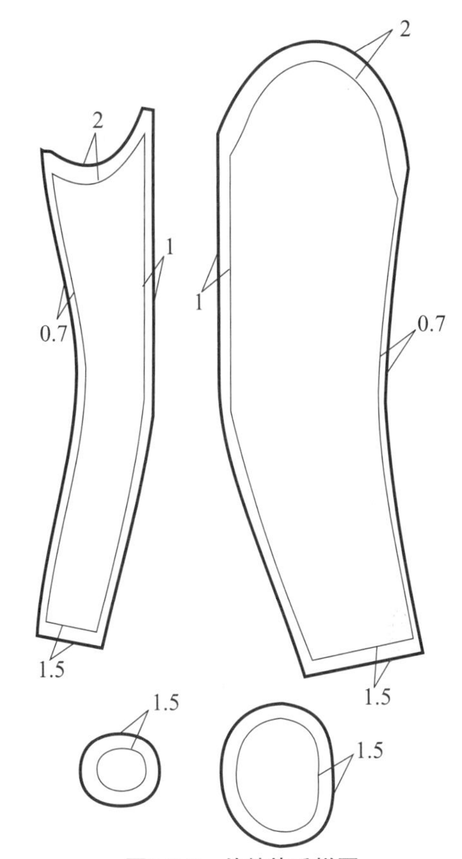

图2.3.2 外袖片毛样图

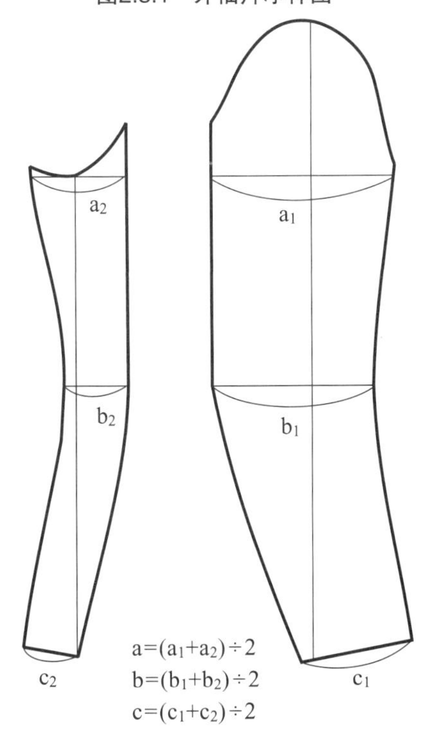

图2.3.3 手臂内层包布尺寸计算图

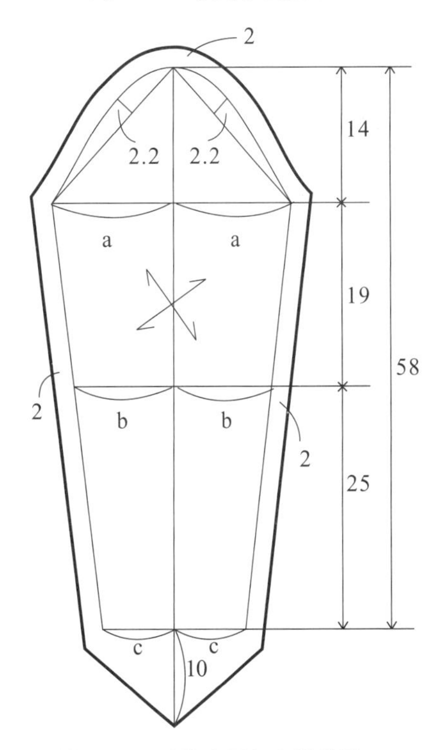

图2.3.4 手臂内层包布裁剪图

● 操作步骤

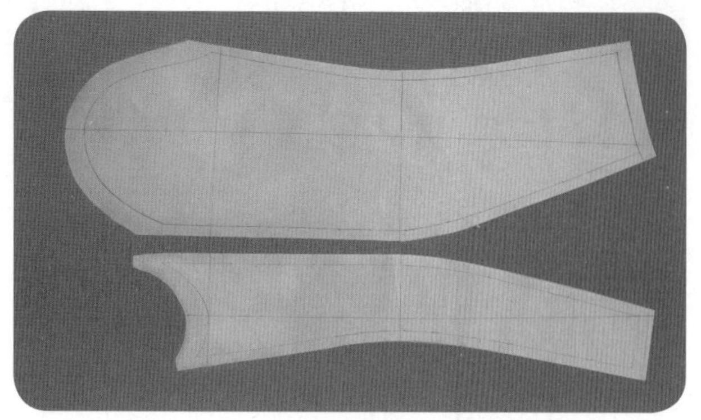

2.3.1

2.3.1　拓印手臂的袖片纸样于坯布，准备手臂的外层包布。

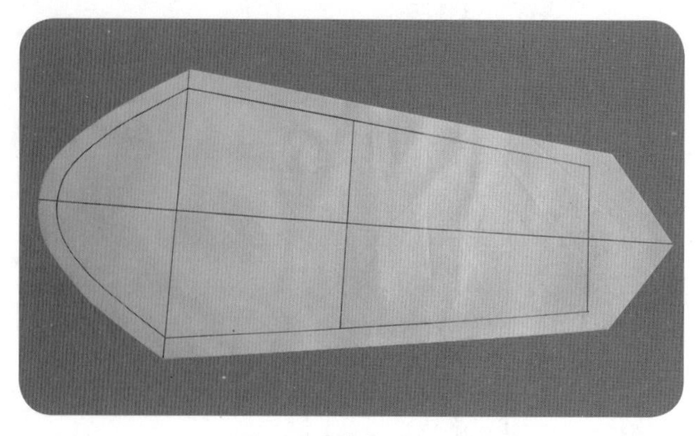

2.3.2

2.3.2　拓印内层包布纸样于坯布上，内层包布应用45° 斜裁布。准备手臂的内层包布。

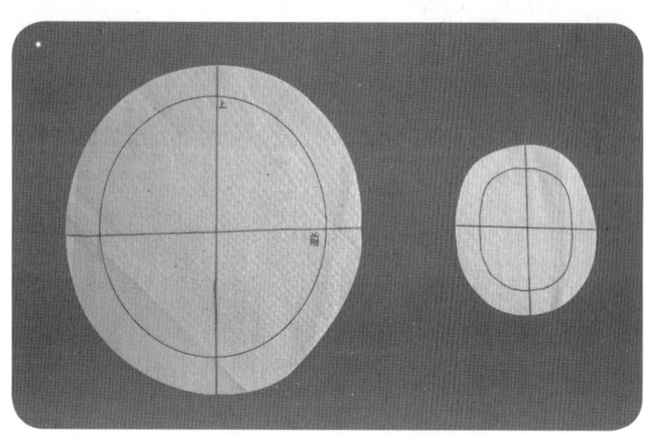

2.3.3

2.3.3　拓印臂根挡片、手腕挡片纸样于坯布上，准备臂根挡片、手腕挡片包布。

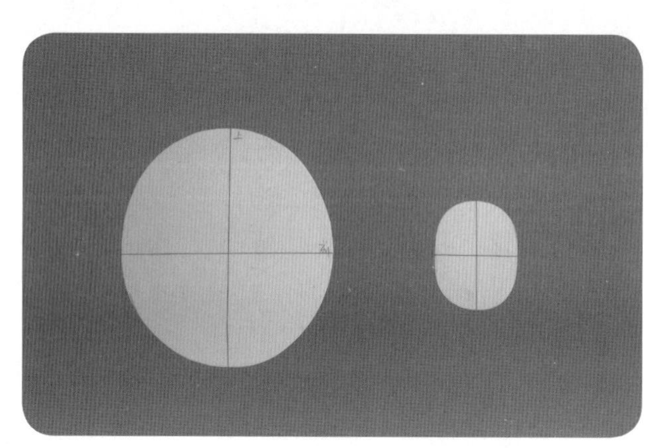

2.3.4

2.3.4　准备臂根挡片、手腕挡片硬板。

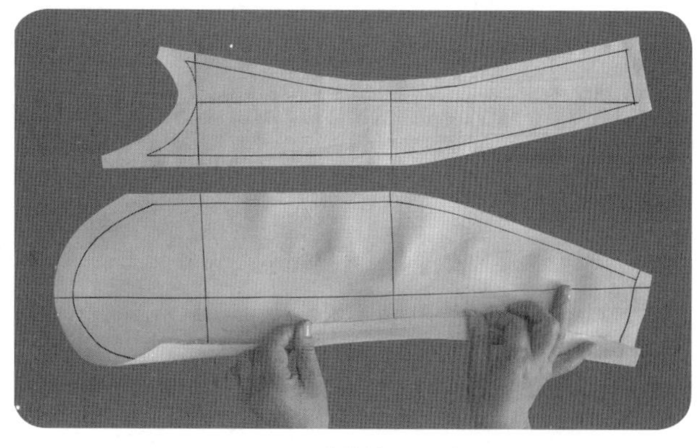

2.3.5

2.3.5　将外层包布的大袖片内侧缝适当拔开，达到与小袖片内侧缝的对位等长。

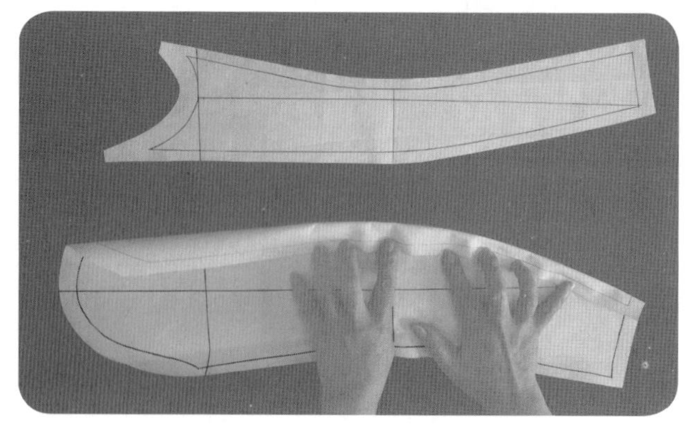

2.3.6

2.3.6　将外层包布的大袖片外侧缝适当归缩，达到与小袖片外侧缝的对位等长。

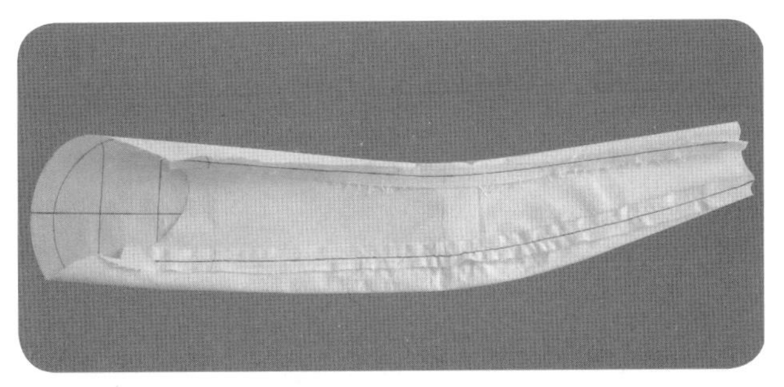

2.3.7

2.3.7　对位缝合外层包布大、小袖片的内、外袖侧缝，分烫整理缝份。

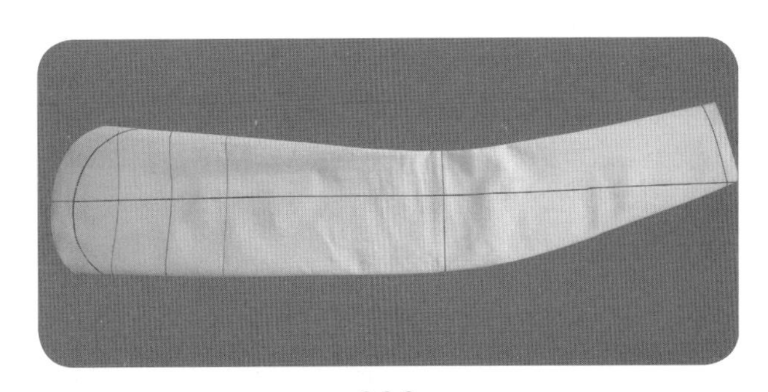

2.3.8

2.3.8　将外层包布袖筒翻正，待用。

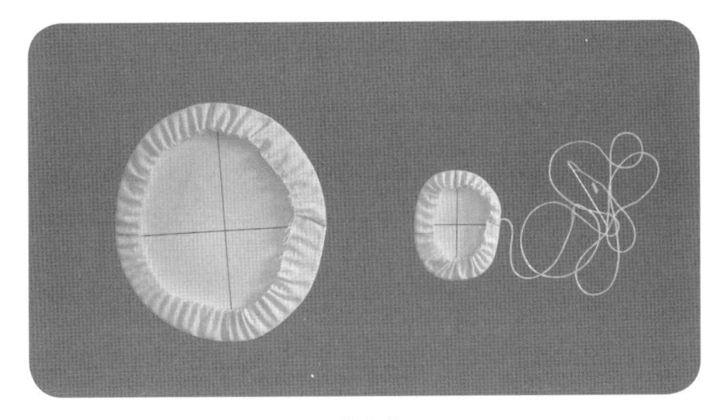

2.3.9

2.3.9　以手工密针缝纫抽缩臂根挡片、手腕挡片圆片包布，并将硬板包于其中。

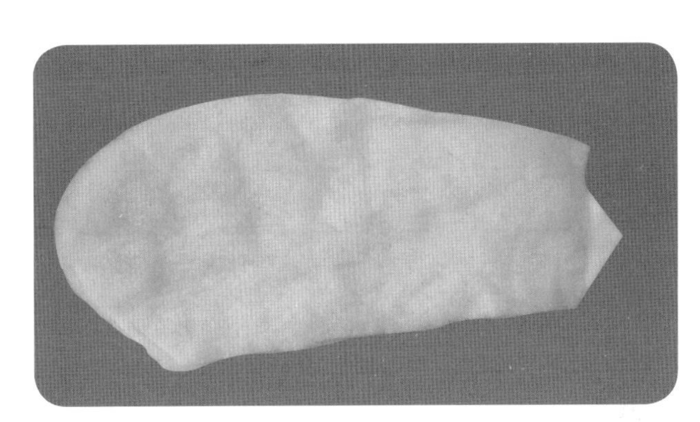

2.3.10

2.3.10　裁剪填充棉，铺垫于内层包布之上，注意根据手臂的粗细变化调整铺垫填充棉厚度。

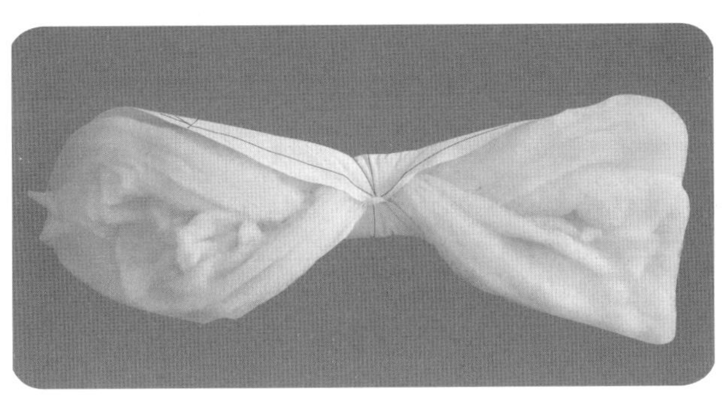

2.3.11

2.3.11　包裹内层包布，检查手臂的软硬度是否适中。

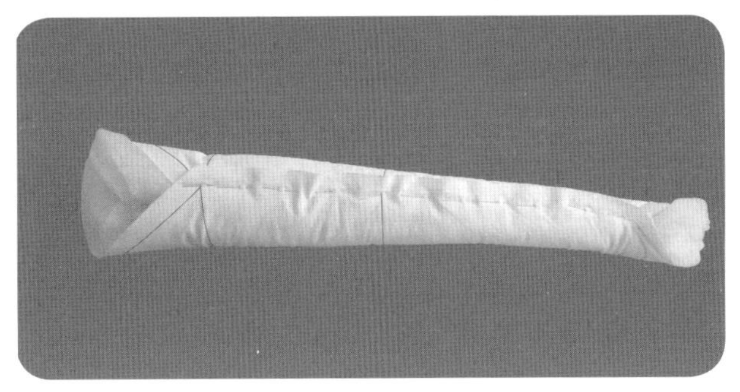

2.3.12

2.3.12　用大头针逐步固定内层包布袖底缝。

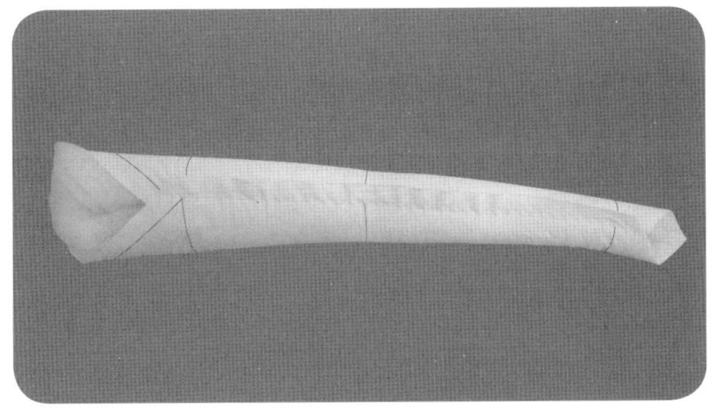

2.3.13

2.3.13　以手工针缝纫缝合内层包布袖底缝。

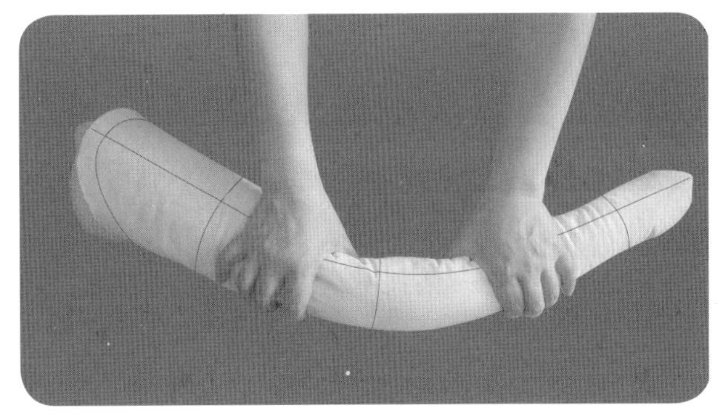

2.3.14

2.3.14　将手臂适当拔弯成型。

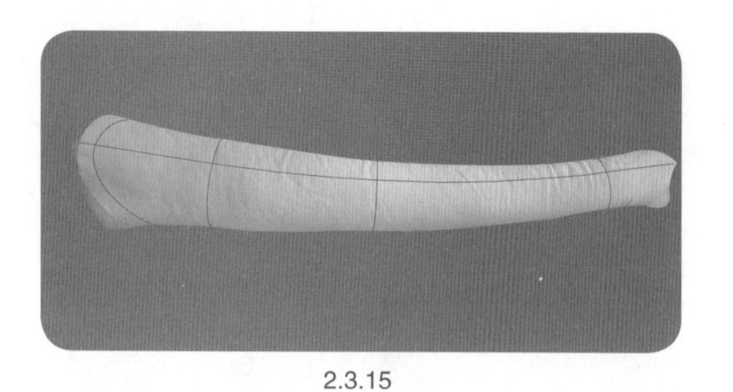

2.3.15

2.3.15　手臂内层包布包裹成型，待用。

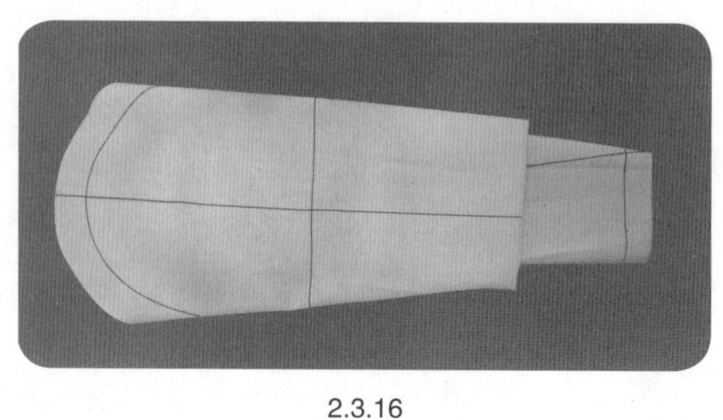

2.3.16

2.3.16　将手臂外层包布袖筒三叠套折，注意保持袖筒丝缕的顺直。

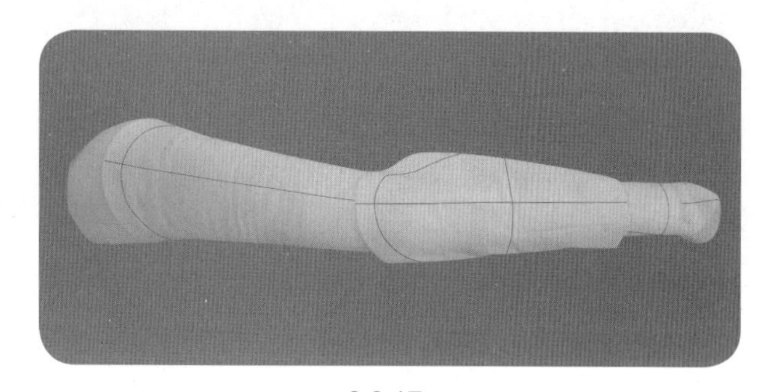

2.3.17

2.3.17　将成型手臂穿于外层包布袖筒之中。

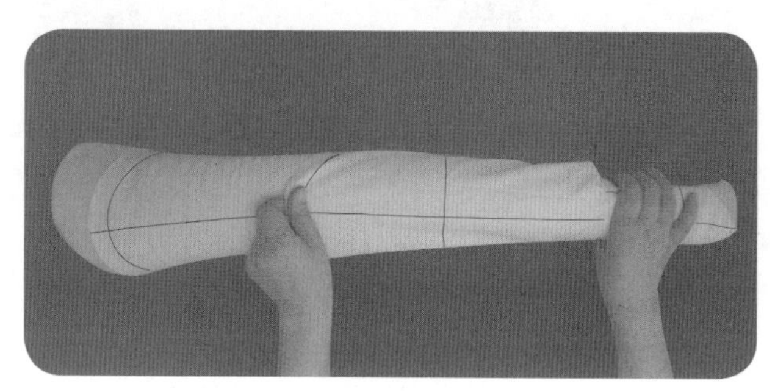

2.3.18

2.3.18　保持外层包布的丝缕顺直，拽拉展平外层包布袖筒。

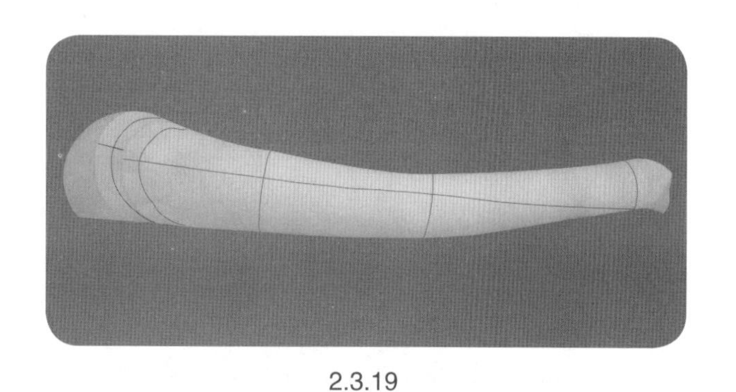

2.3.19

2.3.19　保持内、外层包布的袖肘线对齐，袖山处、袖口处内层包布长于外层。

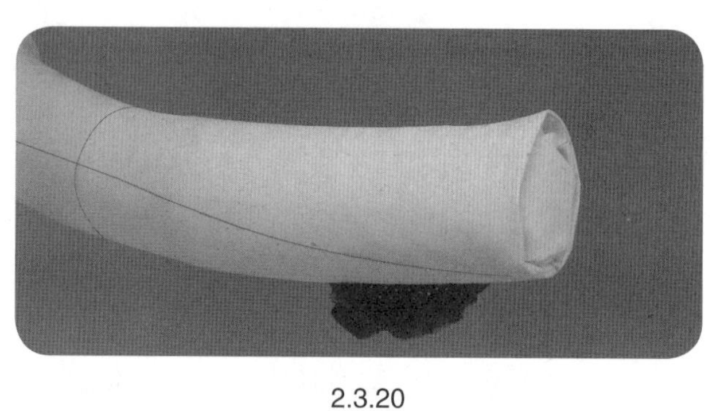

2.3.20

2.3.20　内折外层包布袖口处的缝份，折叠内层包布的袖口余量用布，整理平服。

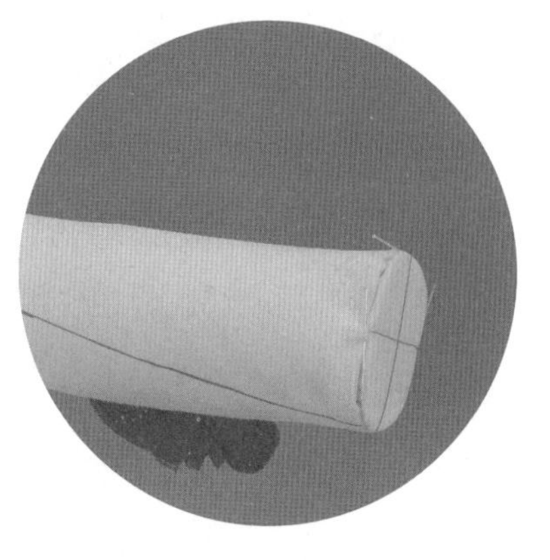

2.3.21

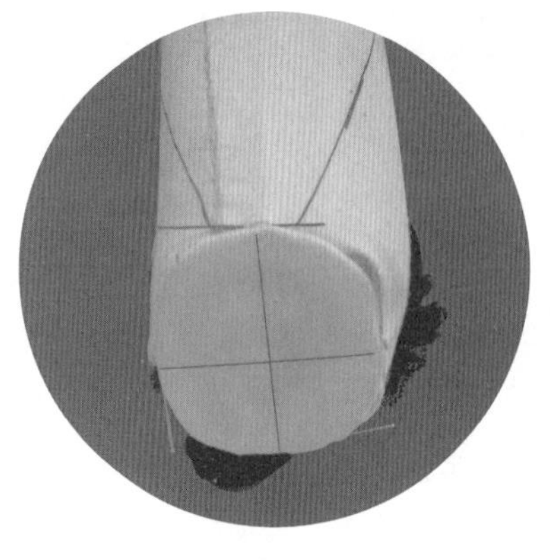

2.3.22

2.3.21、2.3.22　将手臂挡片与外层包布袖口对位固定，并以手工针暗针针法紧密缝合。

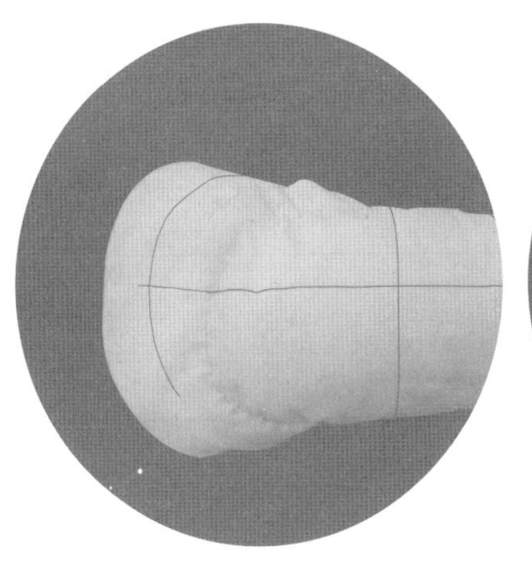

2.3.23

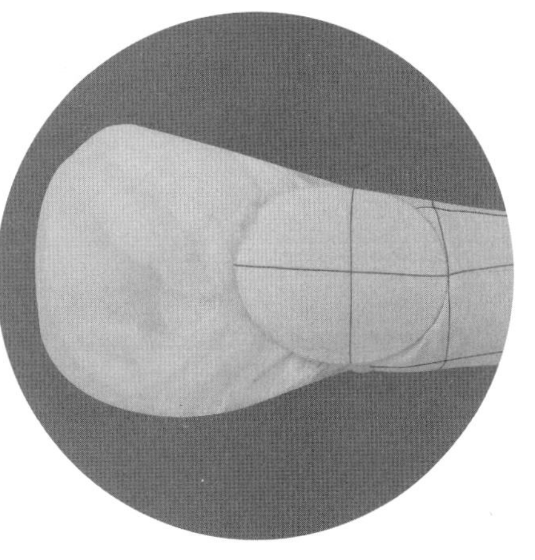

2.3.24

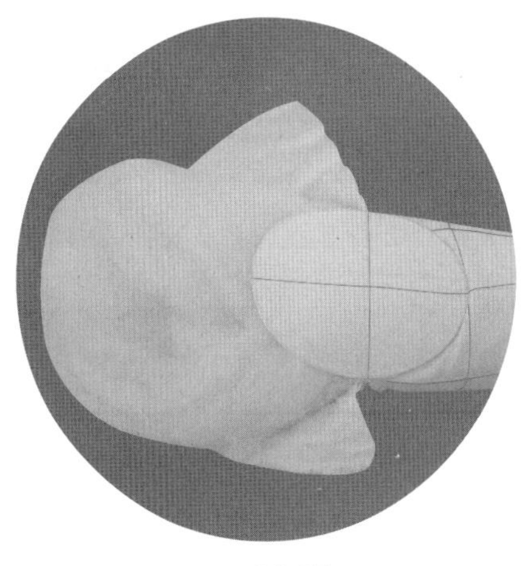

2.3.25

2.3.23　以手工针沿袖山密针缝纫，适当抽缩内、外层包布袖山。

2.3.24　将臂根挡片与袖窿底弧线对位固定，并以手工针暗针针法缝合。

2.3.25　对应臂根挡片横向中线剪切刀口，拉展缝份。

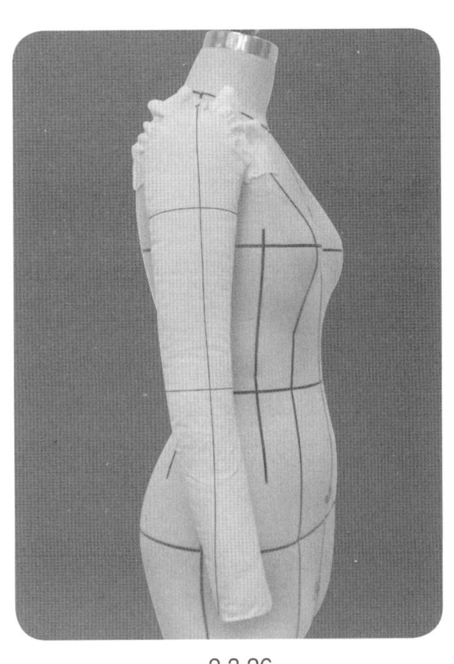

2.3.26

2.3.26　用大头针将手臂对位固定于人台上，整理内、外层包布的袖山用布多余量。

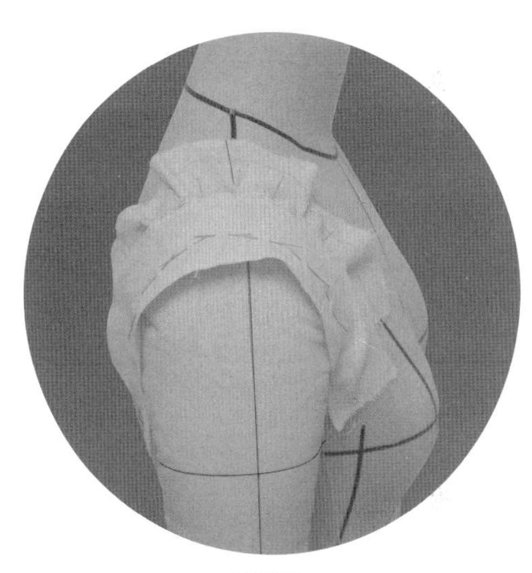

2.3.27

2.3.27　以直丝缕光边的布条固定袖山的修正弧线。

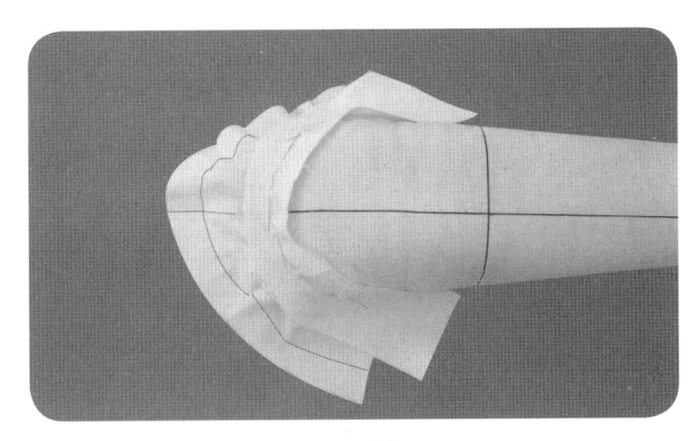

2.3.28

2.3.28　从人台上取下手臂。

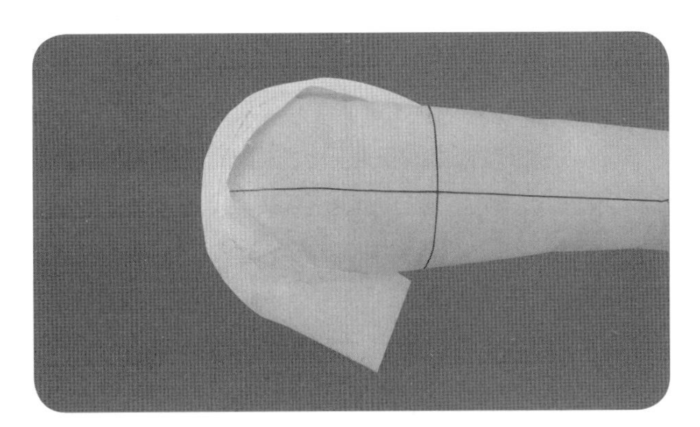

2.3.29

2.3.29　余留适当缝份，修剪袖山多余用布。

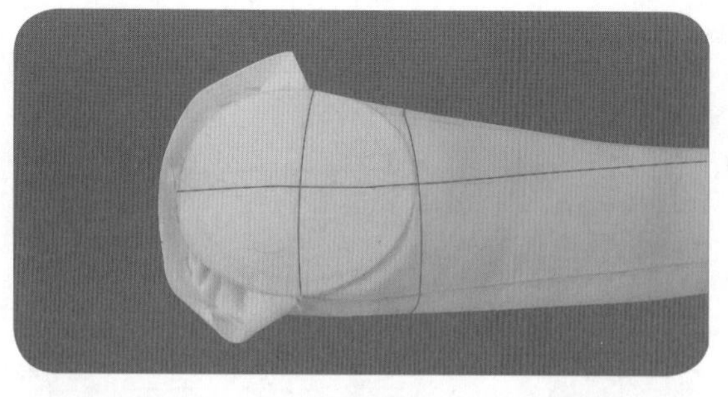

2.3.30

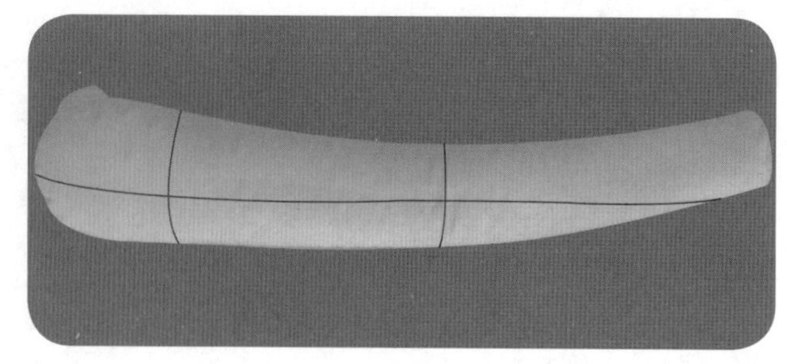

2.3.32

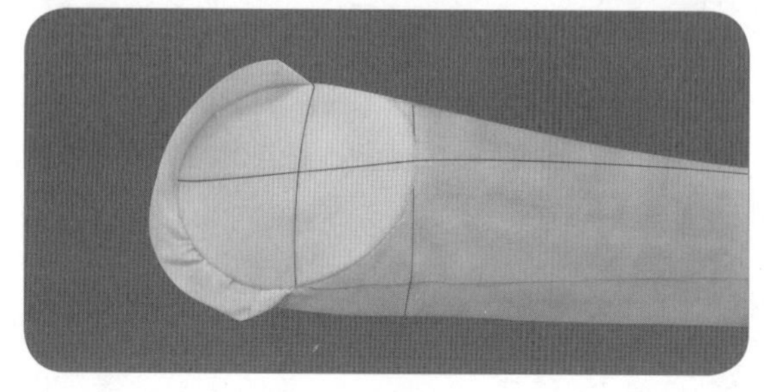

2.3.31

2.3.30 ~ 2.3.32　将袖山缝份与袖山条缝份一起内翻，以手工针暗针针法将之与臂根挡片紧密缝合。

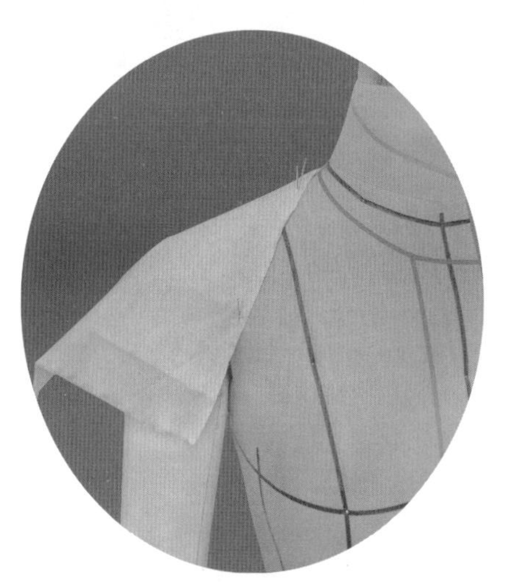

2.3.33

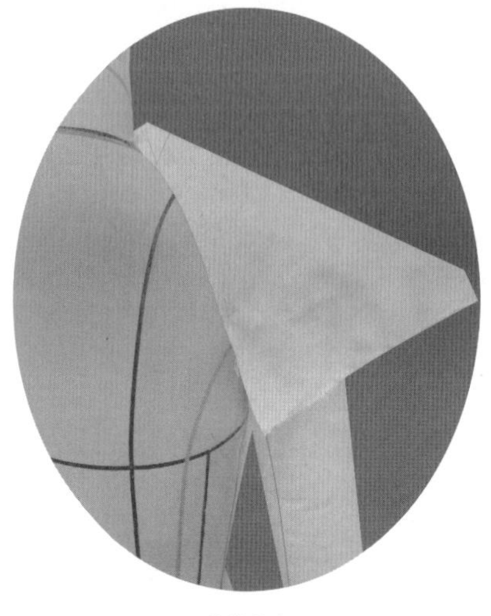

2.3.34

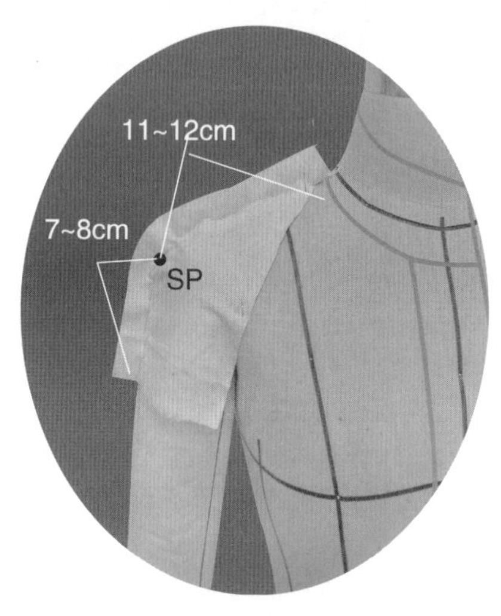

2.3.35

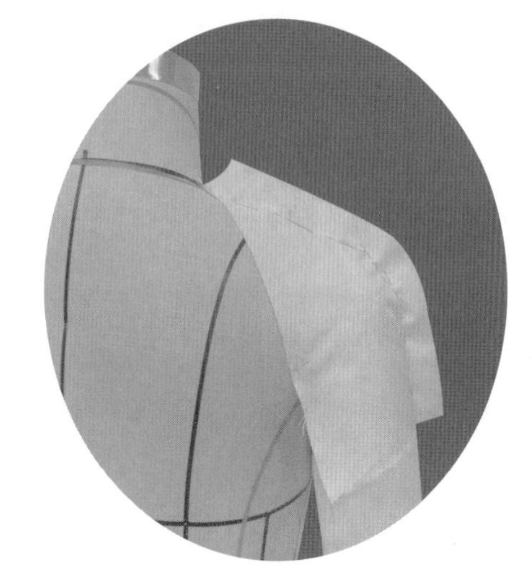

2.3.36

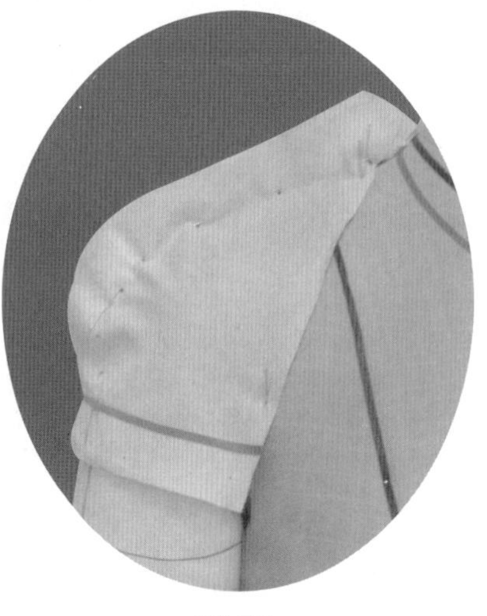

2.3.37

2.3.33 ~ 2.3.37　将手臂对位并以大头针固定于人台上，裁剪袖山三角盖布，前、后袖山三角盖布均为直丝缕光边。

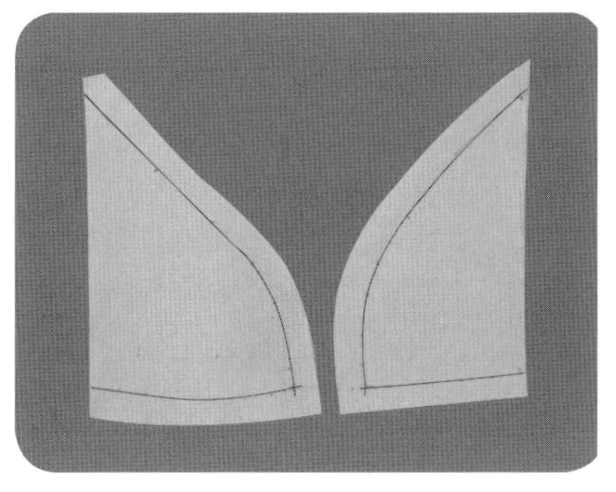

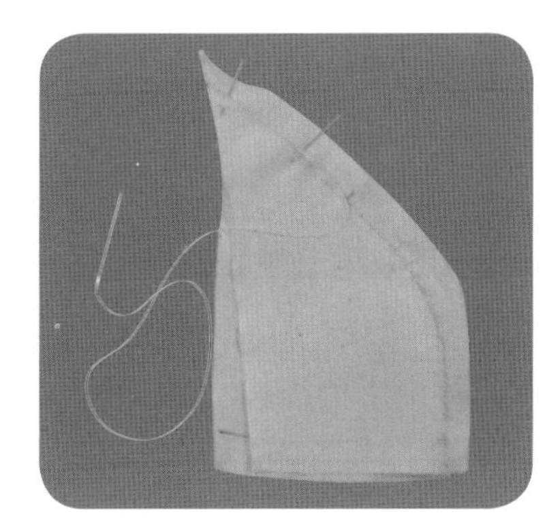

2.3.39

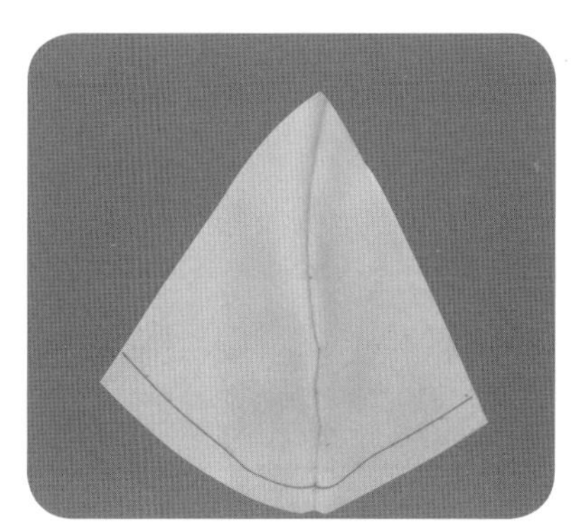

2.3.40

2.3.38 描点、画线，平面整理前、后袖山三角盖布。

2.3.39、2.3.40 对位缝合前、后袖山三角盖布的肩缝。

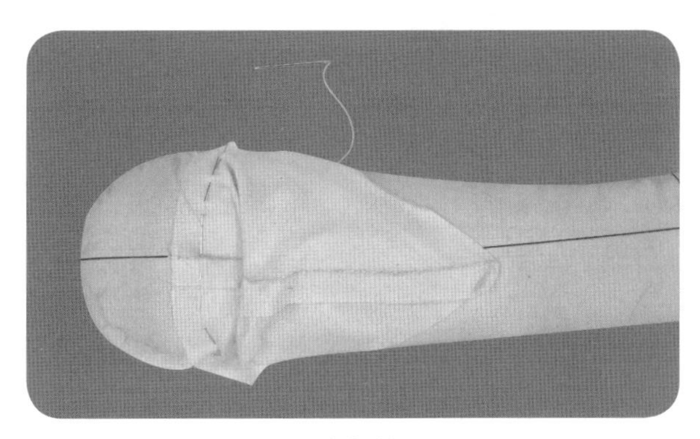

2.3.41

2.3.41 以手工针缝合三角盖布与手臂。

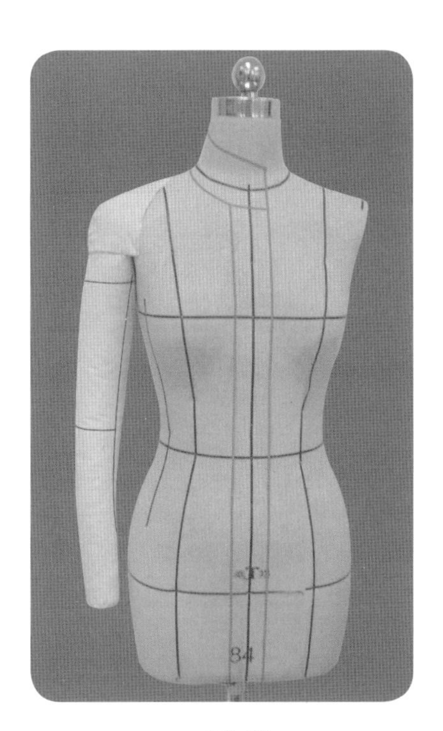

2.3.42

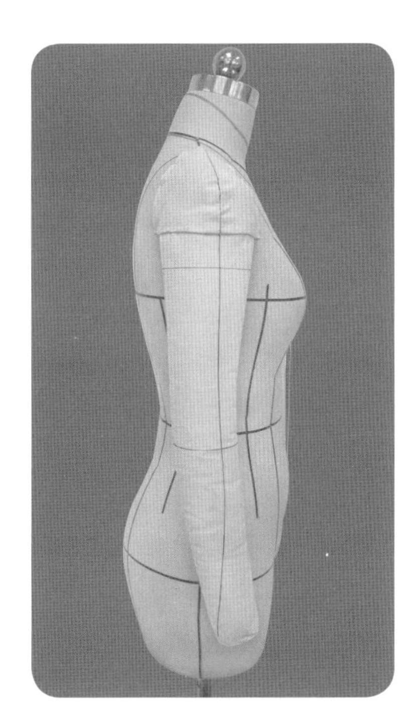

2.3.43

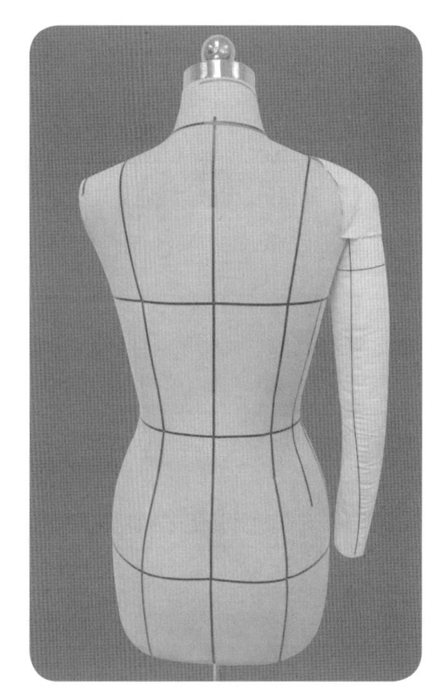

2.3.44

2.3.42 ~ 2.3.44 手臂制作完成。在人台上固定手臂时，腋下应稍留余量，以便装袖底。

2.4 人台的贴线

贴置人台标志线是立裁操作的必要准备工作，人台标志线是在人台上标记人体体型的特征位置，为服装与人体的准确对位裁剪和规范化的立裁操作以及纸样获取提供保证。

● 操作步骤

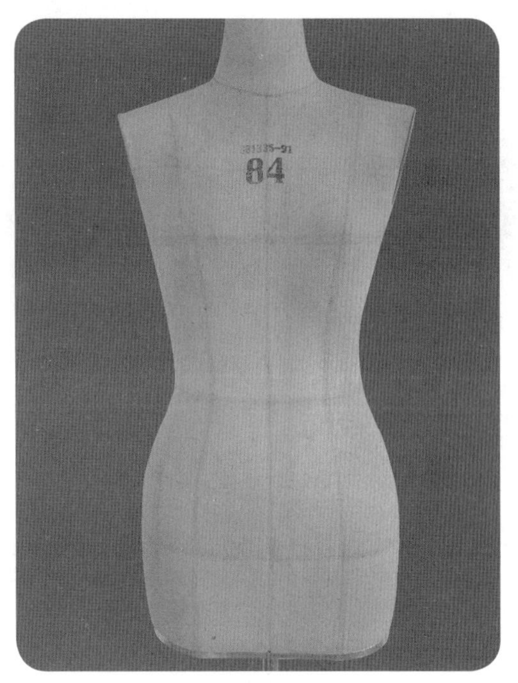

2.4.1

2.4.1　人台的准备，测量人台的胸围、背长、肩宽等基本尺寸。

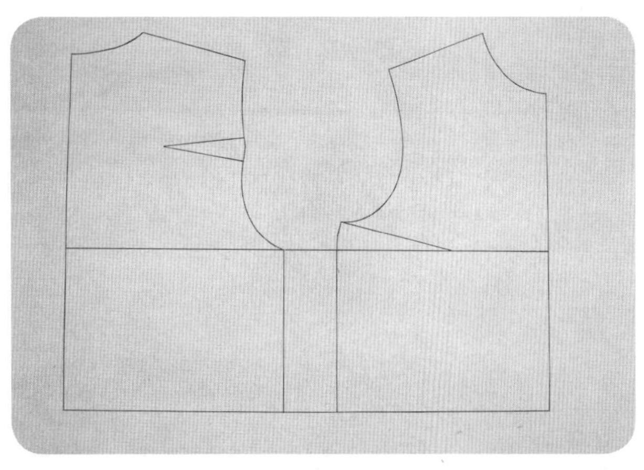

2.4.2

2.4.2　根据测量的人台尺寸，绘制原型纸样。

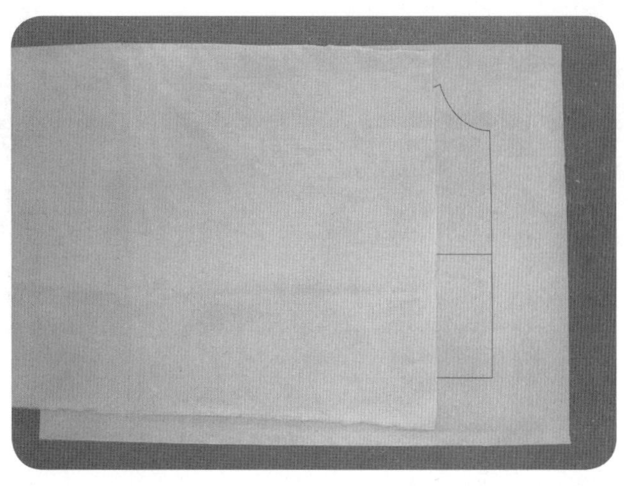

2.4.3

2.4.3　量取缝制原型样衣的坯布用布，用布长度比原型衣长增加5cm缝份量，宽度为整个门幅宽度。

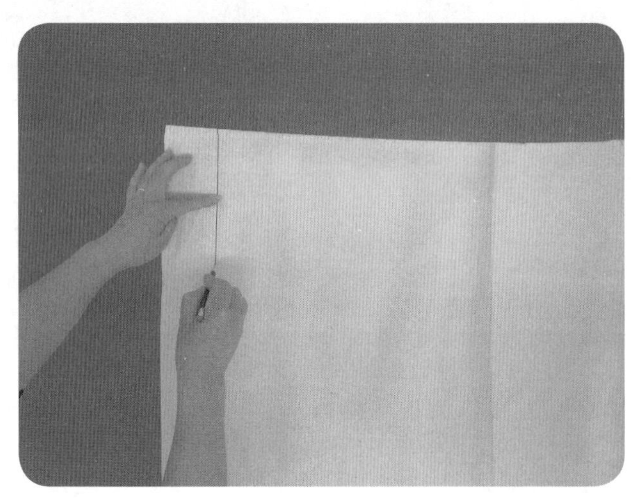

2.4.4

2.4.5

2.4.4、2.4.5　以2B铅笔距布边5cm沿经纱纱向画线，然后剪去坯布布边。

2.4.6

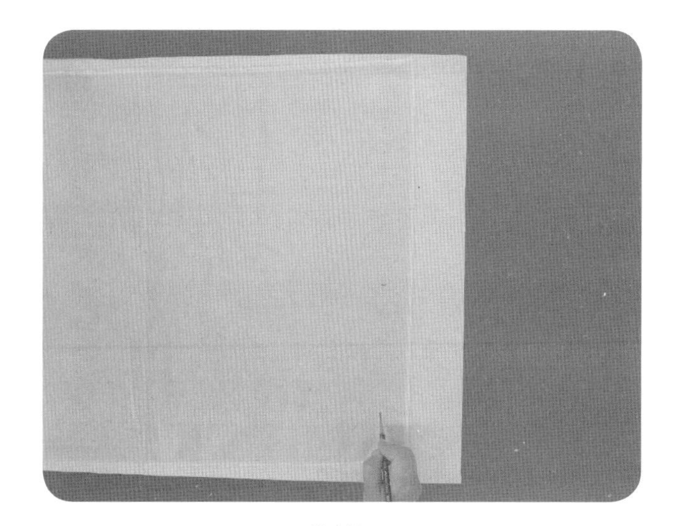

2.4.7

2.4.6、 2.4.7 在坯布对应纸样的胸围线、腰围线位置点取标志点。

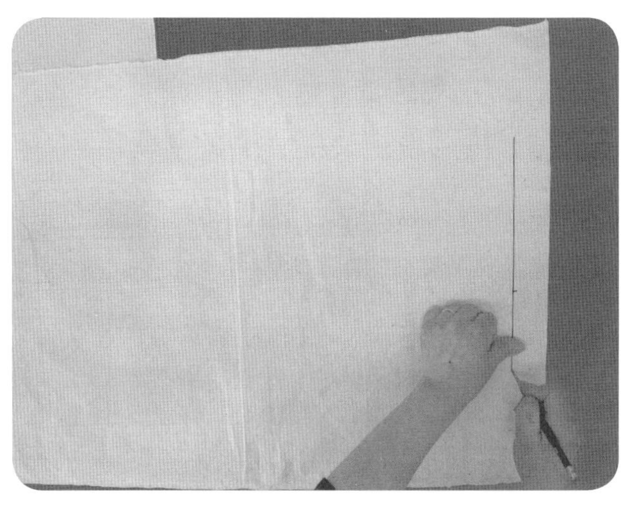

2.4.8

2.4.8 余留3cm缝份，沿经纱方向绘制前中心布纹线（FC）。

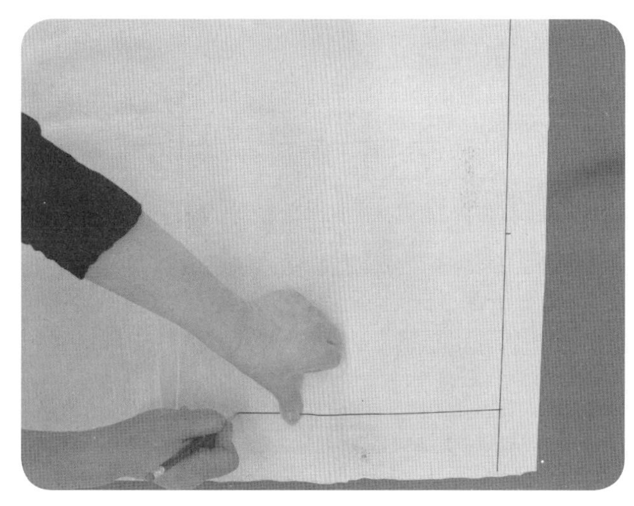

2.4.9

2.4.9 对应点取胸围线、腰围线标志点，沿纬纱方向绘制胸围布纹线（BL）、腰围布纹线（WL）。

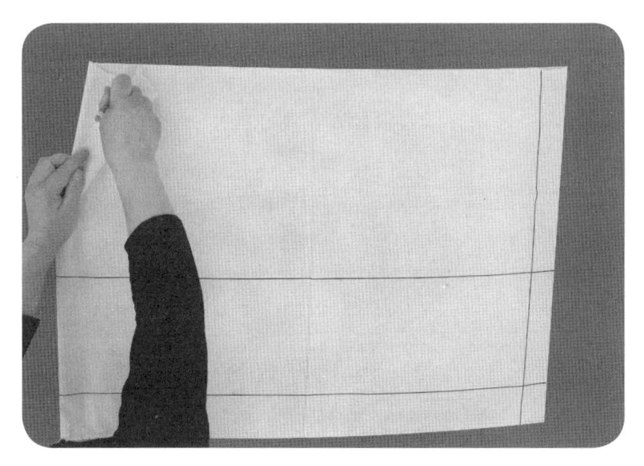

2.4.10

2.4.11

2.4.10 、2.4.11 将布对折，点取后中心线位置，绘制后中心布纹线（BC）。

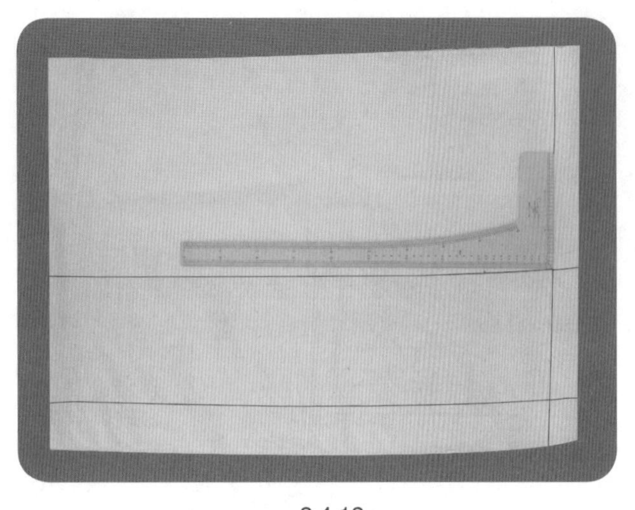

2.4.12

2.4.12　观察坯布的纬斜情况。

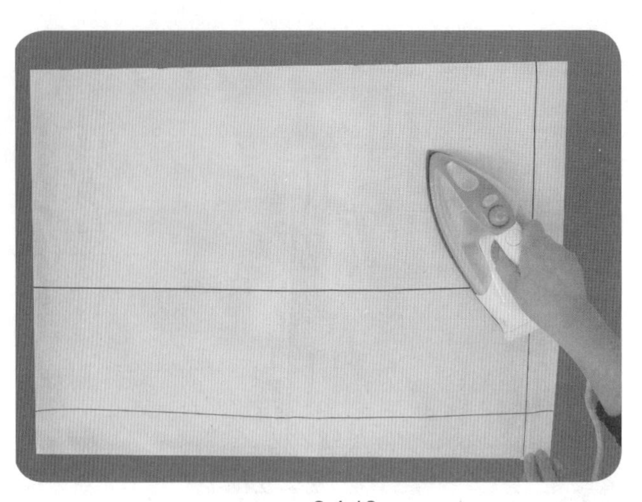

2.4.13

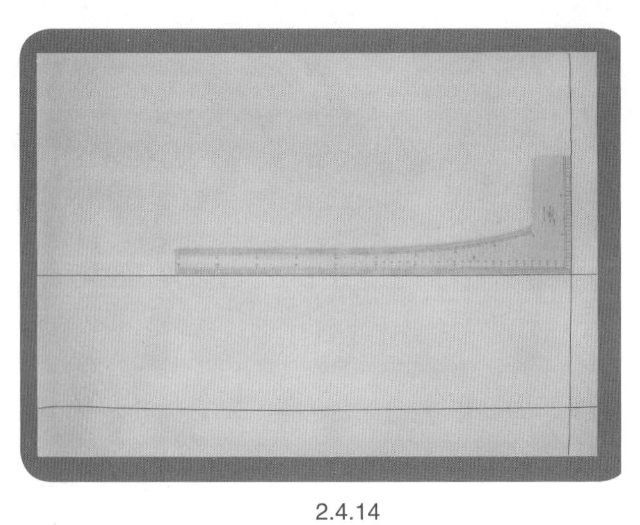

2.4.14

2.4.13、2.4.14　以熨斗整烫用布，使坯布平整，布纹顺直，经纱与纬纱严格垂直。

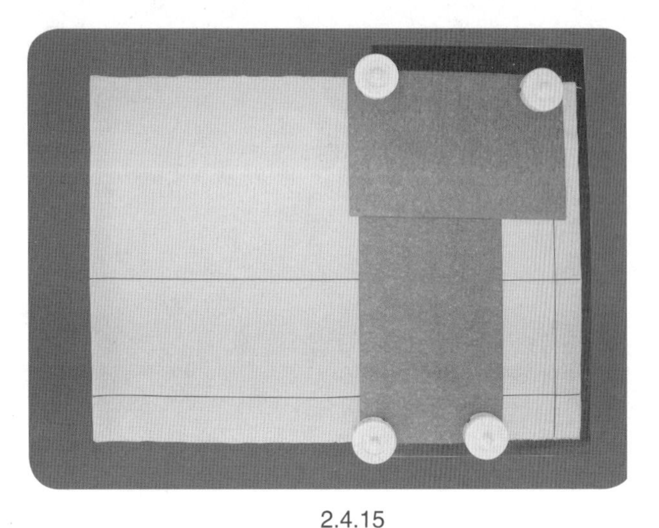

2.4.15

2.4.15　复写纸铺垫于坯布上、下，拓印纸样至布样。

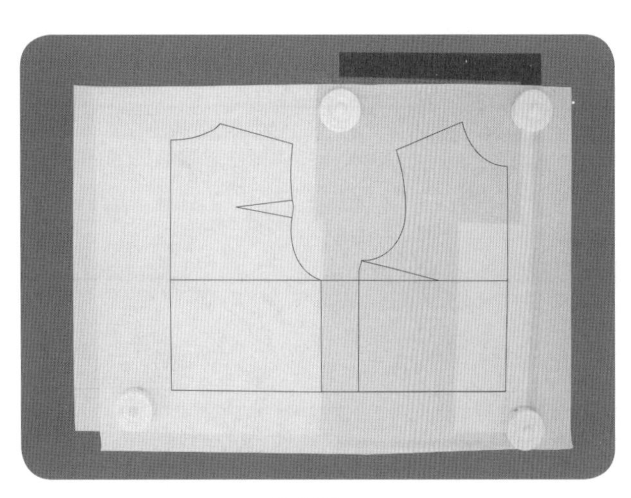

2.4.16

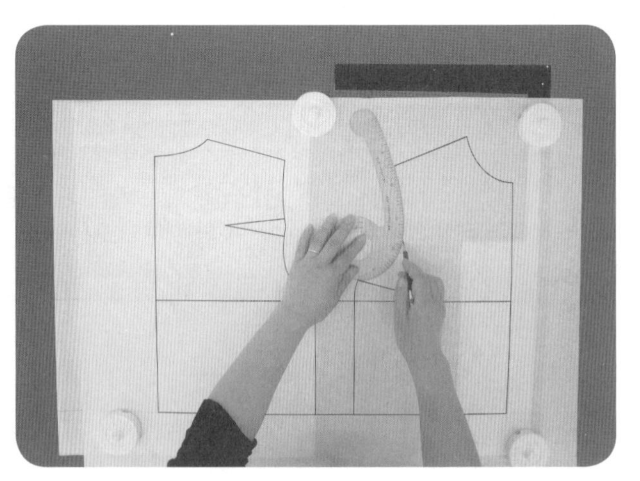

2.4.17

2.4.16、2.4.17　纸样的FC、BL、WL线与对应的布纹线对齐，拓印前片结构线。

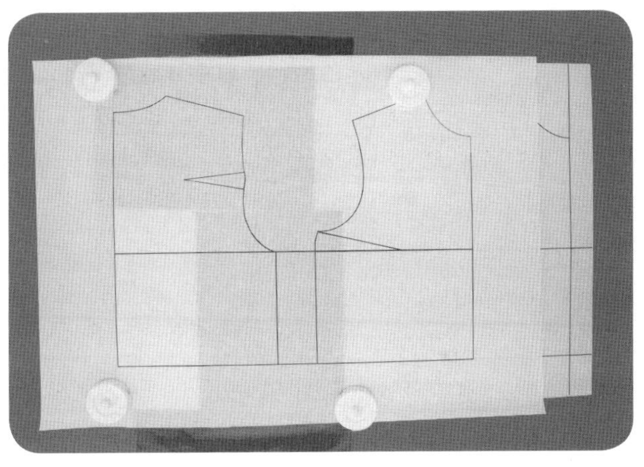

2.4.18

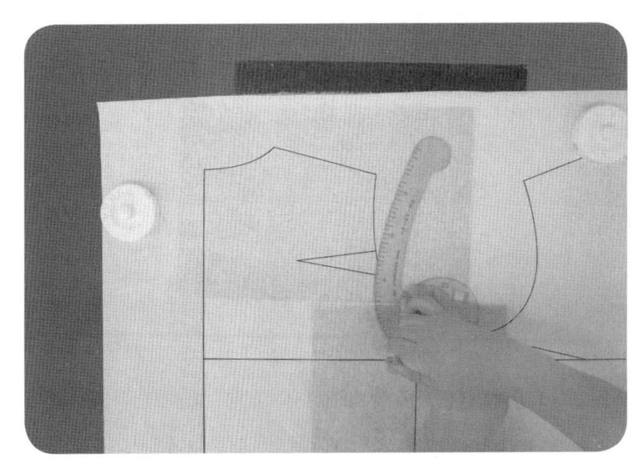

2.4.19

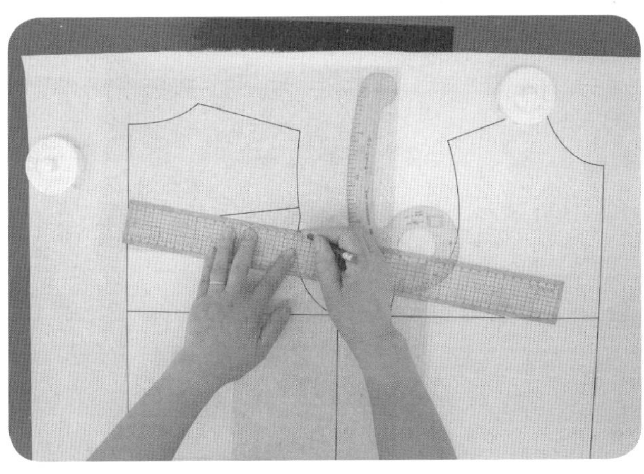

2.4.20

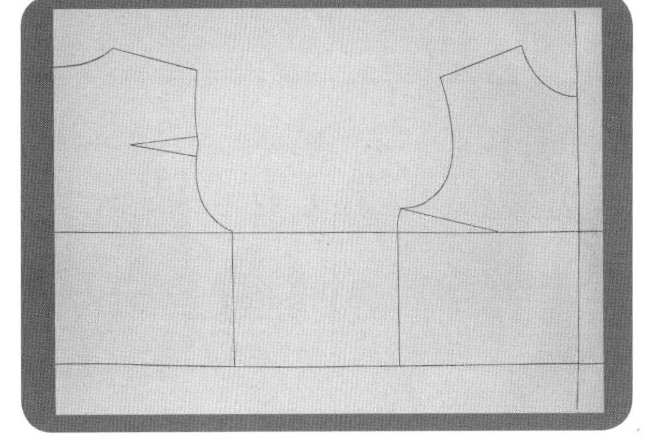

2.4.21

2.4.18 ~ 2.4.20 纸样的BC、BL、WL线与对应的布纹线对齐，拓印后片结构线。

2.4.21 去除纸样和复写纸，检查拓印布样。

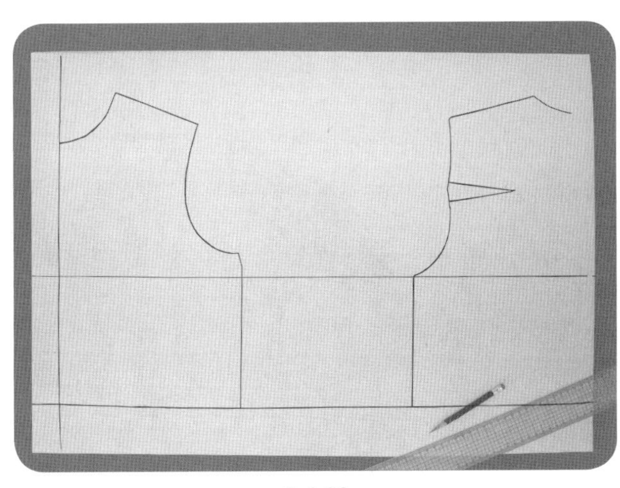

2.4.22

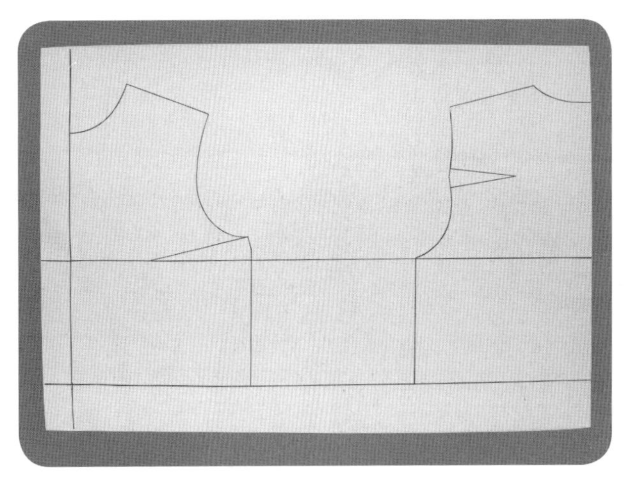

2.4.23

2.4.22、2.4.23 描画不清晰的拓印结构线。

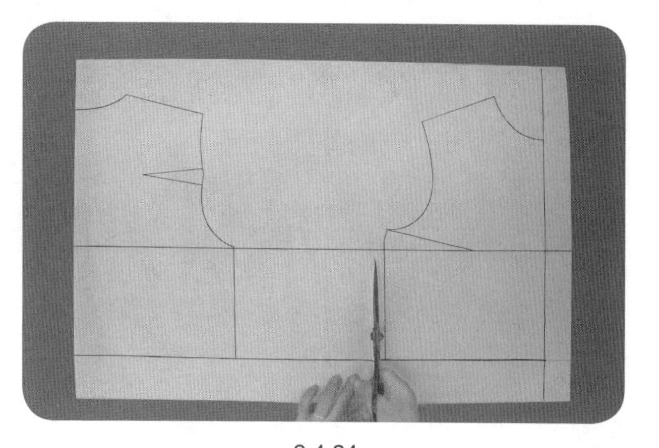

2.4.24

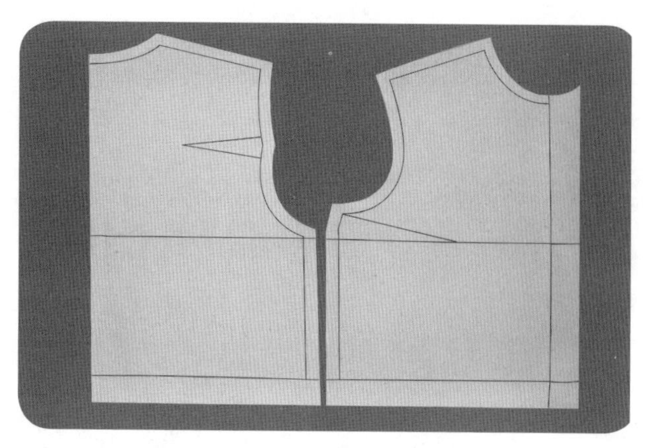

2.4.25

2.4.24　余留缝份，修剪前片、后片布样。

2.4.25　以手工针缝合省道、侧缝、肩缝，翻折底边，翻折左侧前中缝缝份，测量检查领口线长度是否与纸样一致。

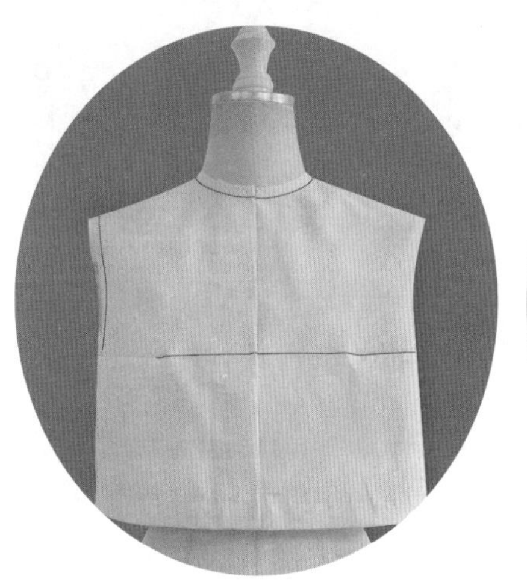

2.4.26

2.4.27

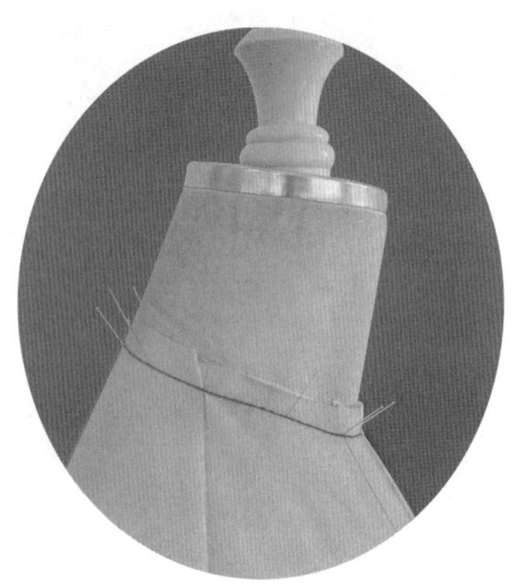

2.4.28

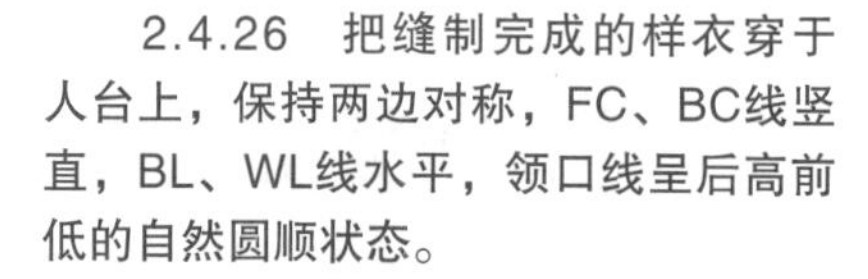

2.4.26　把缝制完成的样衣穿于人台上，保持两边对称，FC、BC线竖直，BL、WL线水平，领口线呈后高前低的自然圆顺状态。

2.4.27、2.4.28　对应样衣结构线用大头针记录前颈点(FNP)、侧颈点(SNP)、后颈点(BNP)位置，记录前、后领口弧线。

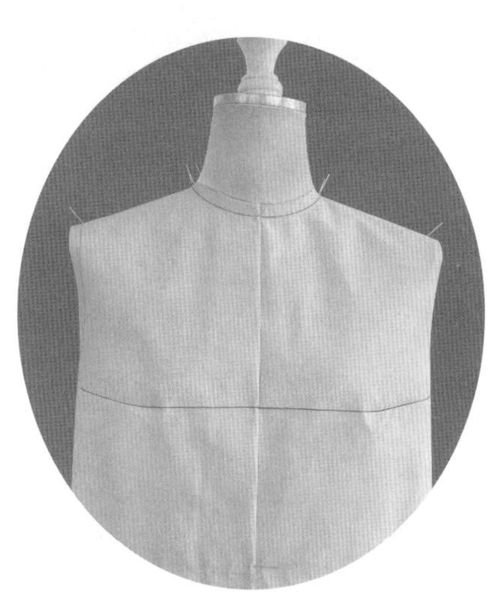

2.4.29

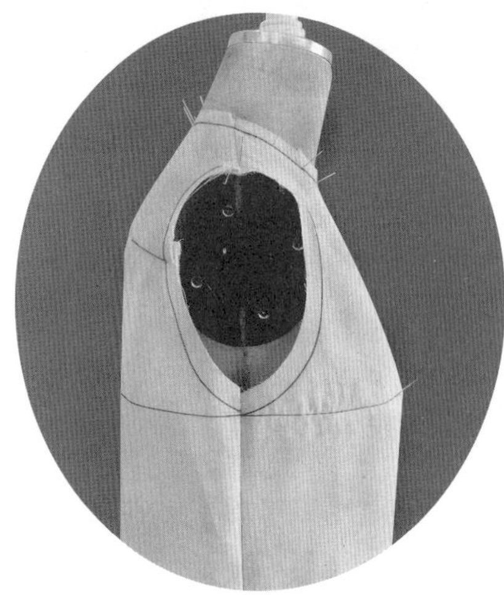

2.4.30

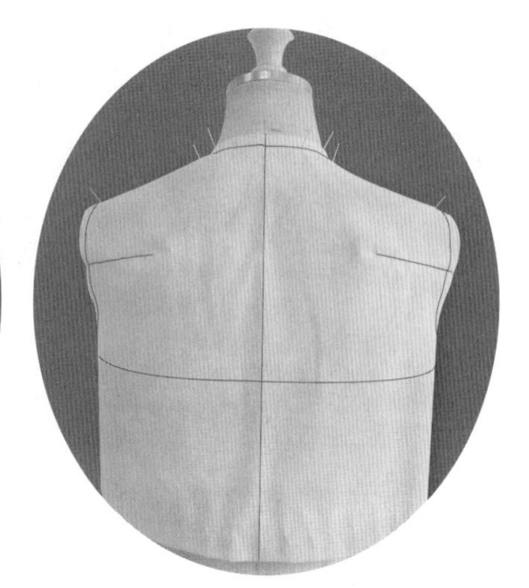

2.4.31

2.4.29 ~ 2.4.31 用大头针记录SP点、BP点、侧缝袖窿底点、侧缝WL线交点。

2.4.32

2.4.33

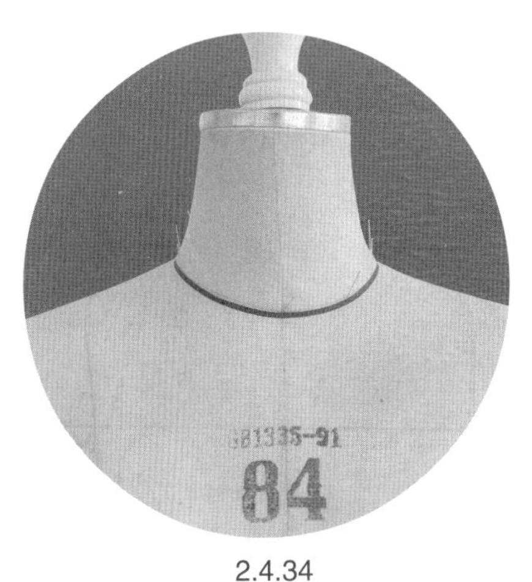

2.4.34

2.4.32、2.4.33　一边脱样衣一边对大头针针眼位置扎针记录，将样衣上对应的人体特征点转印于人台上。

2.4.34　领口线的贴置。沿大头针记录位置贴置领口线。

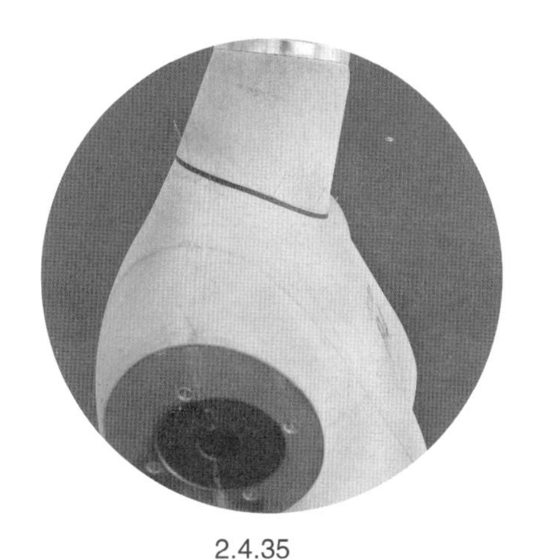

2.4.35

2.4.36

2.4.37

2.4.35　从正面、侧面、后面观察领口线是否圆顺。

2.4.36、2.4.37　测量调整前、后领口线，检查其与纸样设计的前、后领口线长度是否一致，且左右是否对称。

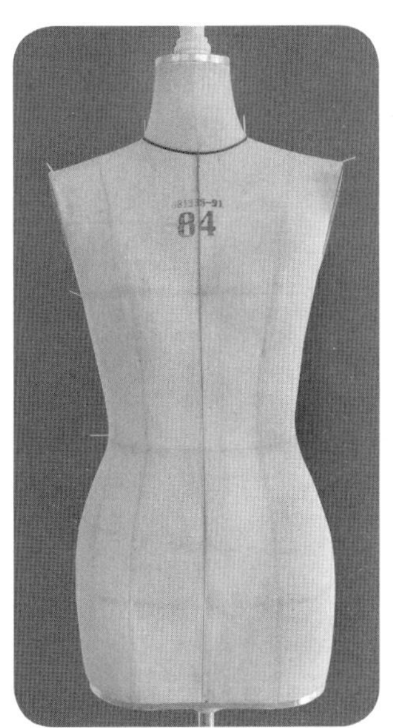

2.4.38

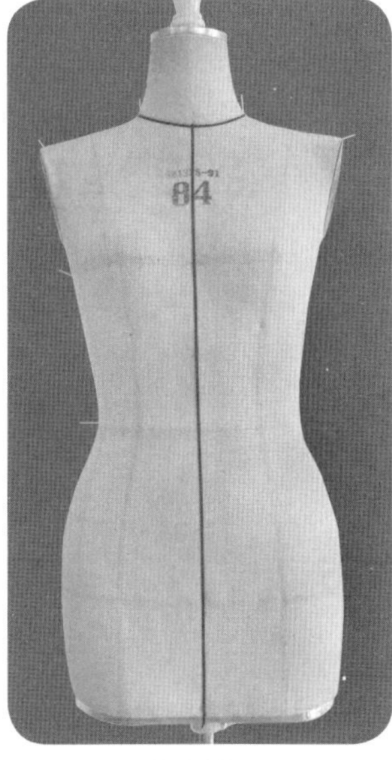

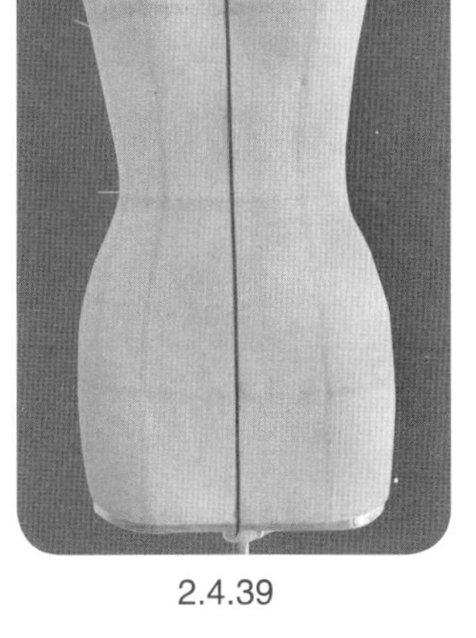

2.4.39

2.4.40

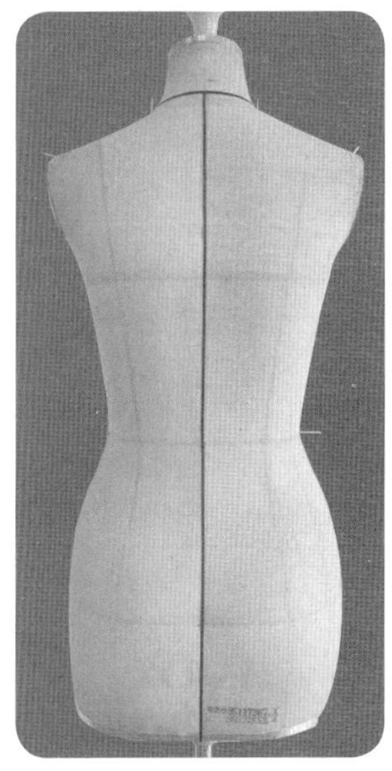

2.4.41

2.4.38、2.4.39　前中心线的贴置。对应FNP点悬挂铅垂线，以大头针记录铅垂线的位置，沿大头针贴置前中心线。

2.4.40、2.4.41　后中心线的贴置。对应BNP点悬挂铅垂线，以大头针记录铅垂线的位置，沿大头针贴置后中心线。

2.4.42

2.4.42　胸围线的贴置。确认BP点高度，年轻女体的SNP至BP点距离一般为24～25cm。

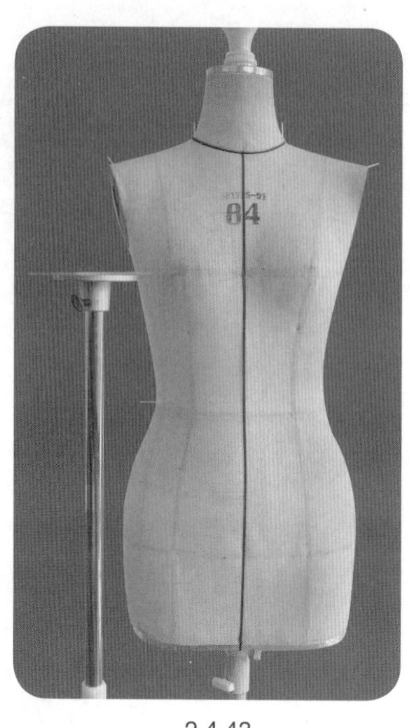

2.4.43

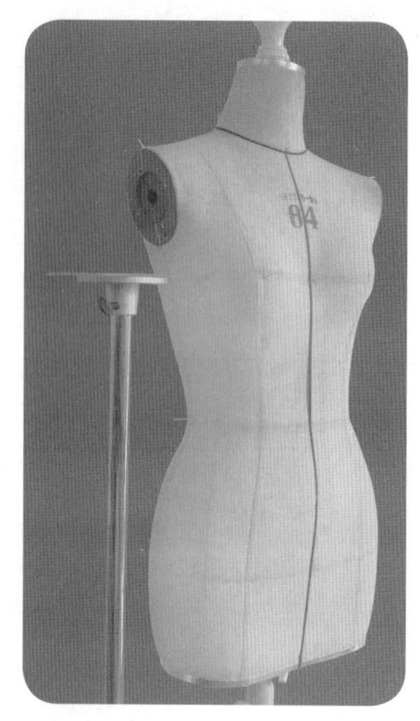

2.4.44

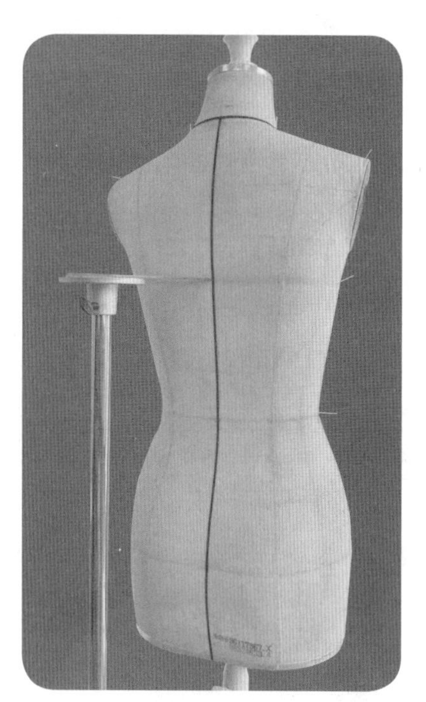

2.4.45

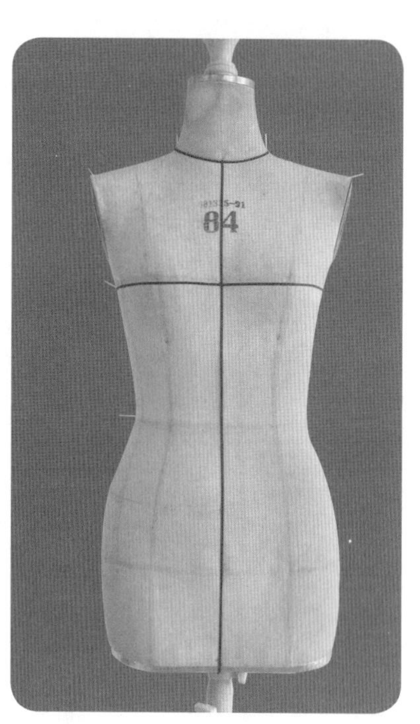

2.4.46

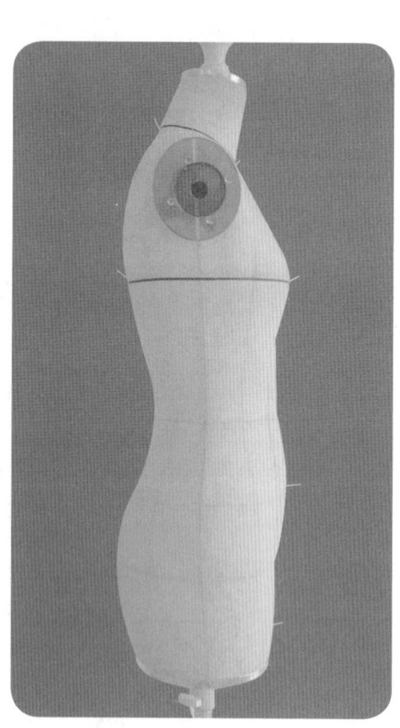

2.4.47

2.4.43~2.4.47　以BP点高度为基准作水平线标记，用大头针记录，沿大头针标记贴置胸围线粘带。

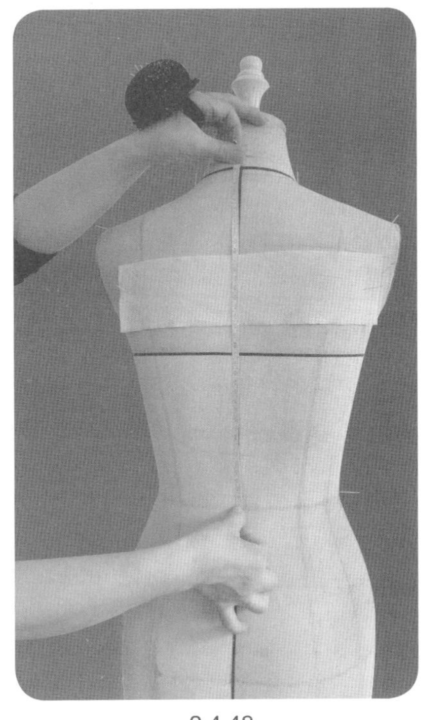

2.4.48

2.4.48　腰围线的贴置。在两侧肩胛最高点固定布条，垫平背中凹陷，量取背长，BNP点至WL线距离为38cm，确定腰围线的高度位置。

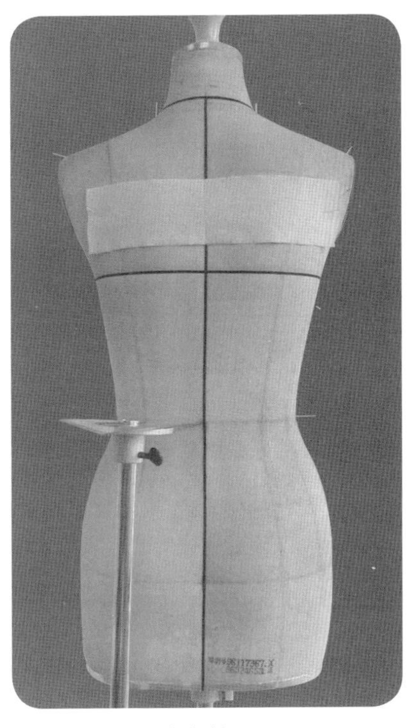

2.4.49

2.4.49　作腰围线水平标记，用大头针记录，贴置粘带。

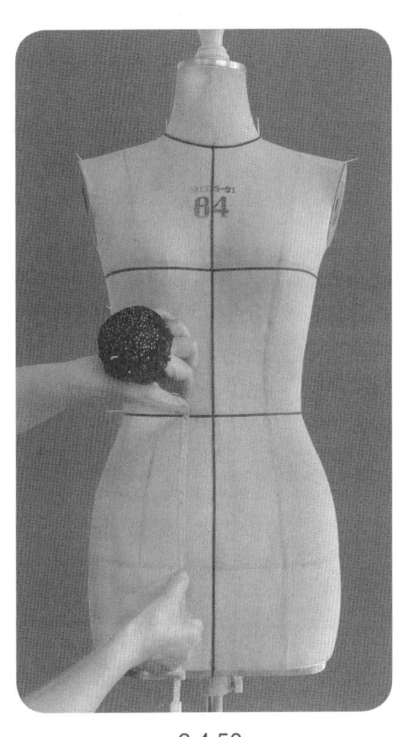

2.4.50

2.4.50　臀围线的贴置。前中位置测量腰围线至臀围线距离为18cm，确定臀围线高度。

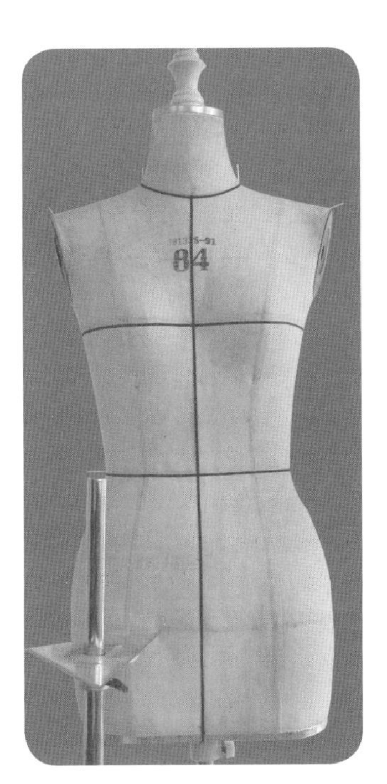

2.4.51

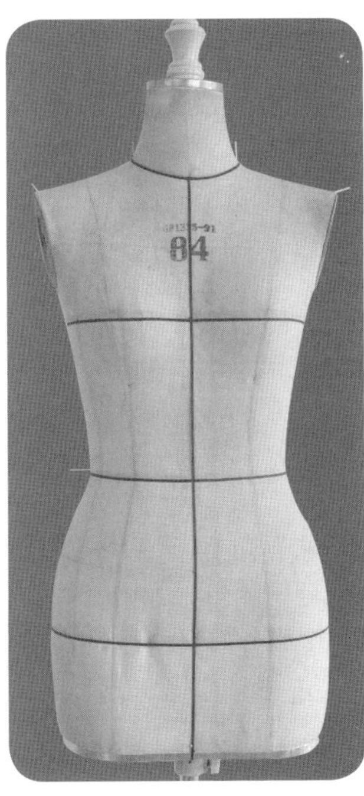

2.4.52

2.4.51、2.4.52　作臀围线水平标记，沿大头针记录点贴置粘带。

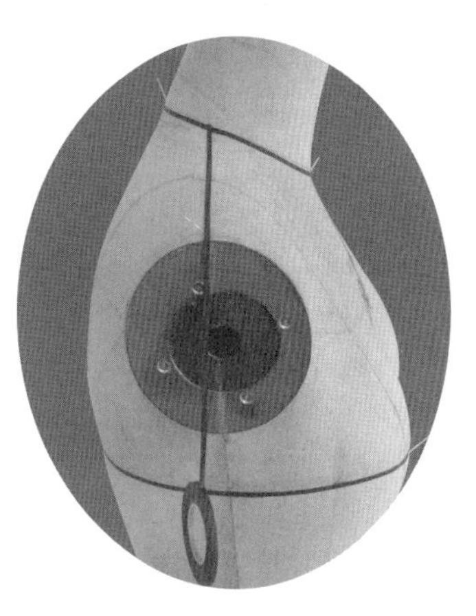

2.4.53

2.4.53　肩线的贴置。连接SNP至SP点大头针记录点，贴置粘带。

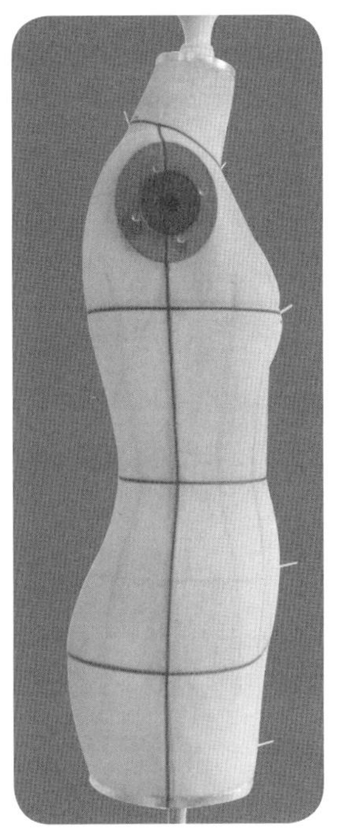

2.4.54

2.4.54　侧缝线的贴置。连接侧缝上、下大头针记录点，在视觉上保持竖直地贴置粘带。

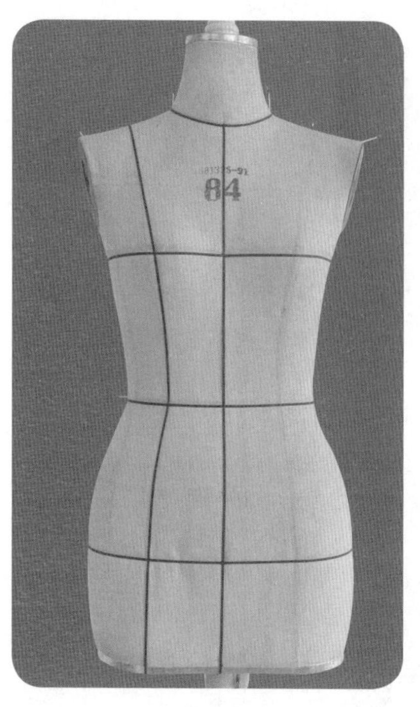

2.4.55

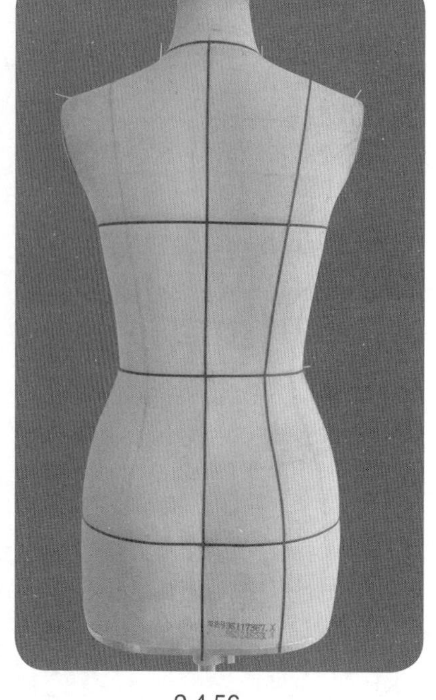

2.4.56

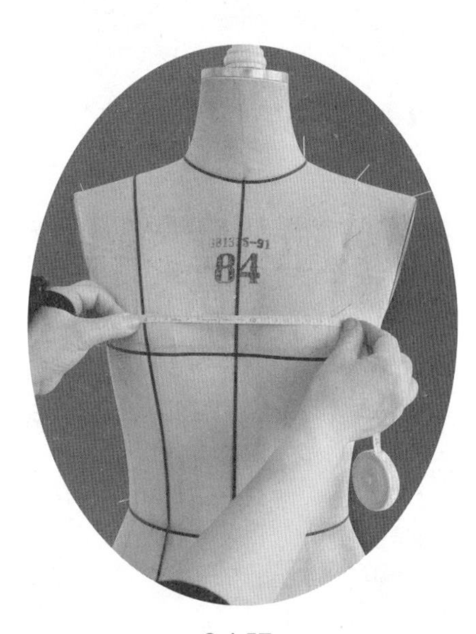

2.4.57

2.4.55 前公主线的贴置。自肩线的中点开始，自然通过BP点，稍向里至腰围线，稍向外至臀围线，自然竖直至底边，美观弧顺地贴置粘带。

2.4.56 后公主线的贴置。自肩线的中点开始，自然通过肩胛骨位置，稍向里至腰围线，稍向外至臀围线，自然竖直至底边，美观弧顺地贴置粘带。

2.4.57 以前、后中心线为对称轴，贴置右侧的侧缝线和前、后公主线。

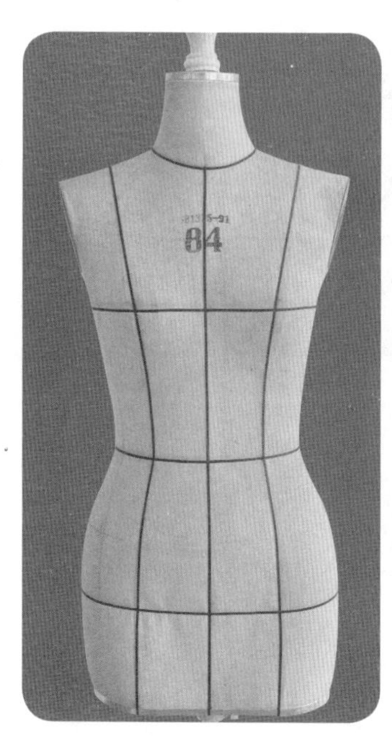

2.4.58

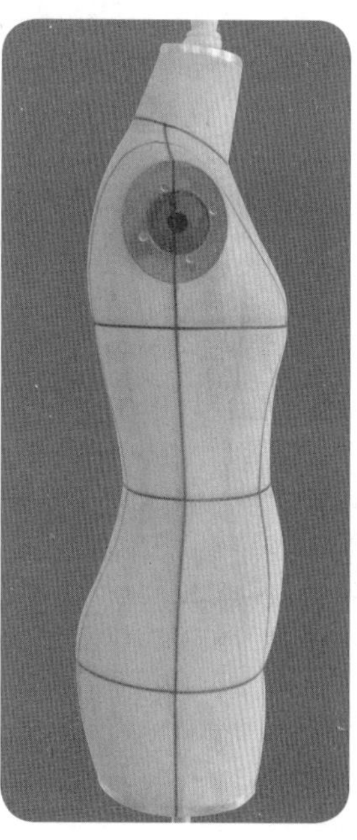

2.4.59

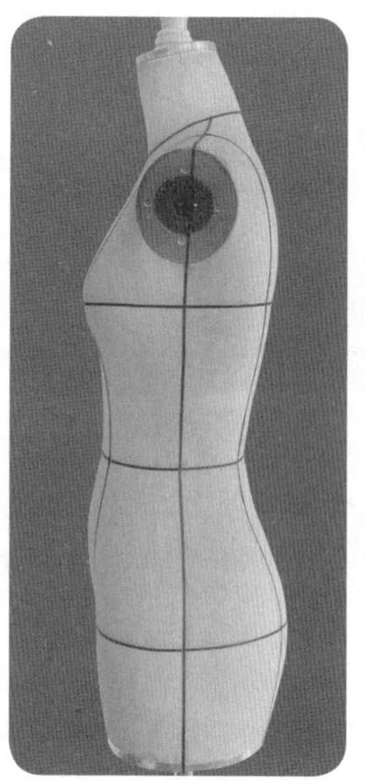

2.4.60

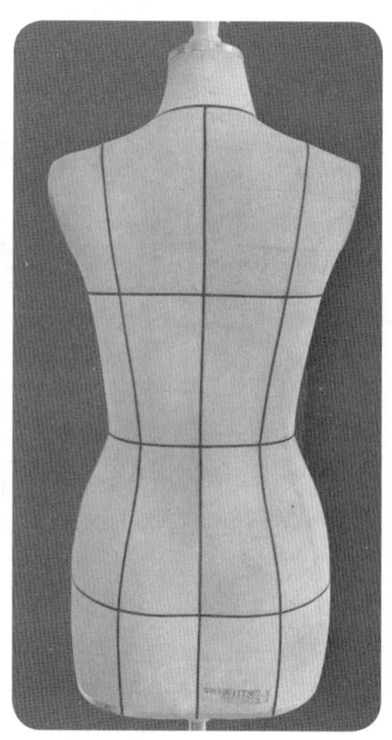

2.4.61

2.4.58 ~ 2.4.61 观察确认标志线的水平、竖直、弧顺。人台基础标志线贴置完成。

2.5 大头针基础针法

立体裁剪操作中，大头针的规范别针至关重要，是服装准确造型和良好表现的保证。大头针的别针方法根据其功能性可分为两类：第一类为固定坯布与人台的针法，第二类为固定坯布与坯布的针法。

1）固定坯布与人台的针法

固定坯布与人台的常用针法有双针交叉针法和单针斜插针法，简称交叉针法和单针法。固定坯布与人台时大头针扎入人台不宜过深，不宜超过针身的1/3长度，扎针的位置要恰当，不宜过多，随着立裁塑型的完成，固定坯布与人台逐渐转化为固定坯布与坯布。如图2.5.1所示为交叉针法，图2.5.2所示为单针针法。

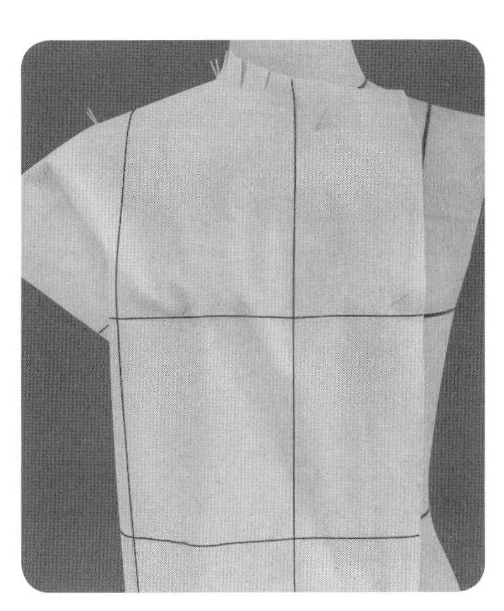

图2.5.1　交叉针法

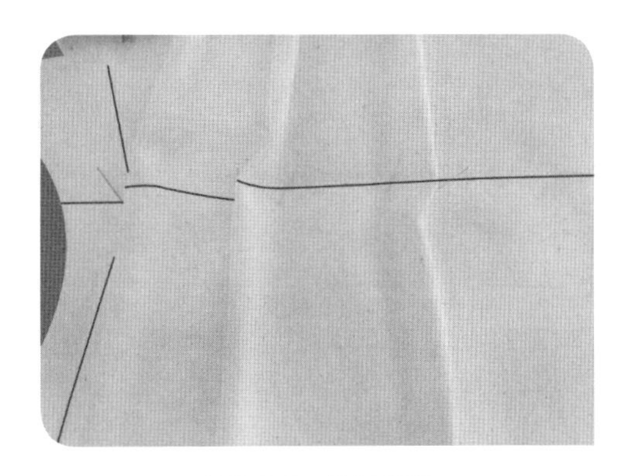

图2.5.2　单针针法

2）固定坯布与坯布的针法

固定坯布与坯布的常用针法有：缝份抓合固定针法、缝份平叠固定针法、缝份折边盖别固定针法，分别简称为抓合针法、平叠针法、折别针法。固定坯布与坯布时大头针要求针距均匀，方向一致，针身别插坯布时跨度小，且伸入不宜过长，一般不超过针身的1/3长度。如图2.5.3，图2.5.4所示为抓合针法；图2.5.5，图2.5.6所示为平叠针法；图2.5.7，图2.5.8所示为折别针法。

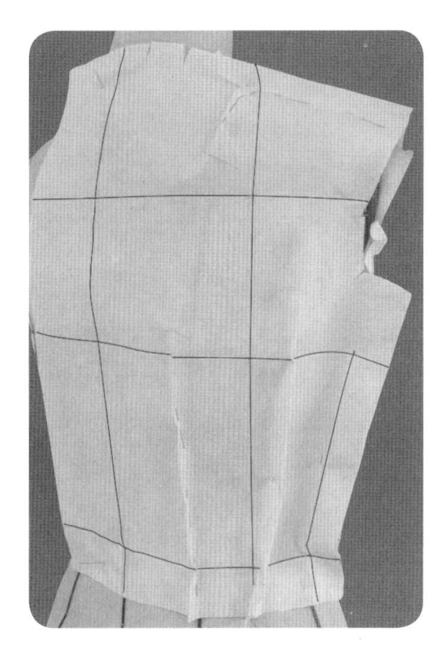

图2.5.3　抓合针法

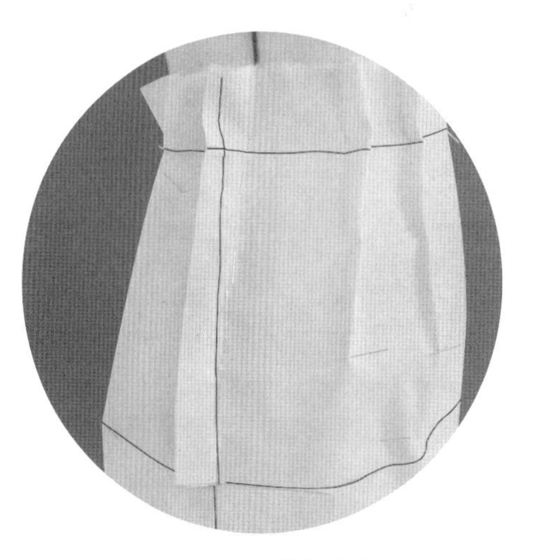

图2.5.4　抓合针法

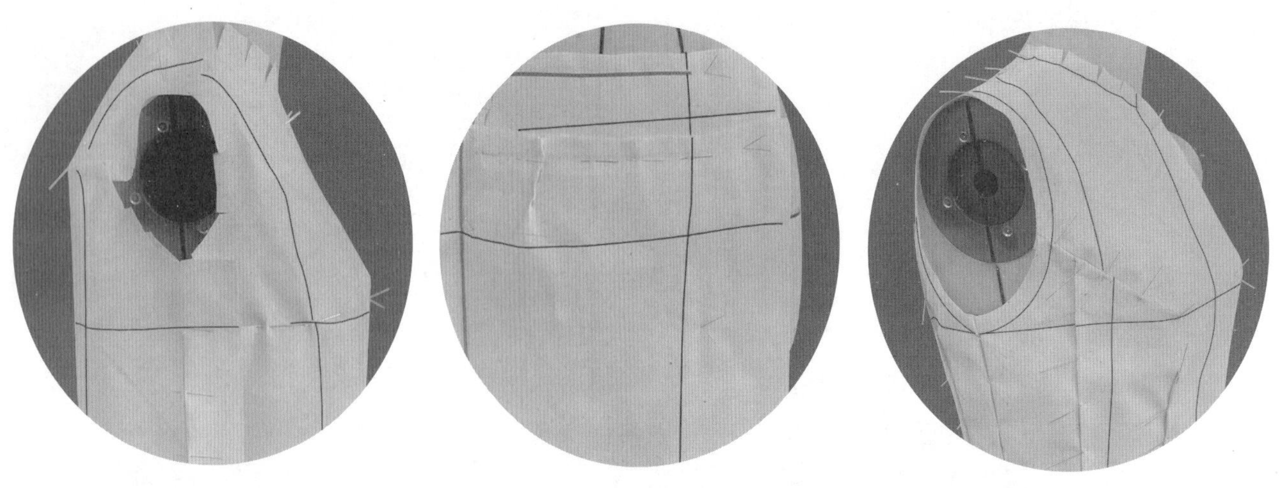

图2.5.5　平叠针法　　图2.5.6　平叠针法　　图2.5.7　折别针法

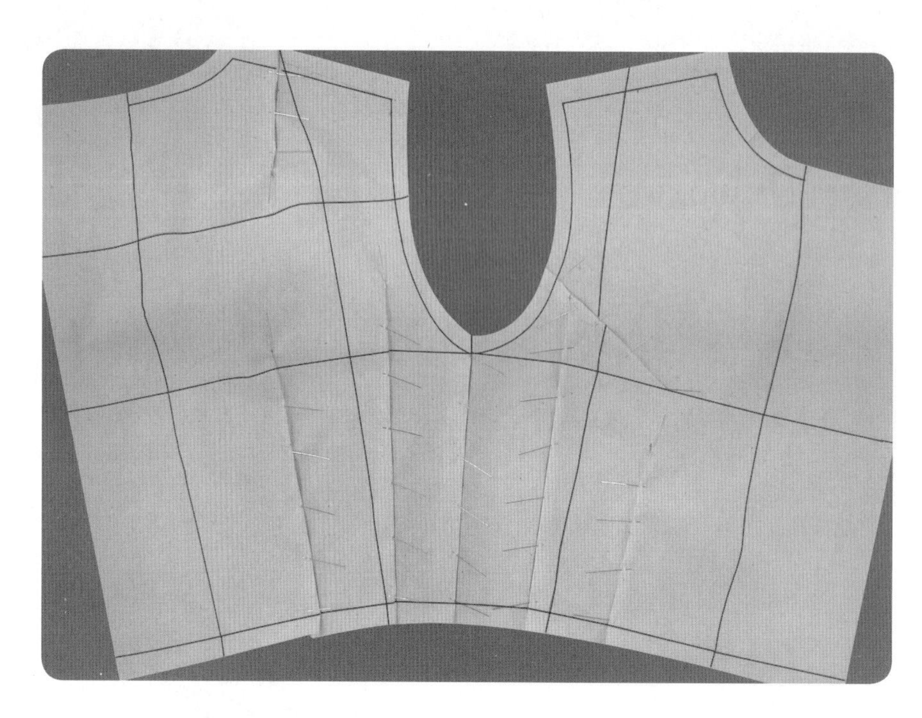

图2.5.8　折别针法

Chapter 3

第3章 原型

3.1 东华原型

● **款式分析（图3.1.1）**

衣身廓形：H型。

结构要素：省道。

胸围线以上曲面量处理：

　　前片——适量的前袖窿松量、侧缝省；

　　后片——适量的后袖窿松量、袖窿省。

领窝造型：基础领窝。

袖窿造型：合体风格圆装袖的基础袖窿。

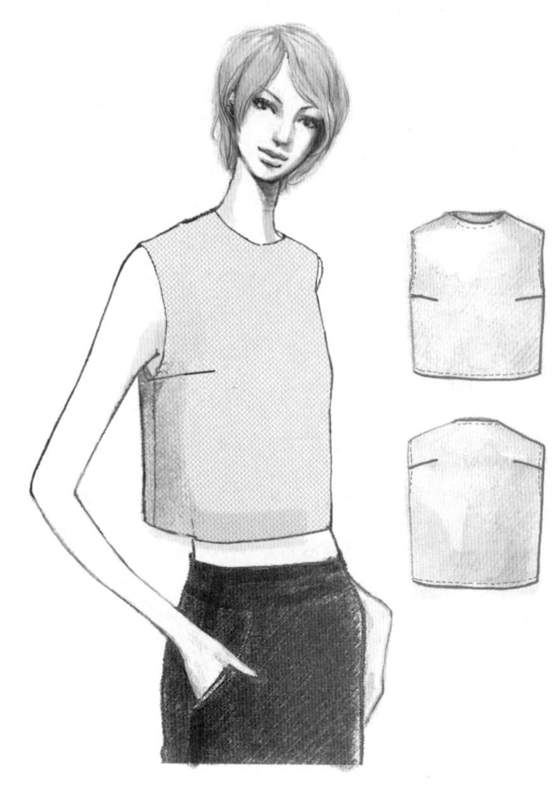

图3.1.1 款式插图

● **坯布准备（图3.1.2）**

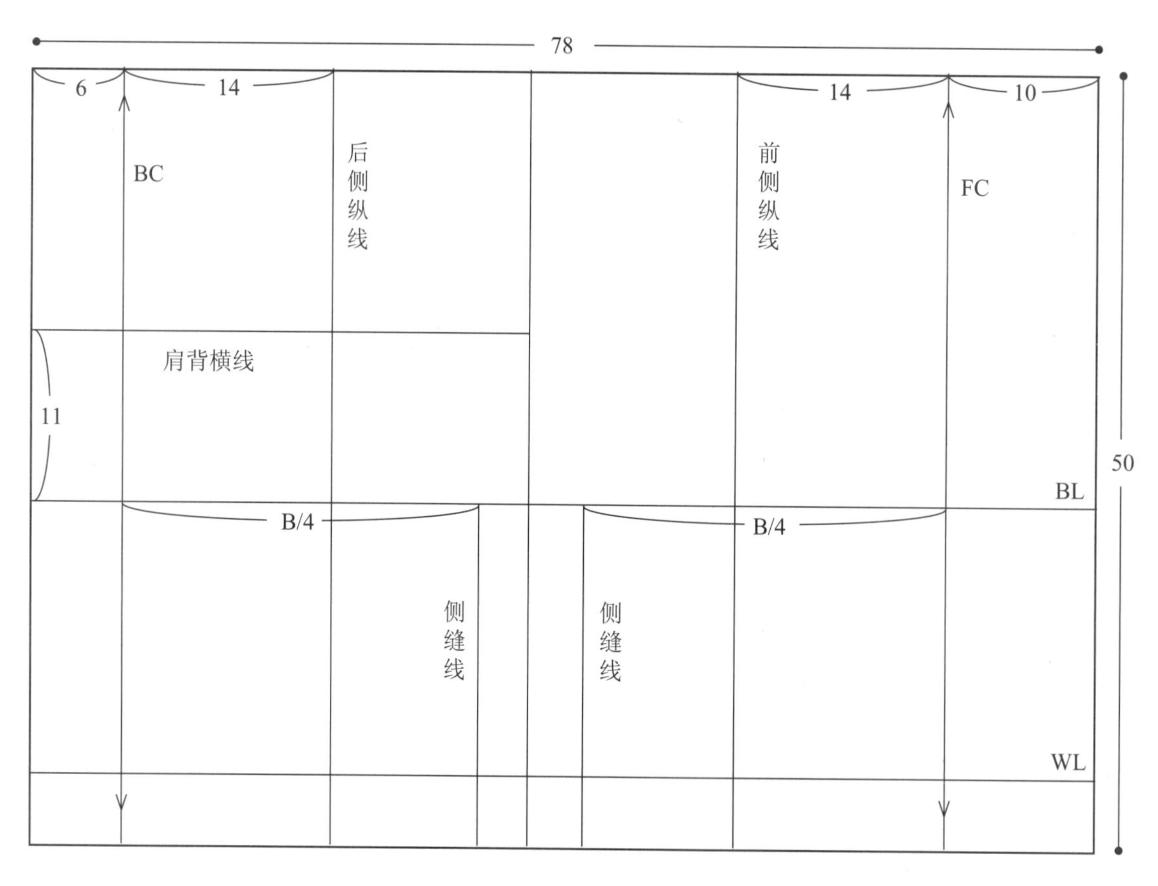

图3.1.2 坯布准备图（单位:cm）

● 操作步骤

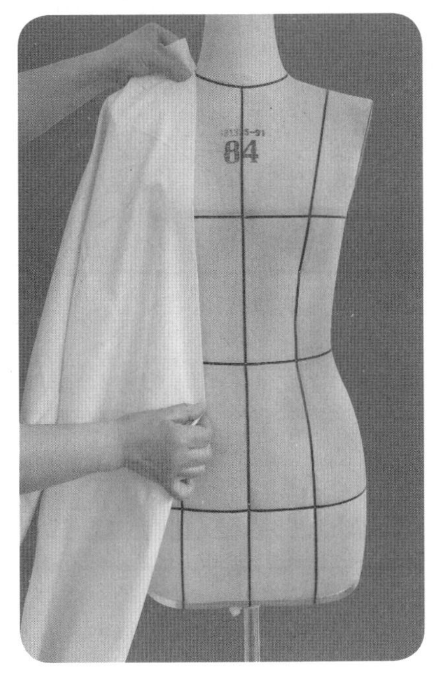

3.1.1

3.1.1　根据款式分析服装造型对称原理，立体裁剪初步操作可进行一半的塑形。服装有侧缝，故需要前、后两片用布，但前、后衣长差异不大，可以前、后片相连取布。用布长度依据服装衣长的最长处量取。量取后，从SNP点向上加放3cm、WL线向下加放3cm。

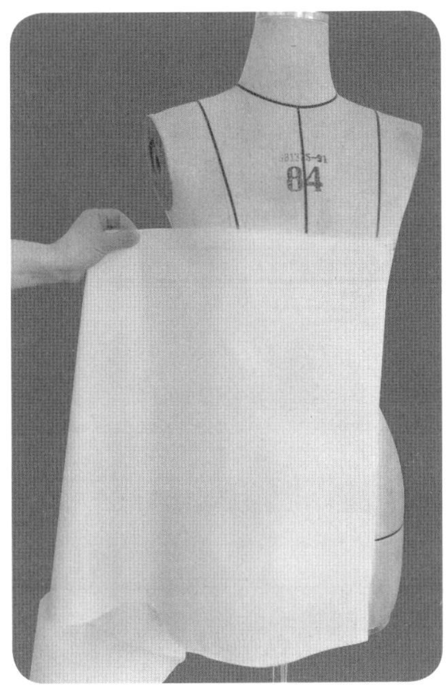

3.1.2

3.1.2　用布宽度依据服装围度的最大处量取。前片用布的宽度量取后，在BL线前中心线处加放10cm、侧缝处加放5~6cm，铅笔标记。

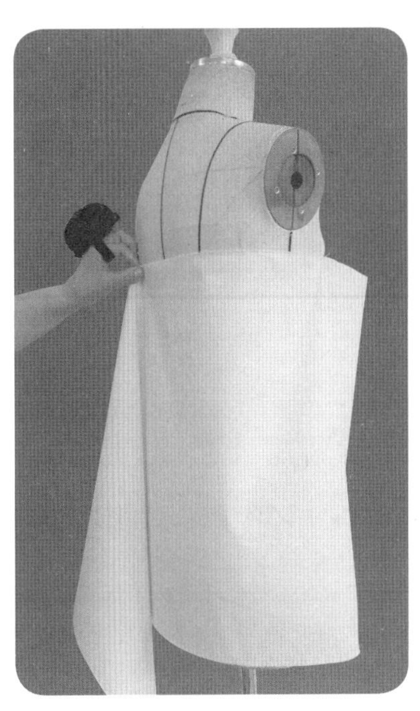

3.1.3

3.1.3　后片用布的宽度量取后，在BL线侧缝处加放5~6cm，后中心线处加放5~10cm。

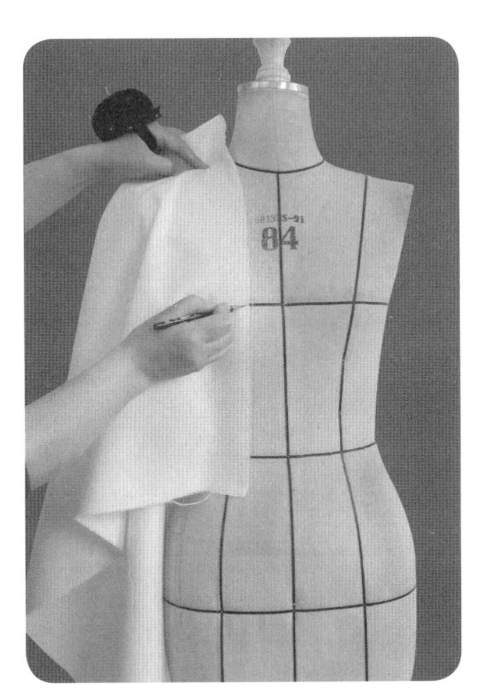

3.1.4

3.1.4　点取用布基础布纹线的位置标记，依据人台基础标志线BL、WL、FC、BC线位置，铅笔标记。

3.1.5

3.1.5　依据点取标记绘制布纹线，纵向经纱布纹线为FC、BC线以及前、后片用布的剪开线，横向纬纱布纹线为BL、WL线。

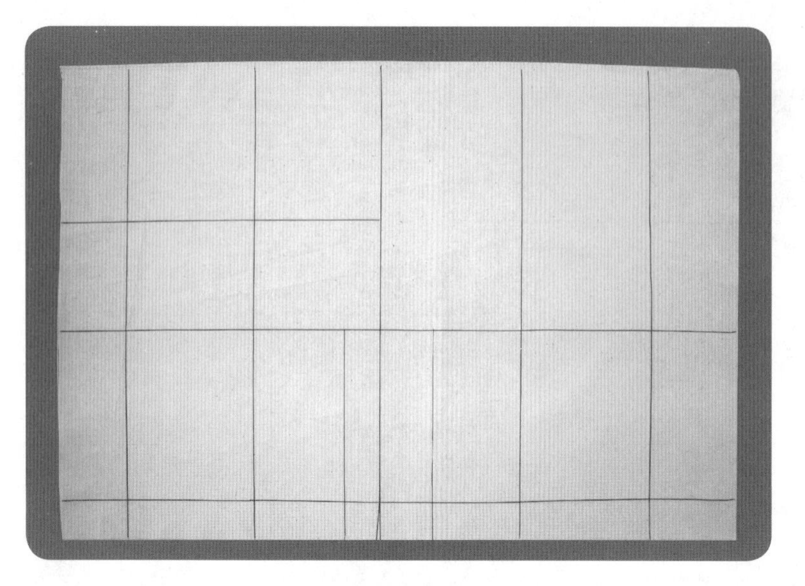

3.1.6

3.1.6　造型辅助布纹线的绘制，前侧纵线距FC线14cm，后侧纵线距BC线14cm，肩背横线距WL线11cm，前侧缝线距FC线B/4，后侧缝线距BC线 B/4。其中B=B*+12cm。(注：B*为净胸围，W*、H*同理)。

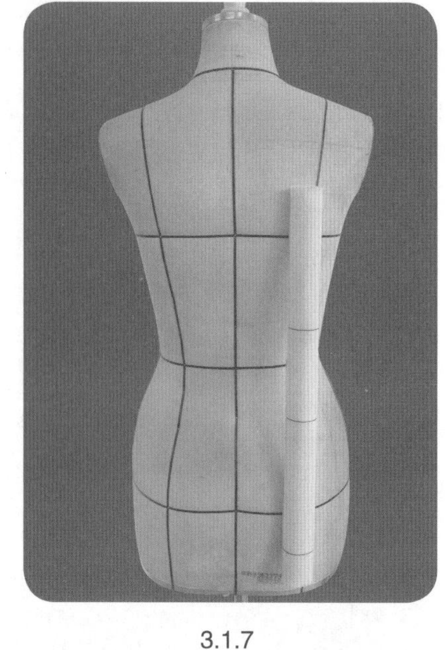

3.1.7

3.1.7　整烫用布，使用布平整，布纹顺直，纵向布纹线与横向布纹线垂直。布纹线朝外，将用布卷为圆筒状，待用。

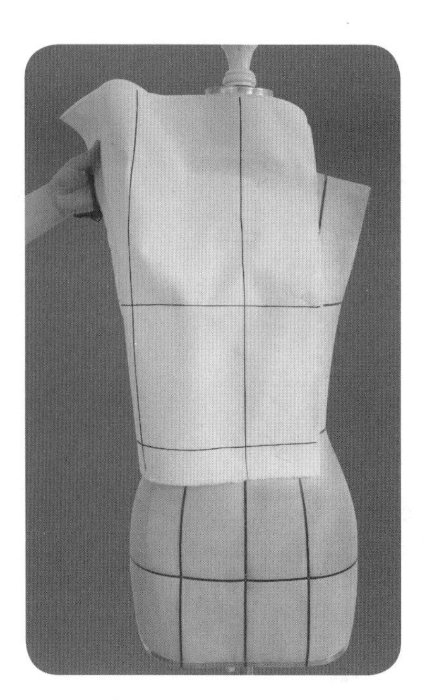

3.1.8

3.1.8　将基础布纹线与人台标志线对齐，固定用布于人台。FC线、BL线、WL线对齐，依次用大头针固定FC线的BNP点、BL线、WL线外侧，以交叉针针法且避开人台标志粘带固定，避免大头针粘胶或粘带断裂。

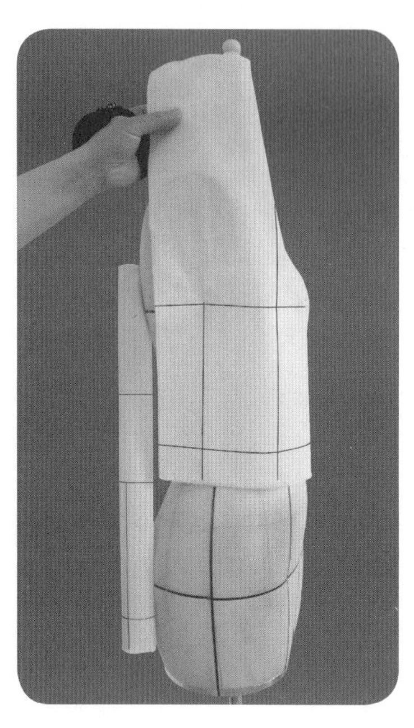

3.1.9

3.1.9　将侧缝线提直，BL线、侧缝线对齐，于侧缝线的BL线处与人台扎针固定。把胸围松量分配0.5cm于BP点至FC线之间，于BP点附近扎针固定。

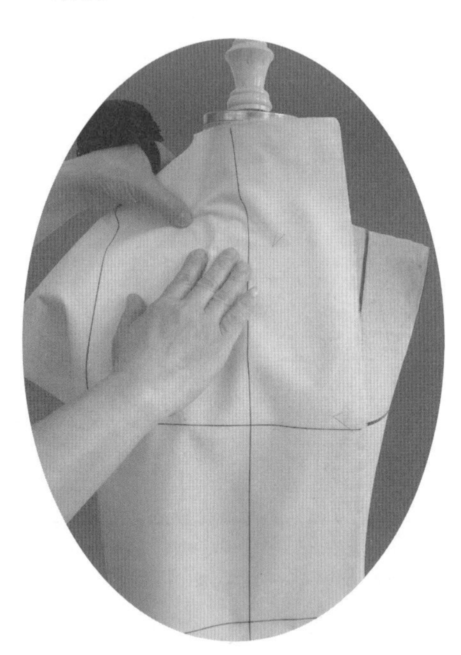

3.1.10

3.1.10、3.1.11　将BP点以上布纹线提直，领口处余留适当松量，在领口侧面扎针固定。

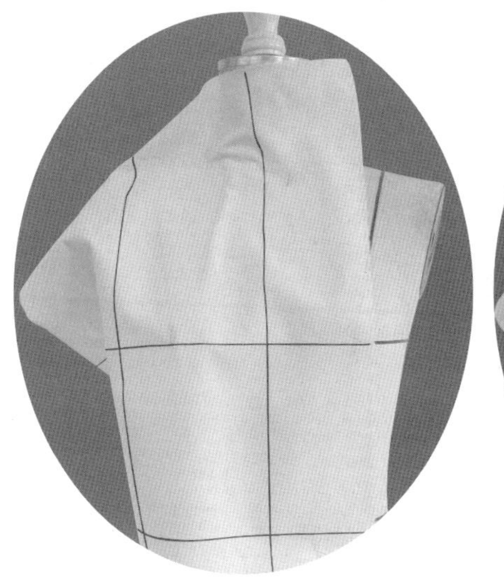

3.1.11

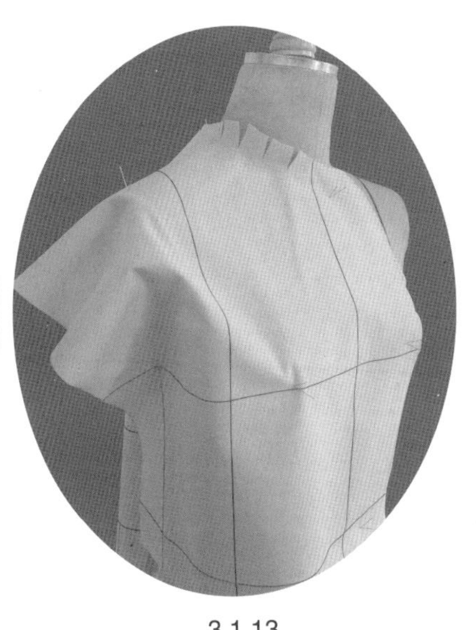

3.1.12

3.1.13

3.1.12　余留1.5cm缝份余量，修剪领口，并适当剪切刀口。

3.1.13　整理领口处松量，SNP点附近扎针固定。抚平肩部，SP点附近扎针固定。

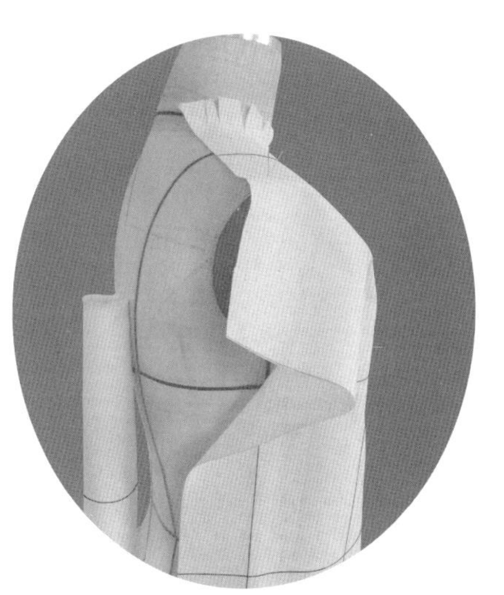

3.1.14

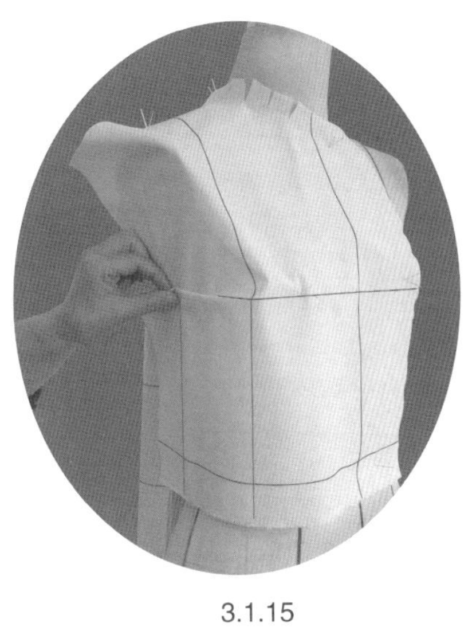

3.1.15

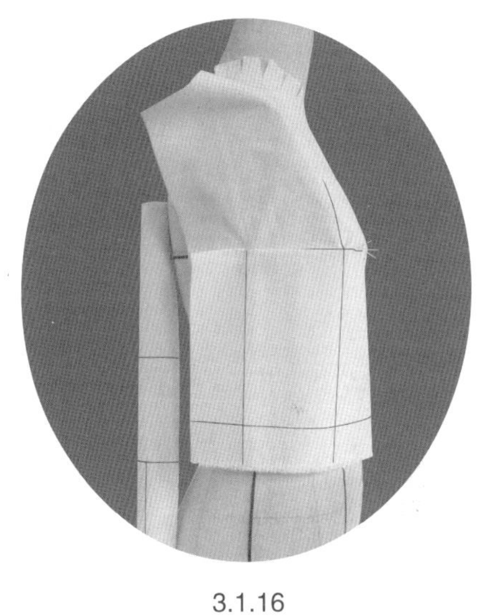

3.1.16

3.1.14　余留1.5cm缝份余量，修剪肩线。

3.1.15　将袖窿处浮余量转移至BL线处，形成侧缝省。

3.1.16　观察侧缝线以及前侧纵线，保持BL线以下的布纹竖直，确定侧缝省的省量。

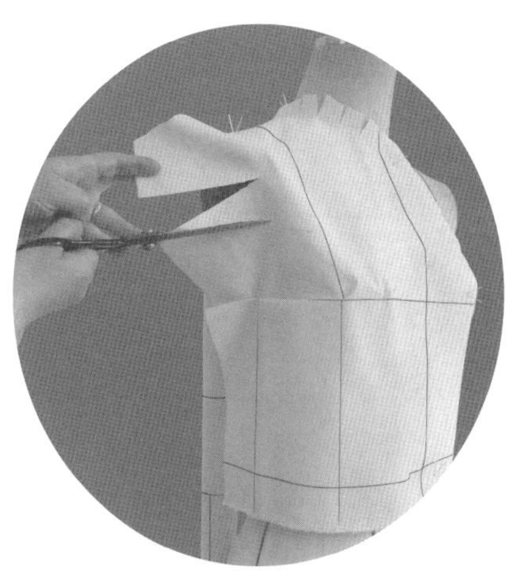

3.1.17

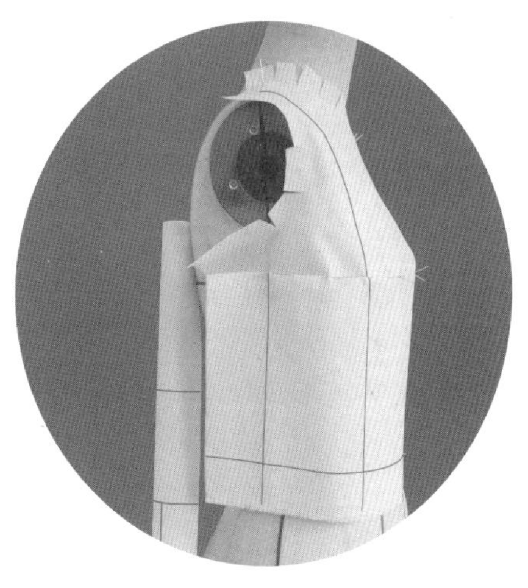

3.1.18

3.1.17　剪刀口，修剪袖窿。

3.1.18　观察前袖窿松量，调整省道量。

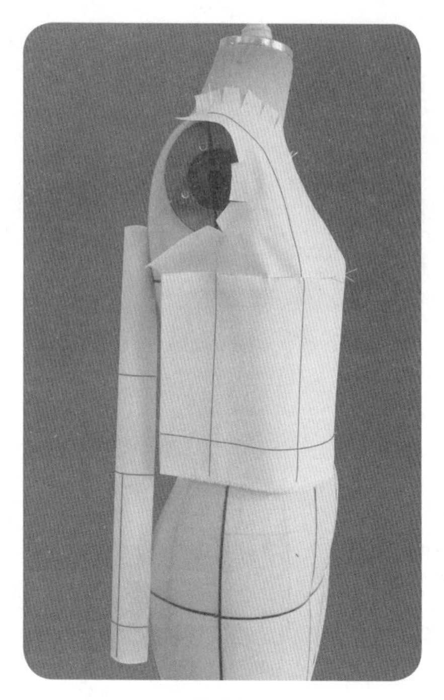

3.1.19

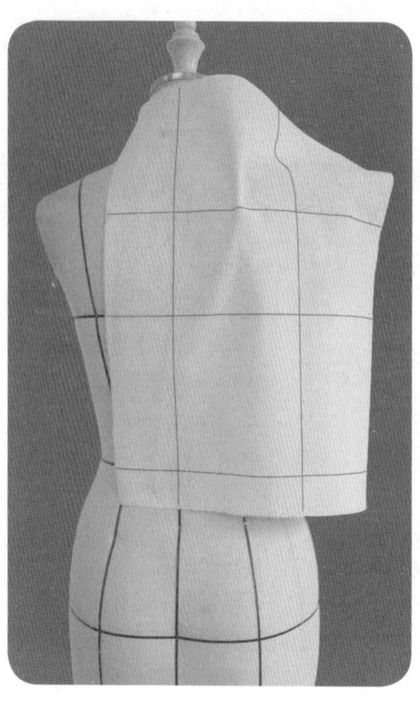

3.1.20

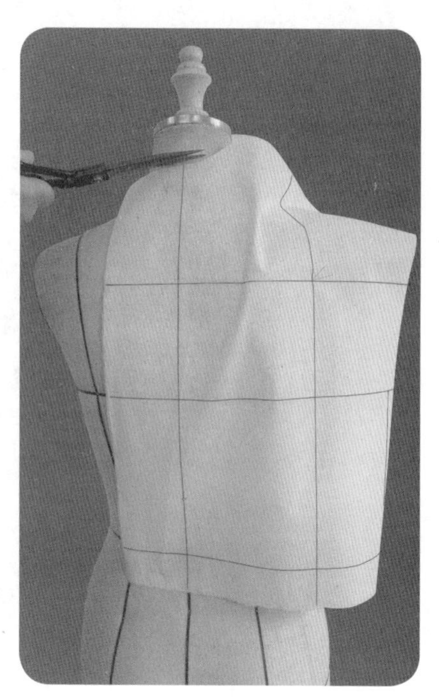

3.1.21

3.1.19　拔掉BP点的固定针，保证BL线以下的布纹竖直，确定省尖位置，以大头针别合省边。前片初步造型完成。

3.1.20　将后片用布BC线、BL线、WL线对齐相应的人台标志线，依次以大头针固定BC线的BNP点、BL线、WL线外侧。将肩背横线提平，后侧纵线提直，肩胛骨内侧余留0.5cm松量，以大头针固定肩背横线与后侧纵线交叉点处。

3.1.21　余留1.5cm缝份，修剪后领口。

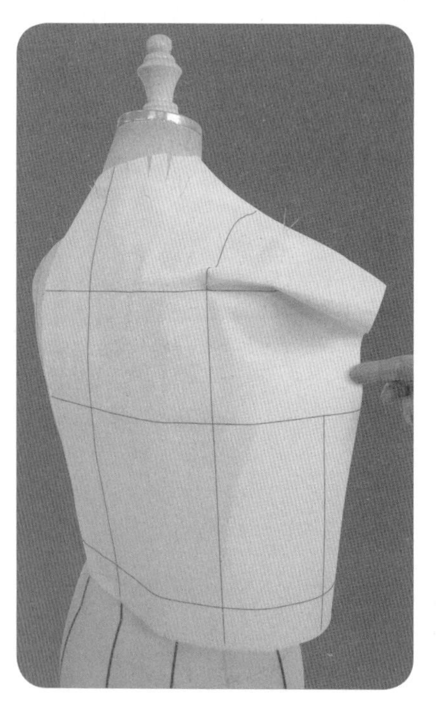

3.1.22

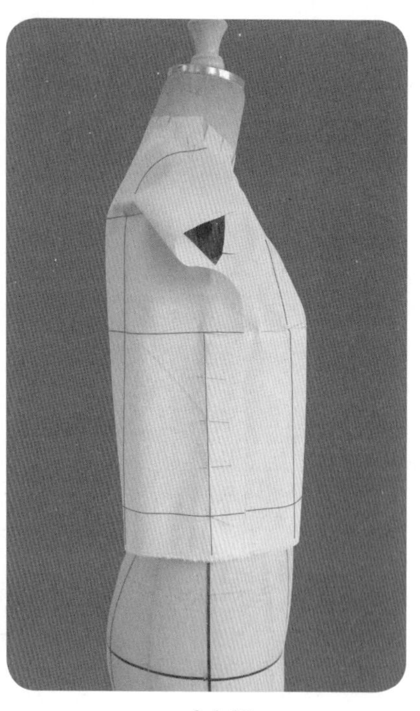

3.1.23

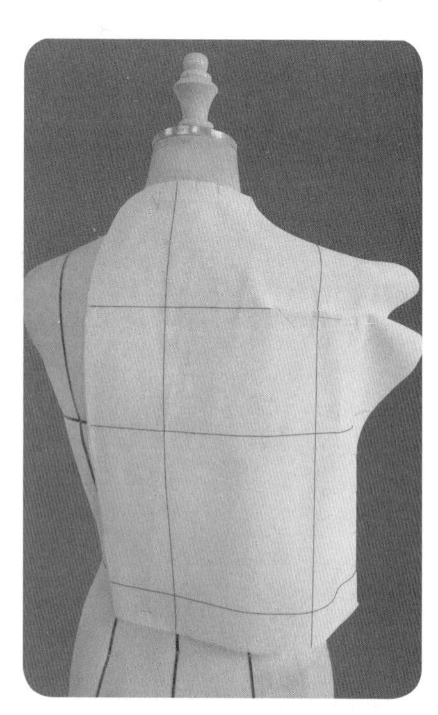

3.1.24

3.1.22　调整后领口松量，固定SNP点处。抚平肩部，固定SP点处。

3.1.23　后侧缝线与前侧缝线对齐，用大头针别合固定。

3.1.24　后袖窿余留适度的松量，确定后袖窿省道。

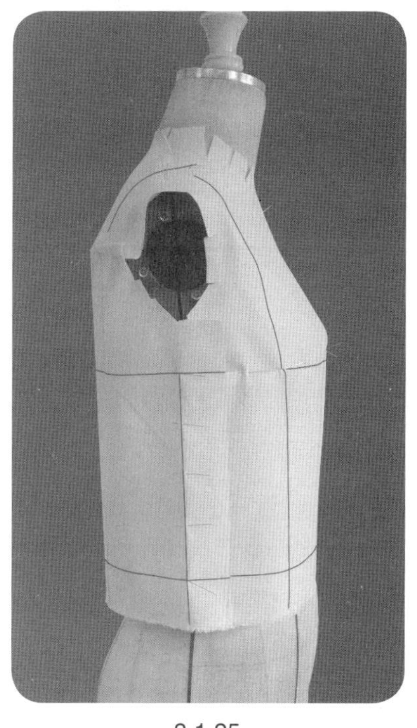

3.1.25

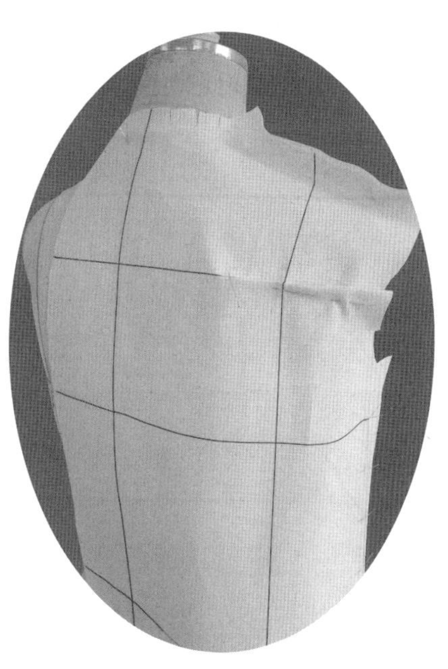

3.1.26

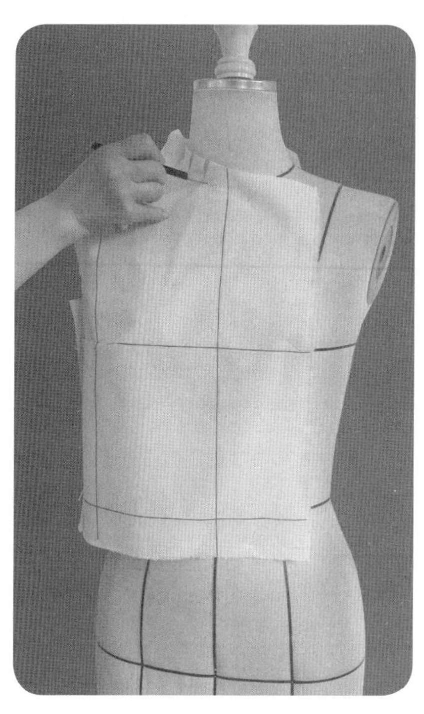

3.1.27

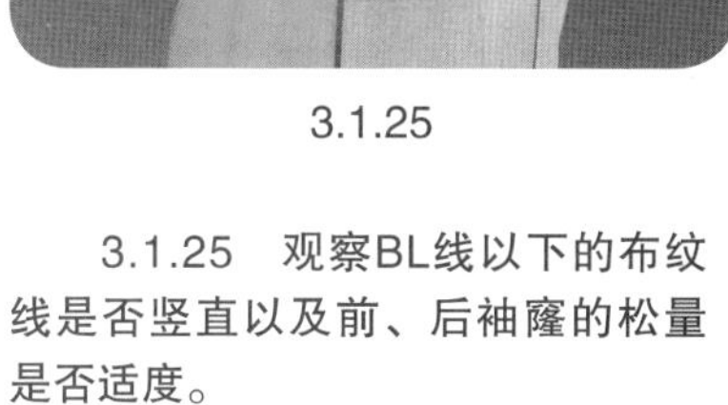

3.1.25 观察BL线以下的布纹线是否竖直以及前、后袖窿的松量是否适度。

3.1.26 对应人台的标志肩线，合并前、后肩线，用大头针别插。后片初步造型完成。

3.1.27 标点描线，记录初步造型。标记点要准确、清晰，一般以符号“·”标记，结构线转折处可用符号“┌”“+”“┬”标记。

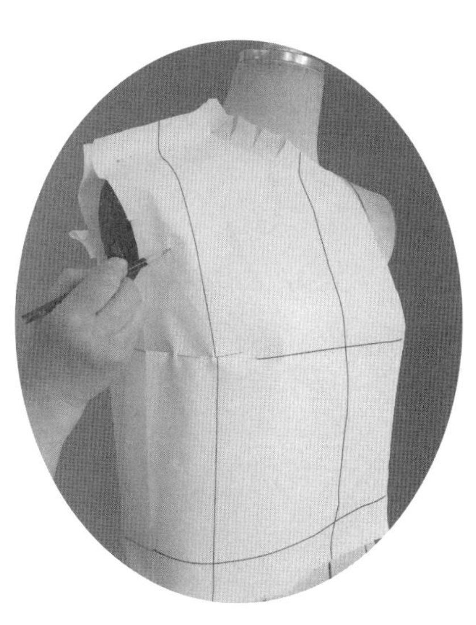

3.1.28

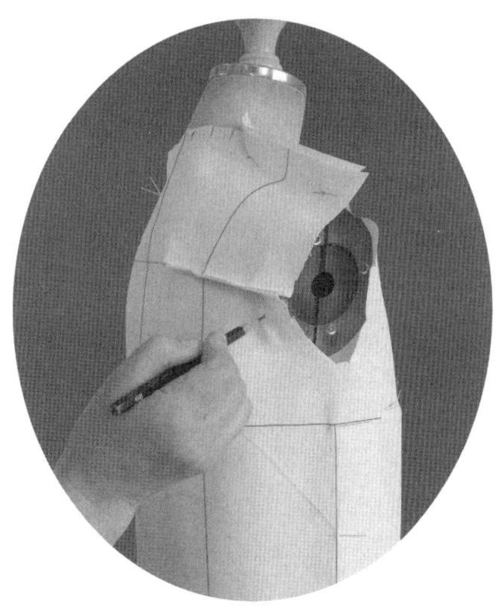

3.1.29

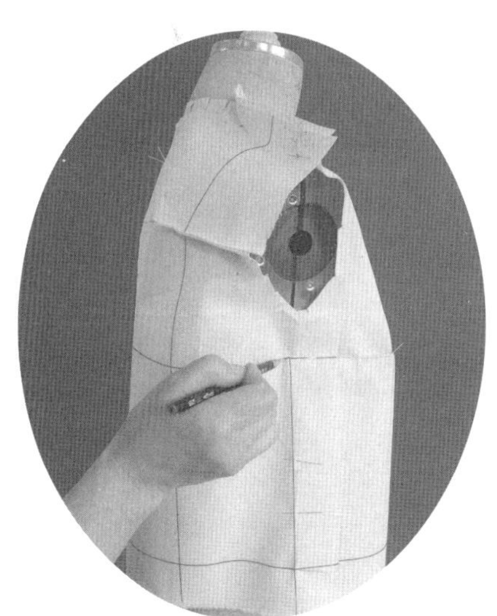

3.1.30

3.1.28 ~ 3.1.30 袖窿处标记肩宽点、胸宽点、背宽点以及袖窿底点位置。

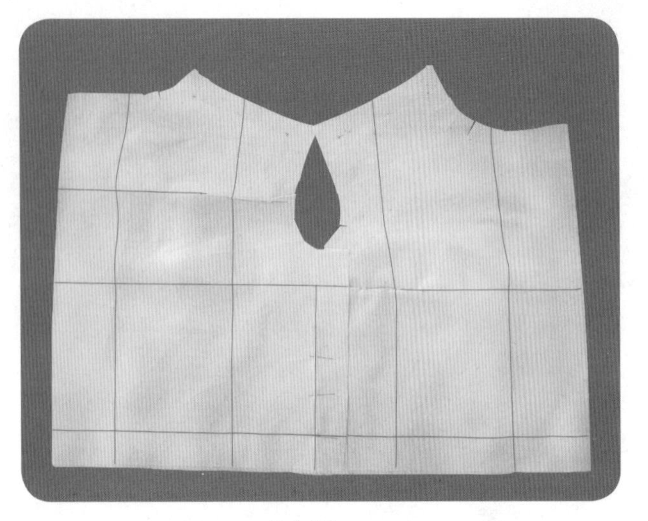

3.1.31

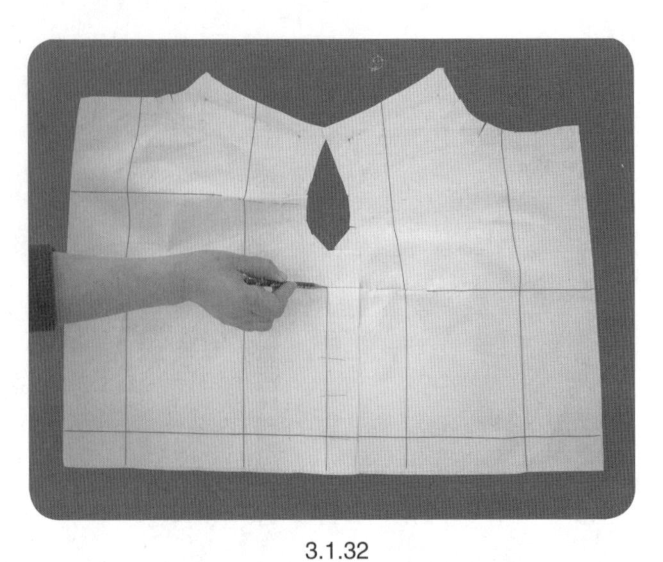

3.1.32

3.1.31 从人台取下原型的初步坯布造型，进行平面整理。

3.1.32 打开肩线，将袖窿底点拓印至前片。

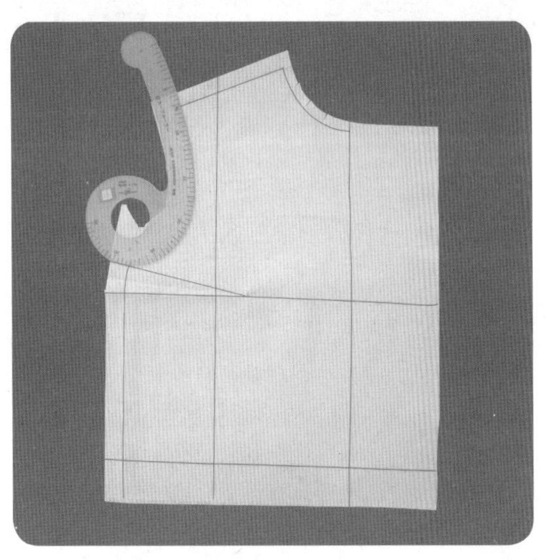

3.1.33

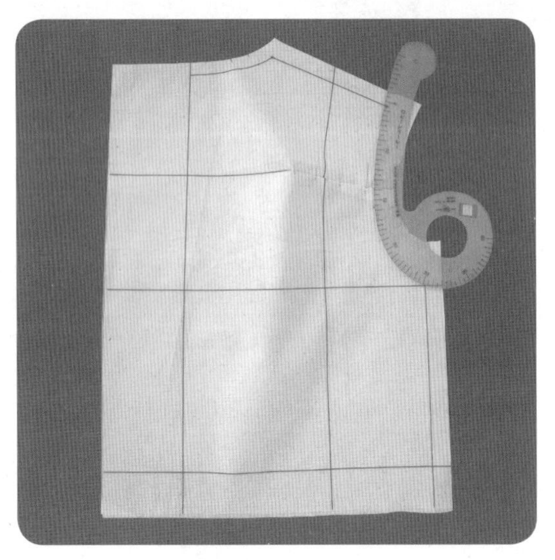

3.1.34

3.1.33、3.1.34 依据标志点，连点成线，并修剪缝份。

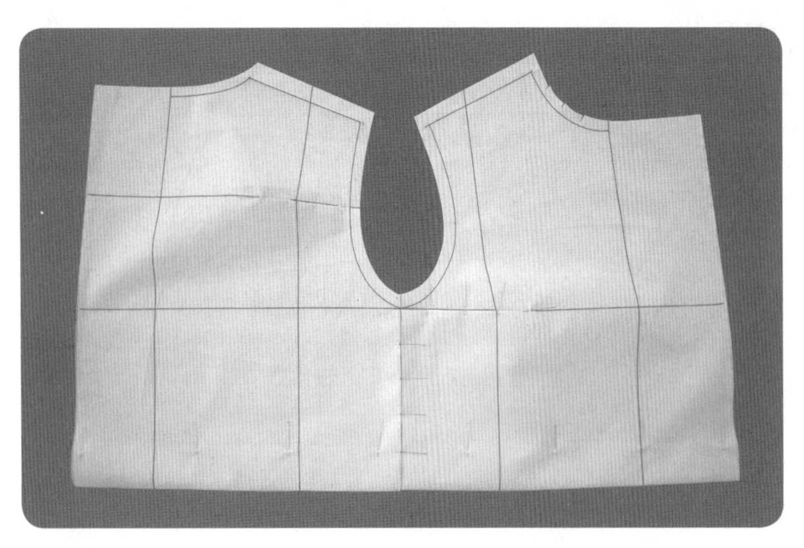

3.1.35

3.1.35 用大头针别合省道、侧缝、肩线、底边，假缝试样样衣。请保持大头针的方向一致、间距均匀，使大头针紧靠布边别针插入，挑别用布的针距应短小，且针尖伸入不宜长。

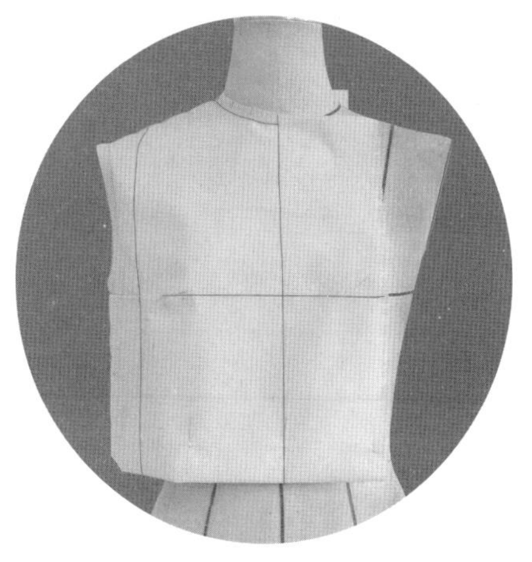

3.1.36

3.1.36　将试样样衣穿于人台上，进行试样补正。

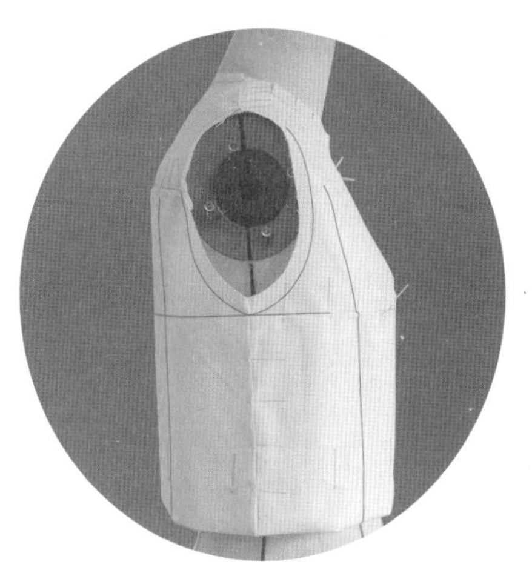

3.1.37

3.1.37　使基础布纹线与人台标志线对齐，BL线以下布纹顺直，松量适度，袖窿造型合适。

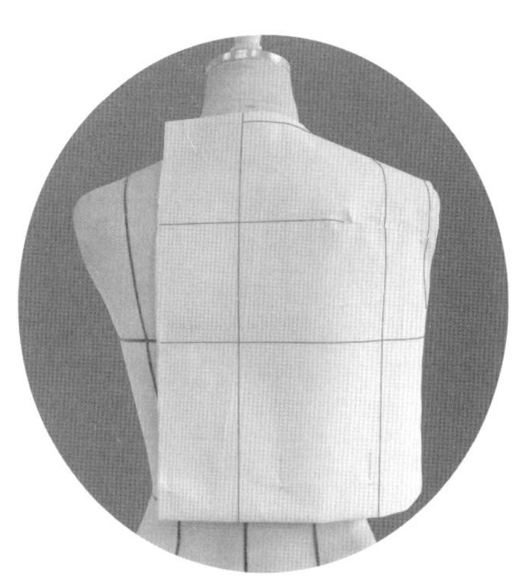

3.1.38

3.1.38　对不合适之处进行结构调整，并在调整后标记修正之处。确认造型，完成试样补正。

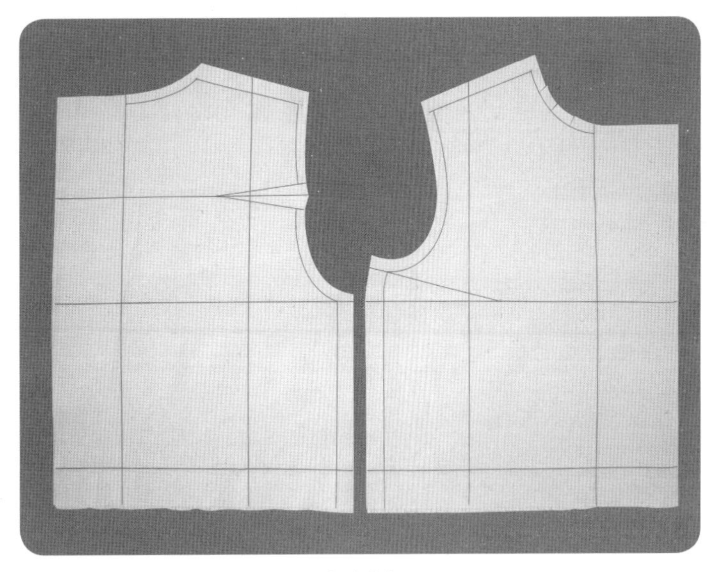

3.1.38

3.1.39　完成立体造型，得到坯布样，以手工拓印纸样的方法或者用服装CAD系统进行数字化读图，获取准确的原型纸样。

● 样片描图（图3.1.3）

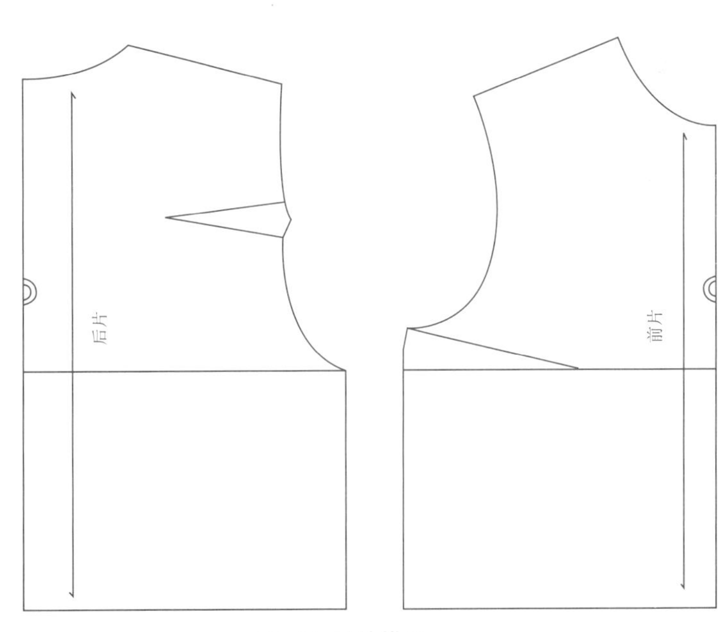

图3.1.3 样片描图

3.2 原型变化1——胸腰省道构成

- **款式分析（图3.2.1）**

衣身廓形：X型。

结构要素：省道。

胸围线以上曲面量处理：

　前片——适量的前袖窿松量、前袖窿省；

　后片——适量的后袖窿松量、肩缝省。

胸围线—腰围线曲面量处理：

　前片——胸腰省、侧缝；

　后片——胸腰省、侧缝。

领窝造型：基础领窝。

袖窿造型：合体风格圆装袖的基础袖窿。

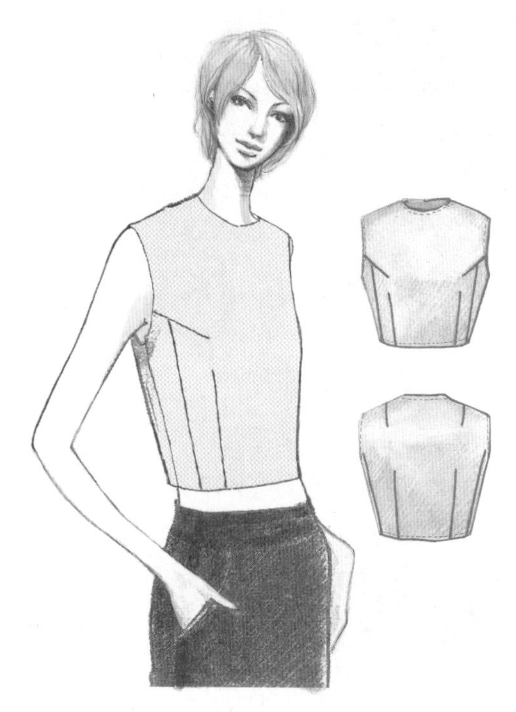

图3.2.1 款式插图

- **坯布准备（图3.2.2）**

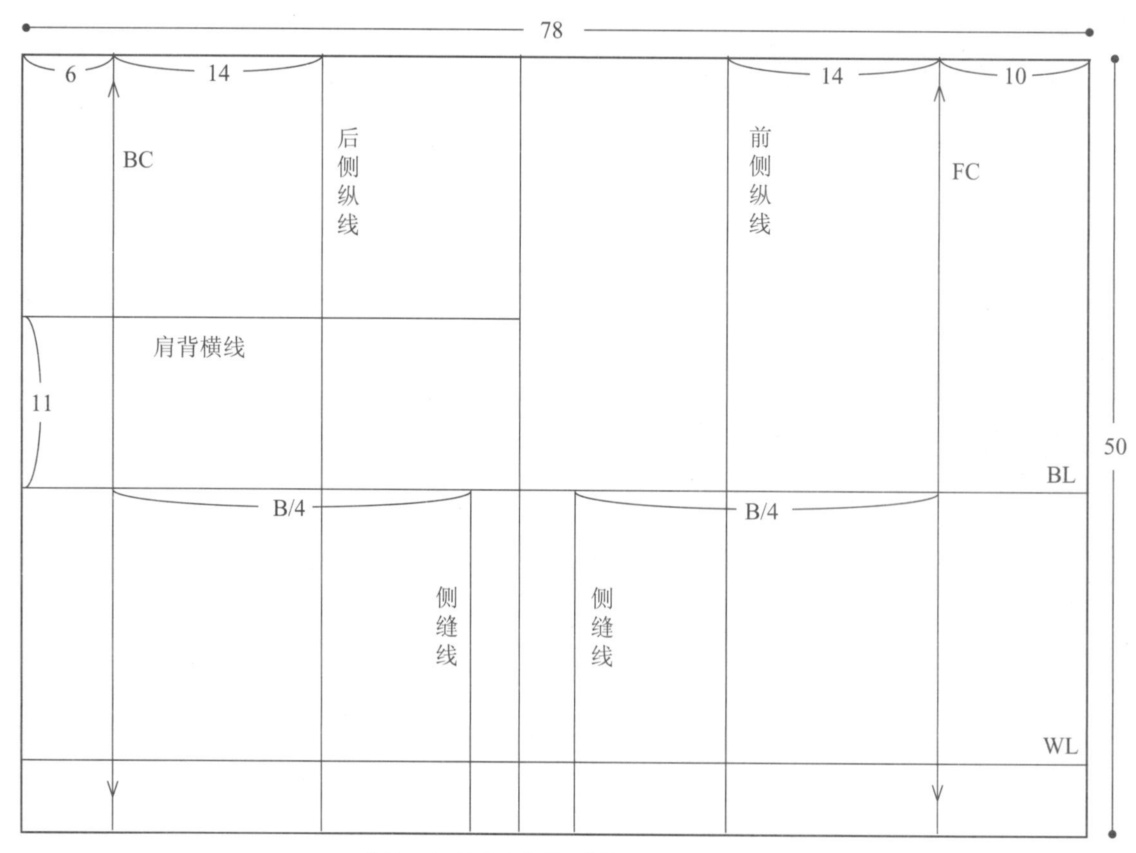

图3.2.2 坯布准备图(单位: cm)

● 操作步骤

3.2.1

3.2.1　用布量取以及布纹线绘制同操作步骤3.1.1~3.1.7。

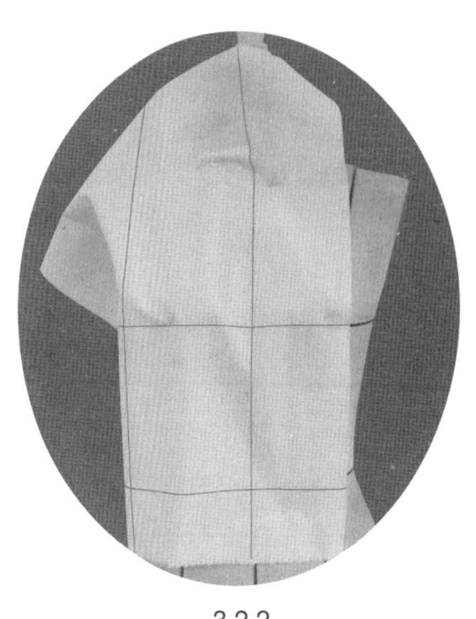

3.2.2

3.2.2　把前片用布固定于人台上，方法同操作步骤3.1.8~3.1.11。

3.2.3

3.2.3　修剪前领口，用大头针固定SNP点处。

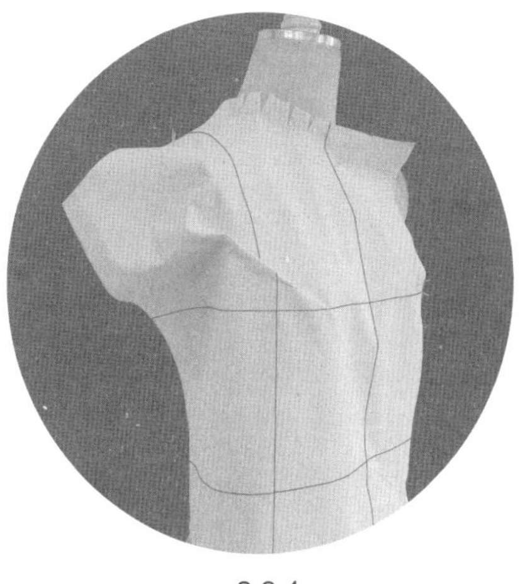

3.2.4

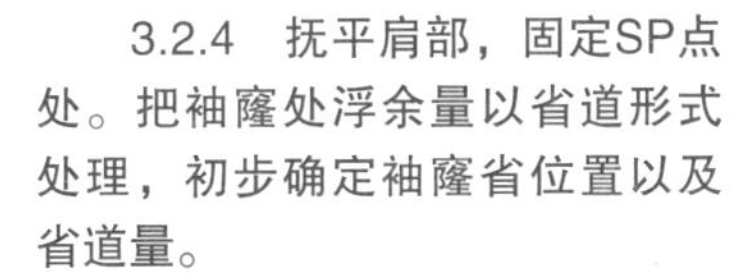

3.2.4　抚平肩部，固定SP点处。把袖窿处浮余量以省道形式处理，初步确定袖窿省位置以及省道量。

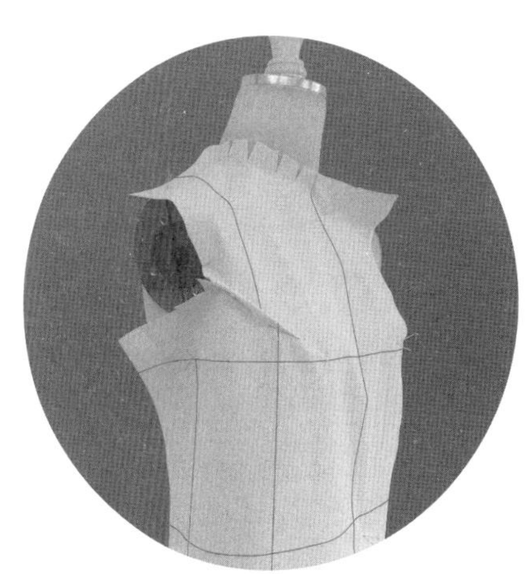

3.2.5

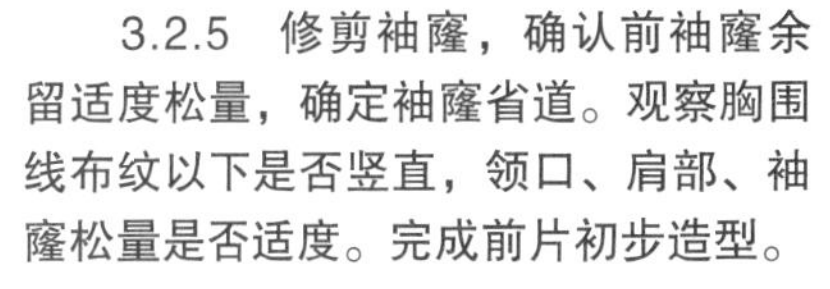

3.2.5　修剪袖窿，确认前袖窿余留适度松量，确定袖窿省道。观察胸围线布纹以下是否竖直，领口、肩部、袖窿松量是否适度。完成前片初步造型。

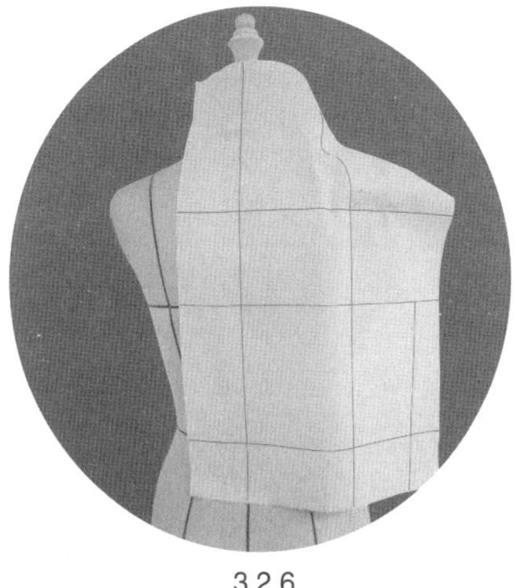

3.2.6

3.2.7

3.2.6　将后片用布固定于人台上，方法同操作步骤3.1.20。

3.2.7　修剪后领口，用大头针固定SNP点。

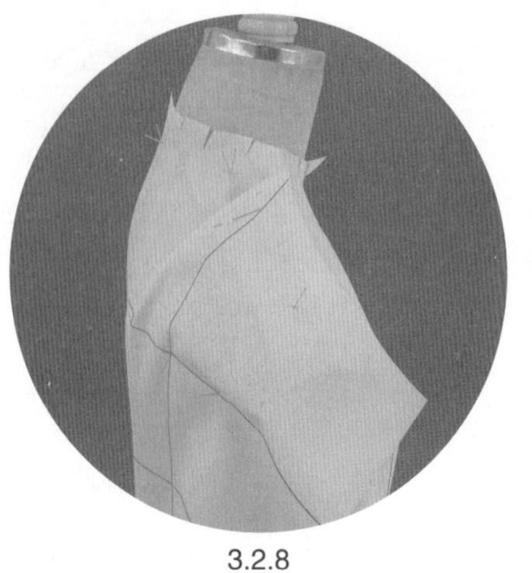

3.2.8

3.2.8 后袖窿余留适度的松量，固定SP点处。

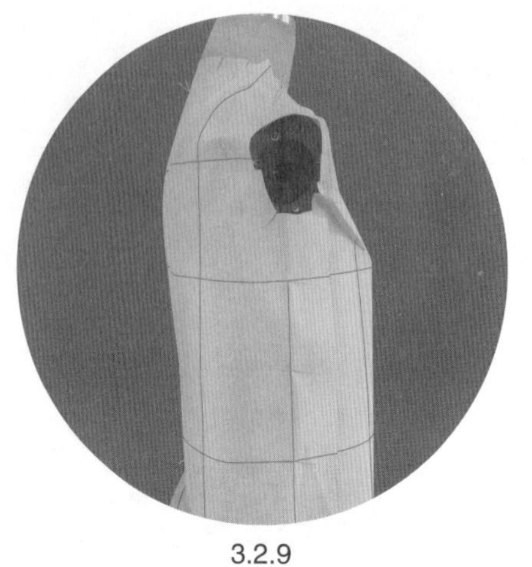

3.2.9

3.2.9 把肩线处的浮余量作为肩省量处理。

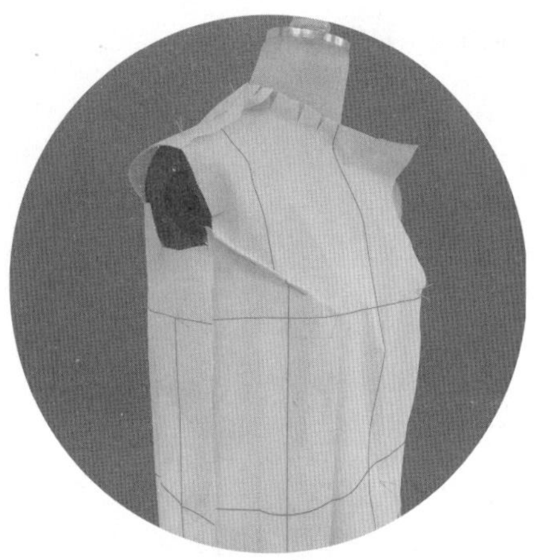

3.2.10

3.2.10 合并前、后片侧缝，用大头针别合。观察胸围线以下布纹是否竖直，领口、肩部、袖窿松量是否适度，完成后片初步造型。

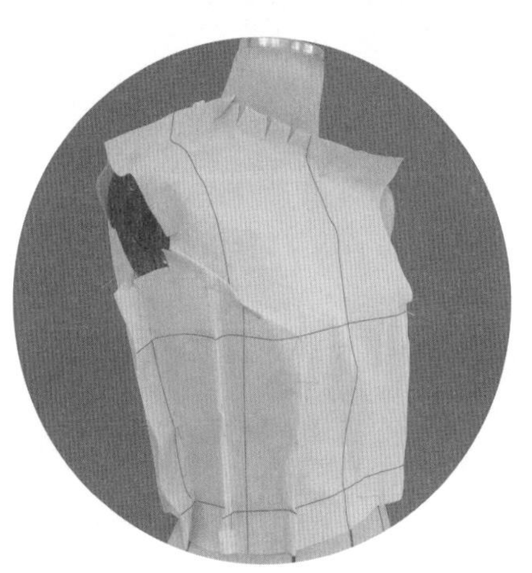

3.2.11

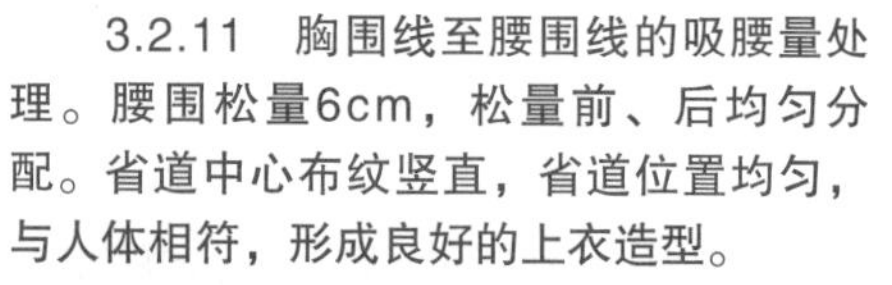

3.2.11 胸围线至腰围线的吸腰量处理。腰围松量6cm，松量前、后均匀分配。省道中心布纹竖直，省道位置均匀，与人体相符，形成良好的上衣造型。

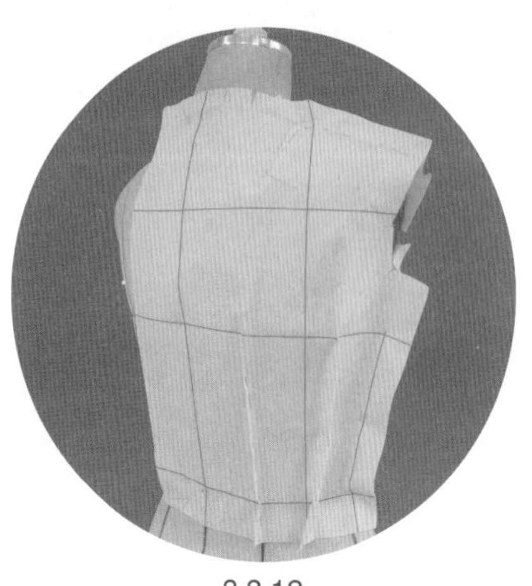

3.2.12

3.2.12 确定省道量以及省道位置，找到省尖位置。

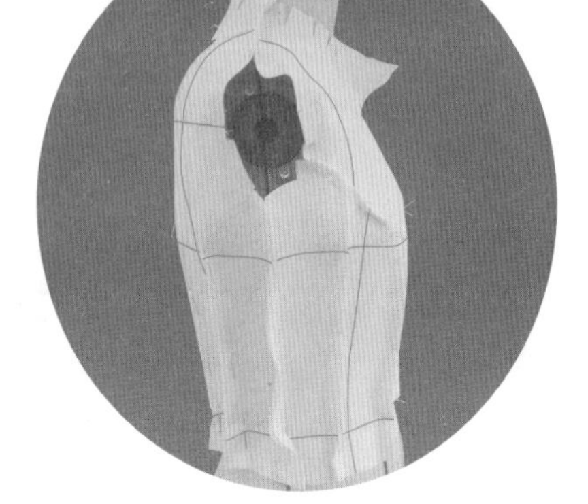

3.2.13

3.2.13 确认初步上衣造型，标点描线，记录初步造型。

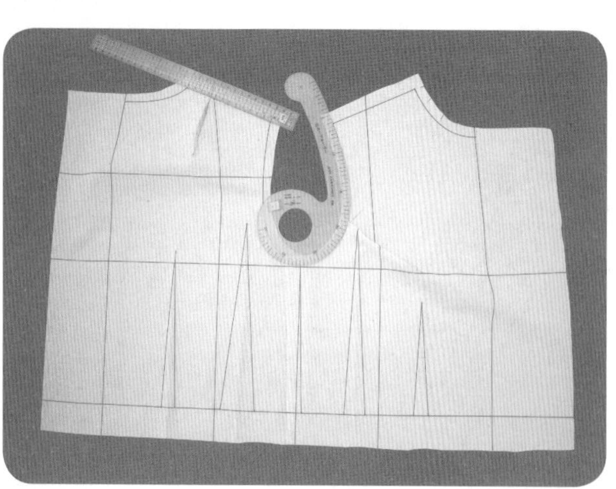

3.2.14

3.2.14 连点成线，修剪缝份。

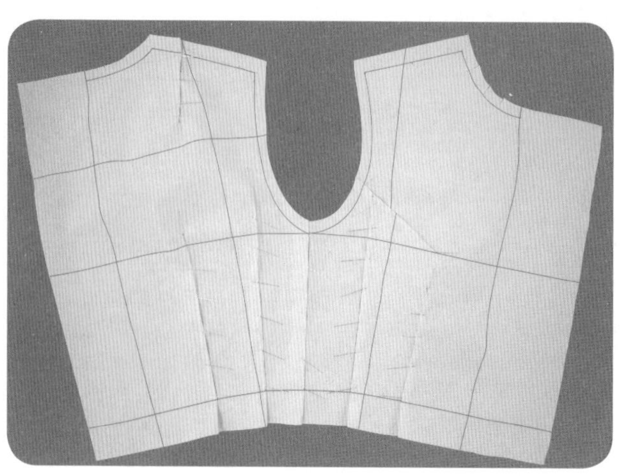

3.2.15

3.2.15 用大头针假缝样衣。

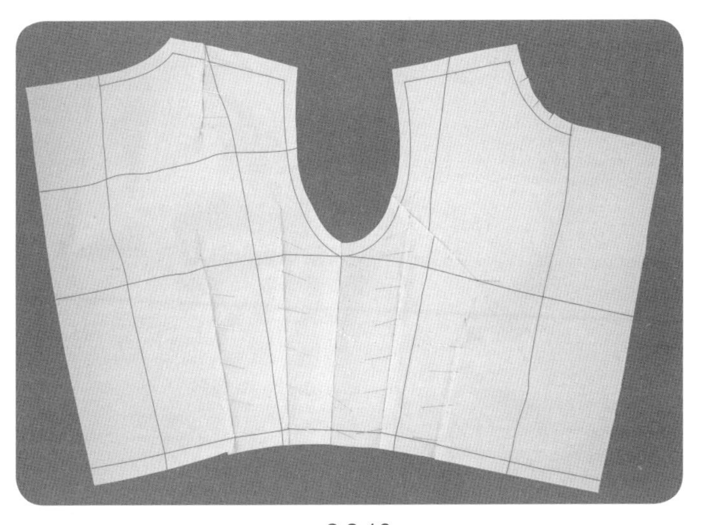

3.2.16

3.2.16　腰围线形成弧线，修剪缝份。

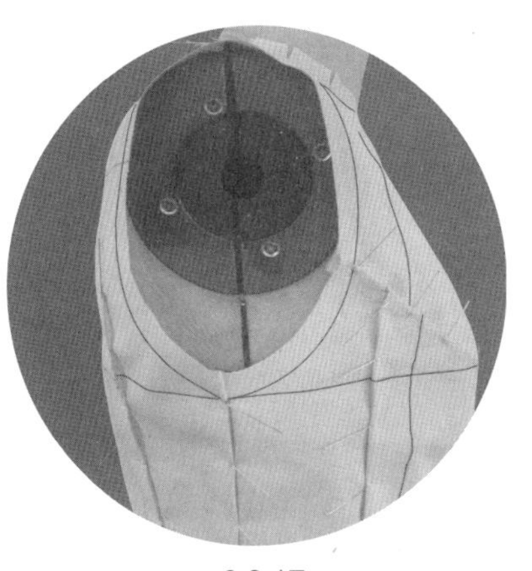

3.2.17

3.2.17　样衣试样补正，保证前、后袖窿的松量平衡，袖窿造型合适。

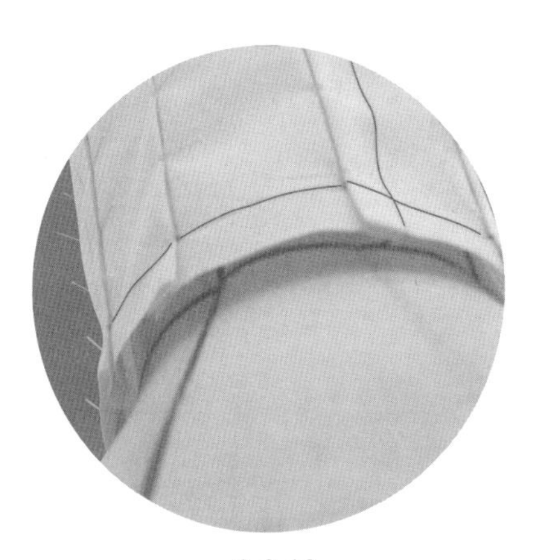

3.2.18

3.2.18　确认腰部松量适度且分布均匀。

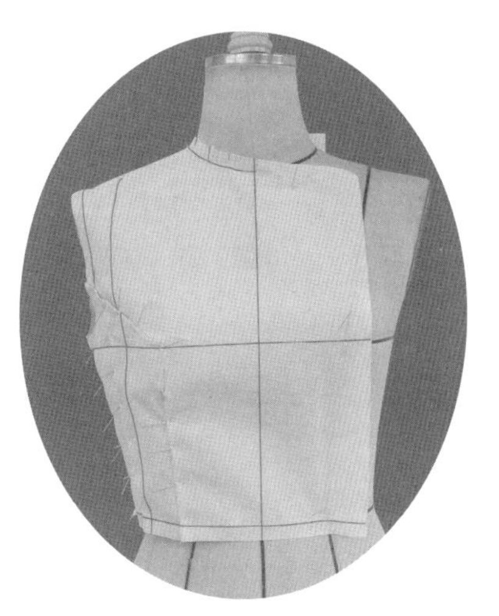

3.2.19

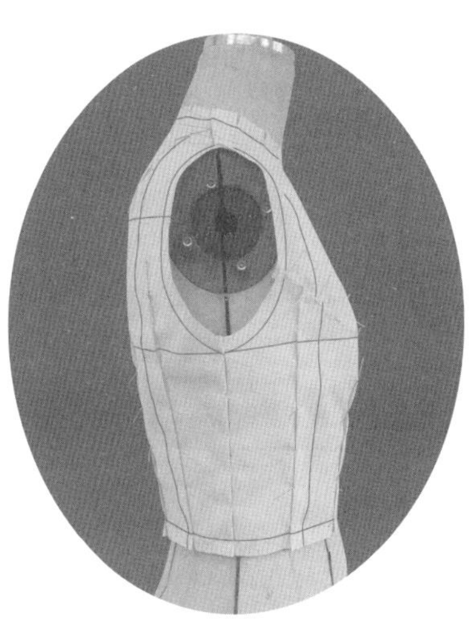

3.2.20

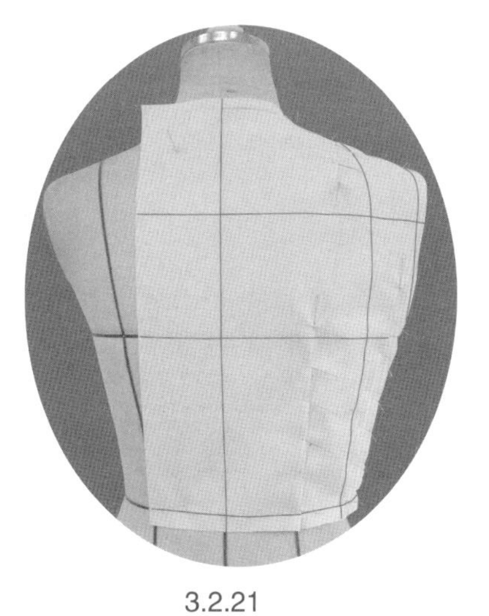

3.2.21

3.2.19～3.2.21　造型完成图。

● 样片描图（图3.2.3）

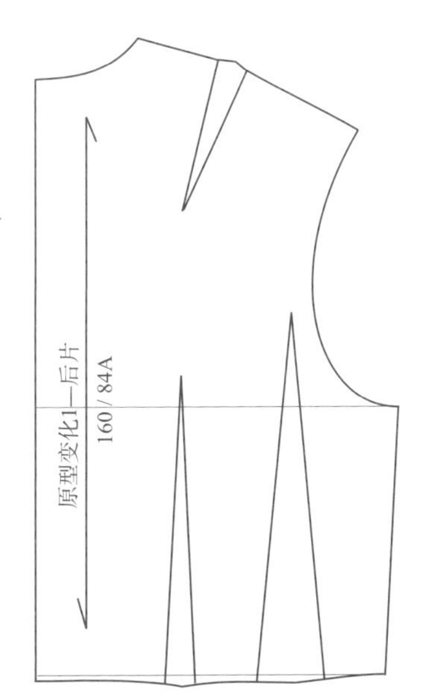

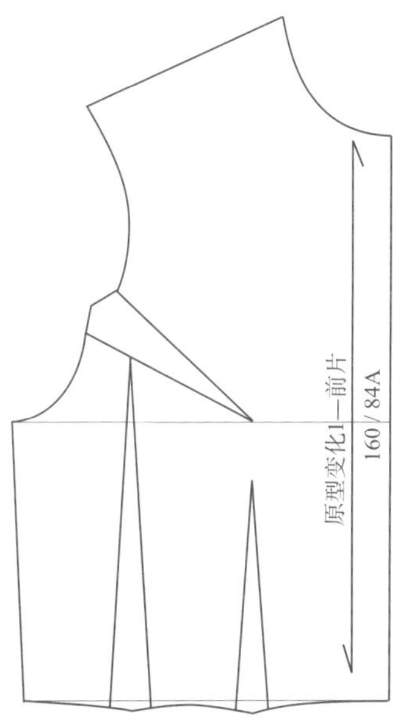

图3.2.3 样片描图

3.3 原型变化2——肩胸省与胸腰省的合并

● 款式分析（图3.3.1）

衣身廓形：X型。

结构要素：省道。

胸围线以上曲面量处理：

前片——适量的前袖窿松量、前胸腰省；

后片——适量的后袖窿松量、后胸腰省。

胸围线—腰围线曲面量处理：

前片——胸腰省、侧缝；

后片——胸腰省、侧缝。

领窝造型：基础领窝。

袖窿造型：合体风格圆装袖的基础袖窿。

图3.3.1 款式插图

● 坯布准备（图3.3.2）

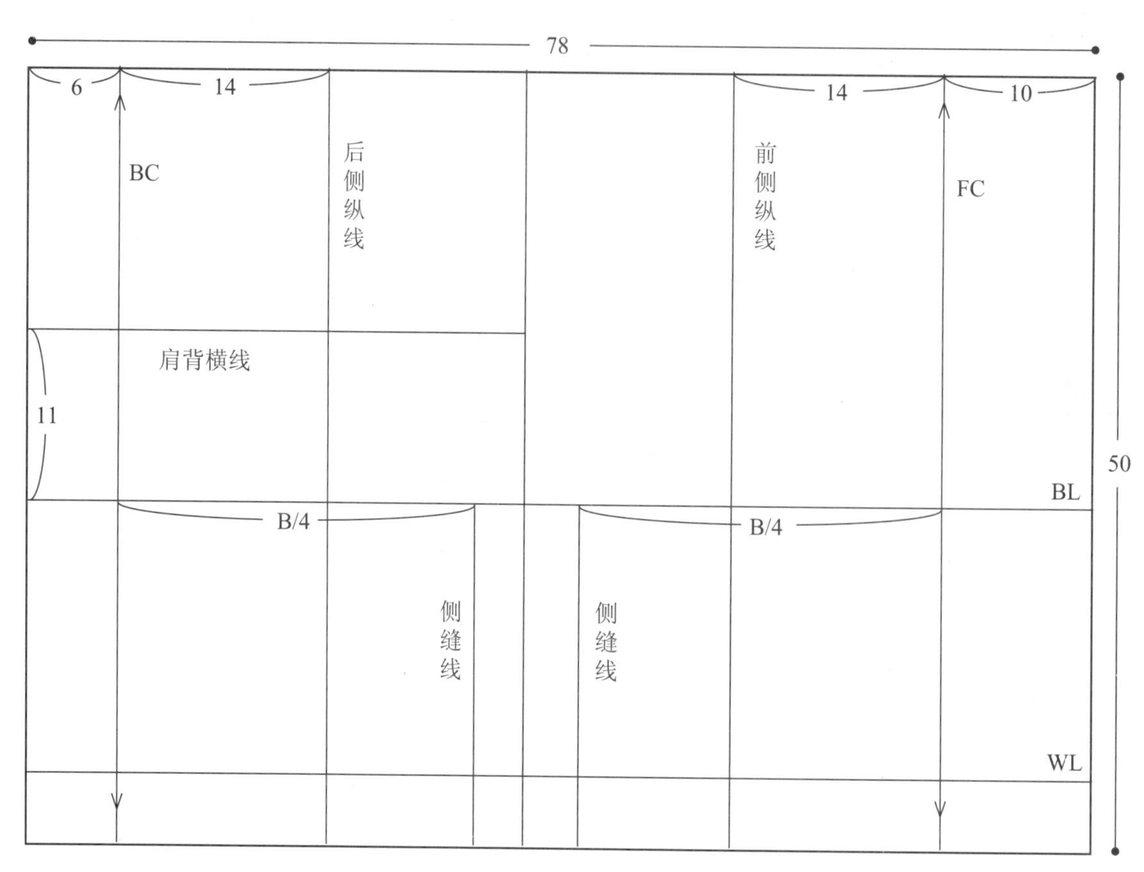

图3.3.2 坯布准备图（单位:cm）

● 操作步骤

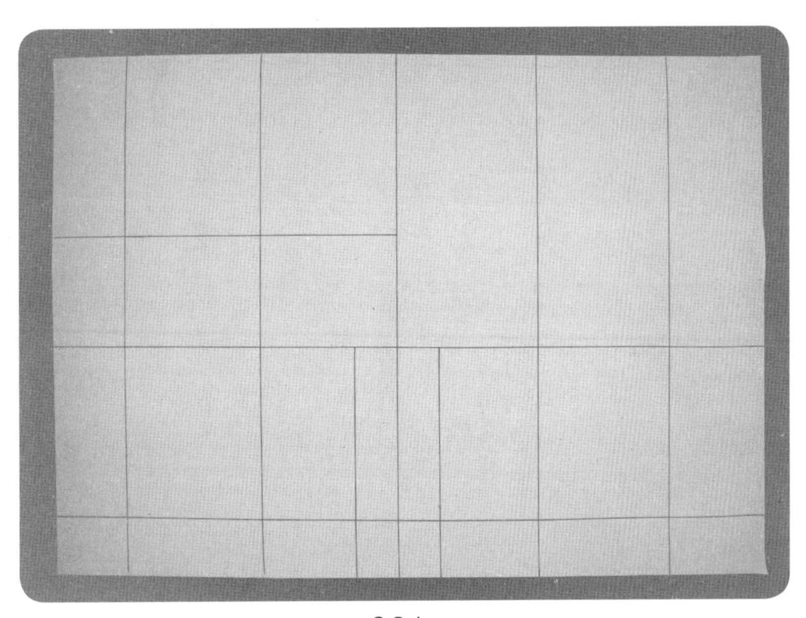

3.3.1

3.3.1　量取用布以及绘制布纹线，方法同操作步骤3.1.1~3.1.7。

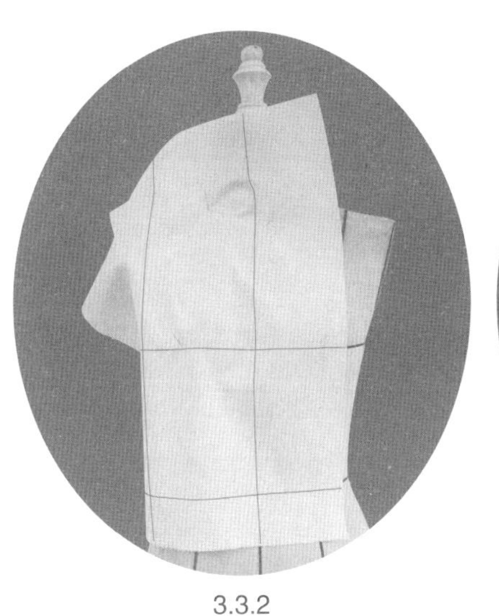

3.3.2

3.3.2　把前片用布固定于人台上，方法同操作步骤3.1.8~3.1.11。

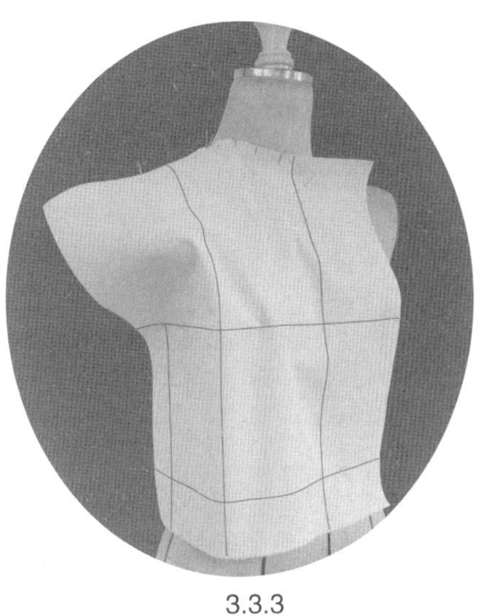

3.3.3

3.3.3　修剪前领口，用大头针固定SNP点处；抚平肩部，固定SP点处。

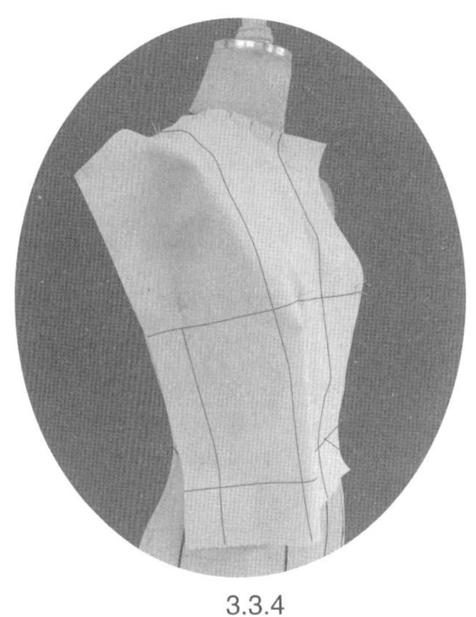

3.3.4

3.3.4　袖窿处余留适当松量后将剩余松量转移至腰部位置。

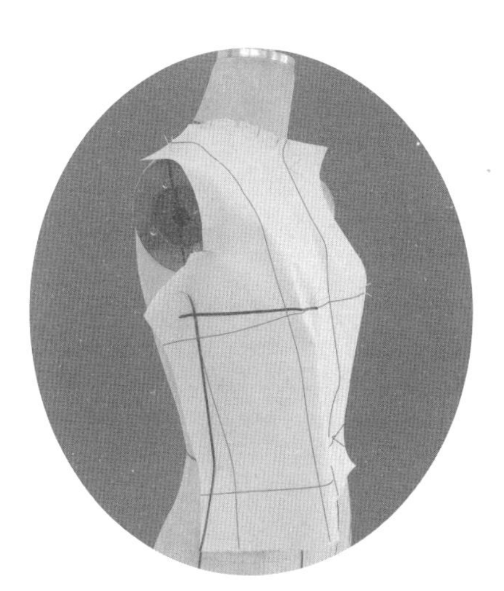

3.3.5

3.3.5　修剪袖窿，确认前袖窿余留适度松量；修剪侧缝并观察省道转移后布纹线的变化，以及胸围、腰围、侧缝的布纹线与人体对应特征线的对应关系。

3.3.6　腰部余留适度松量，确定省道位置以及省道量，用大头针固定省道底、省道边以及省尖。前片初步造型完成。

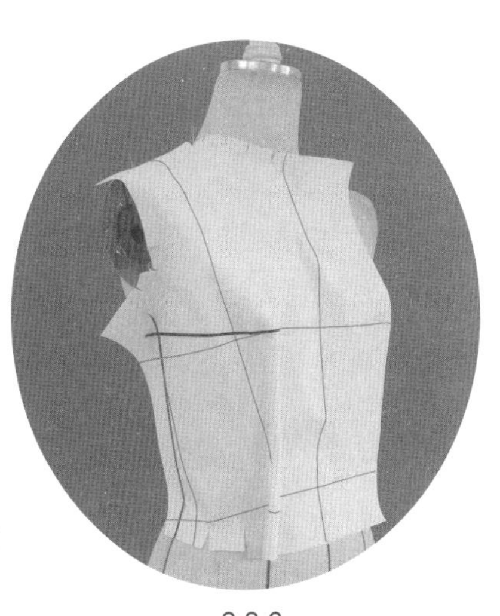

3.3.6

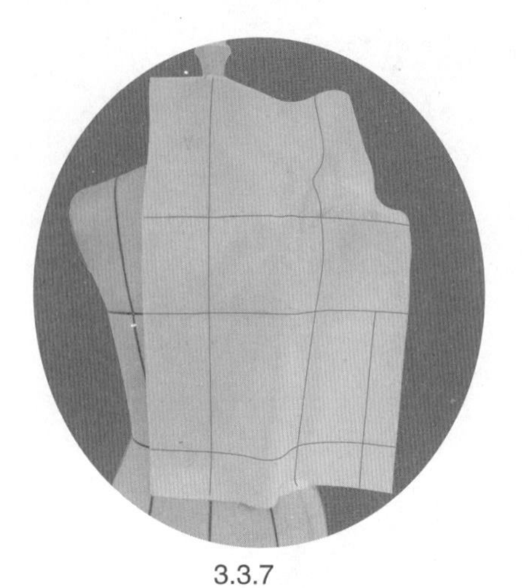

3.3.7

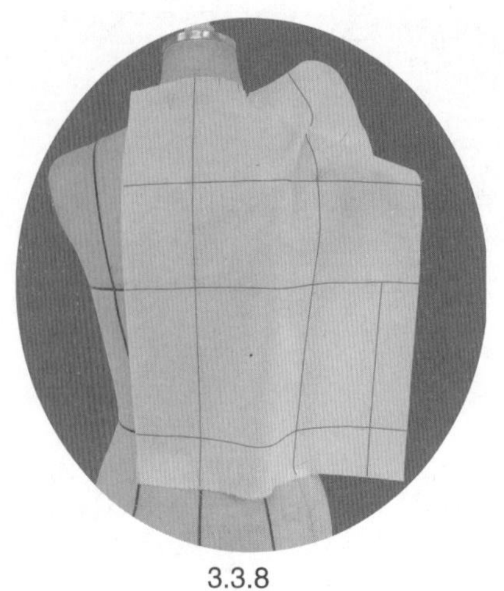

3.3.8

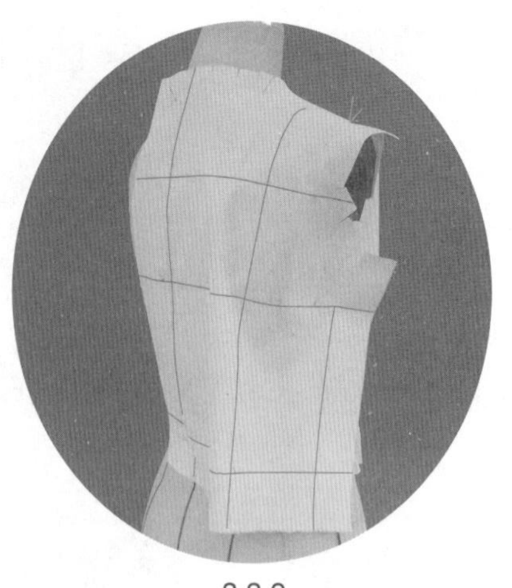

3.3.9

3.3.7　把后片用布固定于人台上，方法同操作步骤3.1.20。

3.3.8　修剪后领口，用大头针固定SNP点处。

3.3.9　抚平肩部，用大头针固定SP点处，修剪肩线；袖窿处余留适当松量，把其余的肩背部浮余量转移至腰部。

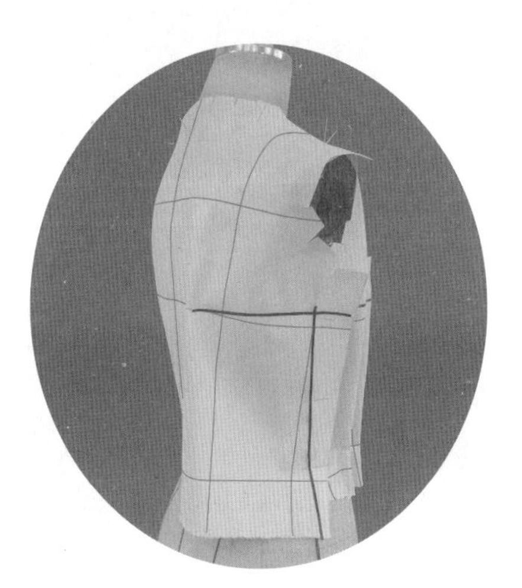

3.3.10

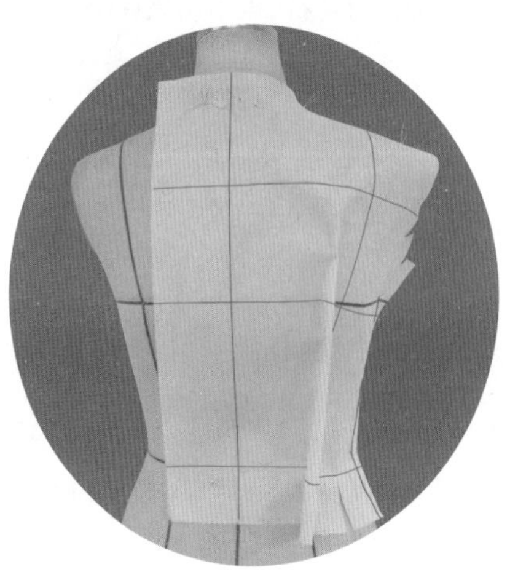

3.3.11

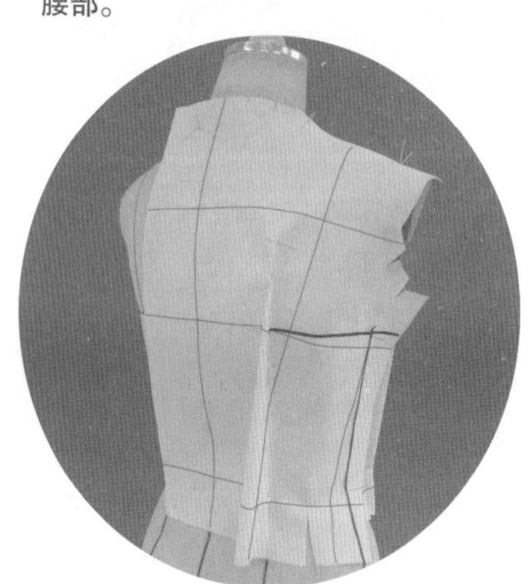

3.3.12

3.3.10　修剪袖窿，确认袖窿余留适当松量，用大头针合并前、后侧缝，并注意观察布纹线随省道转移而产生的变化。

3.3.11、3.3.12　腰部余留适当松量，确定省道位置以及省道量，用大头针固定省道底、省道边以及省尖。

3.3.13

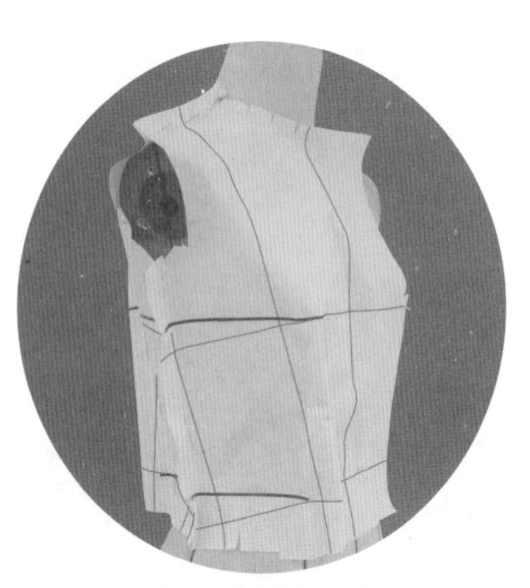

3.3.14

3.3.13　请注意前、后腰部松量的平衡，以及前、后胸腰省位置的平衡性。省道的位置会影响胸腰部的立体造型，要多观察审视，特别不可忽略从侧面对造型观察审视和调整。

3.3.14　侧缝的合并固定和缝份的修剪。初步造型完成，标点描线。

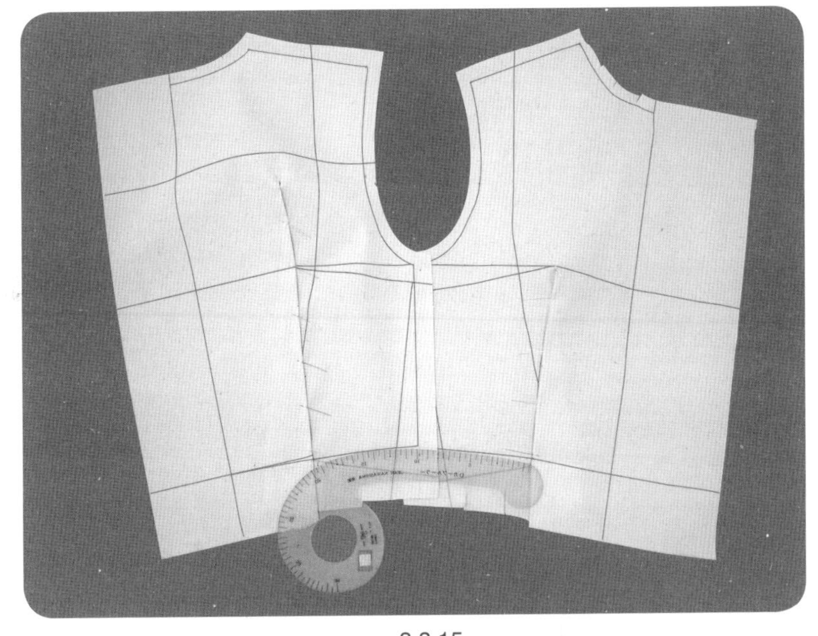

3.3.15

3.3.15　连点成线，修剪缝份，平面整理。

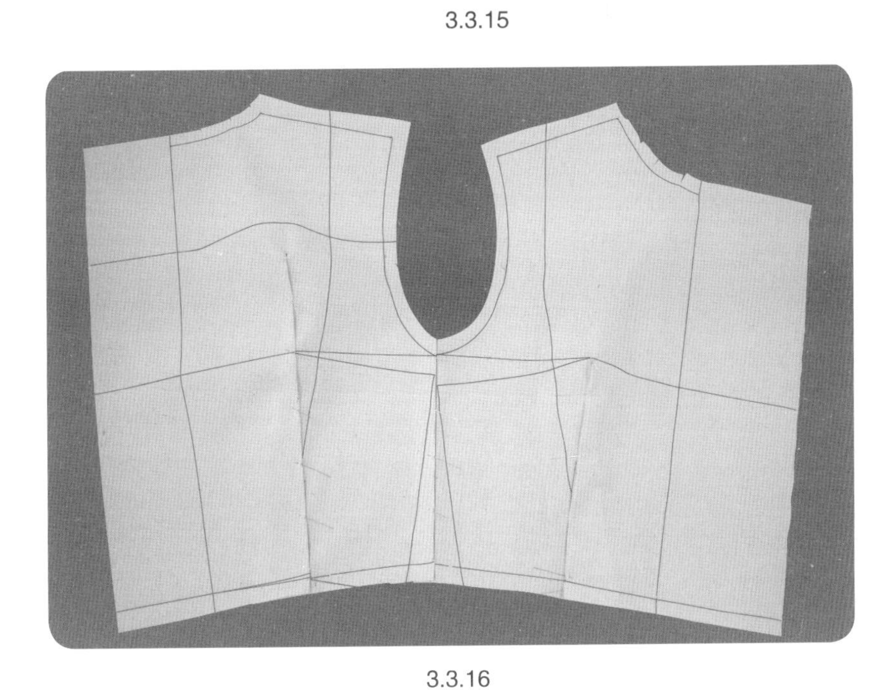

3.3.16

3.3.16　腰围线形成弯型弧线，修剪缝份。

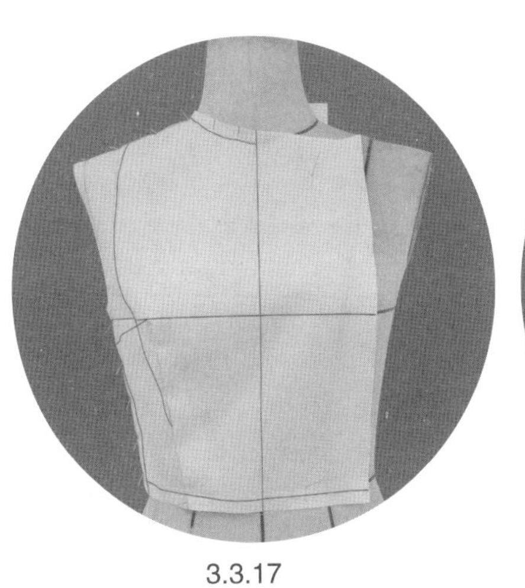

3.3.17

3.3.18

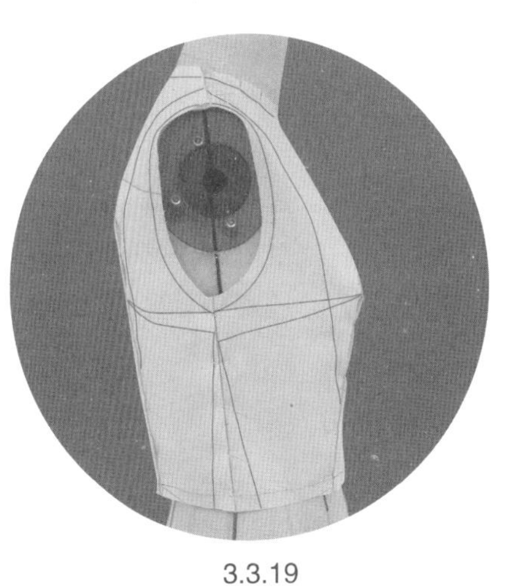

3.3.19

3.3.17 ~ 3.3.19　用大头针缝制样衣，试样补正。

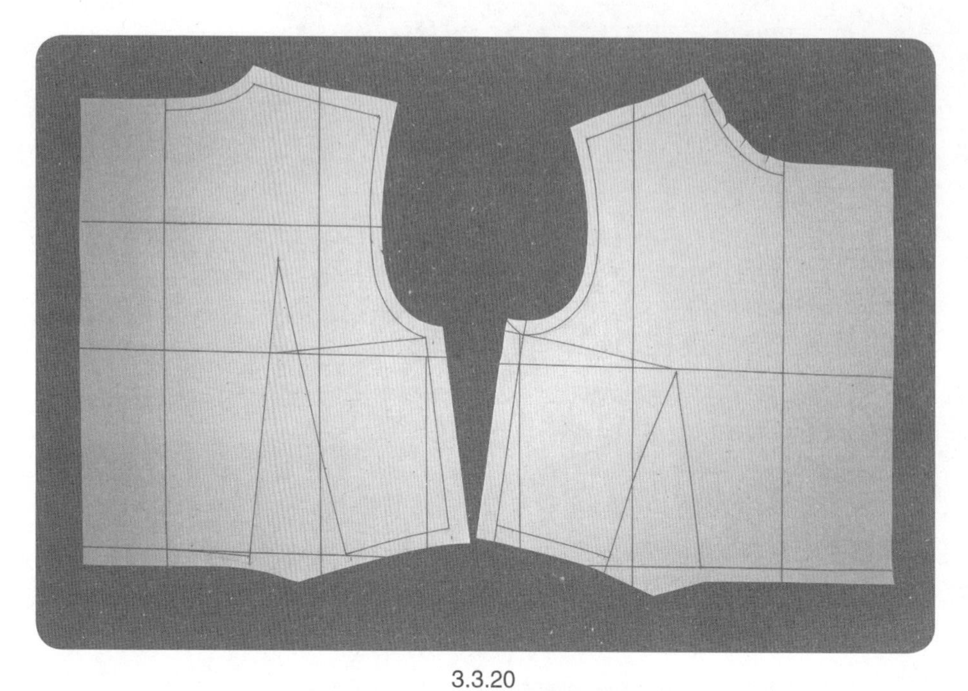

3.3.20

3.3.20　衣片结构及纸样拓印。

● 样片描图(图3.3.3)

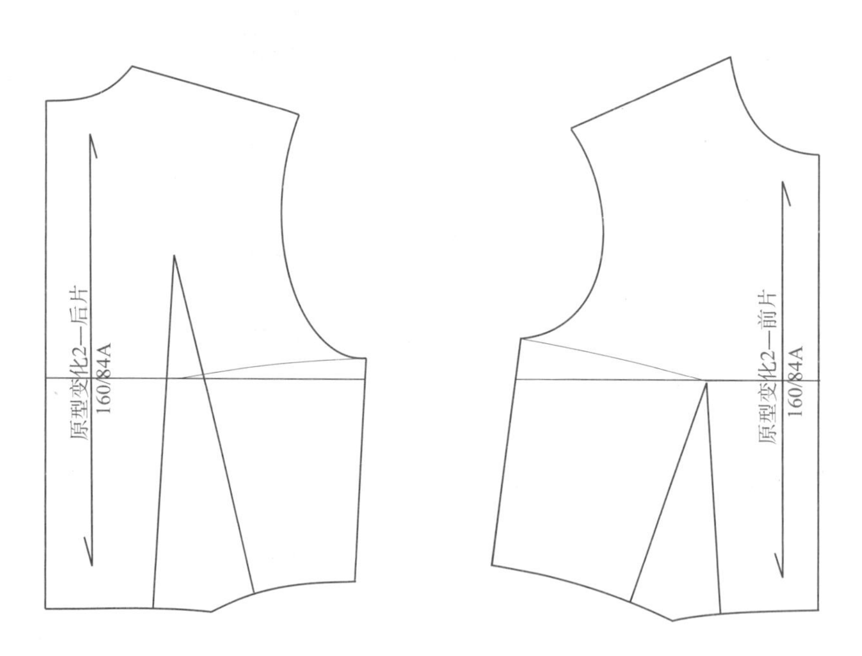

图3.3.3 样片描图

3.4 原型变化3——胸腰省与肩胸省的合并

● **款式分析(图3.4.1)**

衣身廓形：X型。

结构要素：衣裥。

胸围线以上曲面量处理：

前片——适量的前袖窿松量、肩部衣裥；

后片——适量的后袖窿松量、肩部衣裥。

胸围线—腰围线曲面量处理：

前片——肩部衣裥、侧缝；

后片——肩部衣裥、侧缝。

领窝造型：基础领窝。

袖窿造型：合体风格圆装袖的基础袖窿。

图3.4.1 款式插图

● **坯布准备(图3.4.2)**

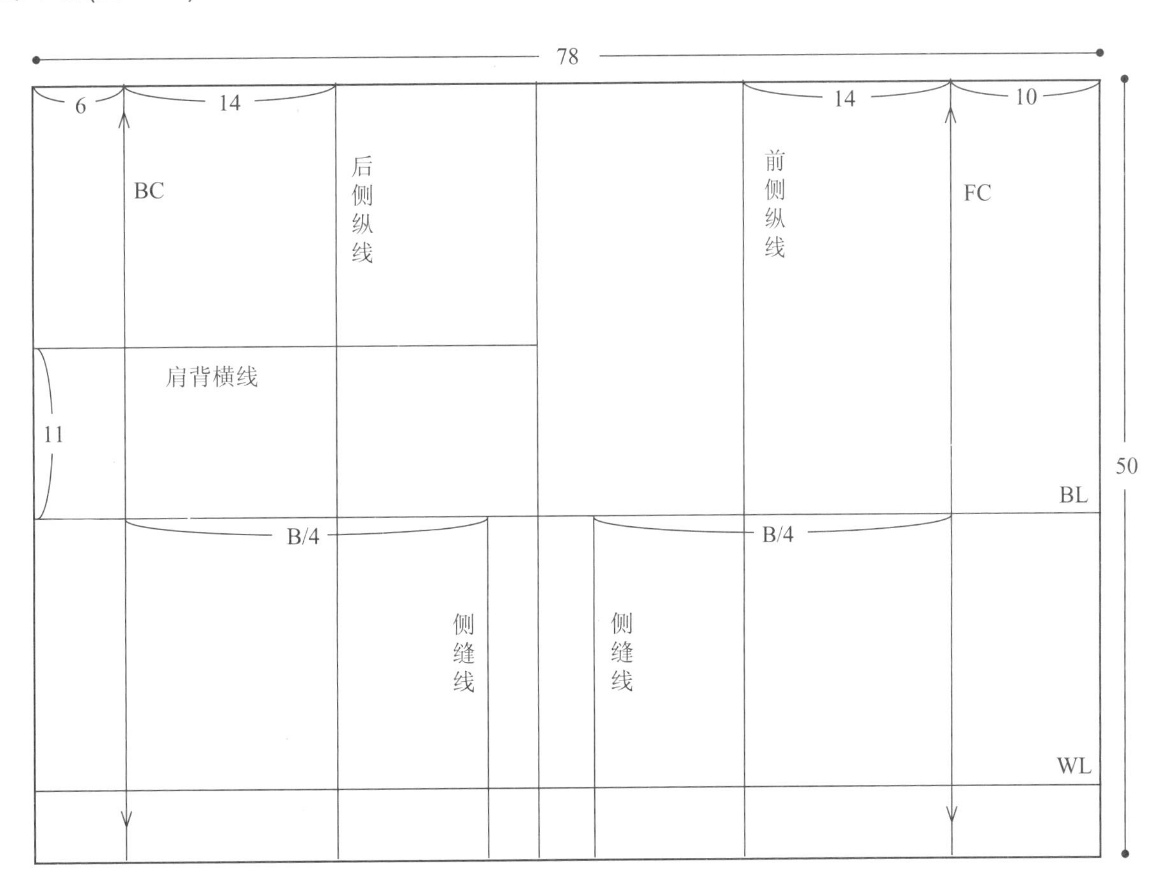

图3.4.2 坯布准备图（单位：cm）

● 操作步骤

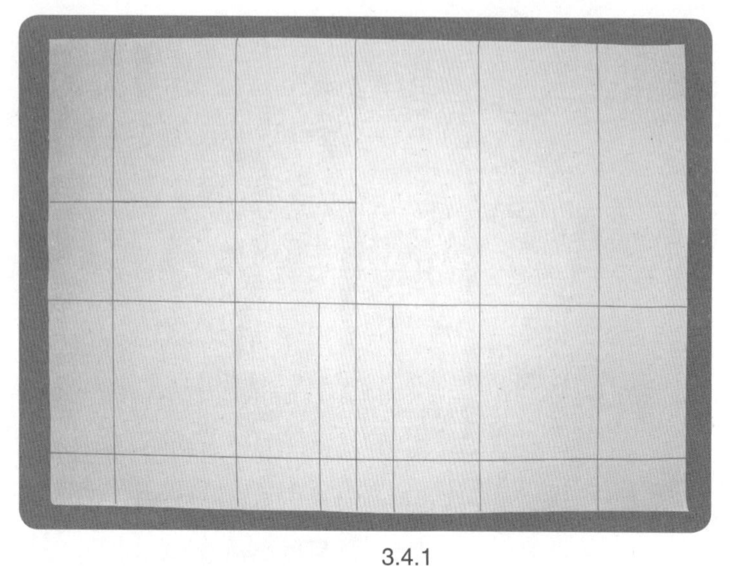

3.4.1

3.4.1　用布的量取以及布纹线的绘制方法同操作步骤3.1.1~3.1.7。

3.4.2

3.4.2　将前片用布固定于人台上，方法同操作步骤3.1.8~3.1.11。

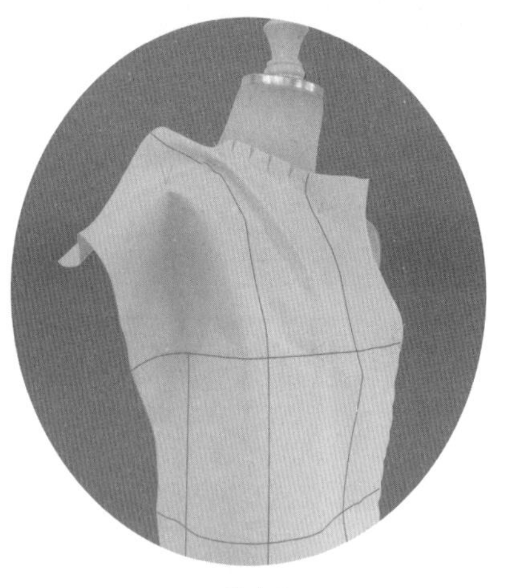

3.4.3

3.4.3　修剪前领口，用大头针固定SNP点；前袖窿处余留适当松量后将剩余松量转移至肩部，用大头针固定SP点。

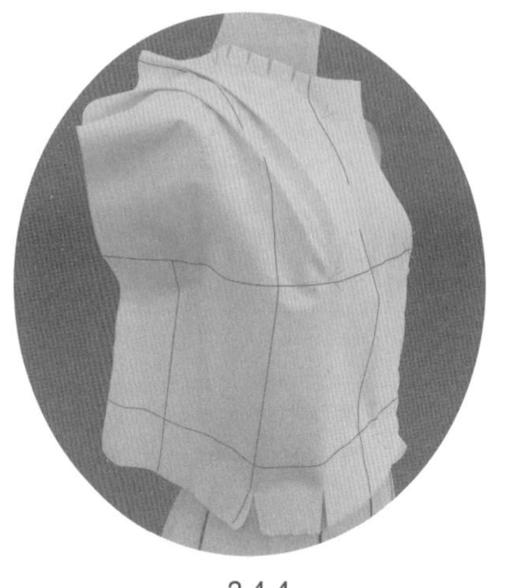

3.4.4

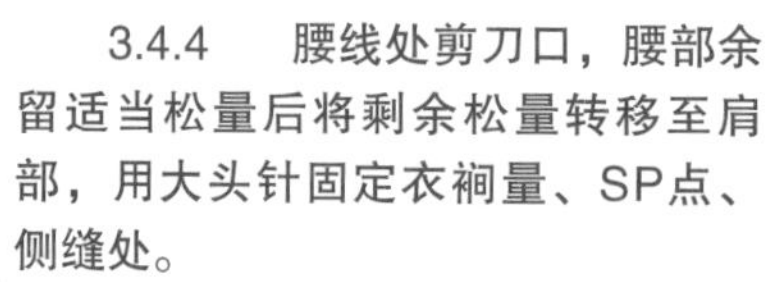

3.4.4　腰线处剪刀口，腰部余留适当松量后将剩余松量转移至肩部，用大头针固定衣裥量、SP点、侧缝处。

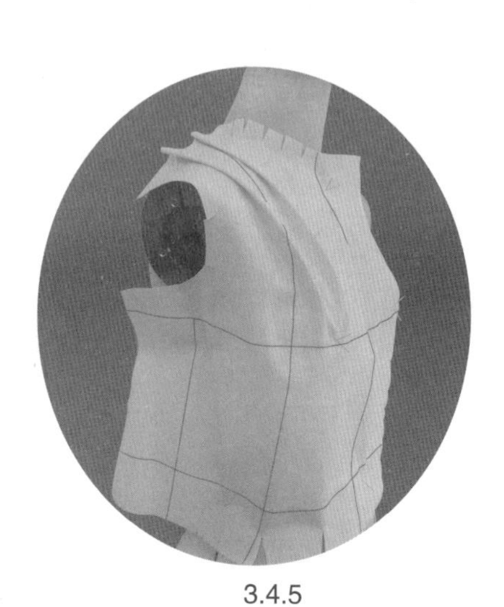

3.4.5

3.4.5　修剪袖窿，确认前袖窿余留适度松量，调整肩部衣裥量分配以及位置，修剪肩线。

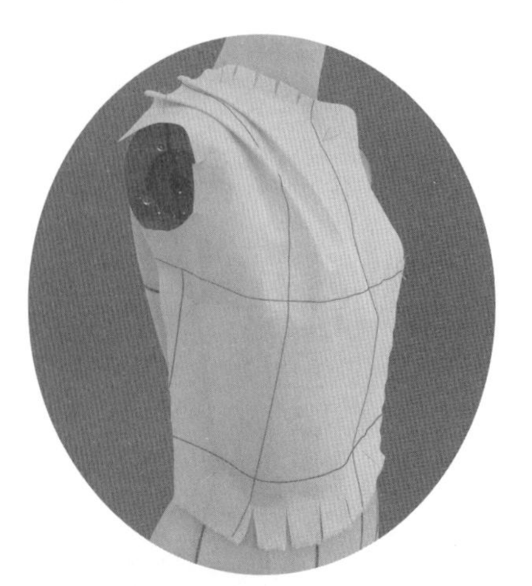

3.4.6

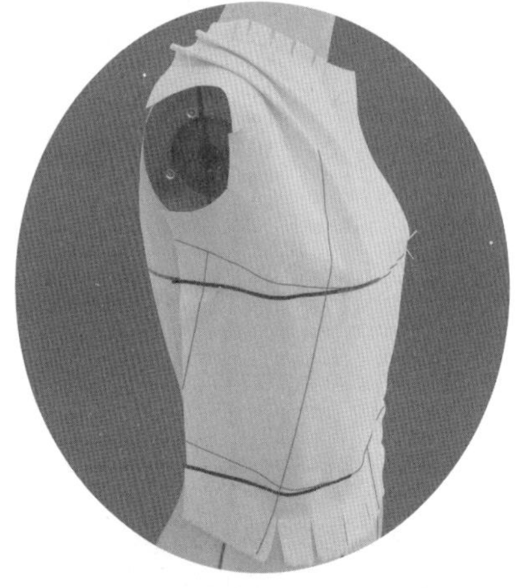

3.4.7

3.4.6　调整并确认腰部松量，修剪侧缝。

3.4.7　前片初步造型完成，观察省道转移后布纹线的变化以及与人体特征线的对应关系。

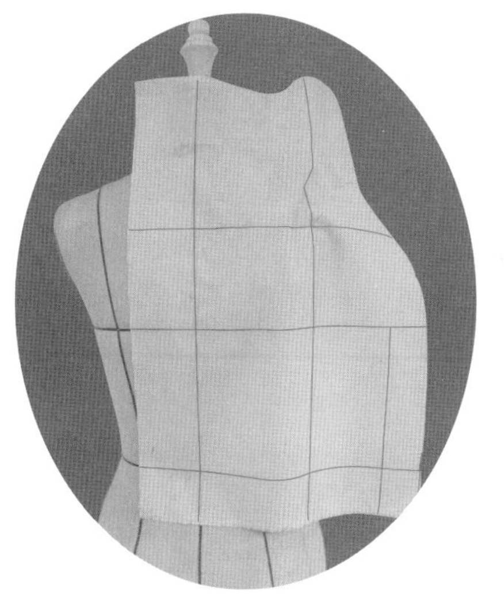

3.4.8

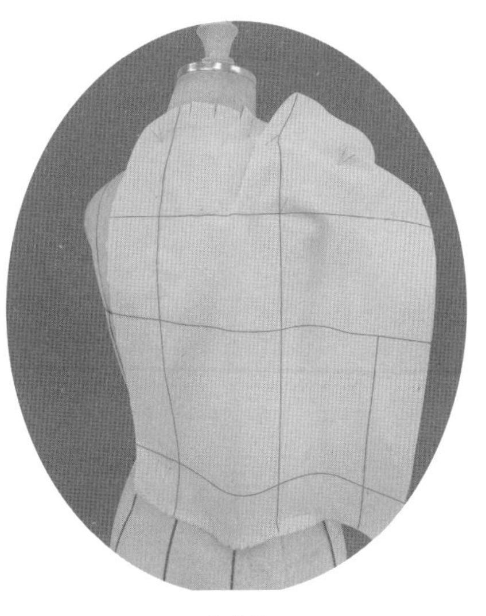

3.4.9

3.4.10

3.4.8　固定后片用布于人台，方法同操作步骤3.1.20。

3.4.9　修剪后领口，用大头针固定SNP点；后袖窿处余留适当松量后将多余松量转移至肩部，用大头针固定SP点。

3.4.10　腰线处剪刀口，腰部余留适度松量后将多余量转移至肩部，用大头针固定衣裥、SP点、侧缝处。

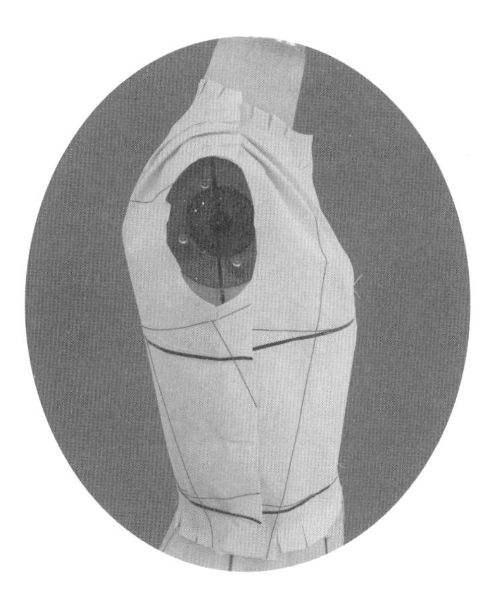

3.4.11

3.4.11　修剪侧缝、袖窿，调整并确认腰部松量、袖窿松量；调整衣裥量分配以及位置，合并前/后侧缝、前/后肩线。初步造型完成，标点描线。

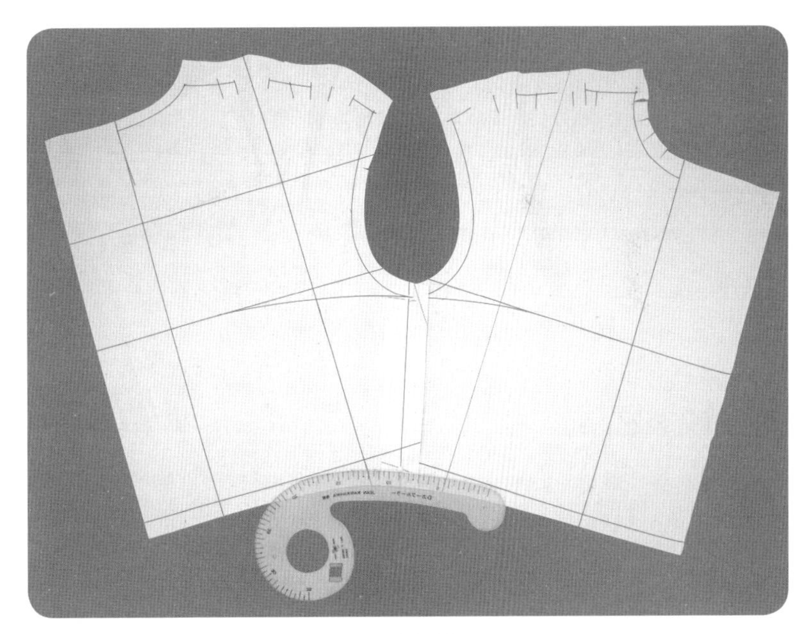

3.4.12

3.4.12　平面整理，连点成线，修剪缝份。注意衣裥的结构表示方法。

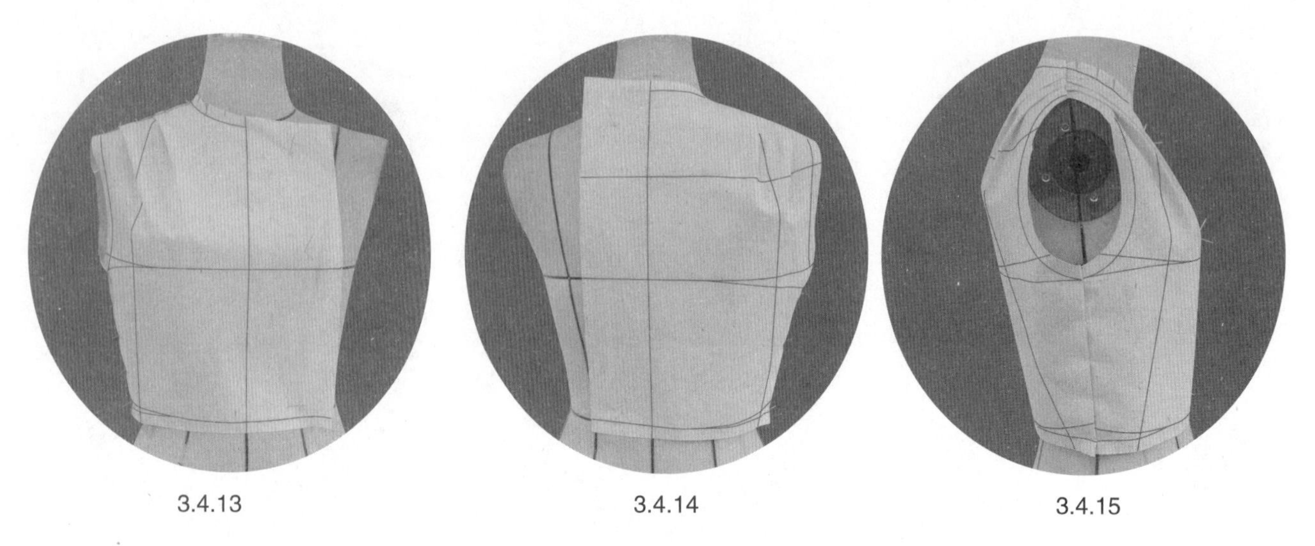

3.4.13　　3.4.14　　3.4.15

3.4.13 ~ 3.4.15　用大头针缝制样衣，试样补正。

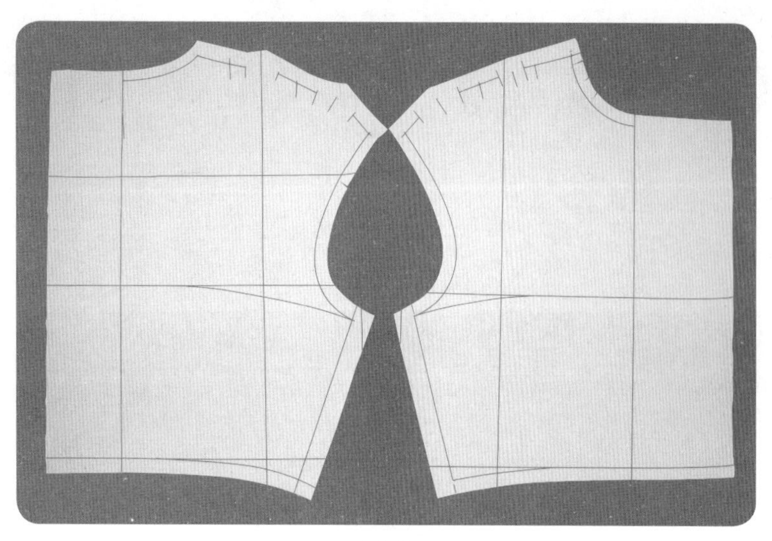

3.4.16

3.4.16　衣片结构及纸样拓印。

● 样片描图(图3.4.3)

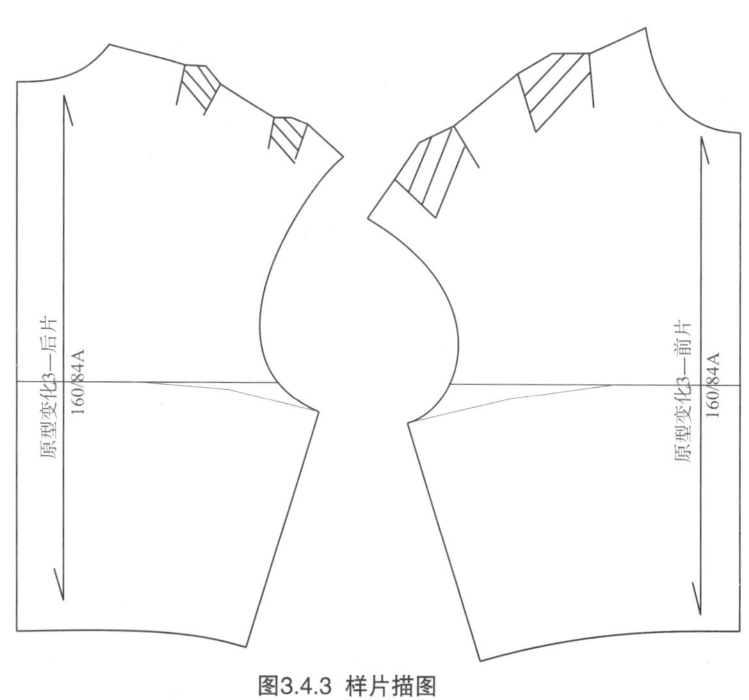

图3.4.3 样片描图

3.5 原型变化4——H型衣身基础

款式分析(图3.5.1)

衣身廓形：H型。

结构要素：省道。

胸围线以上曲面量处理：

前片——适量的前袖窿松量、侧缝省；

后片——适量的后袖窿松量、后肩省。

领窝造型：基础领窝。

袖窿造型：合体风格圆装袖的基础袖窿。

图3.5.1 款式插图

坯布准备(图3.5.2)

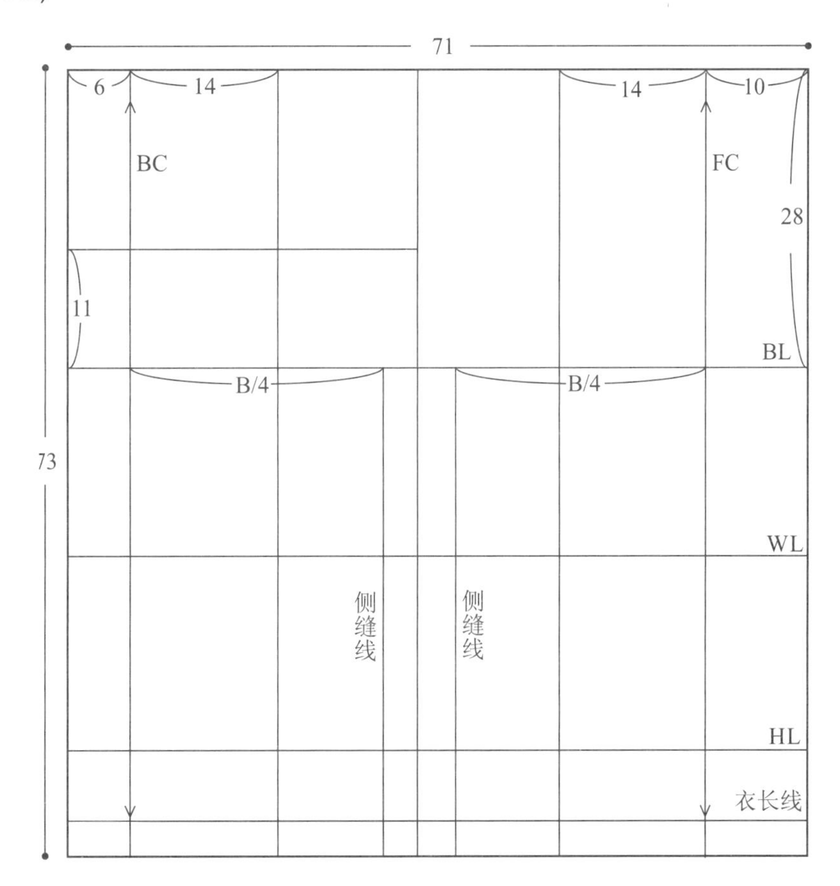

图3.5.2 坯布准备图（单位：cm）

● 操作步骤

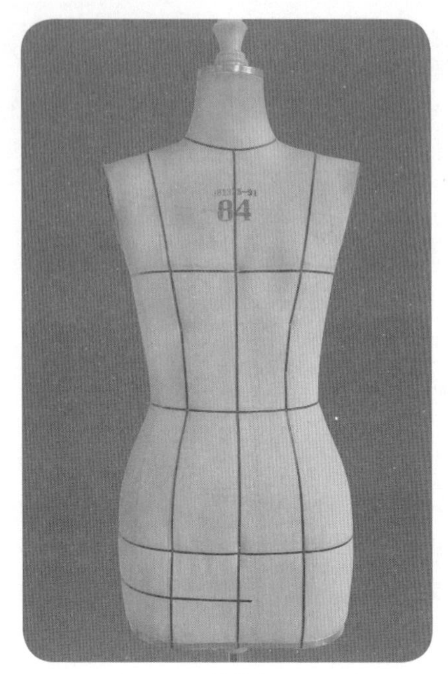

3.5.1

3.5.1 确定上衣衣长，并以粘带贴置标记。

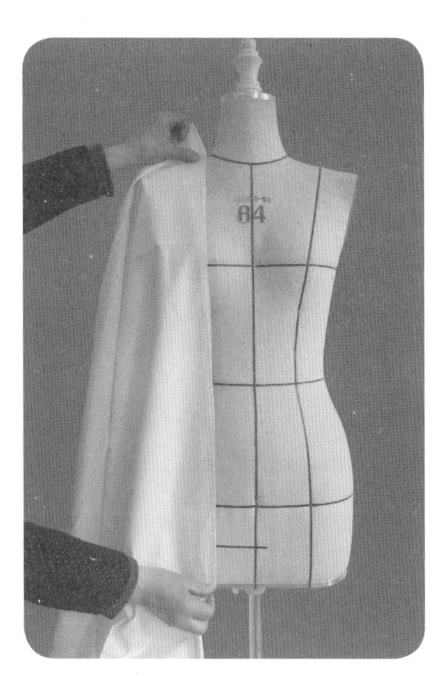

3.5.2

3.5.2 量取用布，用布长度量取SNP点到衣长线距离，上、下各加适当用布余量3~4cm，用布宽度量取胸围处，方法同操作步骤3.1.2~3.1.3。

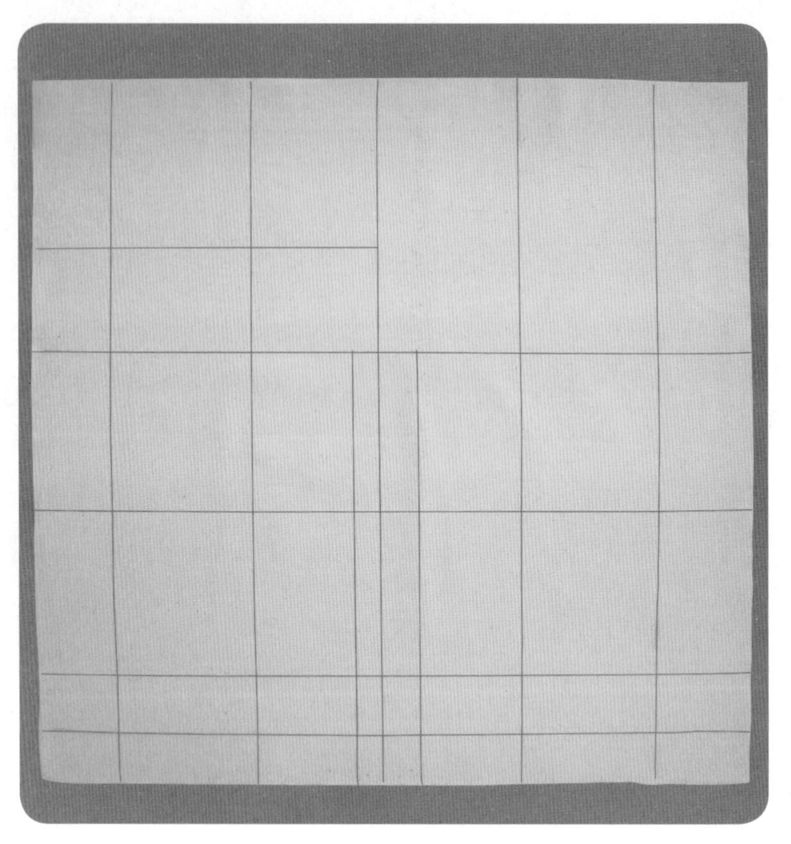

3.5.3

3.5.3 绘制基础布纹线，整烫用布。保证布纹线的纬纱布纹线与经纱布纹线垂直。

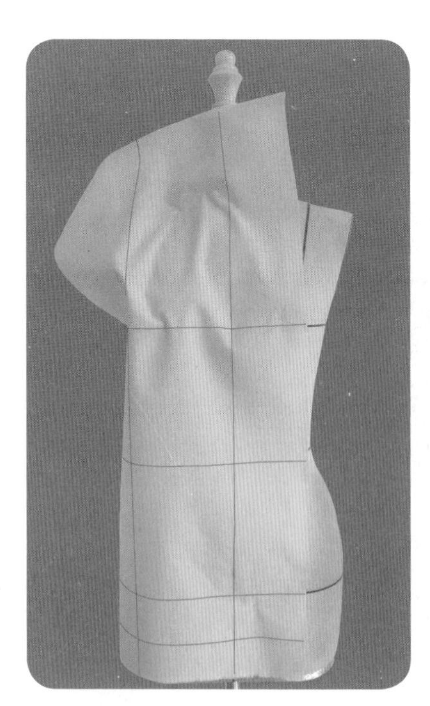

3.5.4

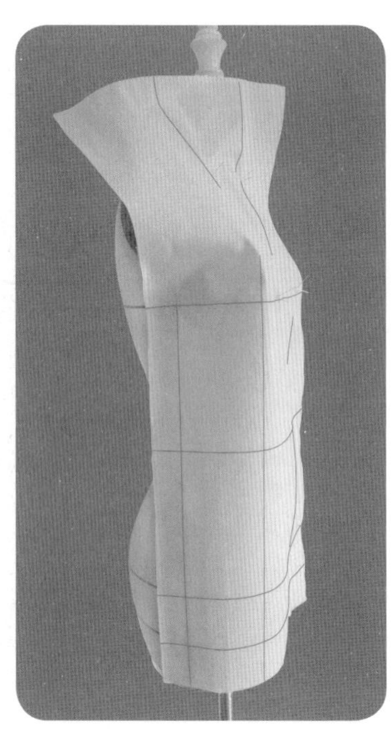

3.5.5

3.5.4、3.5.5 固定前片用布于人台上，将基础布纹线与人台标志线对齐，并注意观察胸围线以下布纹是否竖直。

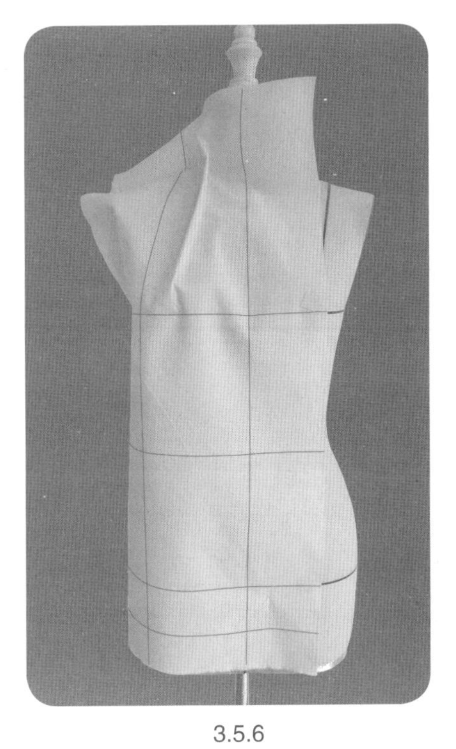

3.5.6

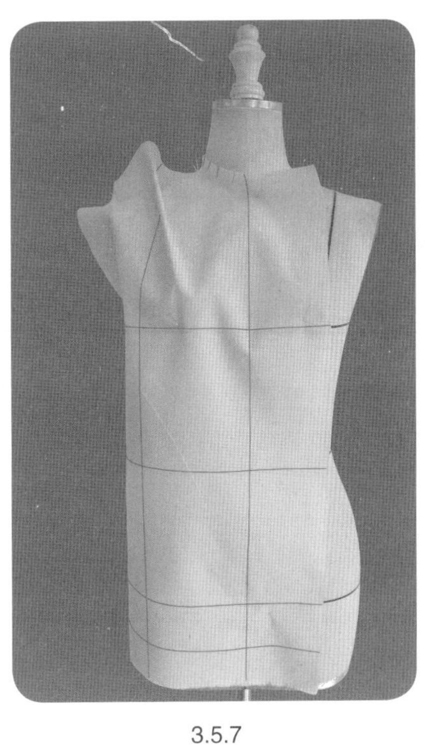

3.5.7

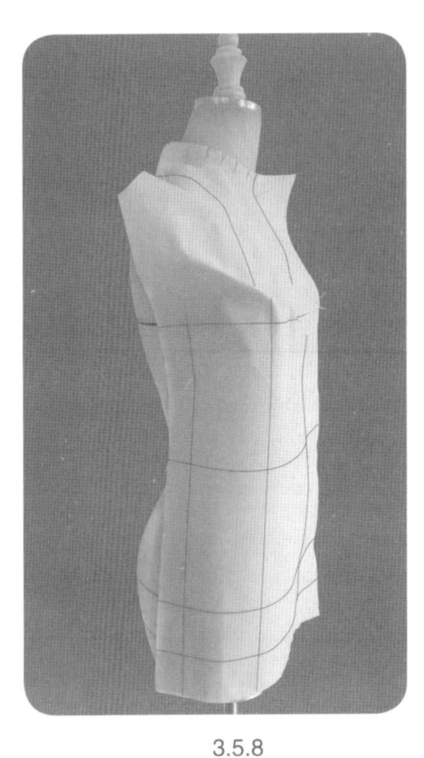

3.5.8

3.5.6 练习将前片胸围线以上曲面量以领口省形式处理。

3.5.7 练习将前片胸围线以上曲面量以肩省形式处理。

3.5.8 练习将前片胸围线以上曲面量以袖窿省形式处理。

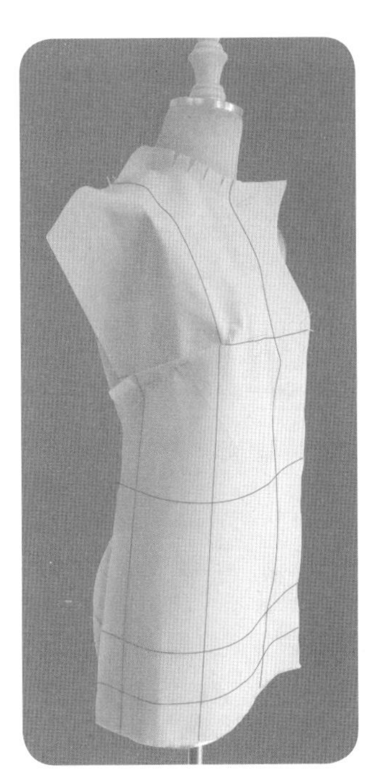

3.5.9

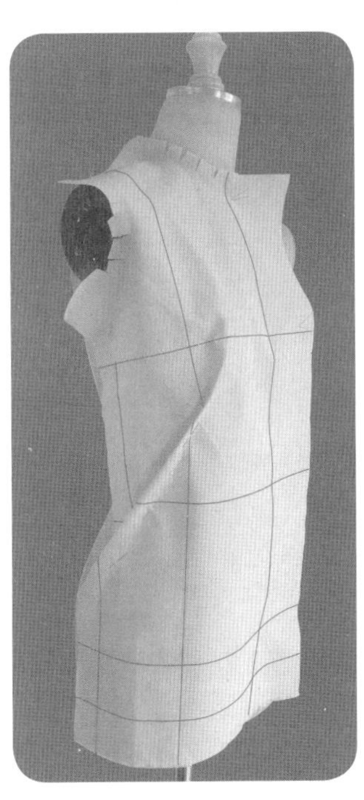

3.5.10

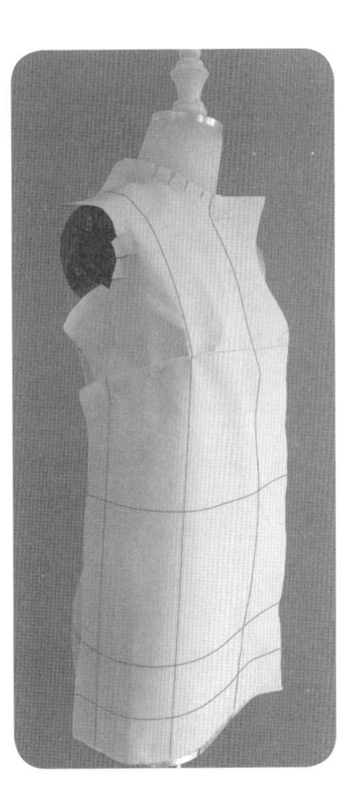

3.5.11

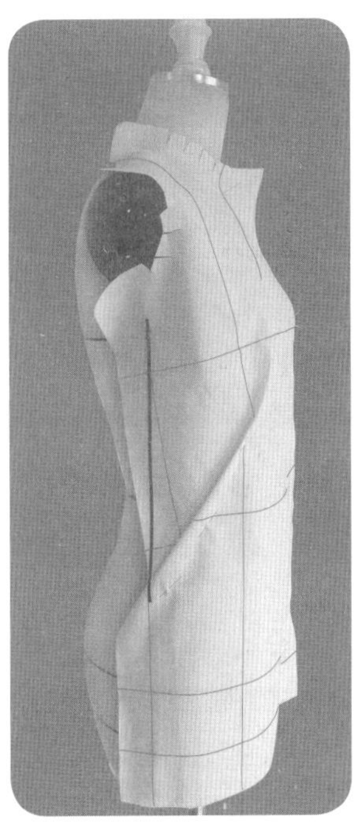

3.5.12

3.5.9、3.5.10 练习将前片胸围线以上曲面量以上侧缝省形式处理。

3.5.11、3.5.12 练习将前片胸围线以上曲面量以下侧缝省形式处理。

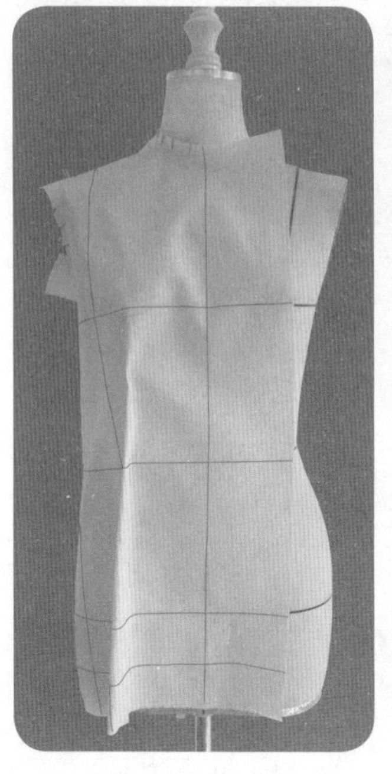
3.5.13

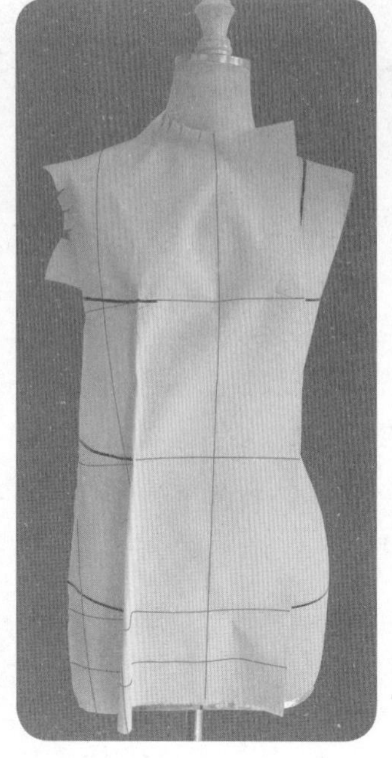
3.5.14

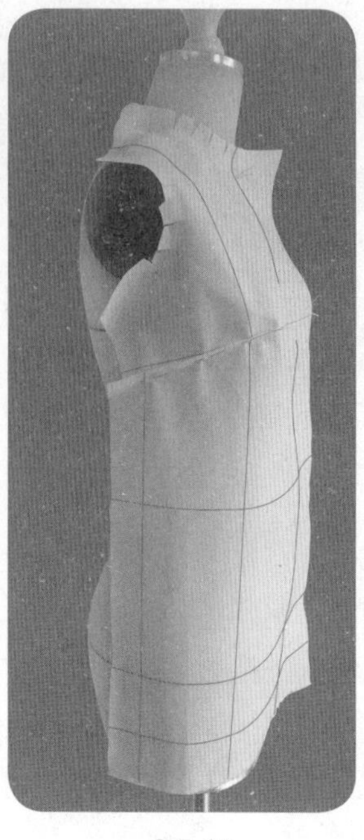
3.5.15

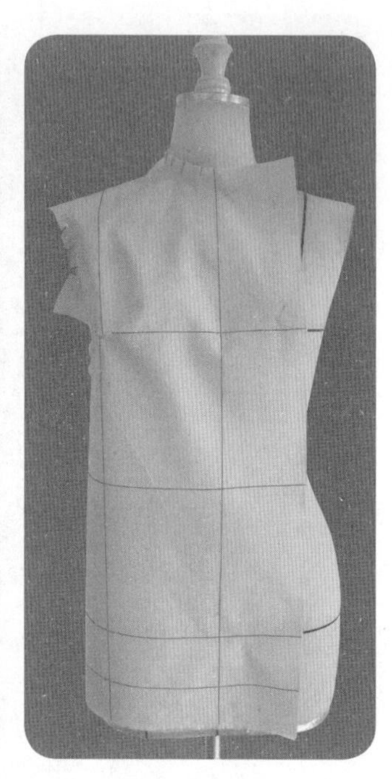
3.5.16

3.5.13　练习将前片胸围线以上曲面量以底边省形式处理。

3.5.14　以上省道变化练习中，请认真观察省道位置变化引起的胸围布纹线、腰围布纹线、臀围布纹线、侧缝线与人体特征线的对应变化，认识省道设计与布纹状态的关系。

3.5.15　确定侧缝省的位置，观察袖窿松量，确定省道量。

3.5.16　观察侧缝省的自然省尖位置，用大头针固定省道边以及省道尖，注意保证H造型的直筒形态。前片初步造型完成。

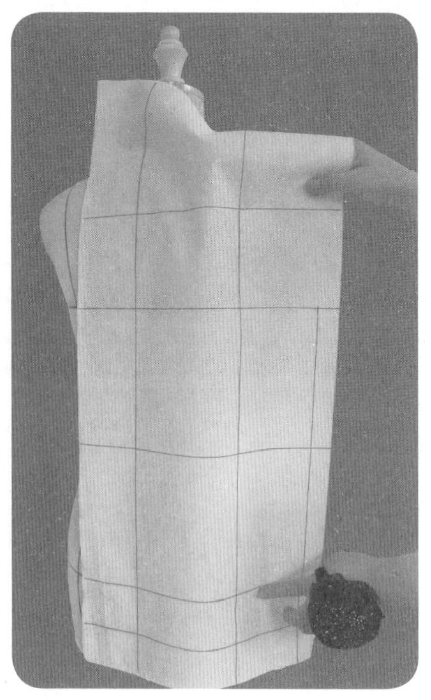
3.5.17

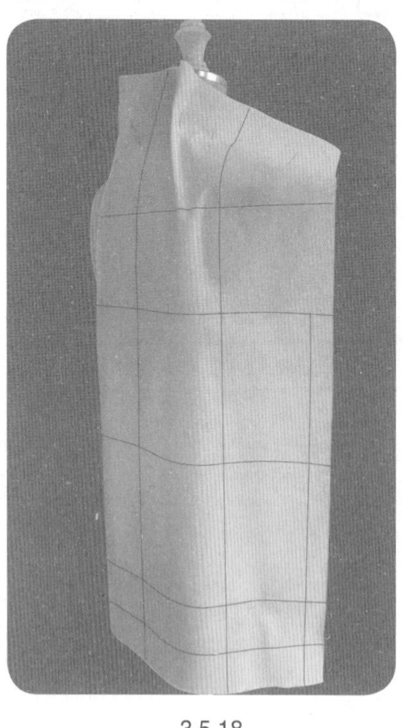
3.5.18

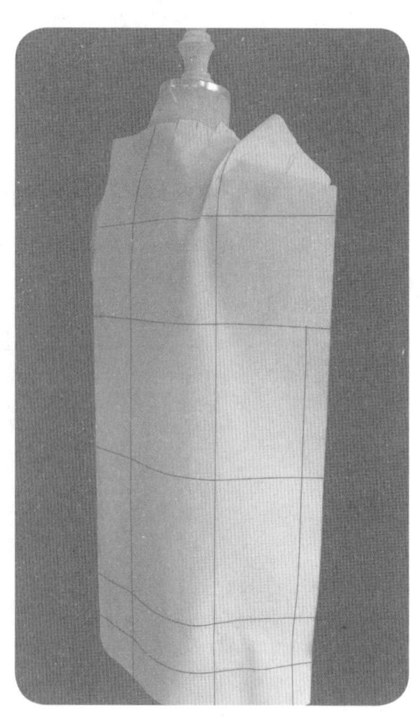
3.5.19

3.5.17　把后片用布固定于人台上，注意保证肩背横线的水平以及后侧纵线的竖直。

3.5.18　练习将后片肩背曲面量以领口省形式处理。

3.5.19　练习将后片肩背曲面量以肩省形式处理。

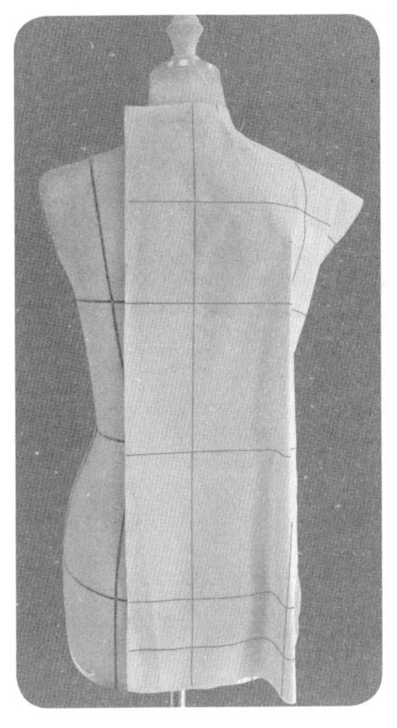

3.5.20

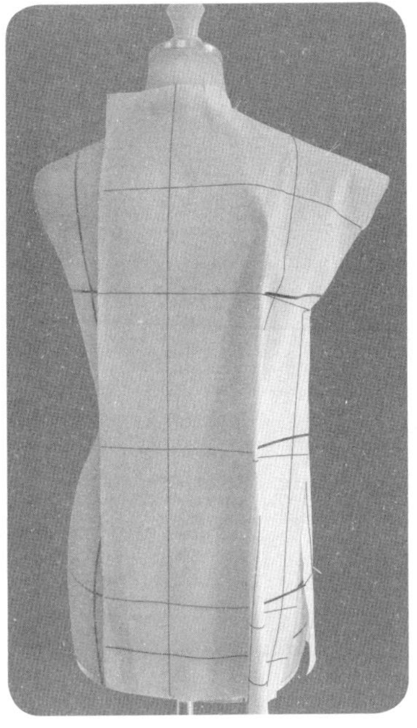

3.5.21

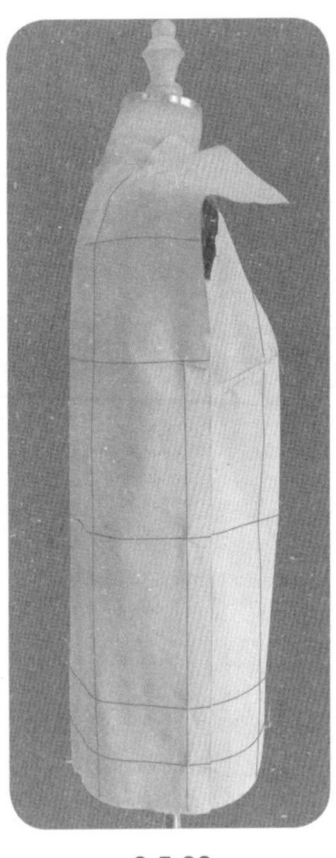

3.5.22

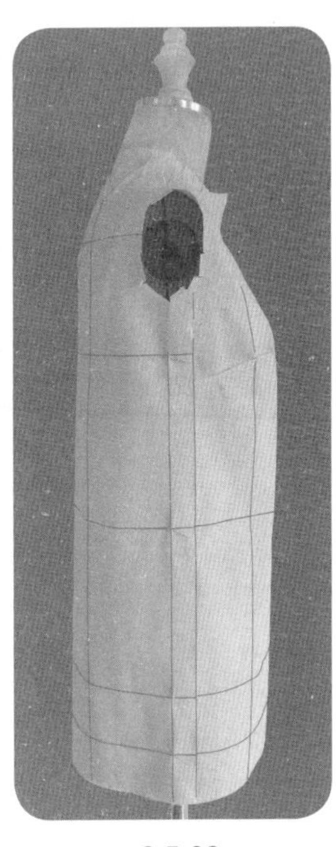

3.5.23

3.5.20 练习将后片肩背曲面量以底边省形式处理。

3.5.21 同样在省道变化练习中，请认真观察省道位置变化引起的胸围布纹线、腰围布纹线、臀围布纹线、侧缝线与人体特征线的对应变化，认识省道设计与布纹状态的关系。

3.5.22 保证袖窿余留适当松量，确定肩省量以及肩省位置。

3.5.23 适当修剪袖窿，确认袖窿松量是否适当，并注意保证H型造型胸围线以下的直筒形态。

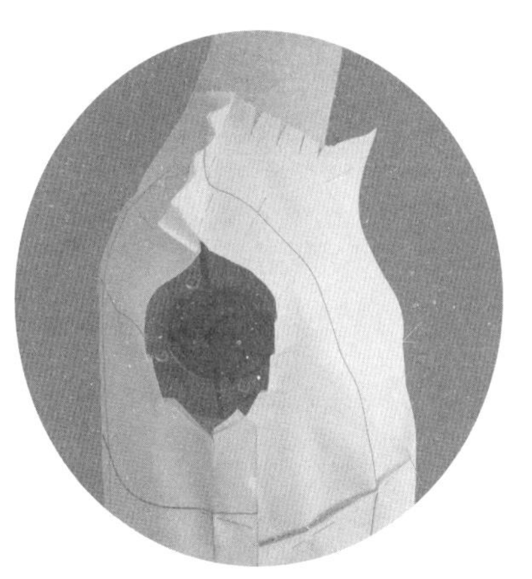

3.5.24

3.5.24 合并前、后肩线，注意领口和肩部的松度要适当，H型服装的承重全部在肩部，所以领口和肩部的松度要恰到好处。

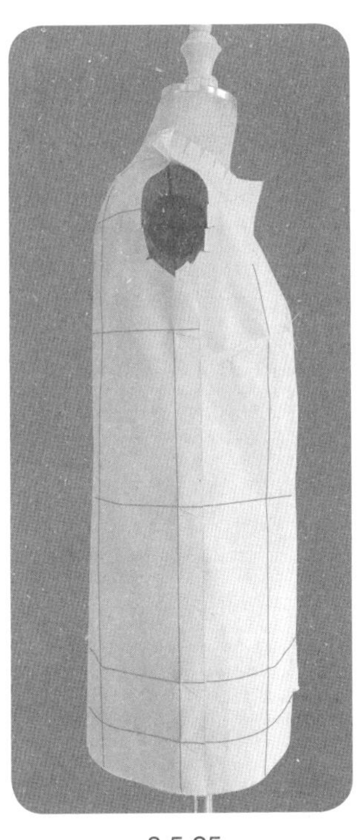

3.5.25

3.5.25 初步造型完成，标点描线。

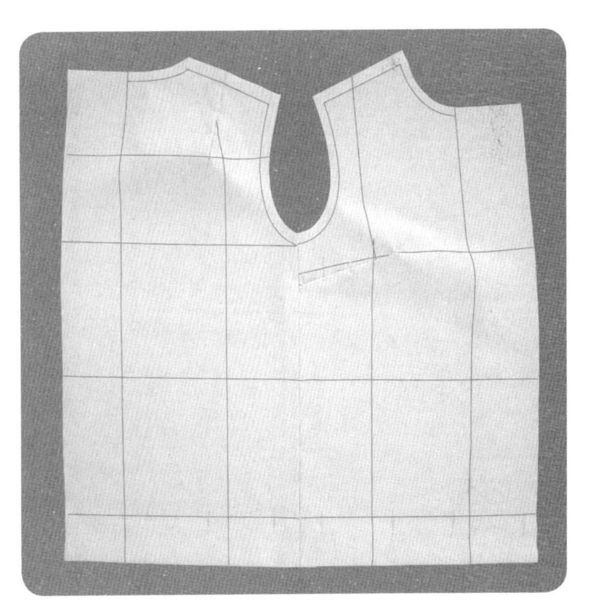

3.5.26

3.5.26 平面整理。

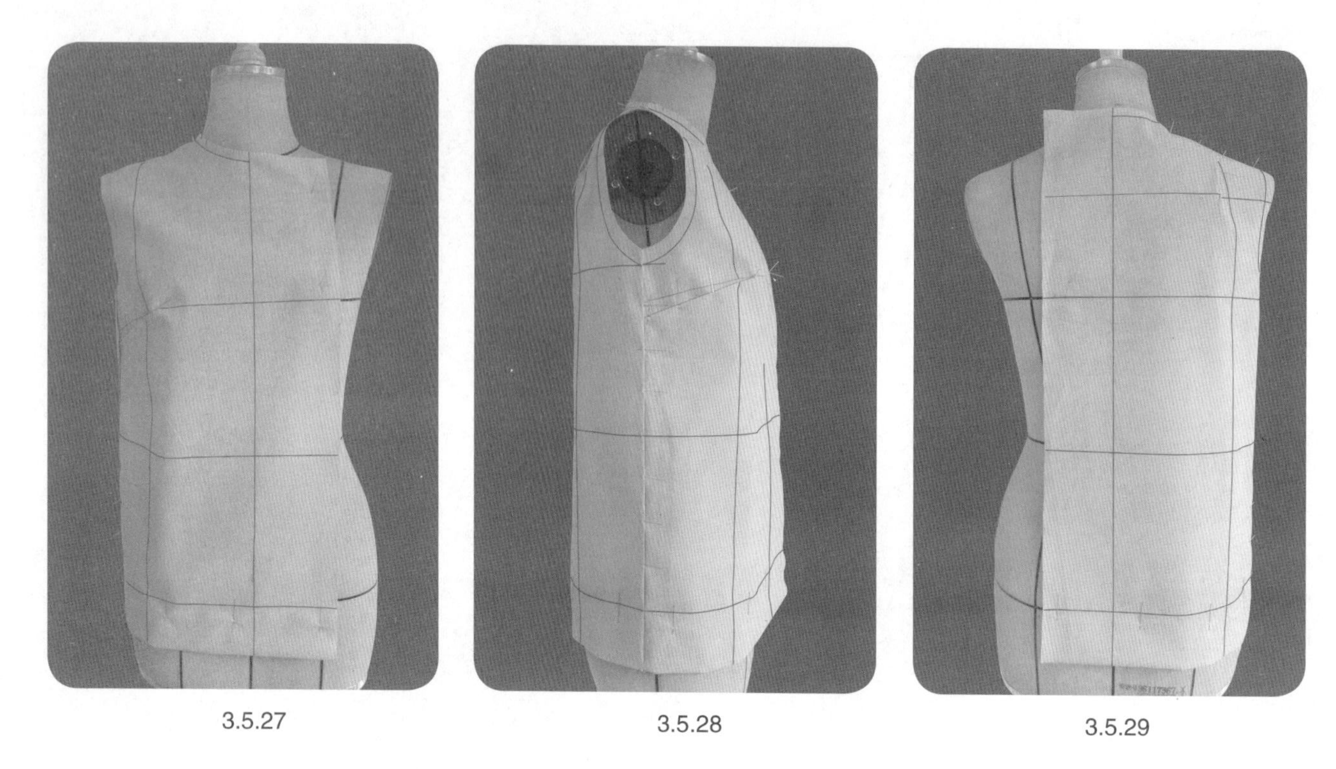

3.5.27　　3.5.28　　3.5.29

3.5.27 ~ 3.5.29　用大头针假缝样衣，试样补正。请注意观察确认前、后中线自然竖直，胸围线以下造型状态竖直，袖窿的前、后松量适度和平衡以及肩部的松度适量。

● 样片描图（图3.5.3）

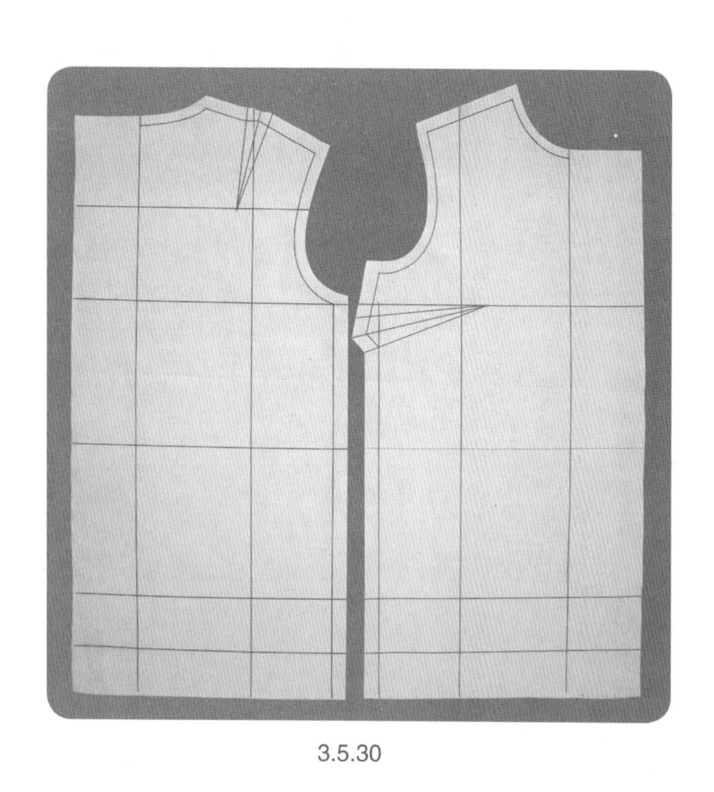

3.5.30

3.5.30　衣片结构及纸样拓印。

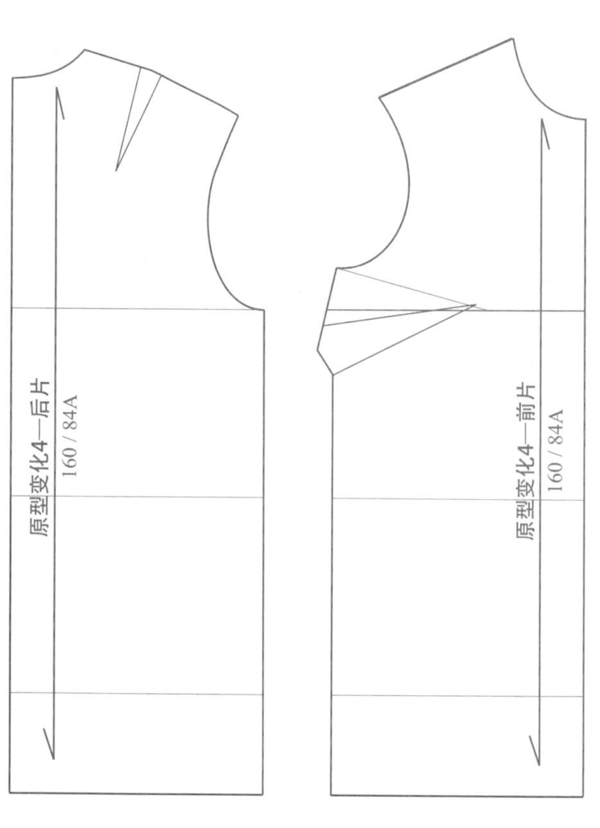

图3.5.3　样片描图

3.6 原型变化5——X型衣身基础

● 款式分析（图3.6.1）

衣身廓形：X型。

结构要素：省道。

胸围线以上曲面量处理：

前片——适量的前袖窿松量、前袖窿省；

后片——适量的后袖窿松量、后肩省。

胸围线—腰围线曲面量处理：

前片——胸腰臀连省、侧缝；

后片——胸腰臀连省、侧缝。

腰围线—臀围线曲面量处理：

前片——胸腰臀连省、侧缝；

后片——胸腰臀连省、侧缝。

领窝造型：基础领窝。

袖窿造型：合体风格圆装袖的基础袖窿。

图3.6.1 款式插图

● 坯布准备（图3.6.2）

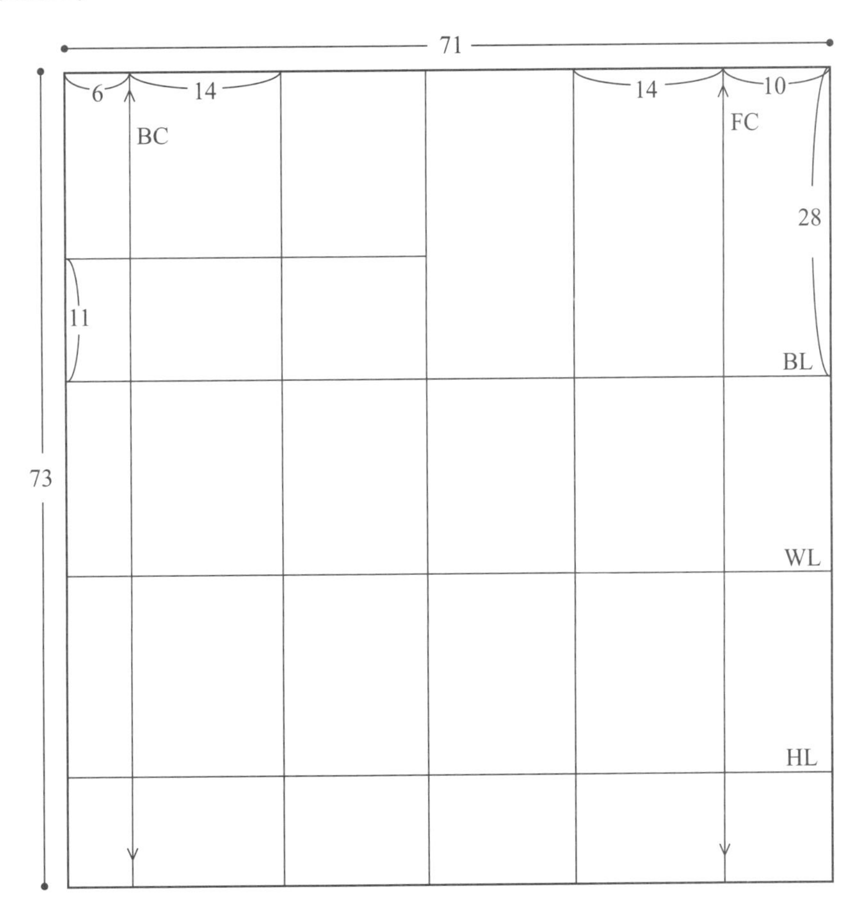

图3.6.2 坯布准备图(单位：cm)

● 操作步骤

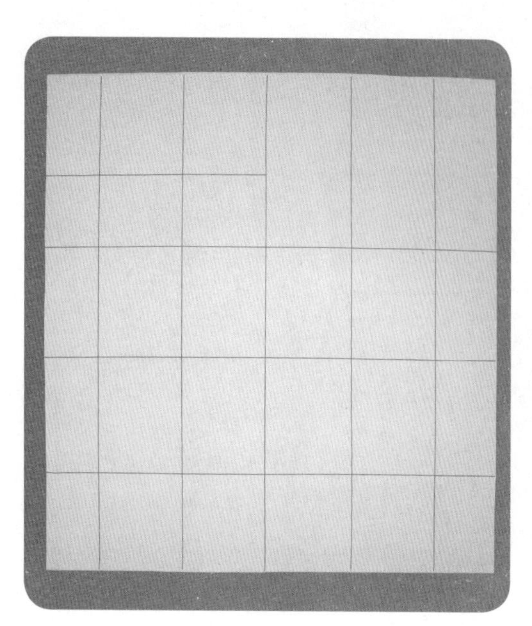

3.6.1

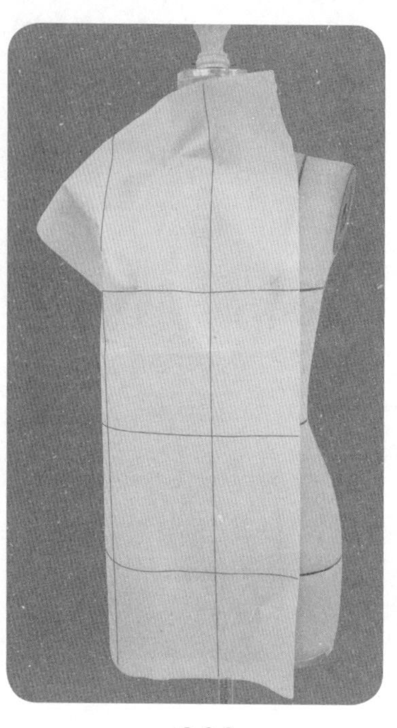

3.6.2

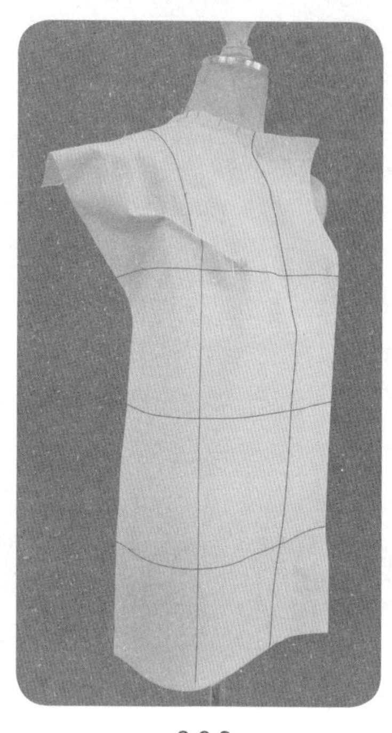

3.6.3

3.6.1 量取用布并绘制布纹线，方法同操作步骤3.5.1~3.5.3，但无侧缝线的布纹绘制。

3.6.2 将前片用布固定于人台。

3.6.3 修剪领口，抚平肩部，在SNP、SP点处扎针固定，前袖窿处余留适当的松量后将多余松量以袖窿省处理。

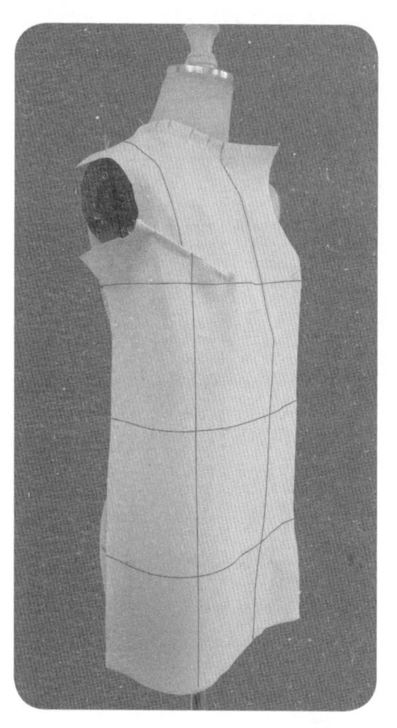

3.6.24

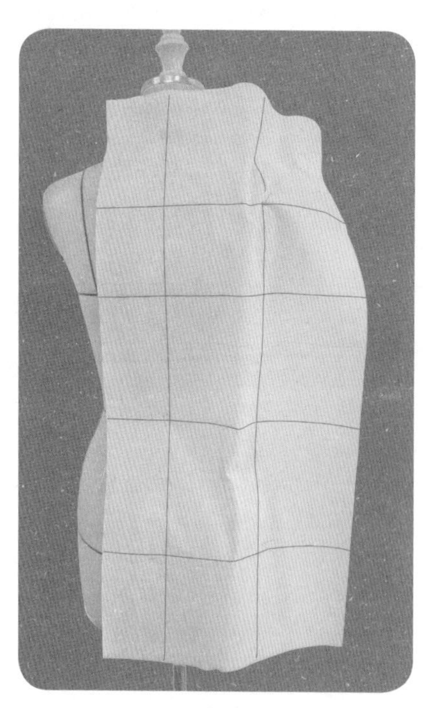

3.6.5

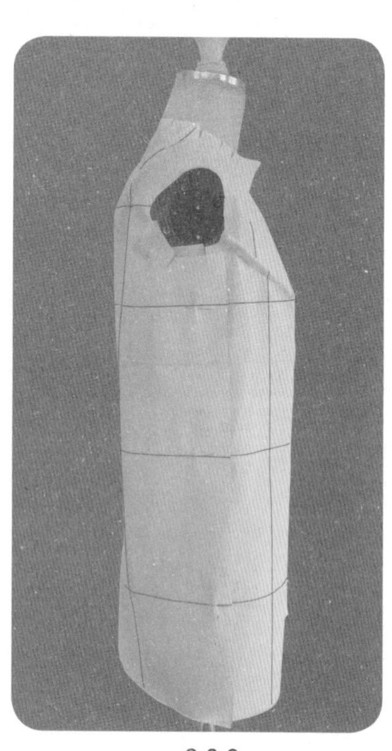

3.6.6

3.6.4 修剪袖窿，调整并确认袖窿松量、省道位置以及省道量，确定省尖位置，保证胸围线以下的造型竖直，固定省边。

3.6.5 将后片用布固定于人台上。

3.6.6 修剪后领口，固定SP点，袖窿余留适当松量后将多余松量以肩省形式处理。

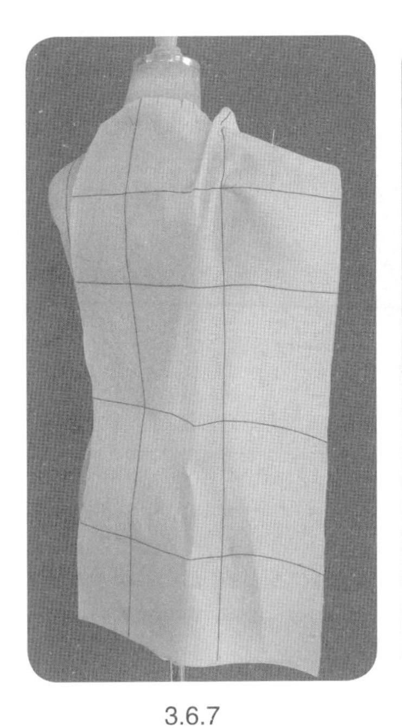

3.6.7

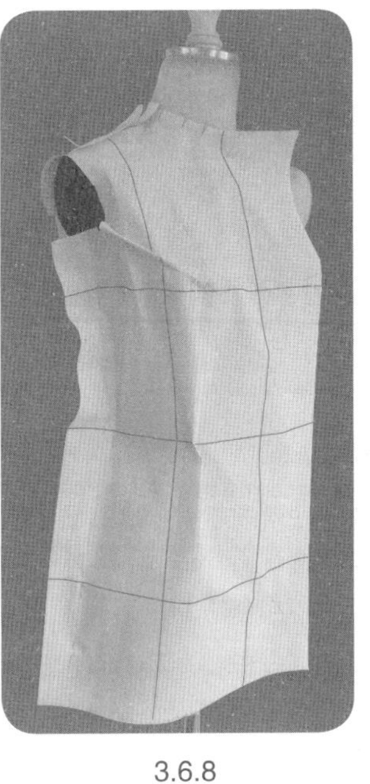

3.6.8

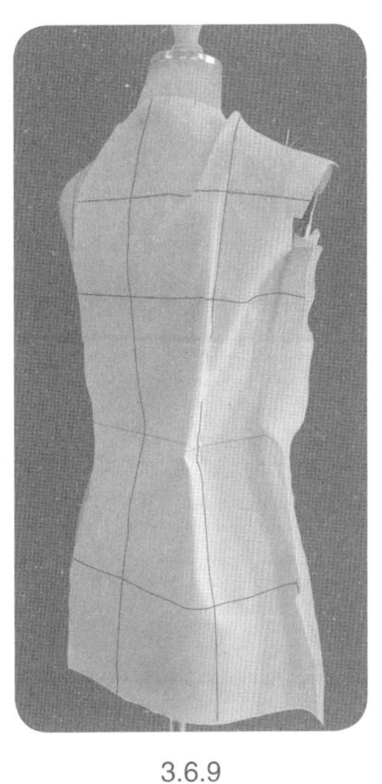

3.6.9

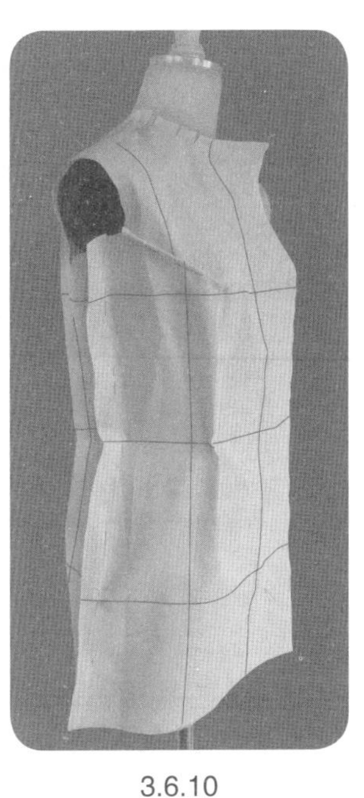

3.6.10

3.6.7　合并前、后侧缝用大头针固定，注意保证胸围有适度松量，前、后袖窿松量平衡以及胸围线以下服装造型竖直。

3.6.8　竖着合并侧缝，适当处理吸腰量（一般为1.5cm左右）。

3.6.9、3.6.10　初步确定前、后腰省的位置以及腰省的量。

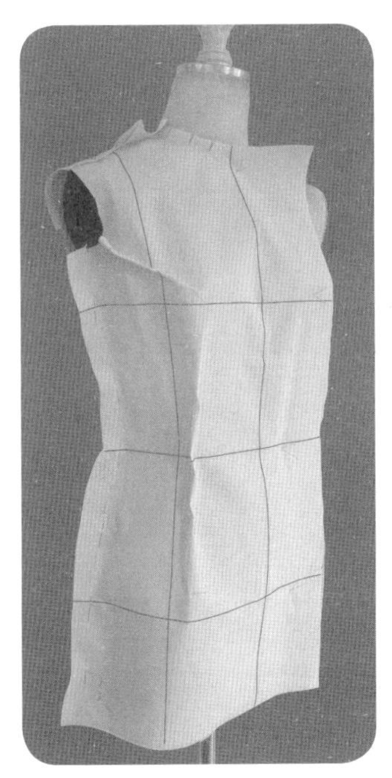

3.6.11

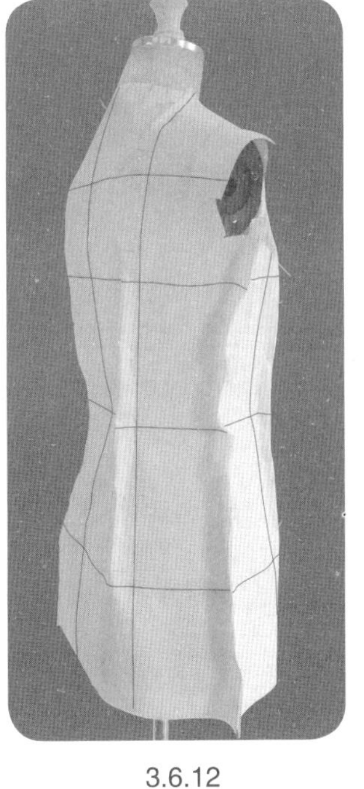

3.6.12

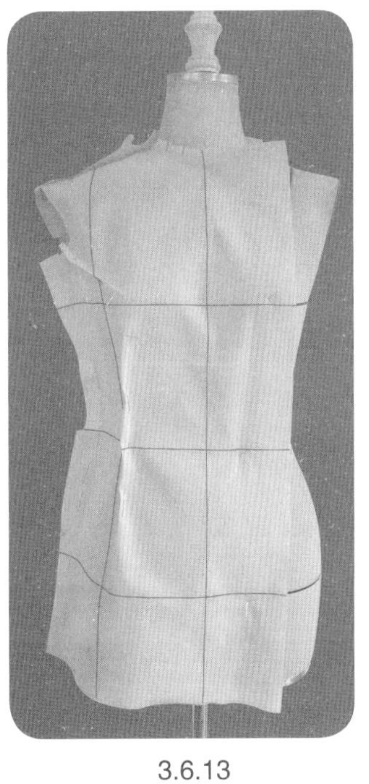

3.6.13

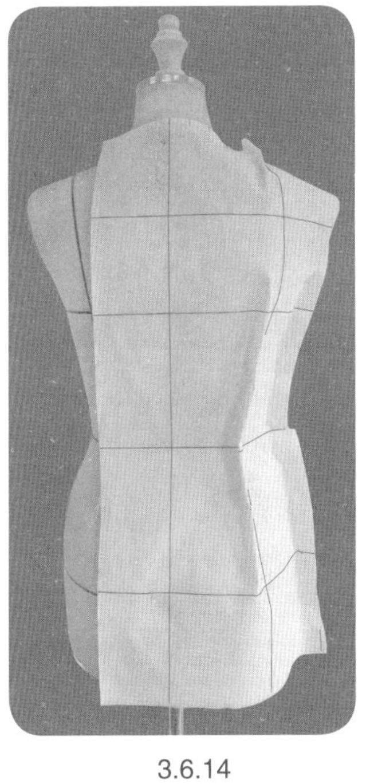

3.6.14

3.6.11~3.6.14　确认腰部松量以及前、后和侧面的平衡，观察确定省道省尖位置，用大头针固定省道。

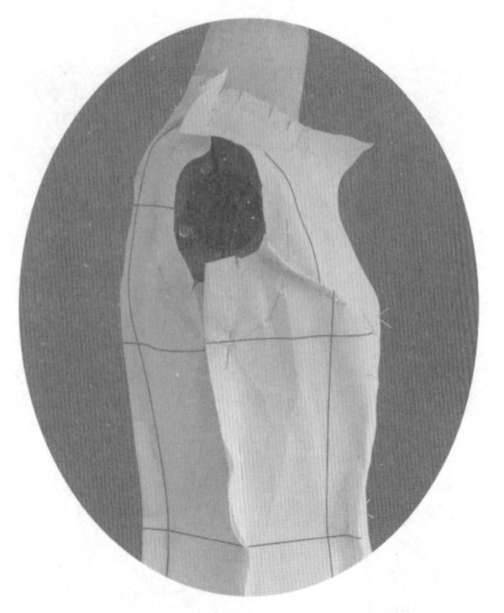

3.6.15

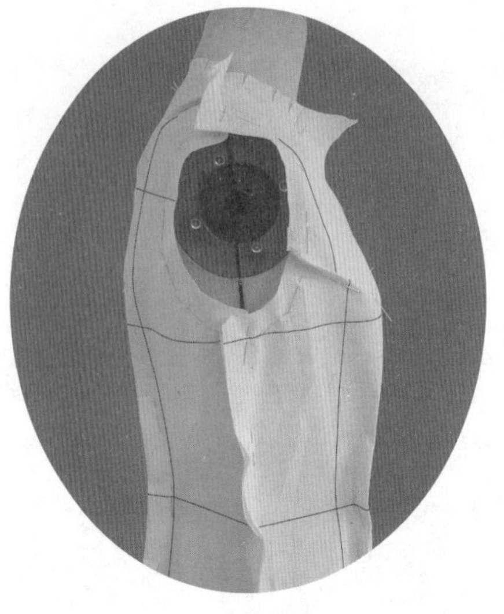

3.6.16

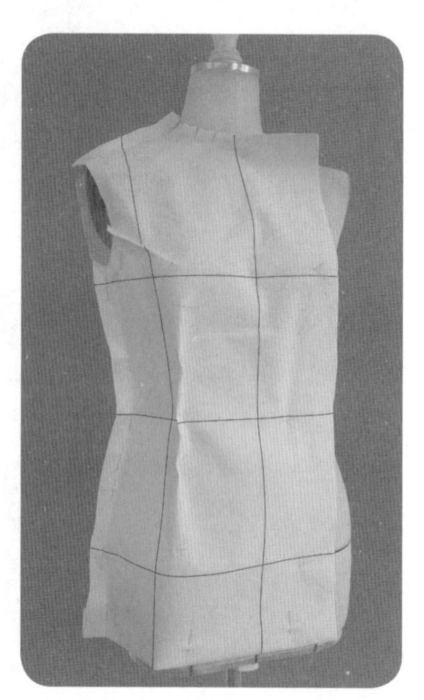

3.6.17

3.6.15　确定肩宽点、袖窿深点、前胸宽点、后背宽点，尝试以大头针模拟袖窿弧线造型。

3.6.16　修剪袖窿缝份，观察并调整袖窿松量，注意松量平衡，确认完美的袖窿造型。

3.6.17　依据底边款式造型线翻折底边，并用大头针固定。

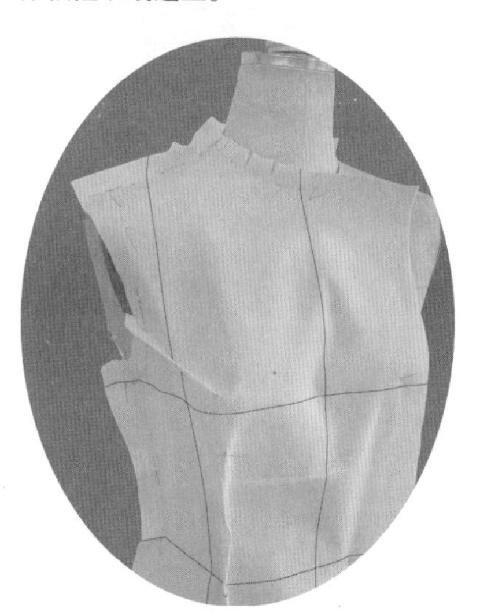

3.6.18

3.6.18　初步造型完成，标点描线。

3.6.19　连点成线。袖窿弧线参考大头针位置绘制。

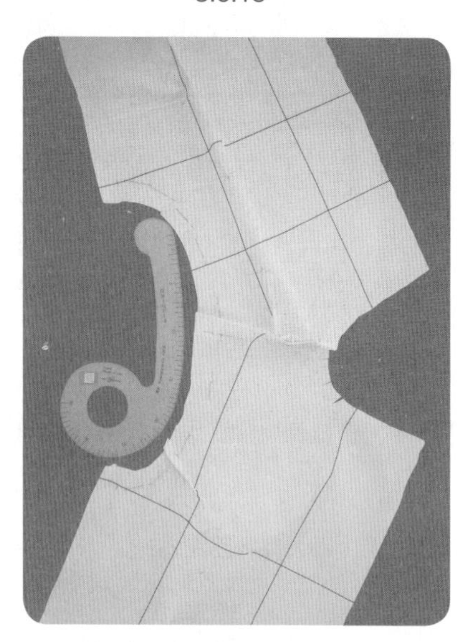

3.6.19

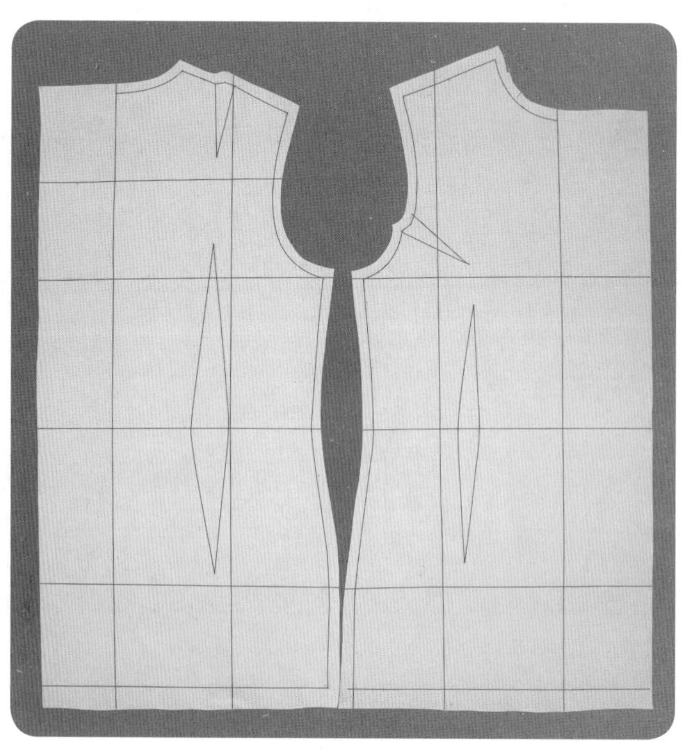

3.6.20

3.6.20　修剪缝份。

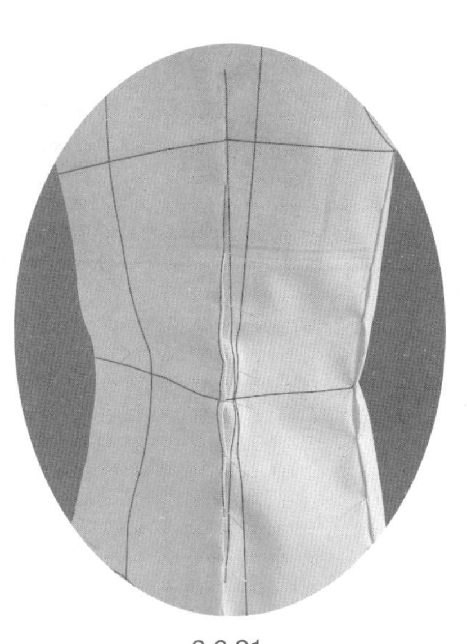

3.6.21

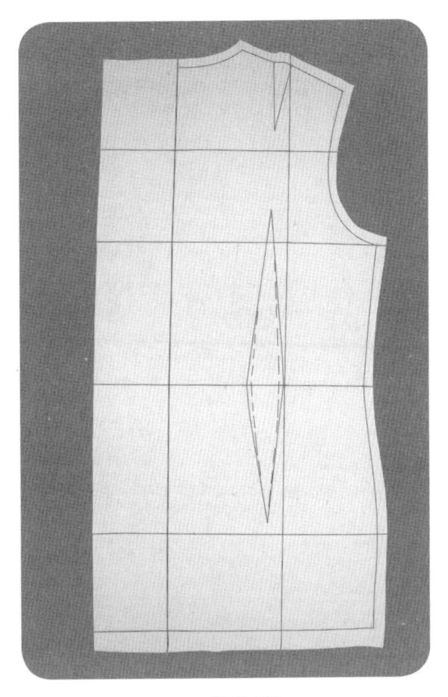

3.6.22

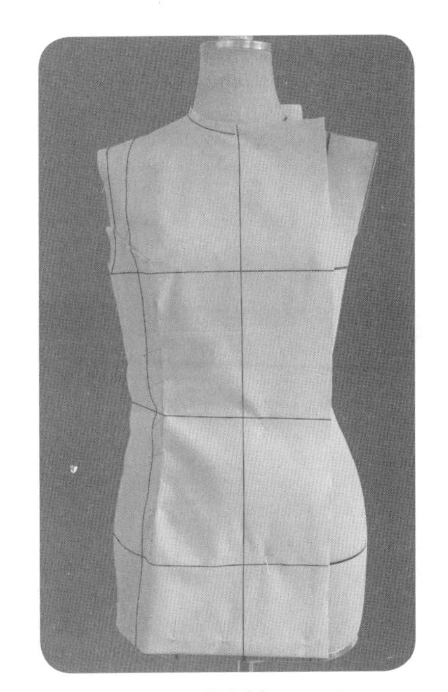

3.6.23

3.6.21　试样补正。特别注意配合省道的工艺缝制方法，调整省道量，配合缝份侧倒的工艺方法，省道量必须恰当，避免牵拉现象。

3.6.22　补正后的省道量修正图。

3.6.23 ~ 3.6.25　造型完成图。

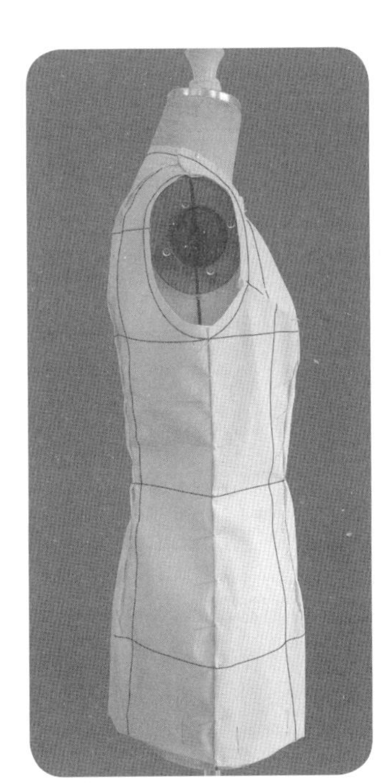

3.6.24

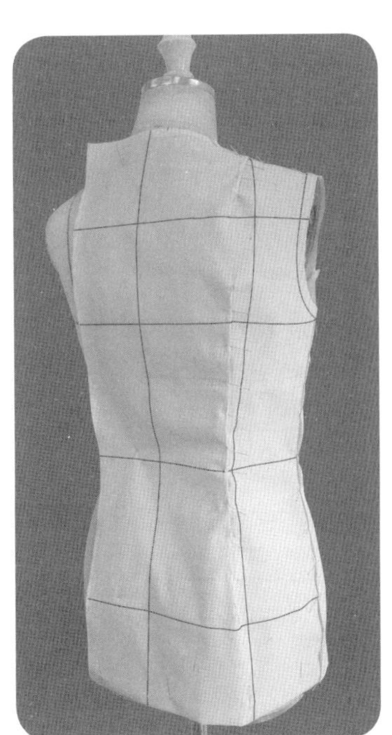

3.6.25

● 样片描图(图3.6.3)

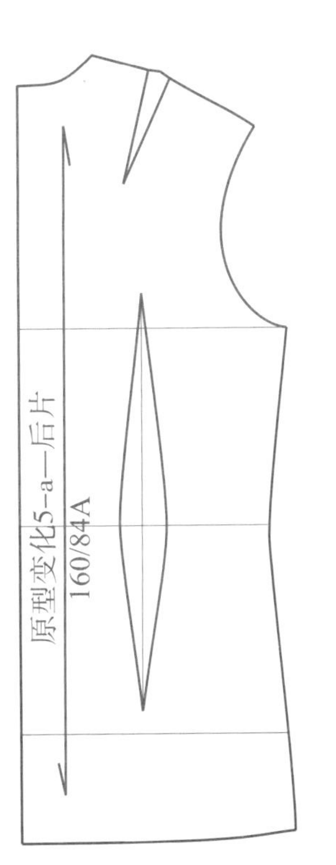

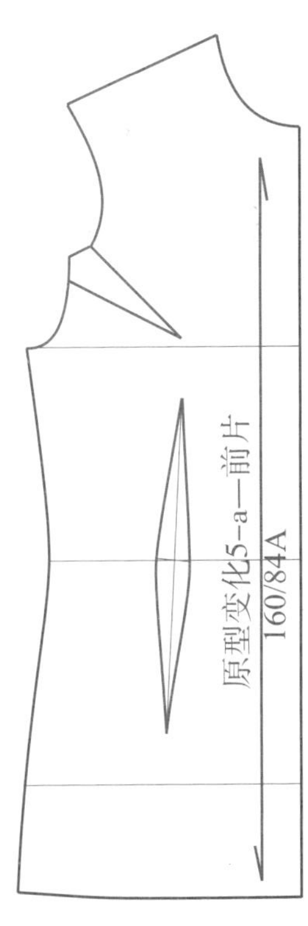

图3.6.3　样片描图(单省道)

附：练习多腰省设置

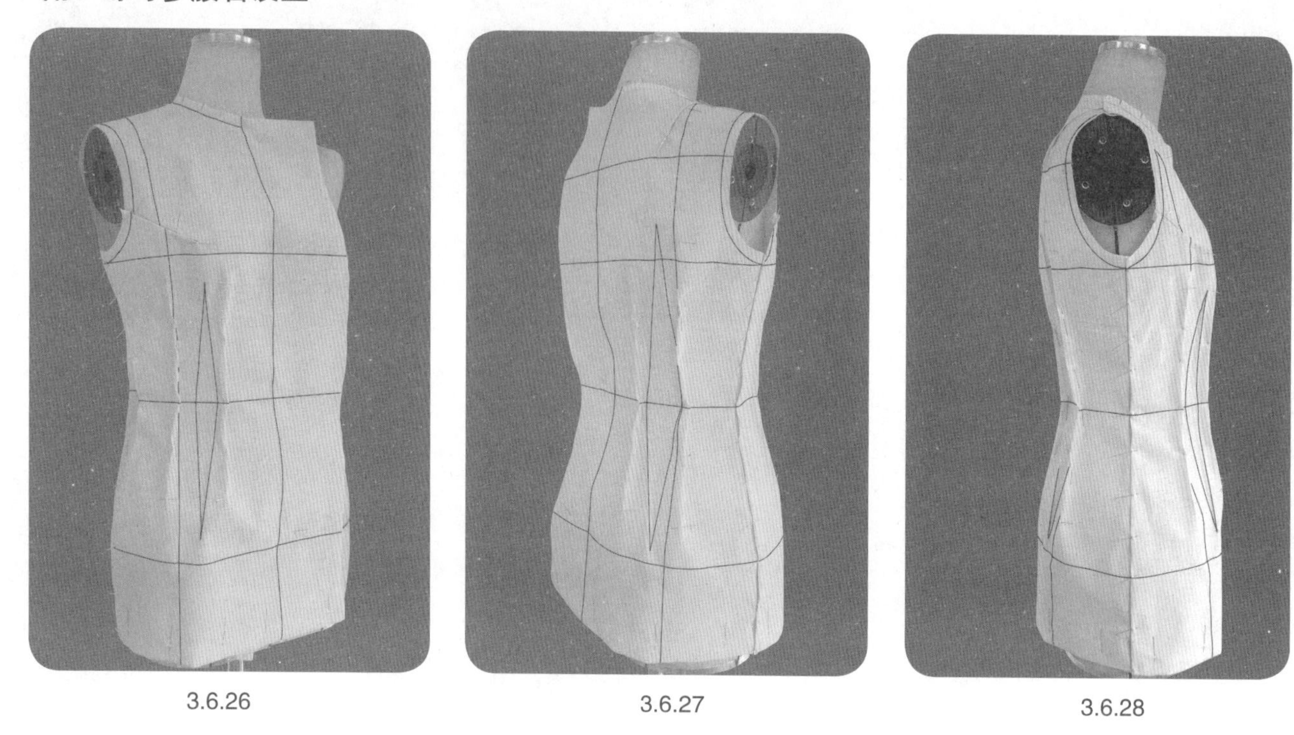

3.6.26　　3.6.27　　3.6.28

3.6.26 ~ 3.6.28　练习多腰省的设置，并且注意省道位置、省道量以及服装吸腰造型状态的比较。

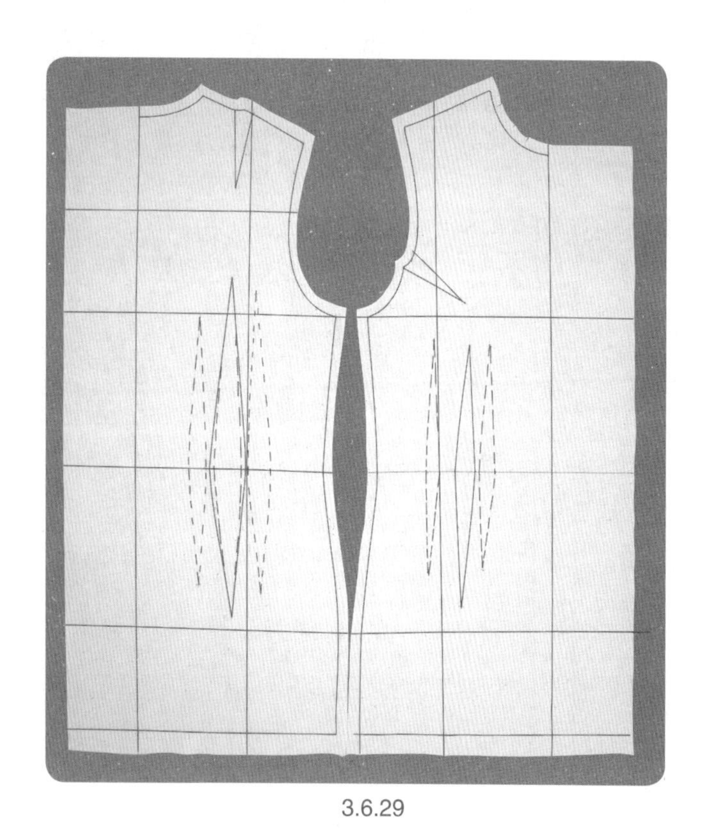

3.6.29

3.6.29　衣片结构及纸样拓印。

- 样片描图(图3.6.4)

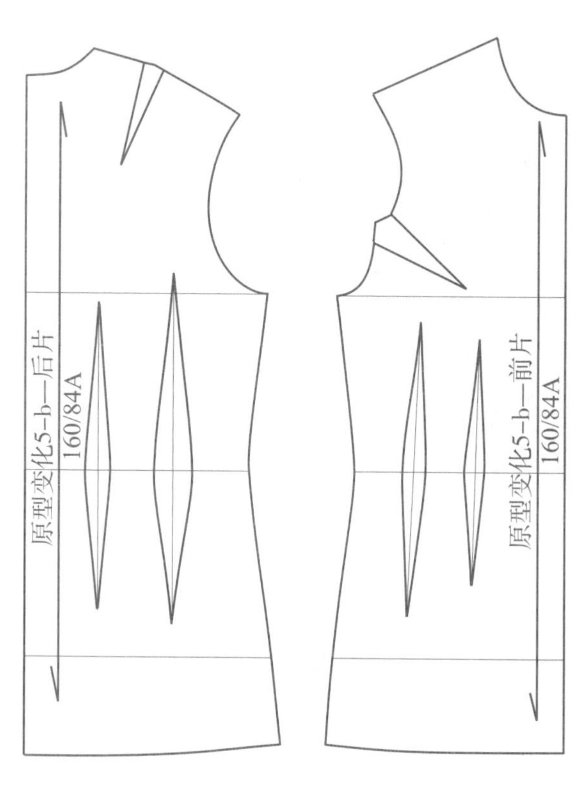

图3.6.4　样片描图(多省道)

Chapter 4

第4章　裙装

4.1 裙1——原型直裙

● 款式分析(图4.1.1)

裙身廓形：H型。

结构要素：省道。

臀腰差处理：

前片——前腰省、侧缝；

后片——后腰省、侧缝。

裙腰造型：基本腰线；直腰。

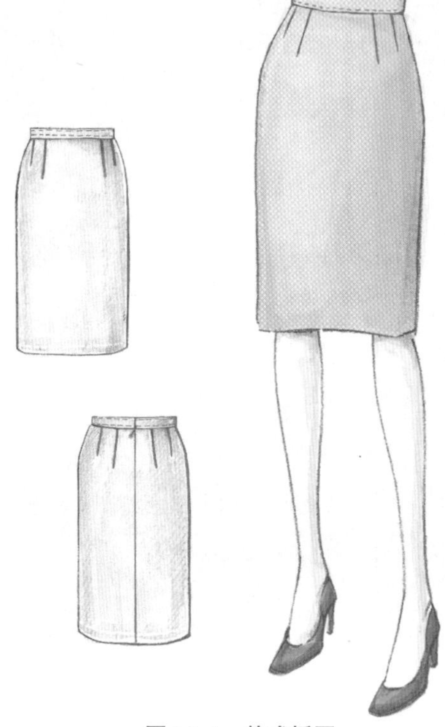

图4.1.1 款式插图

● 坯布准备(图4.1.2)

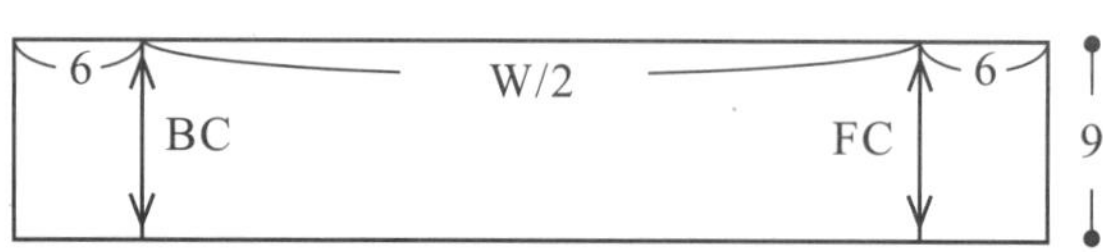

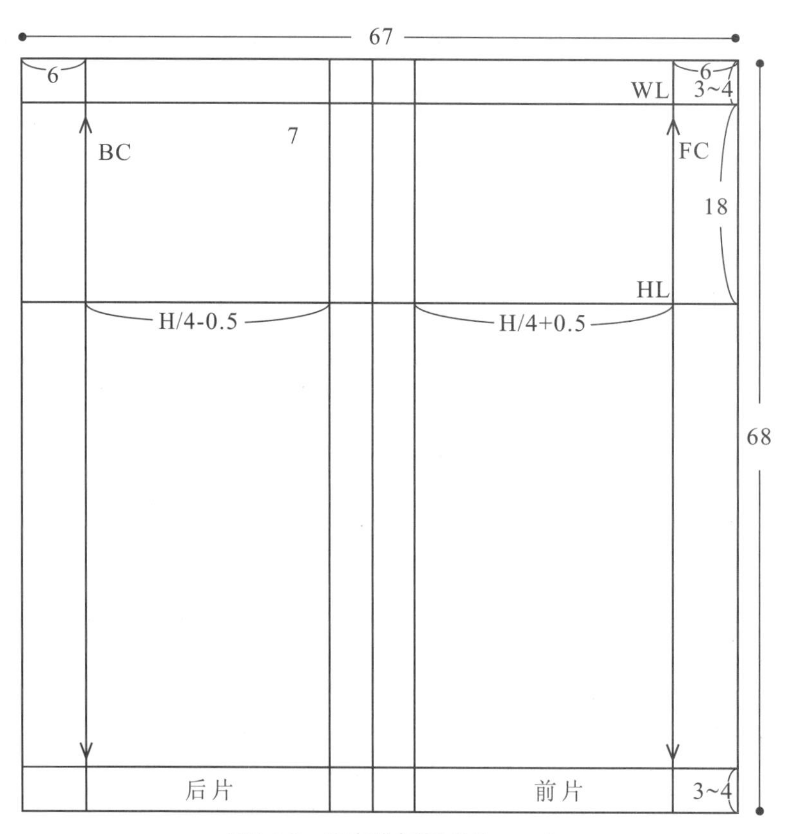

图4.1.2 坯布准备图(单位：cm)

● 操作步骤

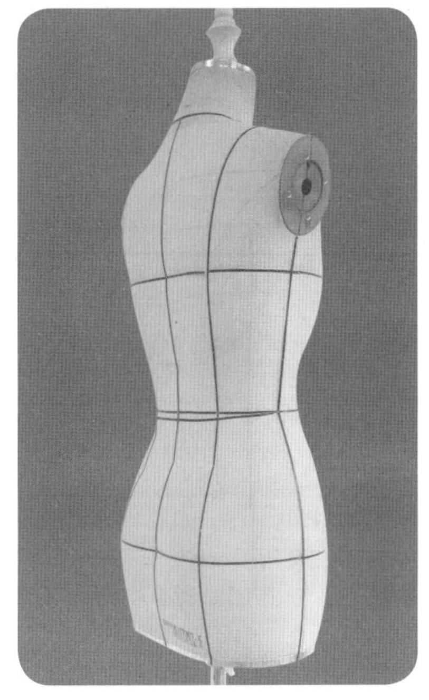

4.1.1

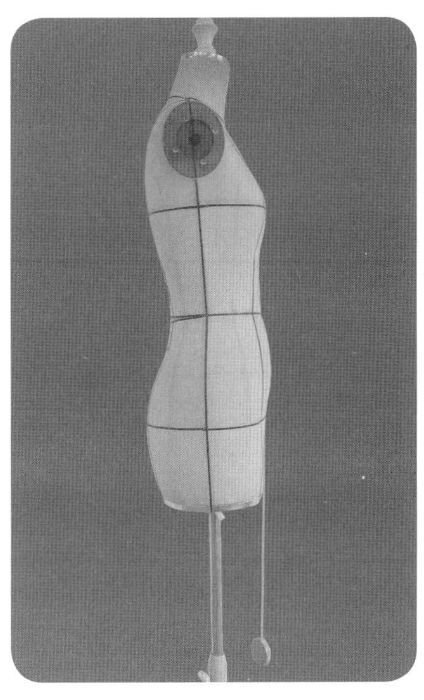

4.1.2

4.1.3

4.1.1　腰线为基本腰线，需要与人体腰线特征相符，后腰中心下降0.5~1cm。

4.1.2　裙长用软尺量取并标记。

4.1.3　量取用布。用布长度量取从腰线至底边距离，上、下各加放3~4cm。

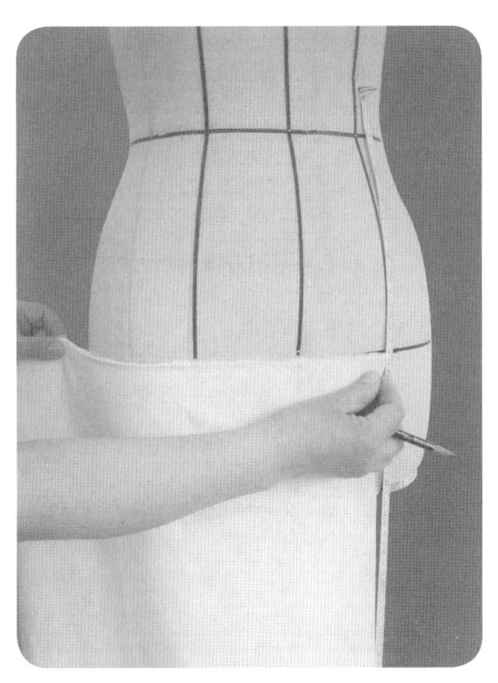

4.1.4

4.1.4　用布宽度量取裙片最宽处（臀围），中心线处加放5~7cm，侧缝处加放5~6cm。

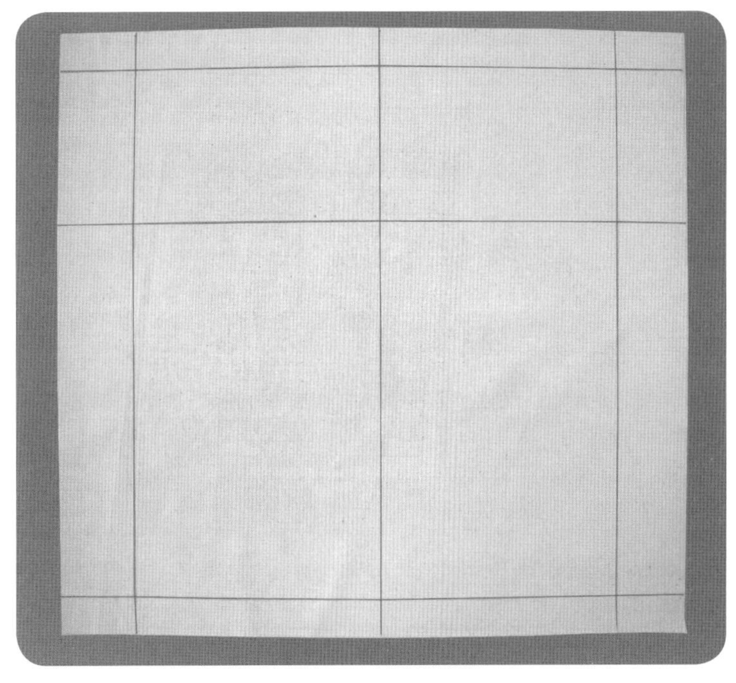

4.1.5

4.1.5　绘制基础布纹线。纬纱布纹线依次为WL线、HL线和裙长线，经纱布纹线依次为FC线，前、后片用布剪开线和BC线。

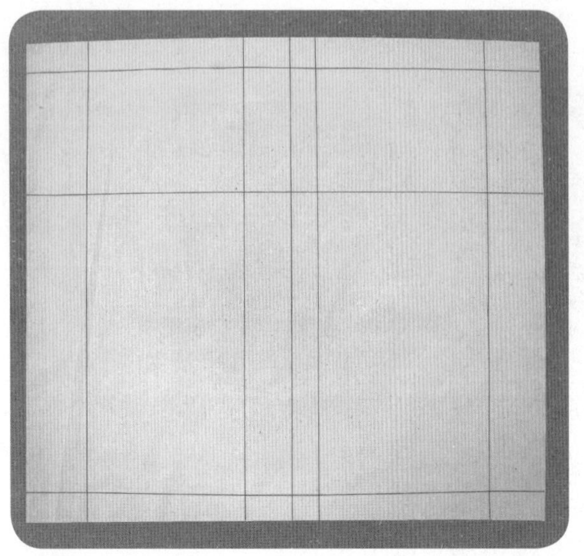

4.1.6

4.1.6　侧缝线的绘制采用一般公认的前、后臀围分配方法，如前片H/4+0.5cm，后片H/4–0.5cm，其中H=H*+3~4cm。即FC线至前侧缝线为H/4+0.5cm，BC线至后侧缝线为H/4–0.5cm。

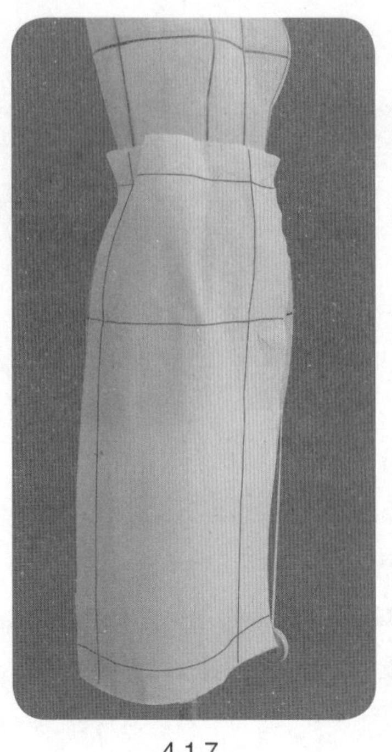

4.1.7

4.1.7　将基础布纹线与相对应的人台标志线对齐，前片用布固定于人台。

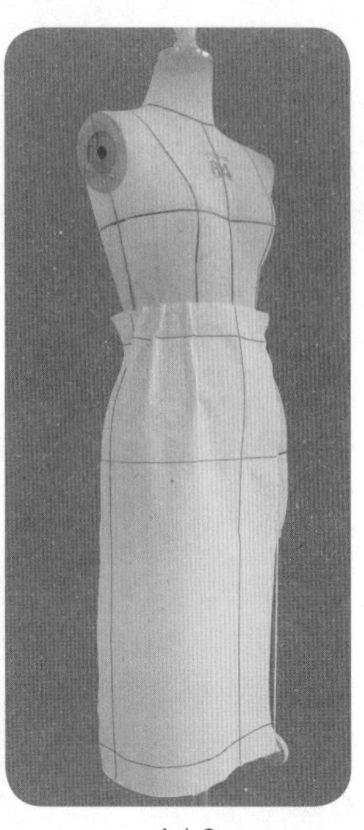

4.1.8

4.1.8　初步分配前片臀腰差。根据体型特征，前片臀腰差分为三部分，注意保证臀腰部的圆润造型以及腰部的基本松量。

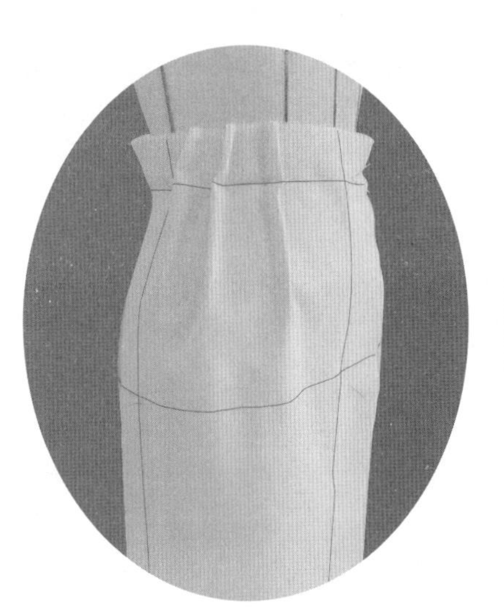

4.1.9

4.1.9　省道的位置和量的分配决定臀围的松量分布状态，是直裙结构的重点。省道量的分配以省道与省道之间的中心布纹在视觉上保持竖直状态为原则。

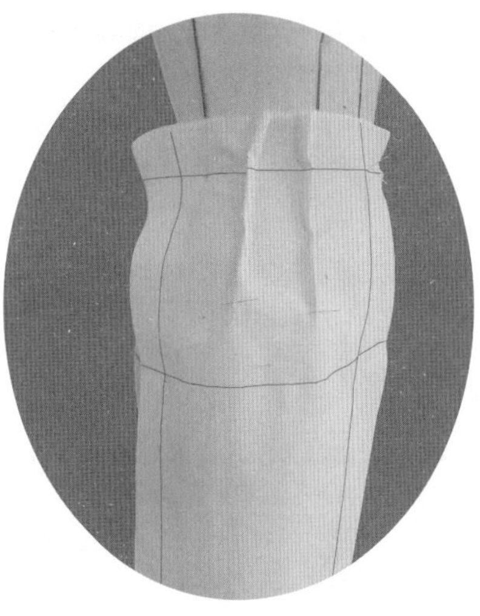

4.1.10

4.1.10　将侧缝处的臀腰差量转移至侧缝。

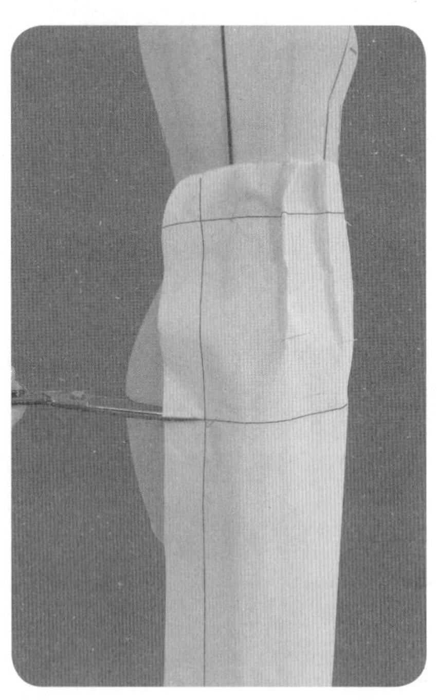

4.1.11

4.1.11　侧缝臀围处剪刀口至侧缝线。

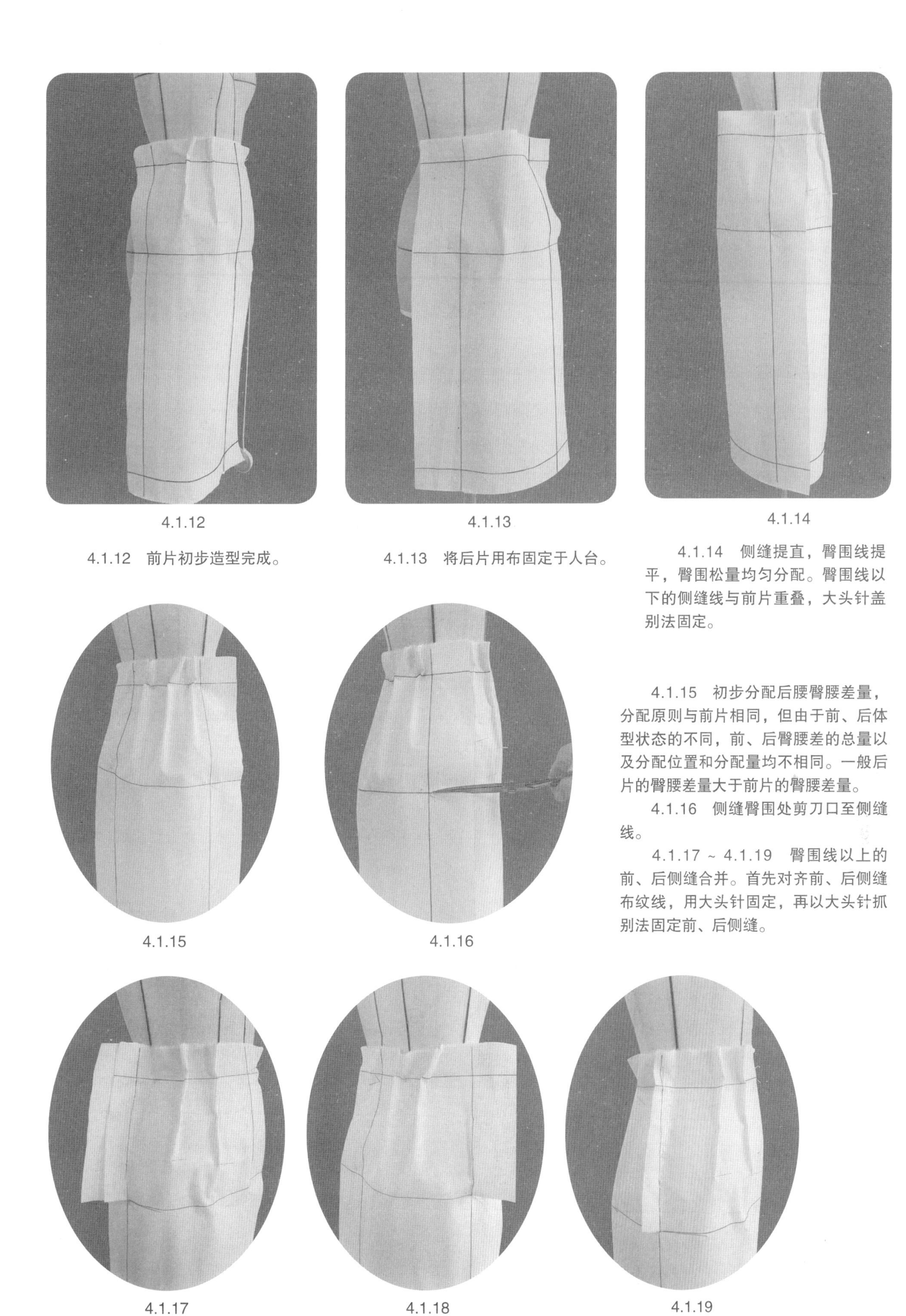

4.1.12

4.1.13

4.1.14

4.1.12　前片初步造型完成。

4.1.13　将后片用布固定于人台。

4.1.14　侧缝提直，臀围线提平，臀围松量均匀分配。臀围线以下的侧缝线与前片重叠，大头针盖别法固定。

4.1.15　初步分配后腰臀腰差量，分配原则与前片相同，但由于前、后体型状态的不同，前、后臀腰差的总量以及分配位置和分配量均不相同。一般后片的臀腰差量大于前片的臀腰差量。

4.1.16　侧缝臀围处剪刀口至侧缝线。

4.1.17 ~ 4.1.19　臀围线以上的前、后侧缝合并。首先对齐前、后侧缝布纹线，用大头针固定，再以大头针抓别法固定前、后侧缝。

4.1.15

4.1.16

4.1.17

4.1.18

4.1.19

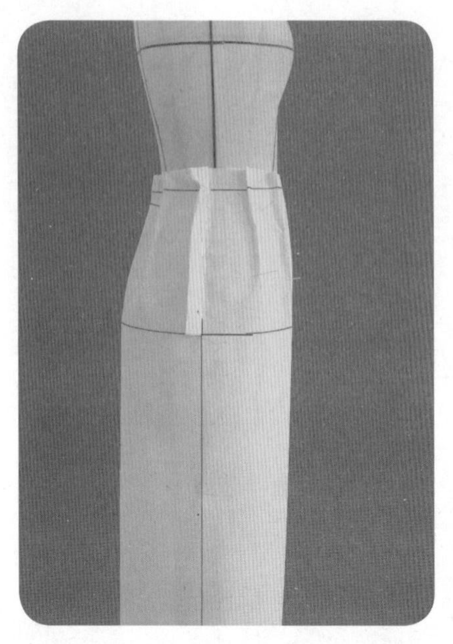
4.1.20

4.1.23

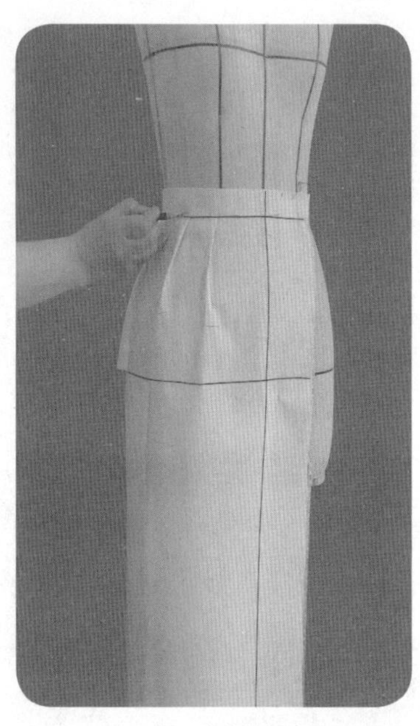
4.1.24

4.1.20　修剪多余缝份量，检查确认臀围线为水平状态，裙身为竖直状态，臀腰部松量适当且造型圆润。

4.1.23　将裙腰FC、BC线与裙片FC、BC线对齐，用大头针固定。均匀分配裙腰松量，依侧缝位置、省道位置、省道中间位置为序，用大头针沿腰线位置依次固定裙腰与裙片。

4.1.24　初步造型完成，标点描线。注意裙腰处的对位点标注。

4.1.21

4.1.21　量取裙腰用布。用布长度为W/2，FC、BC线处的加放量与裙片一致，用布宽度为腰宽的3倍。其中W=W*+1~2cm。

4.1.22

4.1.22　三折折熨裙腰。

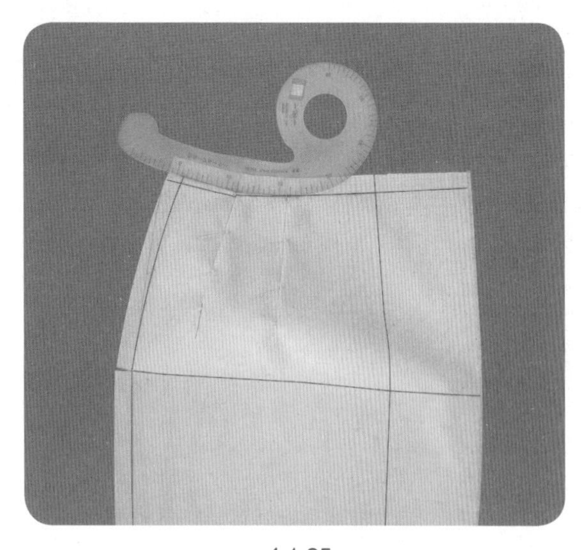
4.1.25

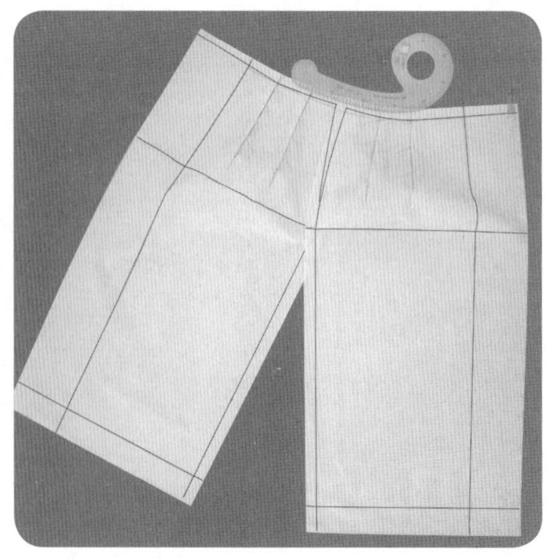
4.1.26

4.1.25、4.1.26　连点成线，平面整理。注意腰围线要顺滑。

4.1.27

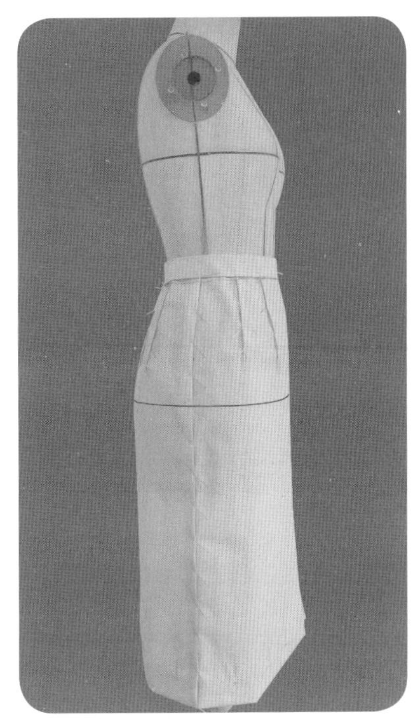

4.1.28

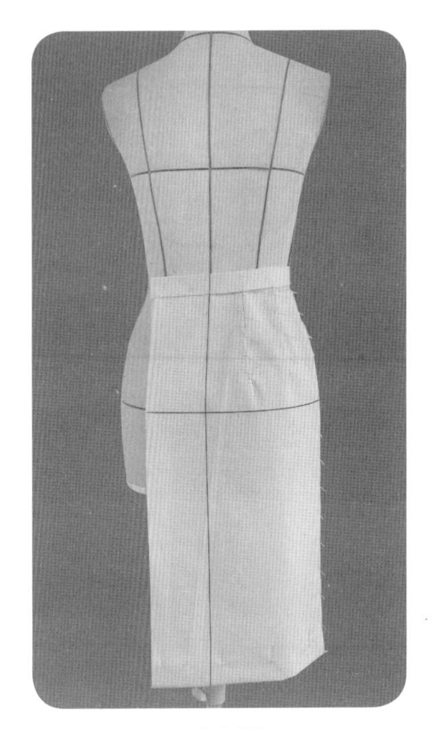

4.1.29

4.1.27 ~ 4.1.29 试样补正。检查是否前、后中心线竖直对应，臀围线水平对应，裙身为竖直状态，臀、腰围松量适当并分配均匀且造型圆满。

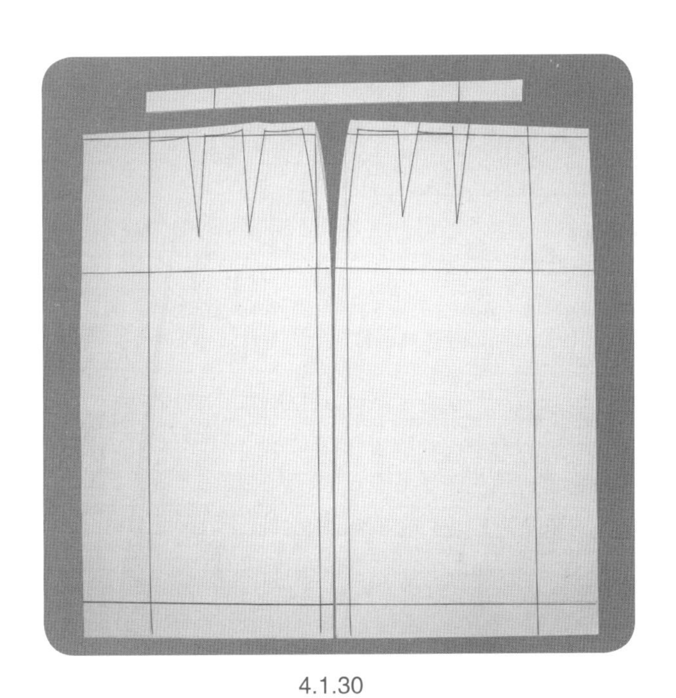

4.1.30

4.1.30 完成后的布样结构以及纸样拓印。

● 样片描图（图4.1.3）

160/84A 裙1-腰面×1, 腰里×1

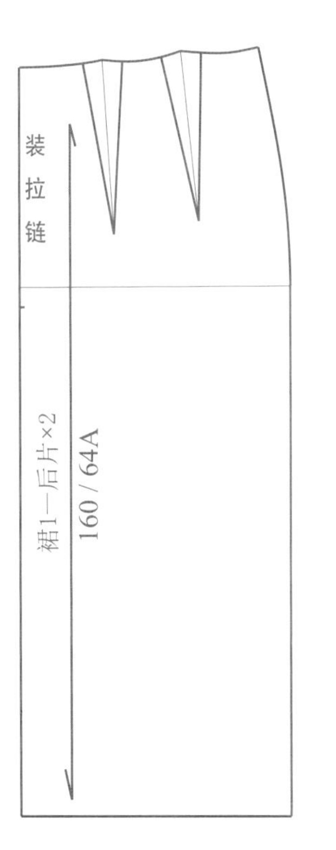

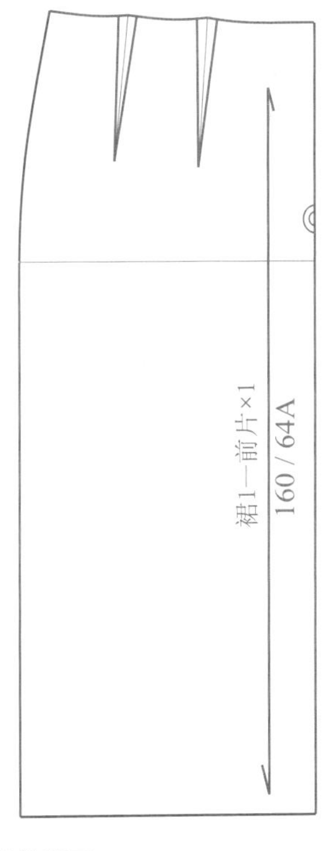

图4.1.3 样片描图

4.2 裙2——低腰直裙

● **款式分析（图4.2.1）**

裙身廓形：H型。

结构要素：省道。

臀腰差处理：

前片——前腰省、侧缝；

后片——后腰省、侧缝。

裙腰造型：低腰腰线；弯腰。

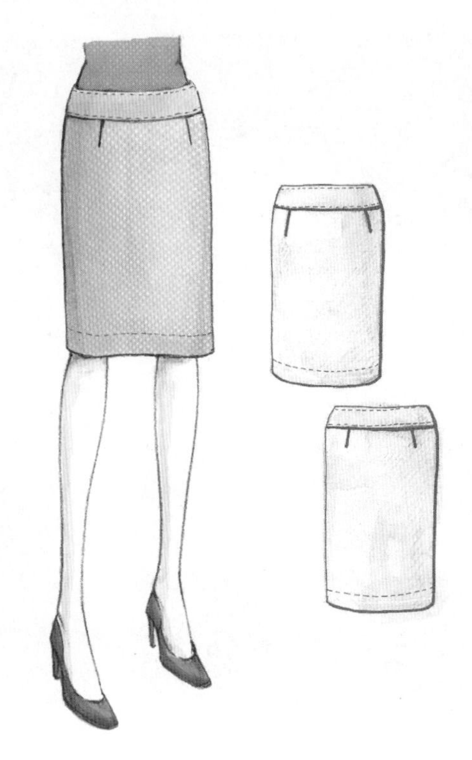

图4.2.1 款式插图

● **坯布准备（图4.2.2）**

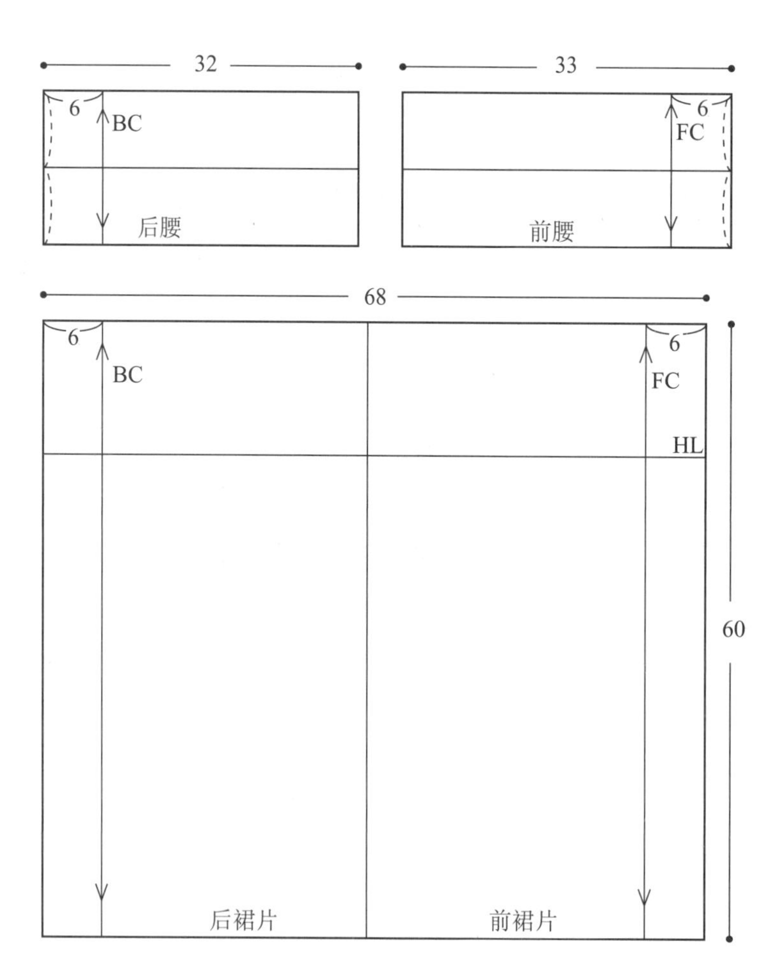

图4.2.2 坯布准备图(单位:cm)

● 操作步骤

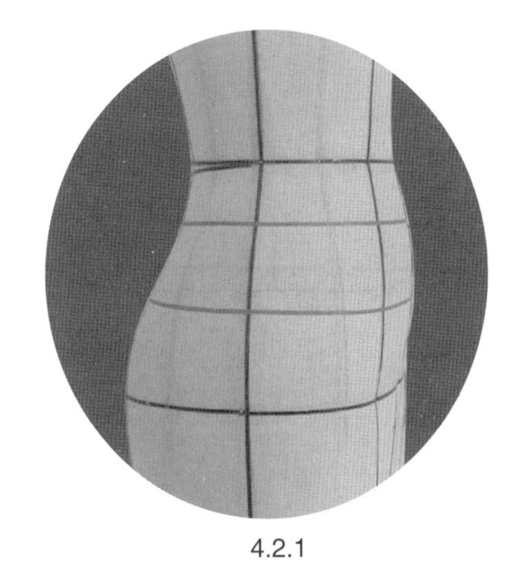

4.2.1

4.2.1　根据服装款式贴置款式造型线。低腰腰线为水平状态。

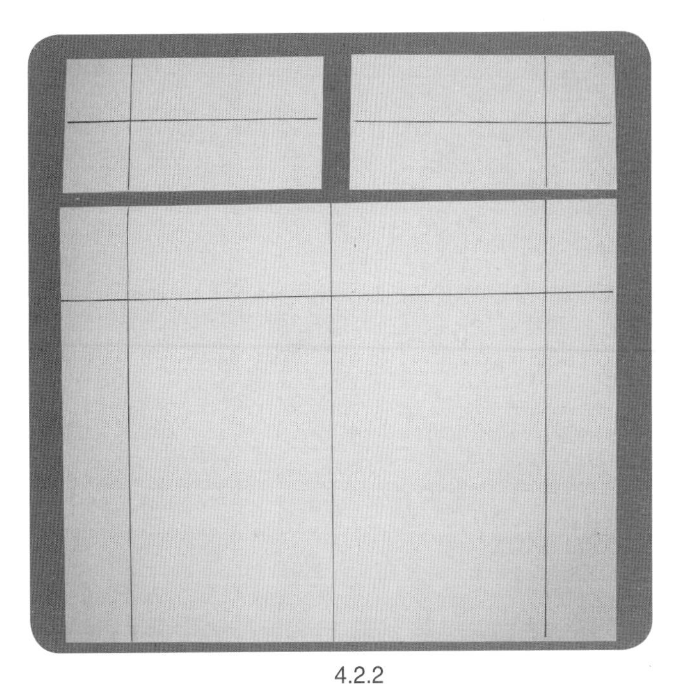

4.2.2

4.2.2　量取用布，绘制基础布纹线。

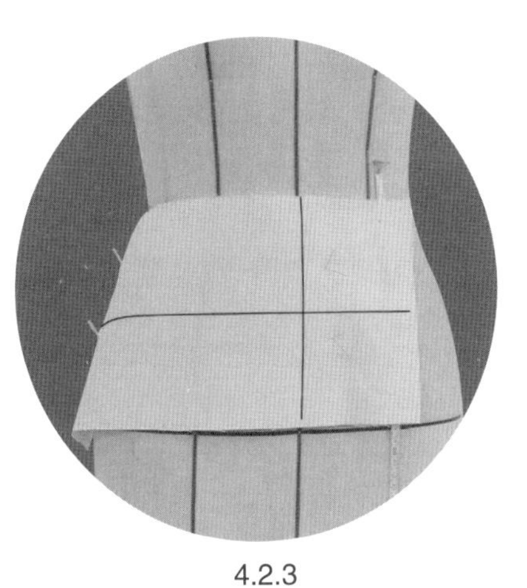

4.2.3

4.2.3　把前腰用布固定于人台上，对齐FC布纹线与人台FC标志线。

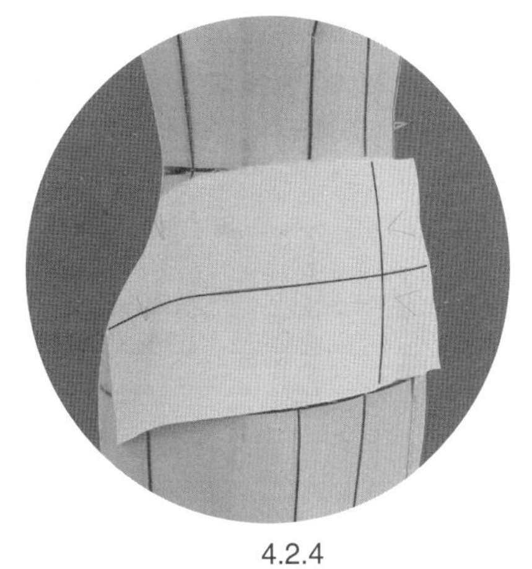

4.2.4

4.2.4　抚平用布，余留适当的腰围松量，修剪多余缝份。

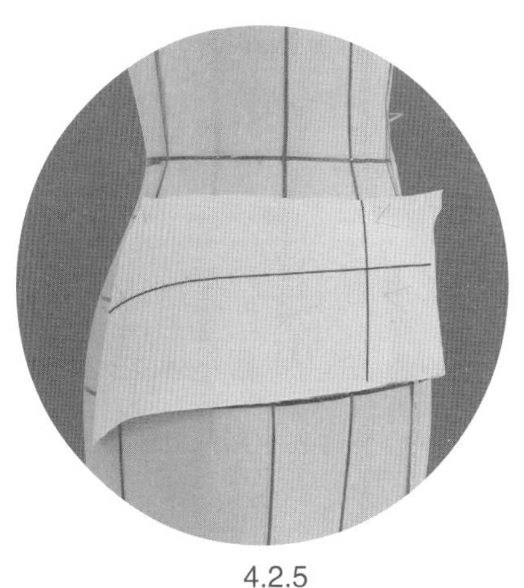

4.2.5

4.2.5　逐步修剪上腰线缝份，侧缝缝份以及下腰线缝份。

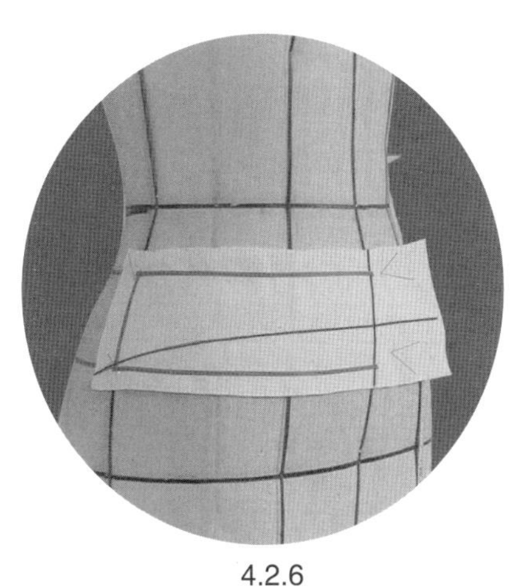

4.2.6

4.2.6　前腰初步造型完成。

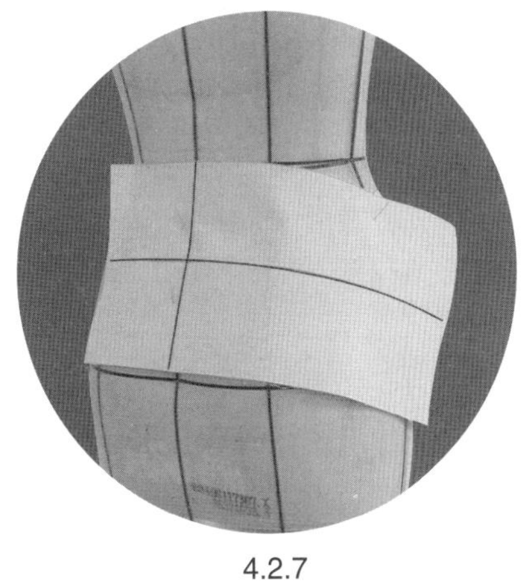

4.2.7

4.2.7　将后腰用布固定于人台上，使BC布纹线与人台上BC标志线对齐。

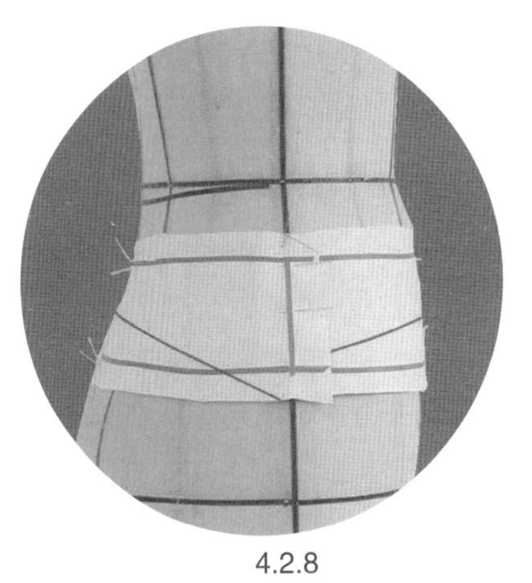

4.2.8

4.2.8　方法同前腰，完成后腰初步造型。

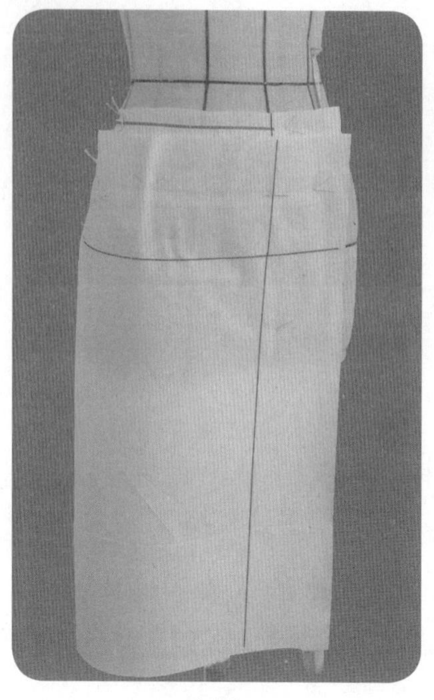

4.2.9

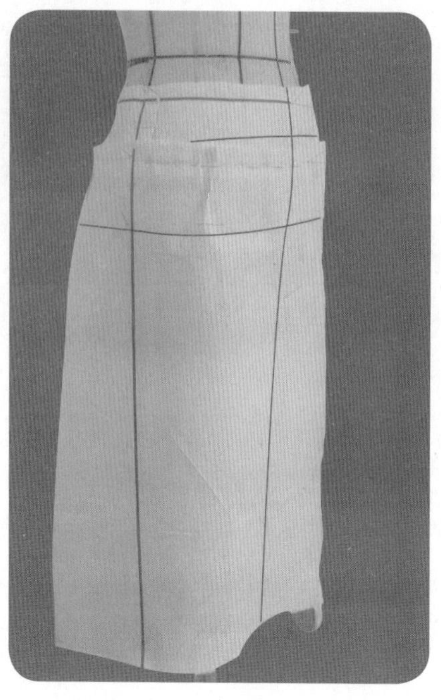

4.2.10

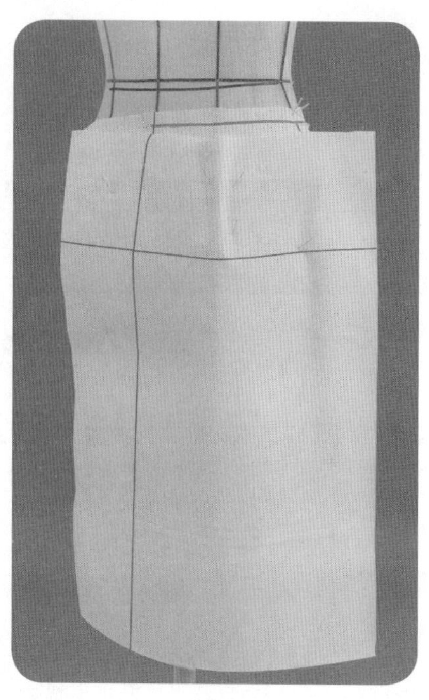

4.2.11

4.2.9　把前片用布固定于人台上，使FC线竖直、HL线水平，并注意保证臀围的适当松量。

4.2.10　裙片沿裙腰下腰线与裙腰合并，腰省和侧缝分配处理臀腰差量。侧缝贴线，下摆稍微内收，修剪多余缝份。前片初步造型完成。

4.2.11　把后片用布固定于人台上。

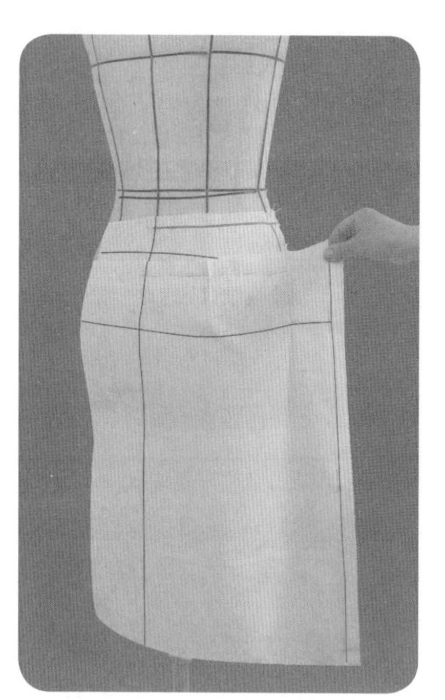

4.2.12

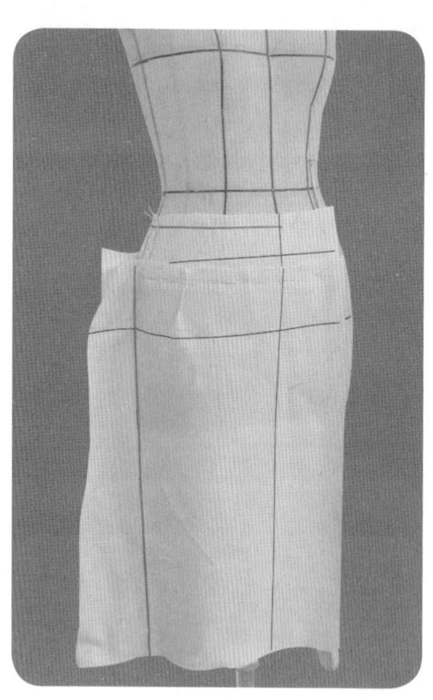

4.2.13

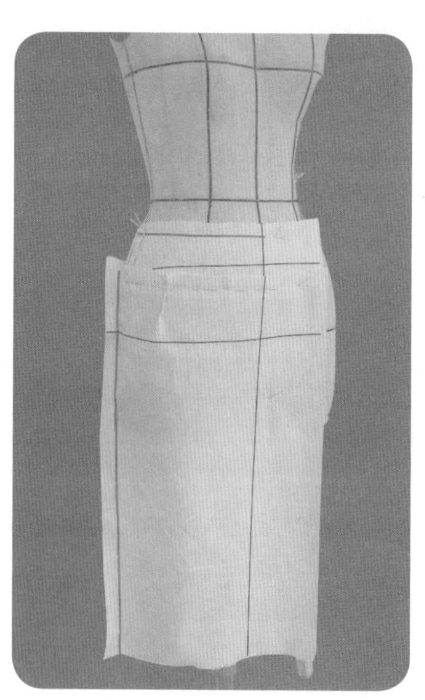

4.2.14

4.2.12　方法同前片，完成后腰线的操作。

4.2.13　采用布边平行法完成前、后侧缝线的合并操作。首先要保持前、后片用布布边平行，用大头针固定，然后沿前片贴置的造型线以大头针抓别法固定前、后片，确定侧缝线。

4.2.14　采用平行布边法可以保证前、后片侧缝的下摆内收量一致。

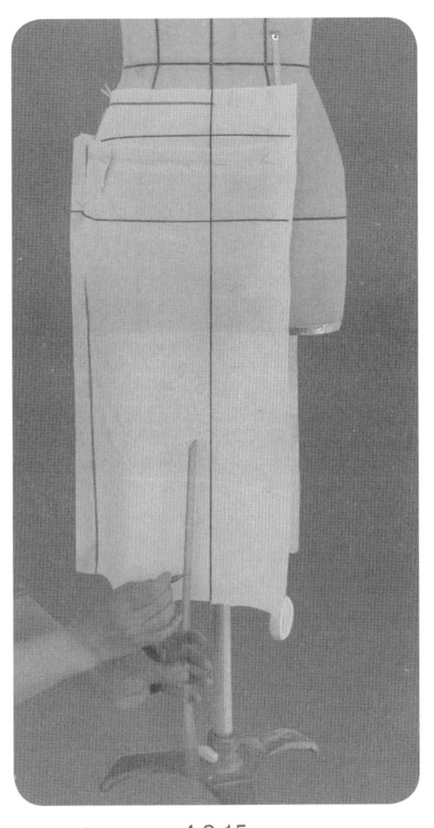

4.2.15

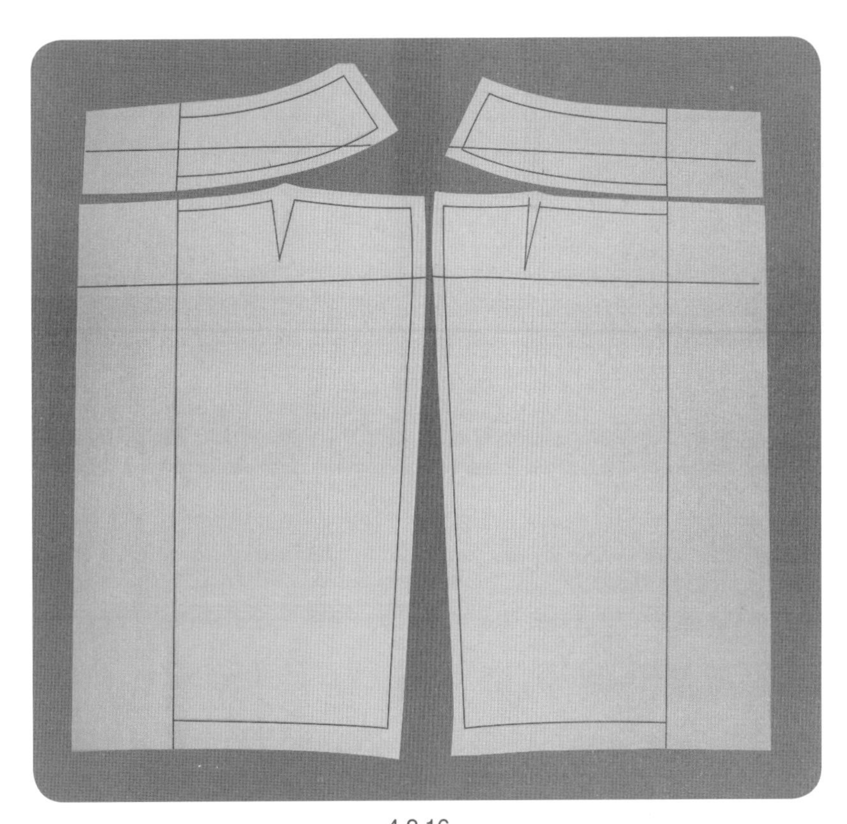

4.2.16

4.2.15　完成初步造型，标点描线。底边的描点采用地面等高标点的方法，保证底边的水平。

4.2.16　平面整理。

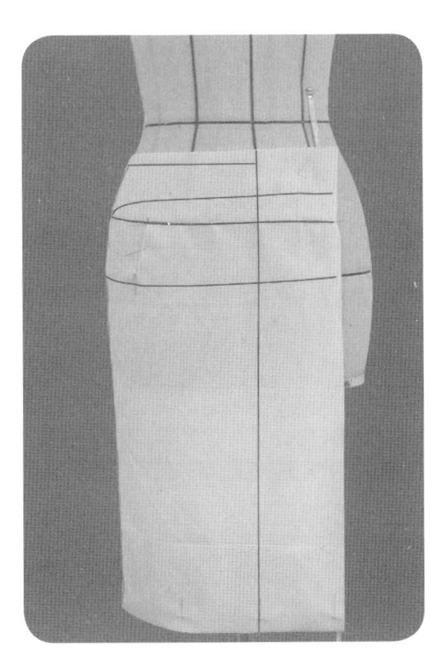

4.2.17

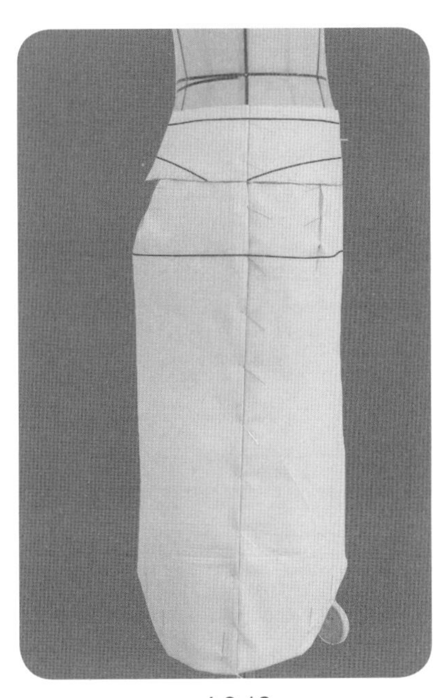

4.2.18

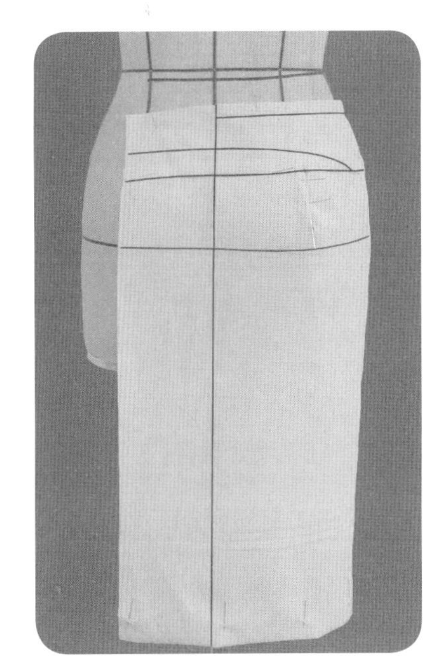

4.2.19

4.2.17 ~ 4.2.19　试衣补正，完成造型。

- 样片描图(图4.2.3)

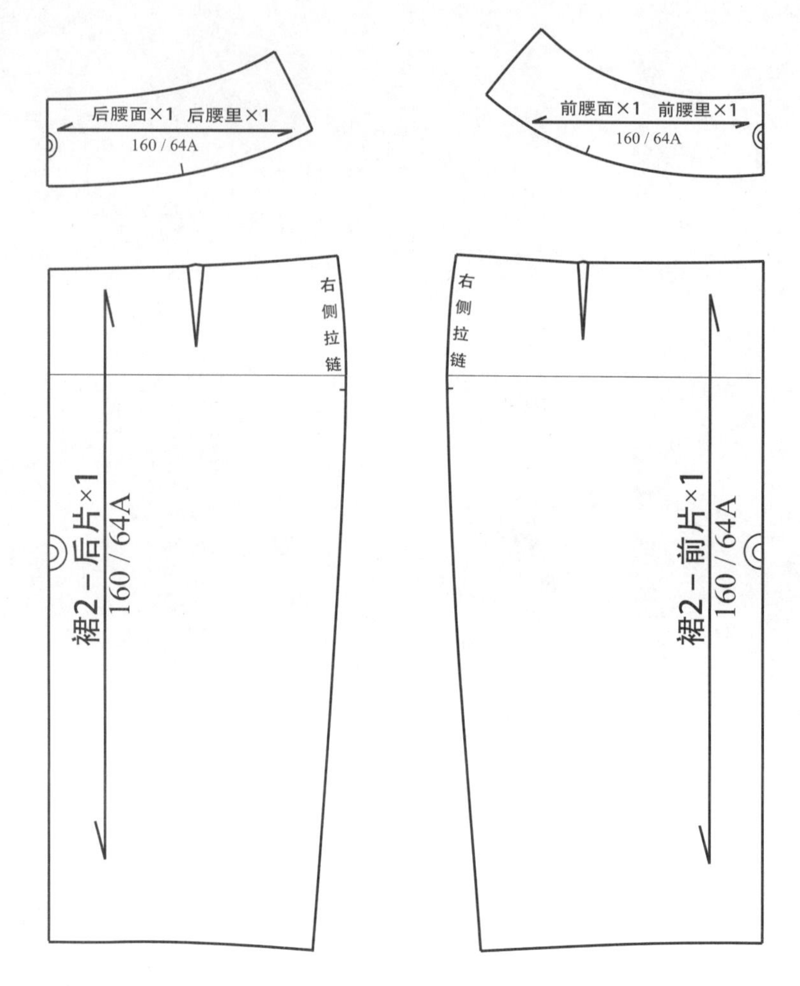

图4.2.3 样片描图

4.3 裙3——腰省小A裙

● **款式分析(图4.3.1)**

裙身廓形：A型。

结构要素：省道。

臀腰差处理：

前片——转移至下摆、前腰省、侧缝；

后片——转移至下摆、后腰省、侧缝。

裙腰造型：基本腰线；直腰。

图4.3.1 款式插图

● **坯布准备(图4.3.2)**

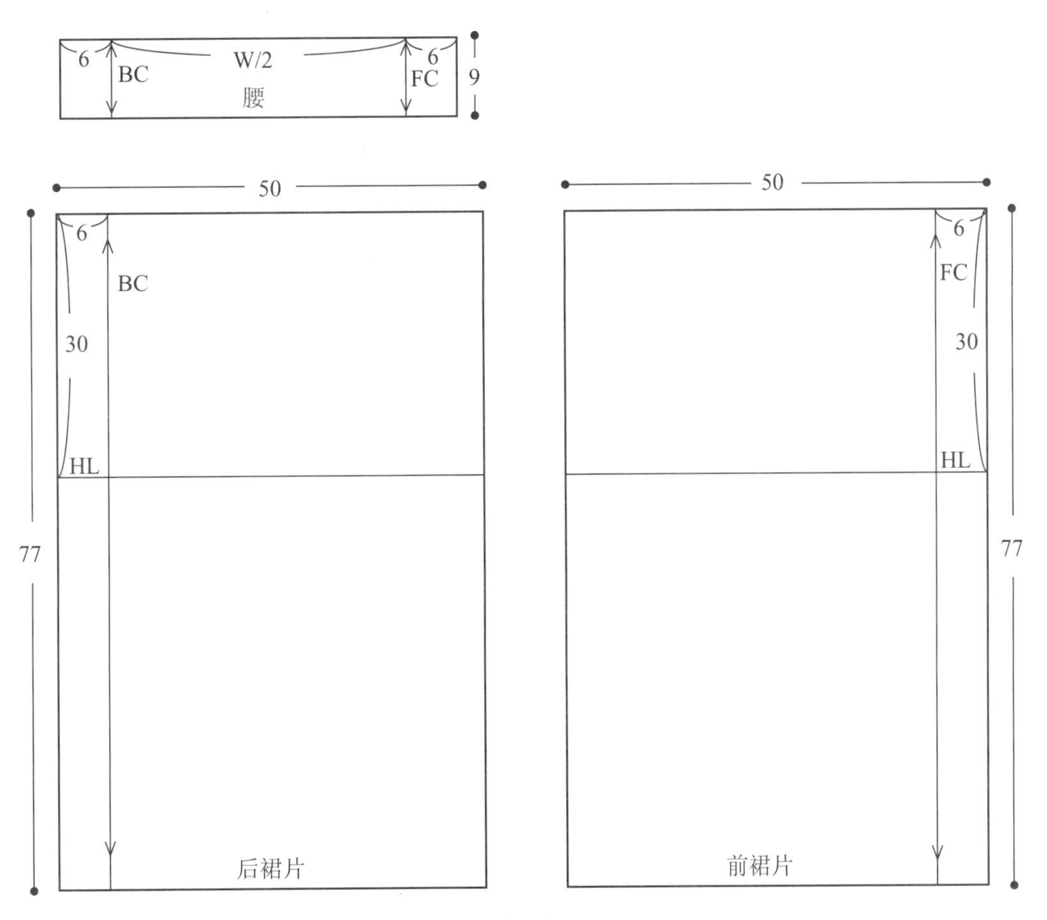

图4.3.2 坯布准备(单位：cm)

● 操作步骤

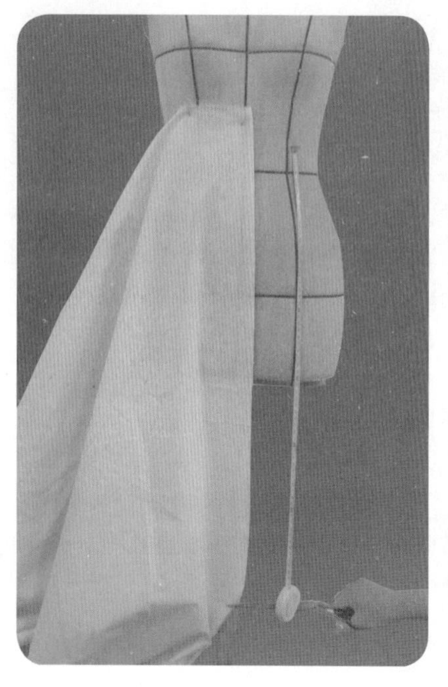

4.3.1

4.3.2

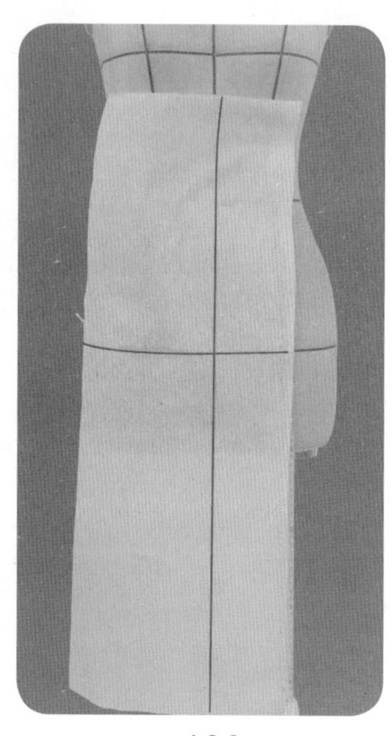

4.3.3

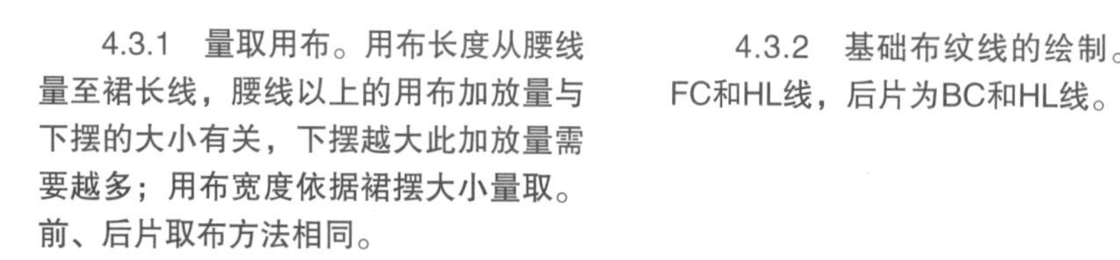

4.3.1　量取用布。用布长度从腰线量至裙长线，腰线以上的用布加放量与下摆的大小有关，下摆越大此加放量需要越多；用布宽度依据裙摆大小量取。前、后片取布方法相同。

4.3.2　基础布纹线的绘制。前片为FC和HL线，后片为BC和HL线。

4.3.3　把前片用布固定于人台上。

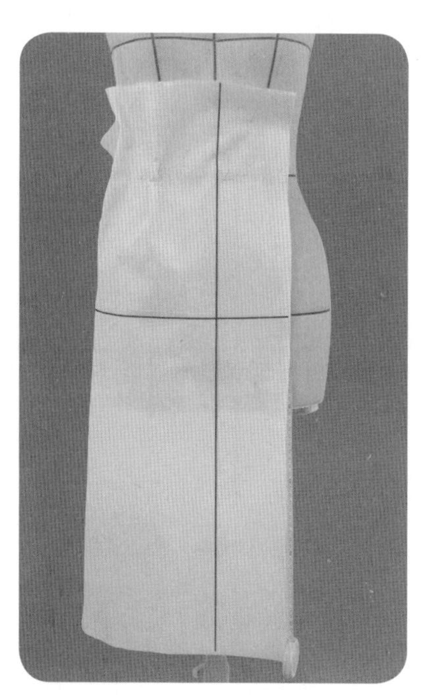

4.3.4

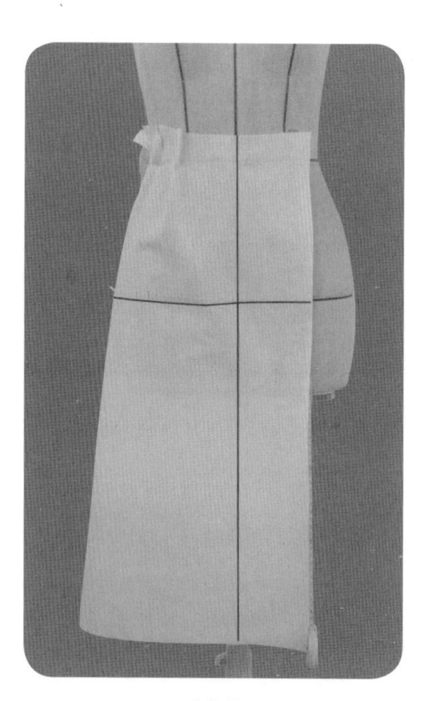

4.3.5

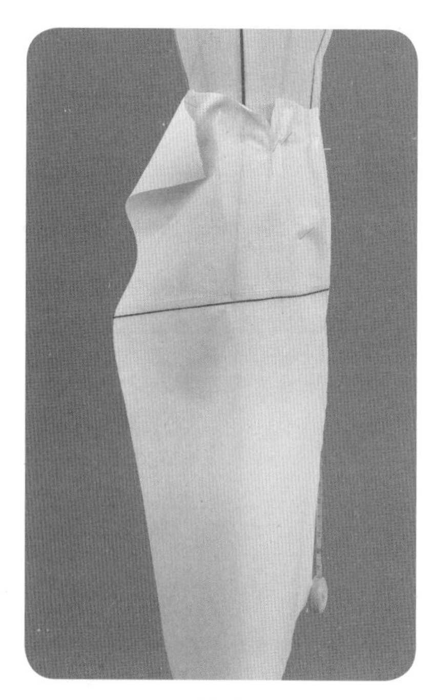

4.3.6

4.3.4　保证臀围有适当松量且松量均匀分布，初步别插臀腰差。

4.3.5　将臀腰差量适当转移至下摆，臀腰差值减小，下摆增大。注意臀腰差的转移要对应下摆增大的位置，应根据造型要求转移适当的臀腰差量。

4.3.6　注意观察认识臀腰差转移至下摆HL线时，布纹线下斜的状况。

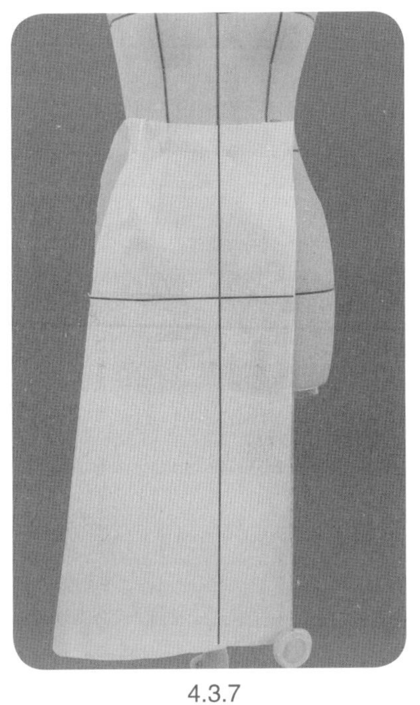

4.3.7

4.3.7　修剪腰围线多余缝份量，腰部余留适当松度，其余的臀腰差量合并为一个前腰省。

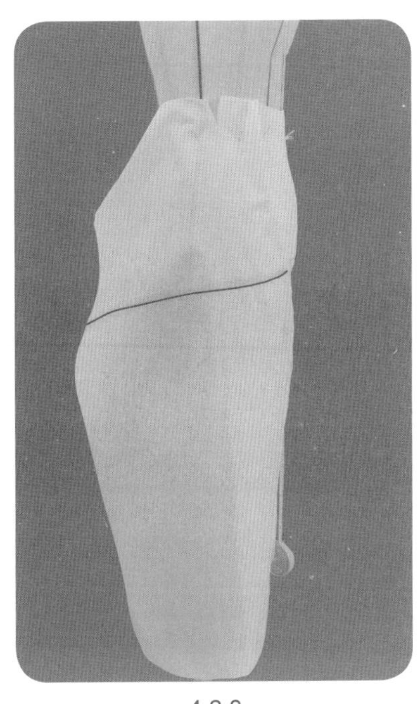

4.3.8

4.3.8　注意省道的位置要恰当，臀腰部的松度要适当且分布均匀。

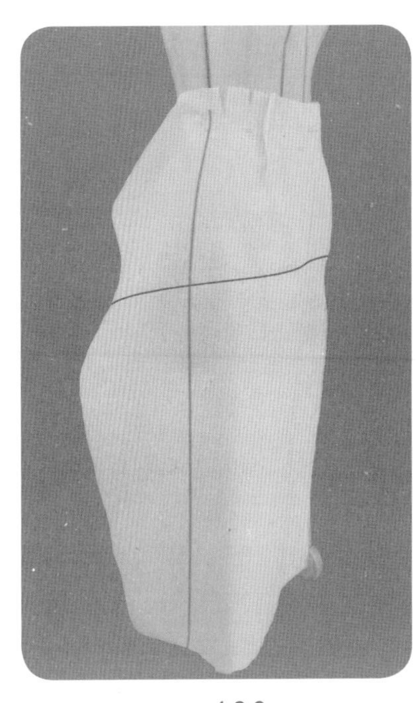

4.3.9

4.3.9　贴置侧缝造型线。

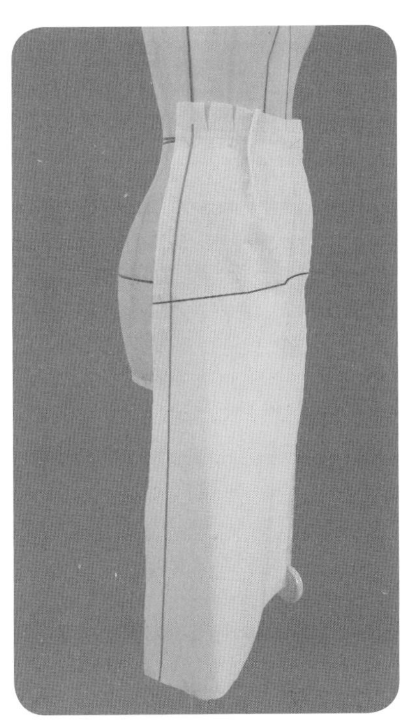

4.3.10

4.3.10　修剪多余缝份量；前片初步造型完成。

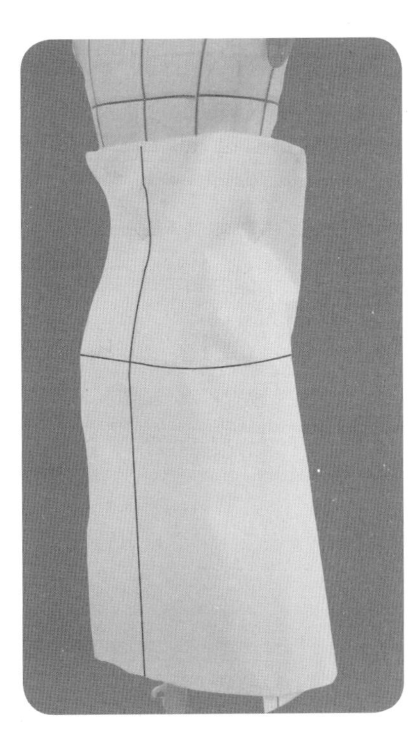

4.3.11

4.3.11　将后片用布固定于人台上。

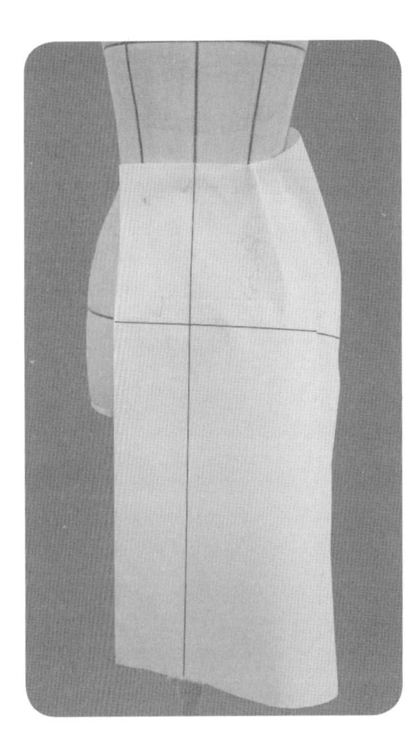

4.3.12

4.3.12　把臀腰差量适当转移至下摆，形成裙身的A型造型。

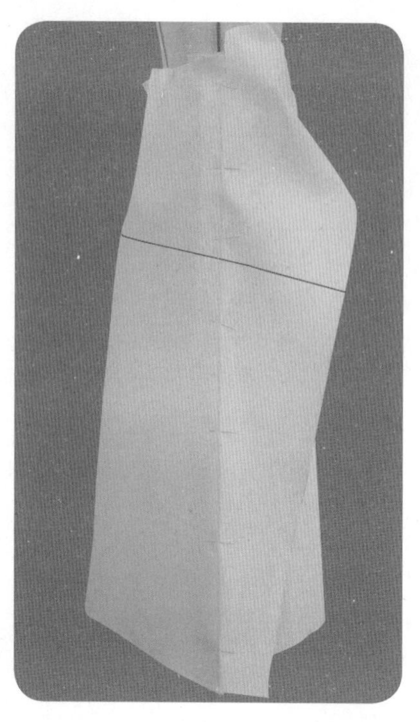

4.3.13

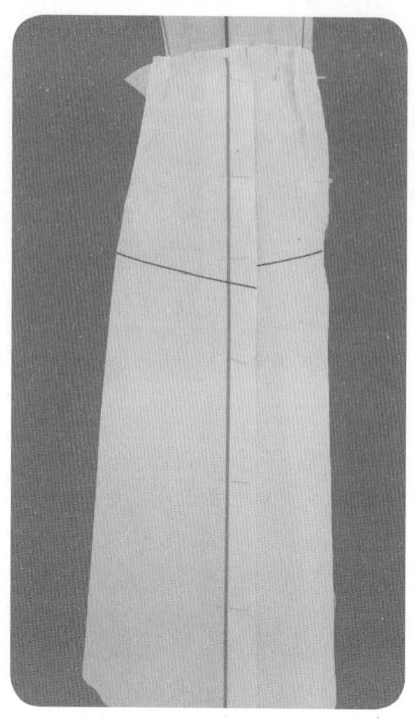

4.3.14

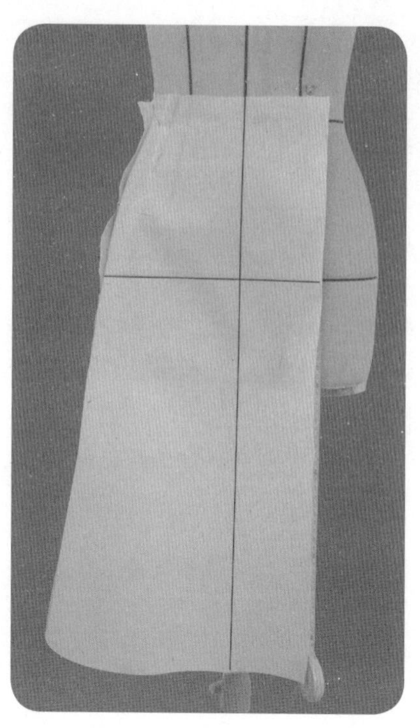

4.3.15

4.3.13　注意观察前、后下摆增大量的平衡以及前、后裙身的A型平衡。

4.3.14　合并前、后裙片侧缝。

4.3.15　观察并确认前/后片臀围松量、腰围松量以及A型裙身造型。

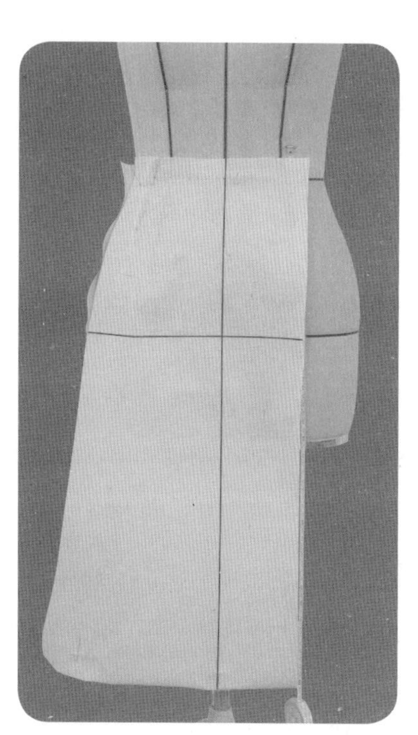

4.3.16

4.3.16　量取裙长，辅以地面等高方法，适当修剪底边，翻折底边。初步造型完成，标点描线。裙腰的操作方法同操作步骤4.1.21~4.1.24。

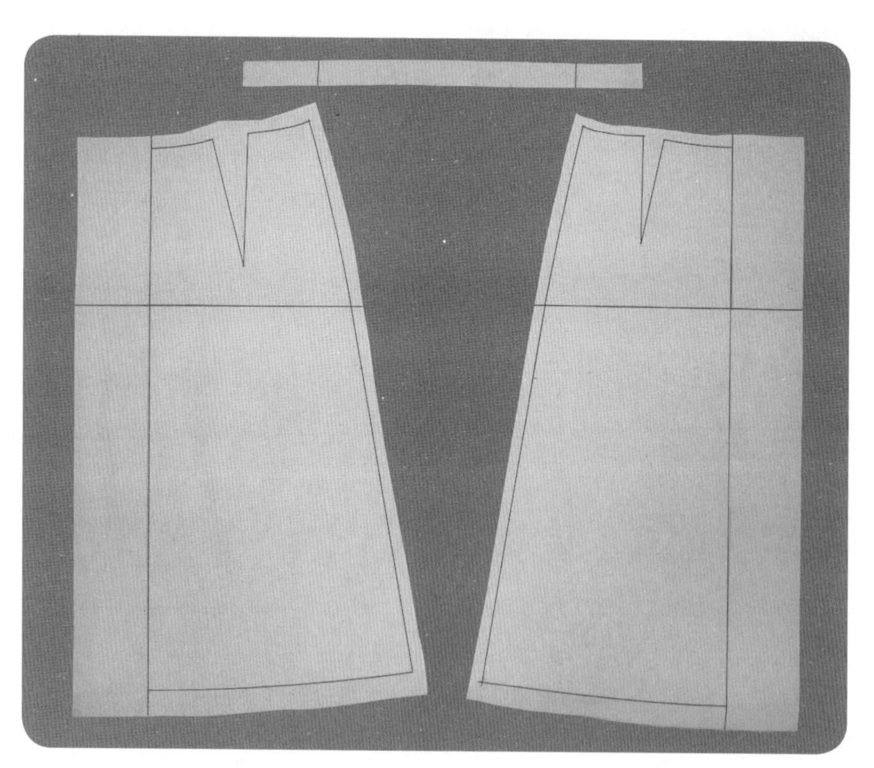

4.3.17

4.3.17　平面整理。

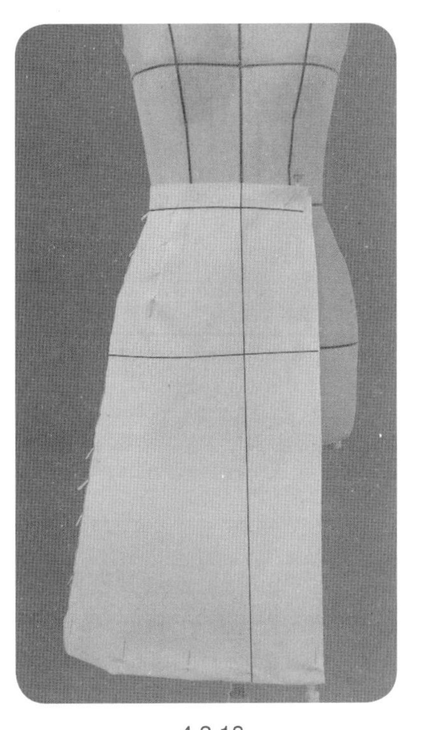

4.3.18

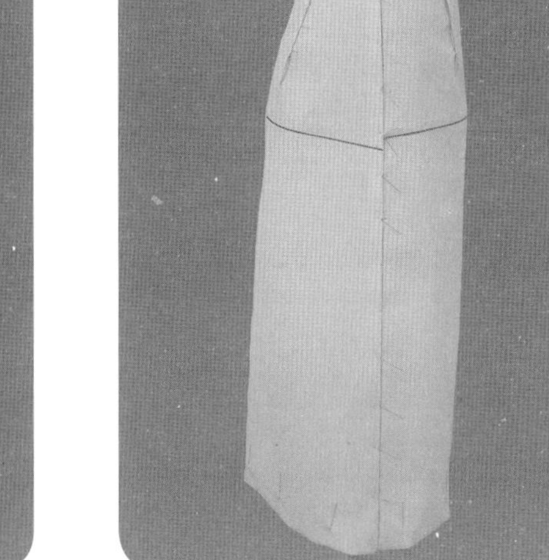

4.3.19

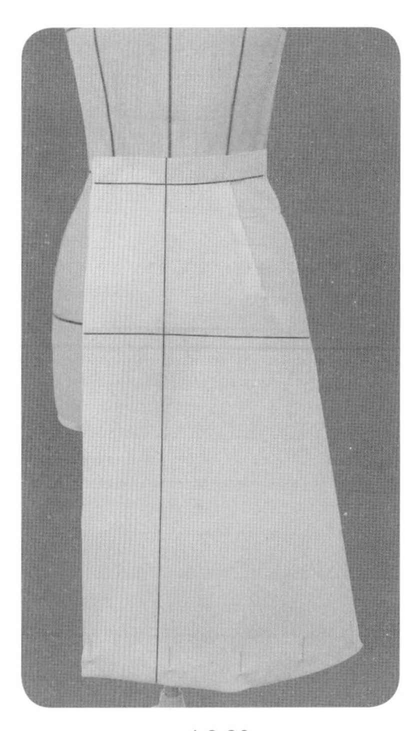

4.3.20

4.3.18 ～ 4.3.20　试样补正，完成造型。

● 样片描图(图4.3.3)

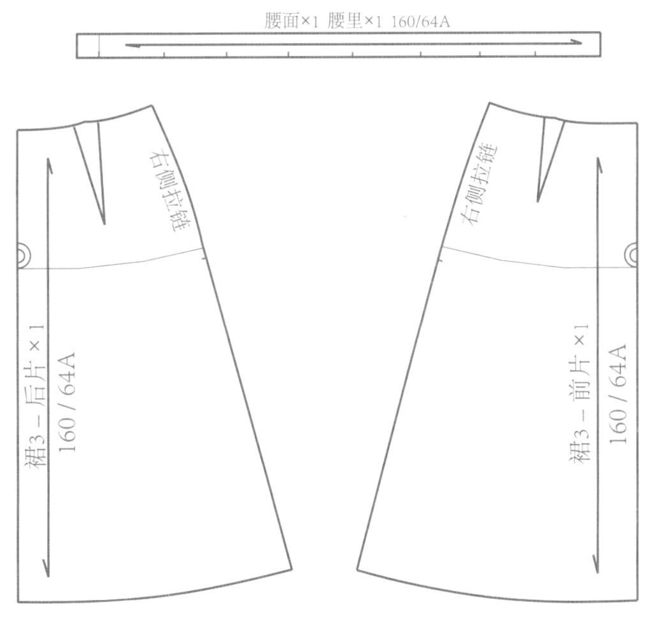

图4.3.3　样片描图

4.4 裙4——波浪大A裙

● 款式分析(图4.4.1)

裙身廓形：A型。

结构要素：波浪。

臀腰差处理：

前片——转移至下摆波浪；

后片——转移至下摆波浪。

波浪造型量：臀腰差量+装饰量。

裙腰造型：基本腰线；直腰。

图4.4.1 款式插图

● 坯布准备(图4.4.2)

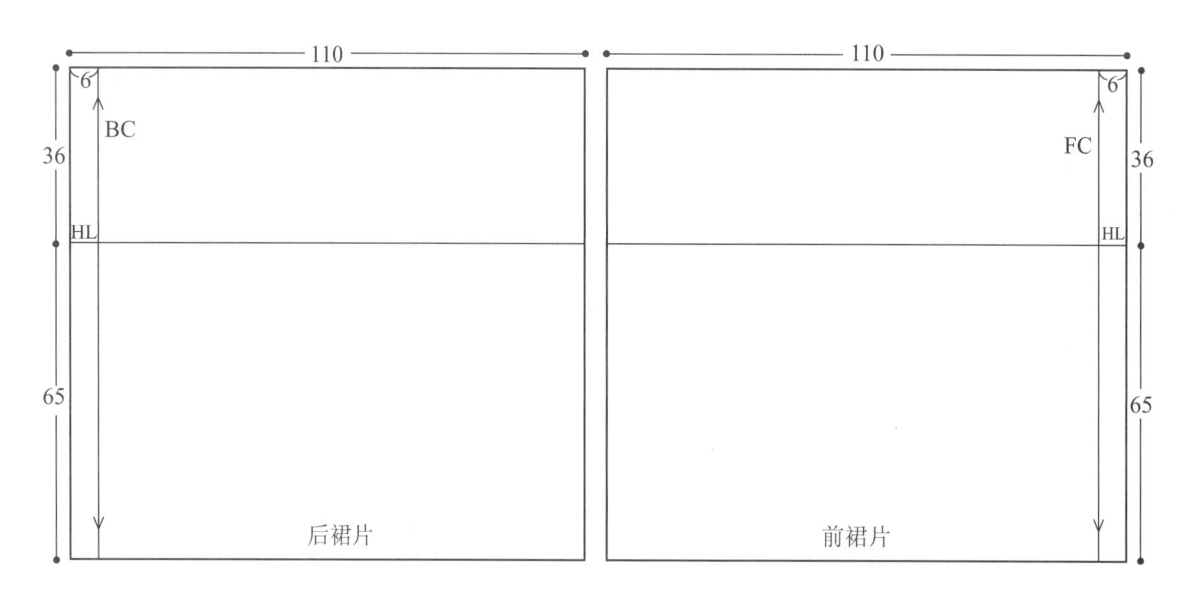

图4.4.2 坯布准备(单位：cm)

● 操作步骤

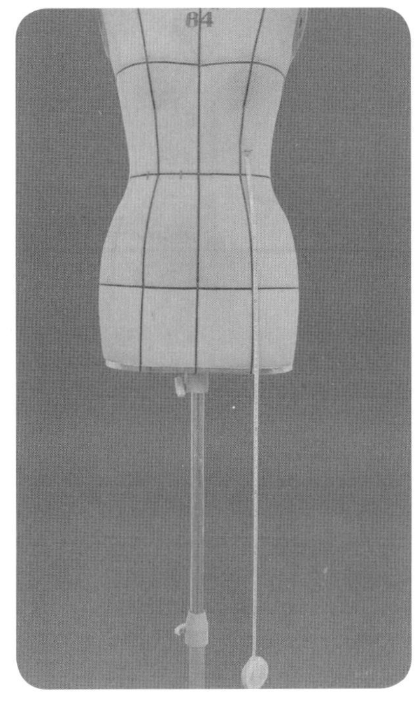

4.4.1

4.4.1　确定裙长，贴置款式线以及波浪的位置。准备用布，方法同操作步骤4.3.1~4.3.2。

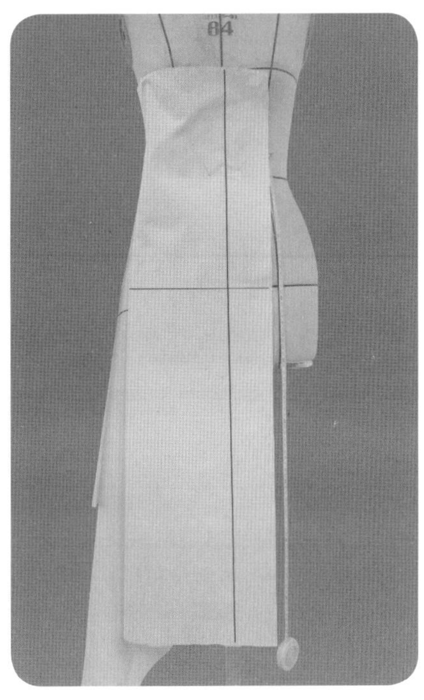

4.4.2

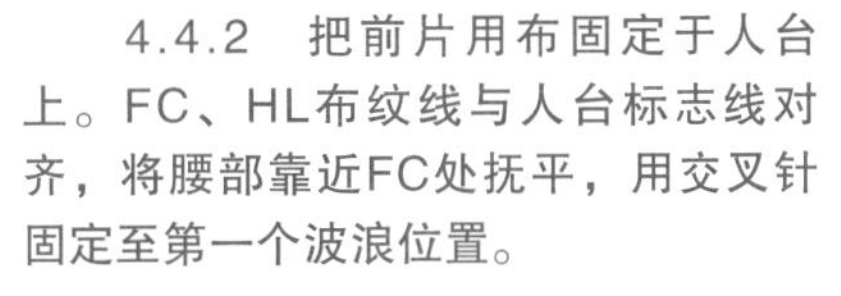

4.4.2　把前片用布固定于人台上。FC、HL布纹线与人台标志线对齐，将腰部靠近FC处抚平，用交叉针固定至第一个波浪位置。

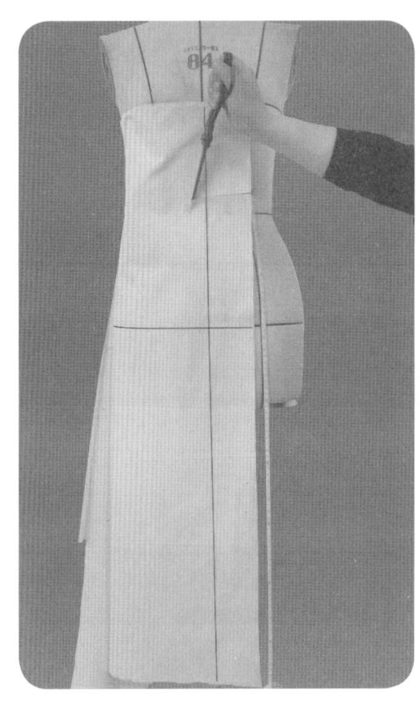

4.4.3

4.4.3　沿腰线修剪至第一个波浪位置，对应用交叉针固定处剪刀口。

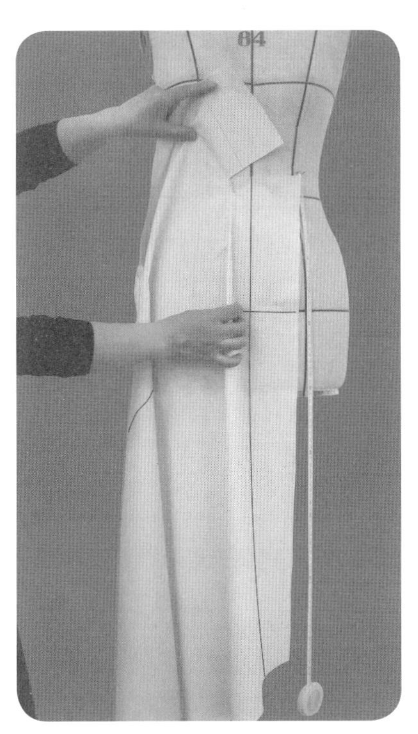

4.4.4

4.4.4　旋转用布设置波浪量，注意观察波浪量的大小，要根据造型特征以及面料特性设定。

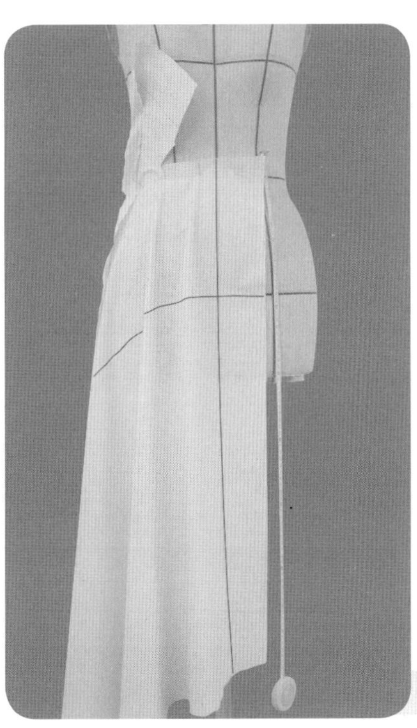

4.4.5

4.4.5　抚平腰部，用交叉针固定第二个波浪位置，沿腰线修剪至波浪位置，对应波浪位置剪刀口，旋转用布设置波浪。

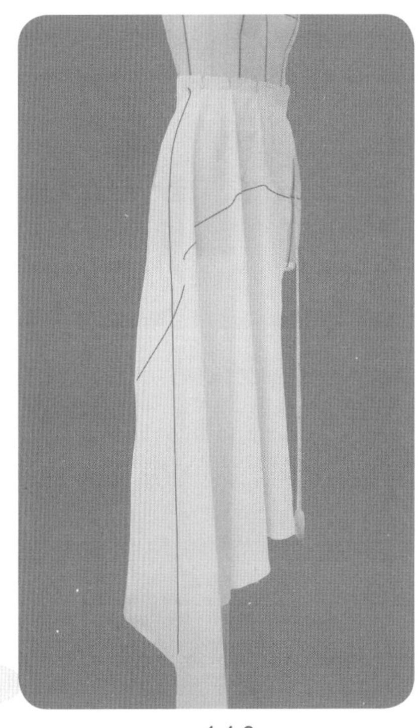

4.4.6

4.4.6　继续操作至侧缝位置，侧缝处适当设置波浪量，用粘带贴置侧缝线造型线。

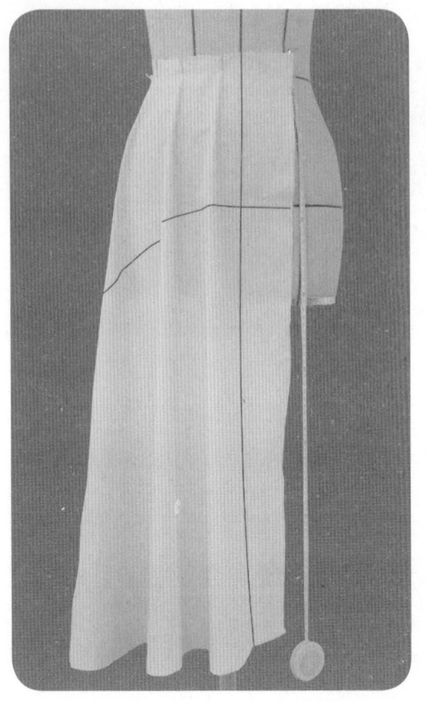

4.4.7

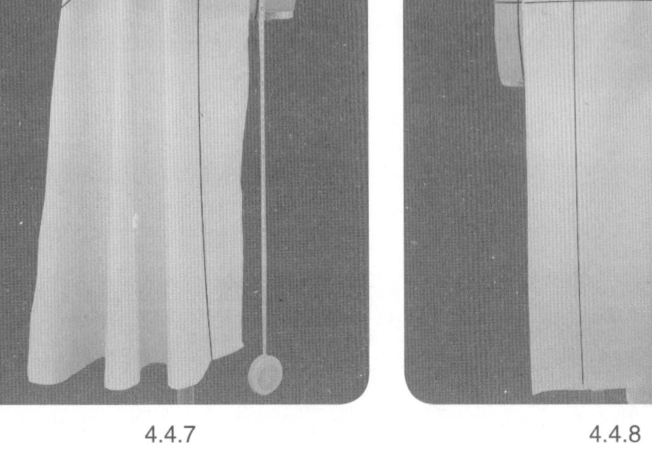

4.4.8

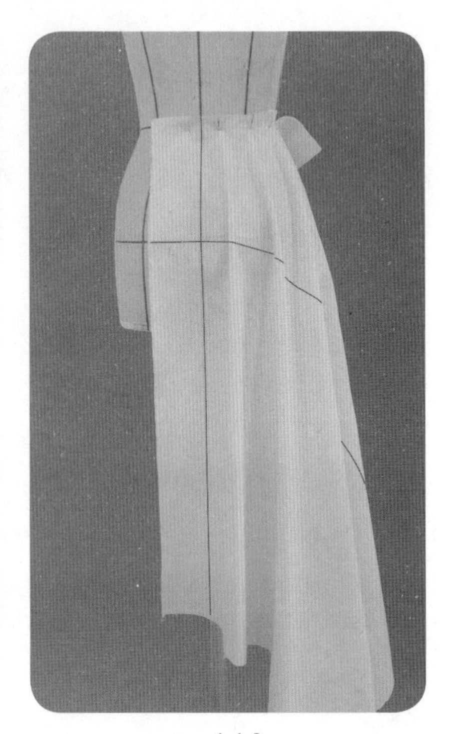

4.4.9

4.4.7 适当修剪侧缝和底边，观察波浪造型，如有需要可适当调整。前片初步造型完成。

4.4.8 把后片用布固定于人台上。

4.4.9 同前片方法操作。

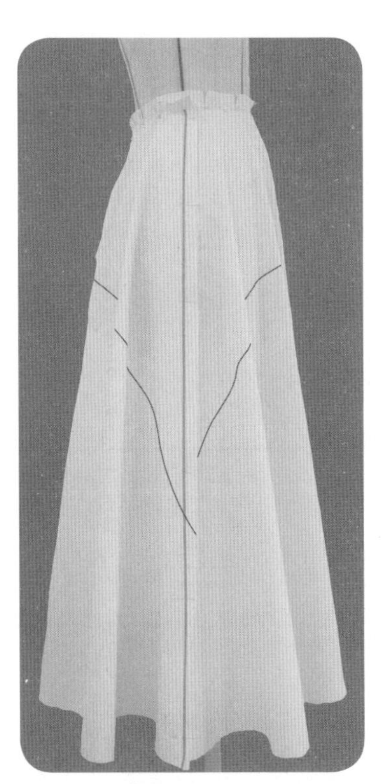

4.4.10

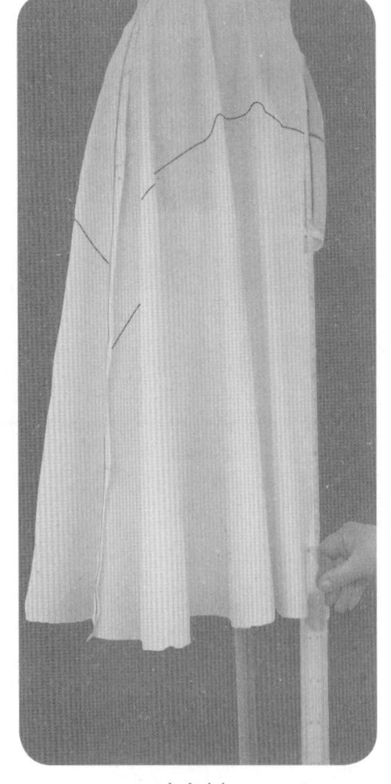

4.4.11

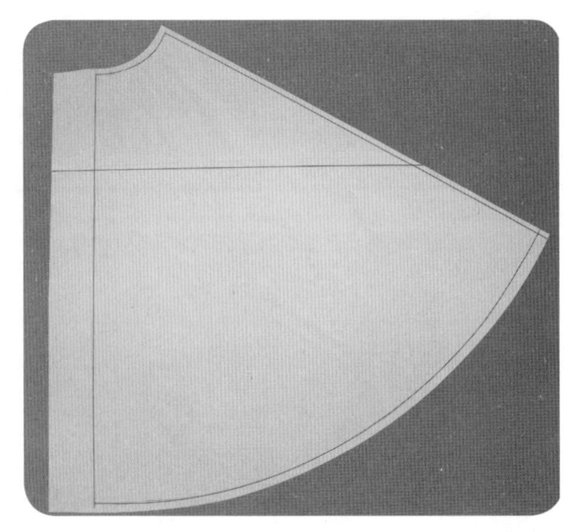

4.4.12

4.4.10 注意各波浪量的平衡以及前、后片造型的协调，合并侧缝。初步造型完成。

4.4.11 标点描线。底边描点采用地面等高的方法，腰线波浪位置作标记点。

4.4.12 平面整理。

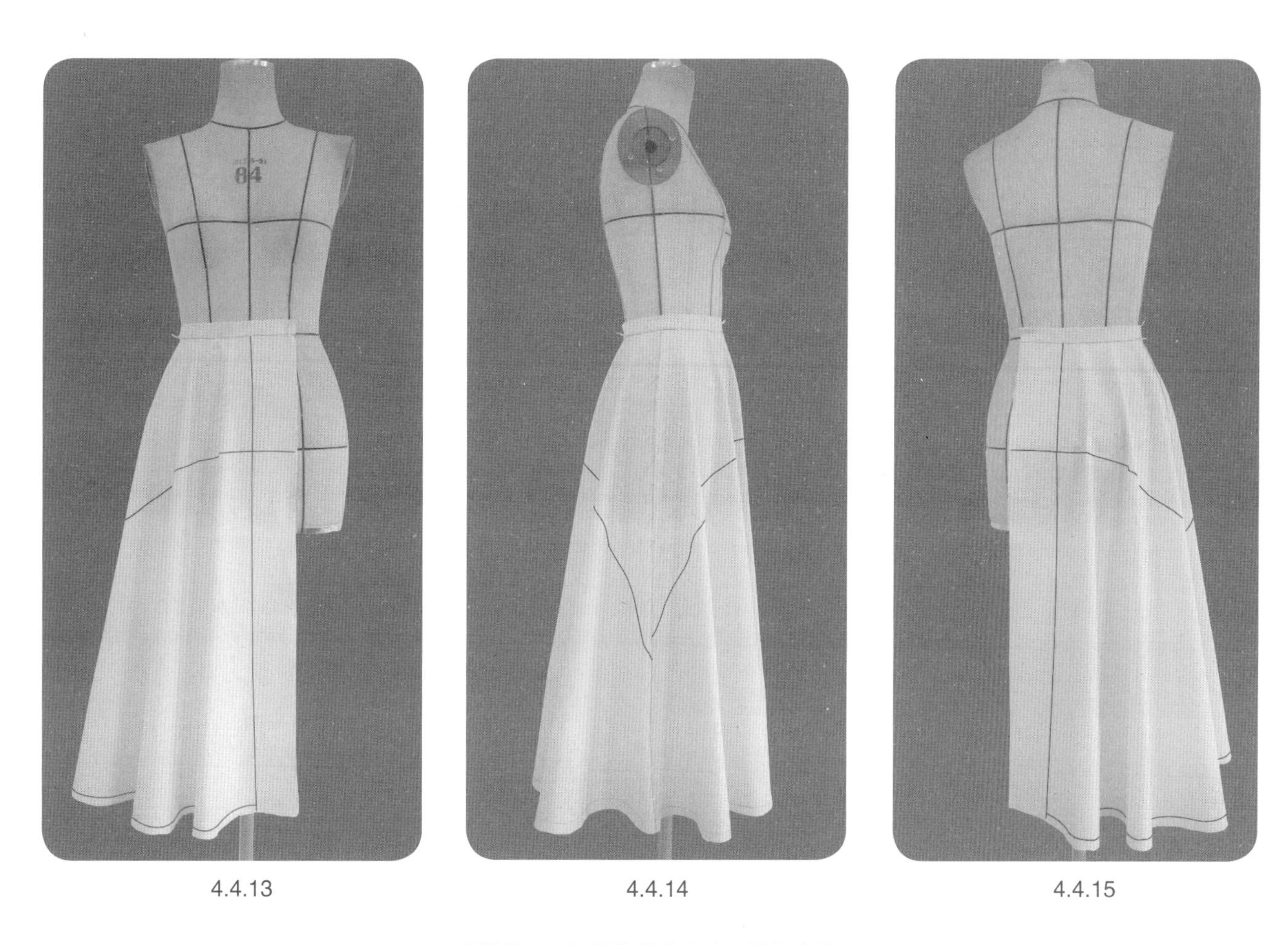

4.4.13　　4.4.14　　4.4.15

4.4.13 ~ 4.4.15　试样补正。裙腰的操作方法同操作步骤4.1.21~4.1.24。

● 样片描图(图4.4.3)

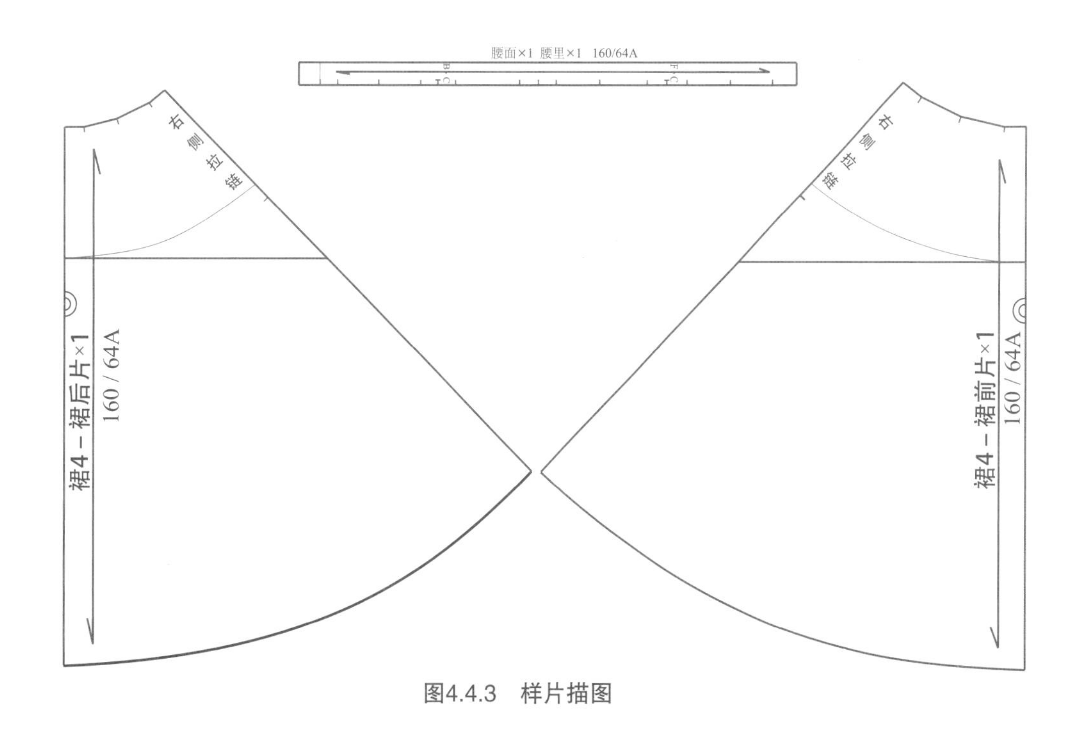

图4.4.3　样片描图

4.5 裙5——纵向分割衣褶裙

● **款式分析(图4.5.1)**

裙身廓形：A型。

结构要素：分割线，衣褶+波浪。

臀腰差处理：

　　前片——分割线、侧缝；

　　后片——分割线、侧缝。

裙腰造型：低腰腰线；滚边窄腰

图4.5.1　款式插图

● **坯布准备(图4.5.2)**

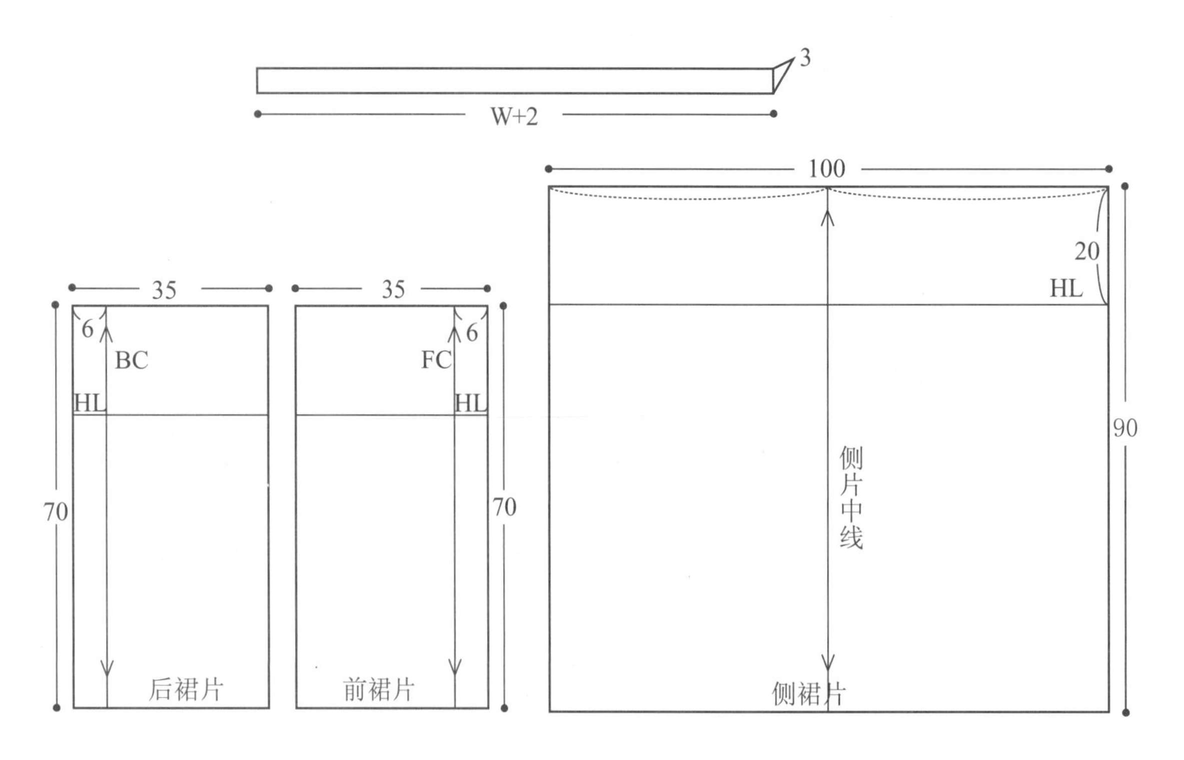

图4.5.2　坯布准备(单位：cm)

● 操作步骤

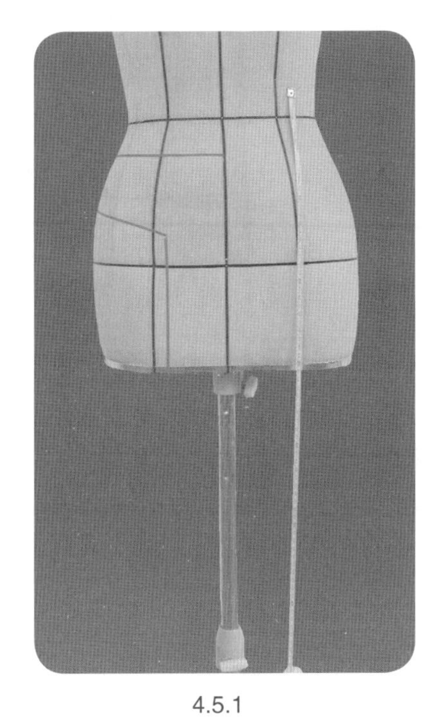

4.5.1

4.5.1　确定裙长，贴置款式造型线。准备用布。

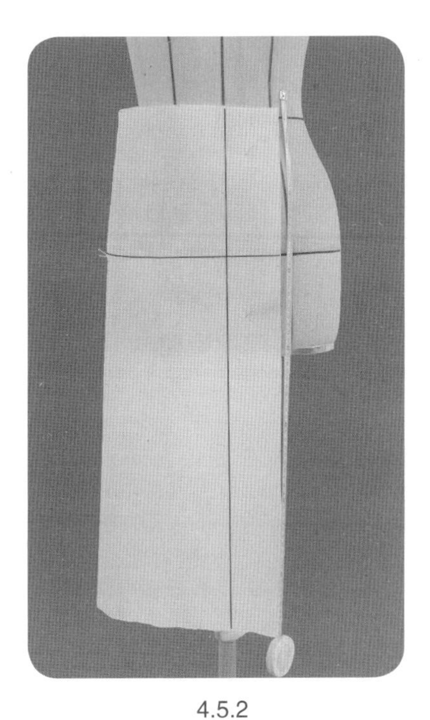

4.5.2

4.5.2　把前片用布固定于人台上。

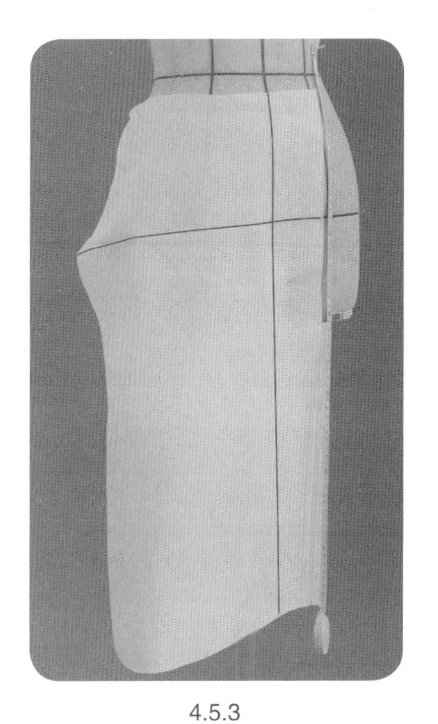

4.5.3

4.5.3　腰部余留适当松度，把多余松量转移至分割线位置。

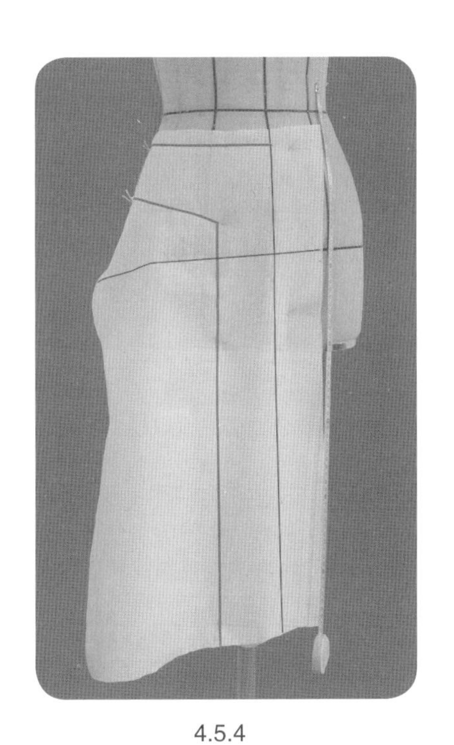

4.5.4

4.5.4　贴置分割线造型线。

4.5.5

4.5.5　修剪，前片初步造型完成。

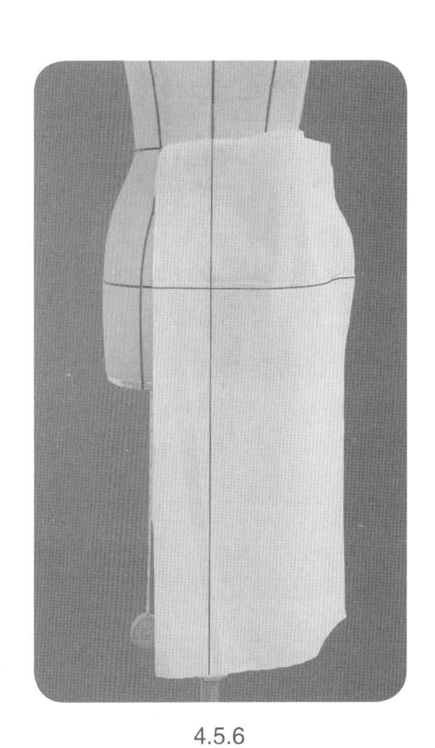

4.5.6

4.5.6　把后片用布固定于人台上。

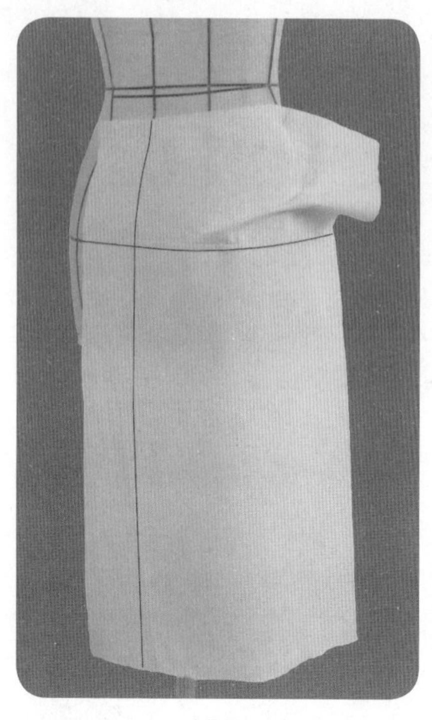

4.5.7

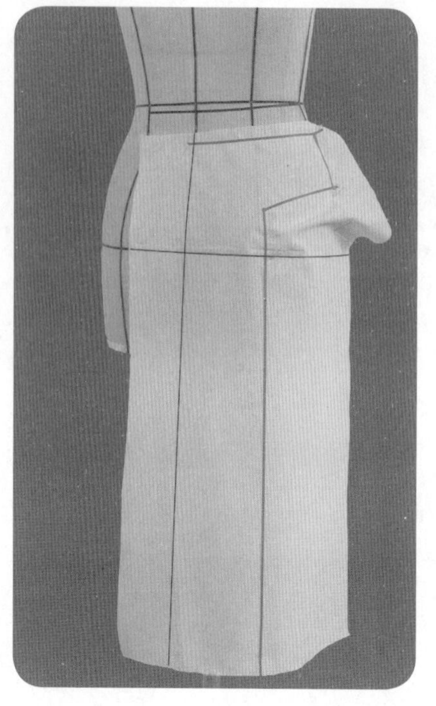

4.5.8

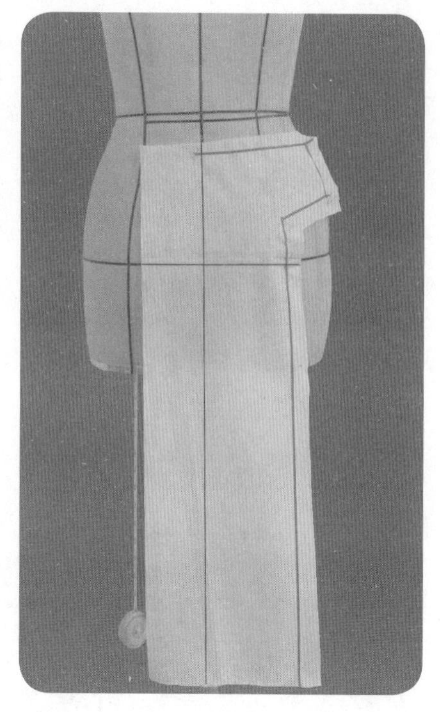

4.5.9

4.5.7　腰部余留适当松量，把多余松量转移至分割线位置。

4.5.8　贴置分割线造型线。

4.5.9　修剪，后片初步造型完成。

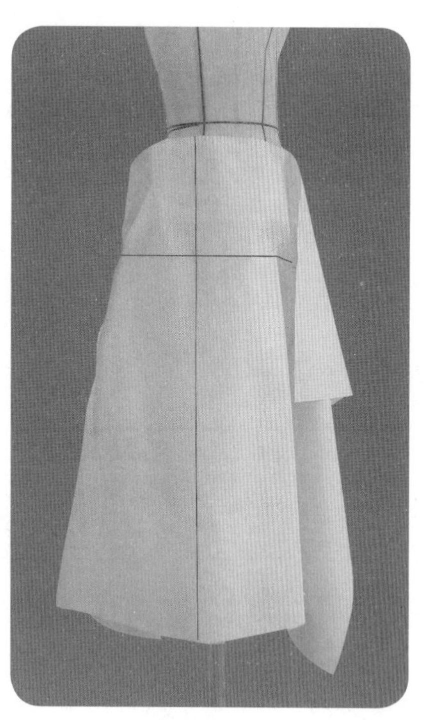

4.5.10

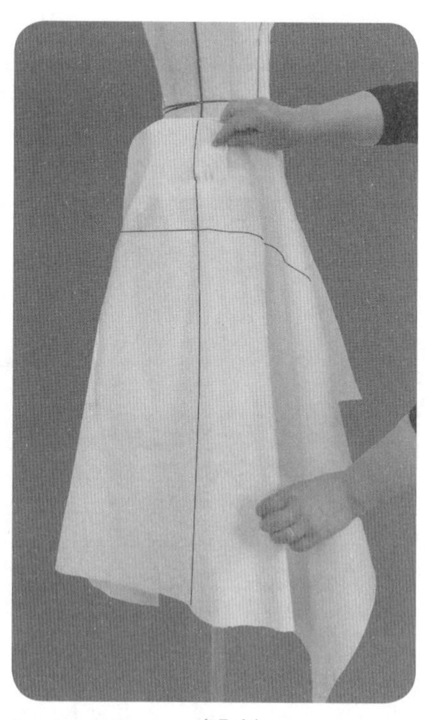

4.5.11

4.5.10　把侧片用布固定于人台上。HL布纹线、侧片中心布纹线分别对应人台HL线、侧缝标志线。

4.5.11　一边推挤用布设置衣褶一边旋转用布设置波浪，注意衣褶和波浪的匀称性。

4.5.12

4.5.13

4.5.15

4.5.12 ~ 4.5.14 用大头针盖别法别合分割线。

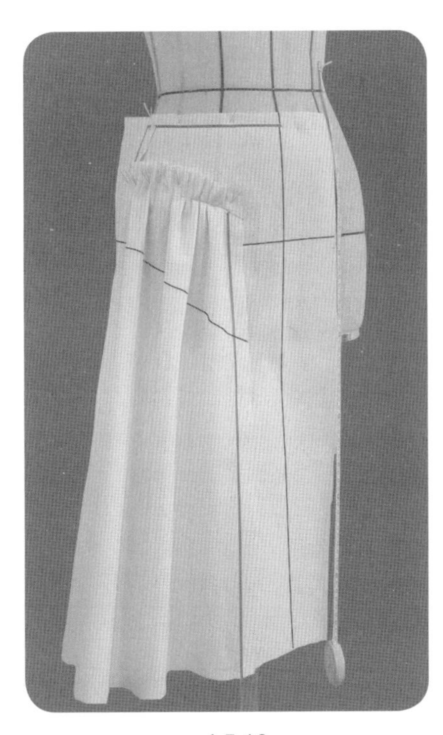
4.5.16

4.5.17

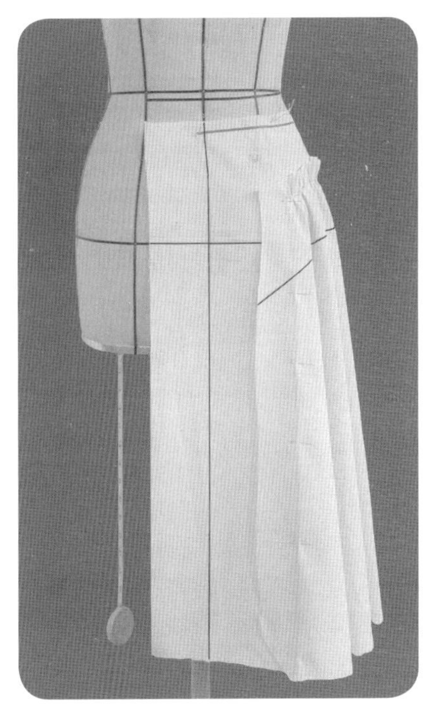
4.5.17

4.5.15 ~ 4.5.17 注意分割线处两片用布的对位等长。

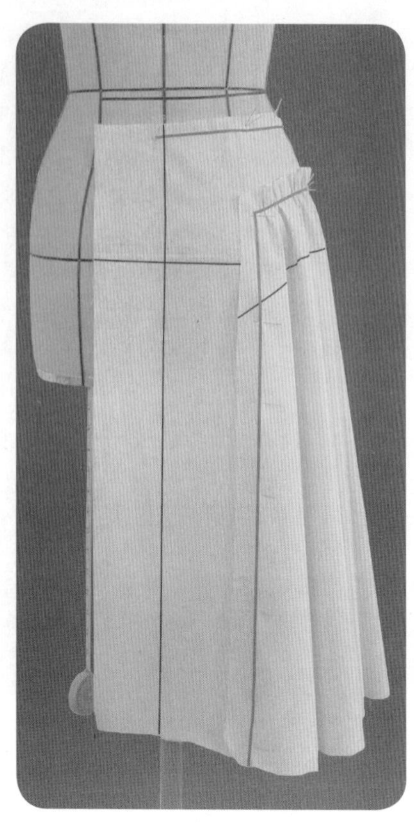

4.5.18

4.5.18　初步造型完成，标点描线。注意分割线对位标记的设置。

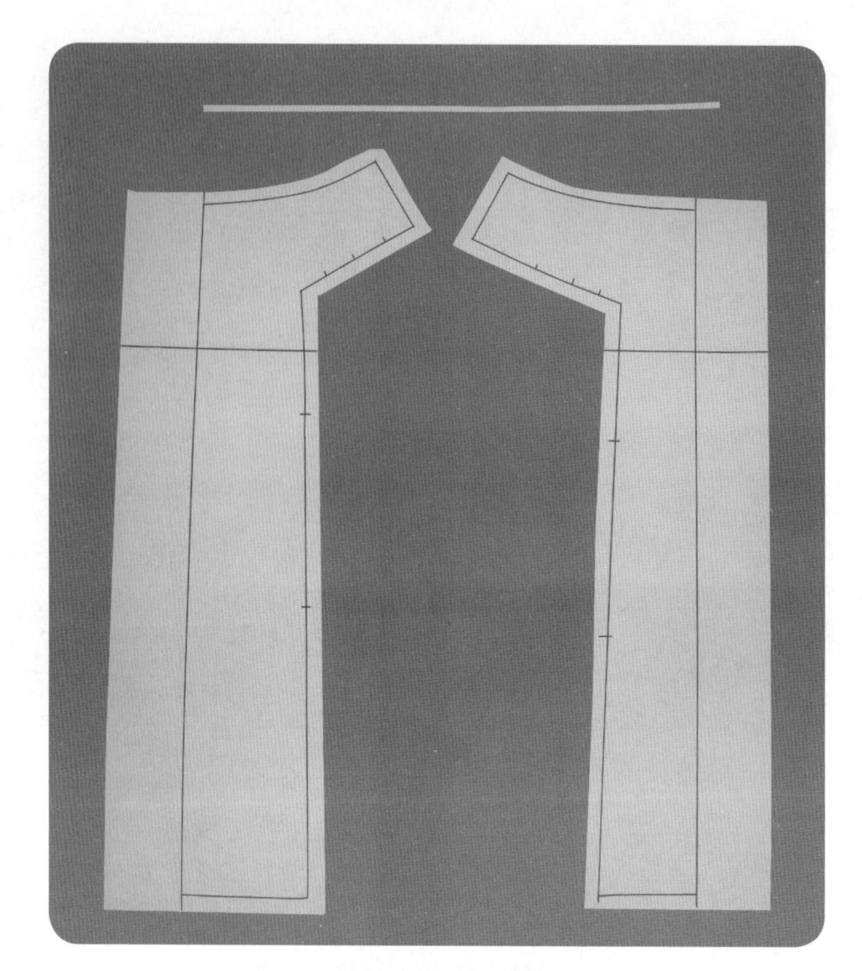

4.5.19

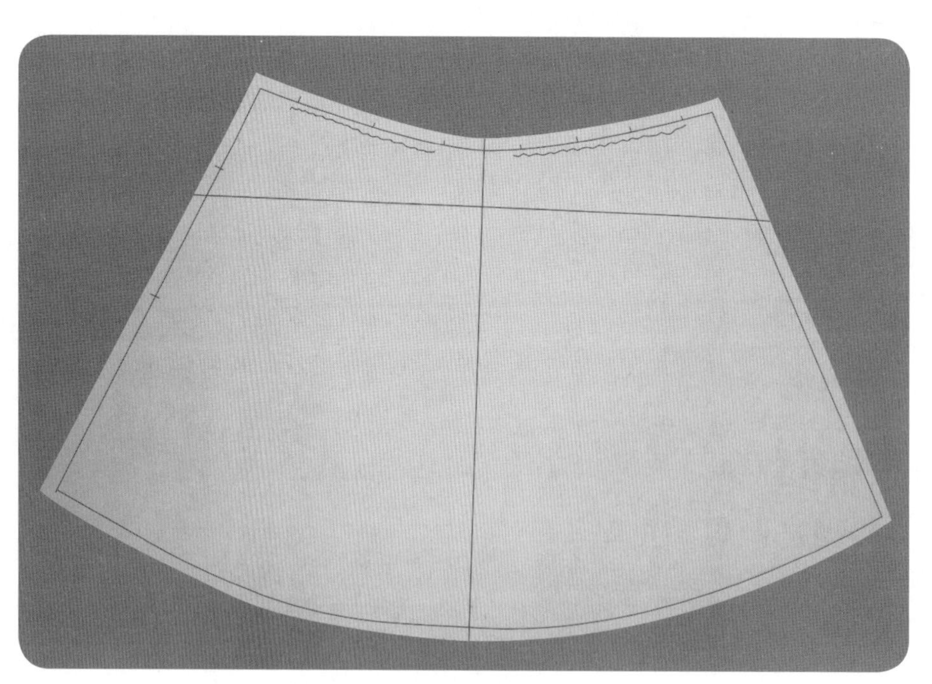

4.5.20

4.5.19、4.5.20　平面整理。

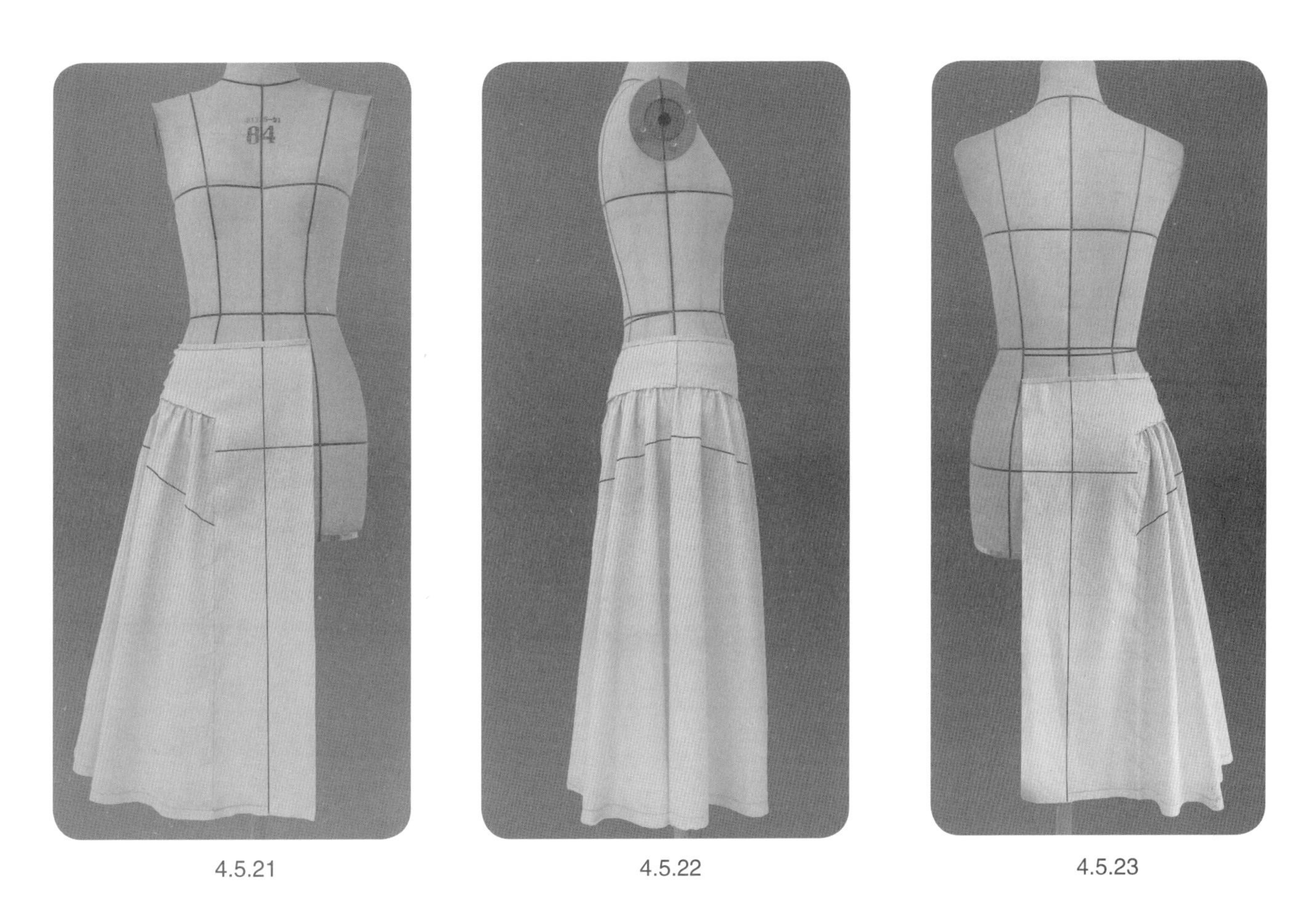

4.5.21　　4.5.22　　4.5.23

4.5.21 ~ 4.5.23　试样补正。衣褶可用针线抽褶，并注意对位标记的对应。

● 样片描图(图4.5.3)

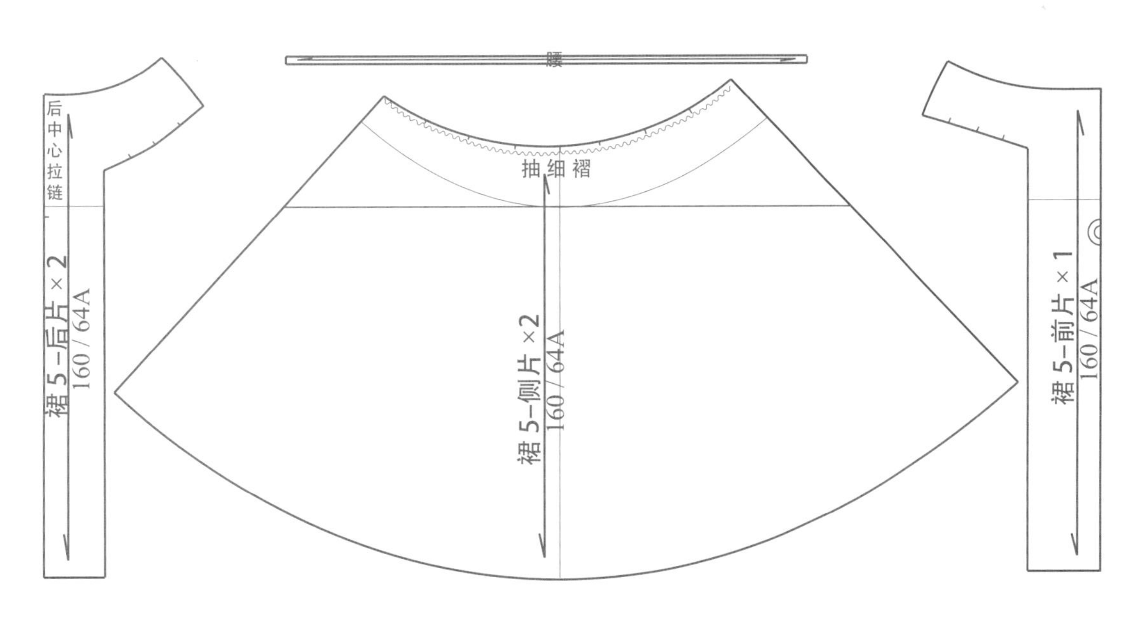

图4.5.3　样片描图

4.6 裙6——纵向分割六片裙

● **款式分析(图4.6.1)**

裙身廓形：A型。

结构要素：分割线。

臀腰差处理：

前片——分割线；

后片——分割线。

裙腰造型：低腰腰线；滚边窄腰。

图4.6.1 款式插图

● **坯布准备(图4.6.2)**

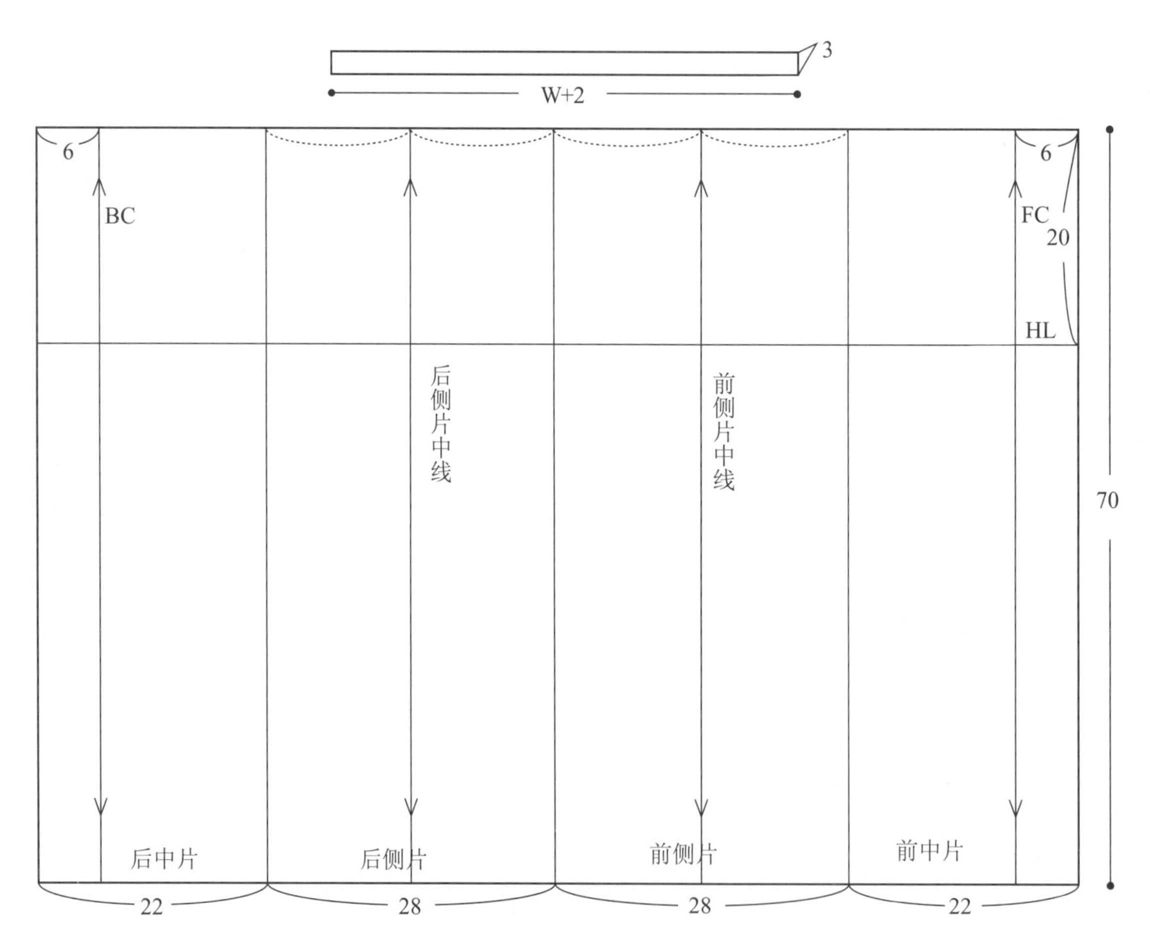

图4.6.2 坯布准备图(单位：cm)

● 操作步骤

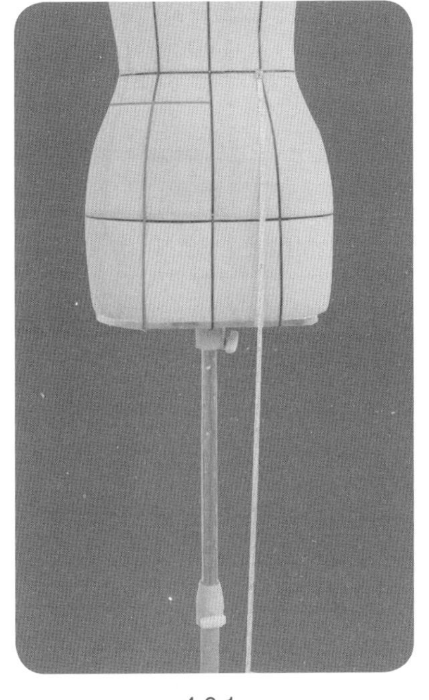

4.6.1

4.6.1 确定裙长，贴置款式造型线。

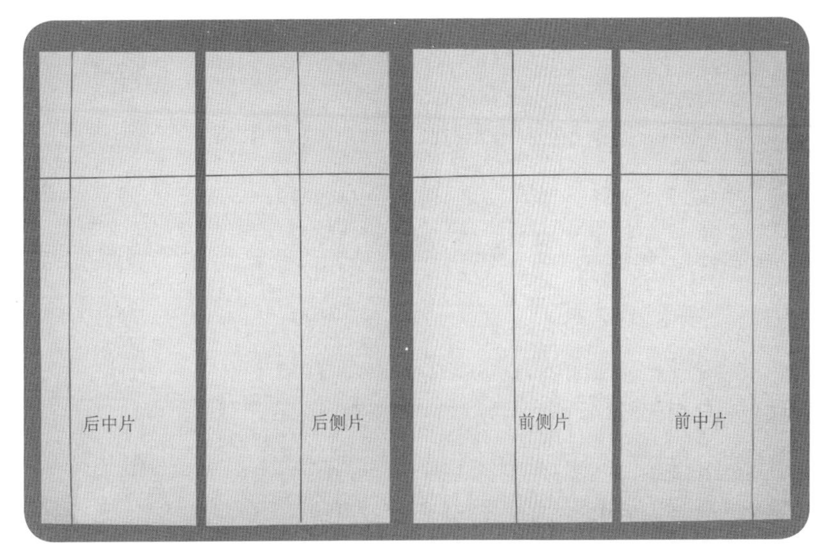

4.6.2

4.6.2 准备用布。

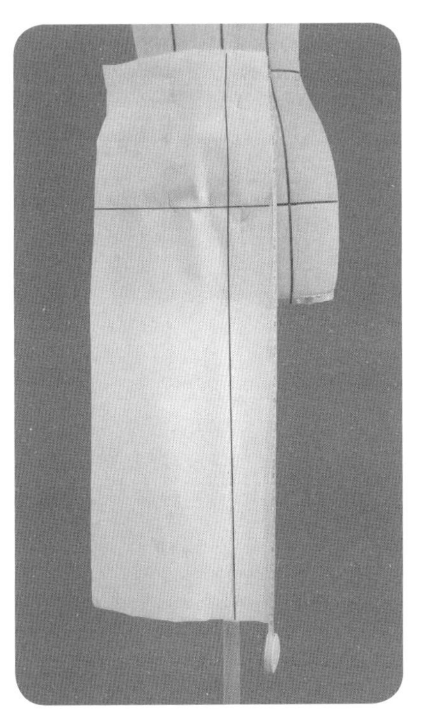

4.6.3

4.6.3 把前中片用布固定于人台上。FC、HL布纹线与人台标志线对齐，保证臀围余留适当松量。

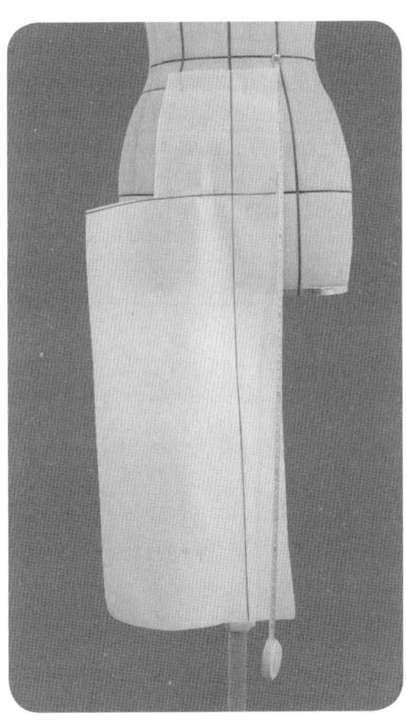

4.6.4

4.6.4 腰部余留适度松量，沿分割线修剪至臀围处，适当设置下摆增大量。

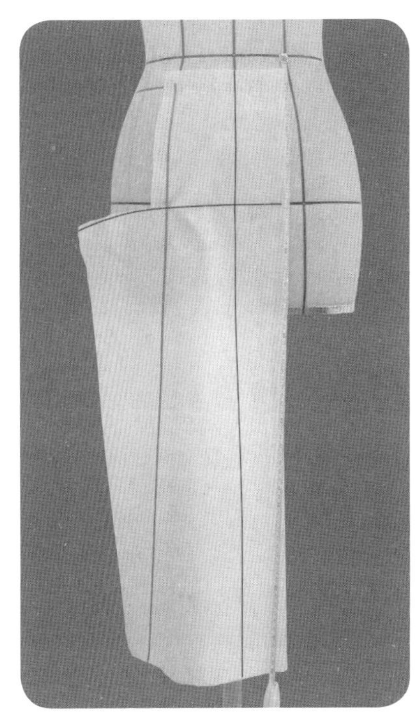

4.6.5

4.6.5 贴置分割线造型线。

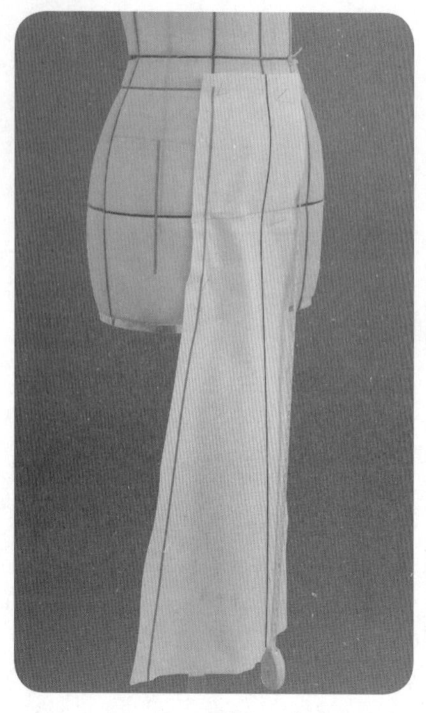

4.6.6

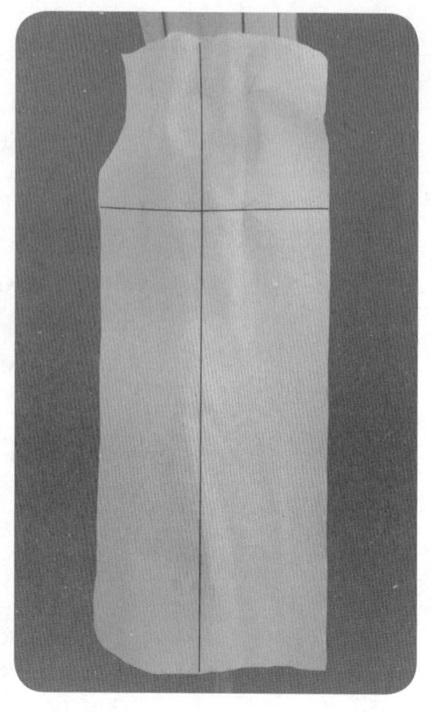

4.6.7

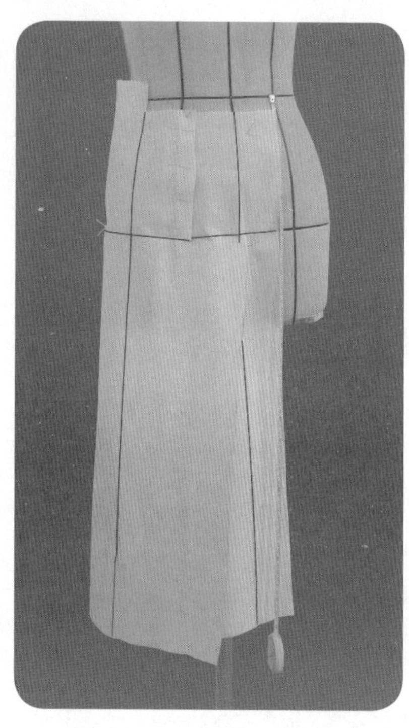

4.6.8

4.6.6　在侧片臀围中点贴置竖直辅助线，以帮助控制侧片中线布纹的竖直。

4.6.7　把侧片用布固定于人台上。HL线、侧片中线布纹线与人台相应的标志线对齐。

4.6.8　保持侧片中线的竖直，余留适当松度，抚平腰部，合并分割线至臀围处。

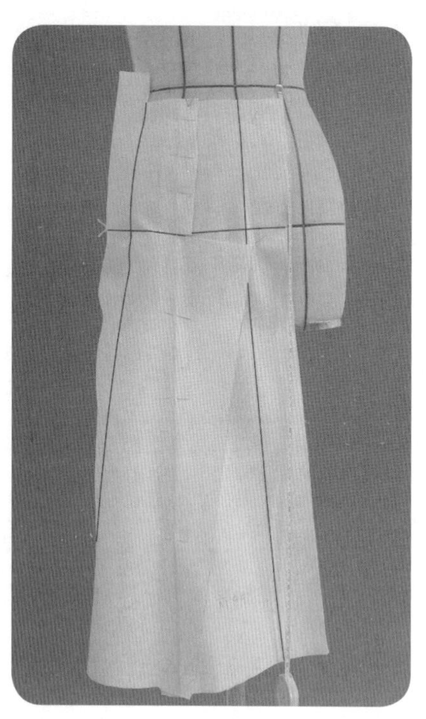

4.6.9

4.6.10

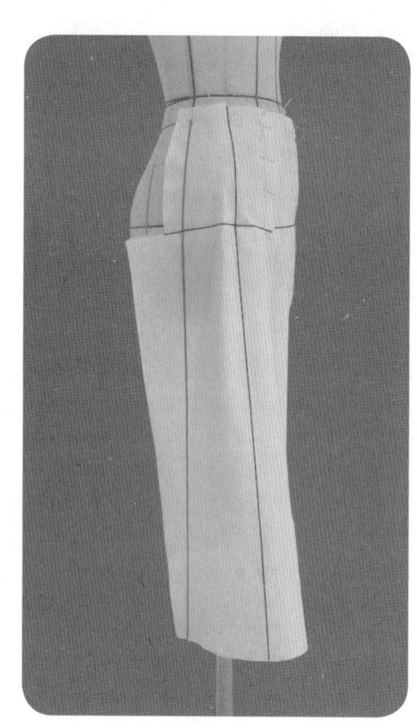

4.6.11

4.6.9　适当设置下摆增大量，合并分割线。

4.6.10　观察造型的平衡性，修剪多余缝份量。

4.6.11　用同样的方法完成前侧片侧缝的操作。

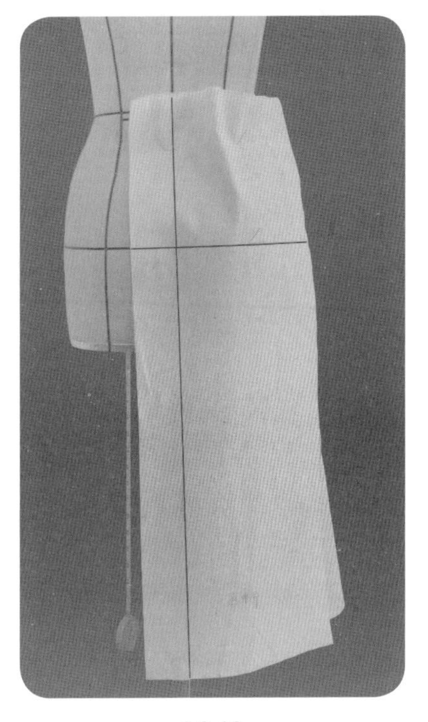

4.6.12

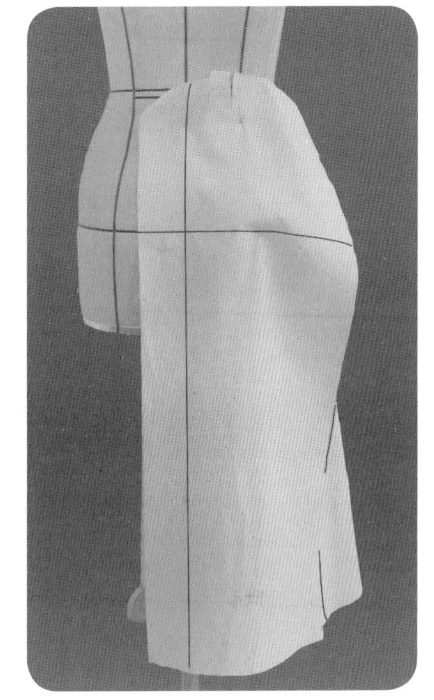

4.6.13

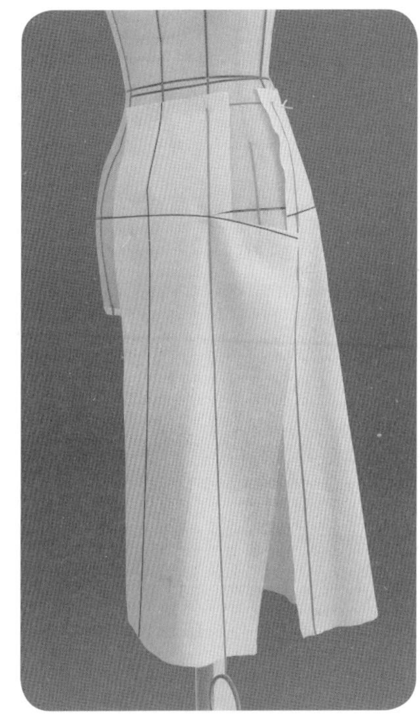

4.6.14

4.6.12　把后中片用布固定于人台上。

4.6.13 ~ 4.6.15　后中片的操作方法同前中片。

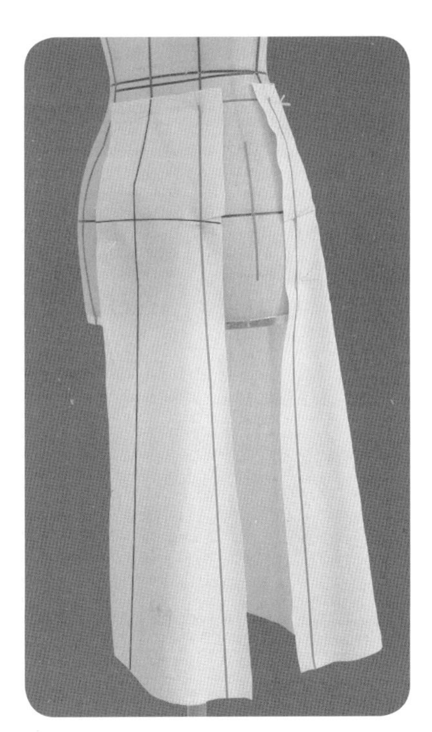

4.6.15

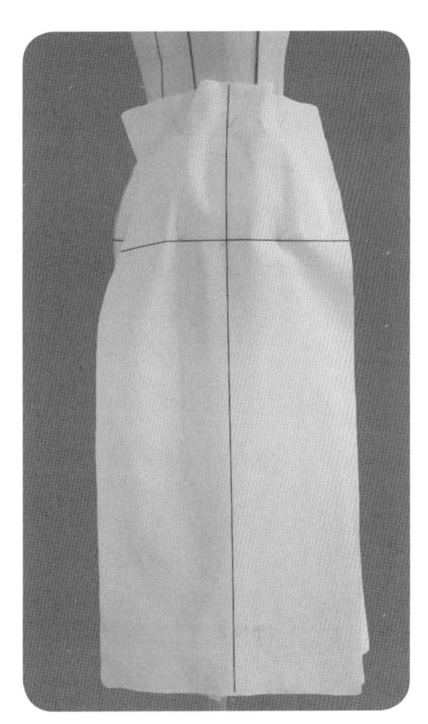

4.6.16

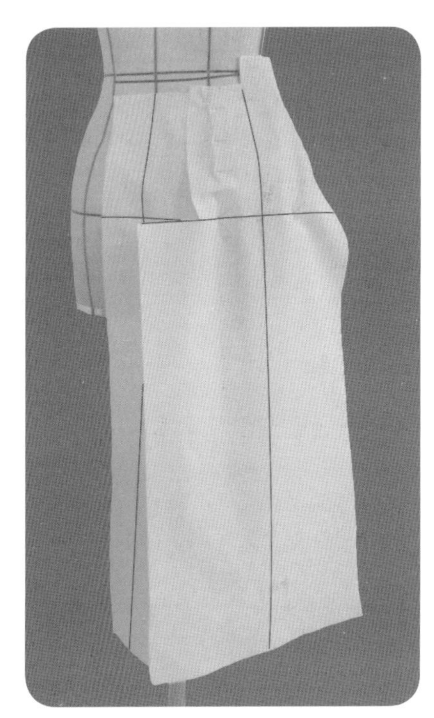

4.6.17

4.6.16　把后侧片用布固定于人台上。

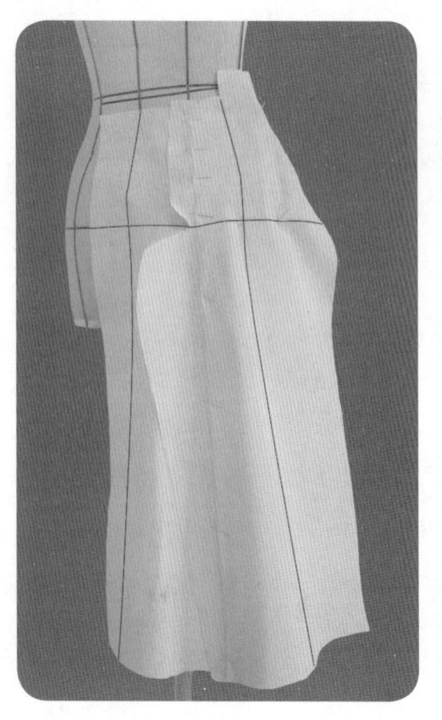
4.6.18

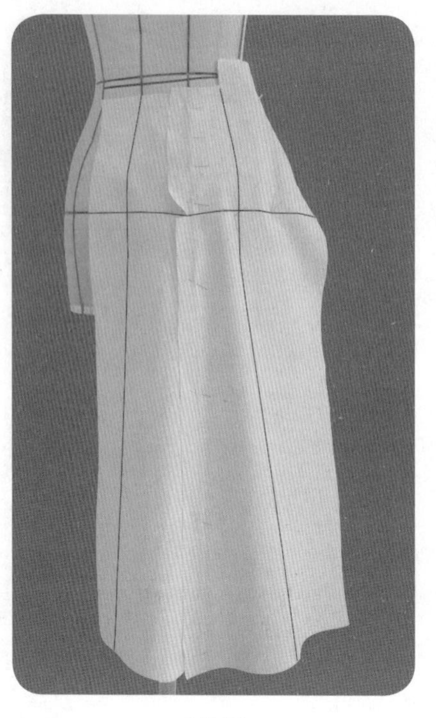
4.6.19

4.6.20

4.6.17 ~ 4.6.19　后侧片操作方法同前侧片。

4.6.20　合并前、后侧片侧缝。初步造型完成，标点描线。

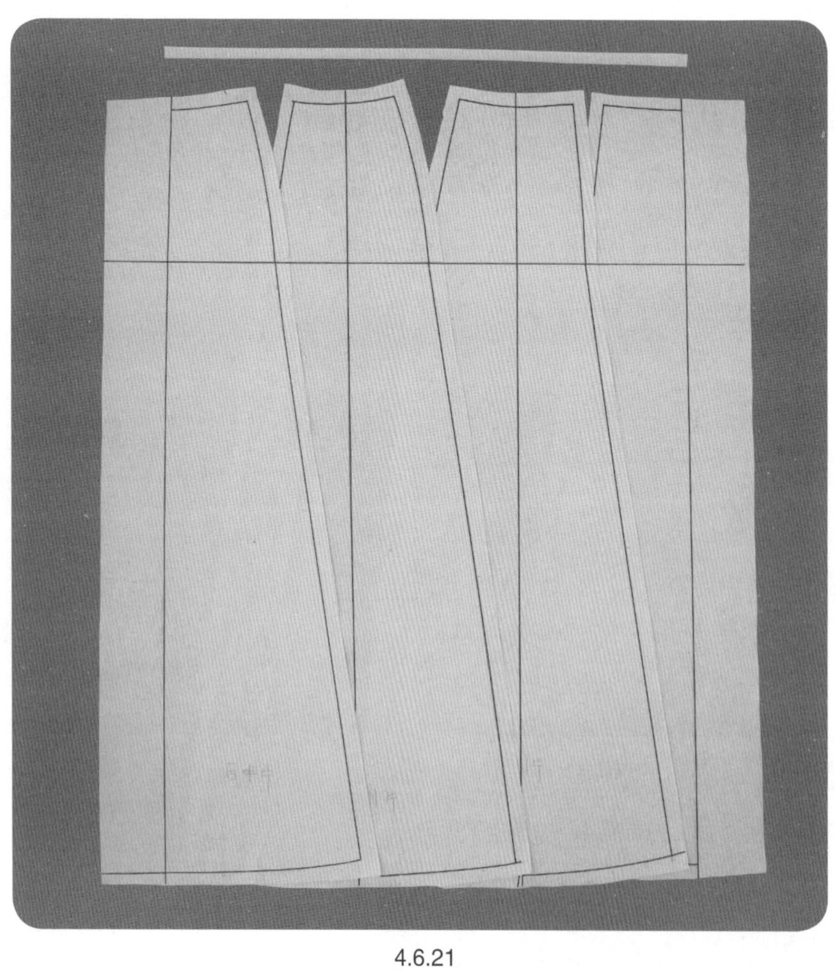
4.6.21

4.6.21　平面整理。

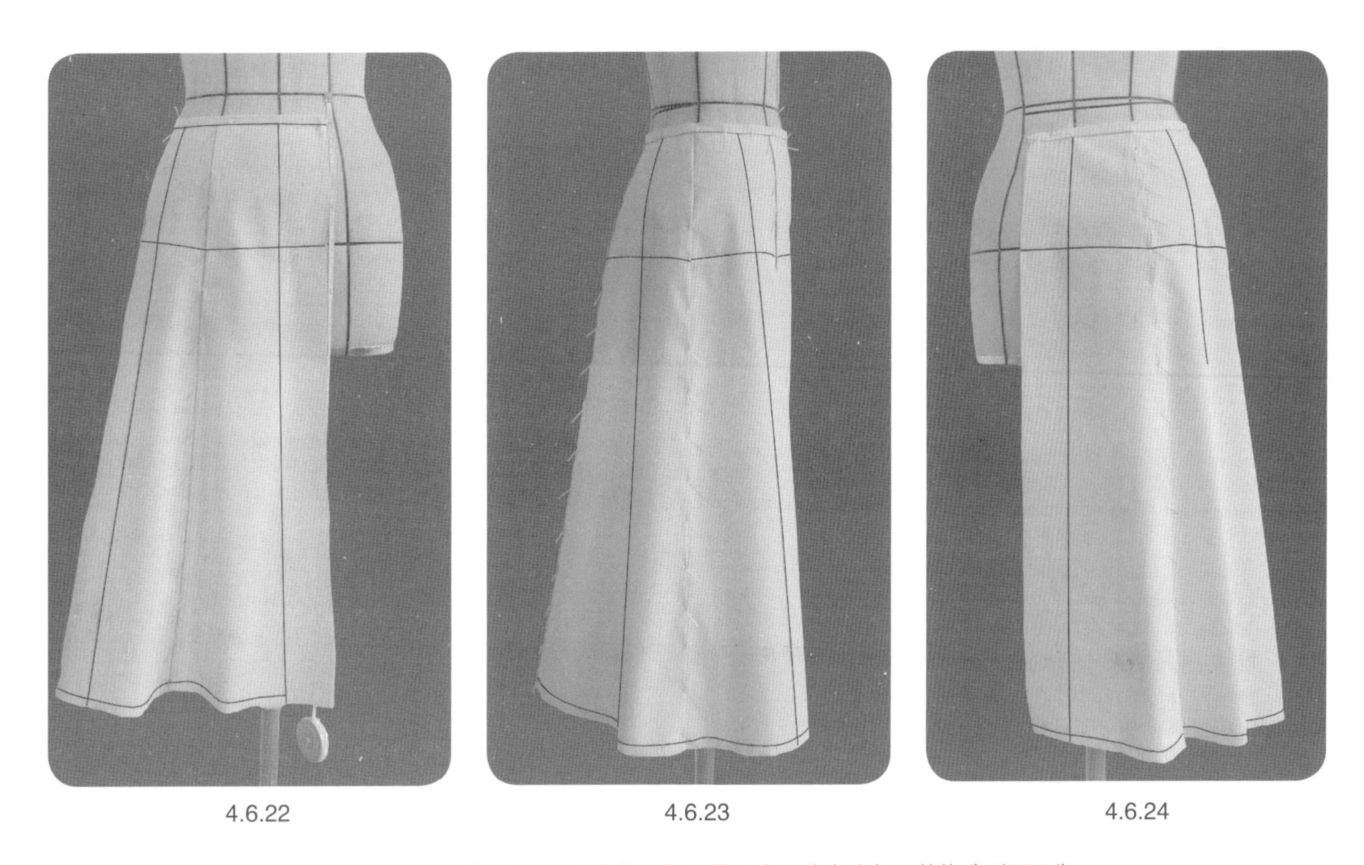

4.6.22 4.6.23 4.6.24

4.6.22 ~ 4.6.24 试样补正。观察臀腰部松量适度且分布均匀，整体造型要平衡。

● 样片描图(图4.6.3)

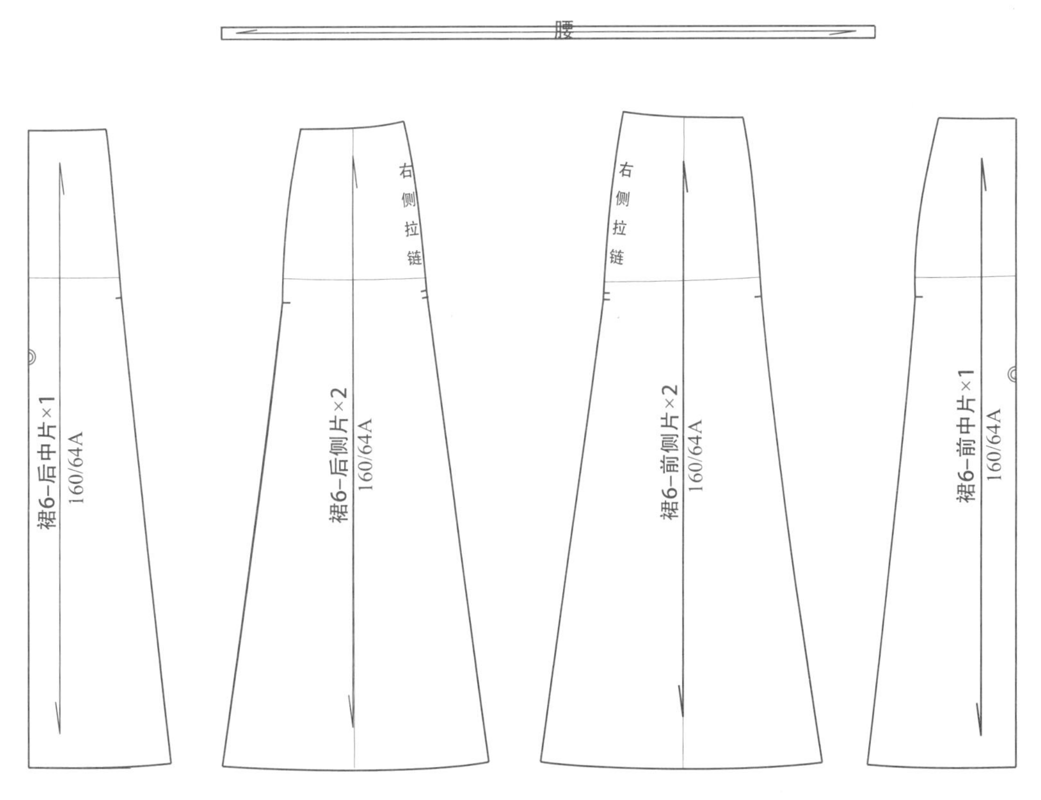

图4.6.3 样片描图

4.7 裙7——螺旋分割裙

● 款式分析(图4.7.1)

裙身廓形：A型。

结构要素：分割线。

臀腰差处理：

前片——分割线；

后片——分割线。

裙腰造型：低腰腰线；滚边窄腰。

图4.7.1 款式插图

● 坯布准备(图4.7.2)

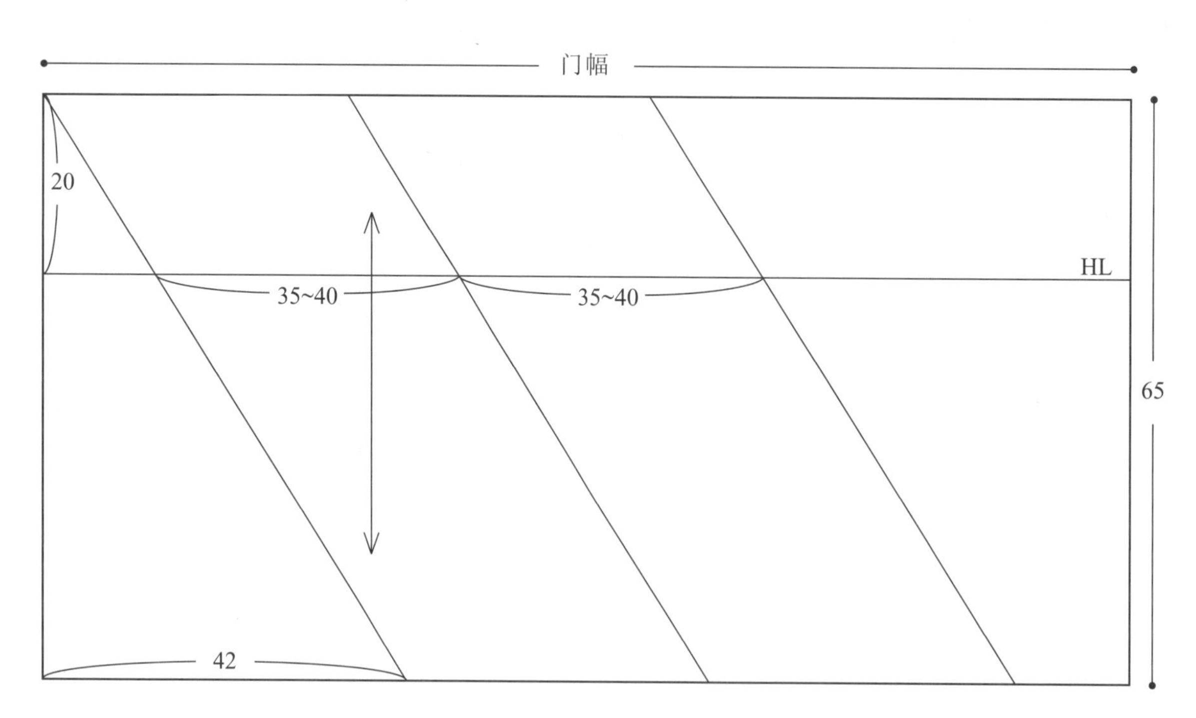

图4.7.2 坯布准备图(单位：cm)

● 操作步骤

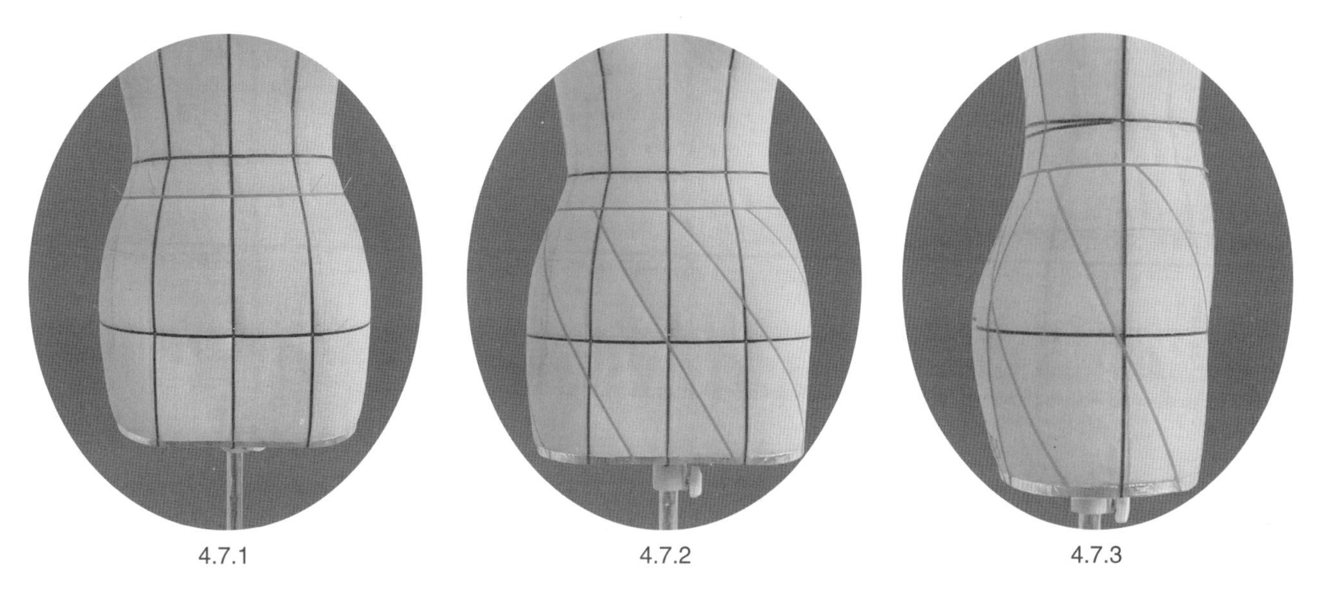

4.7.1　4.7.2　4.7.3

4.7.1　贴置低腰造型线，设置分割线的间距；可采用等分腰围、等分臀围的方法。

4.7.2 ~ 4.7.4　错位连接腰围等分点与臀围等分点，贴置螺旋形分割造型线。

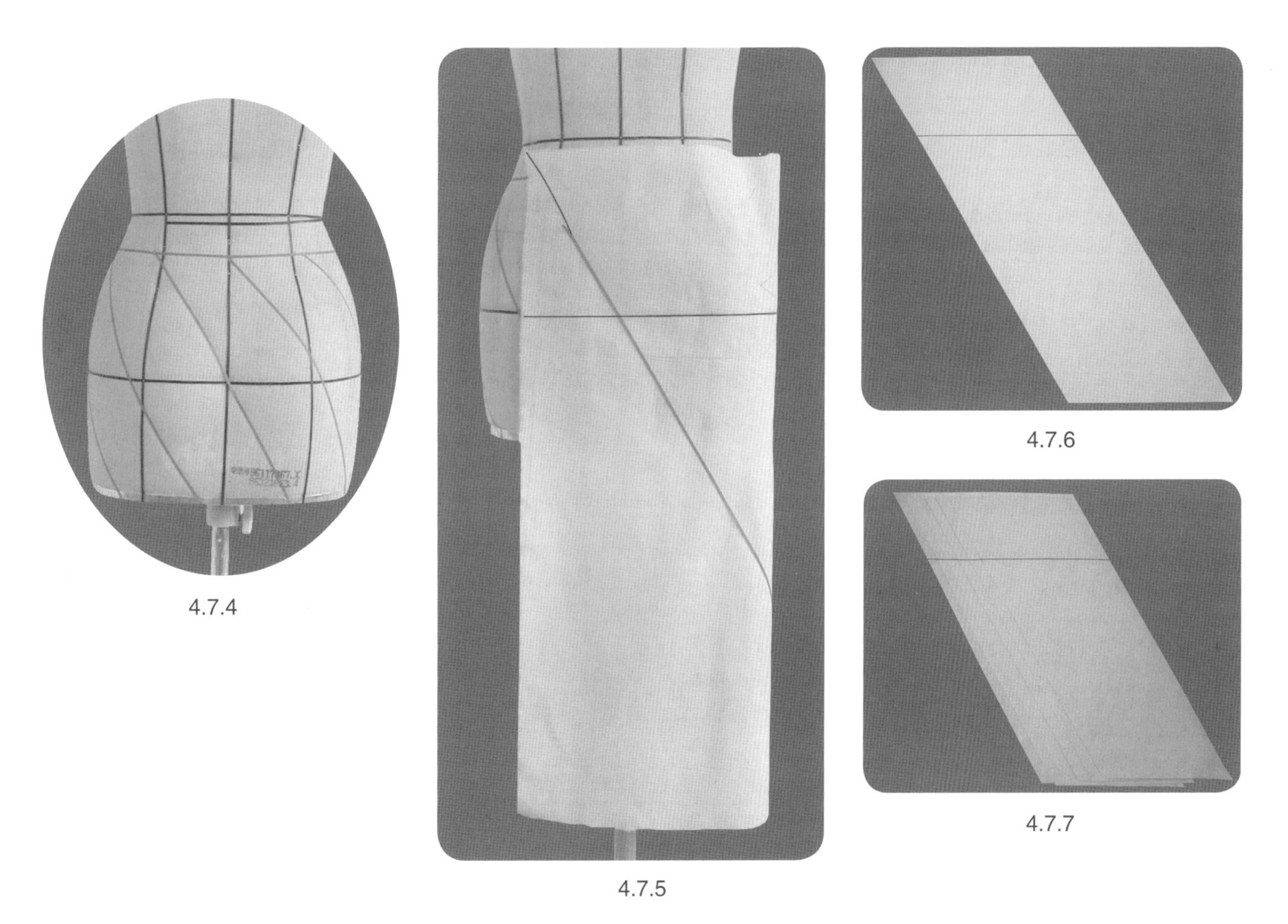

4.7.4　4.7.5　4.7.6　4.7.7

4.7.5 ~ 4.7.7　准备用布。用布长度依据裙长，用布宽度依据螺旋线斜度以及下摆大小来确定。

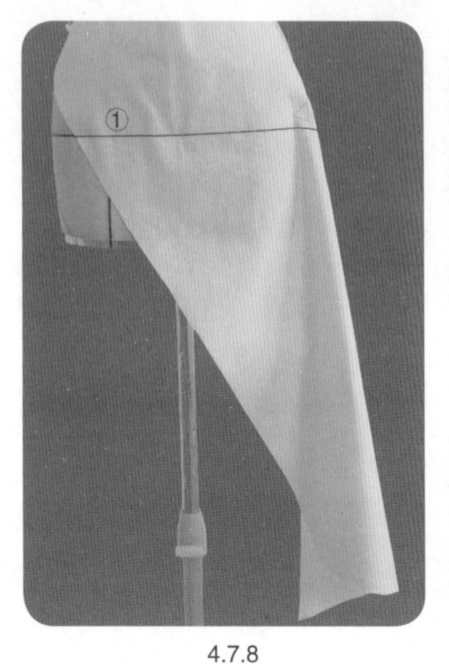

4.7.8

4.7.8　将布片依次编号①~⑧。

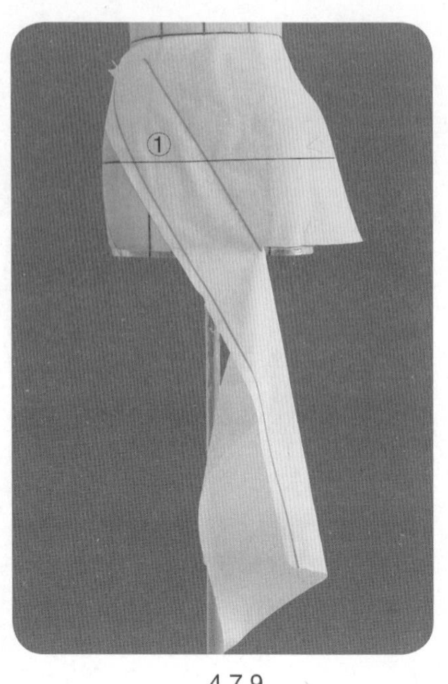

4.7.9

4.7.9　对齐HL布纹线与人台HL标志线，将用布加放量置于波浪一侧，固定①号用布于人台上，抚平臀腰部，余留适当松量，用大头针固定至起波浪位置。

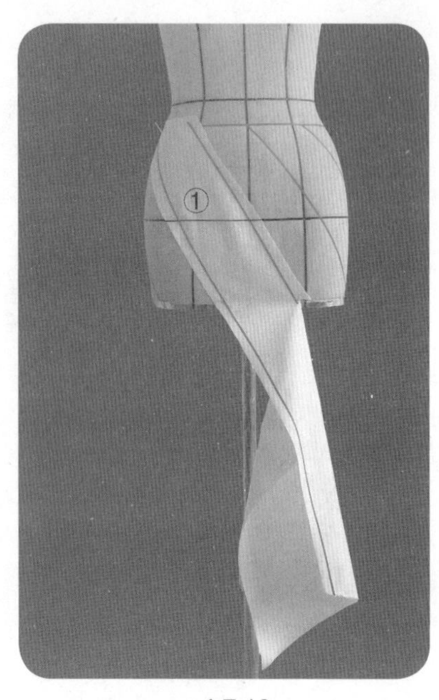

4.7.10

4.7.10　沿分割线修剪用布至起波浪位置，并对应起波浪位置剪切刀口，旋转用布起波浪，待用。

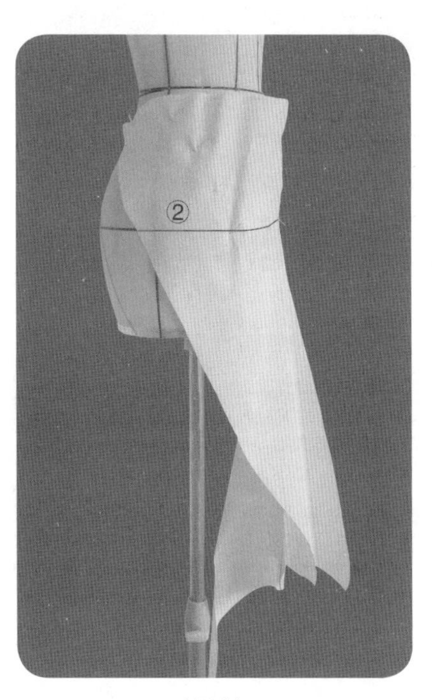

4.7.11

4.7.11　将②号用布固定于人台，保持HL线水平，保证臀腰部余留适当松量。

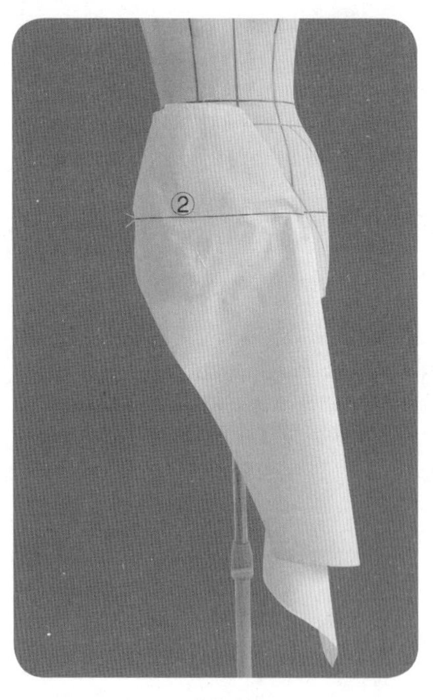

4.7.12

4.7.12　将①号用布与②号用布的分割线合并，可分为三段操作：腰围线—臀围线，臀围线—起波浪点位置，起波浪点—下摆。

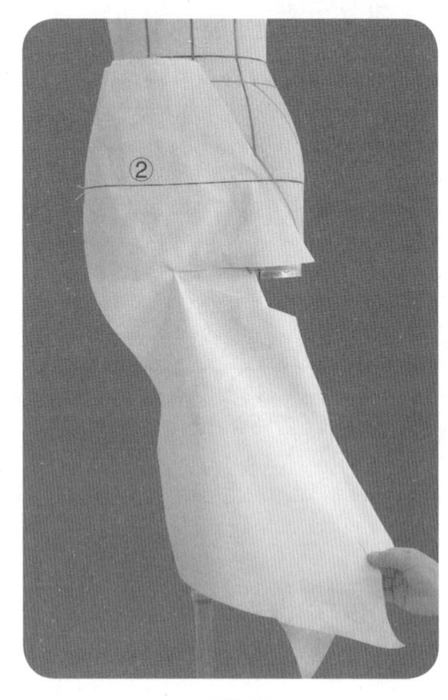

4.7.13

4.7.13　将臀腰差量分配于腰围线—臀围线的分割线内。注意保持HL布纹线的水平以及经向布纹的自然竖直。

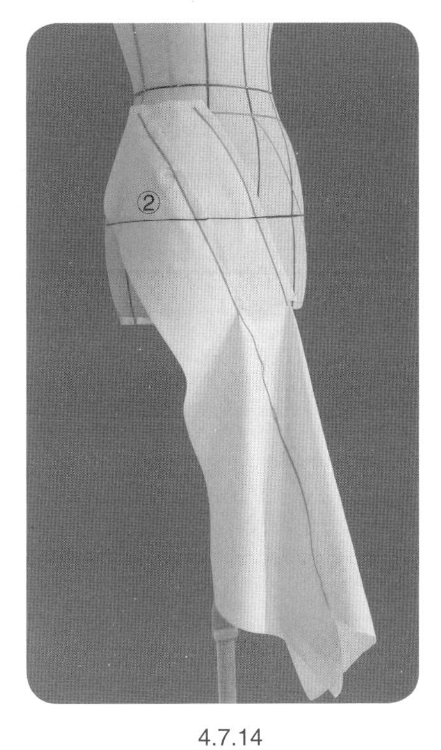

4.7.14

4.7.15

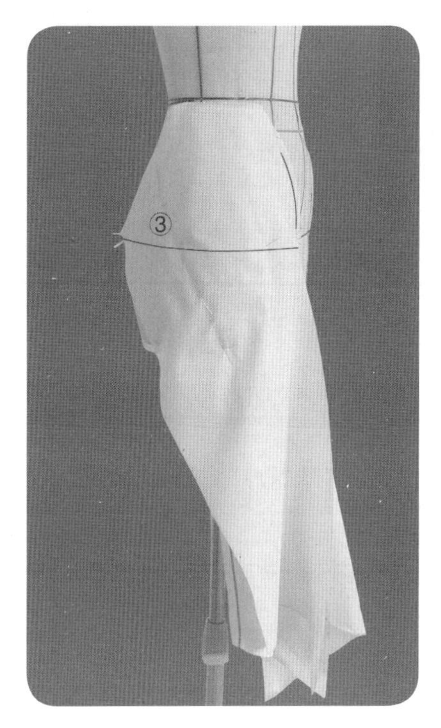

4.7.16

4.7.14、4.7.15　用别针合并分割线。

4.7.16～4.7.27　用同样的方法，依次操作③号到⑧号用布。

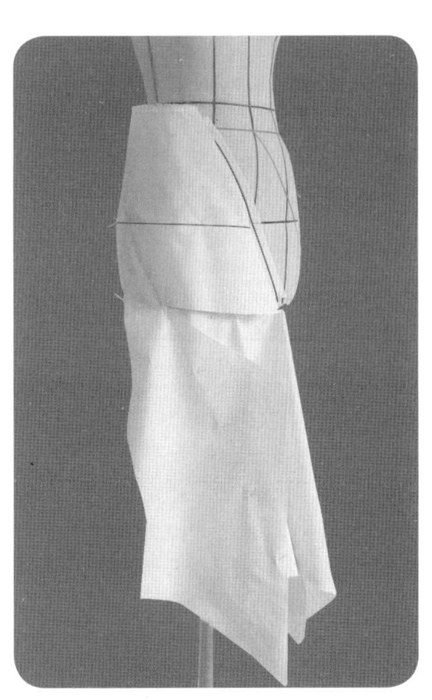

4.7.17

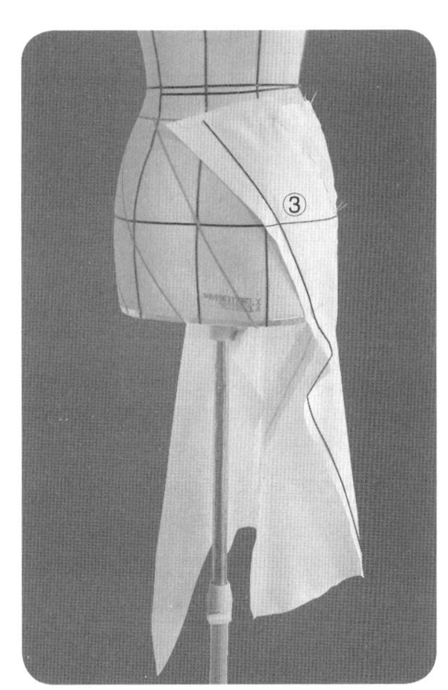

4.7.18

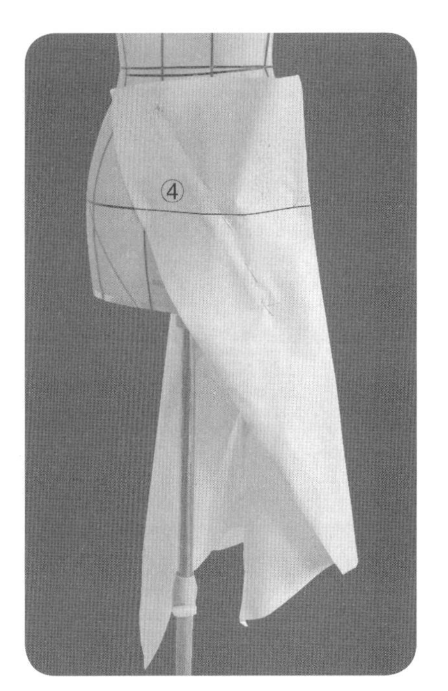

4.7.19

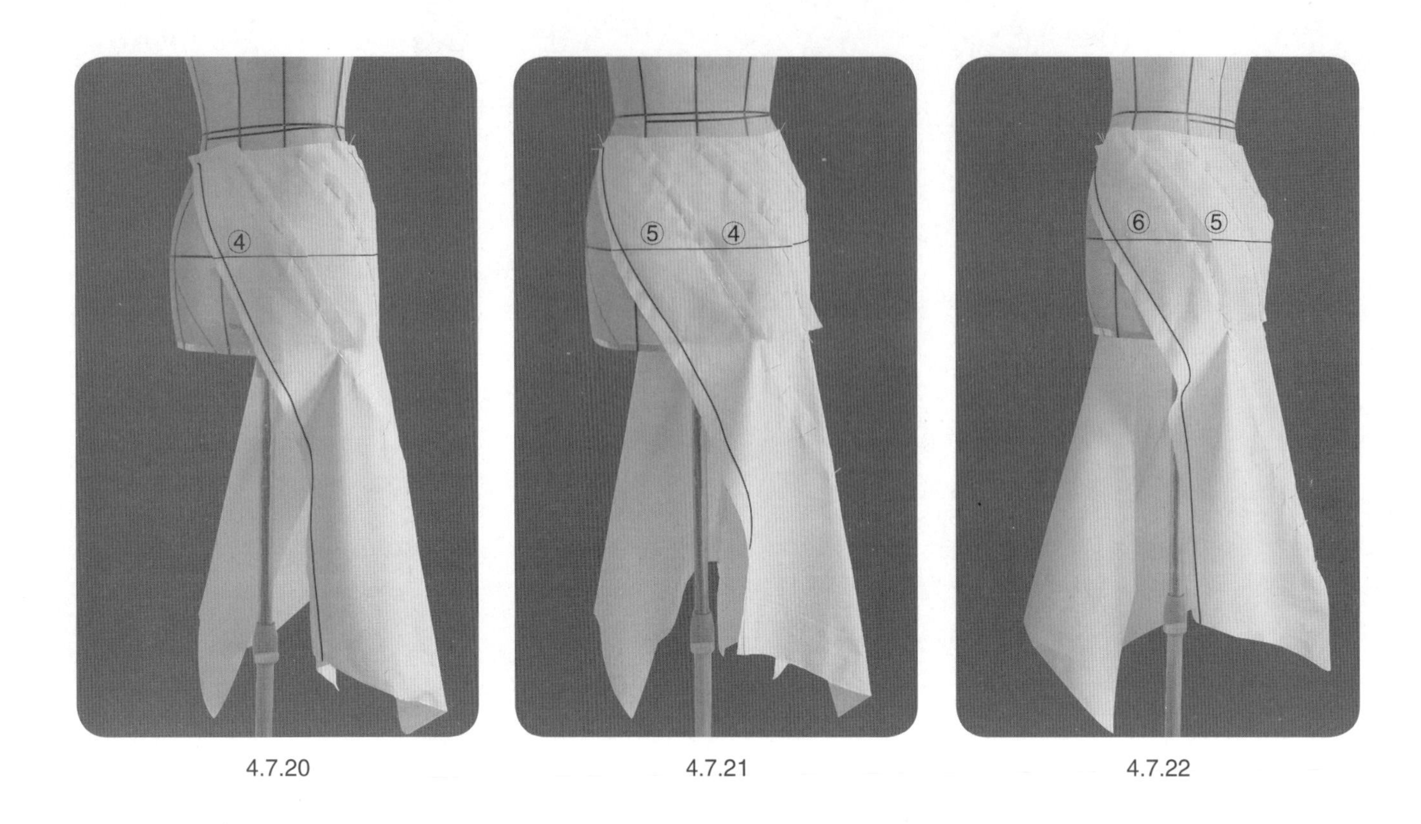

4.7.20　4.7.21　4.7.22

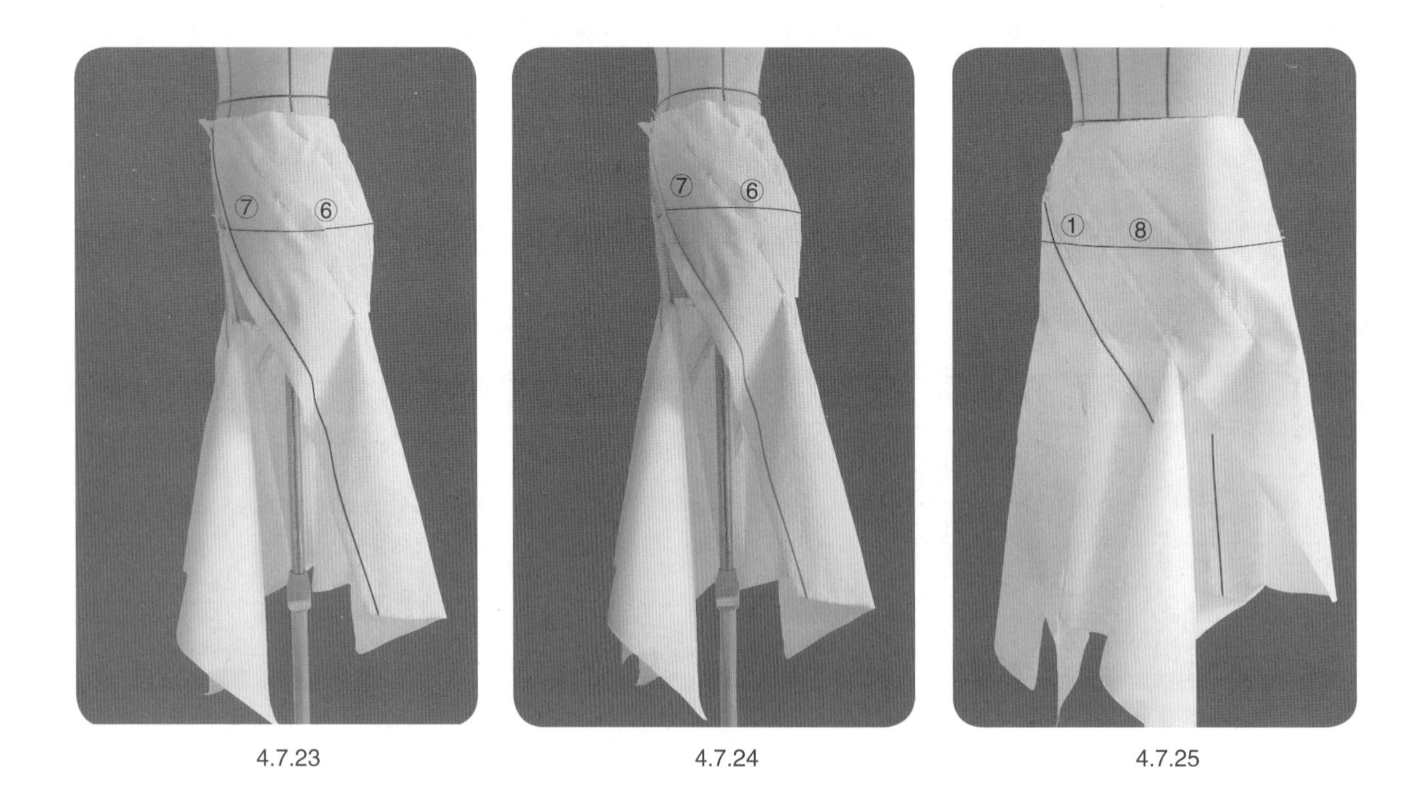

4.7.23　4.7.24　4.7.25

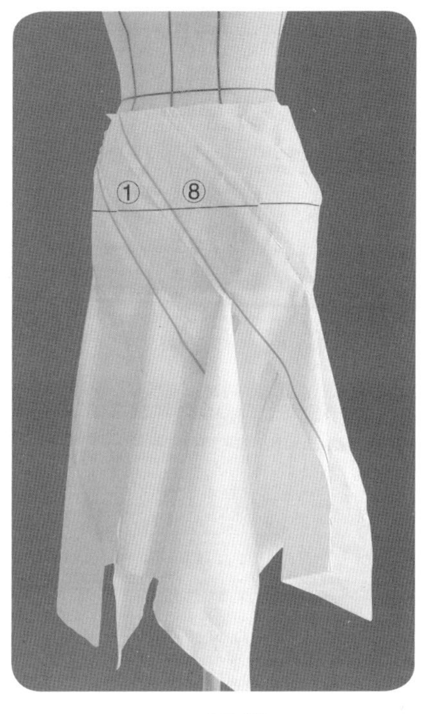

4.7.26

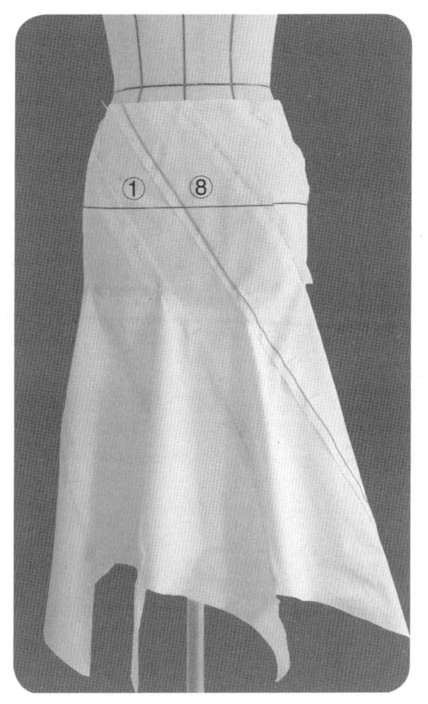

4.7.27

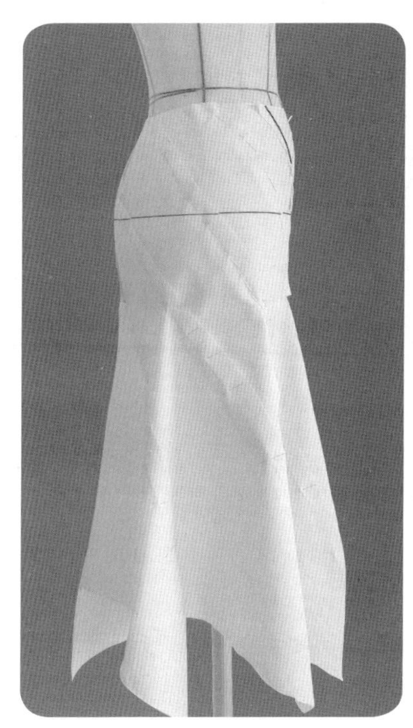

4.7.28

4.7.28　由于腹部与臀部有体型差异，前、后臀腰差不等，所以①~⑧号布样结构不尽相同，臀围线以上的分割线所包含的臀腰差并非均匀相等。

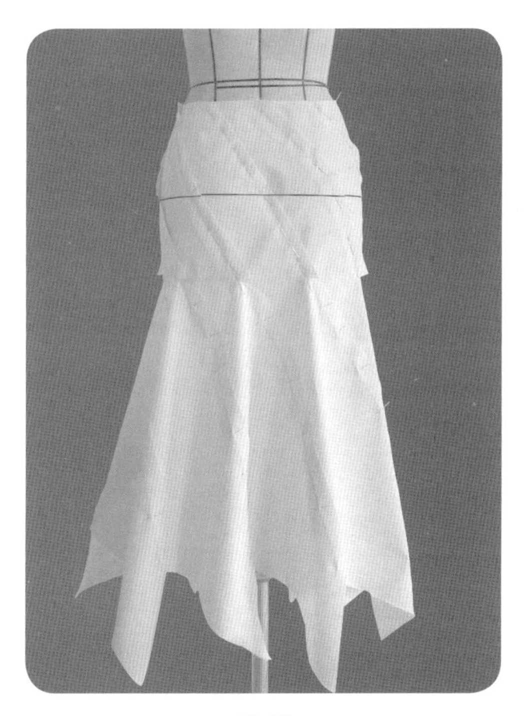

4.7.29

4.7.29　初步造型完成，标点描线。

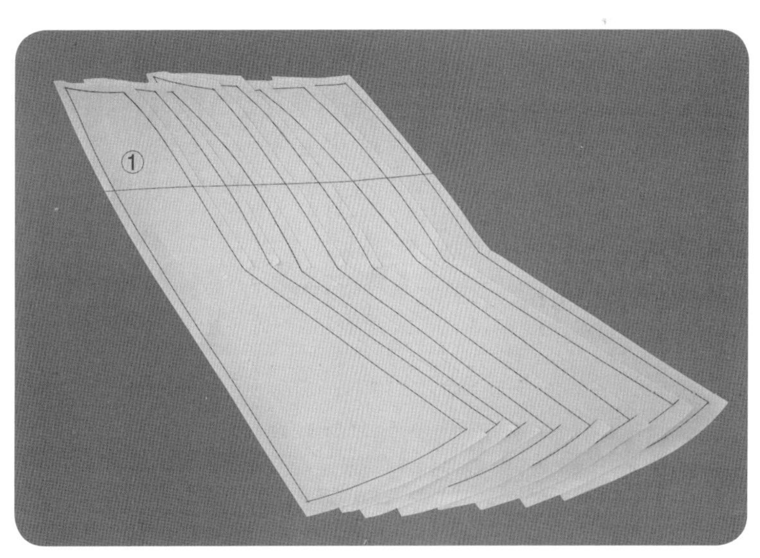

4.7.30

4.7.30　平面整理。

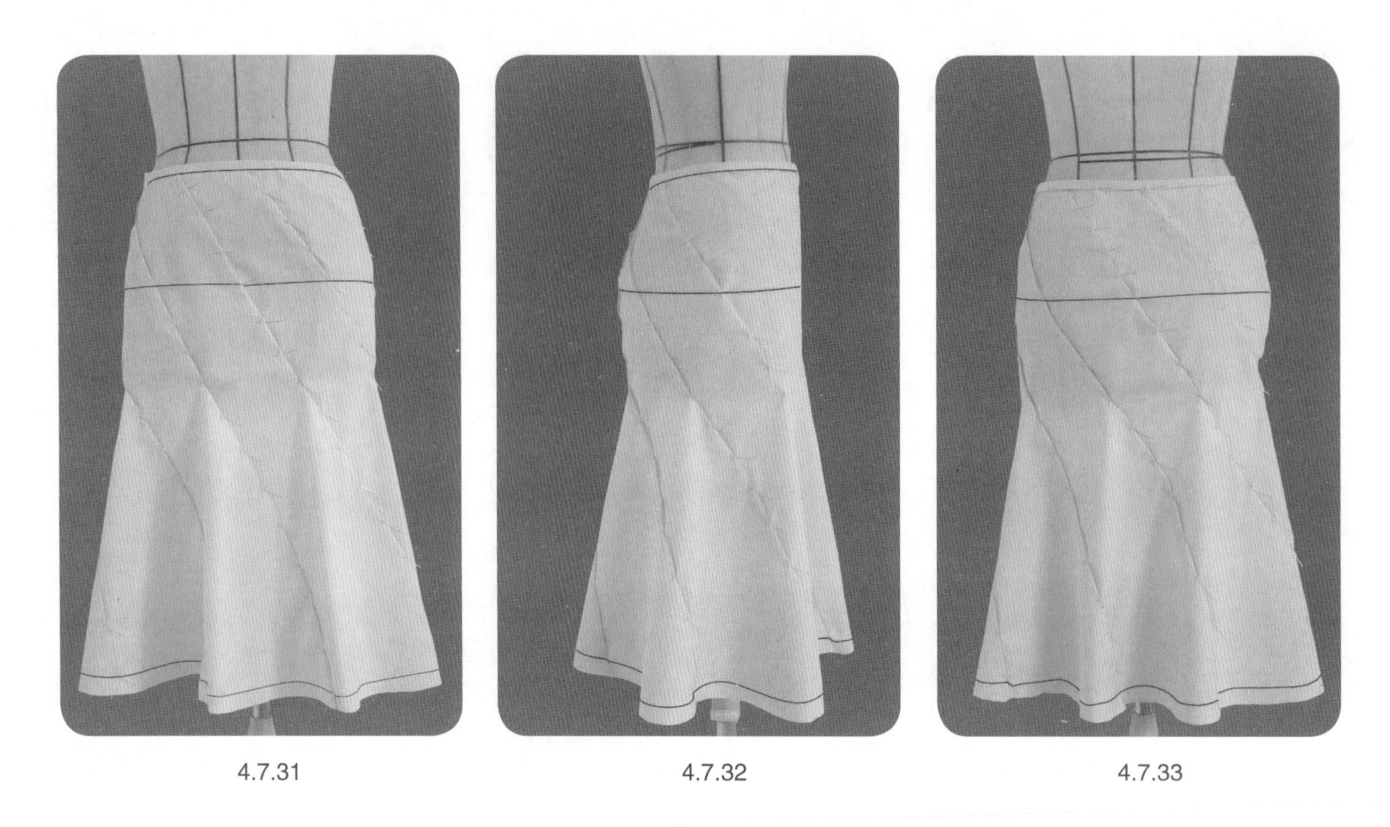

4.7.31　　4.7.32　　4.7.33

4.7.31～4.7.33　试样补正。将隐形拉链装于一侧的分割线之间。

● 样片描图(图4.7.3)

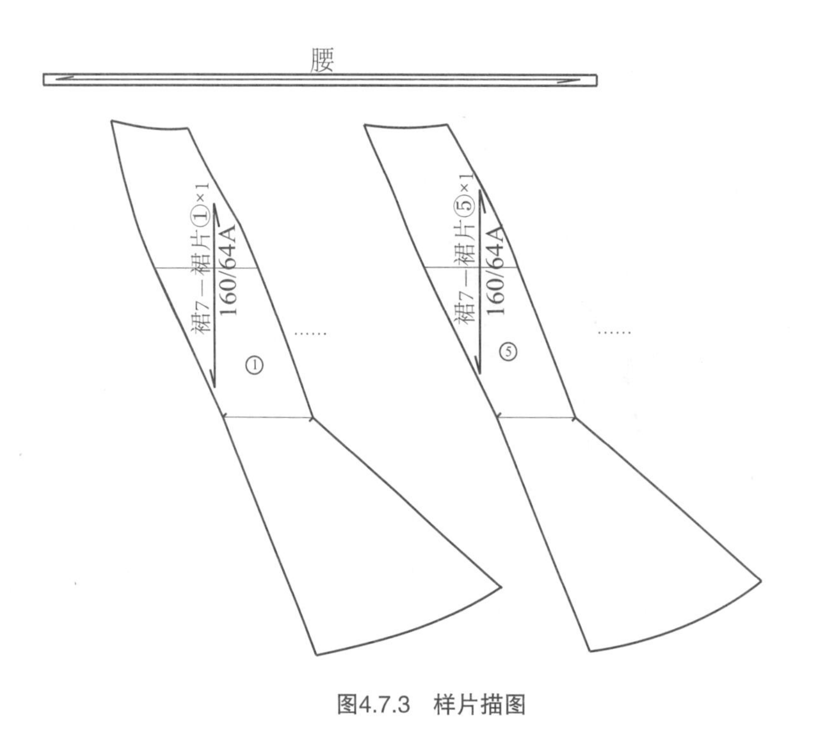

图4.7.3　样片描图

Chapter 5
第5章 连衣裙

5.1 连衣裙1——常规断腰连衣裙

● 款式分析(图5.1.1)

裙身廓形：X型；腰部有横向分割线（常规断腰）。

胸围线以上曲面量处理：

前片——有省道；

后片——无省道。

胸围线至腰围线的曲面量处理：

前片——有省道；

后片——旋转合并。

衣领造型：领口低、敞的无领；领口松量被处理于省道；吊带领口。

衣袖造型：无袖（显露肩端）；袖窿松量被处理于省道。

裙部分臀腰差处理：

前片——波浪；

后片——波浪。

图5.1.1 款式插图

● 坯布准备(图5.1.2)

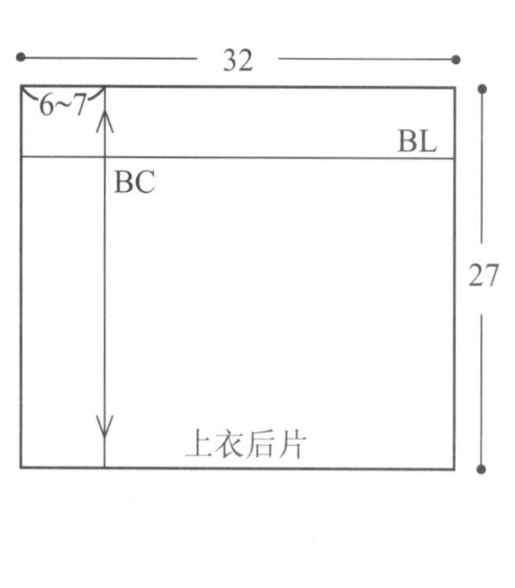

注：裙片用布同图4.4.2。

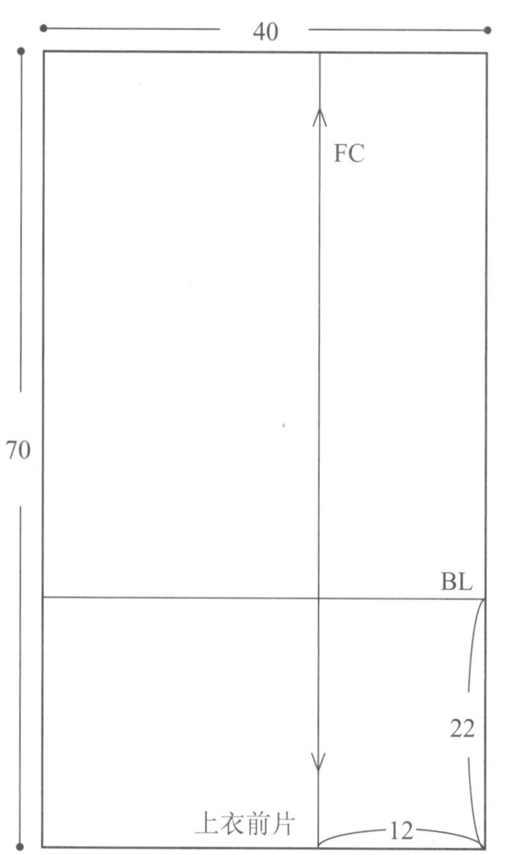

图5.1.2 坯布准备(单位:cm)

● 操作步骤

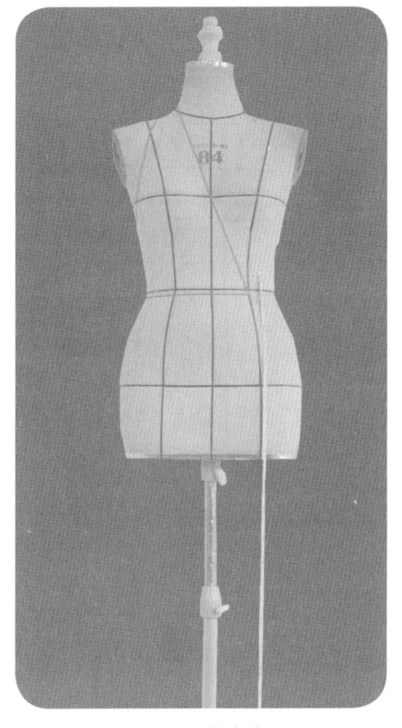

5.1.1

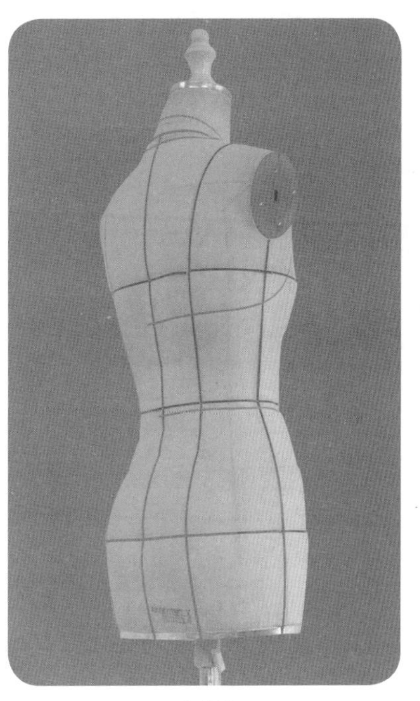

5.1.2

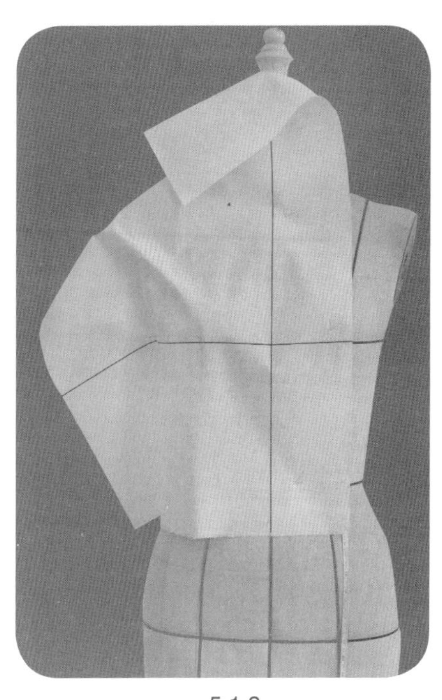

5.1.3

5.1.1 贴置款式造型线。使裙腰线水平，比人体腰线下降1cm，以增加人体活动时的着装舒适性。

5.1.2 吊带领宽度以及高度位置应设置合理，符合人体颈部静态特征以及活动特征。准备用布。

5.1.3 将前片用布固定于人台上。

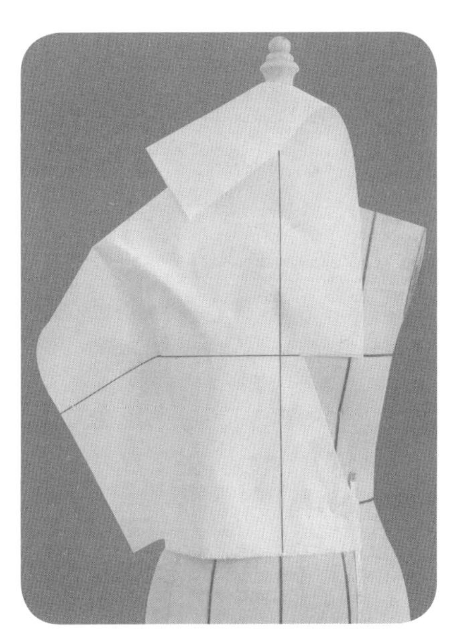

5.1.4

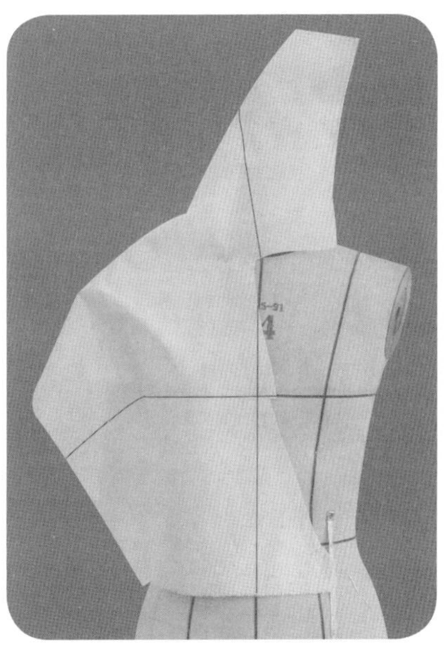

5.1.5

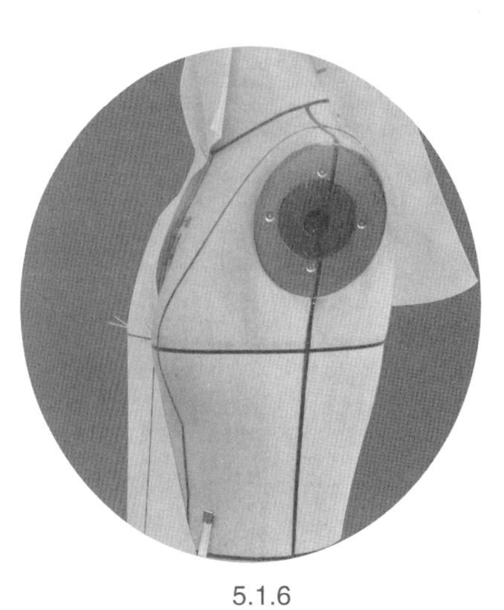

5.1.6

5.1.4 余留2cm缝份余量，从腰围线开始，修剪领口线至胸围线，将领口线上产生的不贴体松量顺时针转移至腰部，再修剪领口缝份至1cm。

5.1.5 保持胸围线水平，沿领口线继续修剪，注意余留适当多余缝份量。

5.1.6 领口线上产生的不贴体松量随着领口的低、敞而增加，所以要逐步修剪、逐步转移处理。

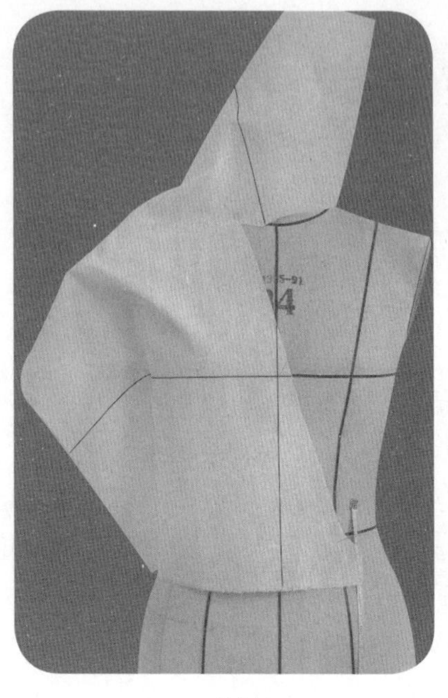

5.1.7

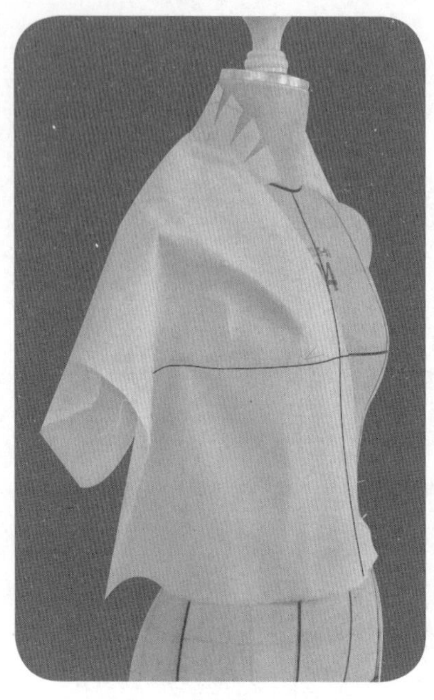

5.1.8

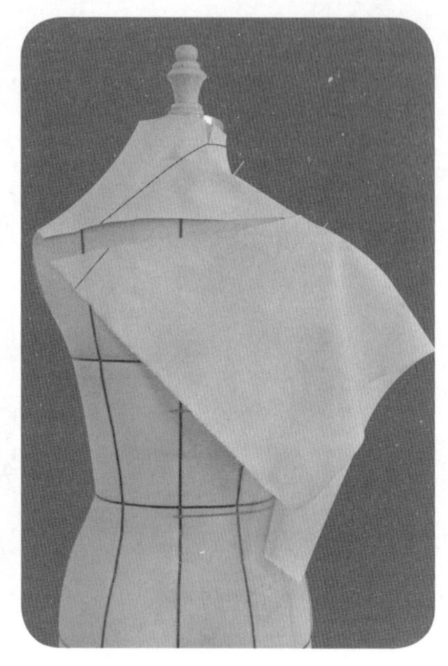

5.1.9

5.1.7 将胸围线以上的领口松量逆时针转移至袖窿处，达到领口伏贴的要求。

5.1.8 在领上口线SNP点附近适当修剪刀口，逐步抚平用布。

5.1.9、5.1.10 修剪领下口线，逐步修剪刀口，抚平用布，完成吊带领的操作。

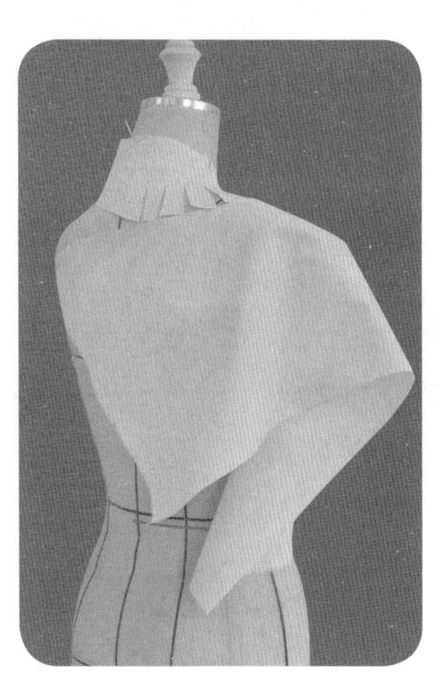

5.1.10

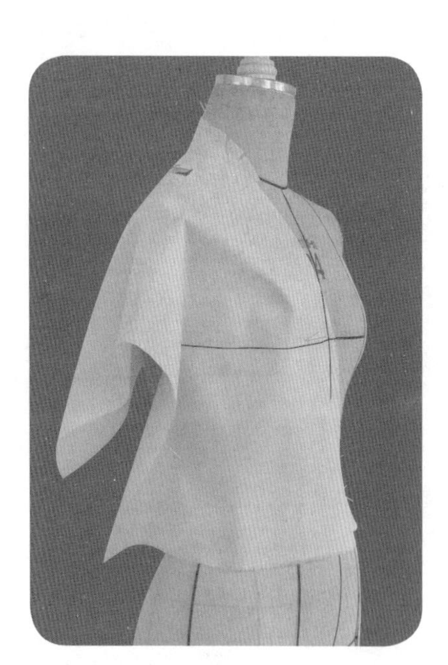

5.1.11

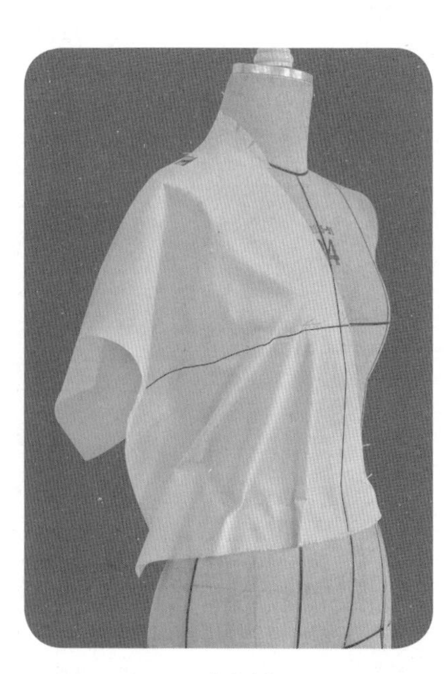

5.1.12

5.1.11 袖窿处的浮余松量包含胸肩部的曲面量以及从低、敞领口转移过来的浮余量。

5.1.12 将袖窿处的浮余松量转移至侧缝和腰部，初步分配省道量，设置省道。

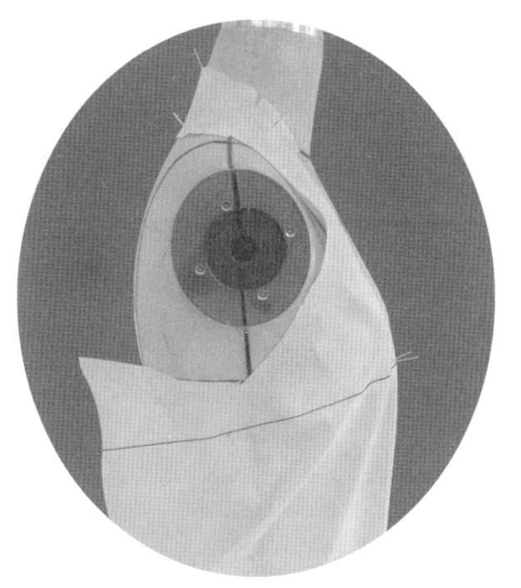

5.1.13

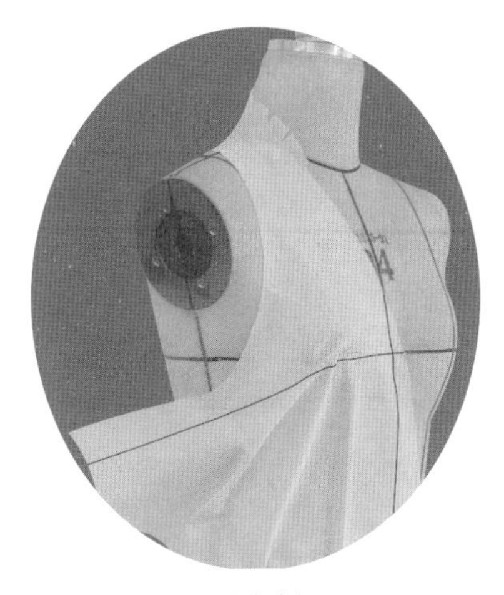

5.1.14

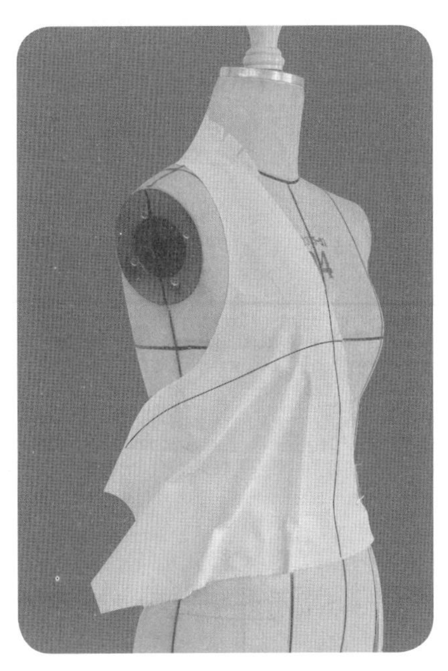

5.1.15

5.1.13　余留适当缝份量，修剪袖窿。袖窿线随着肩端的显露而出现不贴体的浮余量，同样需要将其转移至侧缝省和腰省处理。

5.1.14　袖窿线上的浮余量随显露肩端的程度加大而增加，所以袖隆的修剪也要采用逐步修剪逐步转移的方法。

5.1.15　合理分配省道量，设置省道。注意腰部要余留适度松量。腰围整体松量为3~4cm，即W=W*+3~4cm。

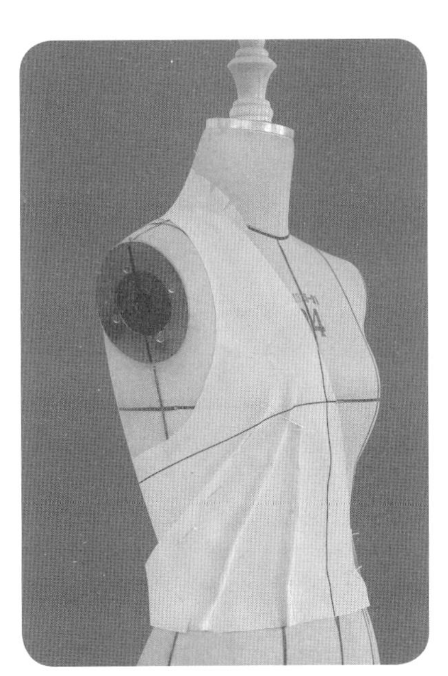

5.1.16

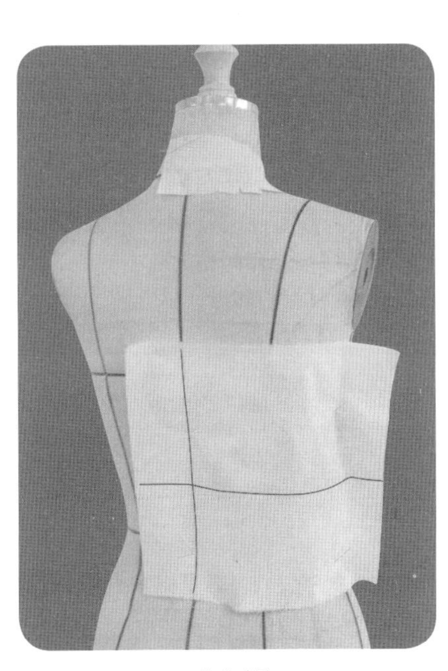

5.1.17

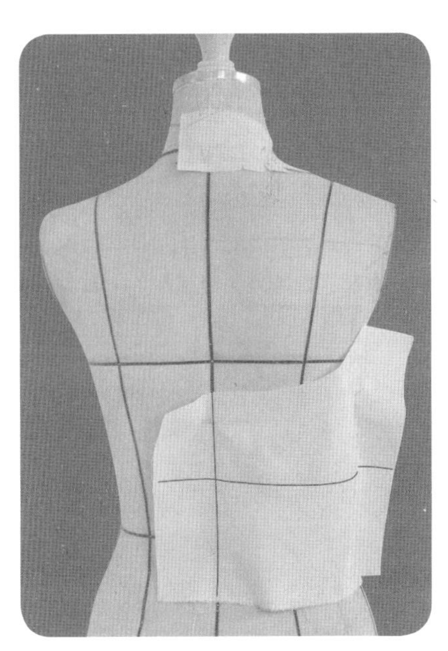

5.1.18

5.1.16　观察确定省尖位置，完成省边的固定。前片初步造型完成。

5.1.17　固定后片用布于人台。

5.1.18　余留适当缝份余量，修剪后片上口线。

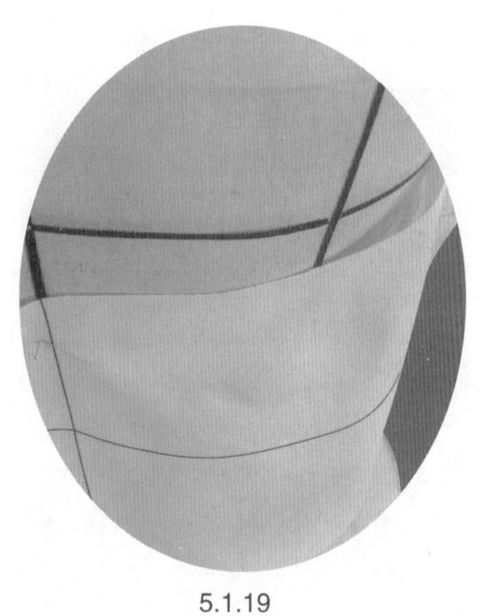
5.1.19

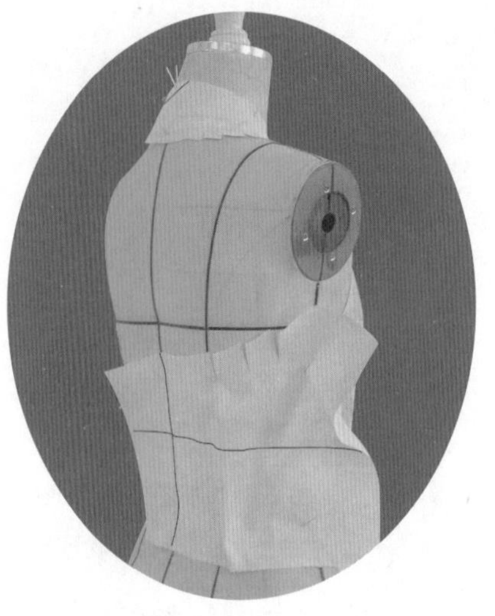
5.1.20

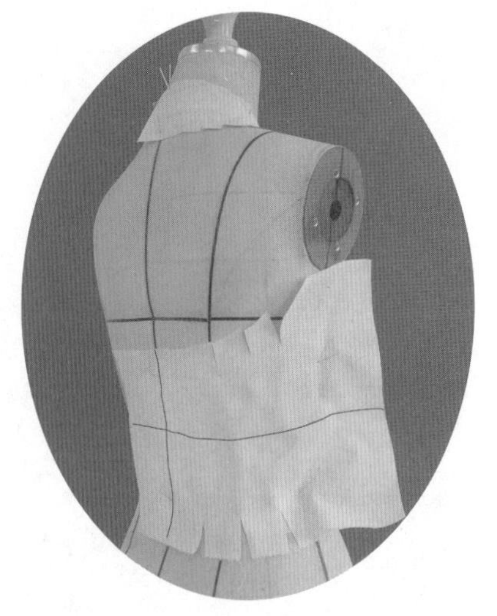
5.1.21

5.1.19　逐步剪刀口，将上口线处产生不贴体的浮余量顺时针转移处理。

5.1.20、5.1.21　腰部余留适当松量，适当修剪刀口，然后将腰部多余量逆时针旋转处理。

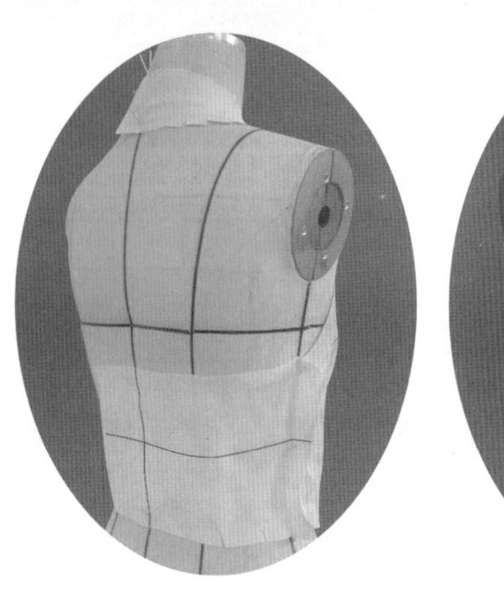
5.1.22

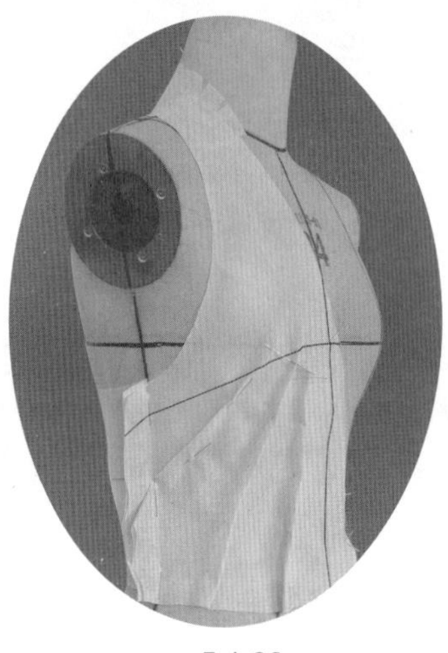
5.1.23

5.1.22、5.1.23　合并前、后片侧缝。观察确认服装上口的贴体度，胸围、腰围松量要适当。上衣部分初步造型完成。标点描线。

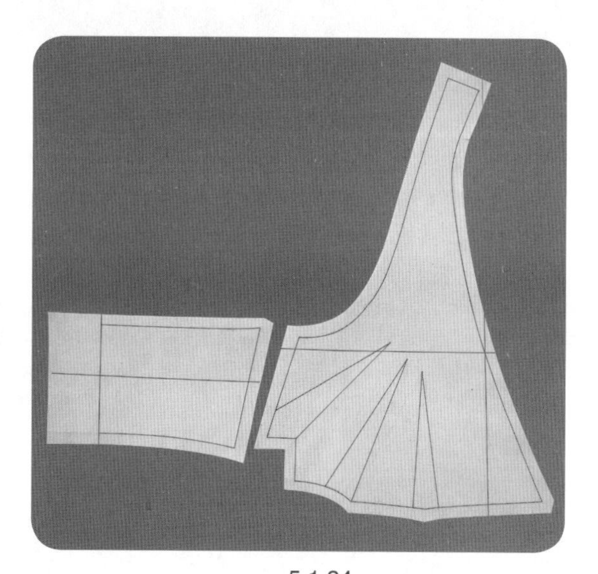
5.1.24

5.1.24　上衣部分的平面整理。

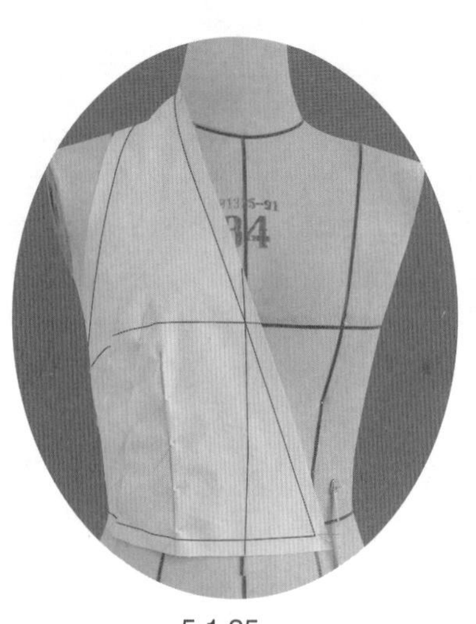
5.1.25

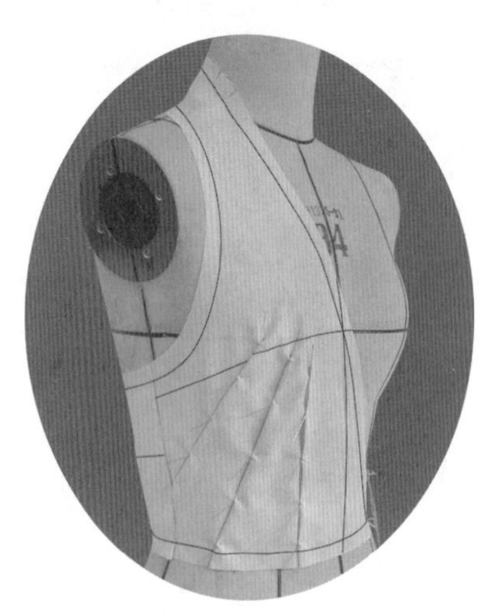
5.1.26

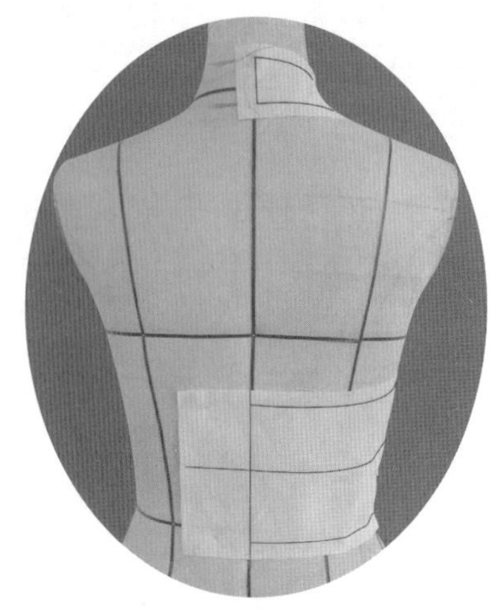
5.1.27

5.1.25　上衣部分的试样补正。

5.1.26、5.1.27　完成上衣部分的调整，确认上衣造型，得到准确的腰线后才可以进行裙子的操作。

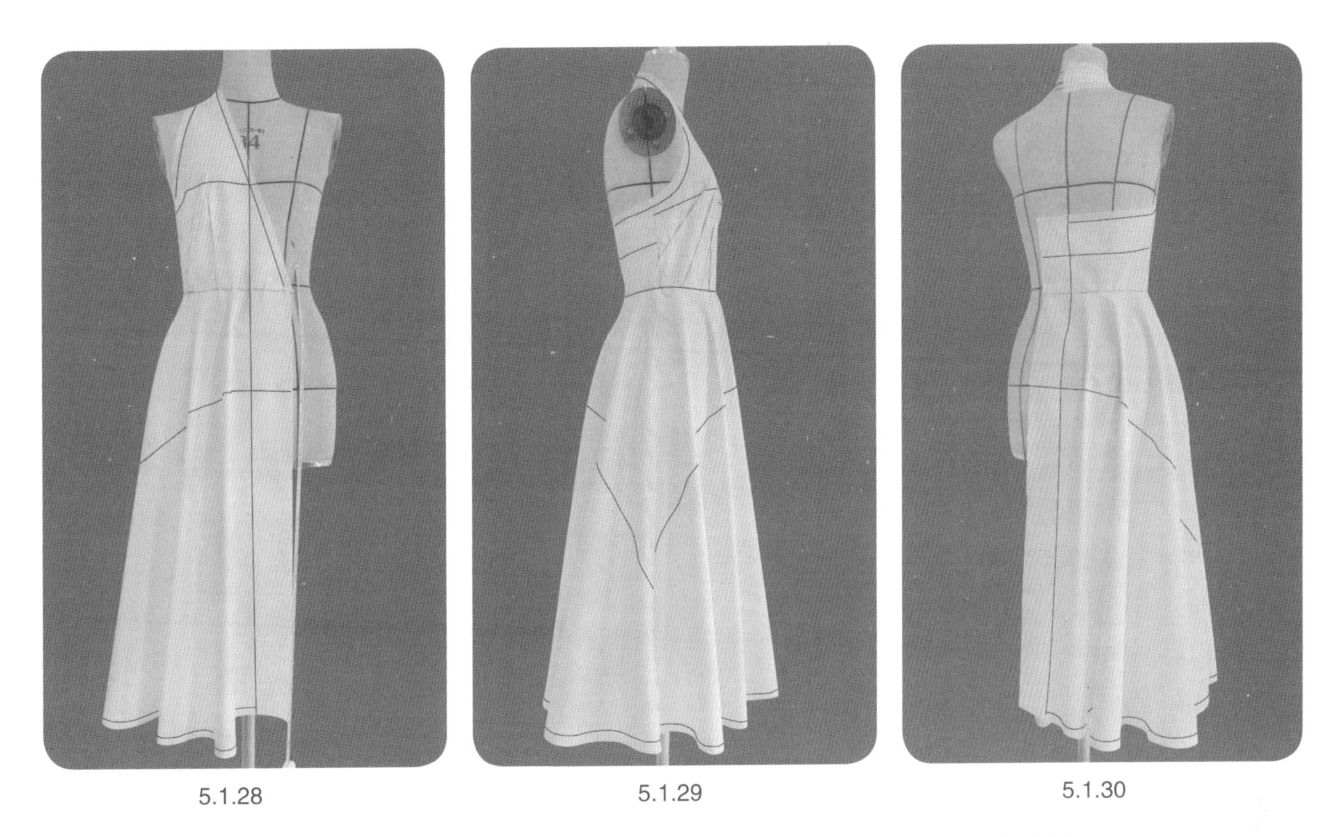

5.1.28　　5.1.29　　5.1.30

5.1.28 ~ 5.1.30　完成裙子的操作，方法同“4.4裙4——波浪大A裙”的操作方法。

● 样片描图(图5.1.3)

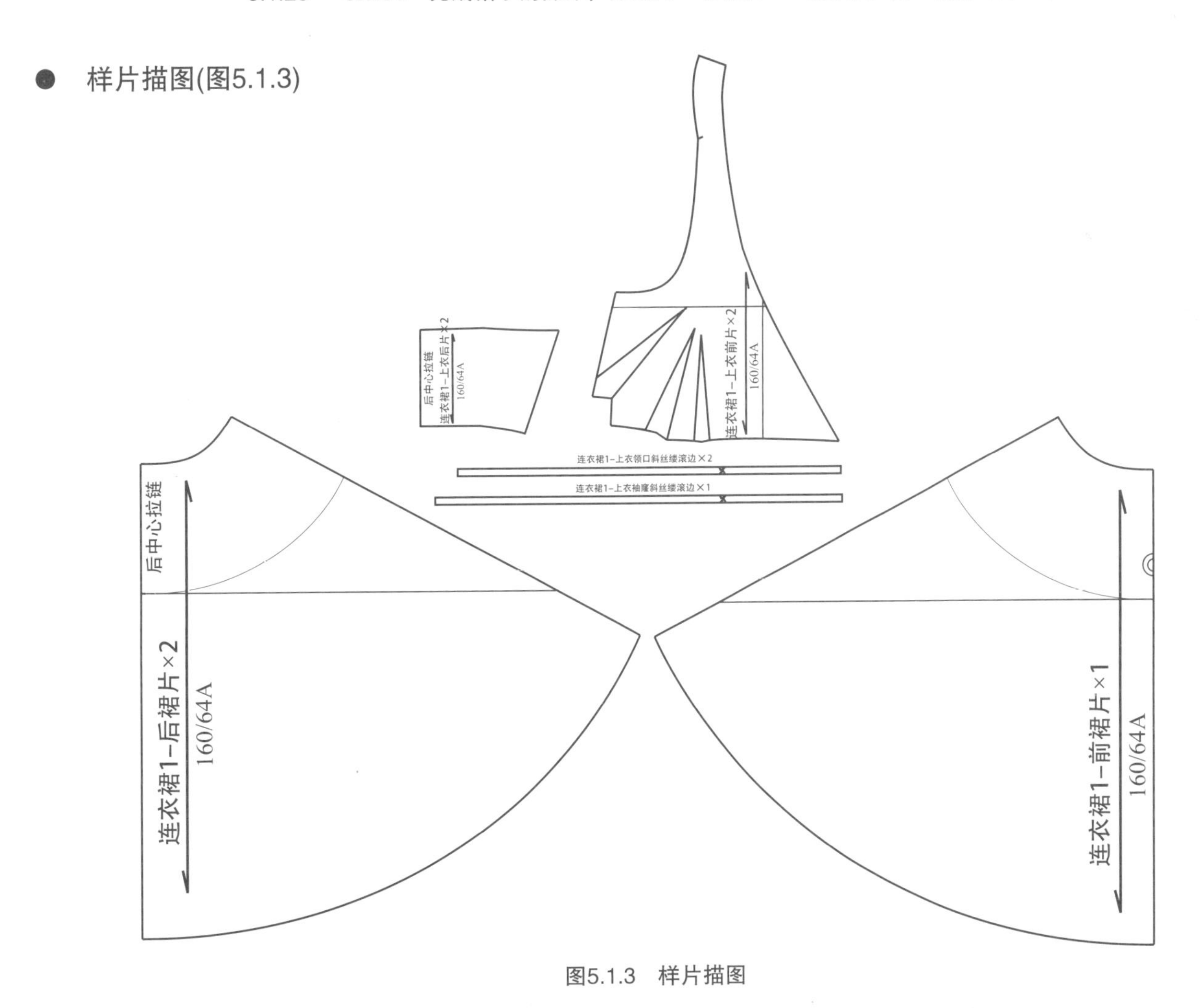

图5.1.3　样片描图

5.2 连衣裙2——高腰断腰连衣裙

- **款式分析(图5.2.1)**

裙身廓形：X型；腰部有横向分割线，高腰断腰。

胸围线以上曲面量处理：

　　里布前片——适量的前袖窿松量、侧缝省；

　　里布后片——适量的后袖窿松量、领口省；

　　面布前片——适量的前袖窿松量、衣裥；

　　面布后片——适量的后袖窿松量、衣裥。

胸围线—腰围线曲面量处理：

　　前片——腰省、侧缝；

　　后片——腰省、侧缝。

衣领造型：立领。

衣袖造型：无袖——小袖窿类无袖。

臀腰差处理：

　　前片——衣裥+波浪；

　　后片——衣裥+波浪。

图5.2.1　款式插图

- **坯布准备(图5.2.2)**

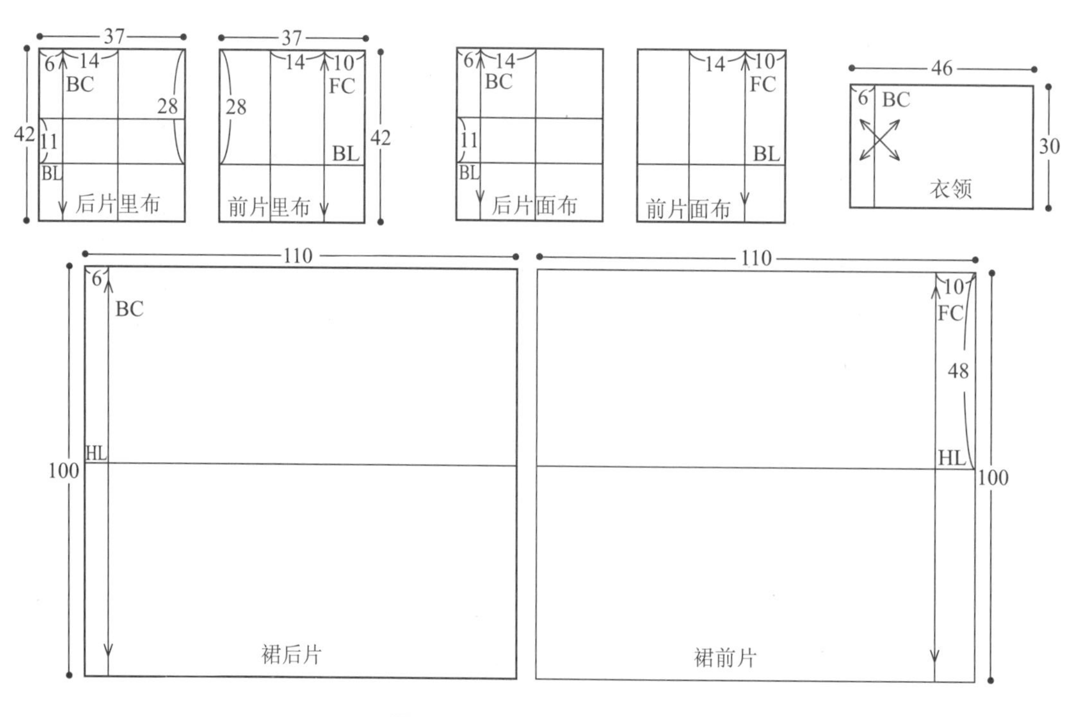

图5.2.2　坯布准备(单位：cm)

● 操作步骤

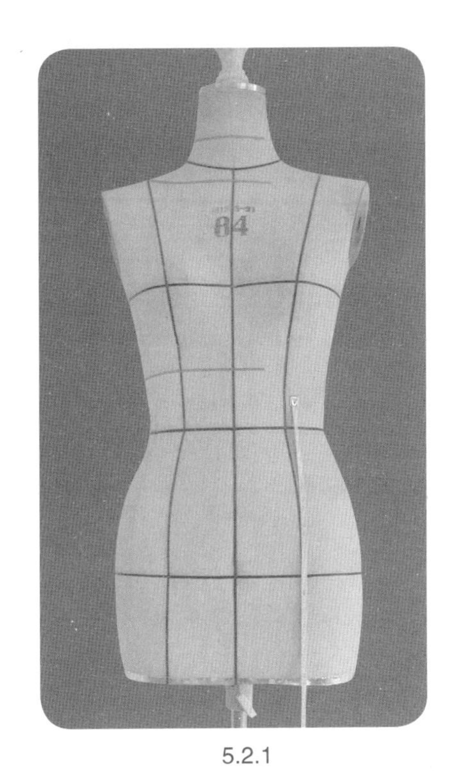

5.2.1

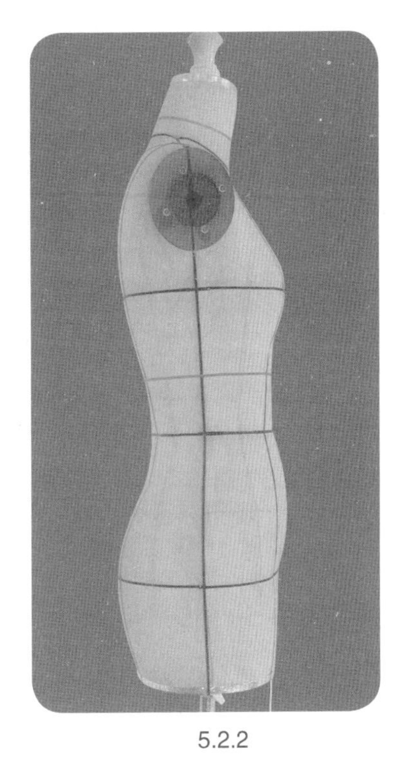

5.2.2

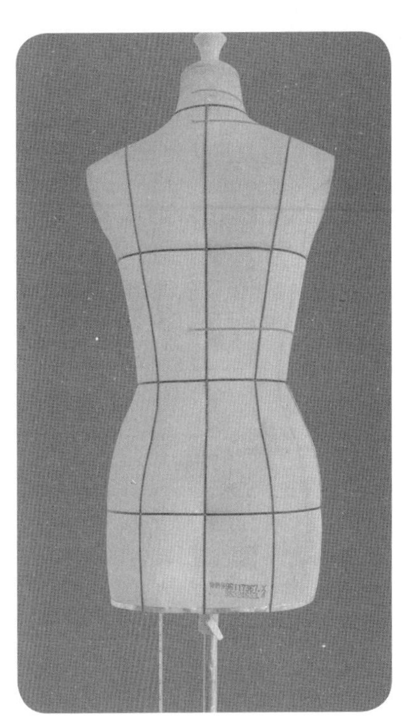

5.2.3

5.2.1 ~ 5.2.3 贴置款式造型线。

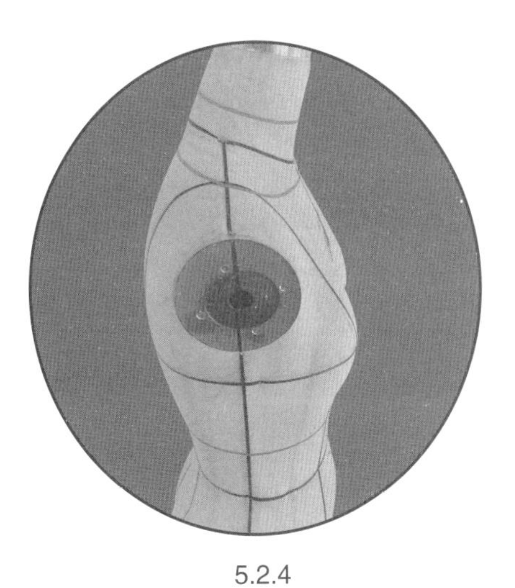

5.2.4

5.2.4 注意领下口线、领上口线的圆顺。准备用布。

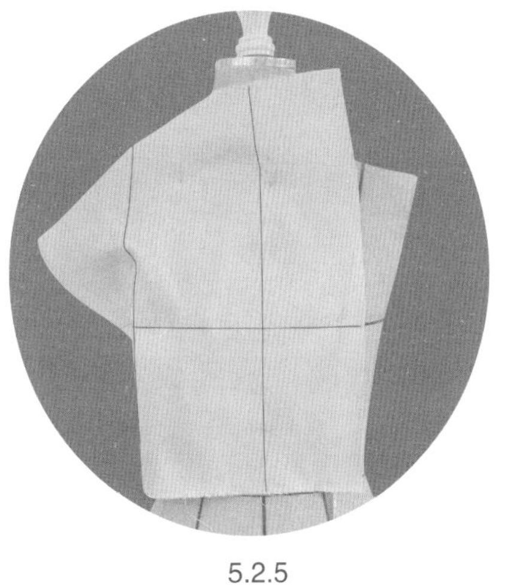

5.2.5

5.2.5 将前片里布用布固定于人台。

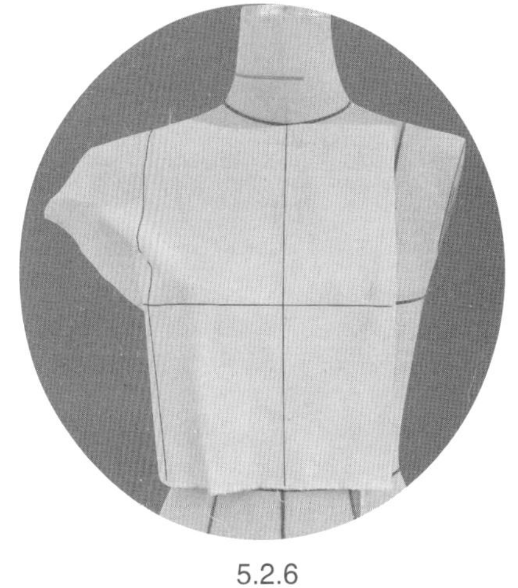

5.2.6

5.2.6 修剪领口线。领口处余留适当松量，然后将多余浮余量转移至袖窿。

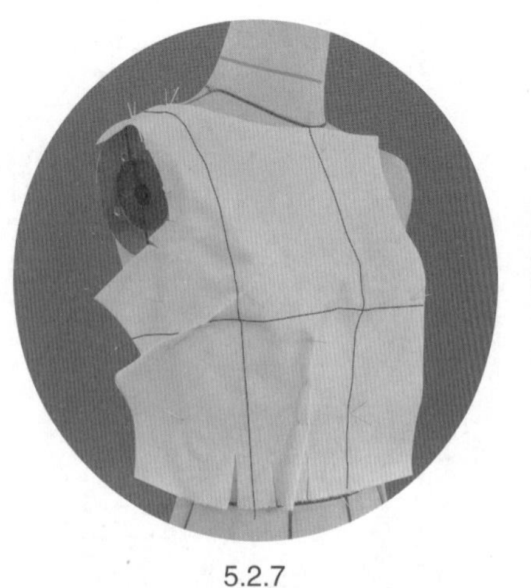

5.2.7

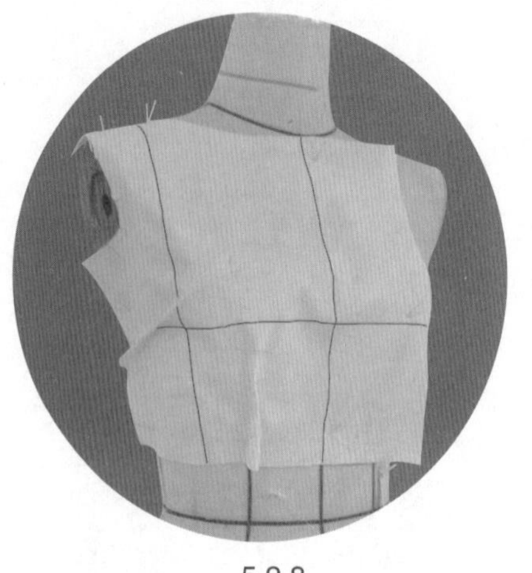

5.2.8

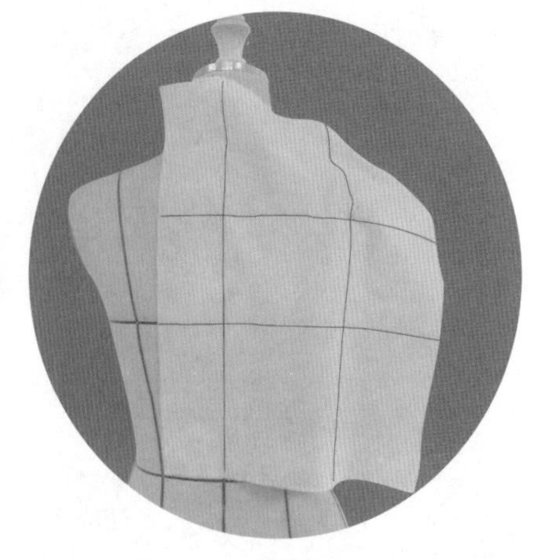

5.2.9

5.2.7　适当修剪袖窿，把袖窿多余松量转移形成侧缝省。

5.2.8　修剪腰线，腰部余留适当松量，把多余松量设置为腰省。

5.2.9　把后片里布用布固定于人台上。

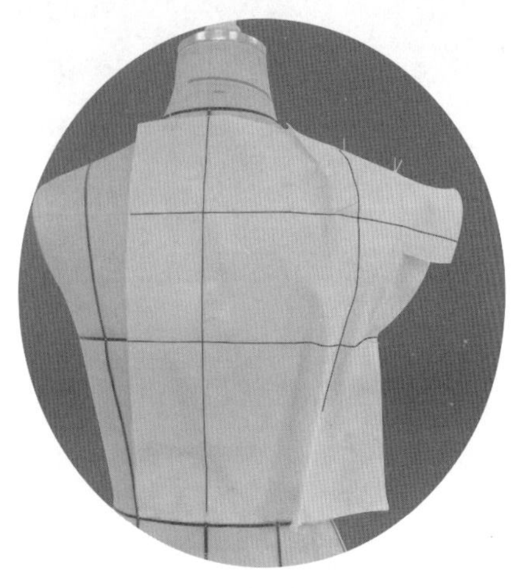

5.2.10

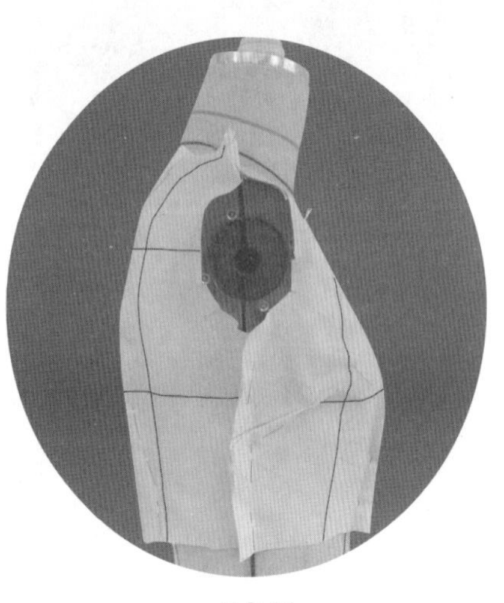

5.2.11

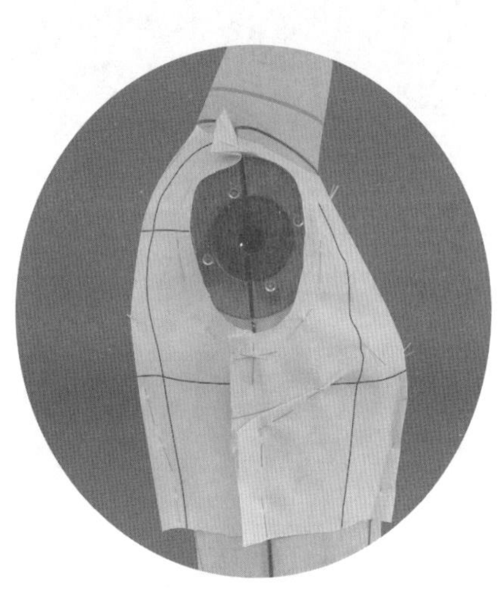

5.2.12

5.2.10　把后片肩胛部位浮余量设置为领口省，腰部余留适当松量，把多余松量设置为腰省。

5.2.11　合并前、后片肩缝，合并侧缝。

5.2.12　确定袖窿造型，袖窿底位置高于人体胸围线2~3cm，并注意肩点、胸宽点、背宽点与人体特征点的关系，保持袖窿造型的圆顺。上衣里布初步造型完成，标点描线。

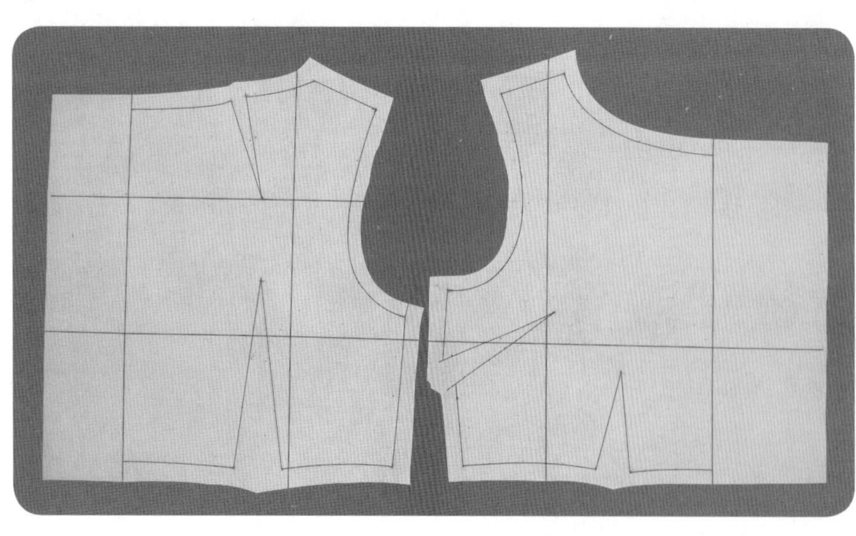

5.2.13

5.2.13　上衣里布的平面整理。

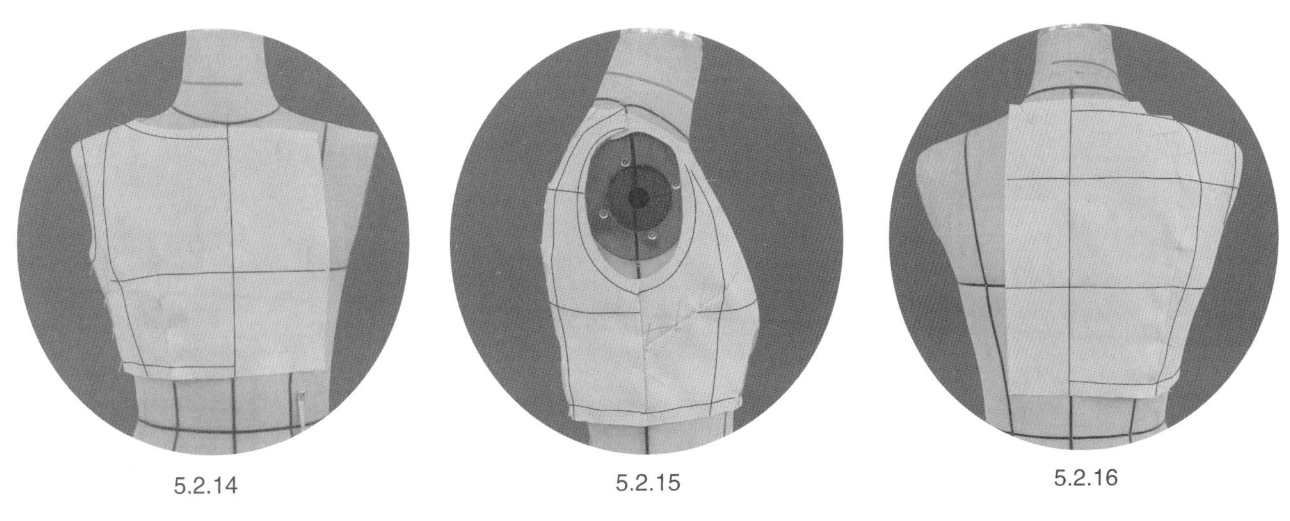

5.2.14　　5.2.15　　5.2.16

5.2.14 ~ 5.2.16　进行上衣里布造型的试样补正，确定造型。

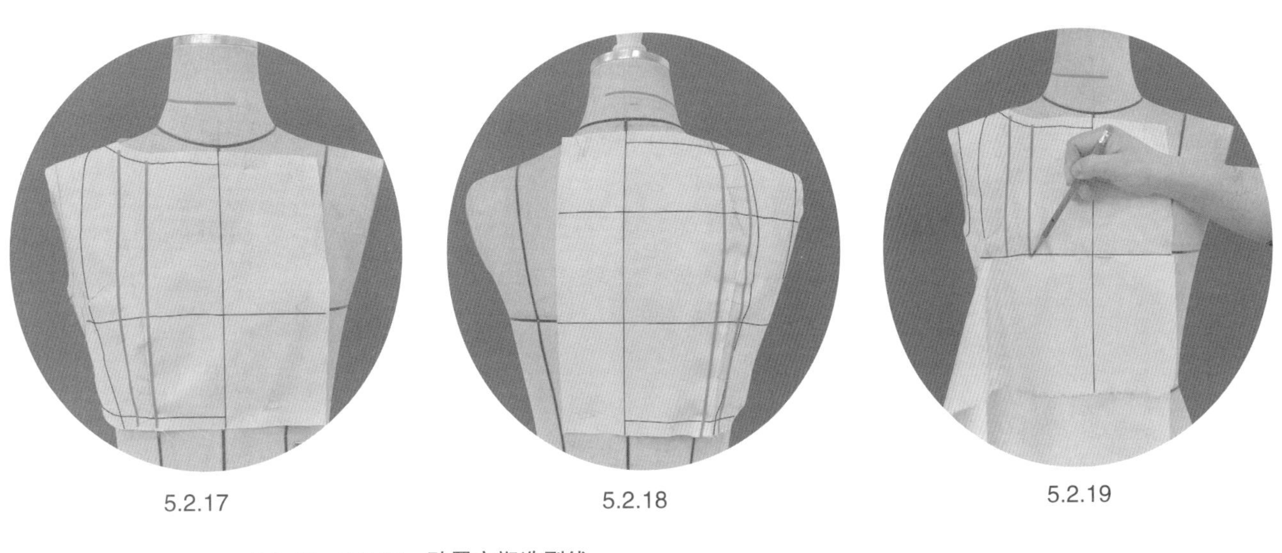

5.2.17　　5.2.18　　5.2.19

5.2.17、5.2.18　贴置衣裥造型线。

5.2.20

5.2.19、5.2.20　准备上衣面布用布。依据衣裥位置点取衣裥位置，并折叠衣裥量。

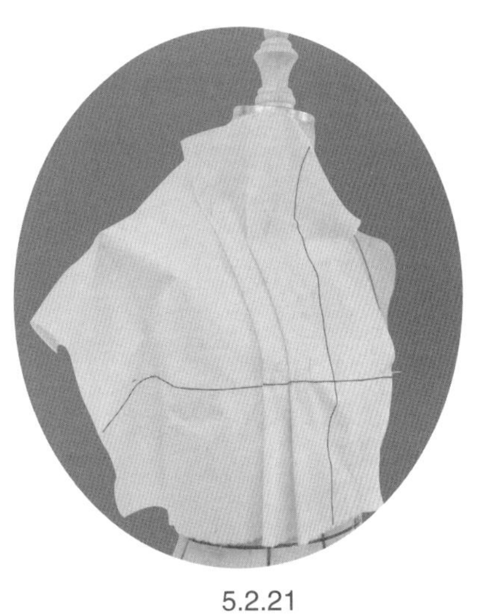

5.2.21

5.2.21　将前片面布用布固定于人台。

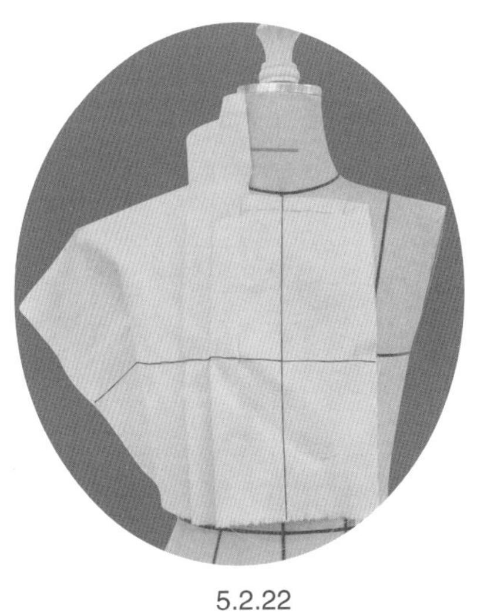

5.2.22

5.2.22　修剪领口，将领口多余量转移至衣裥。

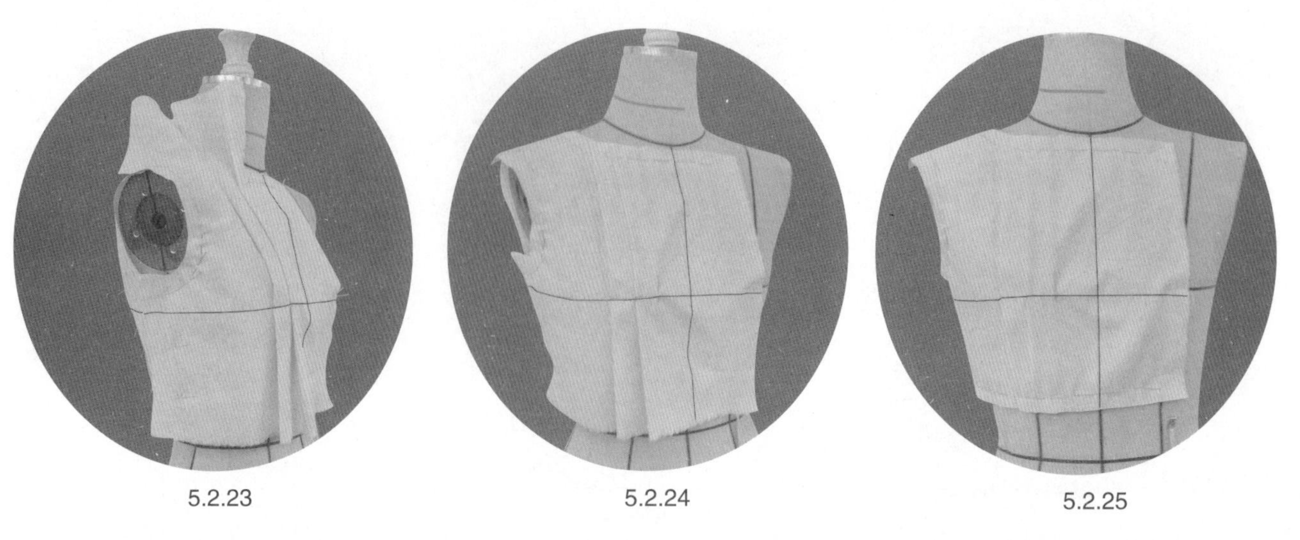
5.2.23　5.2.24　5.2.25

5.2.23、5.2.24　修剪袖窿，保持面、里布袖窿松量一致，将多余浮余量转移至衣裥处理。

5.2.25　保持面、里布腰部松量一致，将腰部多余松量分配于衣裥处理。

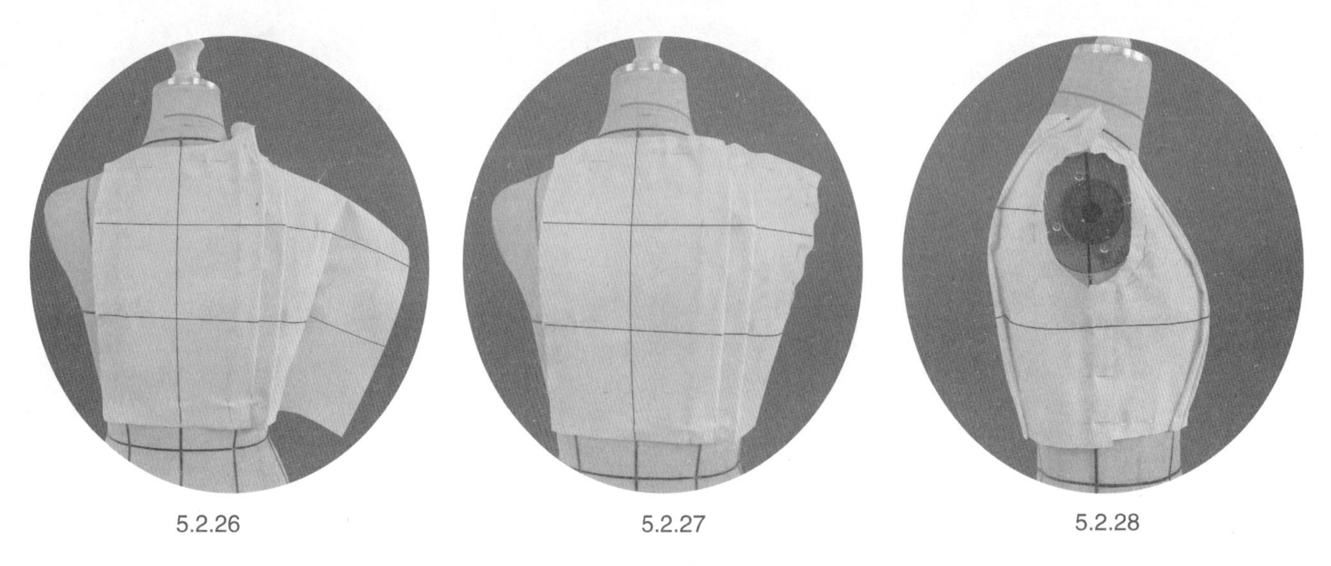
5.2.26　5.2.27　5.2.28

5.2.26 ~ 5.2.28　完成后片面布操作。方法同前片面布。

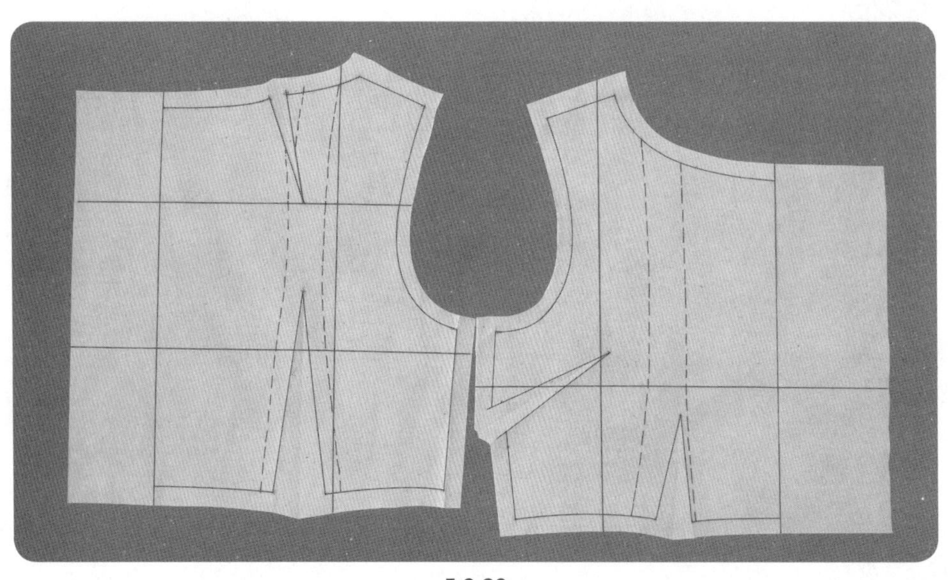
5.2.29

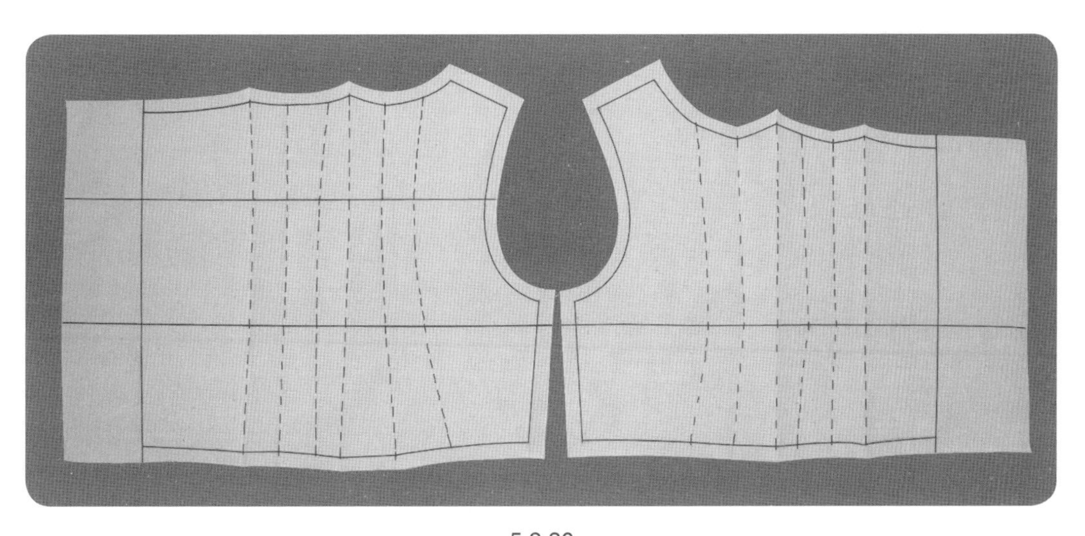

5.2.30

5.2.29、5.2.30 上衣面、里布的平面整理。

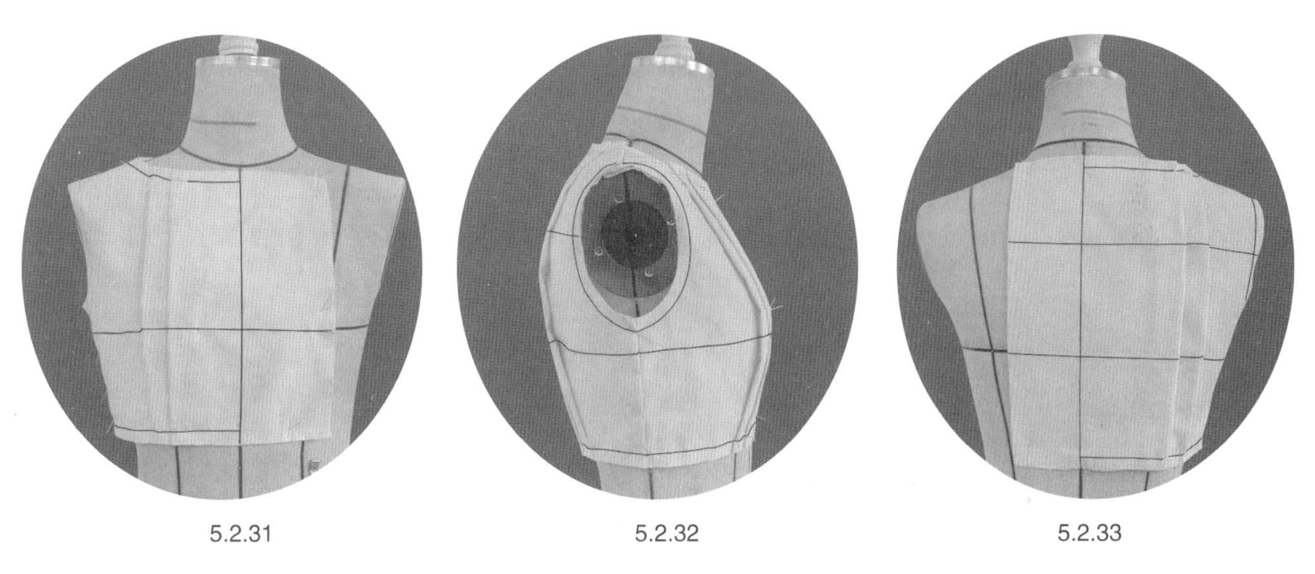

5.2.31 5.2.32 5.2.33

5.2.31～5.2.33 进行上衣面、里布的试样补正，确定造型。

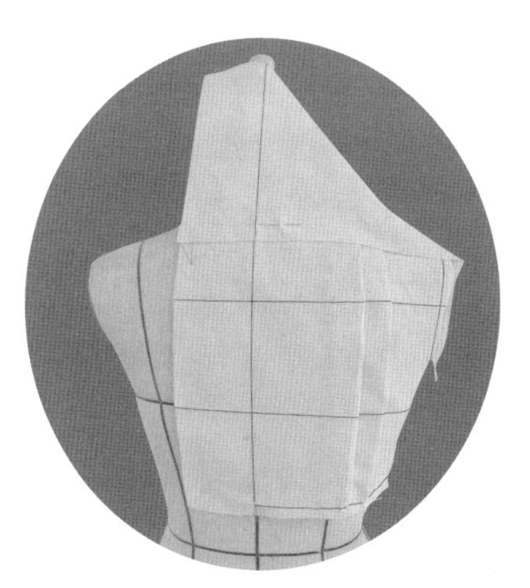

5.2.34

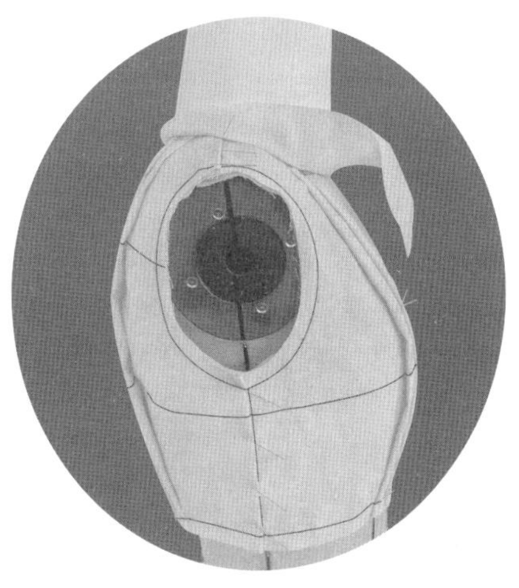

5.2.35

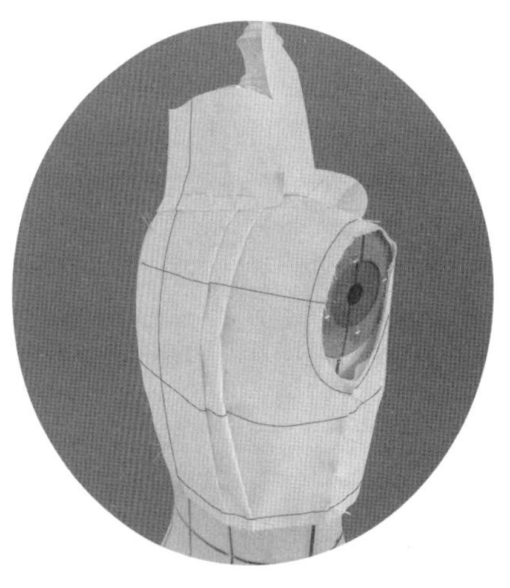

5.2.36

5.2.34 使领片用布后中线与衣片后中线对齐且保持竖直，领下口线重叠缝份量，沿领口线固定领片用布与衣片。

5.2.35 翻折领片用布，调整翻折量，观察上领口松度变化。

5.2.36 修剪后上领口线，确认领口松度适当，沿衣片领口线固定领片与衣片领口。

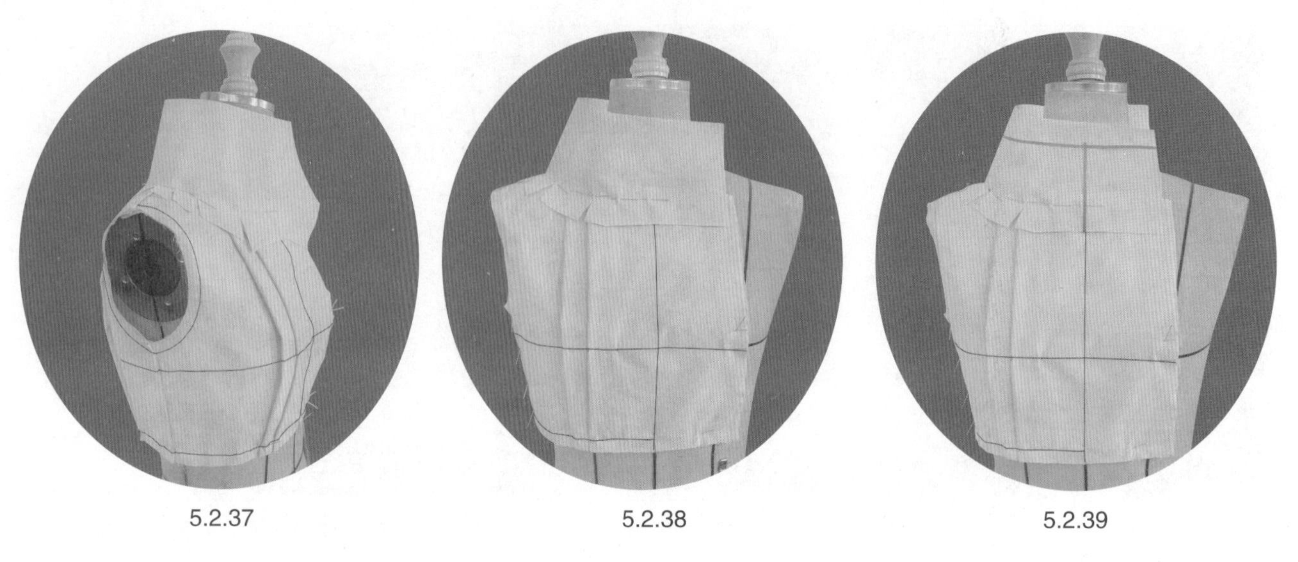
5.2.37 5.2.38 5.2.39

5.2.37、5.2.38 逐步剪刀口，调整上领口松度，沿衣片领口线固定领片与衣片领口。

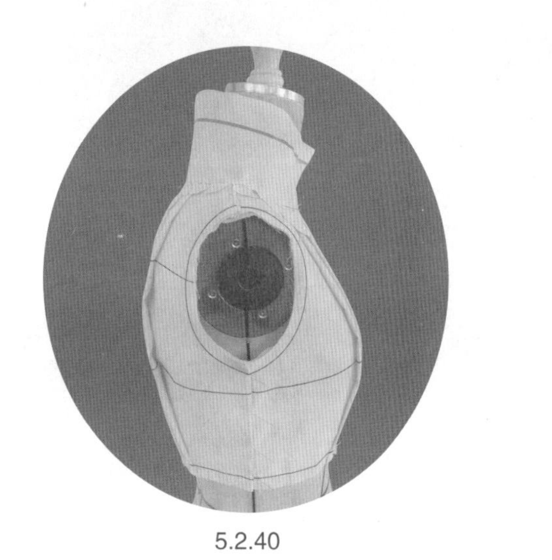
5.2.40

5.2.39 、5.2.40 贴置衣领造型线，沿领口线描点。

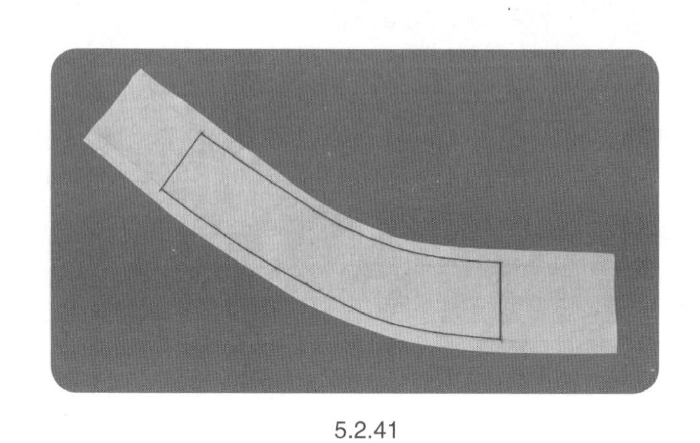
5.2.41

5.2.41 领片的平面整理。

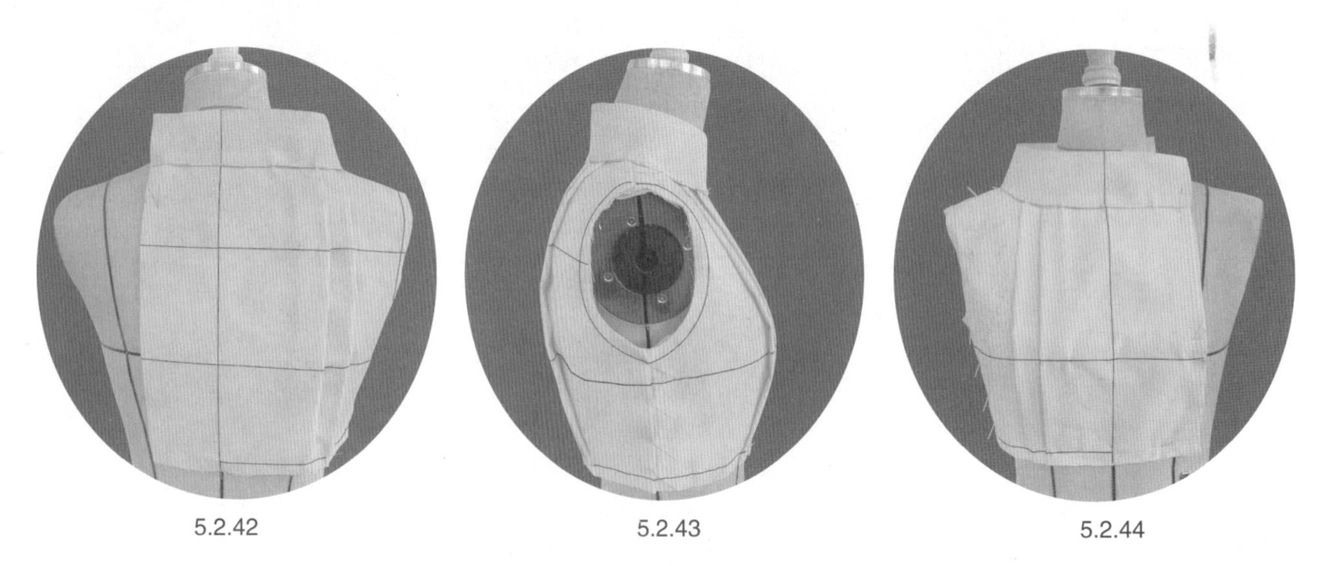
5.2.42 5.2.43 5.2.44

5.2.42 ~ 5.2.44 假缝领片与衣片，试样补正，确定造型。

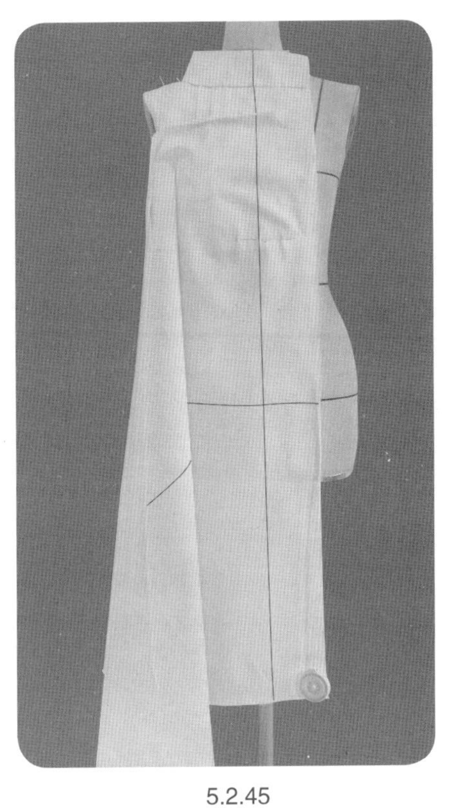

5.2.45

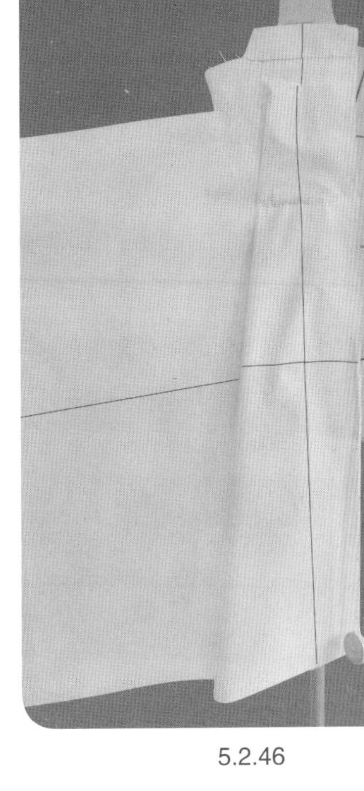

5.2.46

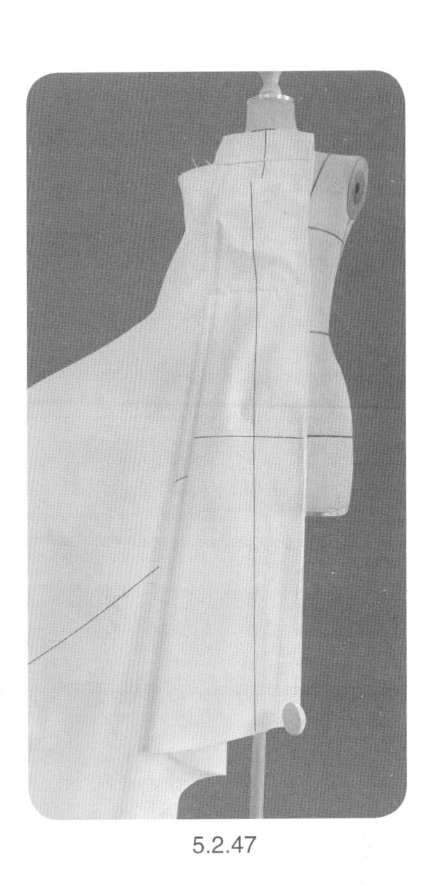

5.2.47

5.2.45　将前裙片FC、HL线与人台标志线对齐，固定用布于人台，并沿上衣腰围线合并裙片与上衣至衣裥设置位置。

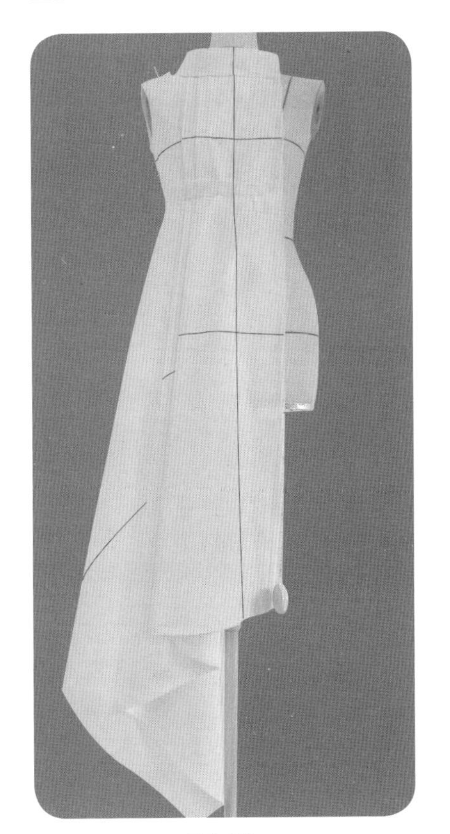

5.2.48

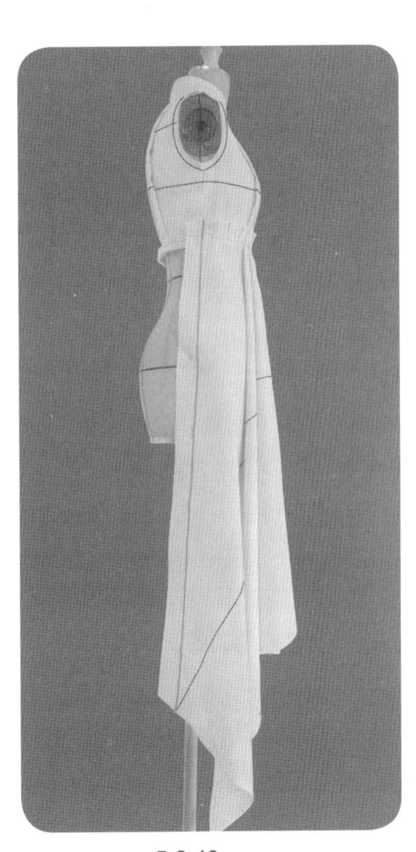

5.2.49

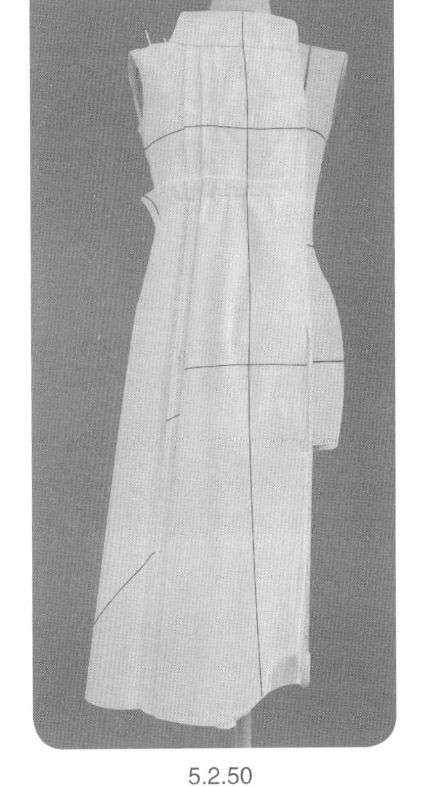

5.2.50

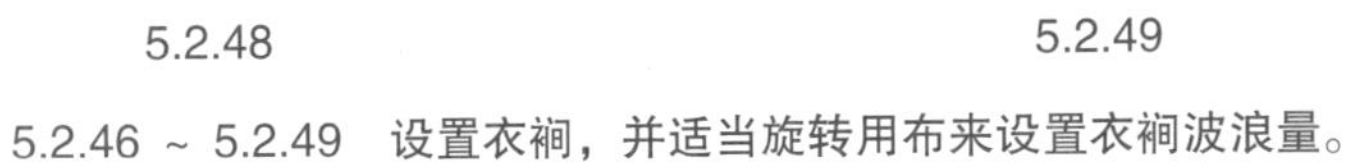

5.2.46 ~ 5.2.49　设置衣裥，并适当旋转用布来设置衣裥波浪量。

5.2.50　前裙片初步造型完成。

5.2.51

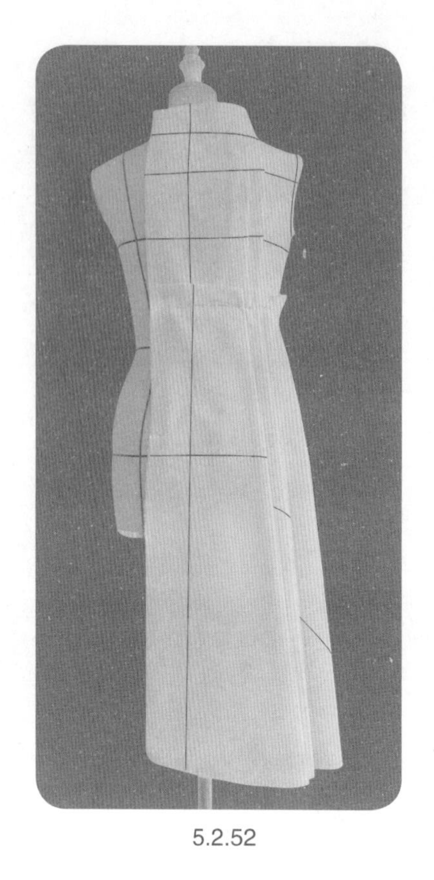

5.2.52

5.2.53

5.2.51 ~ 5.2.53　完成后裙片操作，方法同前裙片。

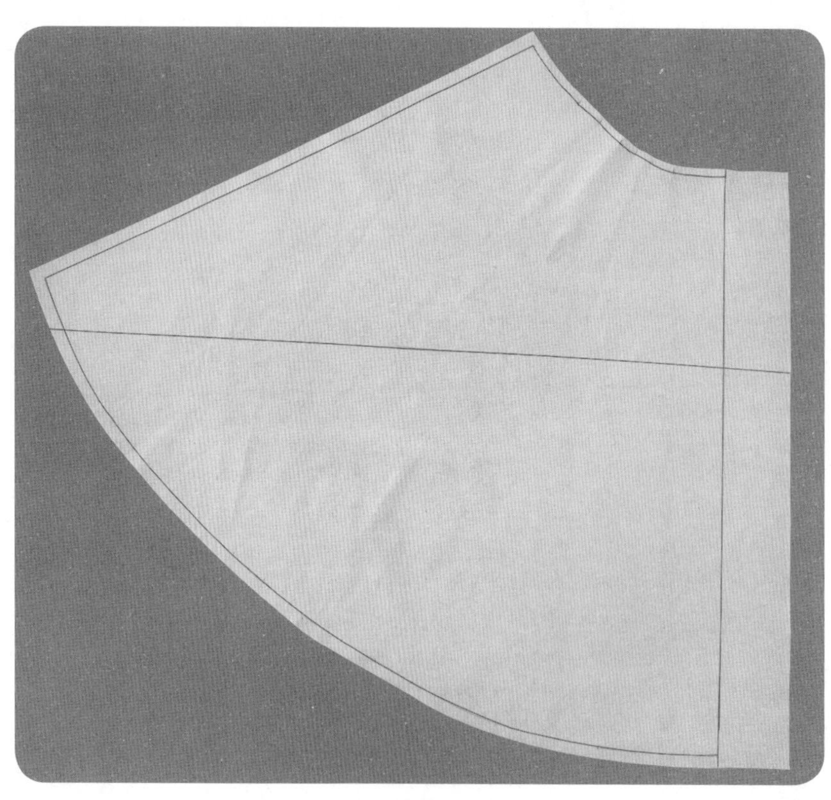

5.2.54

5.2.54　平面整理前、后裙片，注意衣裥对位标记的标注。

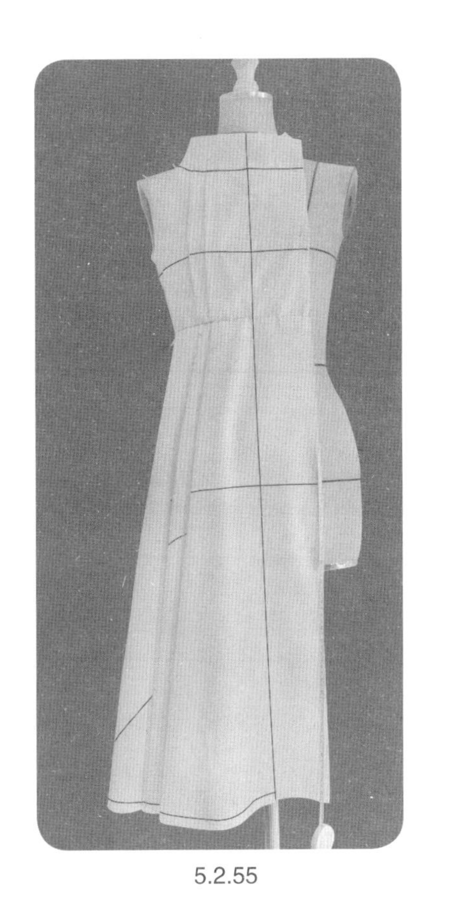

5.2.55

5.2.56

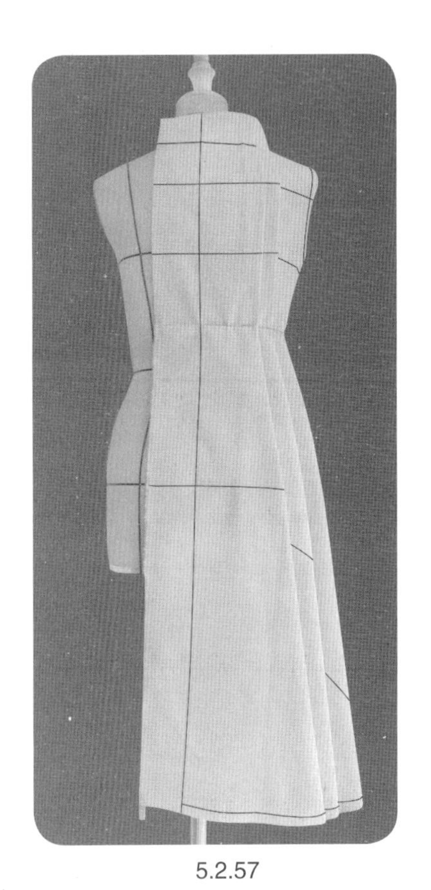

5.2.57

5.2.55 ~ 5.2.57　将裙片与上衣腰线对位假缝，试样补正，确定整体造型。

● 样片描图(图5.2.3)

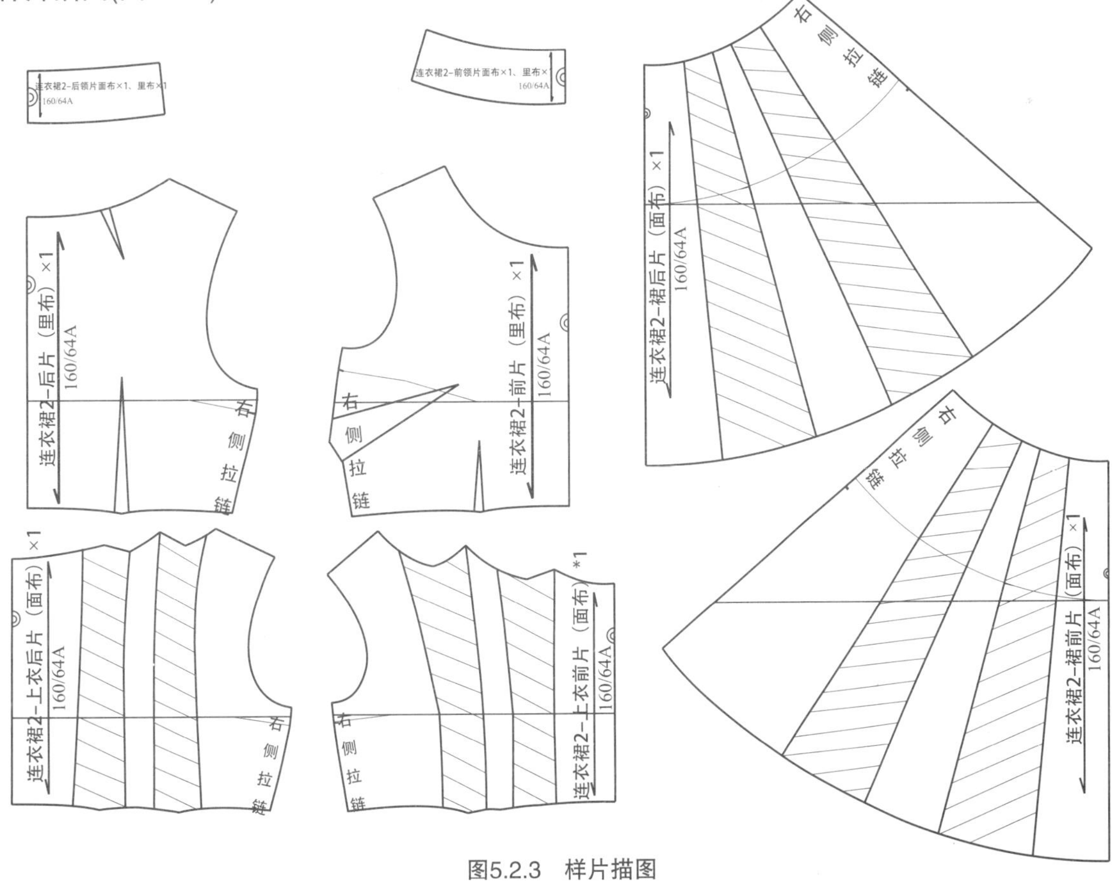

图5.2.3　样片描图

5.3 连衣裙3——低腰断腰连衣裙

● 款式分析(图5.3.1)

裙身廓形：

H型；腰部有横向分割线，低腰断腰。

胸围线以上曲面量处理：

前片——适量的前袖窿松量、分割线、衣褶；

后片——适量的后袖窿松量、衣褶。

衣领造型：立领——前领角外翻。

衣袖造型：无袖——拖肩类无袖。

臀腰差处理：

前片——衣裥+波浪；

后片——衣裥+波浪。

图5.3.1 款式插图

● 坯布准备(图5.3.2)

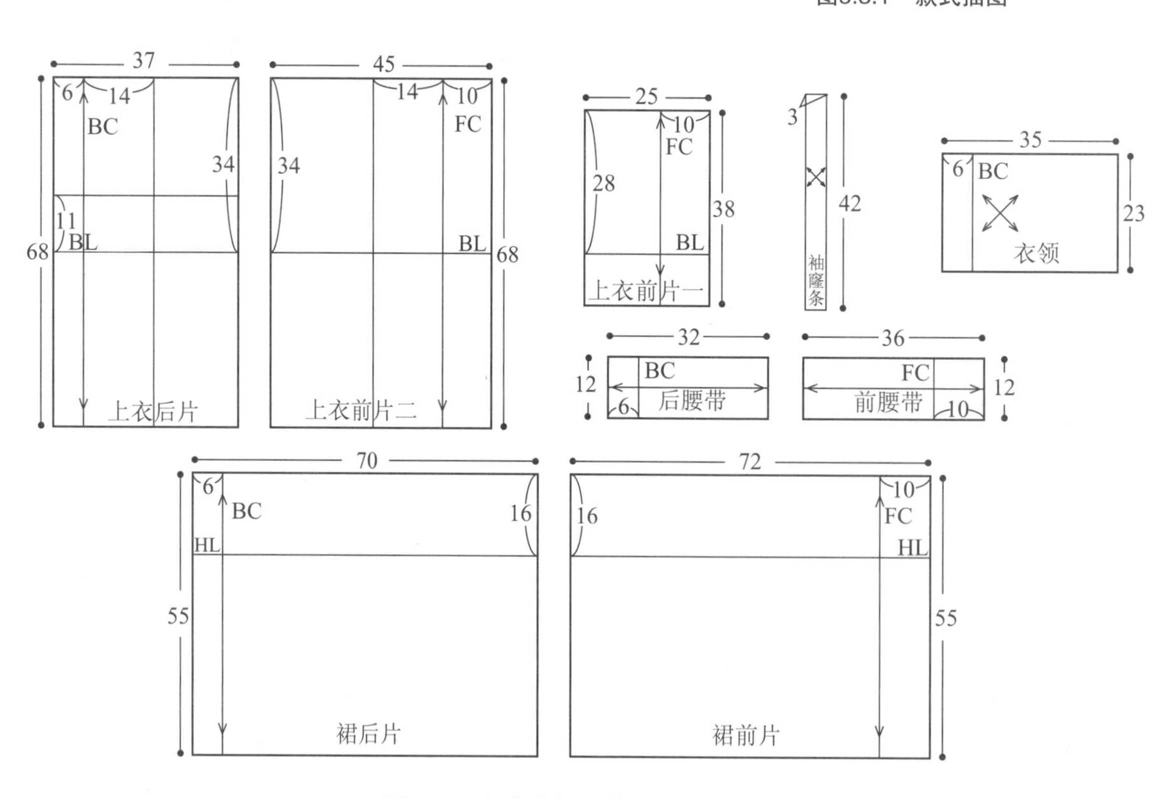

图5.3.2 坯布准备图(单位：cm)

● 操作步骤

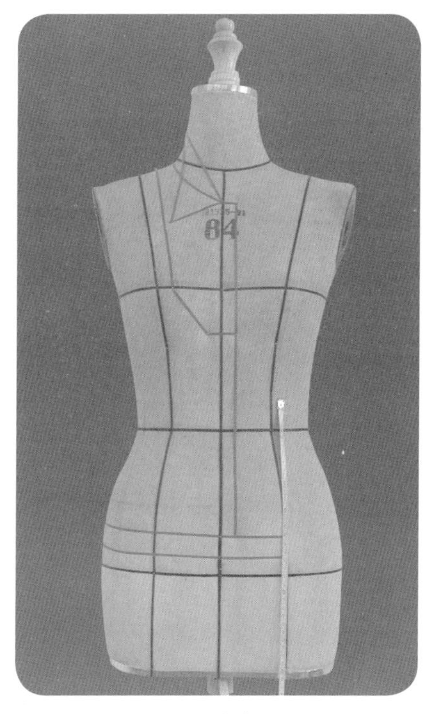

5.3.1

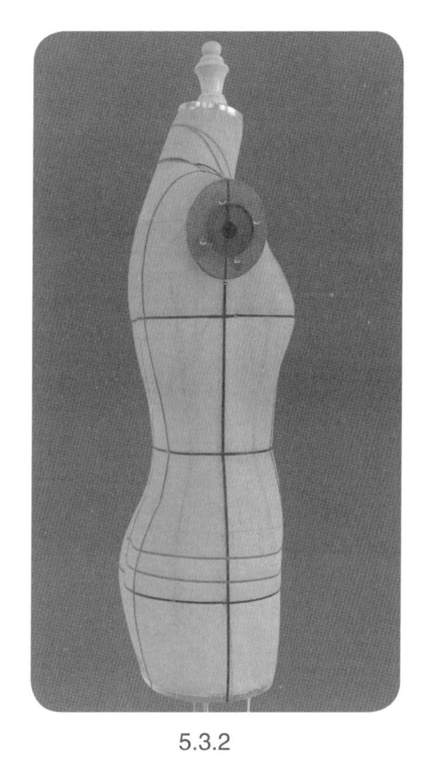

5.3.2

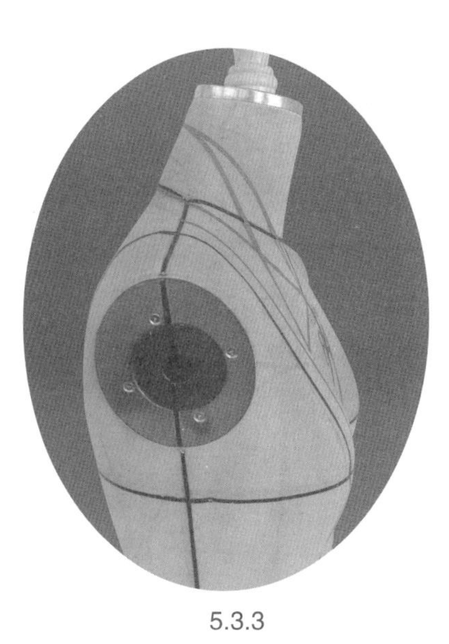

5.3.3

5.3.1 ~ 5.3.3　贴置款式造型线。

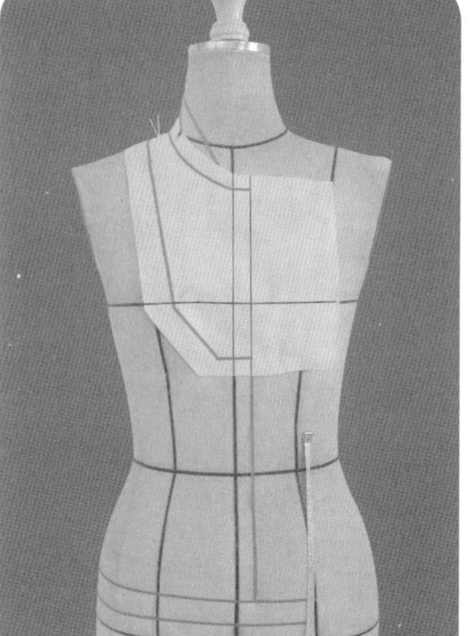

5.3.4

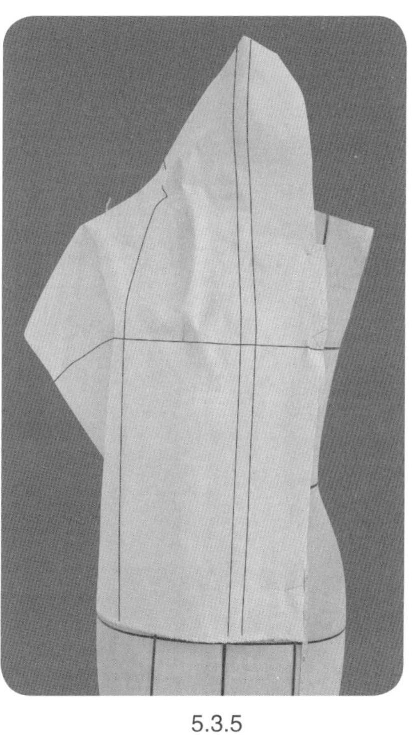

5.3.5

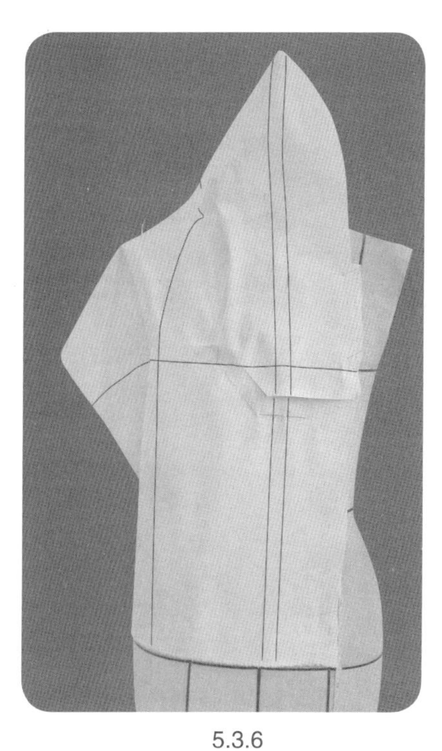

5.3.6

5.3.4　将前中片用布固定于人台上。修剪领口线、肩线、分割线，完成前中片初步操作。

5.3.5　将前侧片用布固定于人台上，袖窿余留适当松量，多余松量转移至分割线。注意胸围的松量设置，应保持整体胸围松量为8~10cm。

5.3.6　沿分割线合并前侧片与前中片至设置衣褶位置。

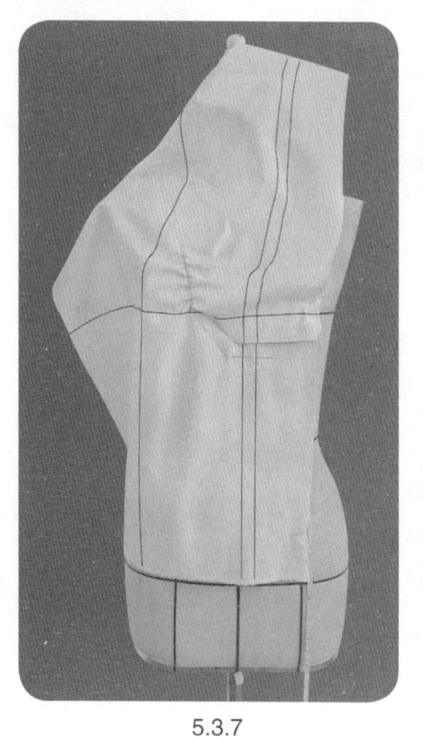

5.3.7

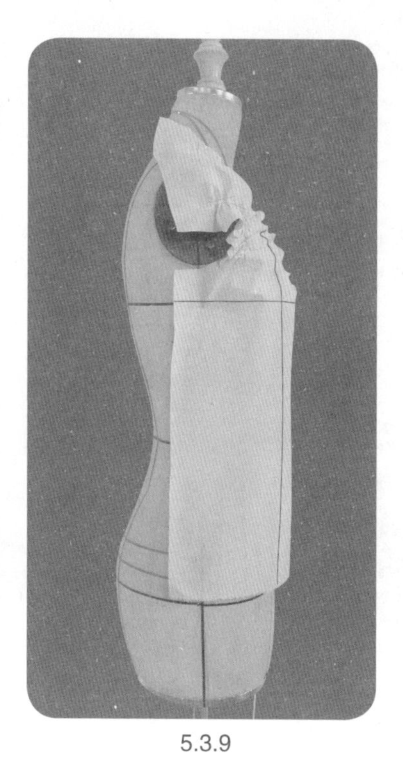

5.3.8

5.3.9

5.3.7、5.3.8　逐步设置分割线衣褶以及袖窿衣褶。

5.3.9　适当修剪袖窿，注意拖肩量的余留。

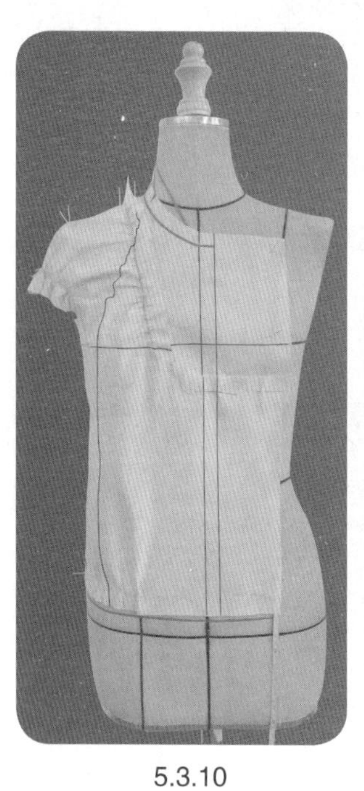

5.3.10

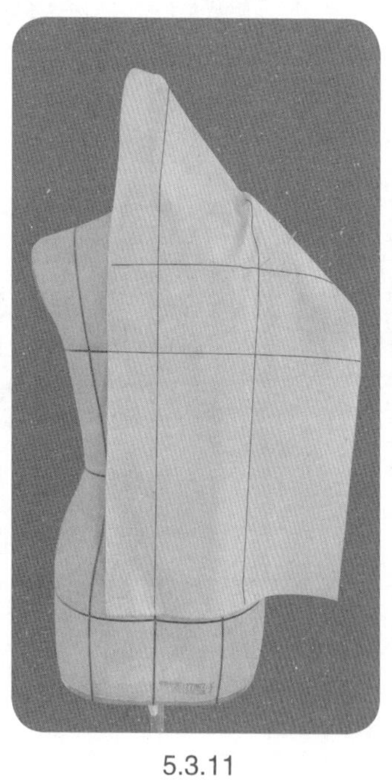

5.3.11

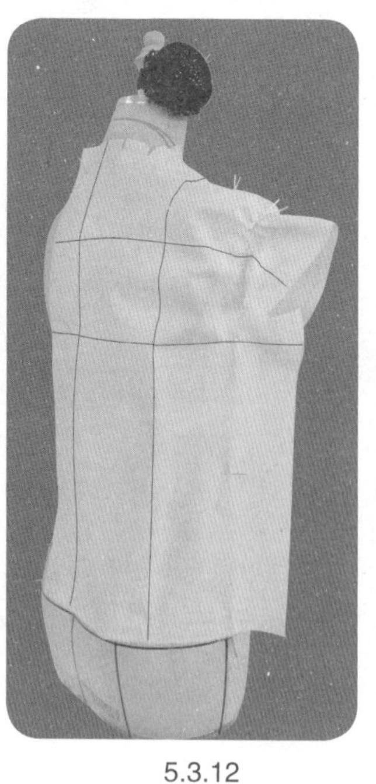

5.3.12

5.3.13

5.3.10　修剪侧缝、底边，完成前片初步造。

5.3.11　把后片用布固定于人台上。

5.3.12　适当修剪领口，将肩胛部浮余量转移至袖窿，设置袖窿衣裥。

5.3.13　适当修剪袖窿，注意保留拖肩量以及保持袖窿造型。

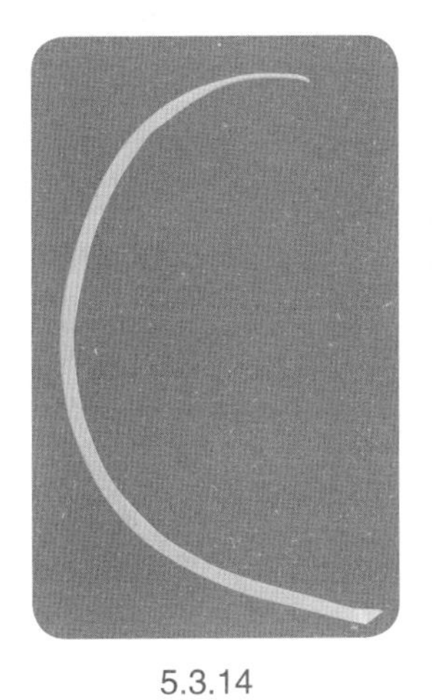

5.3.14

5.3.14　准备斜丝缕袖窿滚边条。

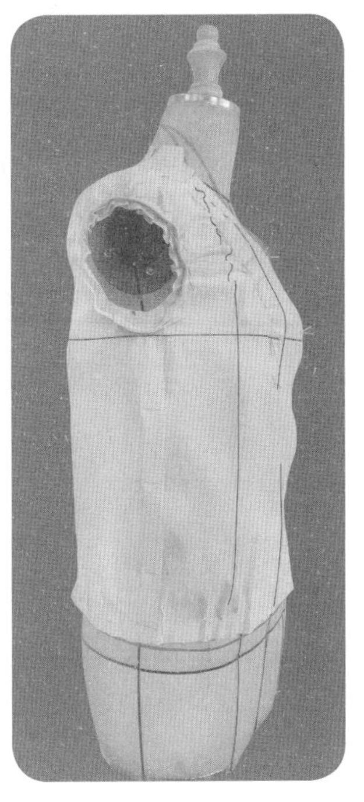

5.3.15

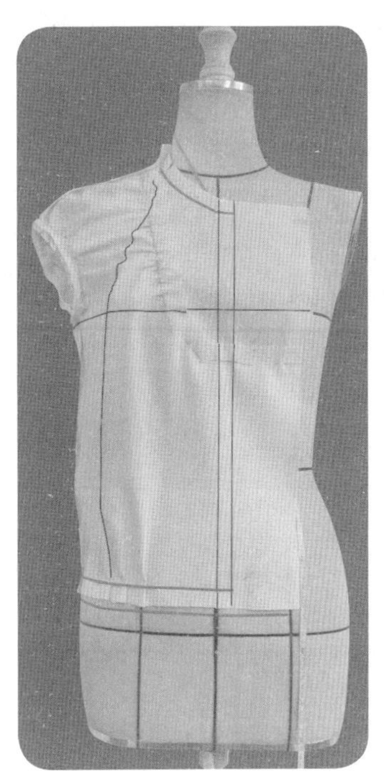

5.3.16

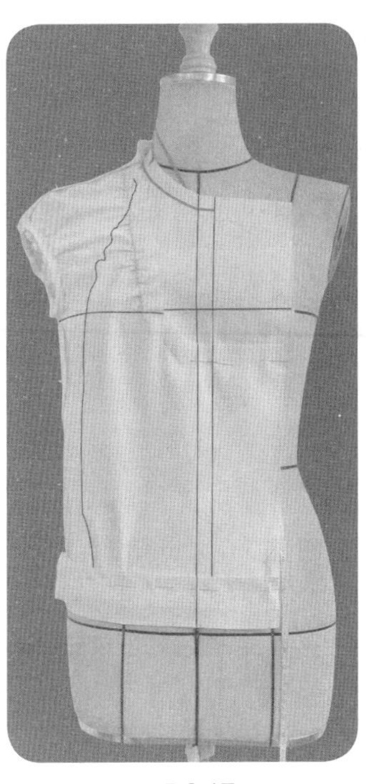

5.3.17

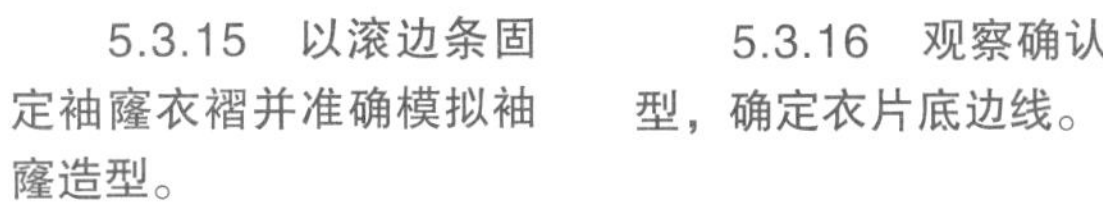

5.3.15　以滚边条固定袖窿衣褶并准确模拟袖窿造型。

5.3.16　观察确认衣身造型，确定衣片底边线。

5.3.17 、5.3.18　完成拼接腰带的操作，进行上衣部分的标点描线。

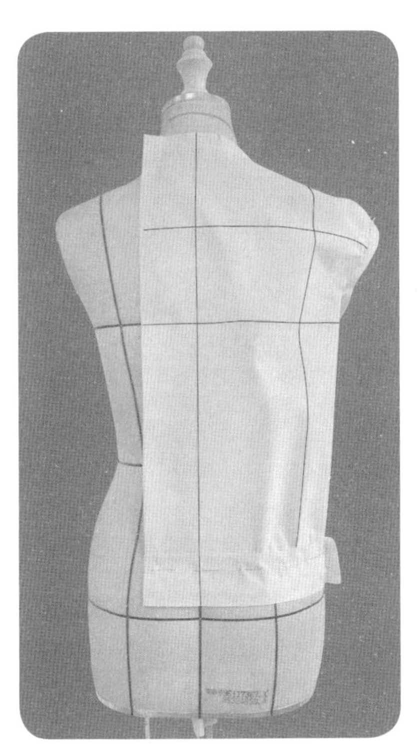

5.3.18

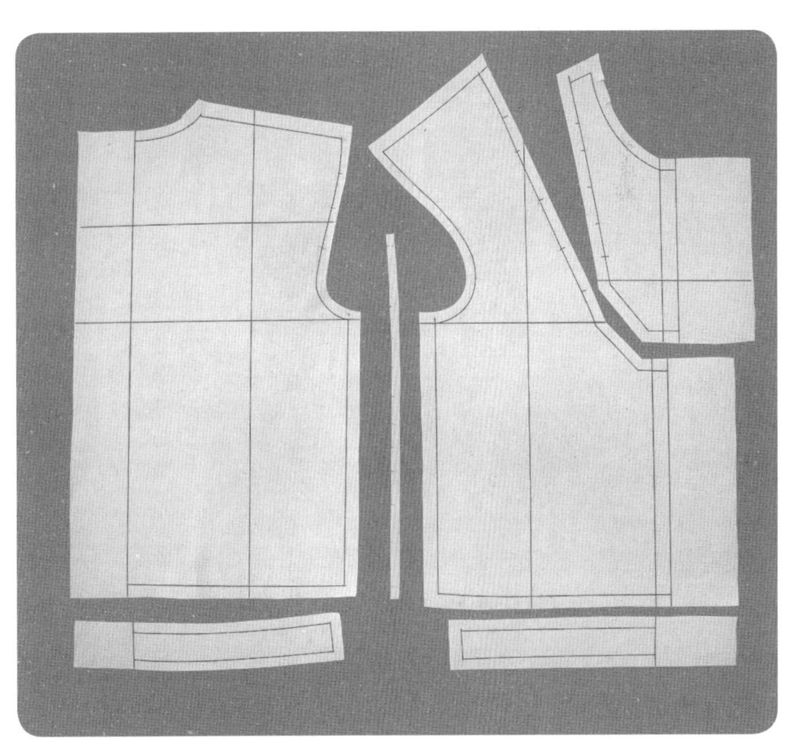

5.3.19

5.3.19　上衣部分的平面整理。

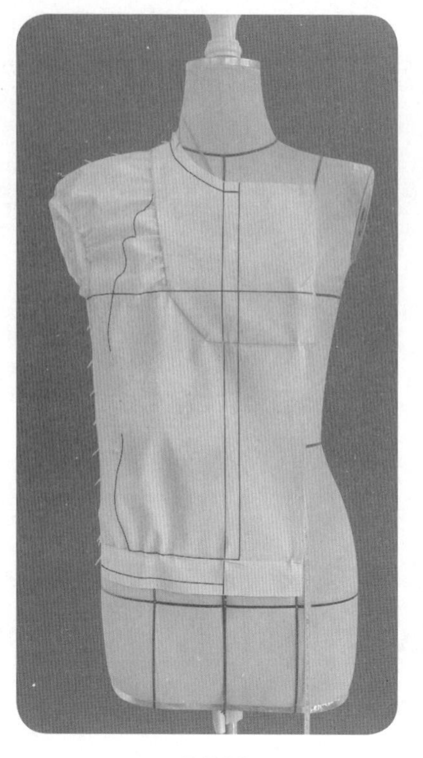

5.3.20

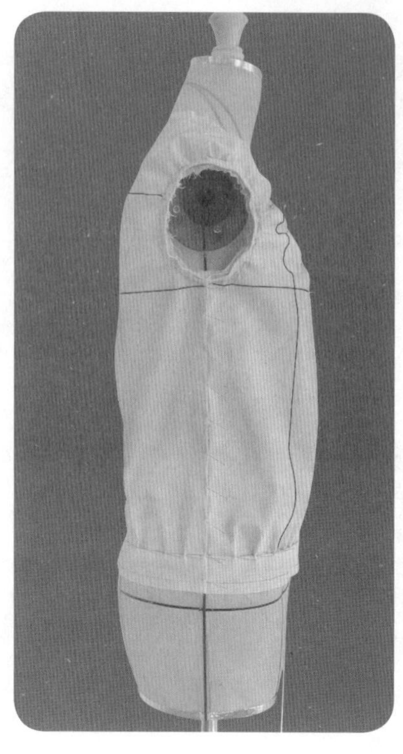

5.3.21

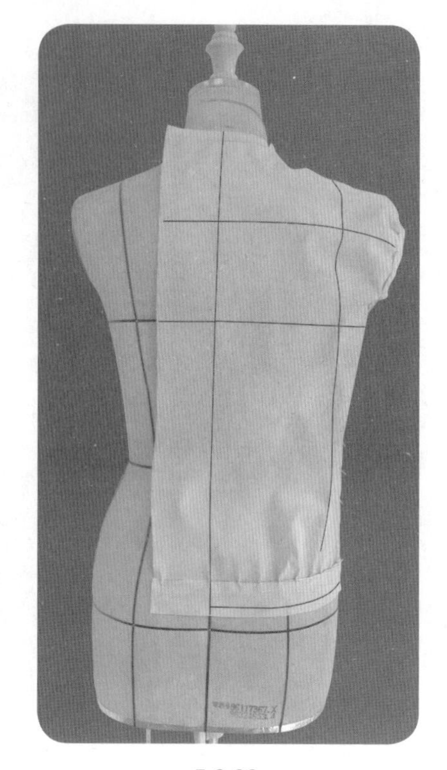

5.3.22

5.3.20 ~ 5.3.22　上衣部分的试样补正。

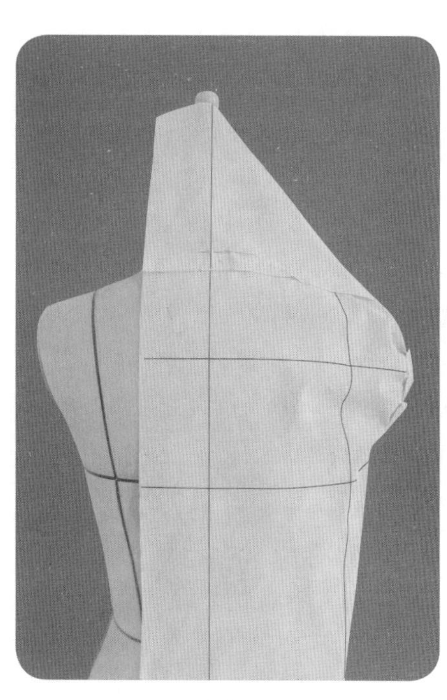

5.3.23

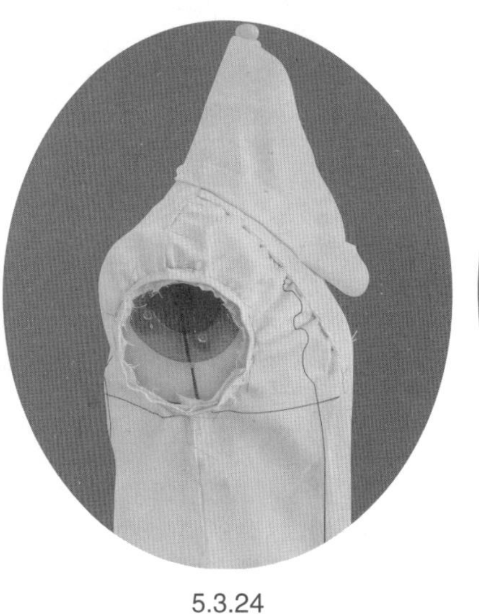

5.3.24

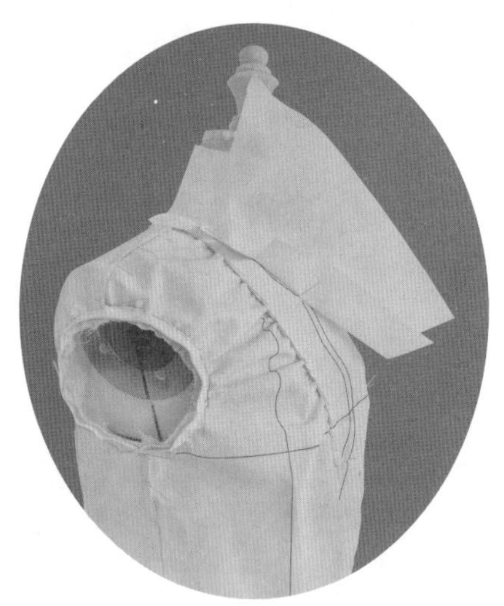

5.3.25

5.3.23　使衣领用布的后中线保持竖直，重叠缝份量，沿领口线固定衣领用布与衣身。

5.3.24　翻折衣领用布，调整翻折量，观察确定上领口松量，临时固定前领口处。

5.3.25　修剪后领上领口，固定下领口线至SNP点位置。

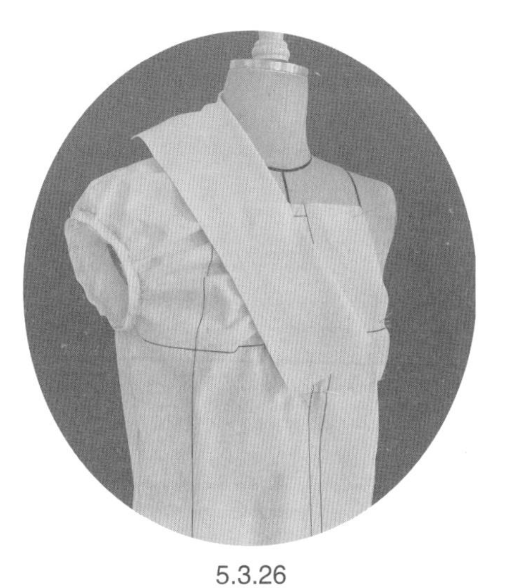
5.3.26

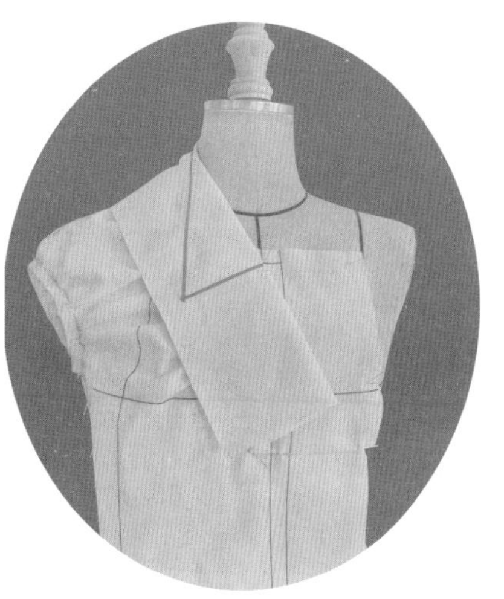
5.3.27

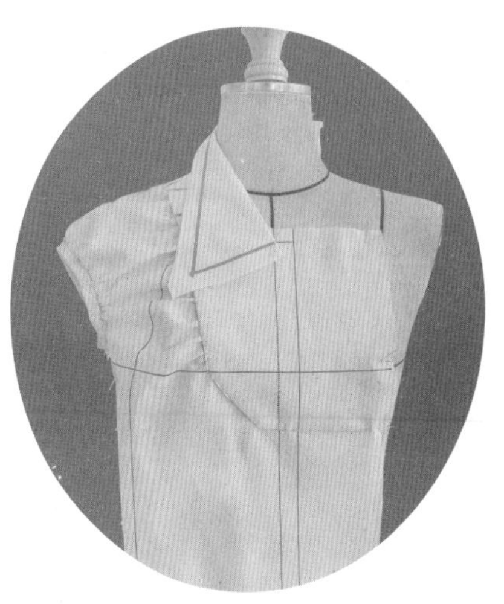
5.3.28

5.3.26　翻折领片前领角，调整下领口翻折量，确认翻折线松度，临时固定FC处。

5.3.27　贴置衣领造型。

5.3.28　修剪上领口缝份。

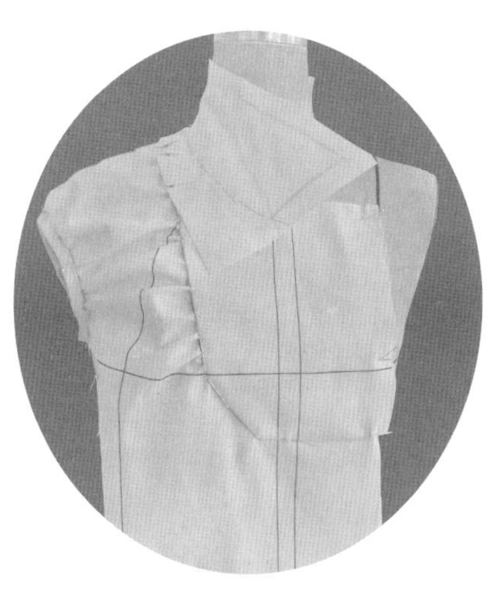
5.3.29

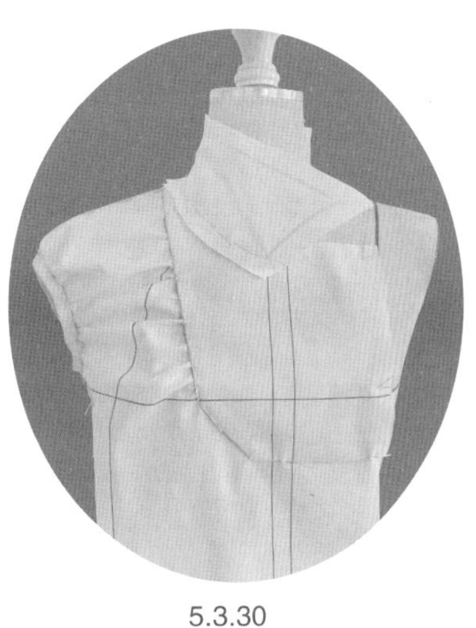
5.3.30

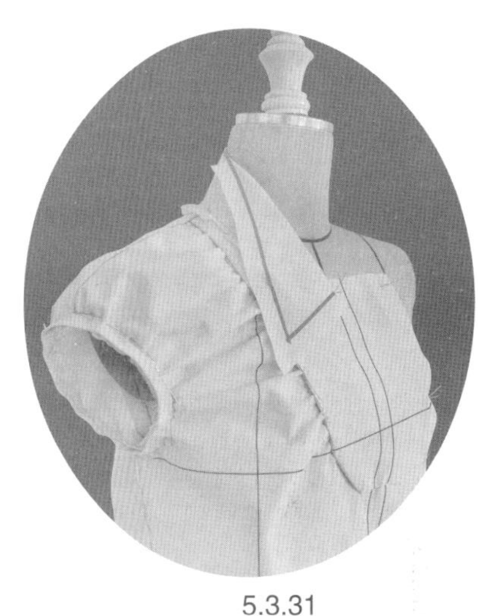
5.3.31

5.3.29　沿领口线完成下领口线的固定。

5.3.30　修剪下领口线缝份。

5.3.31　确认衣领造型，标点描线。

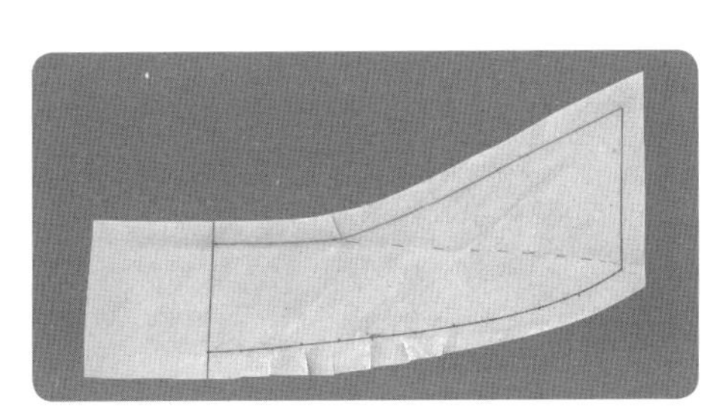
5.3.32

5.3.32　平面整理领片布样。可换为后中心直丝缕布纹样片进行试样。

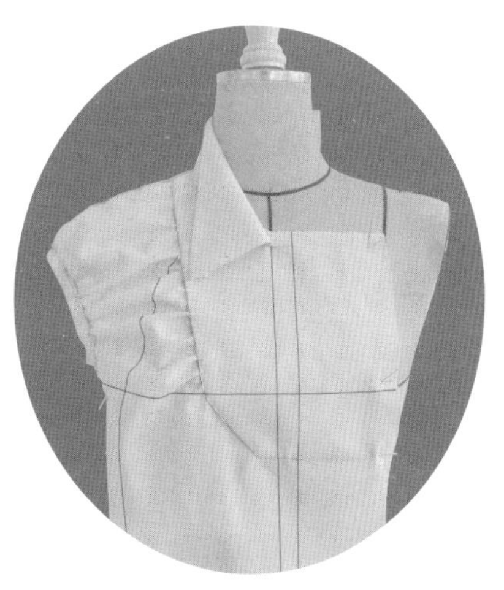
5.3.33

5.3.34

5.3.33、5.3.34　衣领的试样补正和造型确认。

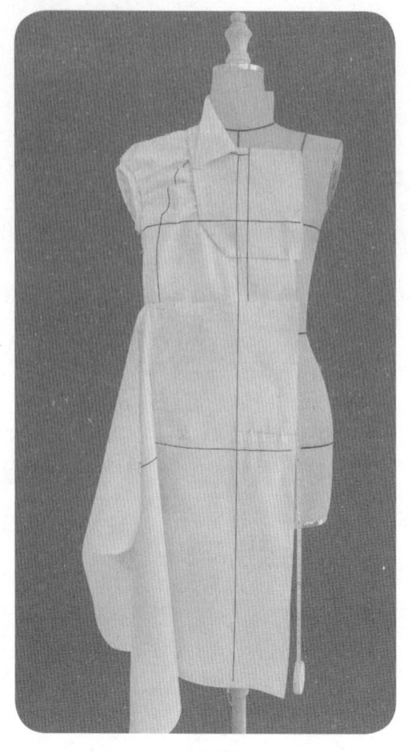

5.3.35

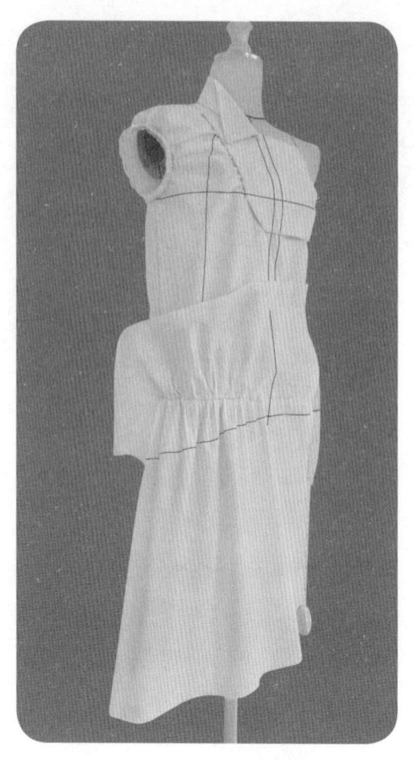

5.3.36

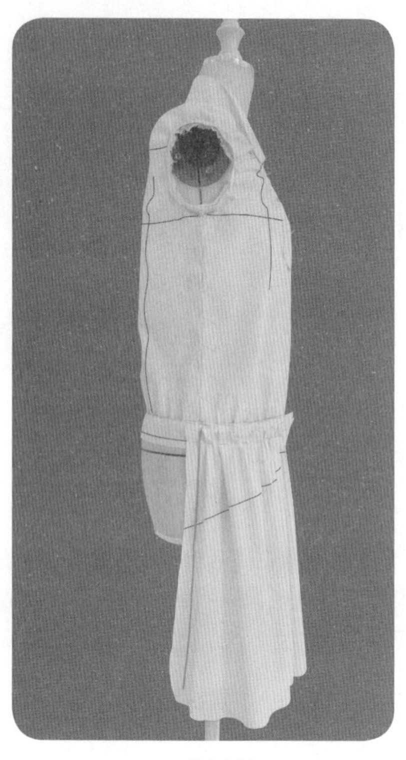

5.3.37

5.3.35　把前片用布固定于人台上。FC、HL布纹线与人台标志线对齐。

5.3.36　设置衣褶并旋转追加适当的波浪量，沿拼接腰带下口线固定裙片于腰带。

5.3.37　修剪腰线、侧缝线、底边线，完成前裙片的初步造型。

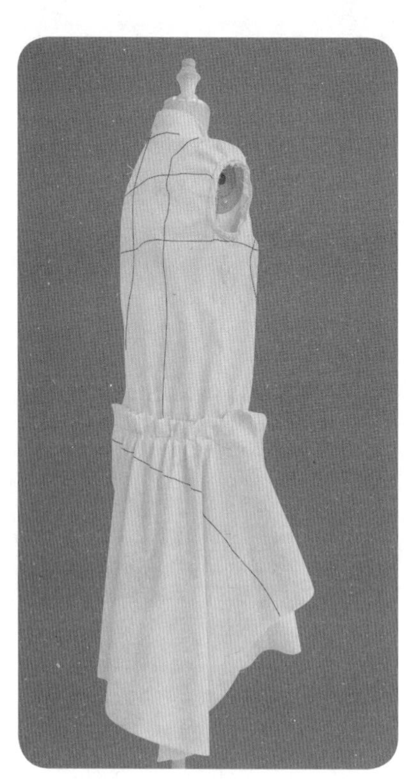

5.3.38

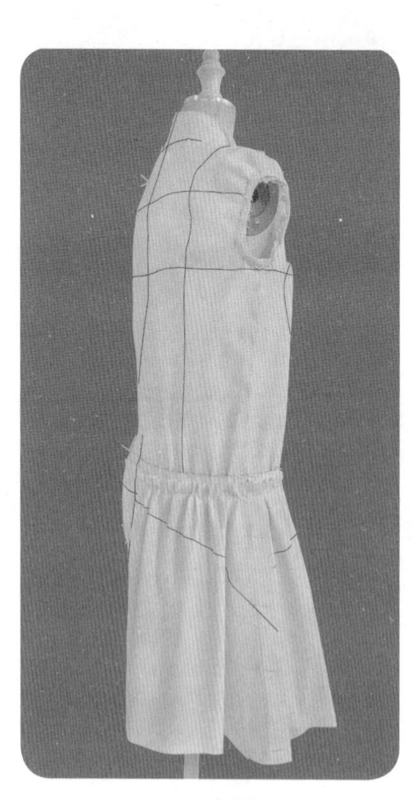

5.3.39

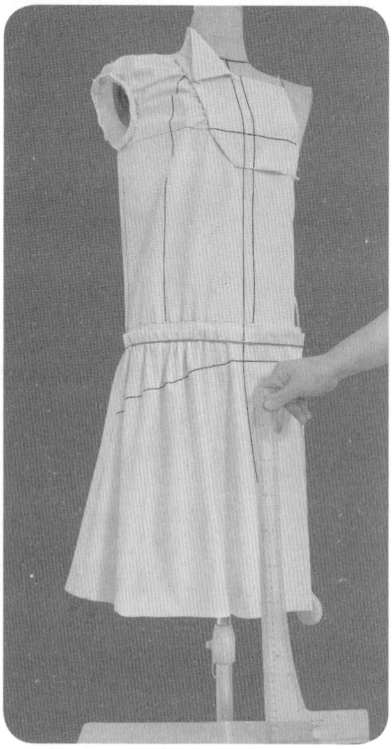

5.3.40

5.3.38　方法同前裙片，完成后裙片的操作。

5.3.39、5.340　裙片的标点描线。底边采用地面等高方法描点，并注意腰线衣褶的对位点设置。

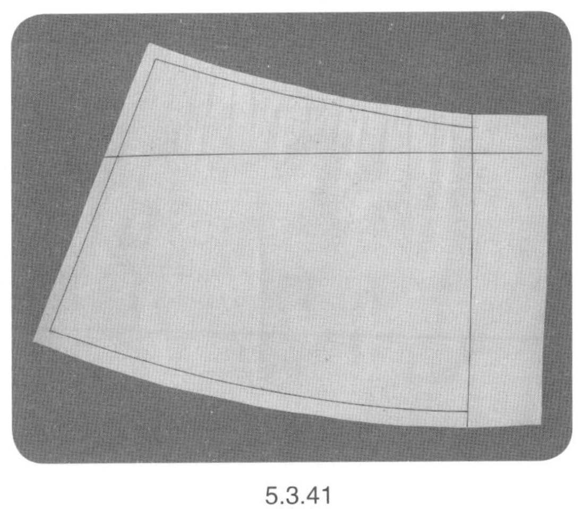

5.3.41

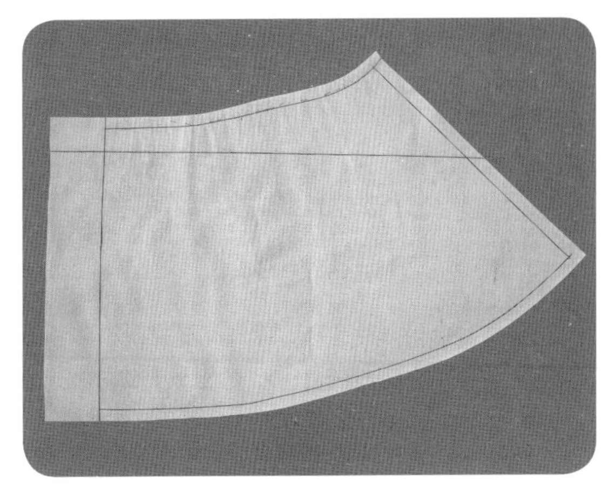

5.3.42

5.3.41、5.3.42　裙片的平面整理。

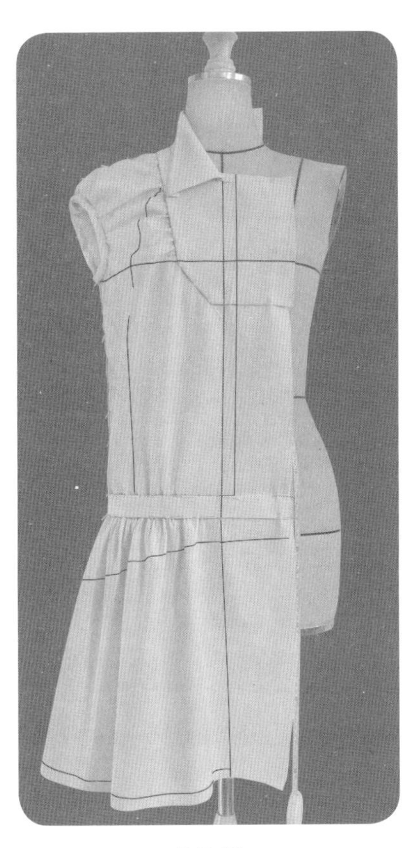

5.3.43

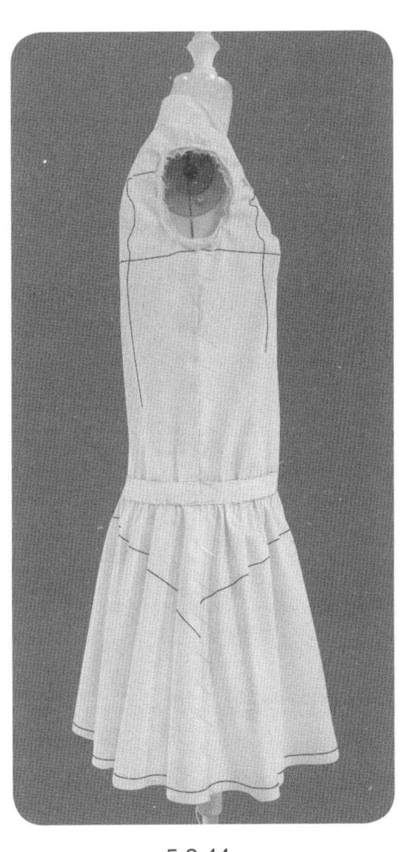

5.3.44

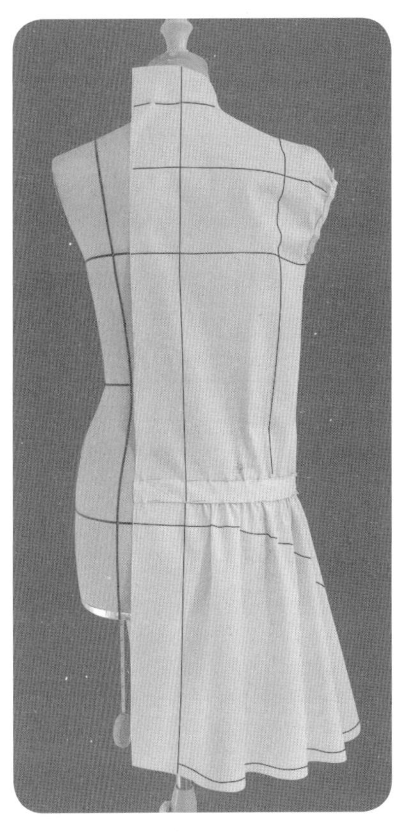

5.3.45

5.3.43 ~ 5.3.45　以手工针线抽缩裙片腰线衣褶，将对位点对齐，拼合裙片与上衣。裙身的试样补正以及整体造型确认。

- 样片描图(图5.3.3)

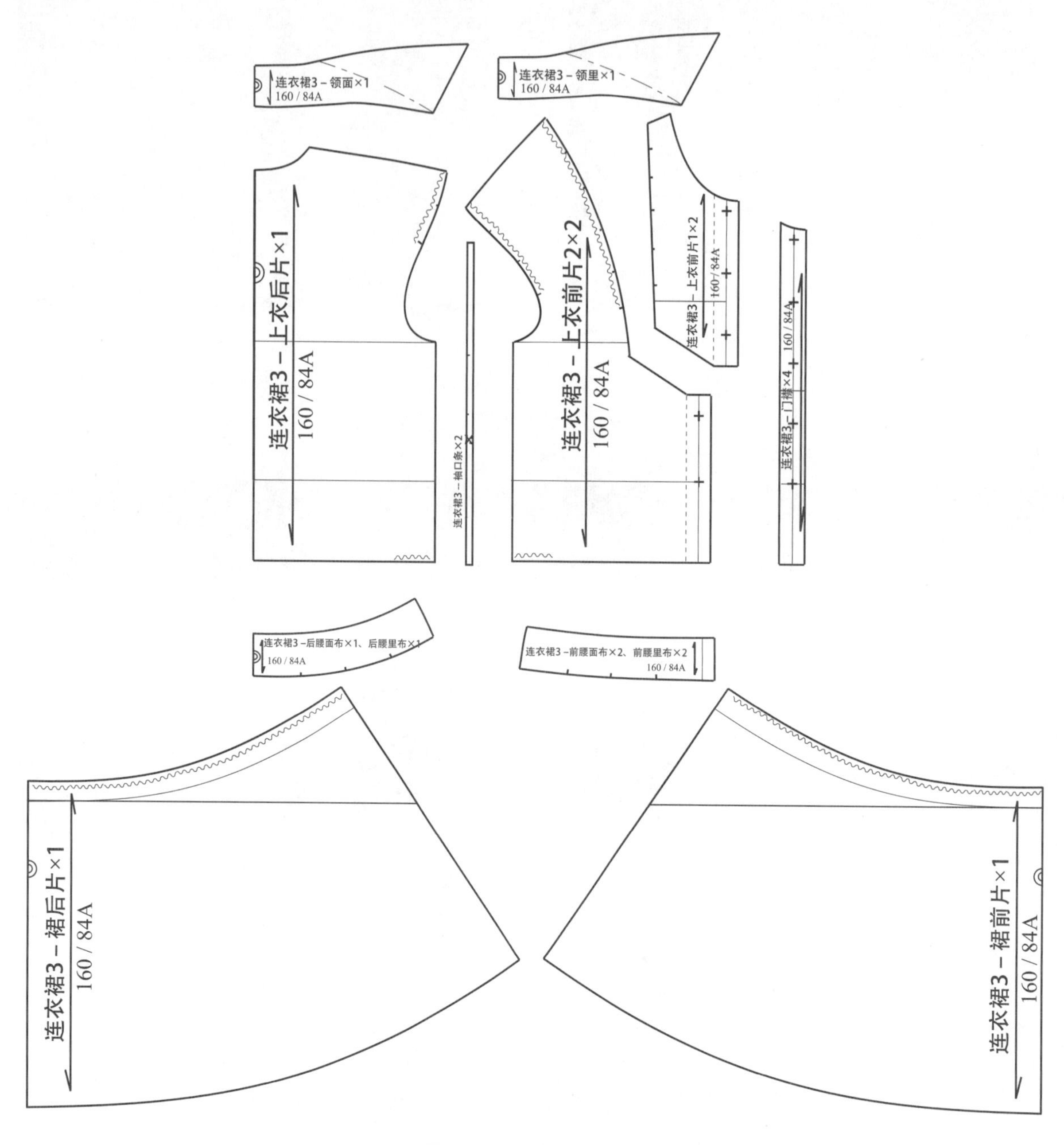

图5.3.3 样片描图

Chapter 6

第6章　衬衣

6.1 衬衣1——单腰省衬衣

● 款式分析(图6.1.1)

衣身廓形：X型。

胸围线以上曲面量处理：

前片——适量袖窿松量、侧缝省、底边开口省；

后片——适量袖窿松量、适当肩线缝缩量、底边开口省。

胸围线—腰围线—臀围线—底边的曲面量处理：

前片——底边开口省、侧缝；

后片——底边开口省、侧缝。

衣领造型：连翻领。

衣袖造型：圆装直袖、一片袖、袖口克夫。

图6.1.1 款式插图

● 坯布准备(图6.1.2)

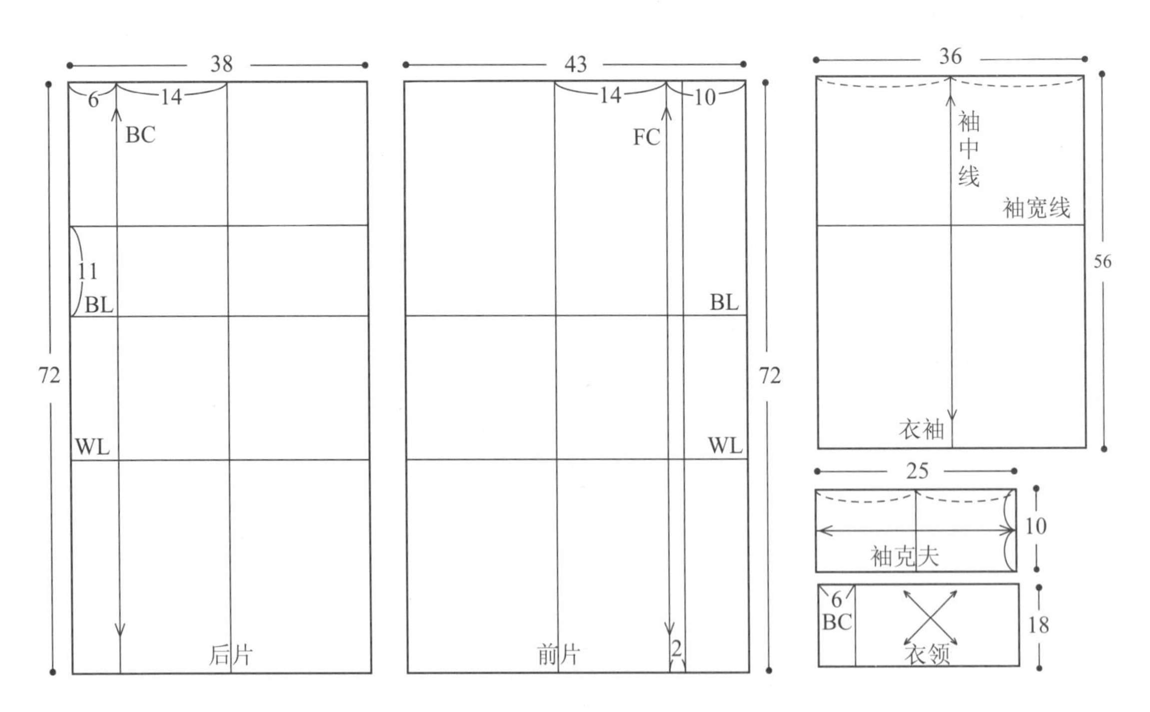

图6.1.2 坯布准备图(单位：cm)

● 操作步骤

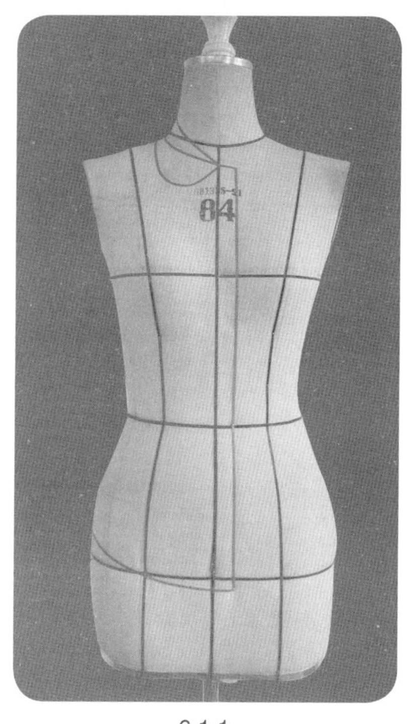

6.1.1

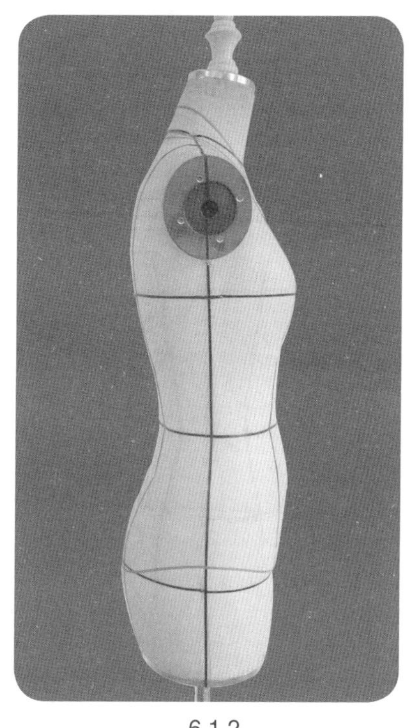

6.1.2

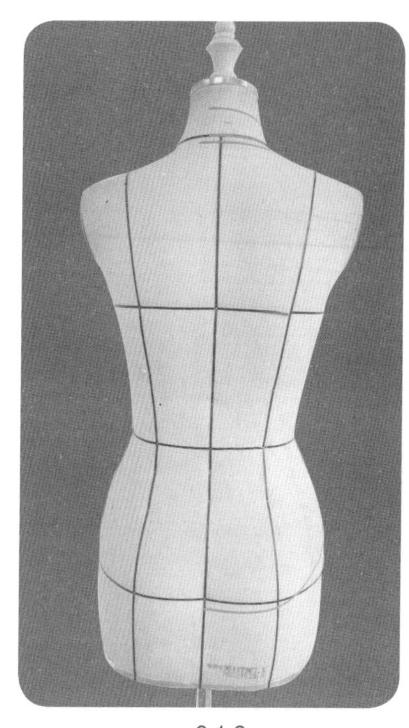

6.1.3

6.1.1 ~ 6.1.3　贴置款式造型线。门襟宽度、衣长、领高、领宽等根据款式辅助软尺来准确确定。

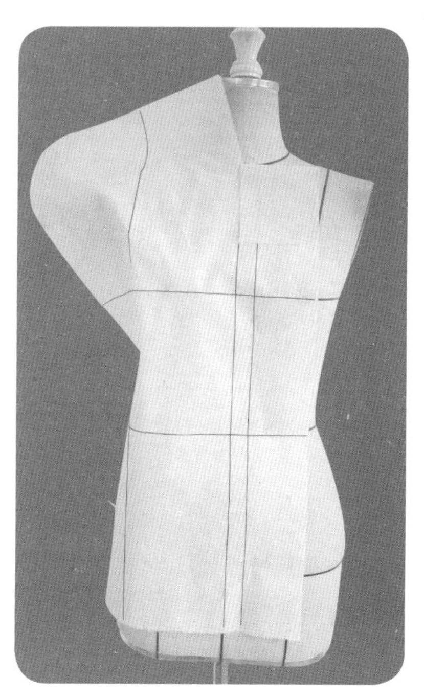

6.1.4

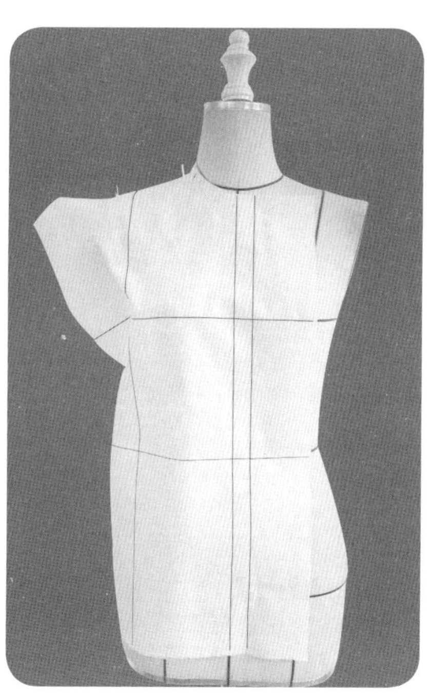

6.1.5

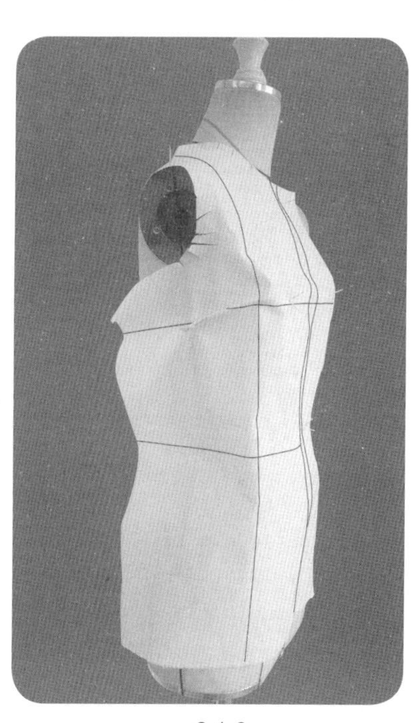

6.1.6

6.1.4　将前片用布固定于人台上，并使FC、BL、WL布纹线与人台标志线对齐，注意胸围松量的合理设置以及确保BP至FC之间有0.5cm的松量。建议整体胸围松量为6~10cm。

6.1.5　修剪领口线，注意领口处余留适度松量。抚平肩部，用大头针固定SNP、SP点，修剪肩线。

6.1.6　逐步修剪袖窿，袖窿处余留适当松量，将多余浮余量转移形成侧缝省。

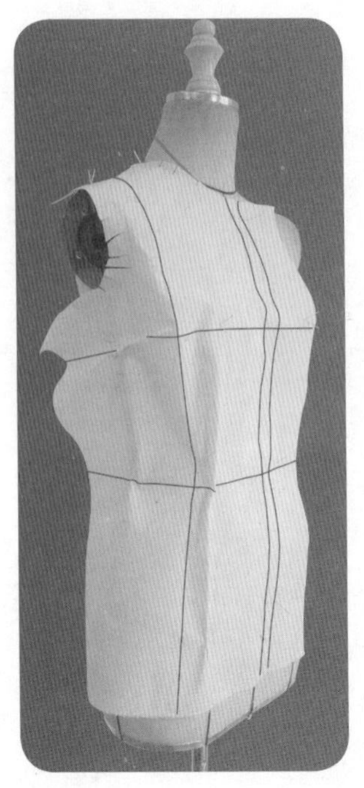

6.1.7

6.1.7　观察吸腰造型，初步设置腰省量以及腰省位置。

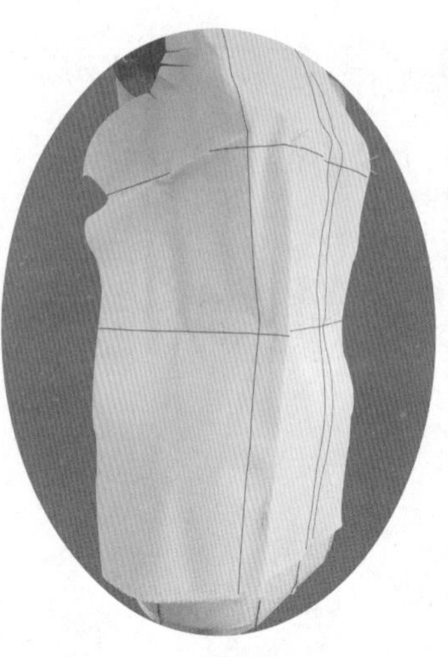

6.1.8

6.1.8　确认腰省的底边开口量。根据工艺要求开口量一般应大于0.8cm。将侧缝省量适当转移至底边腰省可增加省道的开口量，但同时增加了省道腰线处的量，增加了省道中线长度与省边长度的差值，需要注意应与省道工艺形式相符。

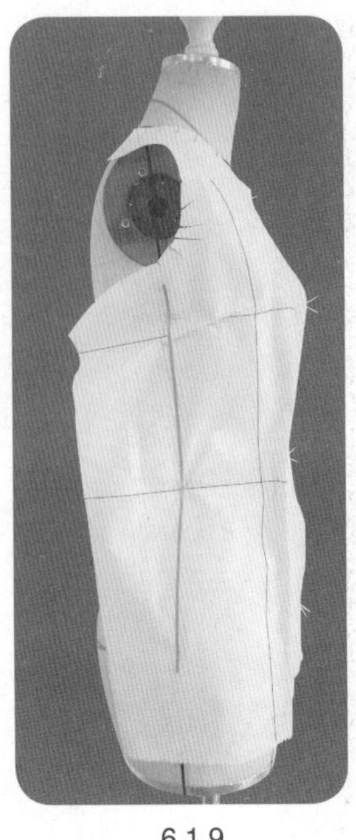

6.1.9

6.1.9　观察胸围、腰围、臀围松度和造型形态，贴置侧缝造型线。

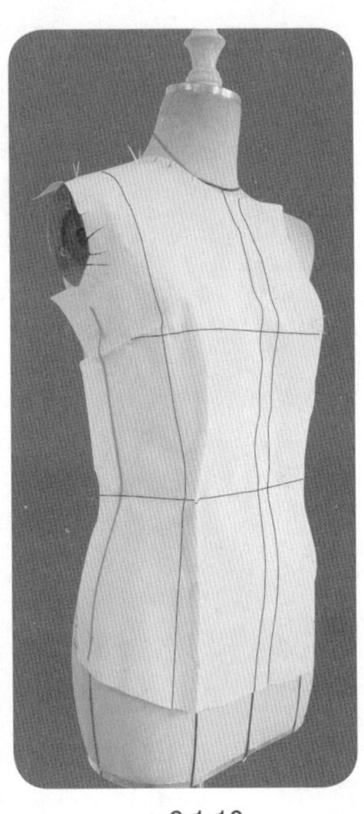

6.1.10

6.1.10　修剪侧缝、底边，完成前片的初步造型。

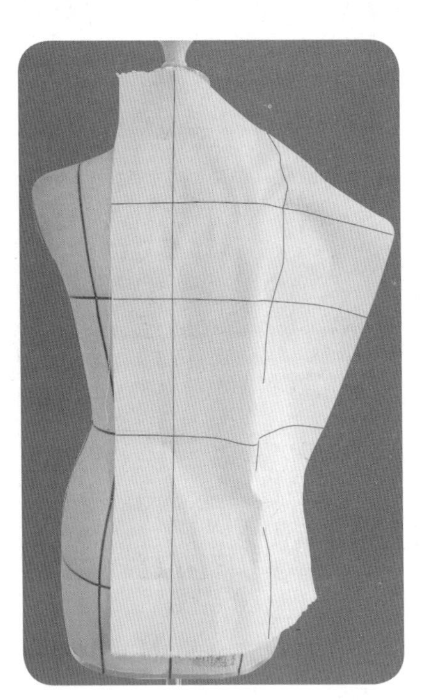

6.1.11

6.1.11　将后片用布固定于人台上。注意在BC线腰部位置设置适当的吸腰量。

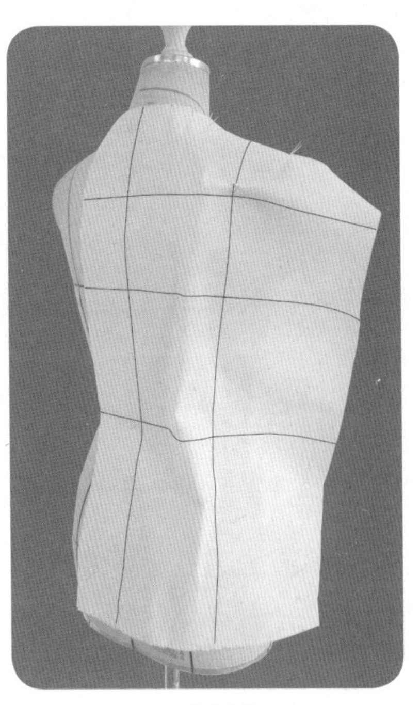

6.1.12

6.1.12　注意余留适当的松量，修剪后领口线。

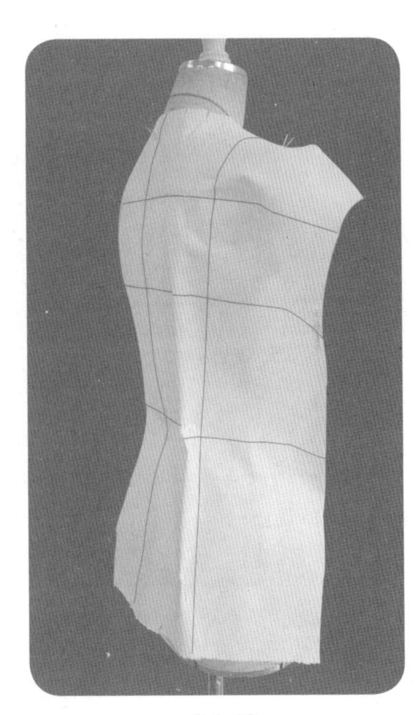

6.1.13

6.1.13　平衡分配肩线缝缩量、袖窿松量以及底边省道开口的浮余量。

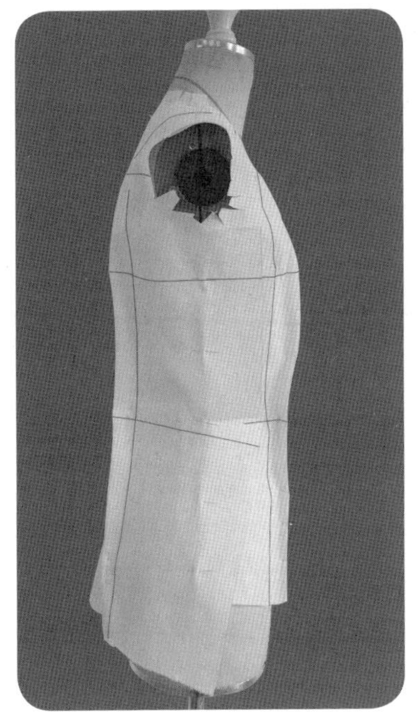

6.1.14

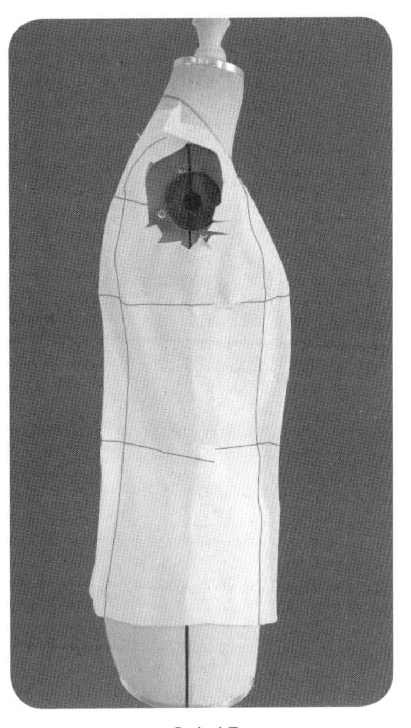

6.1.15

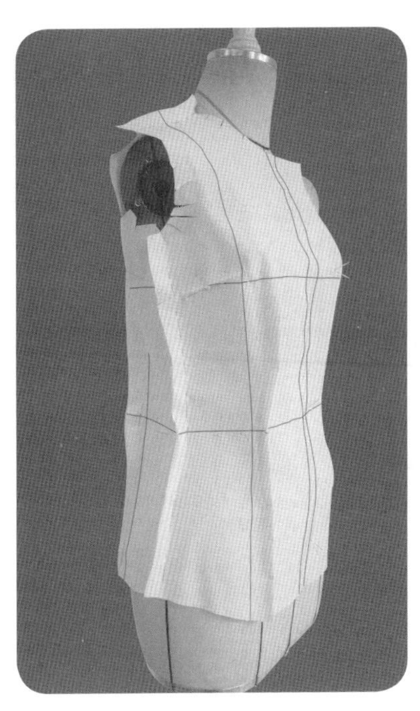

6.1.16

6.1.14　合并肩线、侧缝，观察确认胸围、腰围、臀围的松量与造型形态。

6.1.15　观察确认袖窿松量以及前、后松量的平衡，观察确认吸腰量的分配平衡以及吸腰形态，注意前、后省道位置的平衡以及侧缝位置的平衡。

6.1.16、6.1.17　肩缝、侧缝的合并由盖别针法转变为抓合针法，注意转变针法过程中临时固定针的使用。

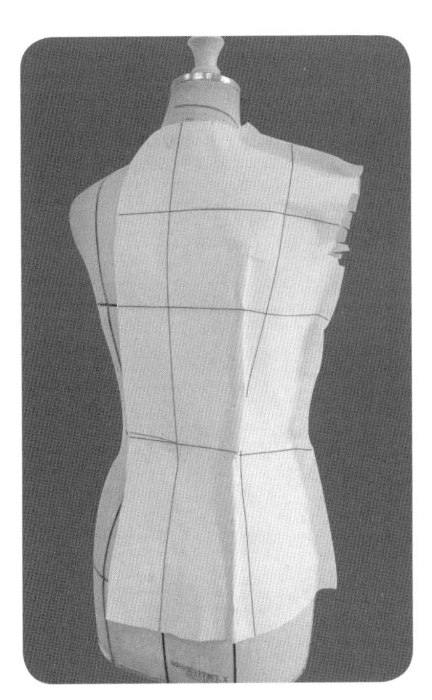

6.1.17

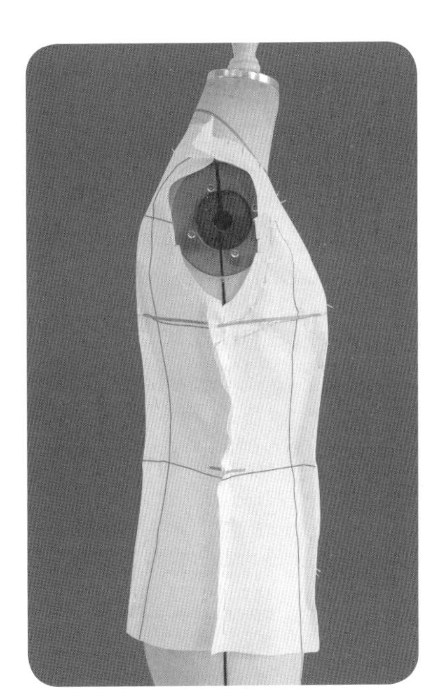

6.1.18

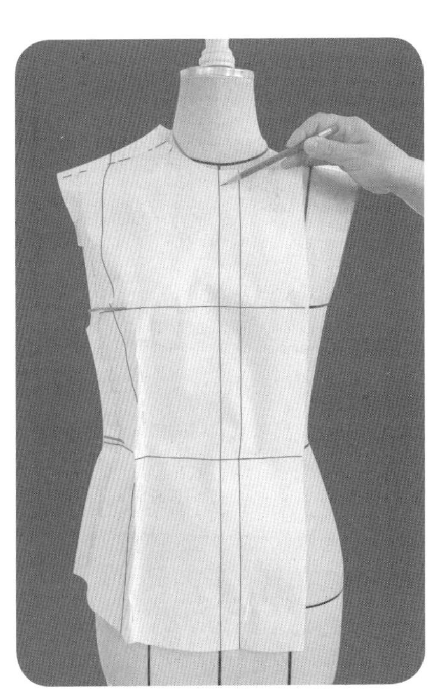

6.1.19

6.1.18　确定袖窿造型。标记人体（人台）胸围线在衣片上的对应位置标记以及腰线对应省道和侧缝处的对位标记。

6.1.19　衣身初步造型完成。标点描线。

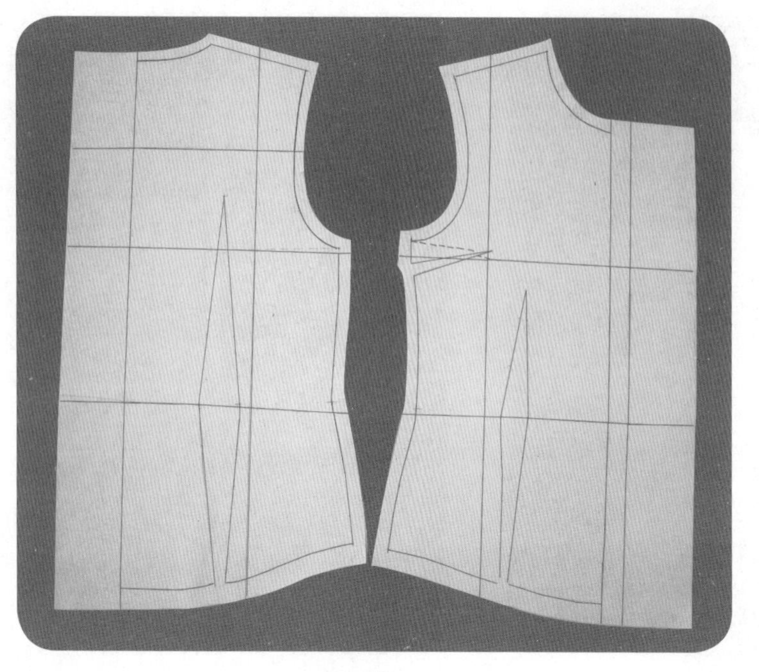

6.1.20

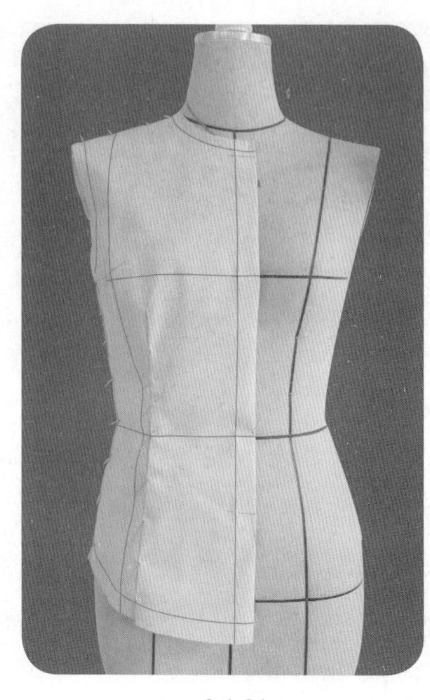

6.1.21

6.1.20　前、后衣片的平面整理。

6.1.21　衣身试样补正，确认造型后得到准确的领口线以及袖窿弧线，其为配领、配袖的基础。

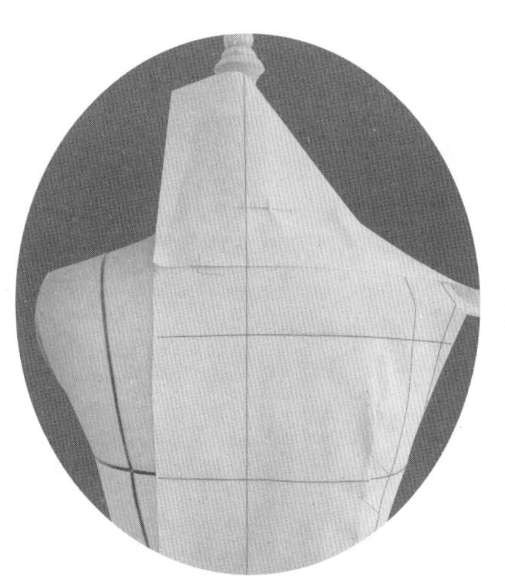

6.1.22

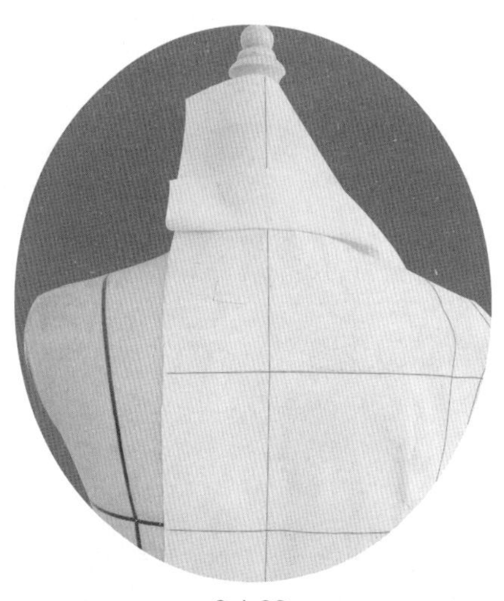

6.1.23

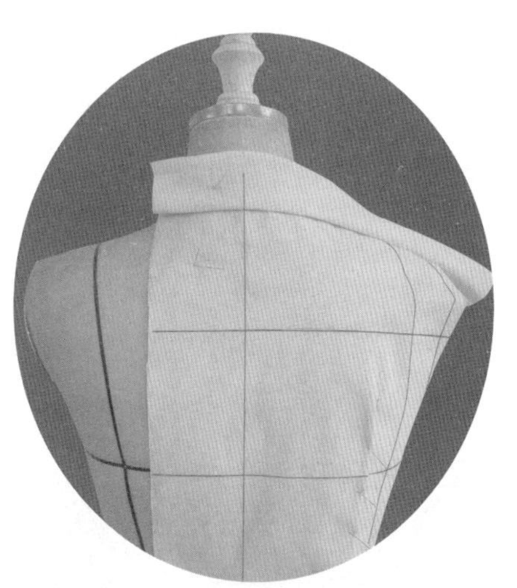

6.1.24

6.1.22　保持领片用布后中心线竖直，余留翻领调整量X，沿领口线用两根大头针固定，间距2cm。X量的大小与翻领和立领的差值以及前直开领深度有关。

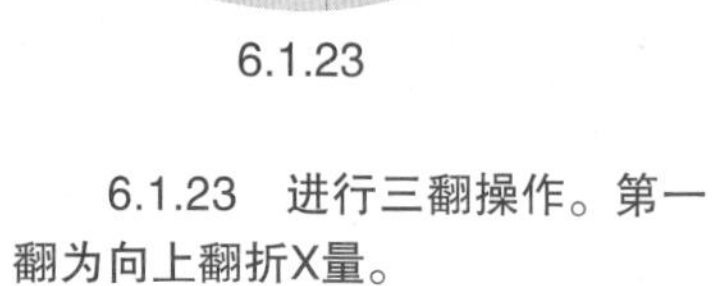

6.1.23　进行三翻操作。第一翻为向上翻折X量。

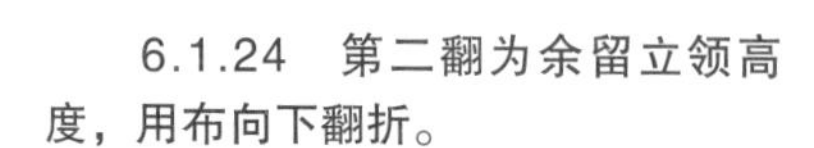

6.1.24　第二翻为余留立领高度，用布向下翻折。

6.1.25　第三翻为余留翻领宽度，用布向上翻折。

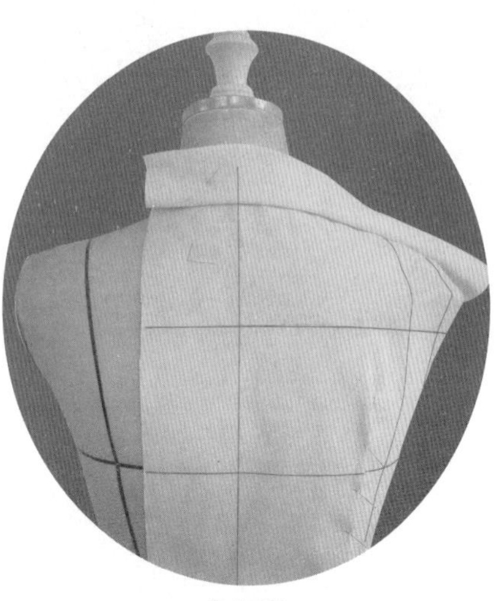

6.1.25

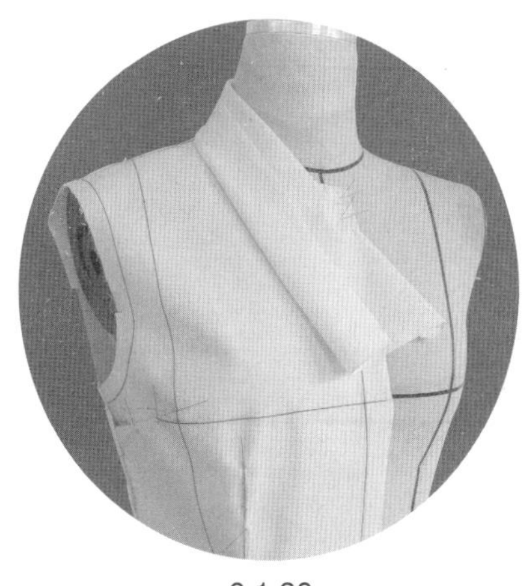

6.1.26

6.1.27

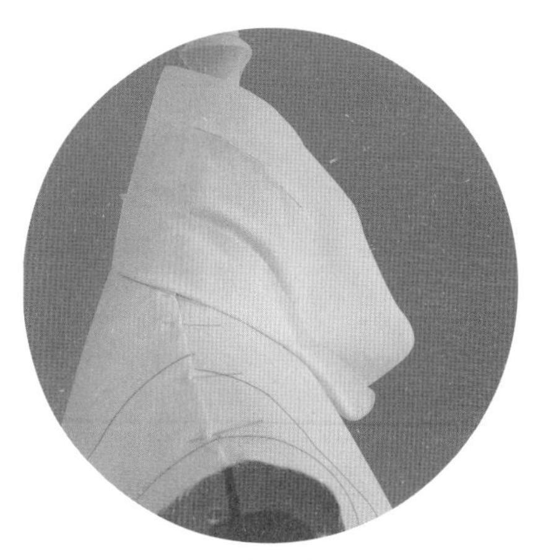

6.1.28

6.1.26　整理三翻翻折，调整第一翻前中心位置的翻折量，使造型满足三点：一是用布翻折前、后顺畅；二是外领口与衣身伏贴；三是衣领翻折线处松量适当。

6.1.27　用大头针记录第二翻折以及第三翻折的位置。

6.1.28　提拉起用布，使第一翻折线自然顺滑地伏贴于领口。

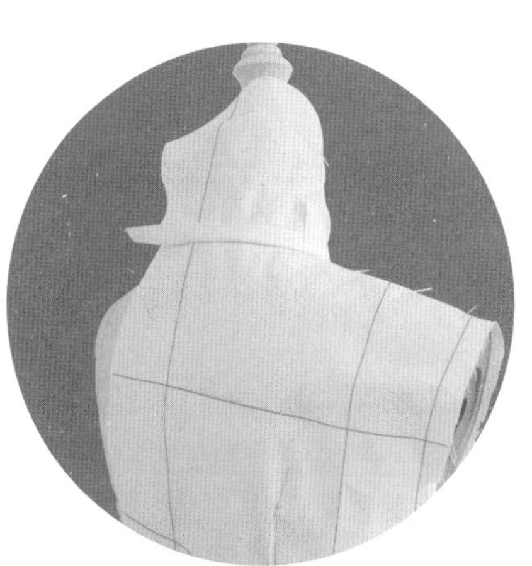

6.1.29

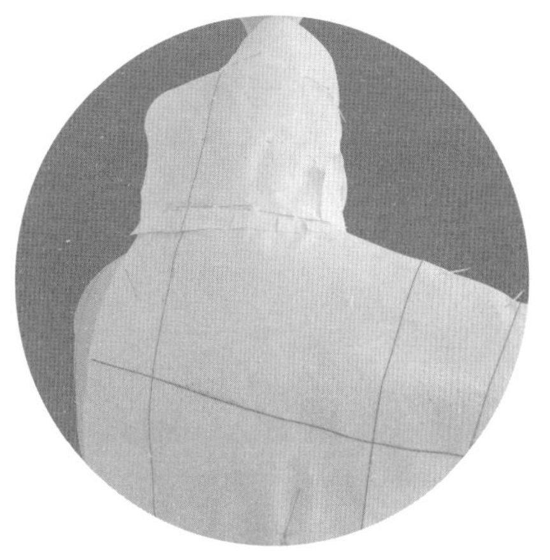

6.1.30

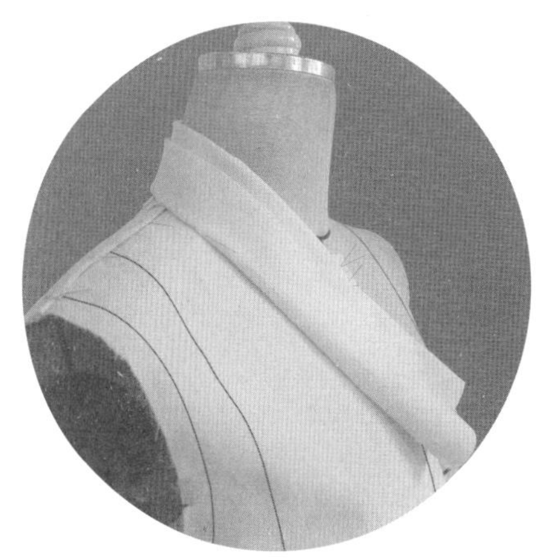

6.1.31

6.1.29　修剪后领第一翻折的X量用布。

6.1.30　适当修剪刀口，沿领口线固定领片与衣身至SNP点附近。

6.1.31　沿大头针记录位置翻折第二、第三翻折，观察并确认造型，若有需要则可进一步调整翻折量。

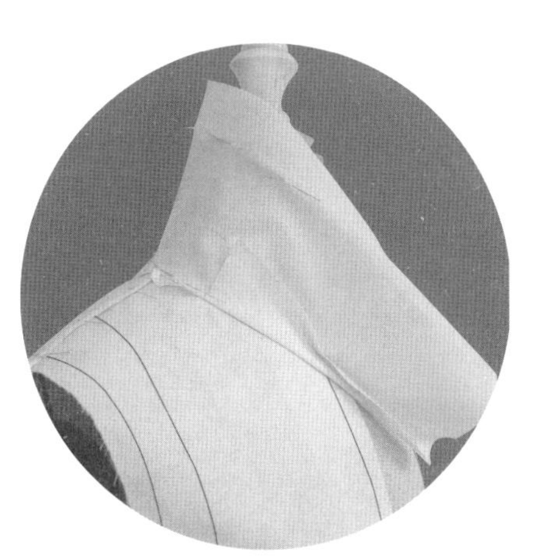

6.1.32

6.1.33

6.1.34

6.1.32　再次提拉起用布，沿领口线继续固定领片与衣身，SNP点附近可适当拉拔领片下领口线。

6.1.33　逐步修剪刀口，完成领口线的固定。

6.1.34　再次翻折第二翻折、第三翻折，确认造型。

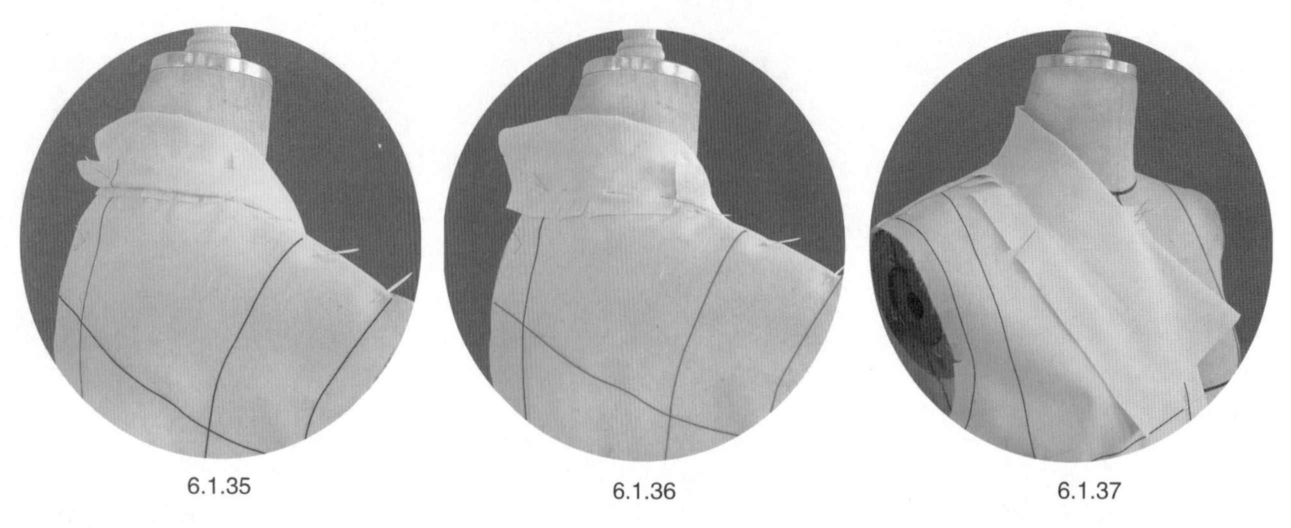

6.1.35

6.1.36

6.1.37

6.1.35　逐步修剪第三翻折余量即领外口弧线。

6.1.36、6.1.37　在外领口适当剪切刀口，并抚平使其伏贴。

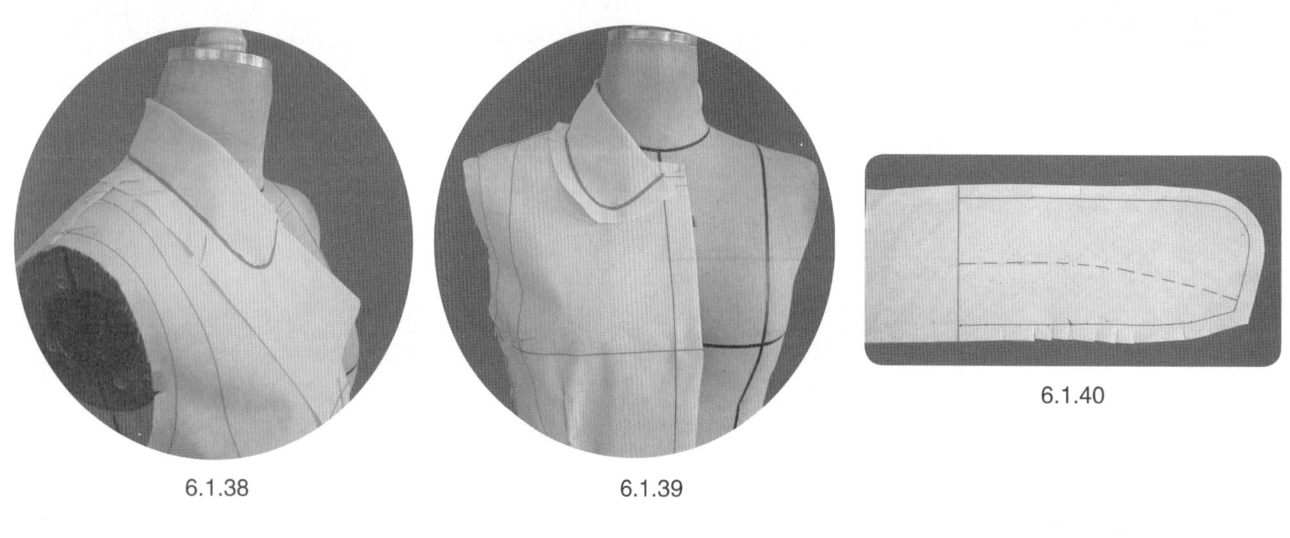

6.1.38

6.1.39

6.1.40

6.1.38　贴置领外口线造型。

6.1.39　衣领初步造型完成。标点描线。注意领片下口线与衣片领口线对位标记的标注。

6.1.40　领片的平面整理。

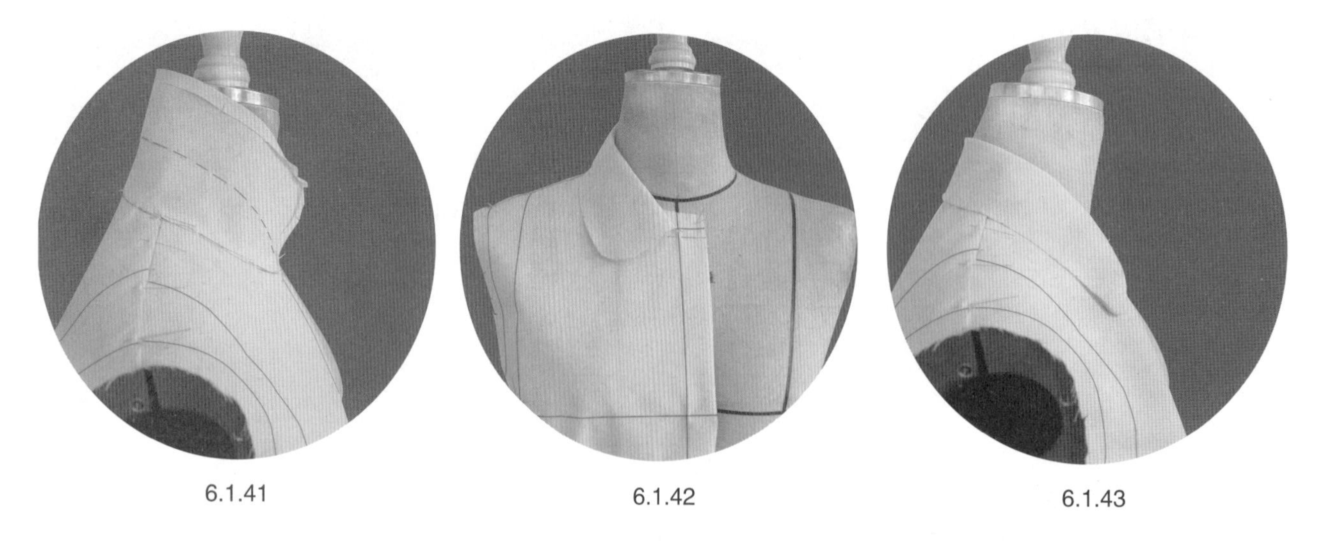

6.1.41

6.1.42

6.1.43

6.1.41 ~ 6.1.43　假缝衣领与衣身，试样补正，确认衣领造型。

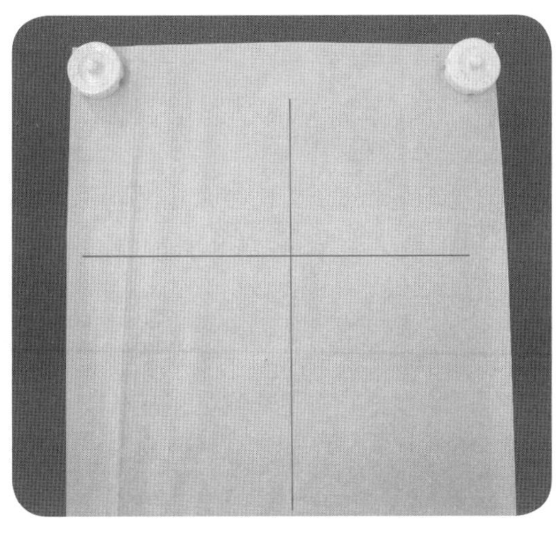

6.1.44

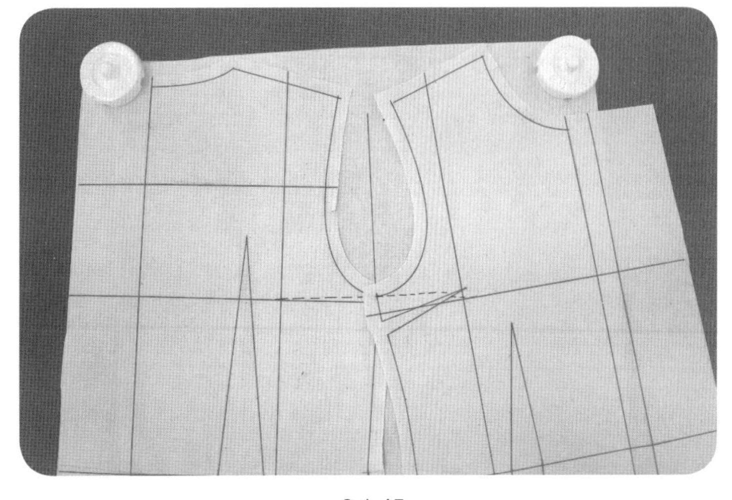

6.1.45

6.1.44　圆装袖采用平面配袖、立体装袖调整的方法。准备配袖纸样用纸。

6.1.45　将袖窿底点置于纸样基础水平线与竖直线的交点位置，前、后衣片人体胸围线与纸样水平基础线保持对齐（如果袖窿深低于胸围线，则保持平行），拓印袖窿弧线。

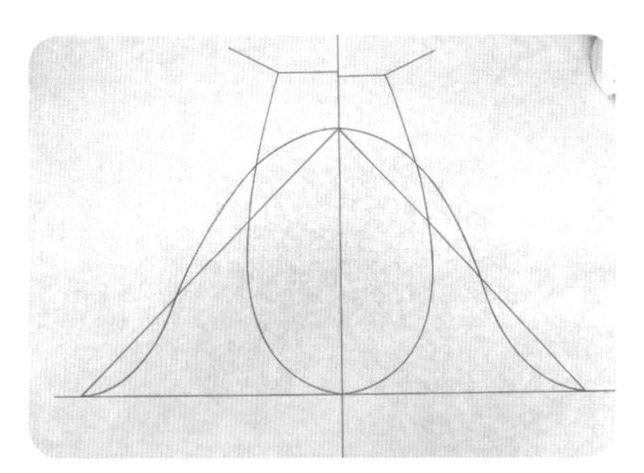

6.1.46

6.1.46　确定袖肥(16cm)、袖山吃势(2.5cm)，完成袖山弧线的绘制。

6.1.47　完成袖身以及袖克夫的绘制。

6.1.47

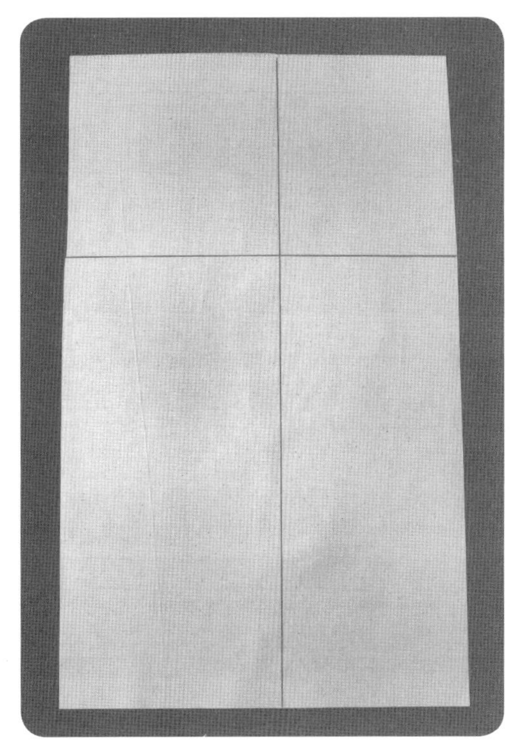

6.1.48

6.1.48　准备袖身用布，绘制基础布纹线，并整烫用布。

6.1.49

6.1.49　将衣袖纸样拓印至布样。

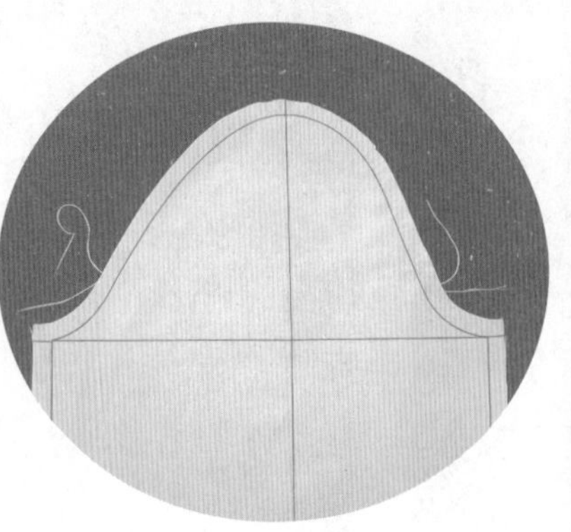

6.1.50

6.1.50　在袖山用手工针密针缝纫两条缝缩线：第一条缝缩线距袖山净样线0.1cm，第二条缝缩线距第一条缝缩线0.2cm。

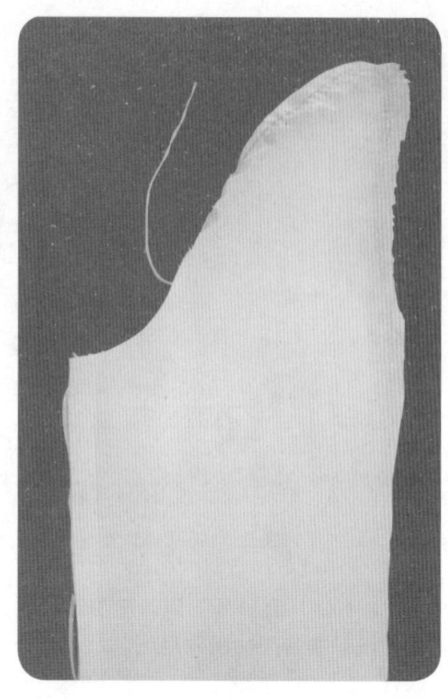

6.1.51

6.1.51　均匀分配袖山吃势，适当抽缩。

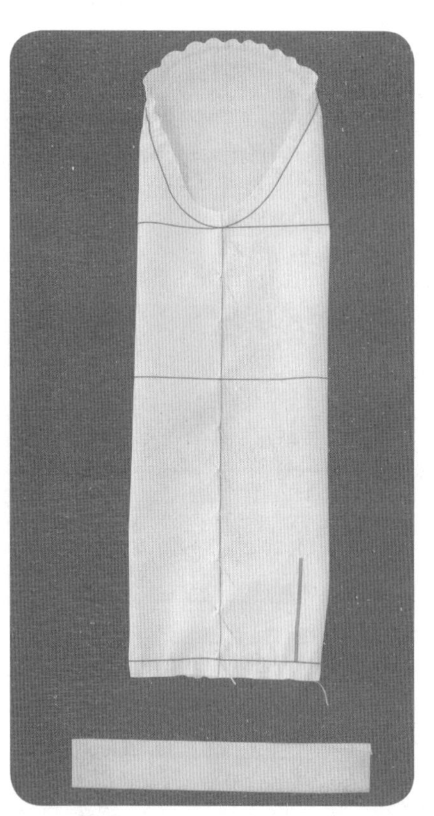

6.1.52

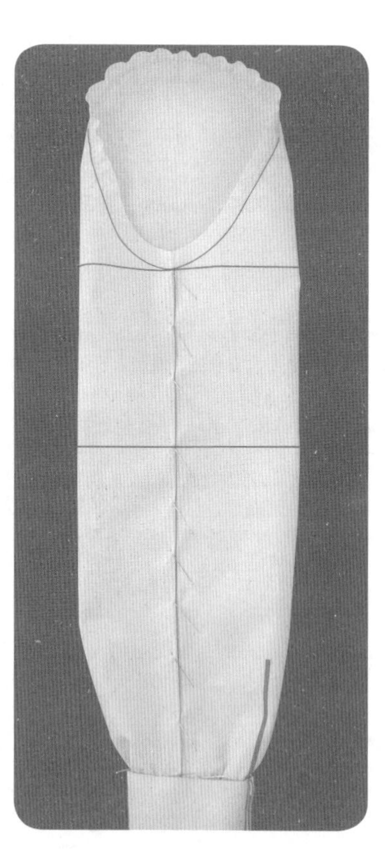

6.1.53

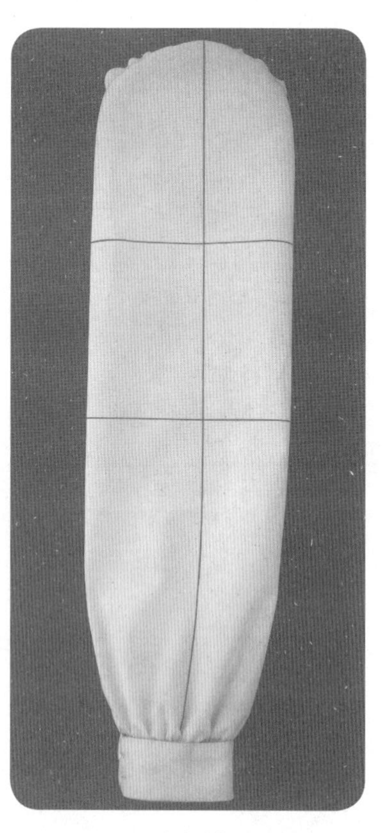

6.1.54

6.1.52　假缝合并袖底缝，并设置袖衩位置与高度。

6.1.53、6.1.54　假缝袖克夫与袖身。

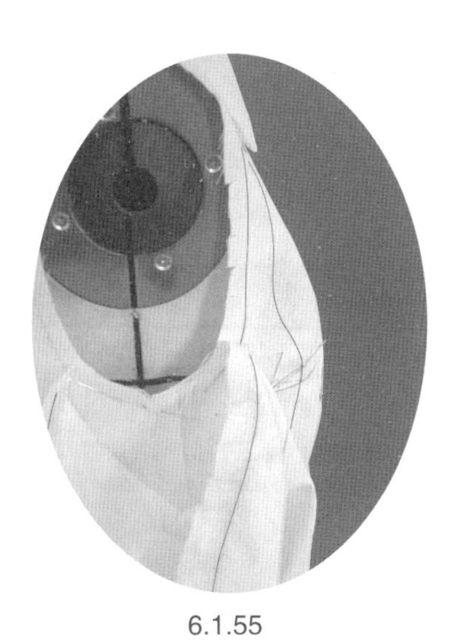

6.1.55

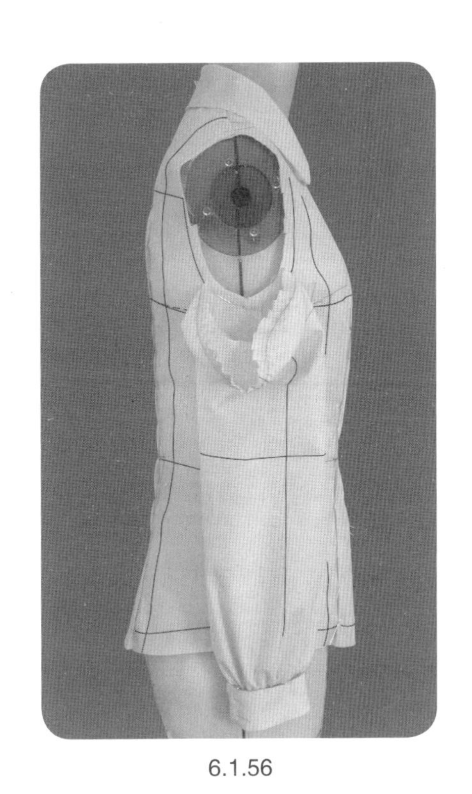

6.1.56

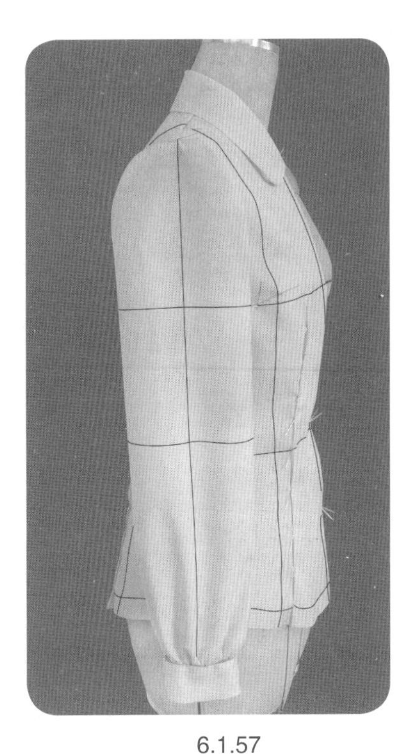

6.1.57

6.1.55 将袖底缝与袖窿底点位置对齐，固定袖窿底部弧线。

6.1.56 注意袖身的前倾状态，袖窿底部无吃势设置并完全保持平整伏贴，若出现不对应的情况，则要根据袖窿弧线调整袖山弧线。

6.1.57 将衣袖袖山点固定于衣身肩点，观察衣袖的可抬高斜度，若不合适则可适当调整袖山高度及袖山点位置。

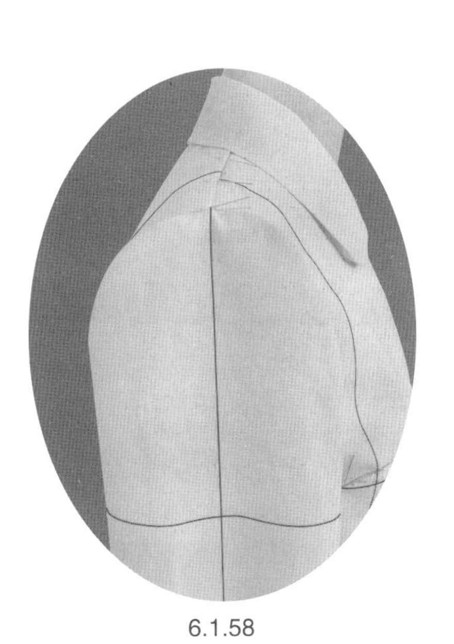

6.1.58

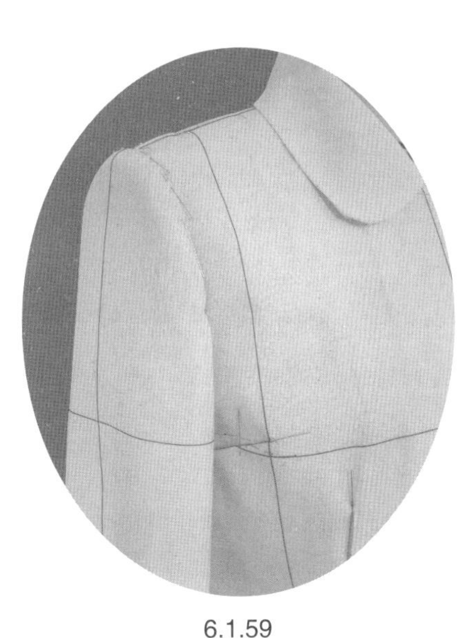

6.1.59

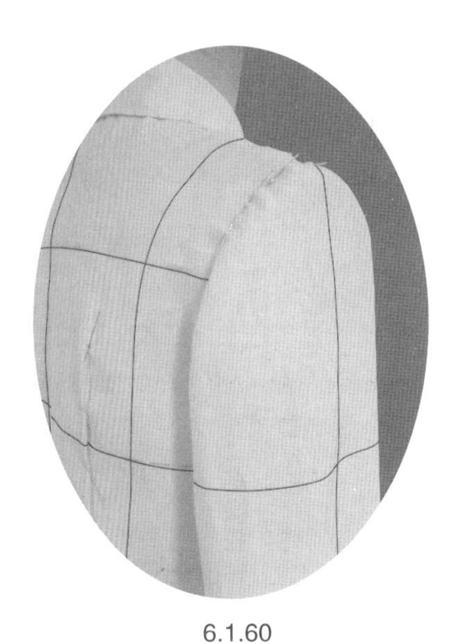

6.1.60

6.1.58 观察前、后袖山的吃势分配是否达到基本平衡。

6.1.59 细致地分配袖山吃势，沿袖窿弧线别缝衣袖与衣身，注意保持袖山的圆顺饱满。

6.1.60 完成衣袖的立体假缝、袖山弧线的调整以及袖山吃势的分配，标记袖山弧线与袖窿弧线的装缝对位点，记录袖山弧线的调整。

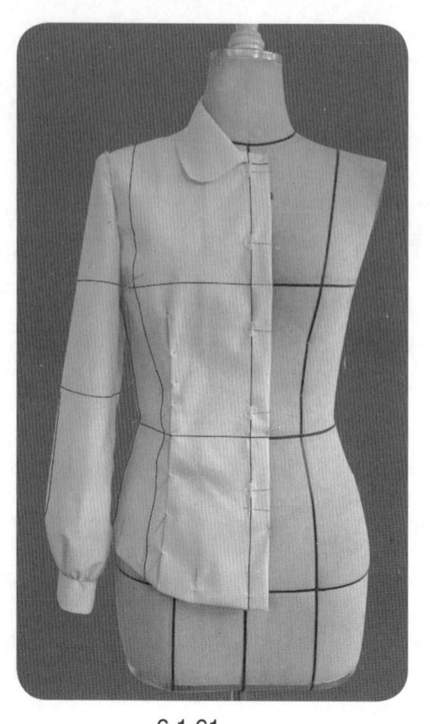

6.1.61

6.1.62

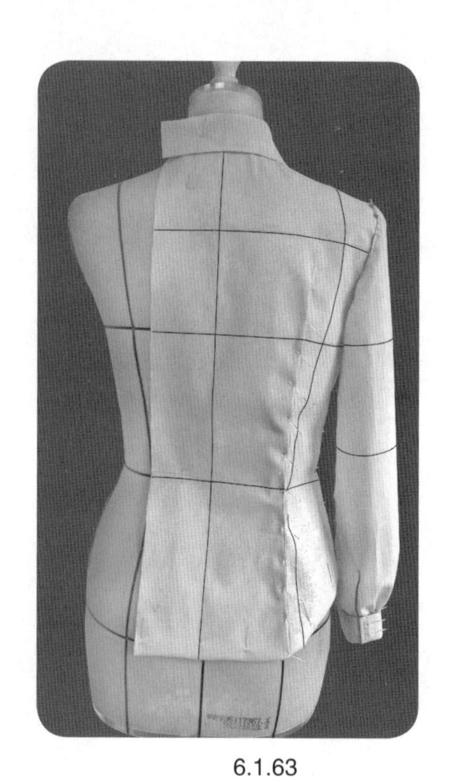

6.1.63

6.1.61 ～ 6.1.63　整体造型完成。

● 样片描图(图6.1.3)

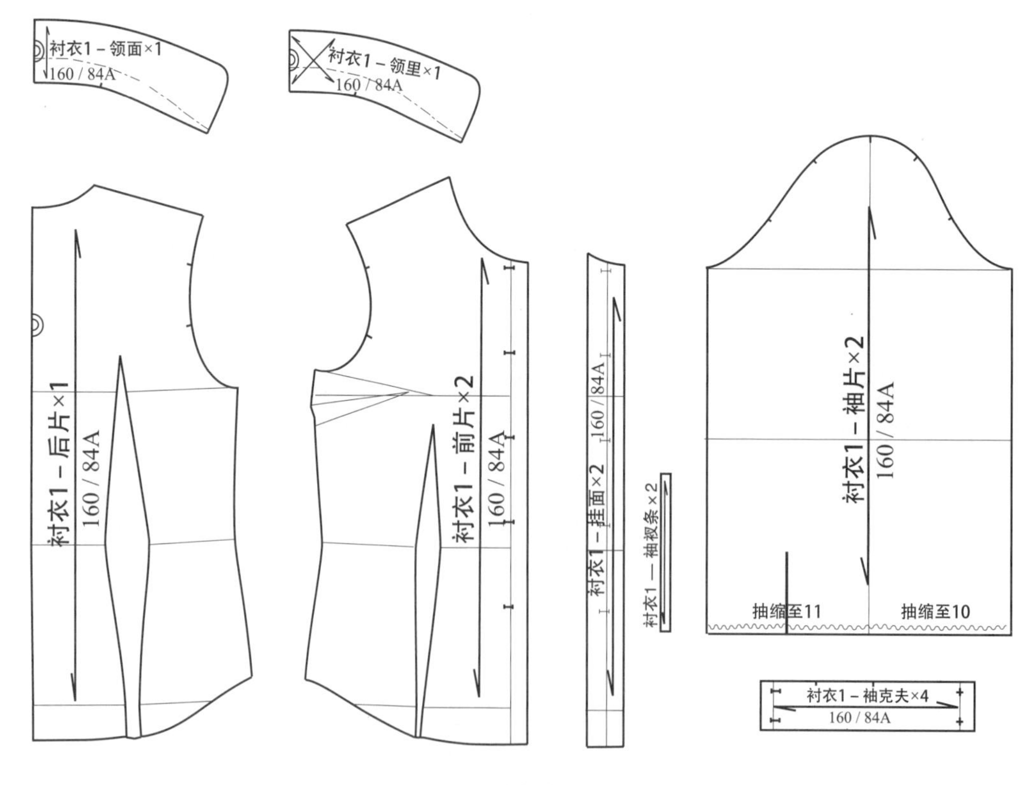

图6.1.3 样片描图

6.2 衬衣2——双腰省衬衣

● 款式分析(图6.2.1)

衣身廓形：X型。

胸围线以上曲面量处理：

前片——适量的袖窿松量、底边腰省；

后片——适量的袖窿松量、肩育克分割线。

胸围线—腰围线—臀围线—底边的曲面量处理：

前片——底边腰省、侧缝；

后片——底边腰省、侧缝。

衣领造型：翻立领。

衣袖造型：圆装袖；直袖、一片袖、袖口克夫。

图6.2.1 款式插图

● 坯布准备(图6.2.2)

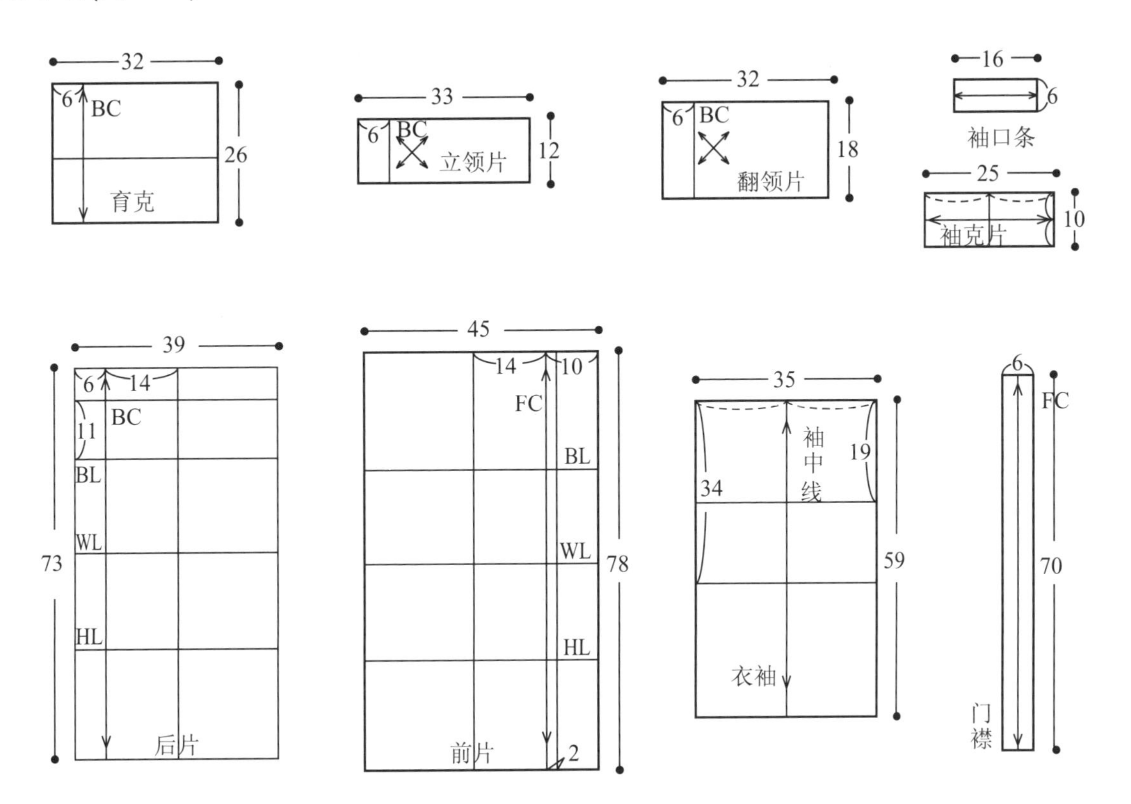

图6.2.2 坯布准备图（单位：cm）

● 操作步骤

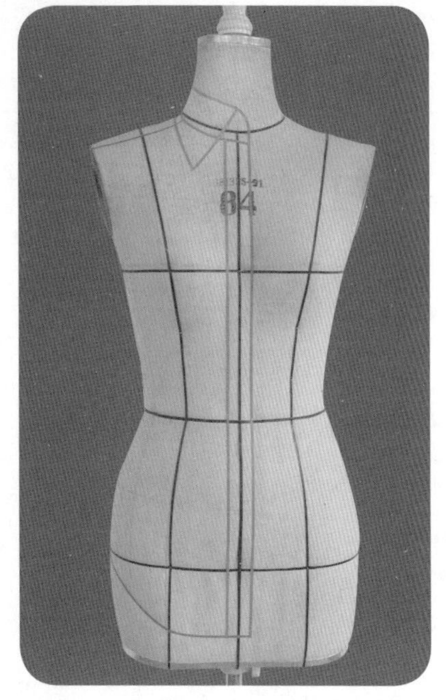

6.2.1

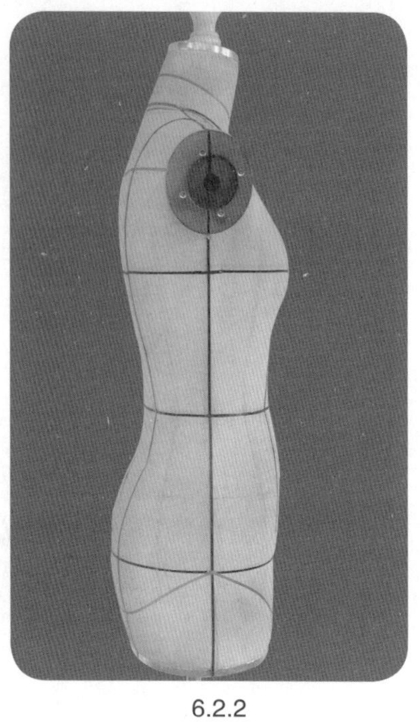

6.2.2

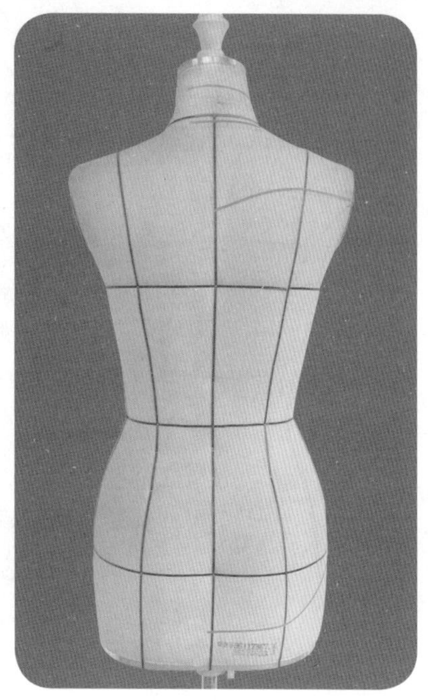

6.2.3

6.2.1 ~ 6.2.3 贴置款式造型线。

6.2.4

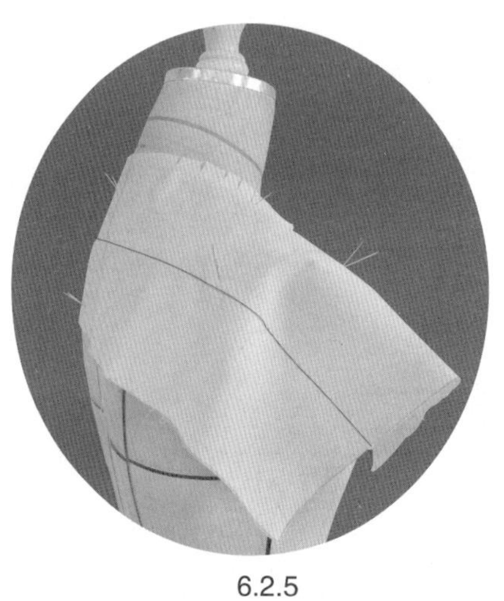

6.2.5

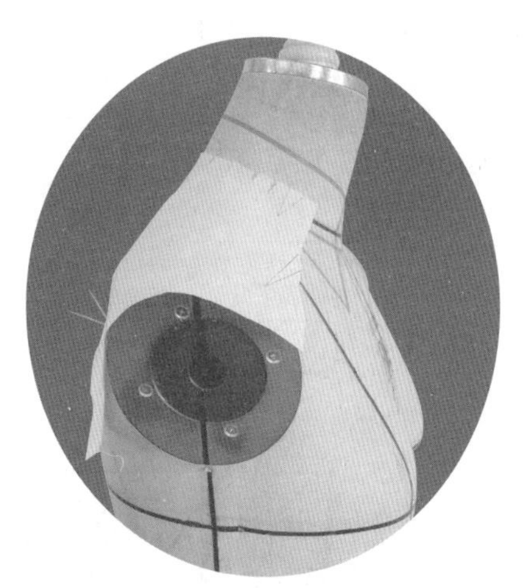

6.2.6

6.2.4 将肩育克用布固定于人台。

6.2.5 修剪领口，抚平肩部，注意余留适当的松量。

6.2.6 修剪前移的肩线、袖窿线。

6.2.7 贴置分割线造型，修剪多余缝份。肩育克初步造型完成。

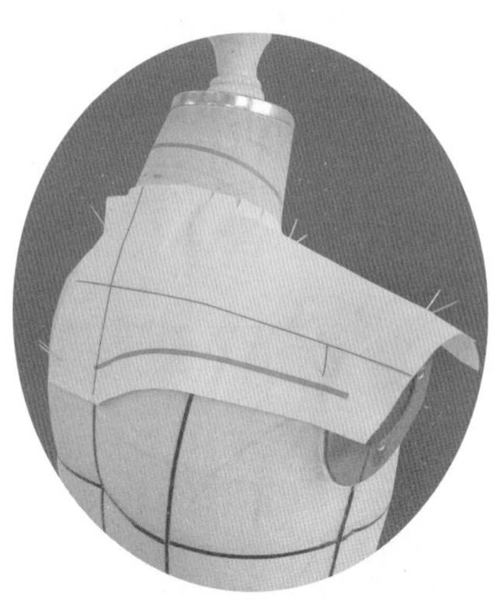

6.2.7

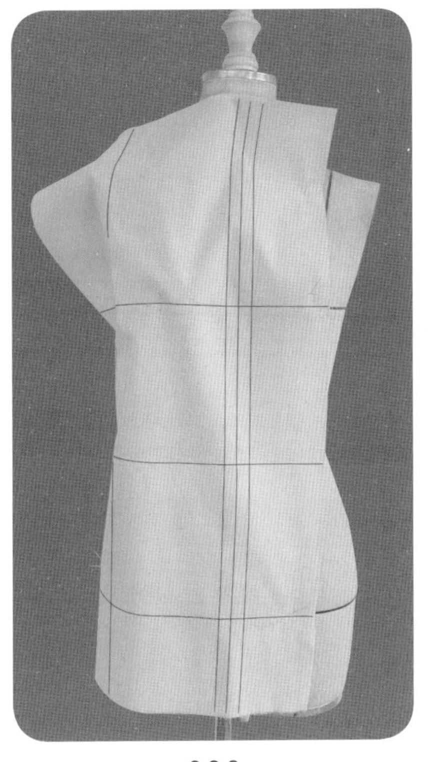

6.2.8

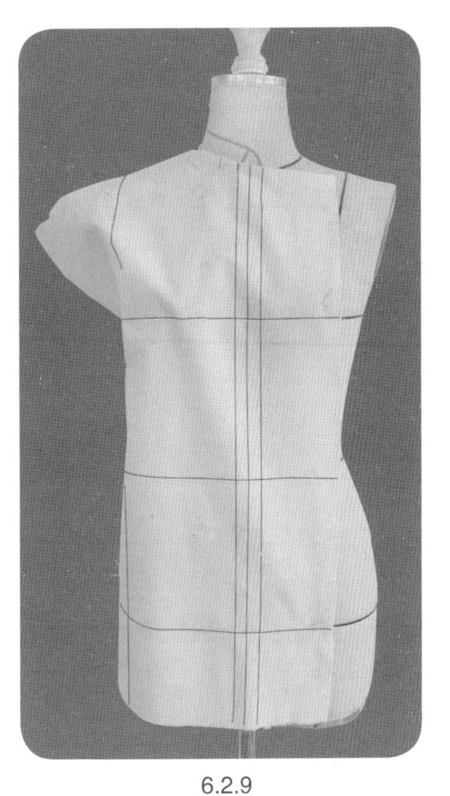

6.2.9

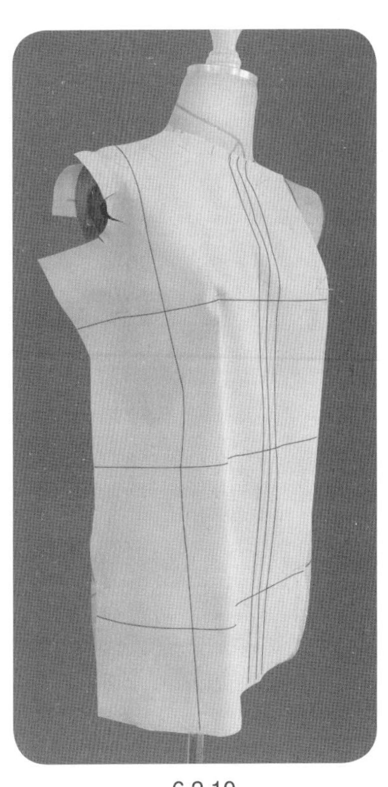

6.2.10

6.2.8 固定前片用布于人台。注意胸围松量的设置，整体胸围松量为6~8cm。

6.2.9 修剪领口，合并肩线。

6.2.10 袖窿处余留适当松量，将多余浮余量转移至下摆。

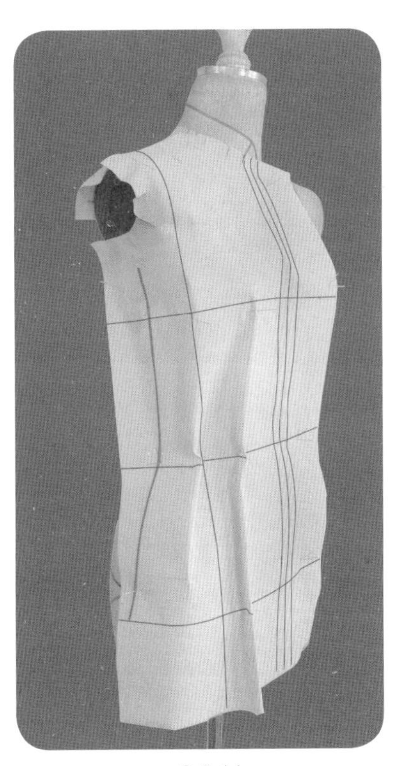

6.2.11

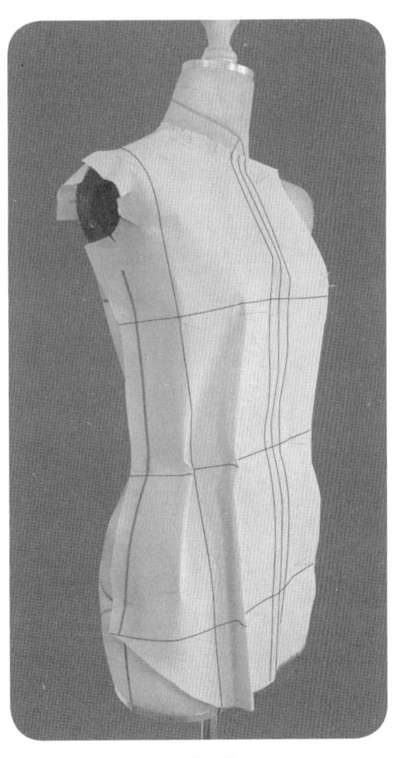

6.2.12

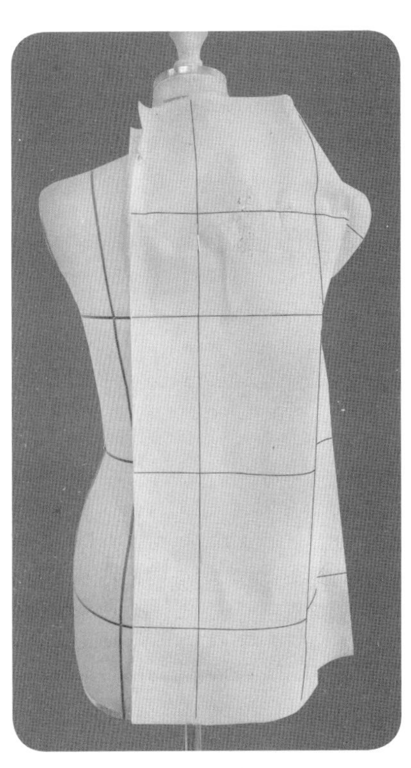

6.2.13

6.2.11 观察吸腰造型，确定省道位置、省道量以及侧缝吸腰量。

6.2.12 修剪侧缝、底边。前片初步造型完成。

6.2.13 固定后片用布于人台上，并沿分割线合并后片与肩育克。分割线中包含了肩胛骨的多余浮余量。

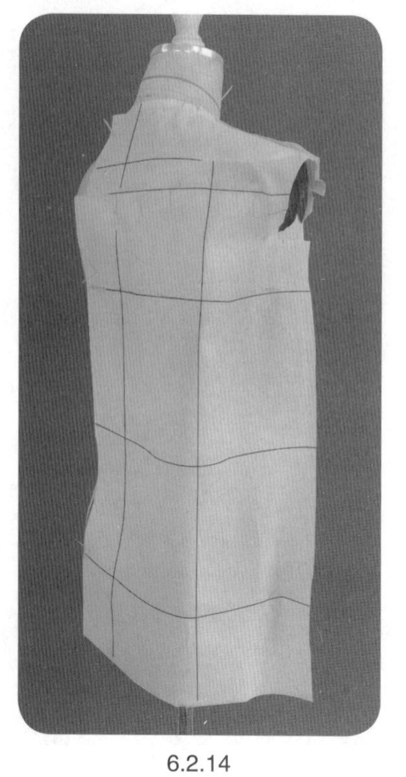

6.2.14

6.2.15

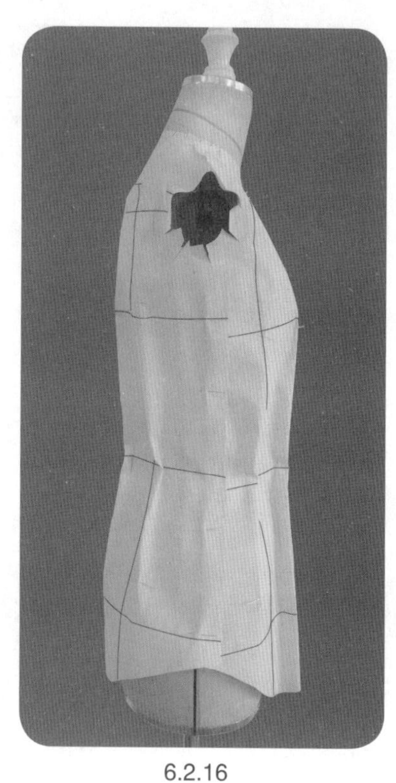

6.2.16

6.2.14　保证胸围松量，初步合并前、后片侧缝。

6.2.15　观察吸腰造型，确定后片省道位置、省道量以及侧缝吸腰量。

6.2.16　修剪后片侧缝、底边。

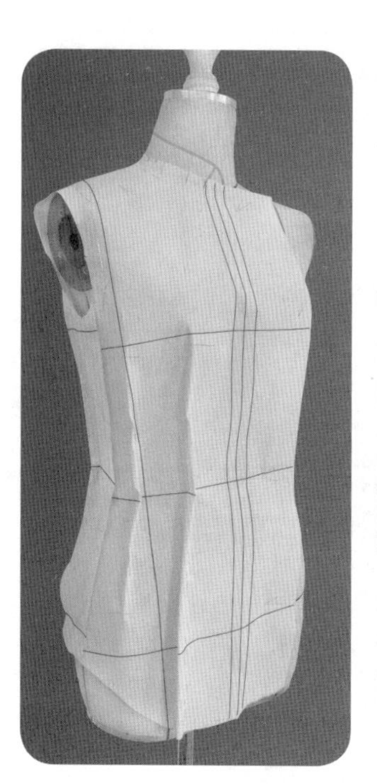

6.2.17

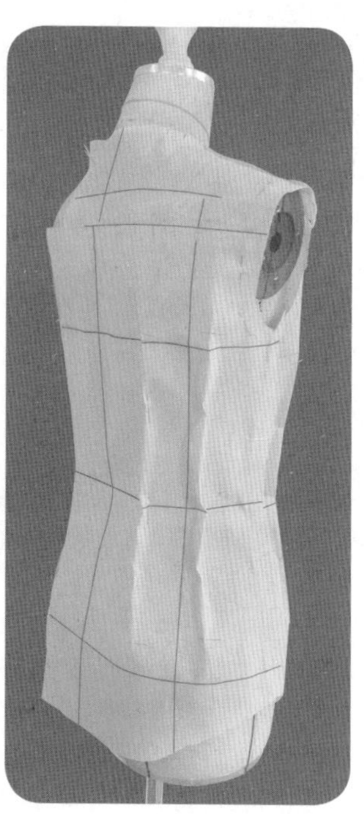

6.2.18

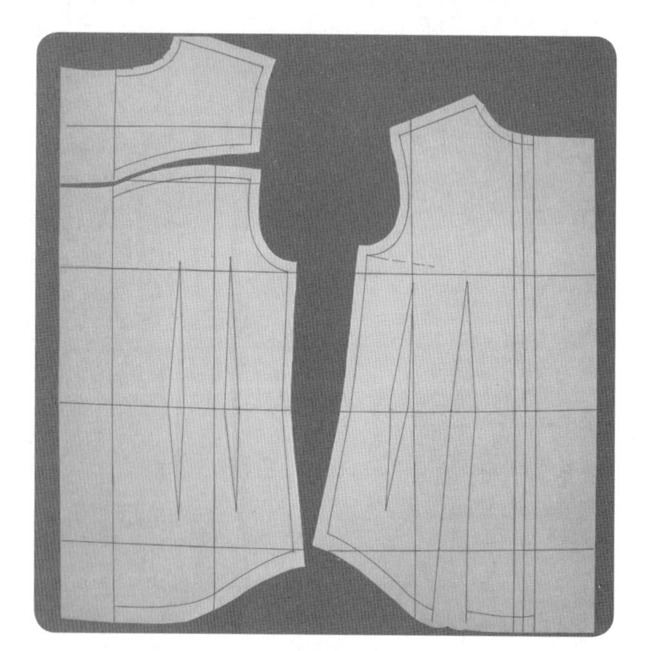

6.2.19

6.2.17、6.2.18　观察前、后以及侧面的服装造型，确认松量以及吸腰造型合适。衣身初步造型完成。标点描线。

6.2.19　衣身样片的平面整理。

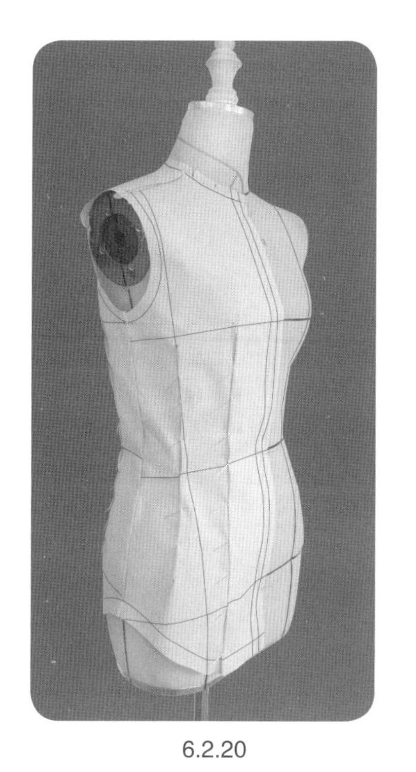

6.2.20

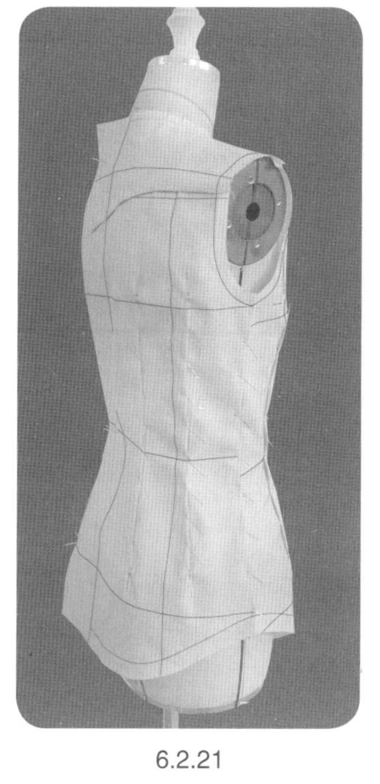

6.2.21

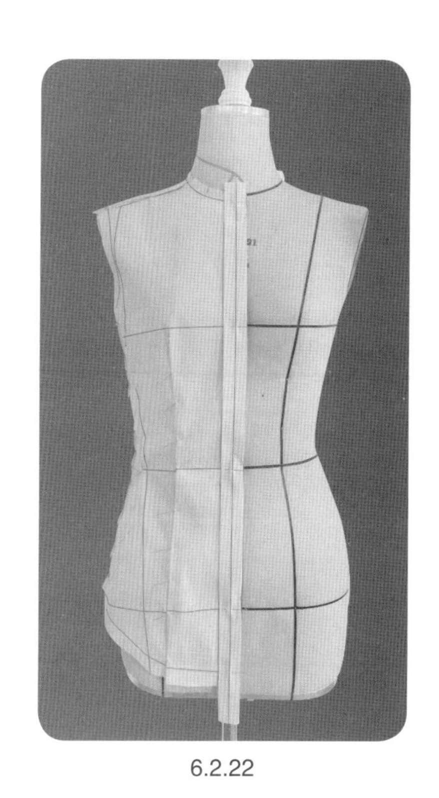

6.2.22

6.2.20 、 6.2.21　衣身造型的试样补正。

6.2.22、 6.2.23　贴门襟的操作。

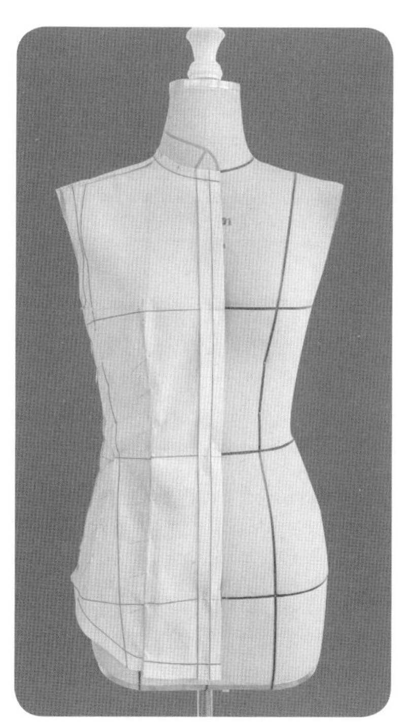

6.2.23

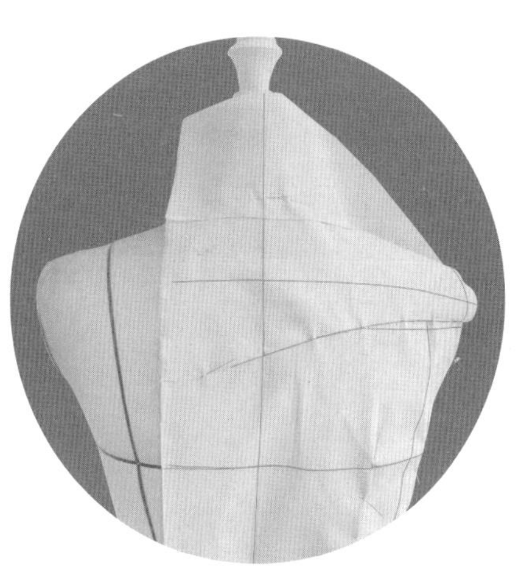

6.2.24

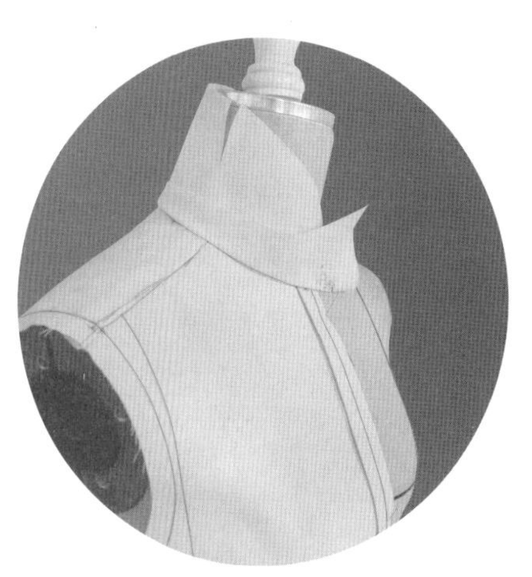

6.2.25

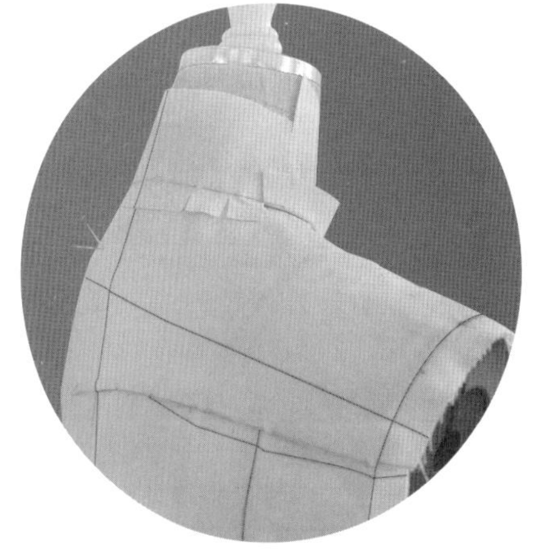

6.2.26

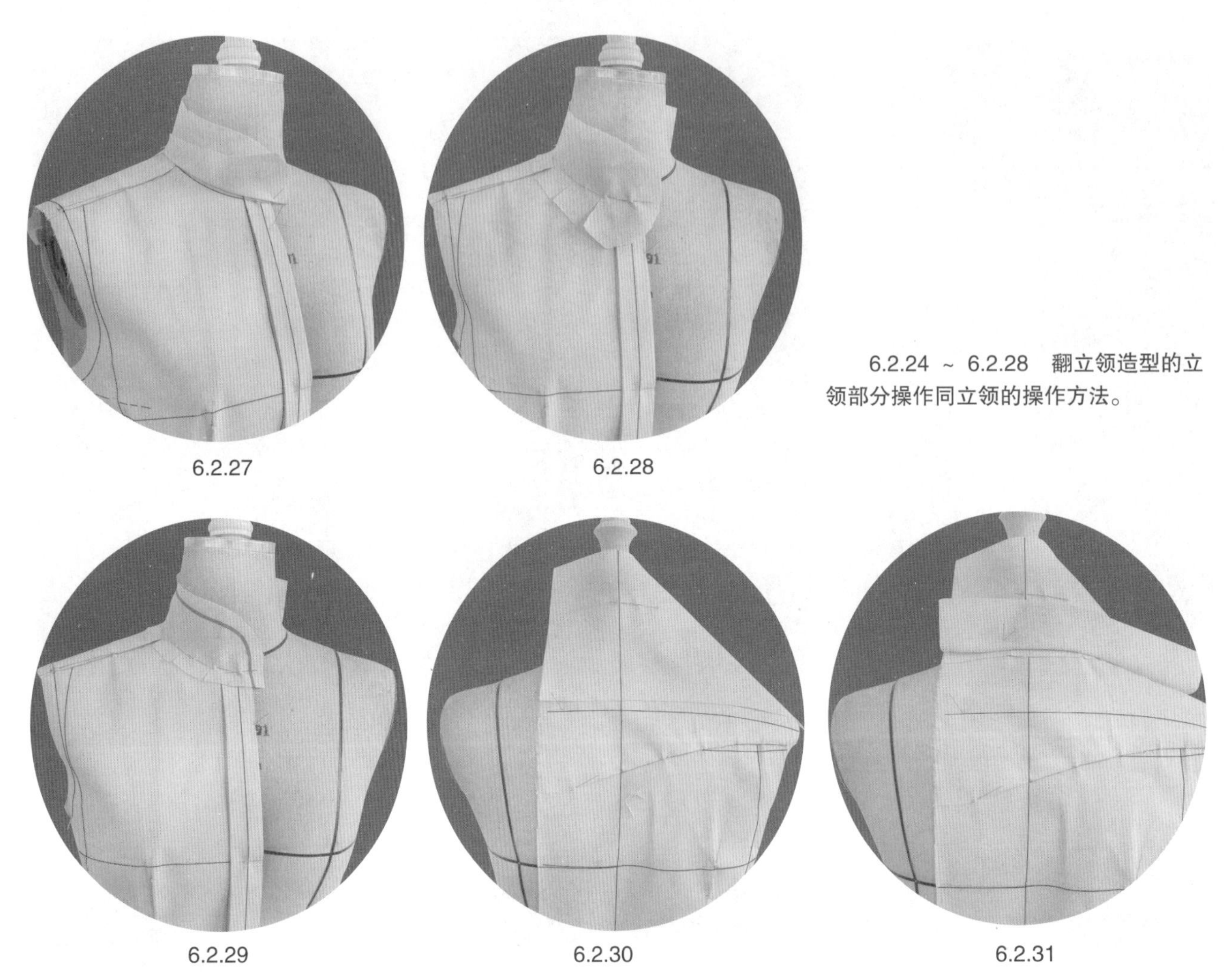

6.2.27

6.2.28

6.2.24 ~ 6.2.28　翻立领造型的立领部分操作同立领的操作方法。

6.2.29

6.2.30

6.2.31

6.2.29　翻立领造型的立领部分的初步造型完成。

6.2.30　翻立领造型的翻领部分操作。保持翻领用布后中线竖直，沿立领上领口线固定。

6.2.31　余留翻领宽度，翻折翻领用布外口。

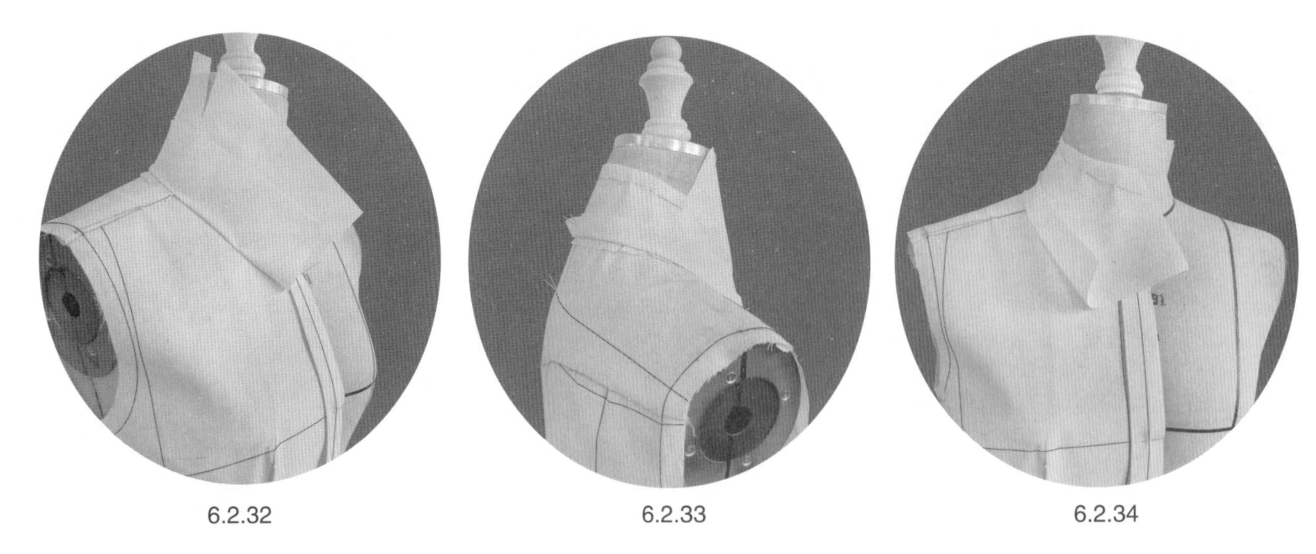

6.2.32

6.2.33

6.2.34

6.2.32　调整翻折量，达到三点造型要求：一是上领口松量与立领上领口松量的一致；二是翻领宽度以及领角宽度的保证；三是翻折线即翻领外口线与衣身的伏贴。

6.2.33、6.2.34　逐步修剪，逐步沿领上口线固定翻领与立领。

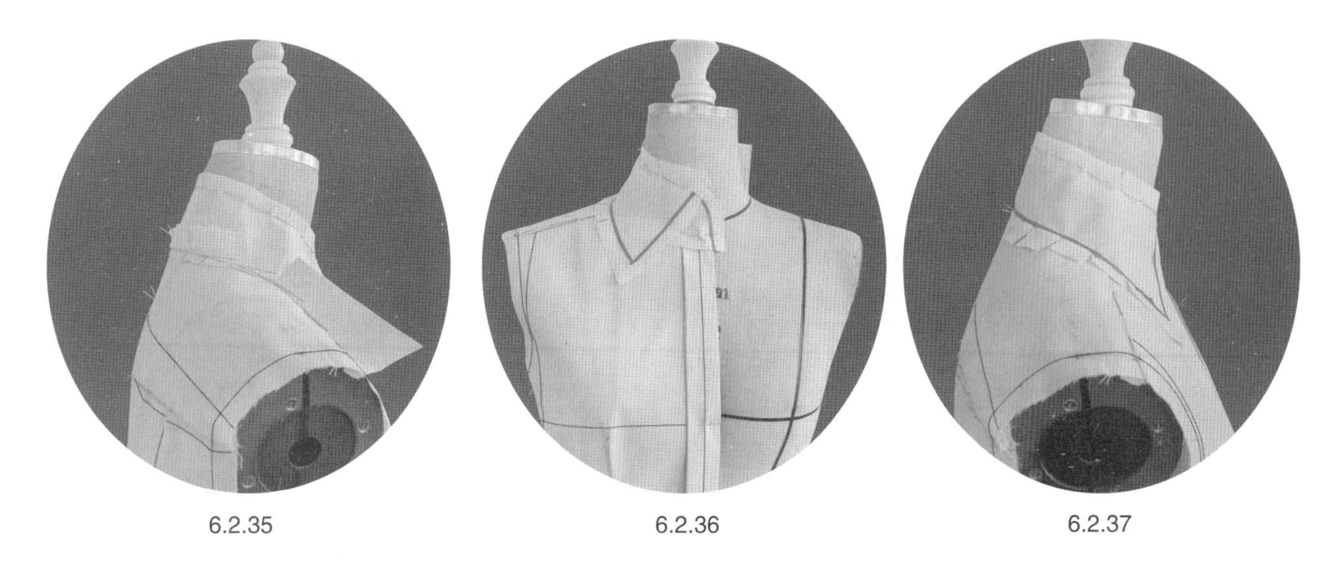

6.2.35　　6.2.36　　6.2.37

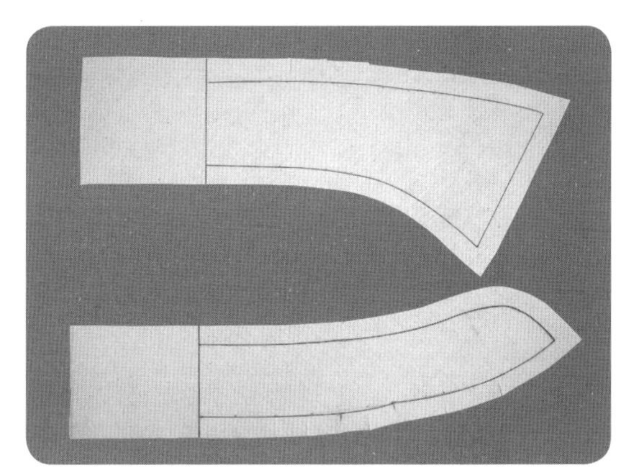

6.2.38

6.2.35、6.2.36　逐步剪刀口，修剪翻领的领外口线，贴置领外口线造型，修剪多余缝份量，完成翻立领的初步造型。

6.2.37　标点描线。注意标注立领与衣身领口、翻领与立领上领口线的拼合对位标记。

6.2.38　衣领样片的平面整理。可拓印为直丝缕布纹的样片进行试样。

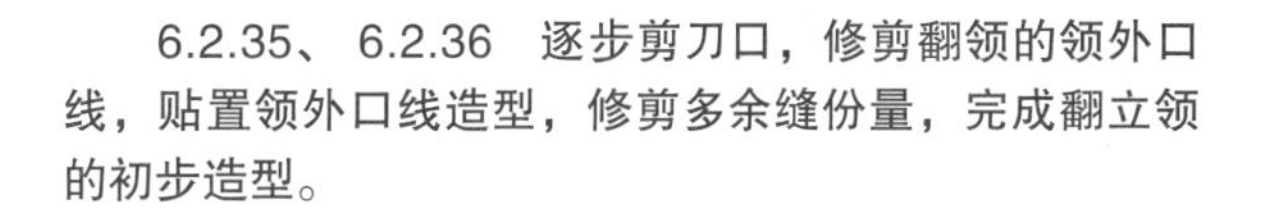

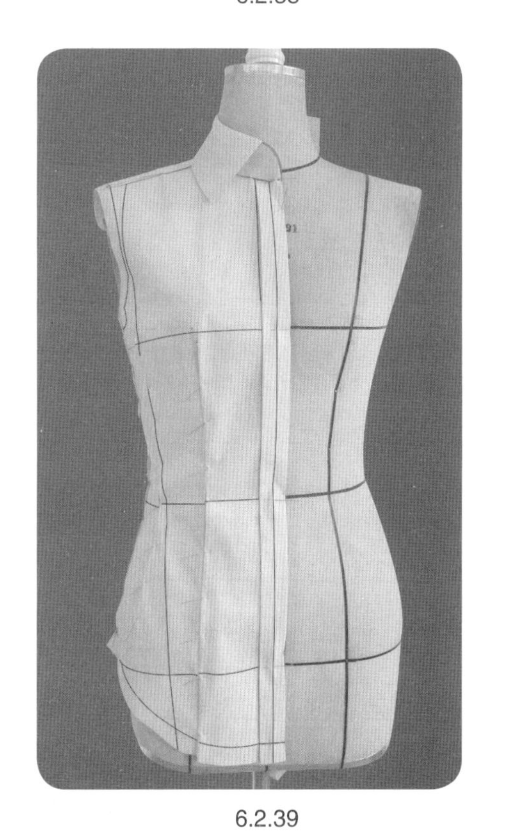

6.2.39

6.2.39　衣领的试样补正，造型确认。

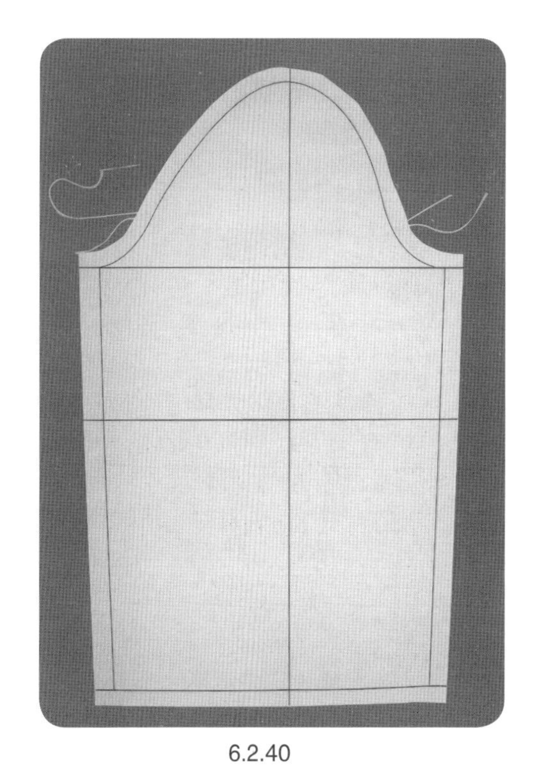

6.2.40

6.2.40　衣袖配制的袖窿拓印以及纸样绘制方法同“6.1衬衣1——单腰省衬衣”。

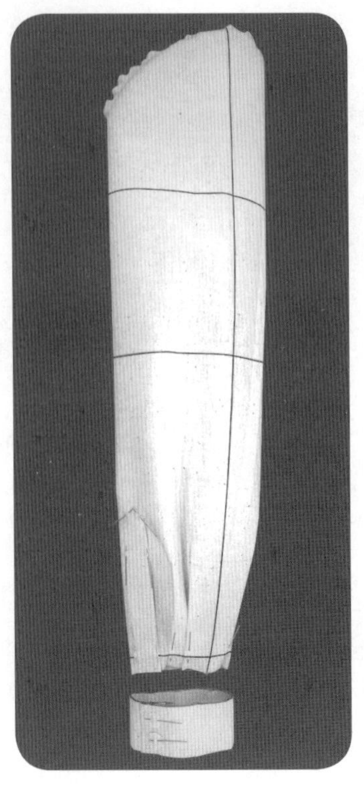

6.2.41

6.2.41　用手工针线抽缩袖山，将袖口衣褶固定，设置袖衩位置，拼合袖底缝，完成袖身拼合后再与袖克夫假缝拼合。

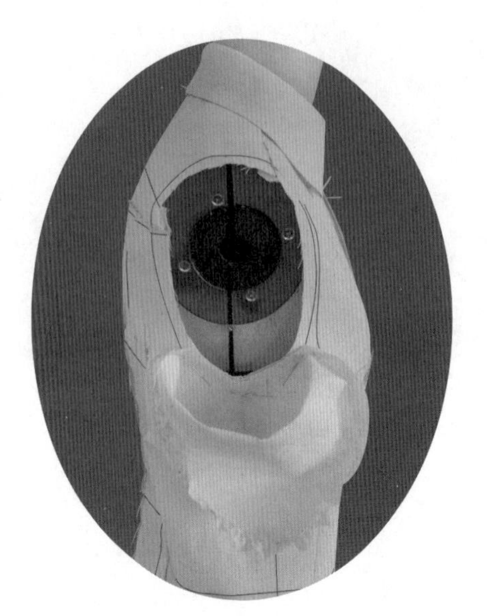

6.2.42

6.2.42　保证袖窿底部伏贴，沿袖窿弧线固定衣袖与衣身。

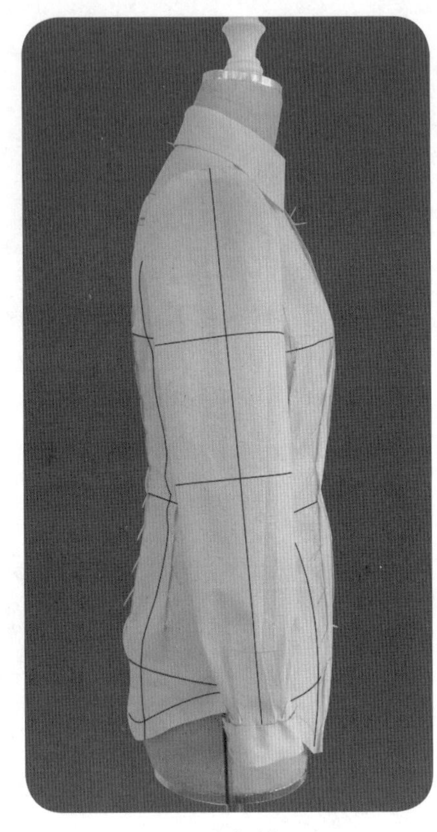

6.2.43

6.2.43　将袖山点与袖窿SP点固定，观察并确认袖身为前倾状态且前/后袖山吃势分配平衡。

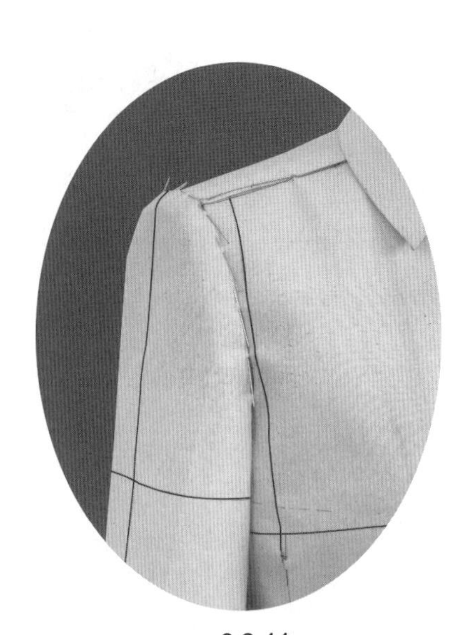

6.2.44

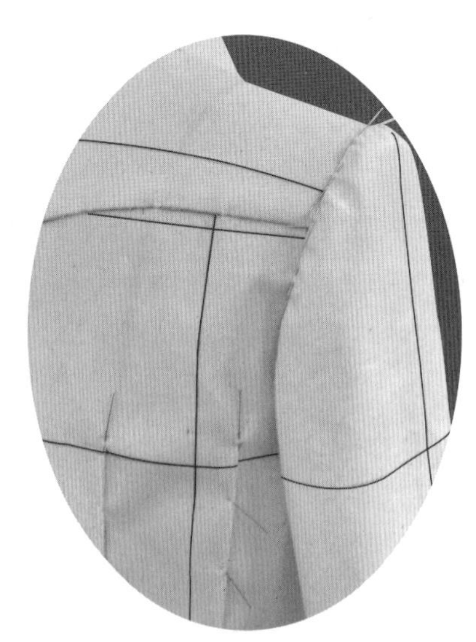

6.2.45

6.2.44、6.2.45　逐步分配袖山吃势，逐针固定衣袖袖山与袖窿。注意衣袖袖山造型要圆顺、饱满。

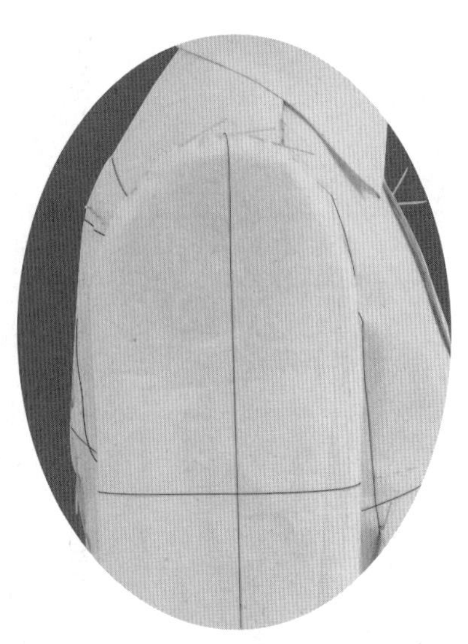

6.2.46

6.2.46　设置衣袖袖山与衣身袖窿的装袖对位点，以及袖山的调整标记。完成衣袖的装袖假缝。

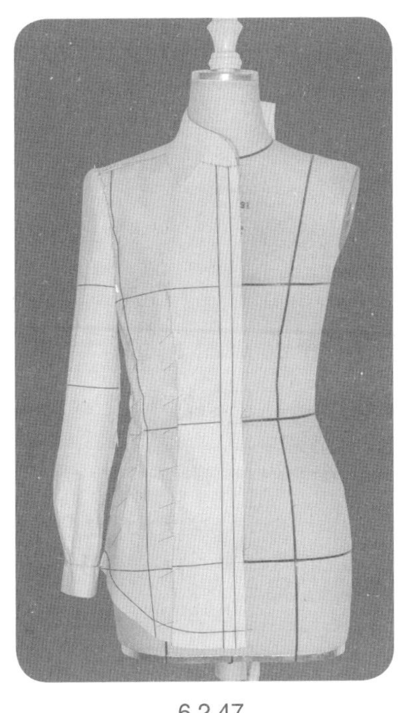

6.2.47

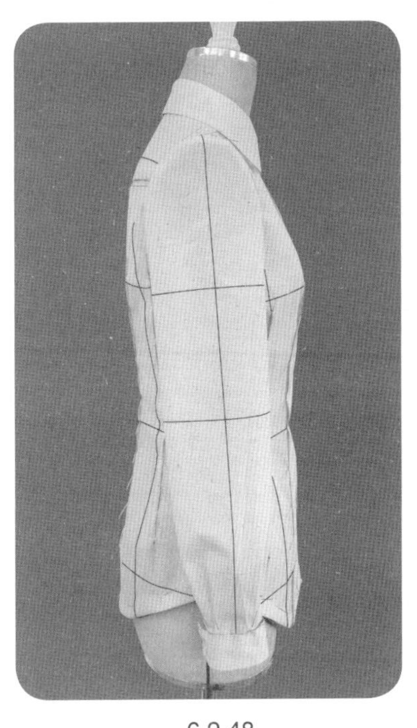

6.2.48

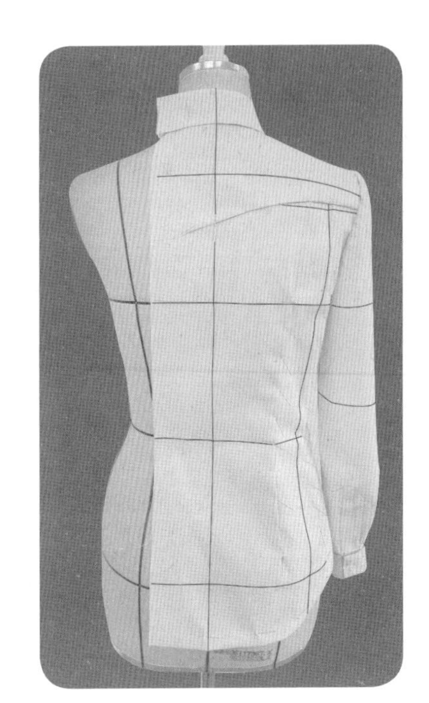

6.2.49

6.2.47 ~ 6.2.49　整体造型完成。

● 样片描图(图6.2.3)

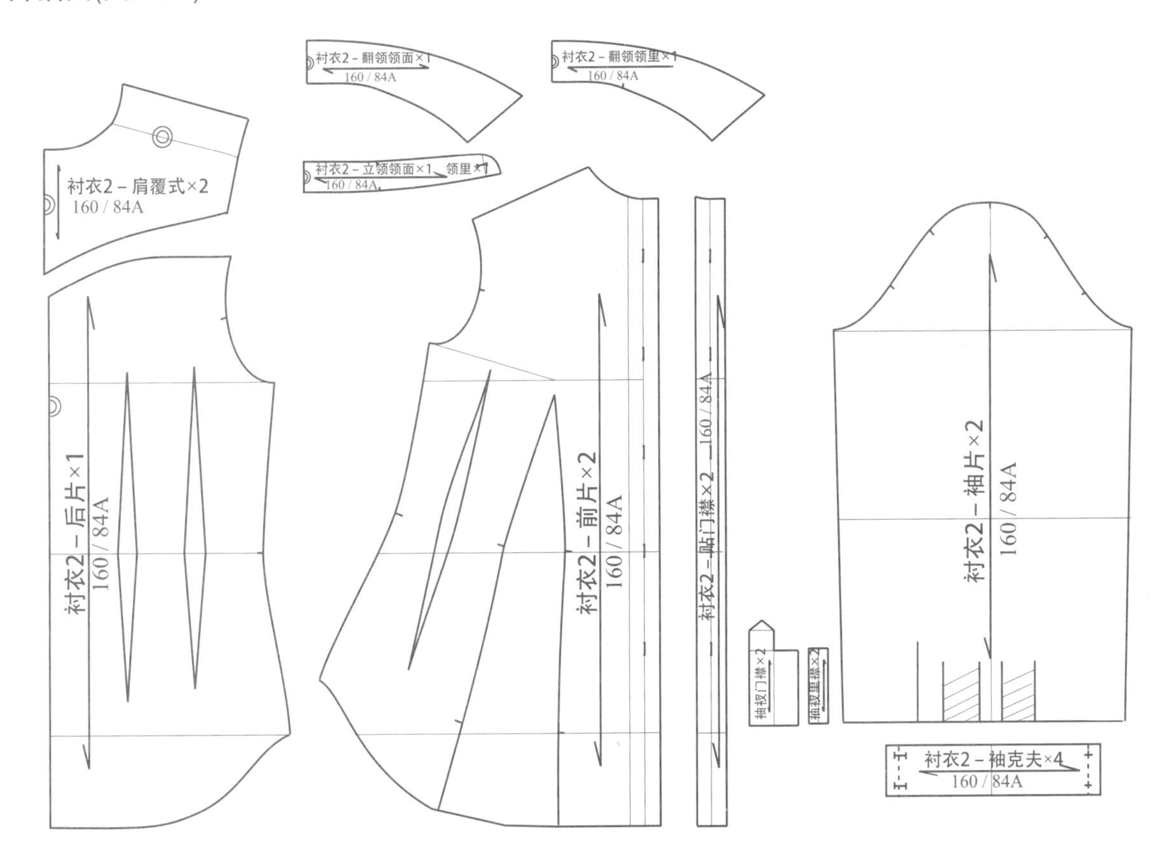

图6.2.3 样片描图

6.3 衬衣3——A型衬衣

● **款式分析(图6.3.1)**

衣身廓形：A型。

胸围线以上曲面量处理：

前片——适量的袖窿松量、下摆A型量、袖窿省；

后片——适量的袖窿松量、下摆A型量、肩省。

衣领造型：X量较大的连翻领。

衣袖造型：圆装袖；直袖、一片袖、小袖口。

图6.3.1 款式插图

● **坯布准备(图6.3.2)**

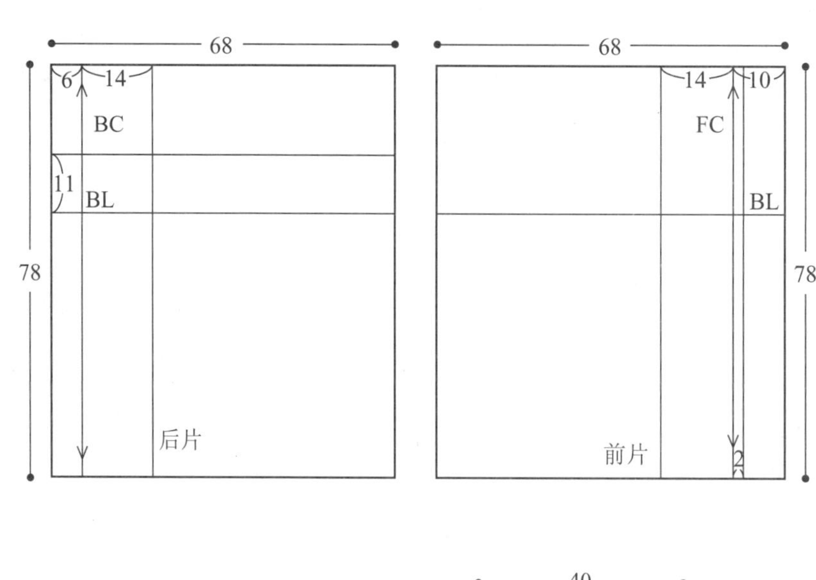

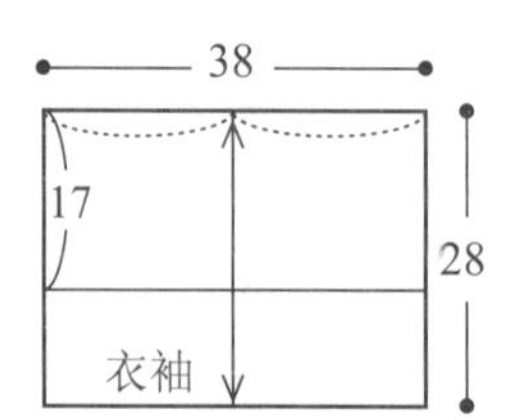

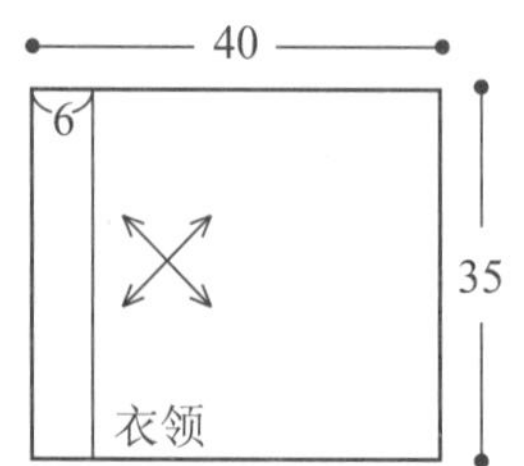

图6.3.2 坯布准备图(单位:cm)

● 操作步骤

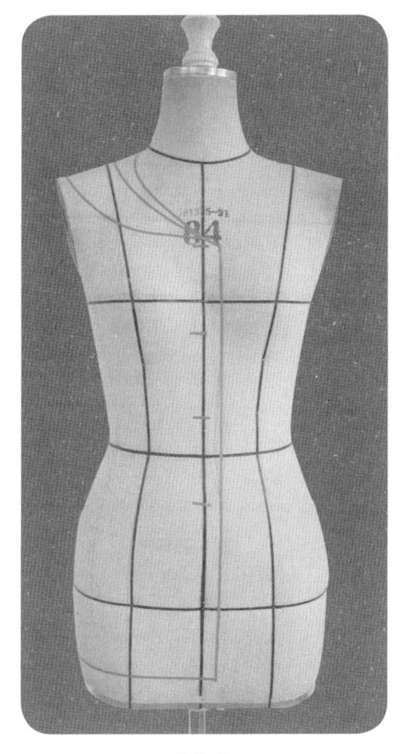

6.3.1

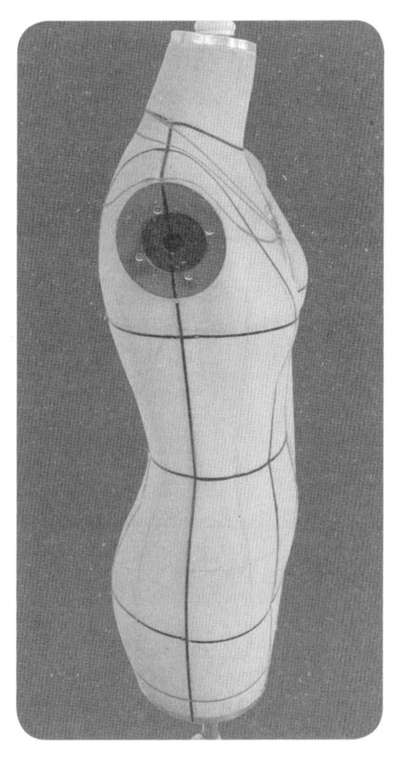

6.3.2

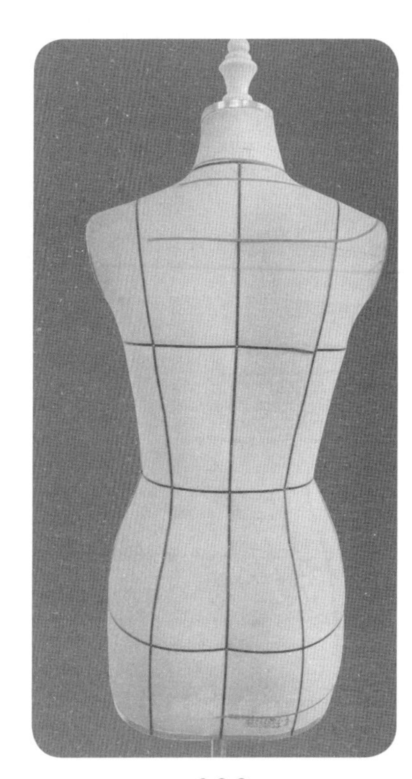

6.3.3

6.3.1 ~ 6.3.3　款式造型线的贴置。

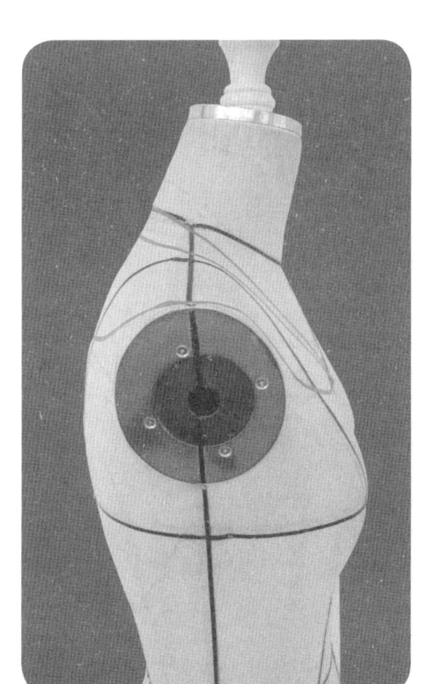

6.3.4

6.3.4　衣领翻折线与颈部距离较大，在造型线贴置时无法准确表达，在衣领造型时应注意调整。

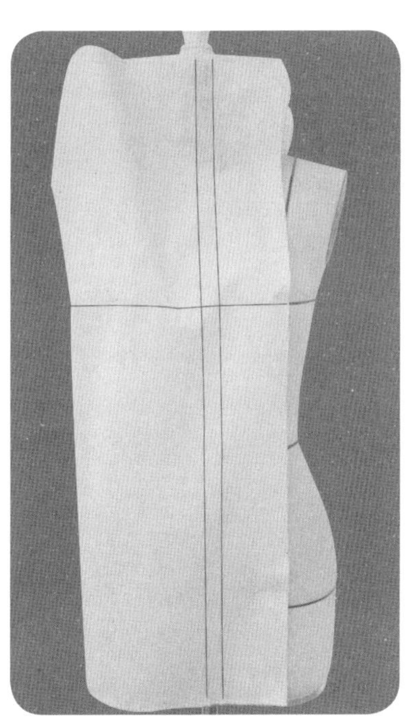

6.3.5

6.3.5　前片用布的长度依据衣长量取，用布宽度依据下摆宽度量取。将前片用布固定于人台。

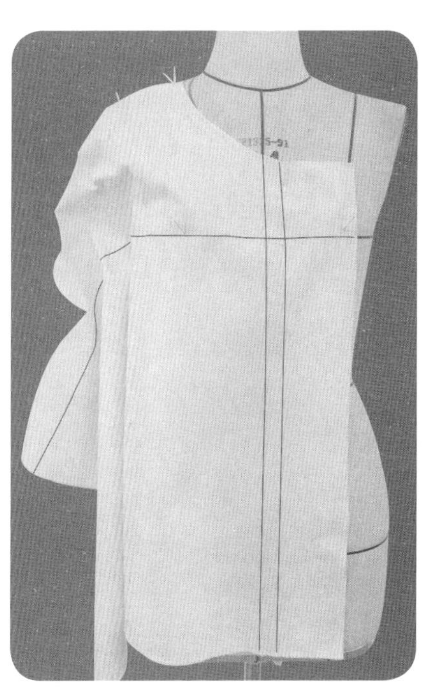

6.3.6

6.3.6　修剪领口，保持领口的伏贴，然后将多余松量转移至袖窿。

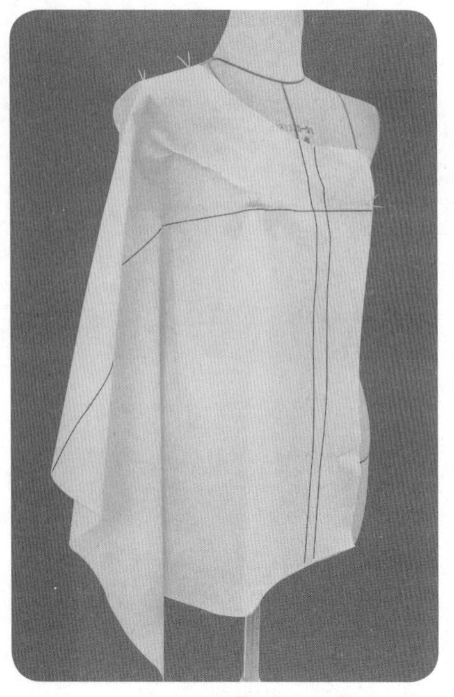

6.3.7

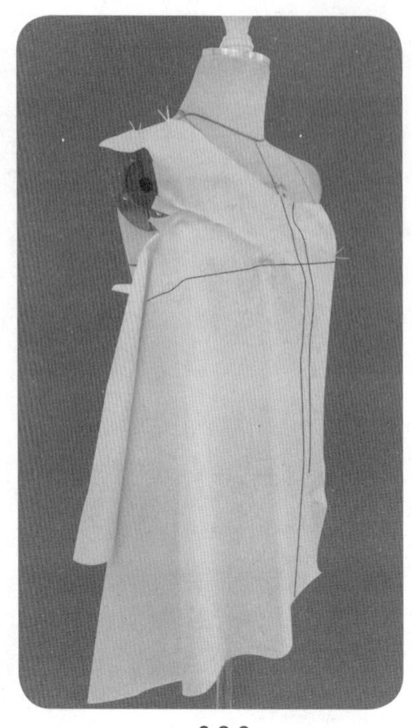

6.3.8

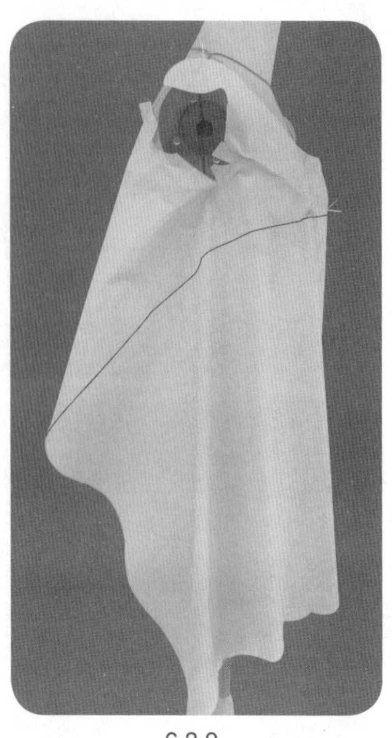

6.3.9

6.3.7　观察A型造型状态，将袖窿处的部分浮余量转移至下摆，形成BP点对应位置的A型量。操作过程中可以观察到，将全部的袖窿浮余量转移会形成BP点对应位置过大的A型量。余留合适的袖窿松量，然后将多余的浮余量以袖窿省处理。

6.3.8　适当修剪袖窿至前侧A型量设置处，以交叉针固定用布于人台，剪刀口、旋转用布，设置适当的A型造型量。

6.3.9　侧缝处设置适当的A型造型量。

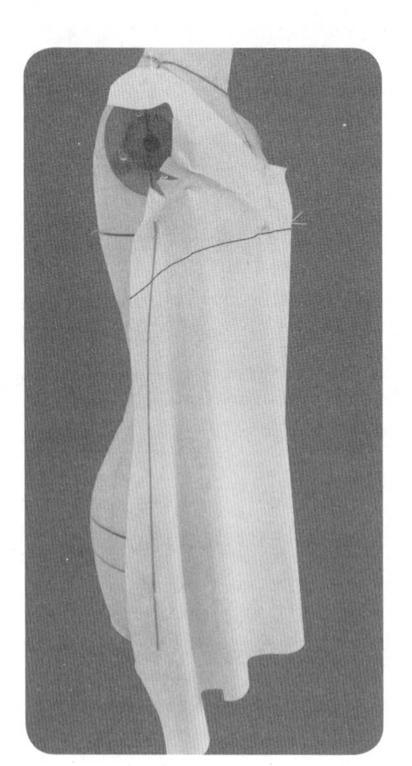

6.3.10

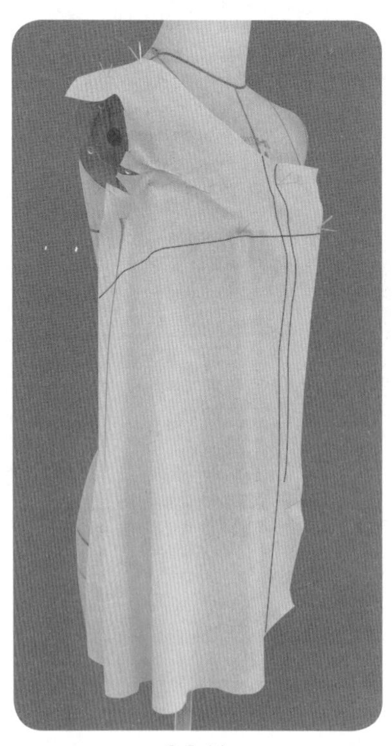

6.3.11

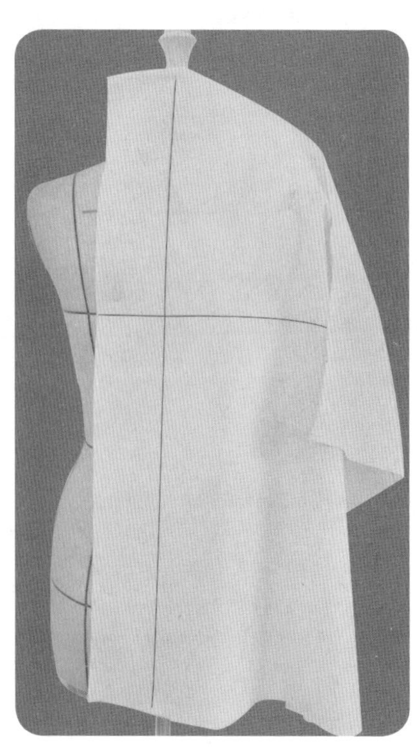

6.3.12

6.3.10　修剪侧缝，观察前片衣身造型，调整A型造型。

6.3.11　适当修剪底边。前片初步造型完成。

6.3.12　将后片用布固定于人台。

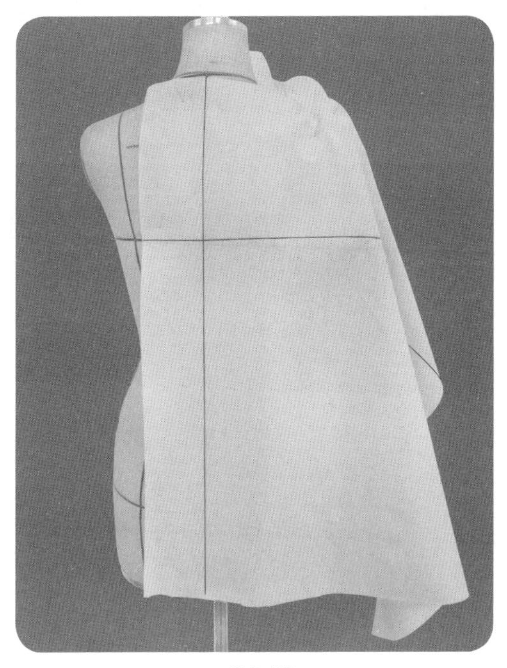

6.3.13

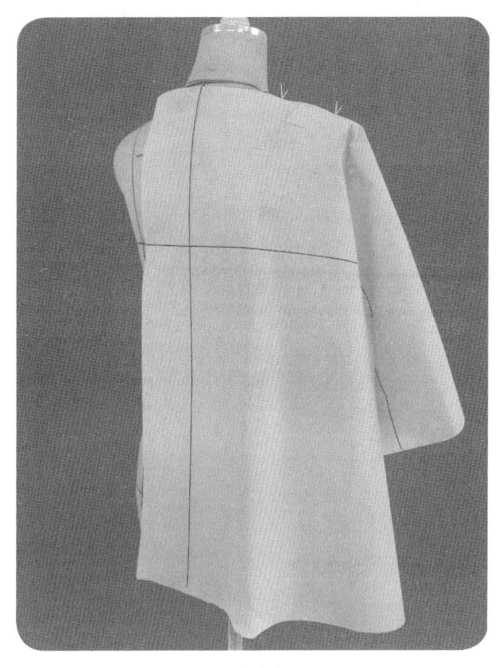

6.3.14

6.3.13　修剪后领口，并将后领口多余松量转移至肩线。

6.3.14　把部分肩部浮余量转移至下摆，形成对应肩胛骨部位的适当A型量，然后将剩余浮余量以肩省处理。

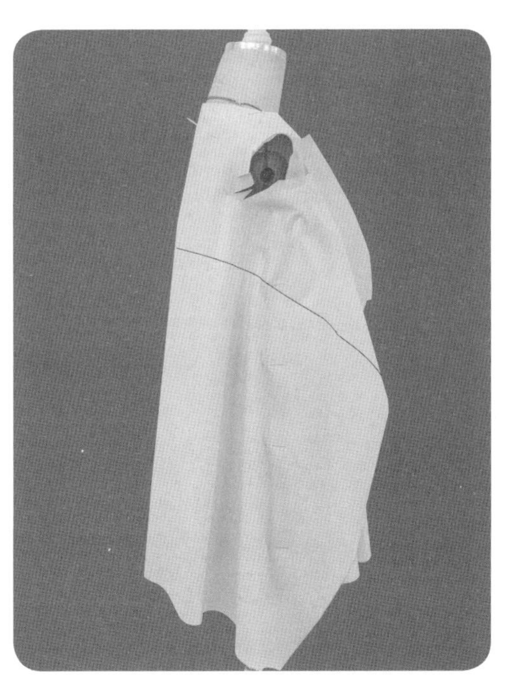

6.3.15

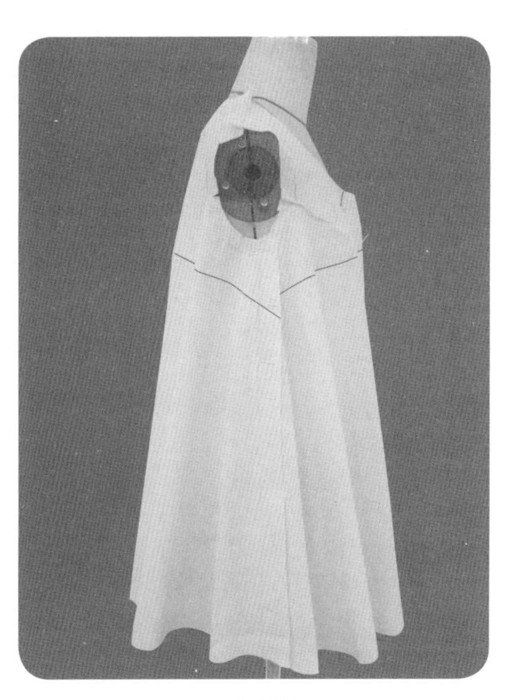

6.3.16

6.3.15　操作同前片。设置后侧的A型造型量以及侧缝的A型造型量，初步别合前、后侧缝。

6.3.16　修剪侧缝、底边，观察前/后造型的平衡，确定袖窿造型；肩宽可适当减小，以塑造A字廓型。完成衣身初步造型，标点描线，注意标注人体胸围线标记。

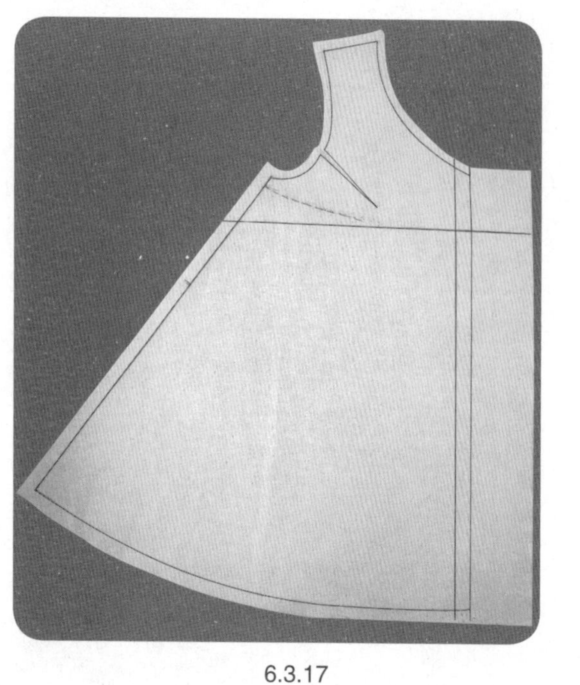

6.3.17

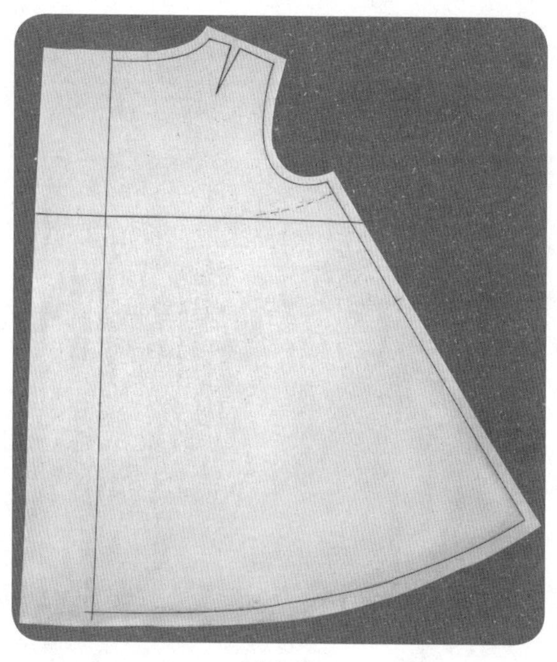

6.3.18

6.3.17、6.3.18　前、后衣片的平面整理。

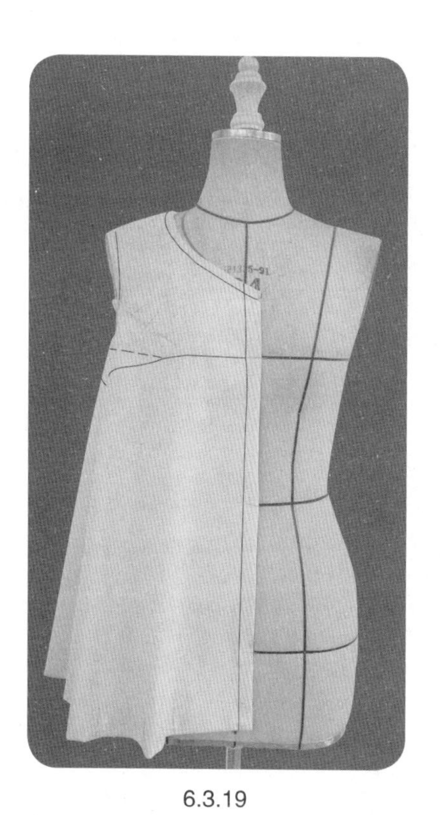

6.3.19

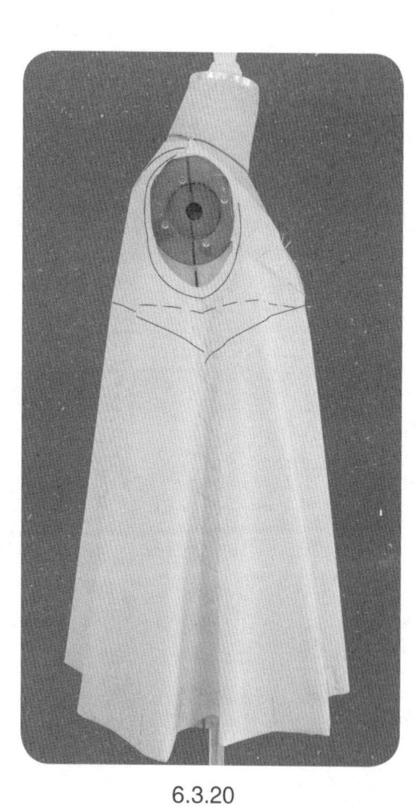

6.3.20

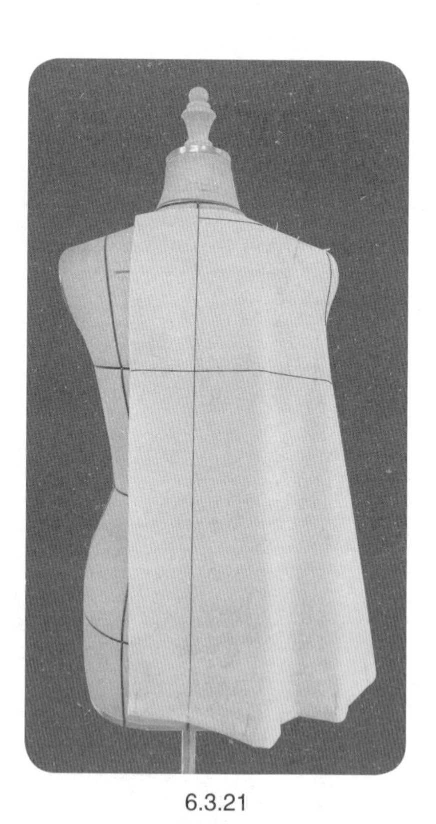

6.3.21

6.3.19 ~ 6.3.21　进行衣身的试样补正，确认衣身造型以及准确的领口线和袖窿线。

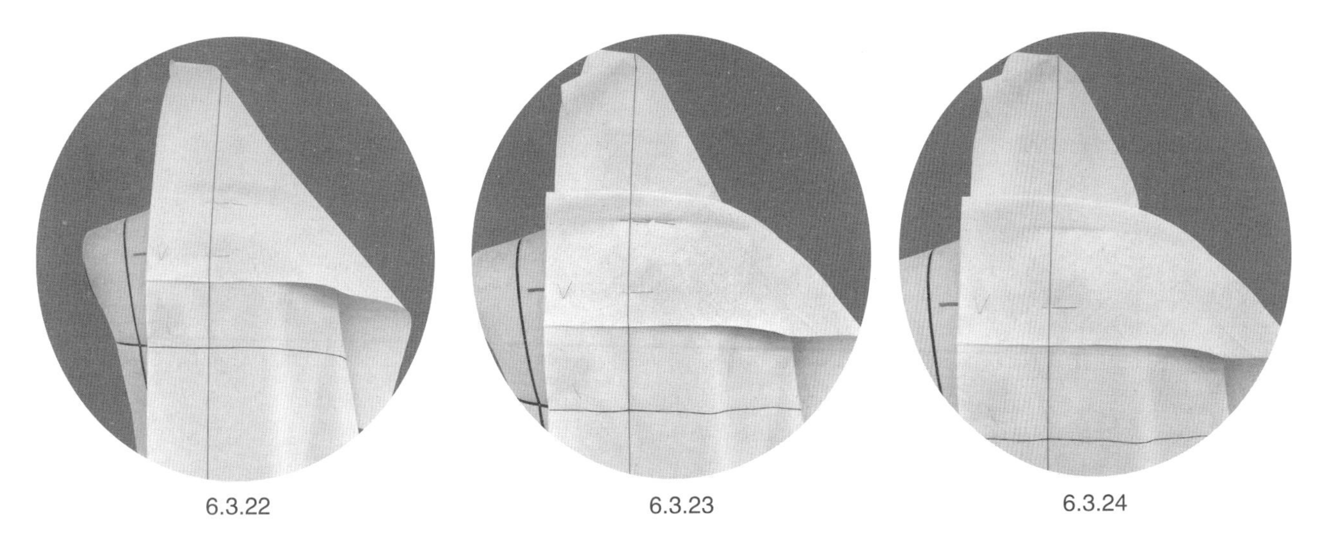

6.3.22　　6.3.23　　6.3.24

6.3.22　余留翻领的宽度，保持后中心线的竖直，将X量置于领口线上方，沿领口线固定领片用布。

6.3.23、6.3.24　向内折叠用布，设置立领高度，沿领口线固定。

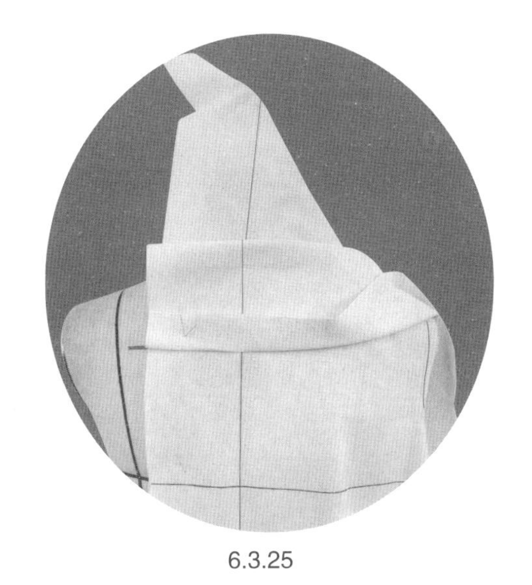

6.3.25

6.3.25　余留翻领宽度，翻折领外口线用布。

6.3.26

6.3.26　调整前领口的向内折叠X量，顺势向前整理，注意保持翻领的造型以及外领口的伏贴。

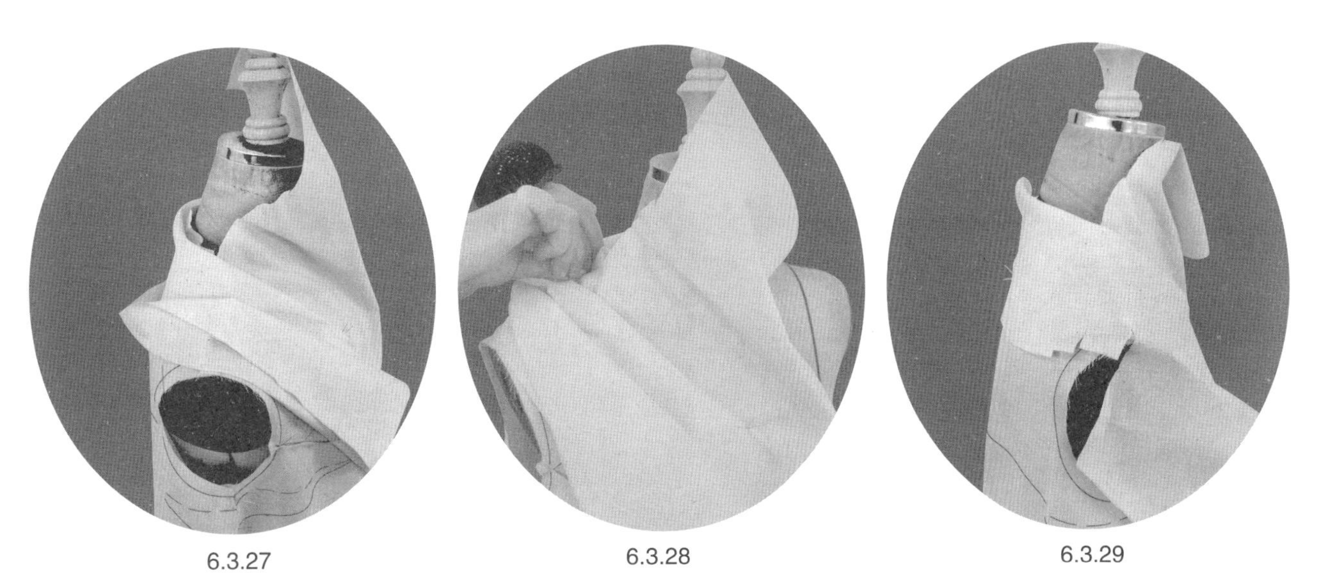

6.3.27　　6.3.28　　6.3.29

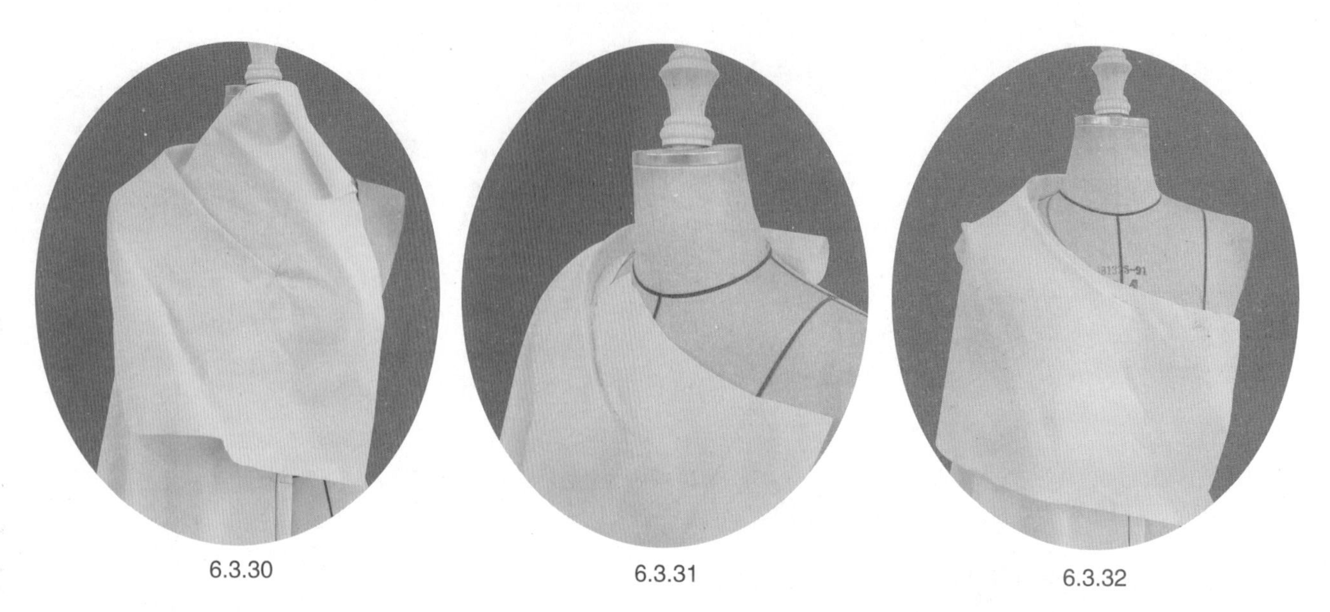

6.3.30 6.3.31 6.3.32

6.3.27 ~ 6.3.32 逐步修剪，沿领口线固定领片与衣身。

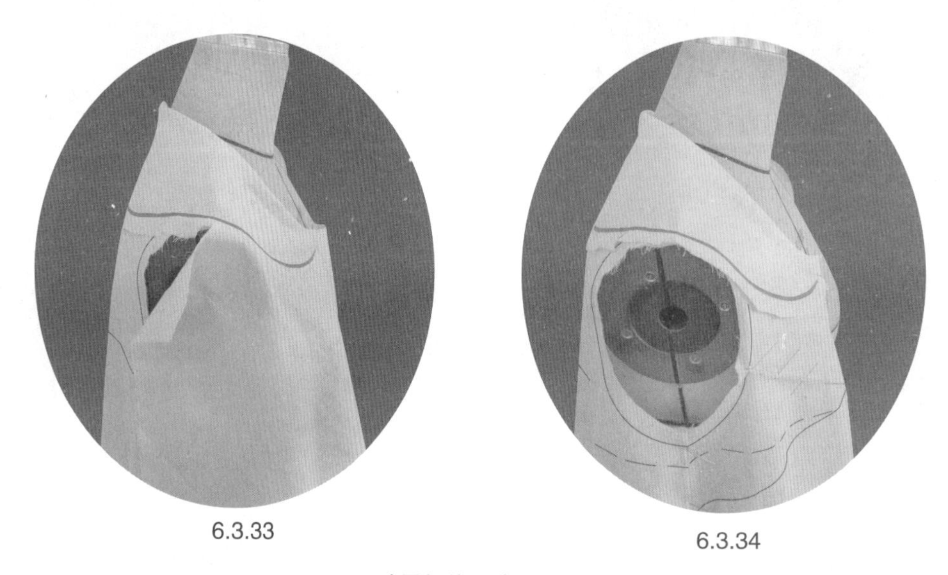

6.3.33 6.3.34

6.3.33、6.3.34 贴置领外口造型，修剪领外口缝份。

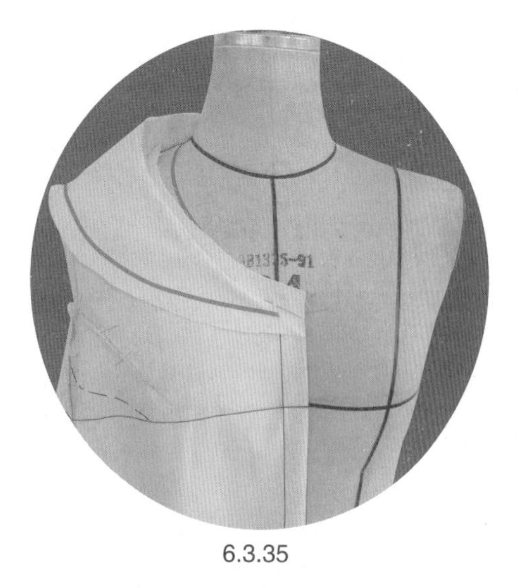

6.3.35

6.3.35 衣领初步造型完成。标点描线。

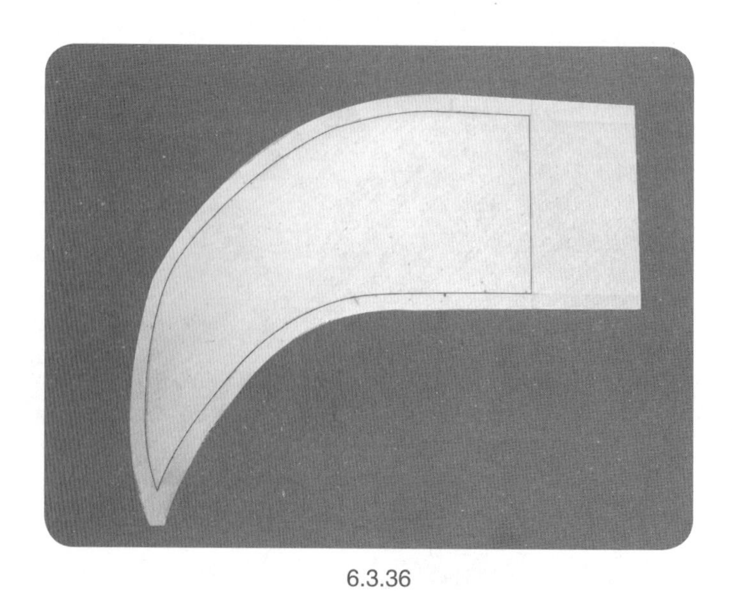

6.3.36

6.3.36 衣领样片的平面整理。

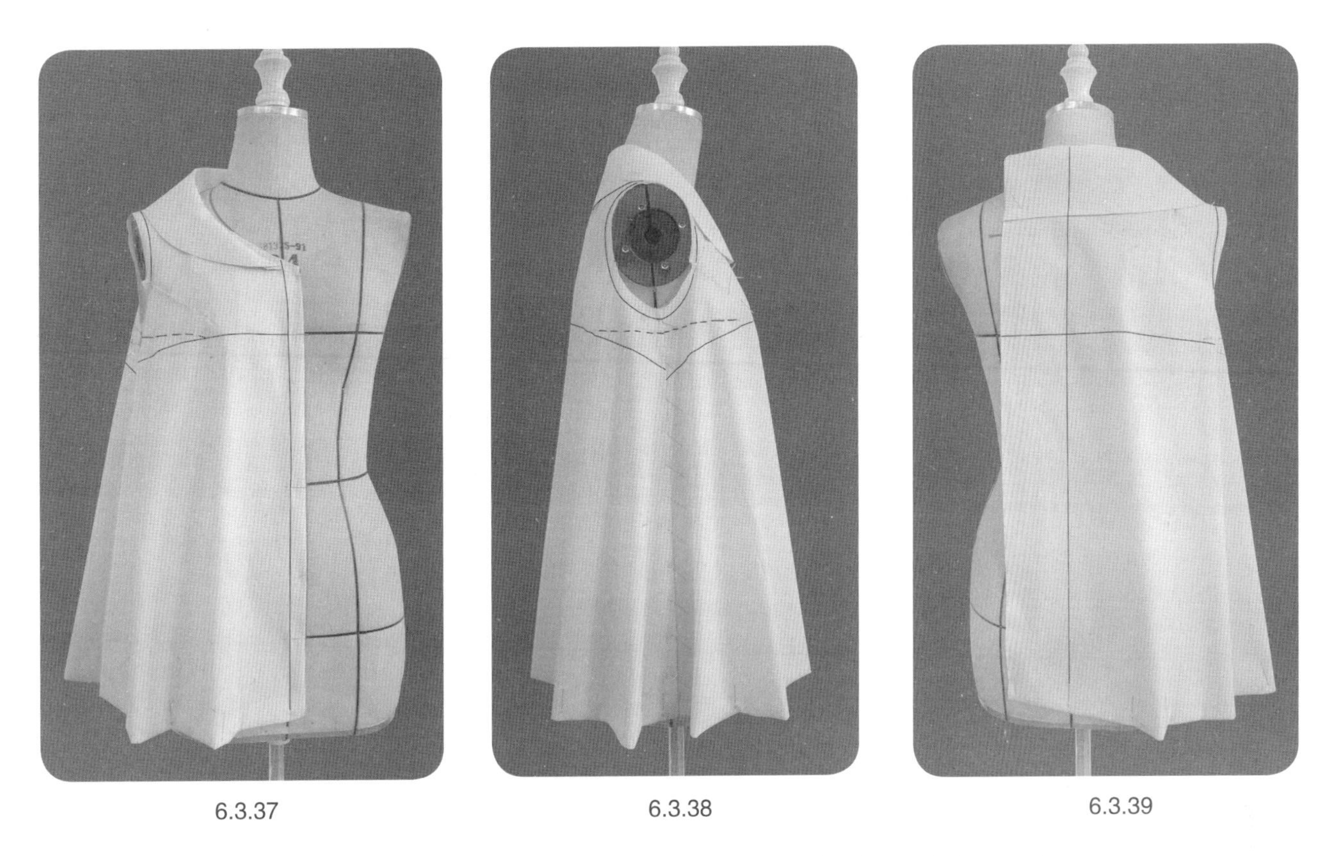

6.3.37　　6.3.38　　6.3.39

6.3.37 ~ 6.3.39　进行衣领与衣身领口假缝，试样补正，确认衣领造型。

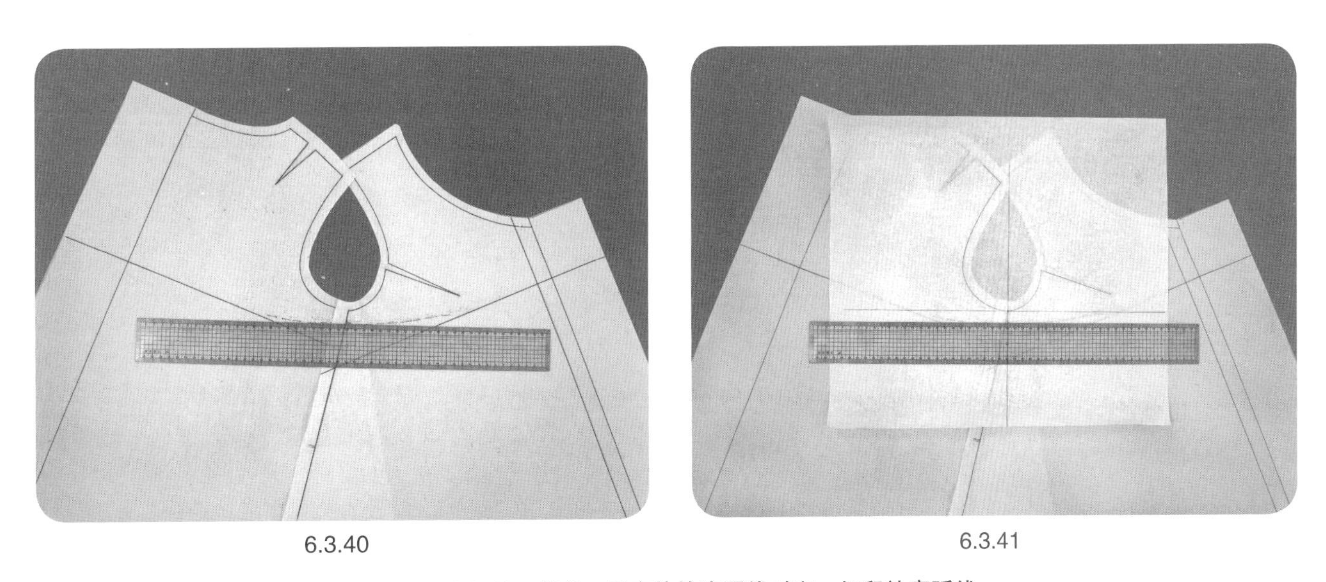

6.3.40　　6.3.41

6.3.40、6.3.41　将前、后衣片的胸围线对齐，拓印袖窿弧线。

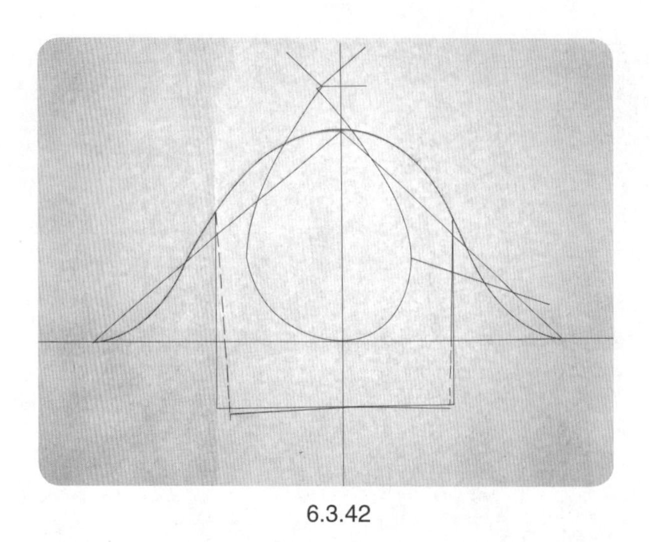

6.3.42

6.3.42　控制袖肥以及袖山吃势，完成袖山弧线的初步绘制；设置袖口大小，绘制袖身模拟图。

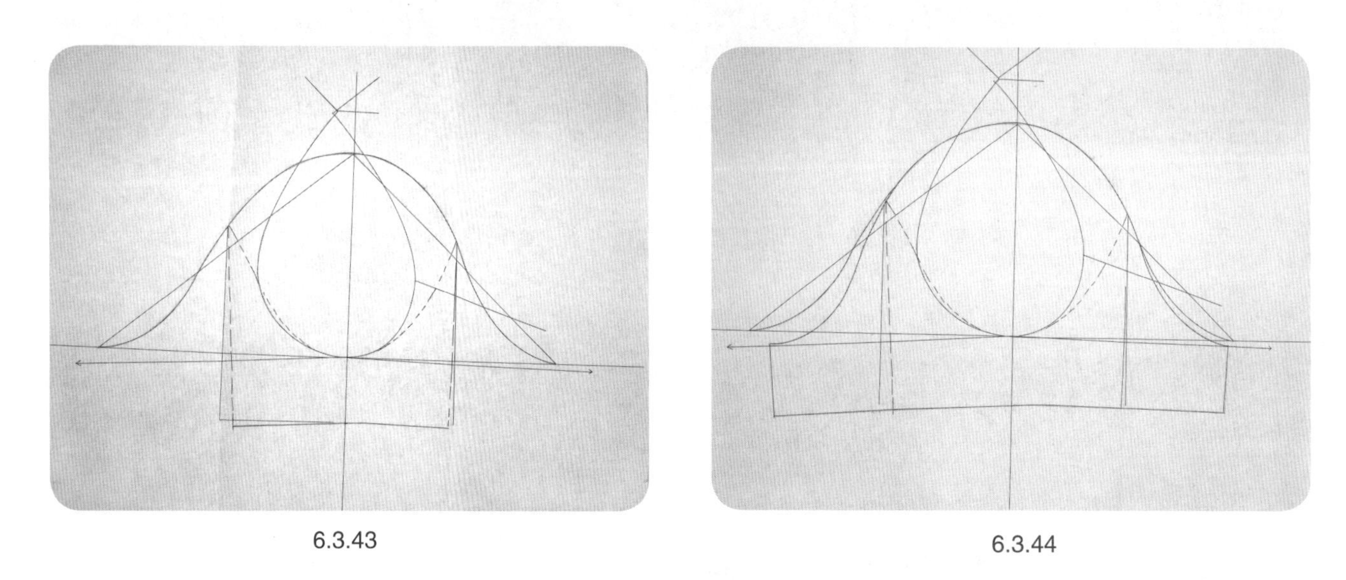

6.3.43　　6.3.44

6.3.43、6.3.44　以袖身线为展开线，展开袖身，完成衣袖纸样的绘制。

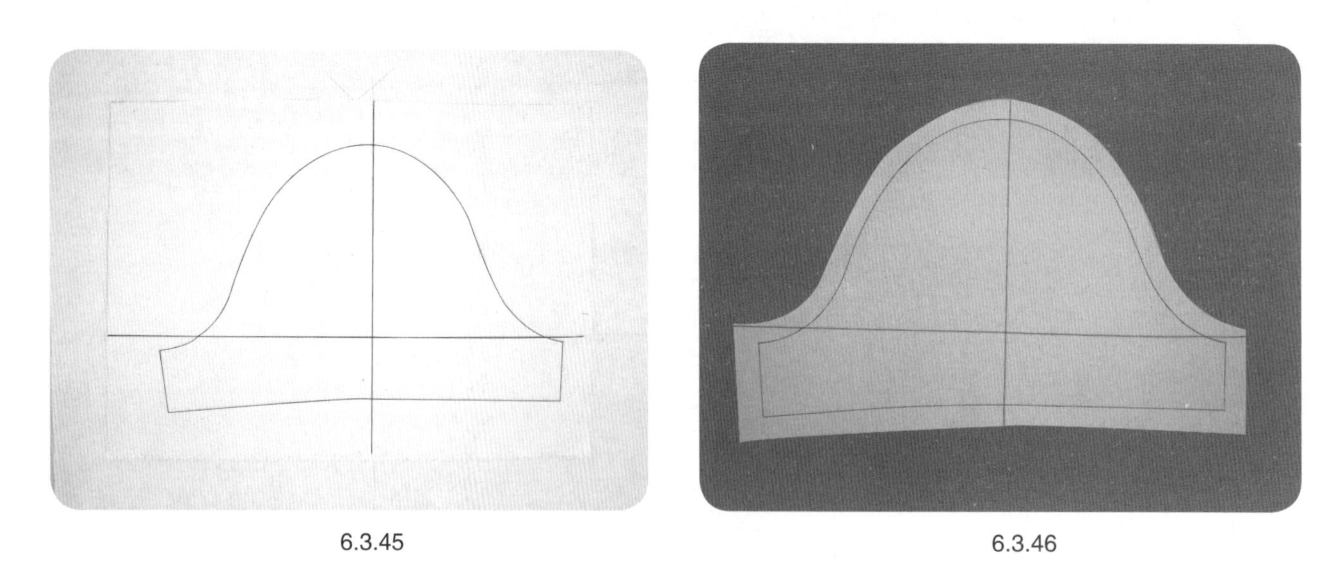

6.3.45　　6.3.46

6.3.45、6.3.46　拓印衣袖布样制

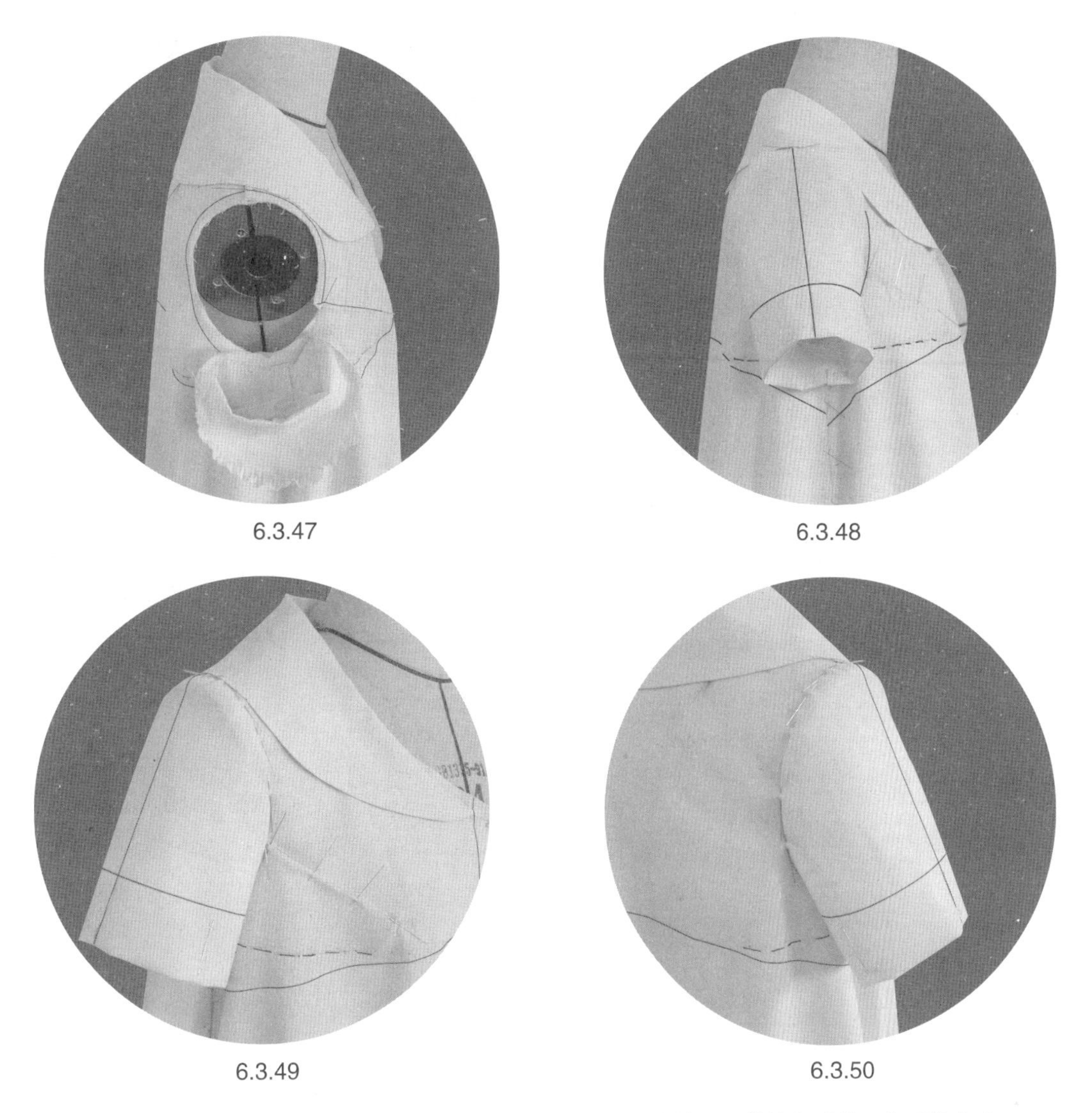

6.3.47 6.3.48

6.3.49 6.3.50

6.3.47 ~ 6.3.50　以手工针抽缩袖山吃势，别合袖底缝。调整袖山弧线、分配袖山吃势，衣袖立体假缝于衣身袖窿。

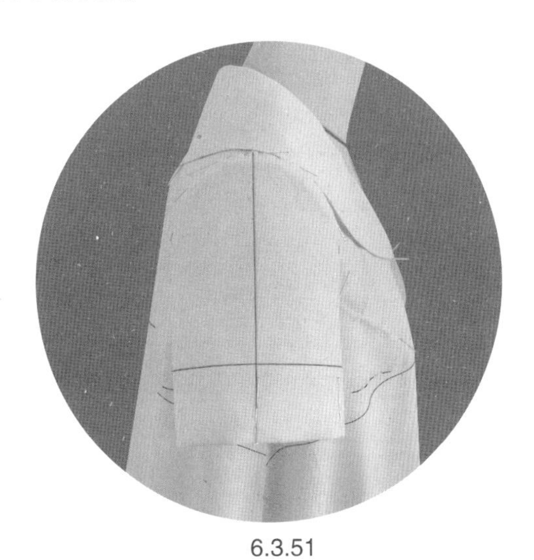

6.3.51

6.3.51　衣袖假缝完成。记录袖山弧线的调整并设置装袖对位点。

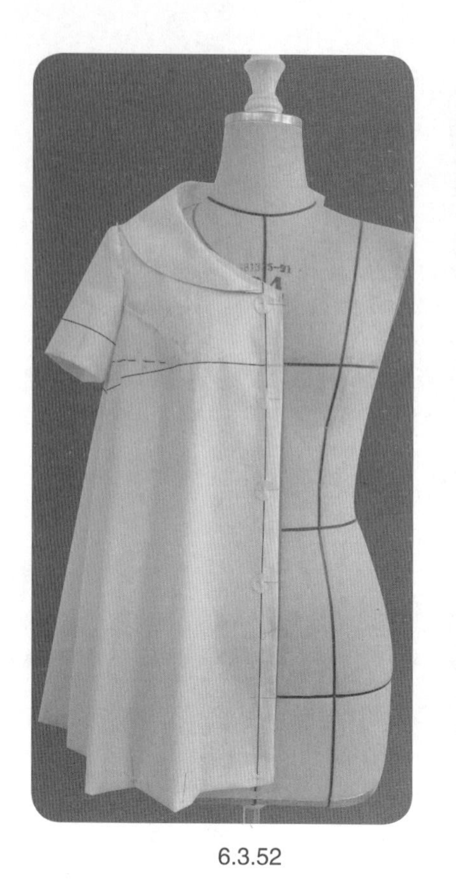

6.3.52

6.3.53

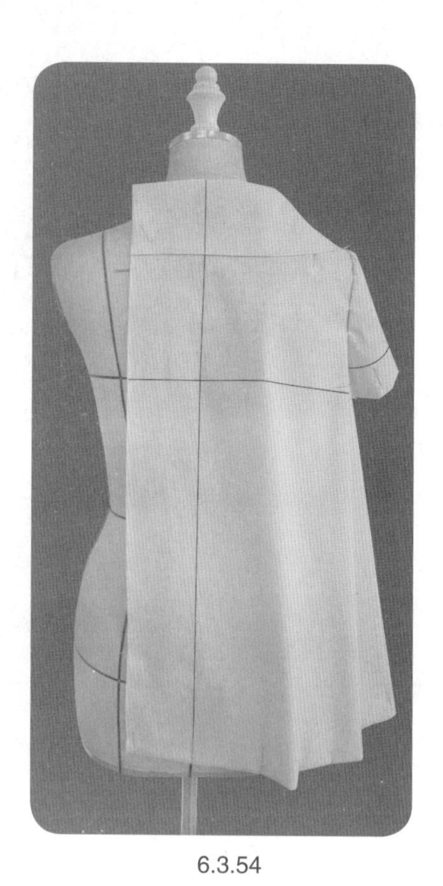

6.3.54

6.3.52 ~ 6.3.54　整体造型完成。

● 样片描图（图6.3.3）

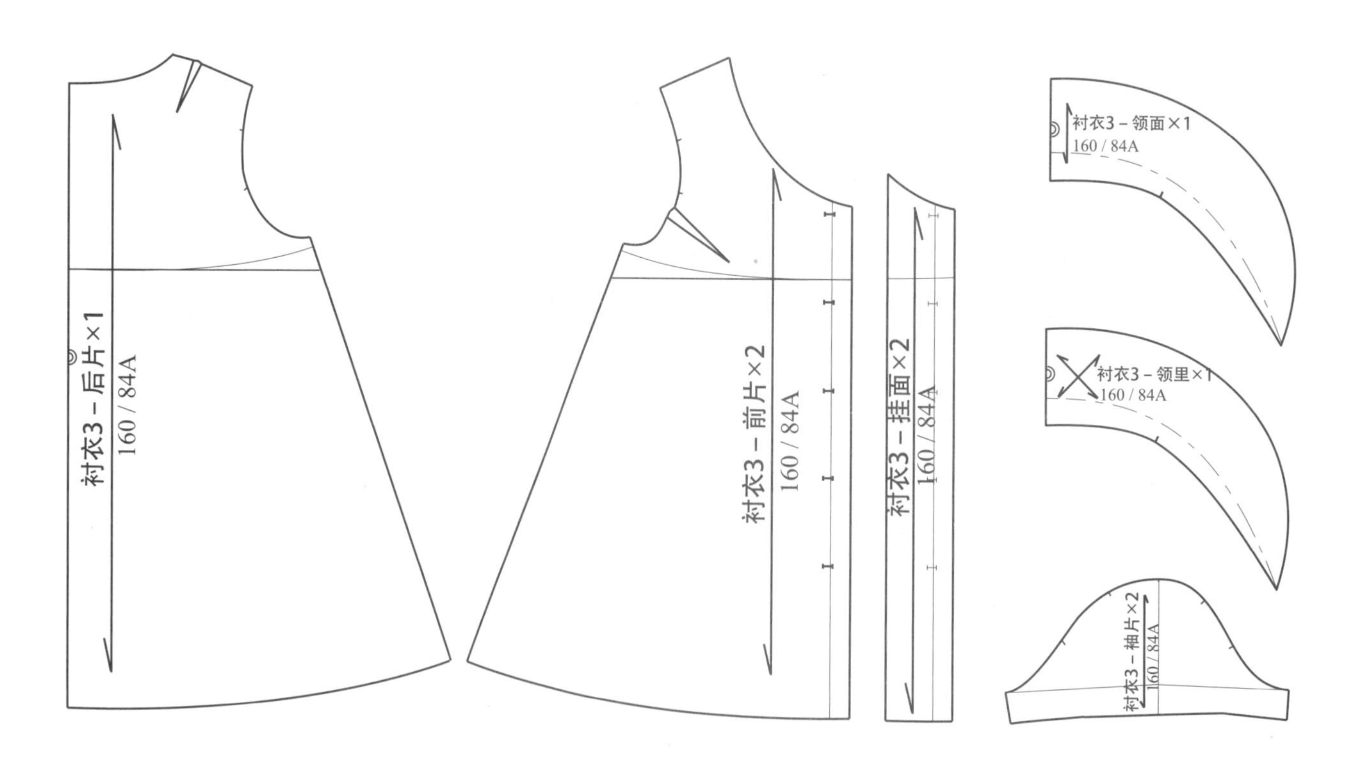

图6.3.3 样片描图

6.4 衬衣4——连身立领衬衣

款式分析(图6.4.1)

衣身廓形：X型；腰部有横向分割线。

胸围线以上曲面量处理：

前片——适量的袖窿松量、领口省；

后片——适量的袖窿松量、领口省。

胸围线—腰围线的曲面量处理：

前片——领口省、侧缝；

后片——领口省、侧缝。

腰围线—底边的曲面量处理：波浪造型。

衣领造型：连身立领。

衣袖造型：圆装袖；泡泡袖。

图6.4.1 款式插图

坯布准备(图6.4.2)

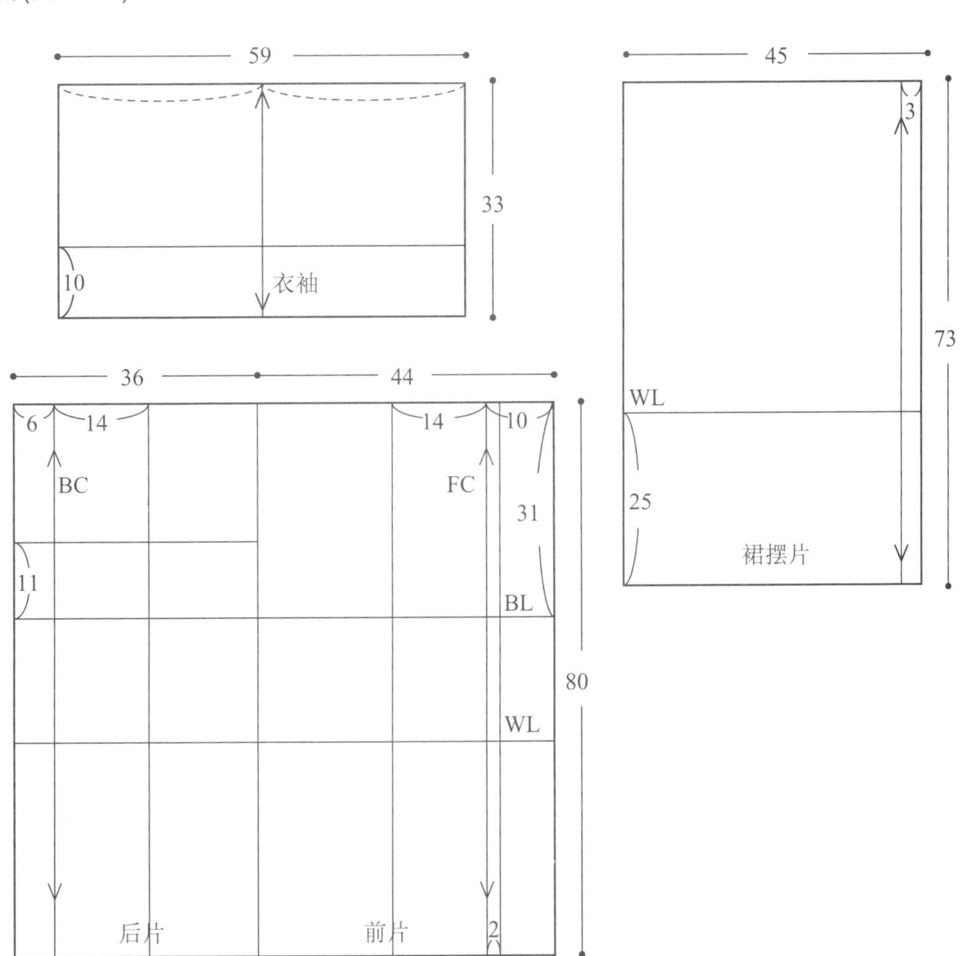

图6.4.2 坯布准备图（单位：cm）

● 操作步骤

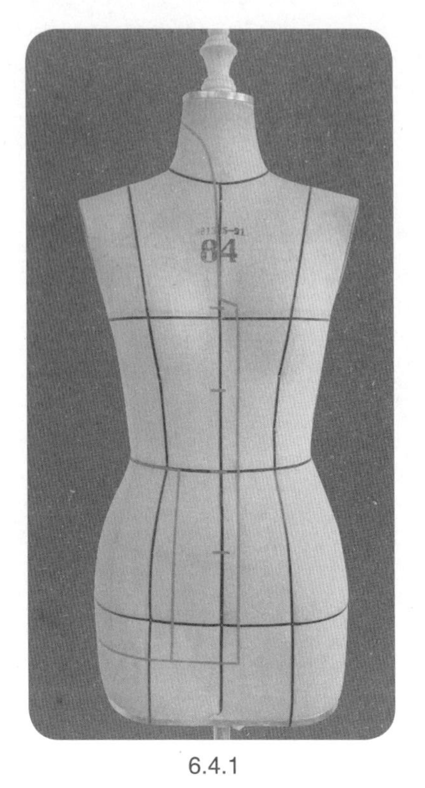

6.4.1

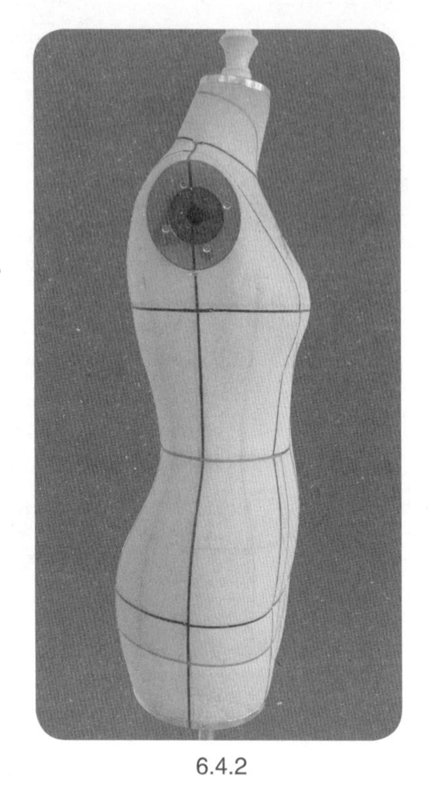

6.4.2

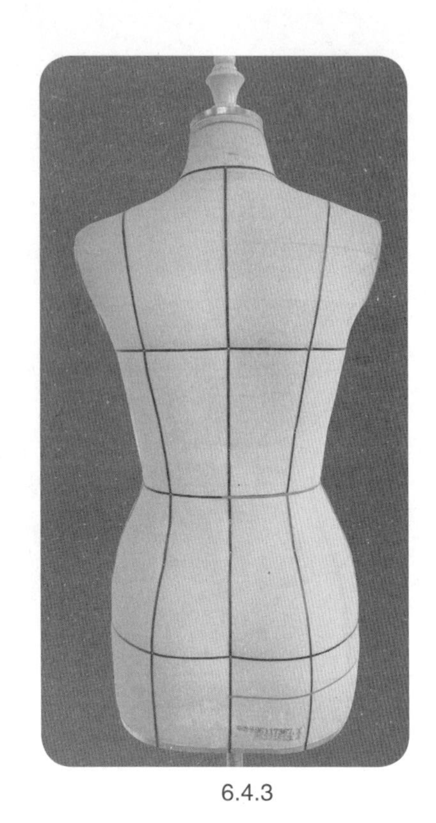

6.4.3

6.4.1 ~ 6.4.3 贴置款式造型线。

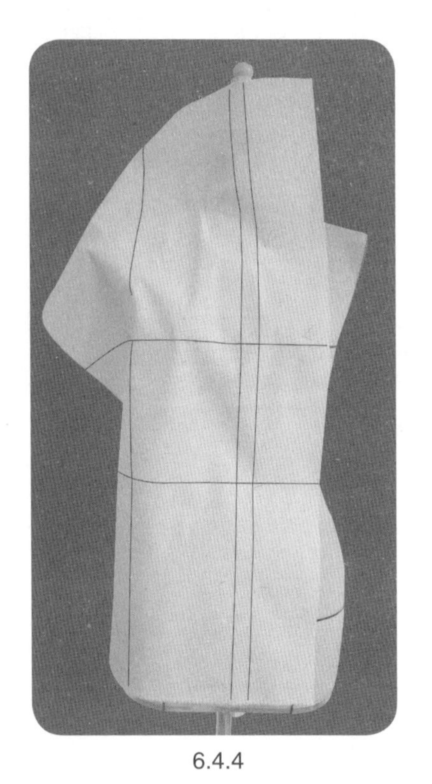

6.4.4

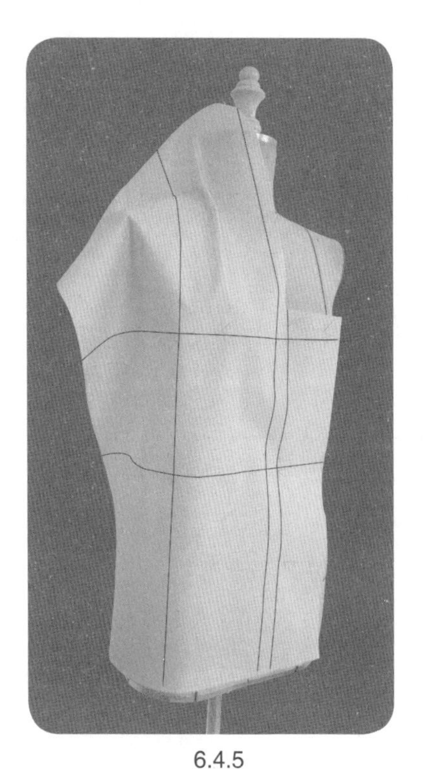

6.4.5

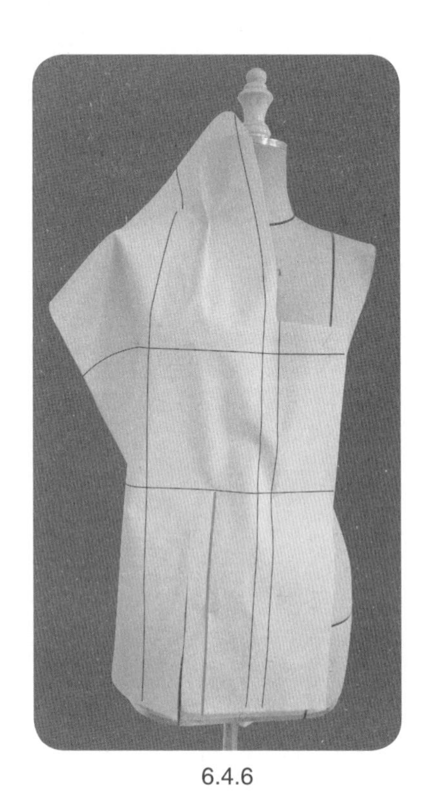

6.4.6

6.4.4 将前片用布固定于人台。

6.4.5 将袖窿处多余浮余量转移至领口，适当修剪领口。

6.4.6 贴置前片纵向分割线，修剪刀口。

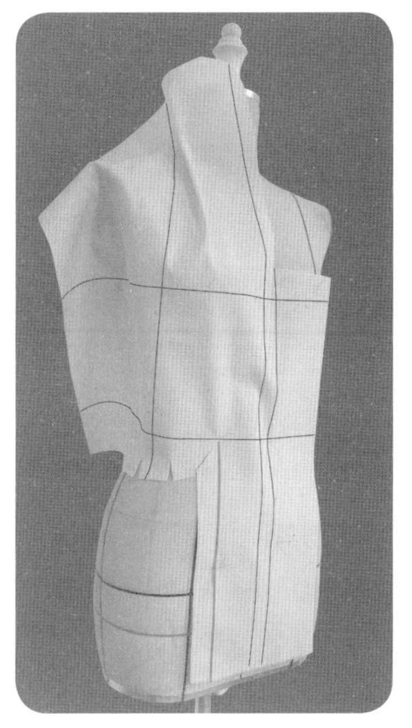

6.4.7

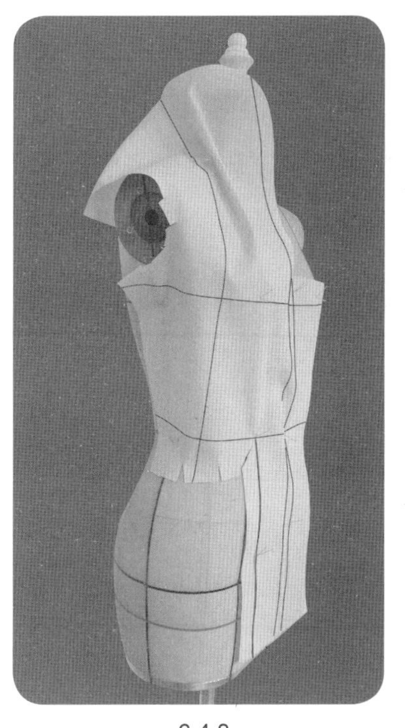

6.4.8

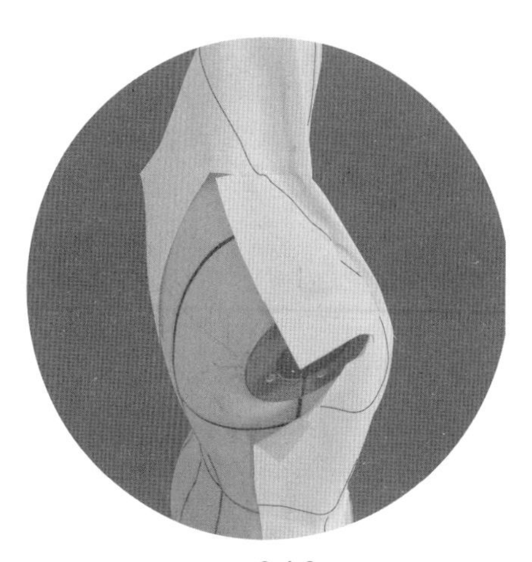

6.4.9

6.4.7　余留适当的转移量，修剪腰部横向分割线，将腰部多余松量向上转移至领口省，注意腰部设置适当松量。

6.4.8　确认适当的袖窿松量，修剪袖窿。

6.4.9　抚平肩部，修剪肩线至衣身与衣领转折处，以交叉针固定转折点，修剪刀口。

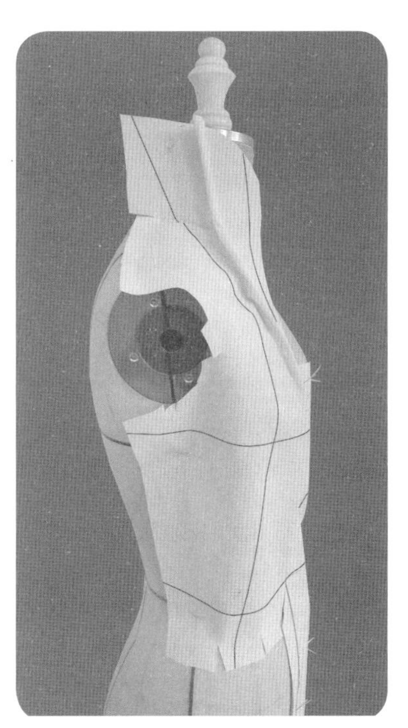

6.4.10

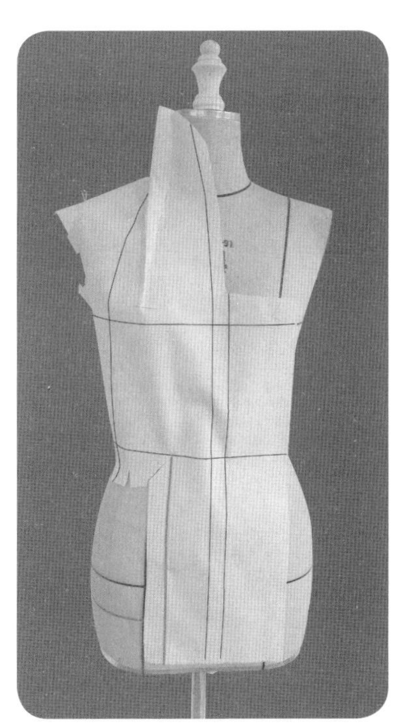

6.4.11

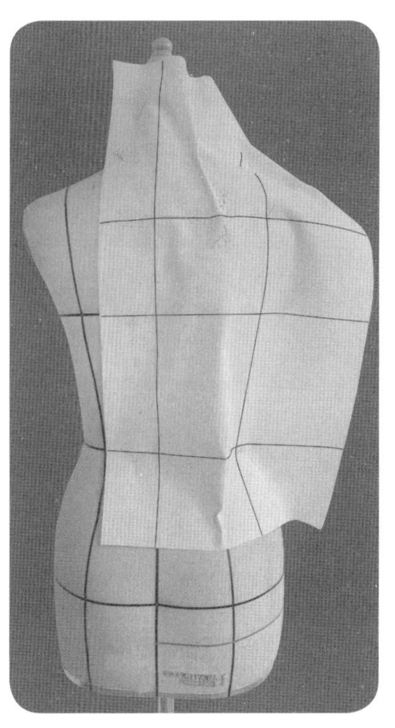

6.4.12

6.4.10　适当旋转衣领用布，设置领口松量，修剪多余缝份。

6.4.11　调整领口省位置，固定省边。前片初步造型完成。

6.4.12　将后片用布固定于人台，肩胛浮余量转移至领口省。

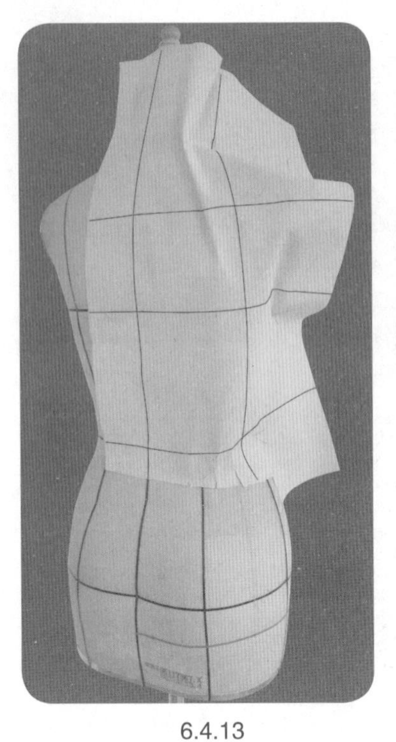

6.4.13

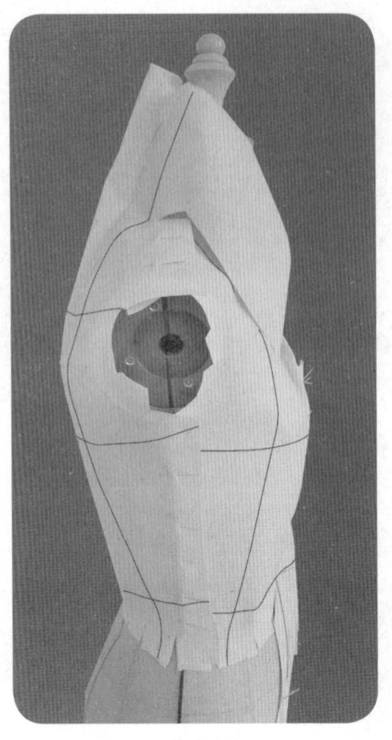

6.4.14

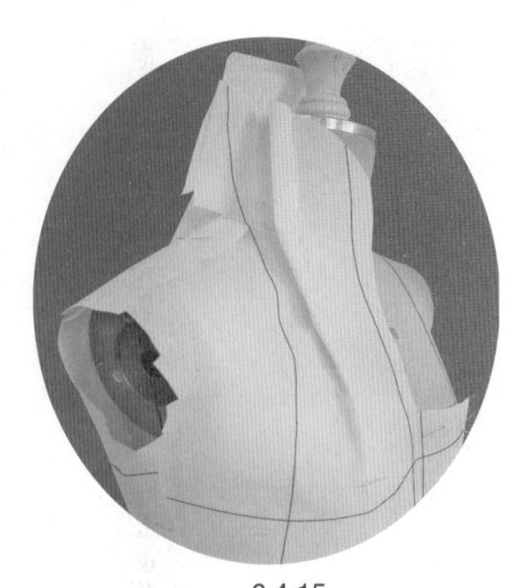

6.4.15

6.4.13 腰部余留适当松量，将多余松量转移至领口省。

6.4.14 合并侧缝、肩缝，注意袖窿处余留适当松量。

6.4.15 合并衣领侧缝，注意领口余留适当松量。

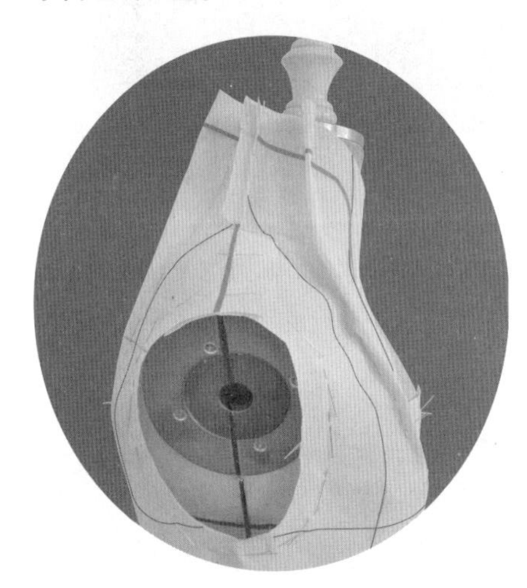

6.4.16

6.4.16 贴置衣领造型线，确定袖窿造型。装泡泡袖时衣身的肩宽比人体肩宽适当减小。

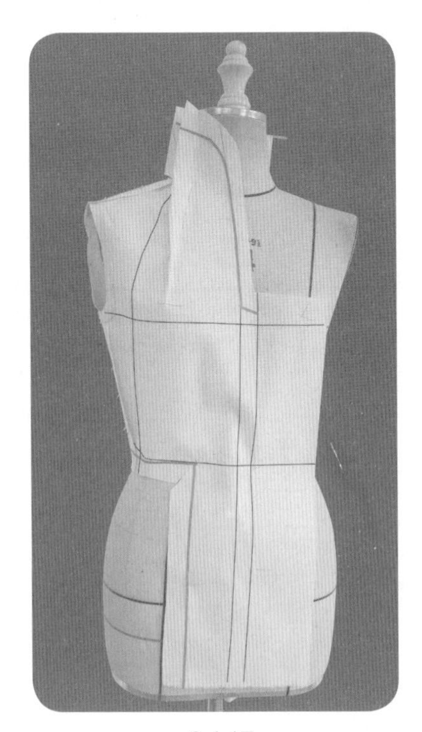

6.4.17

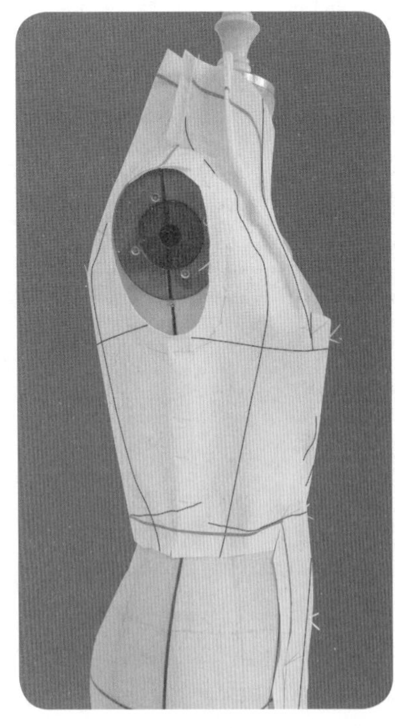

6.4.18

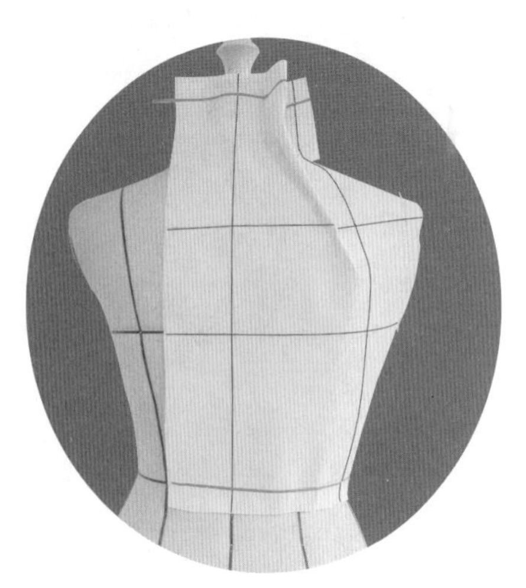

6.4.19

6.4.17 ~ 6.4.19 标点描线。衣身初步造型完成。

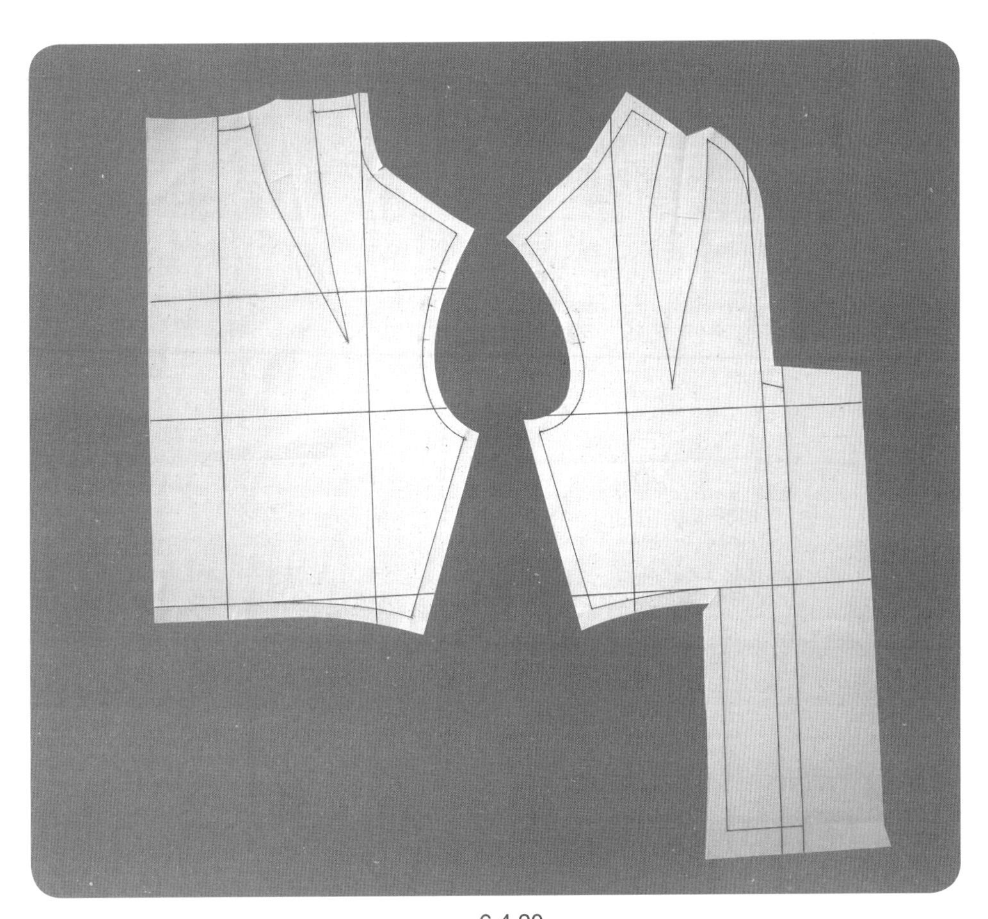

6.4.20

6.4.20　衣身样片的平面整理。

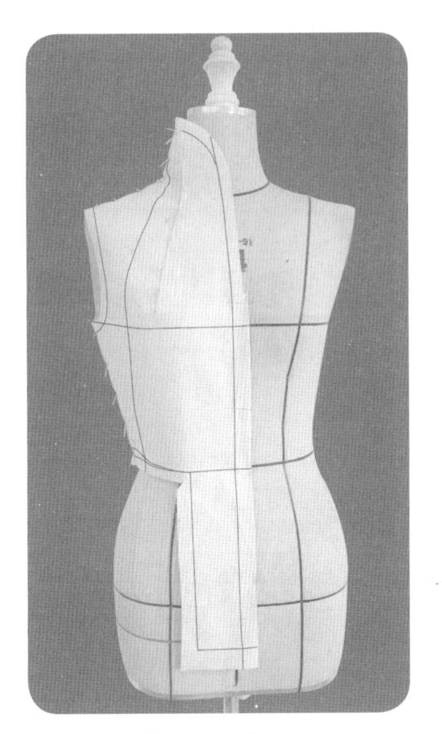

6.4.21

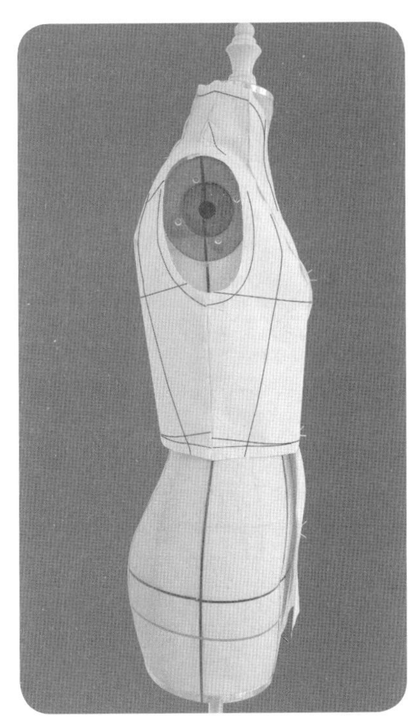

6.4.22

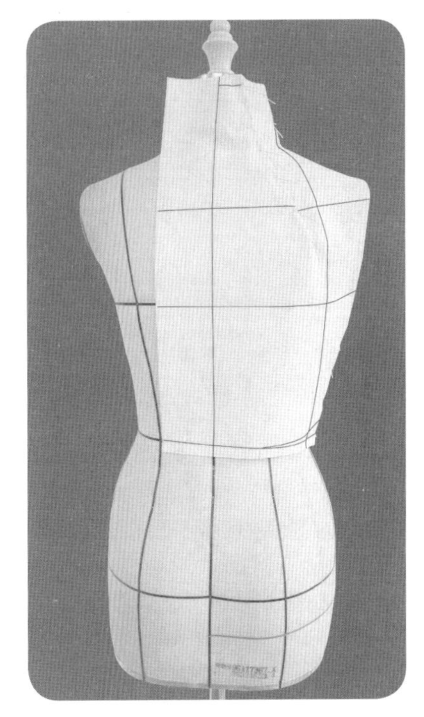

6.4.23

6.4.21 ~ 6.4.23　衣身以及连身立领的试样补正、造型确认。

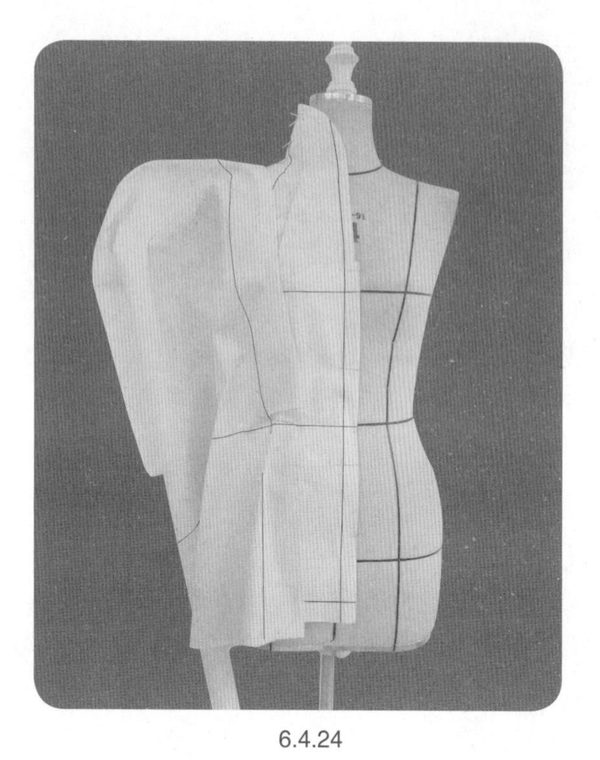

6.4.24

6.4.25

6.4.24　波浪造型下摆的操作。方法同“4.4裙4——波浪大A裙”的操作方法。

6.4.25　下摆样片的平面整理。注意波浪对位标记的标注。

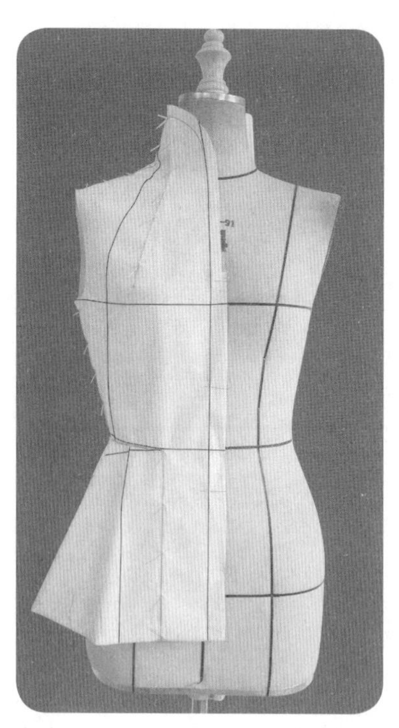

6.4.26

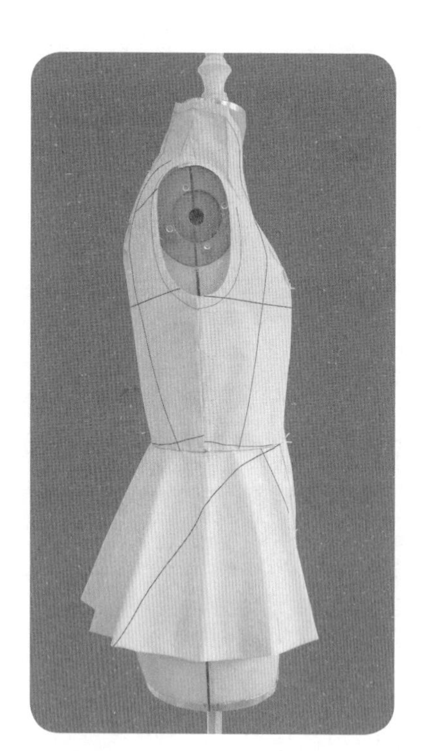

6.4.27

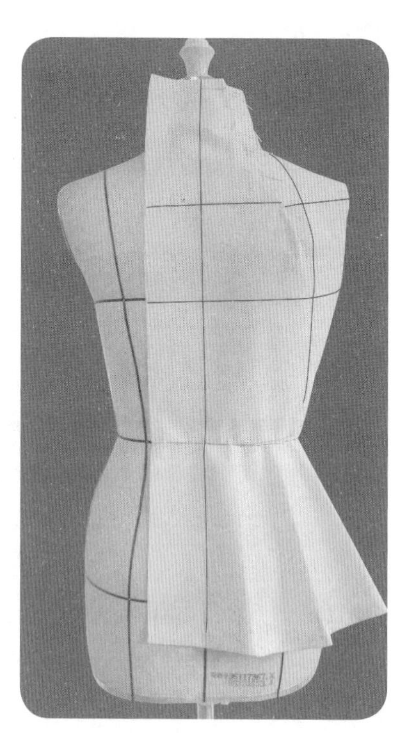

6.4.28

6.4.26 ~ 6.4.28　假缝波浪下摆，试样补正。

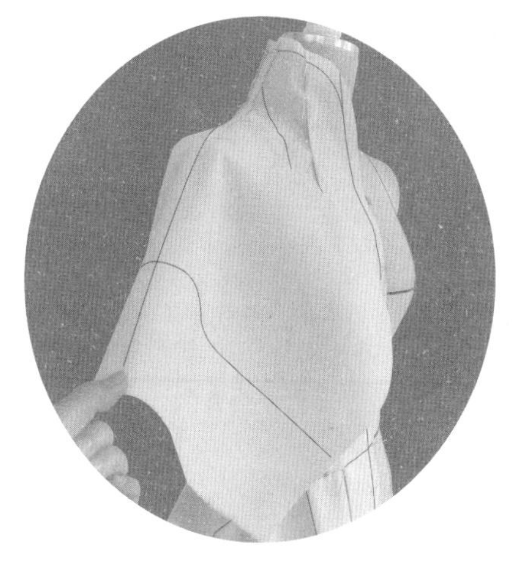
6.4.29

6.4.30

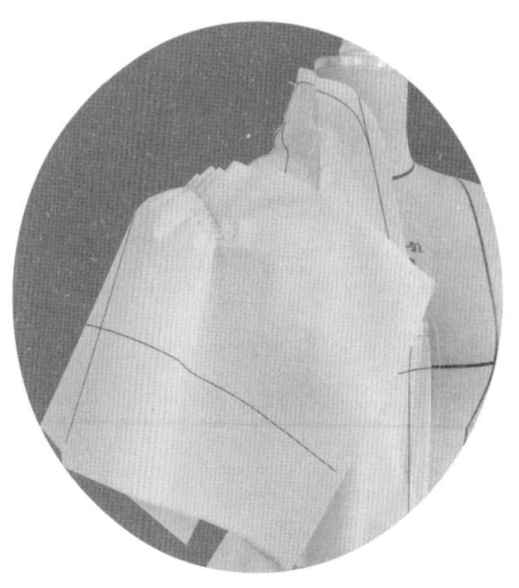
6.4.31

6.4.29　泡泡袖是袖山抽褶、袖口扩大、袖口褶裥的一片变化袖。采用立裁直接配袖的方法制作。衣袖用布的袖山中线对齐肩线于SP点，固定衣袖用布与袖窿。

6.4.30　衣袖的操作中始终要观察和保证袖山中线的两个斜度：袖山中线的上、下抬高斜度和前、后前倾斜度。两个斜度的保证是衣袖操作的关键。

6.4.31　逐步设置衣褶，沿袖窿固定衣袖，形成衣袖袖山。

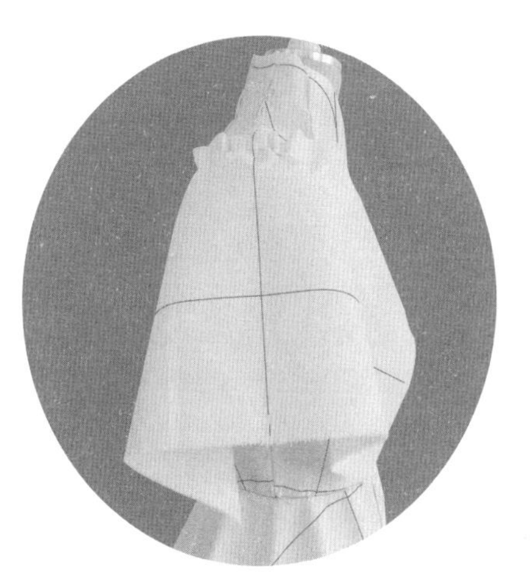
6.4.32

6.4.33

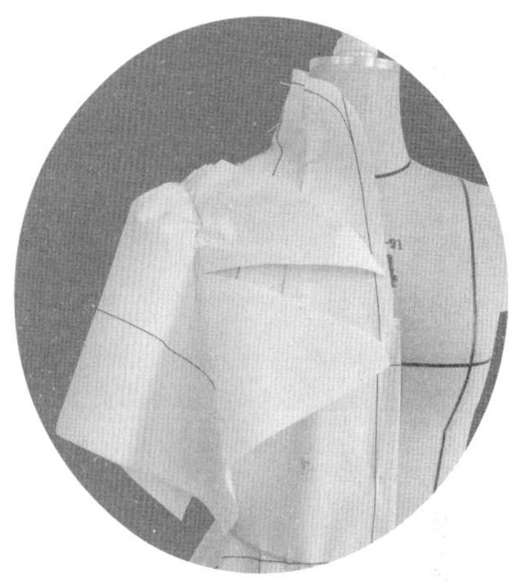
6.4.34

6.4.32　注意前后袖山衣褶的平衡。

6.4.33　注意观察并保持袖中线竖直稍向前偏的状态。

6.4.34　沿前袖窿固定用布至近胸宽位置，在不便继续固定之处，对应此位置剪横向刀口至袖窿线。

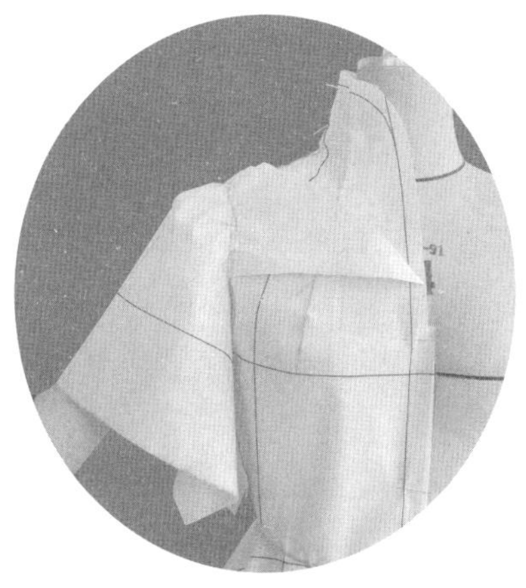
6.4.35

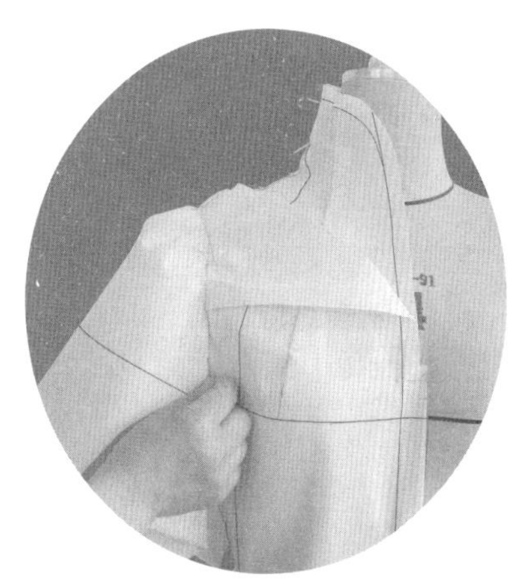
6.4.36

6.4.35、6.4.36　折转衣袖用布，调整袖口的大小，沿袖窿线继续固定衣袖与衣身。

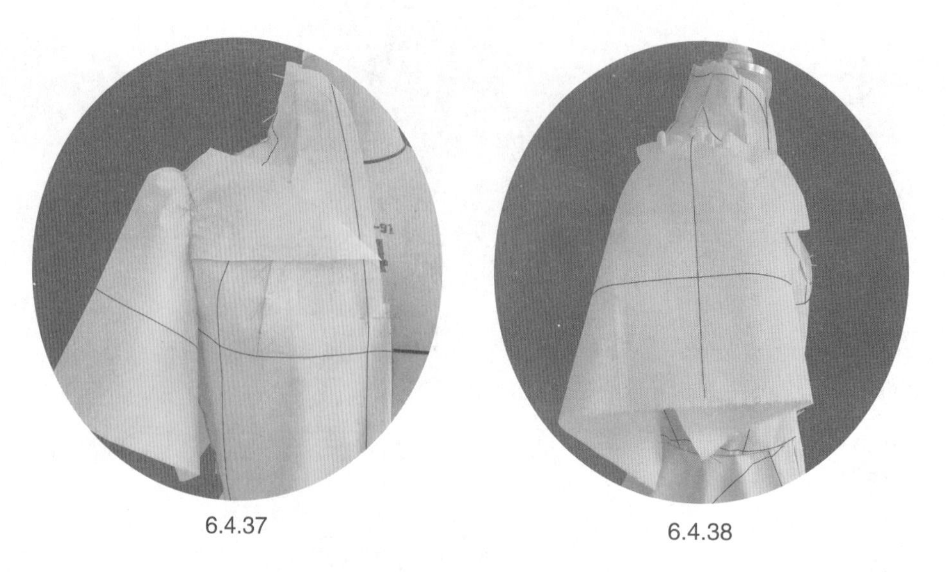

6.4.37　　6.4.38

6.4.37、 6.4.38　袖口的大小由袖山弧线的变化决定，要注意袖山造型的饱满和袖口大小的造型要求，以及袖山中线的上下斜度和前后斜度。

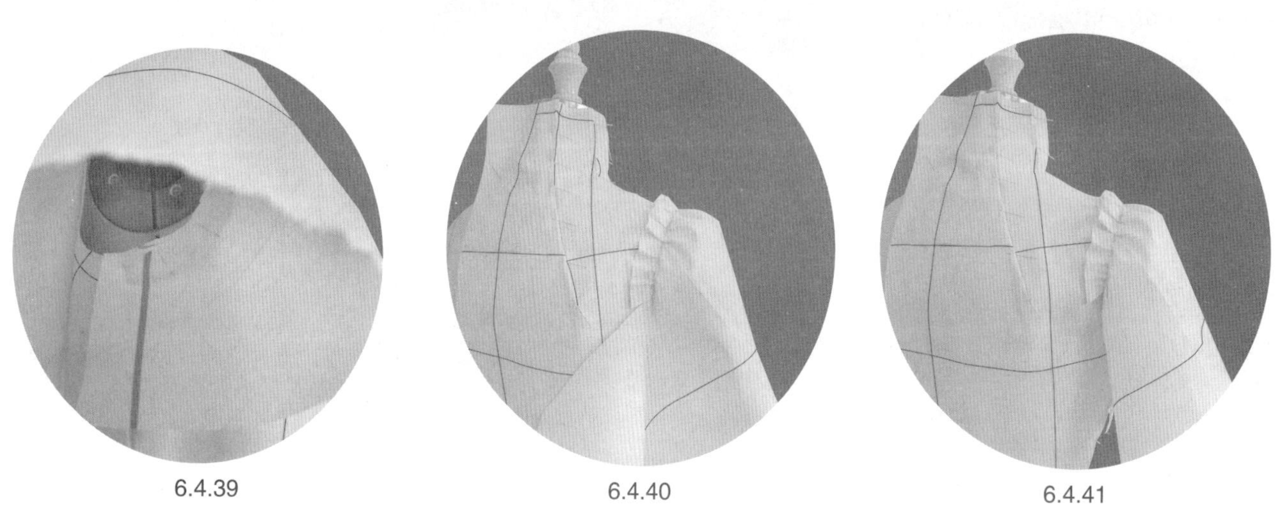

6.4.39　　6.4.40　　6.4.41

6.4.39　对应侧缝贴置袖底缝线，修剪多余缝份。

6.4.40、6.4.41　以同样方法完成后袖山的操作。

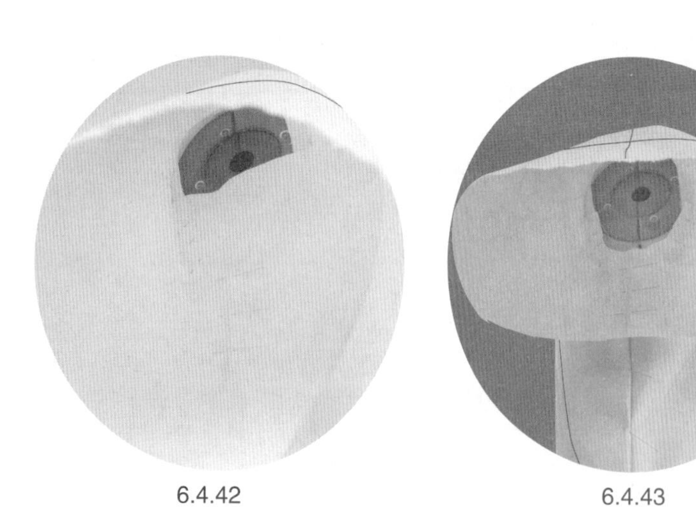

6.4.42　　6.4.43

6.4.44

6.4.42、6.4.43　合并前、后袖底缝。

6.4.44　观察确认袖山造型、袖中线斜度，完成袖山弧线的确定。

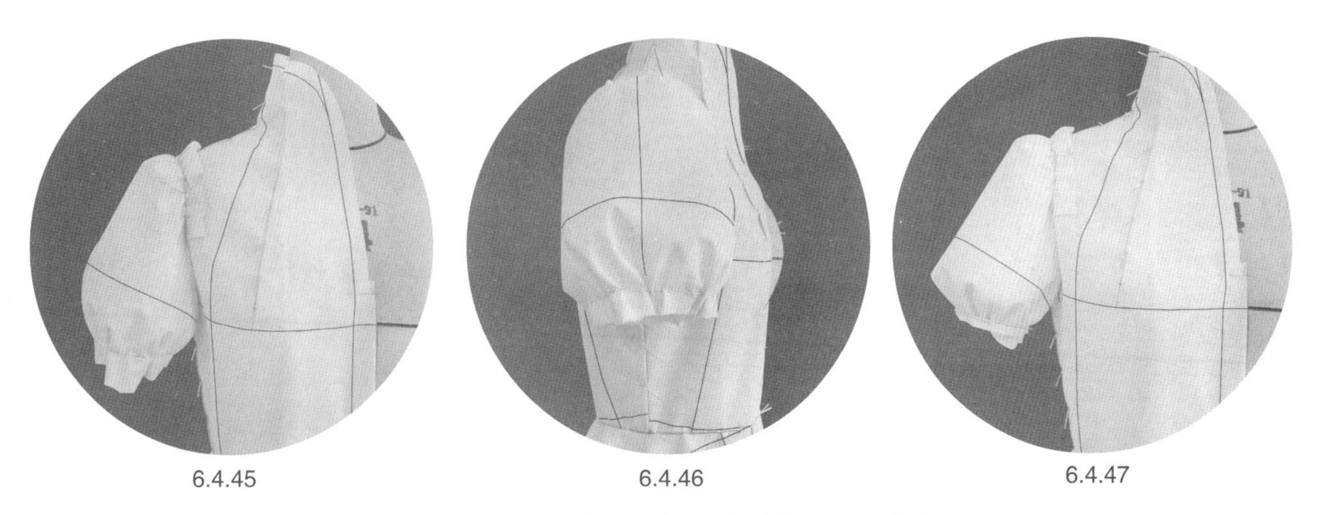
6.4.45　　6.4.46　　6.4.47

6.4.45 ~ 6.4.47　设置袖口衣褶，并以袖口条固定造型。

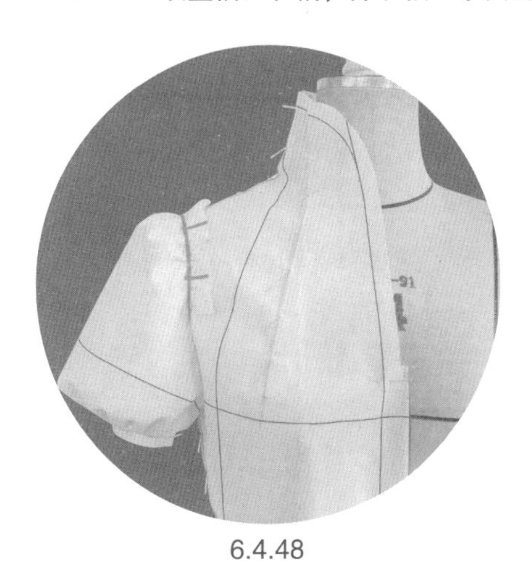
6.4.48

6.4.48　衣袖的标点描线。注意袖山衣褶以及与袖窿弧线对位点的标注。

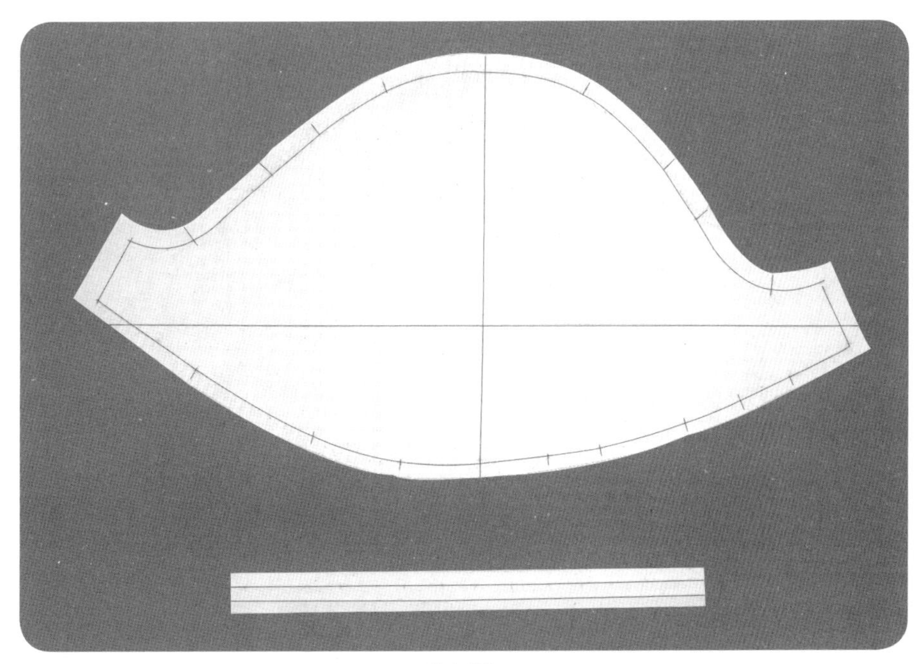
6.4.49

6.4.49　衣袖样片的平面整理。

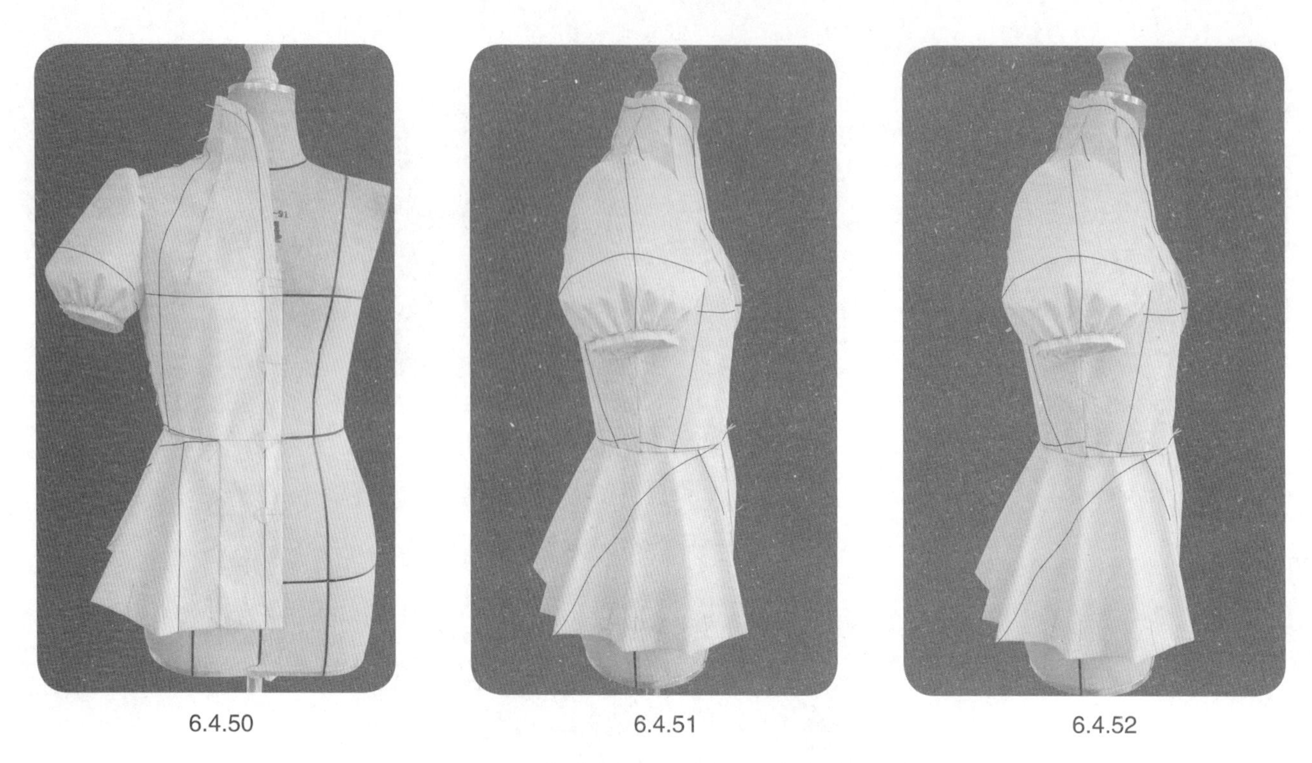

6.4.50　　6.4.51　　6.4.52

6.4.50～6.4.52　假缝衣袖，试样补正。整体造型完成。

● 样片描图(图6.4.3)

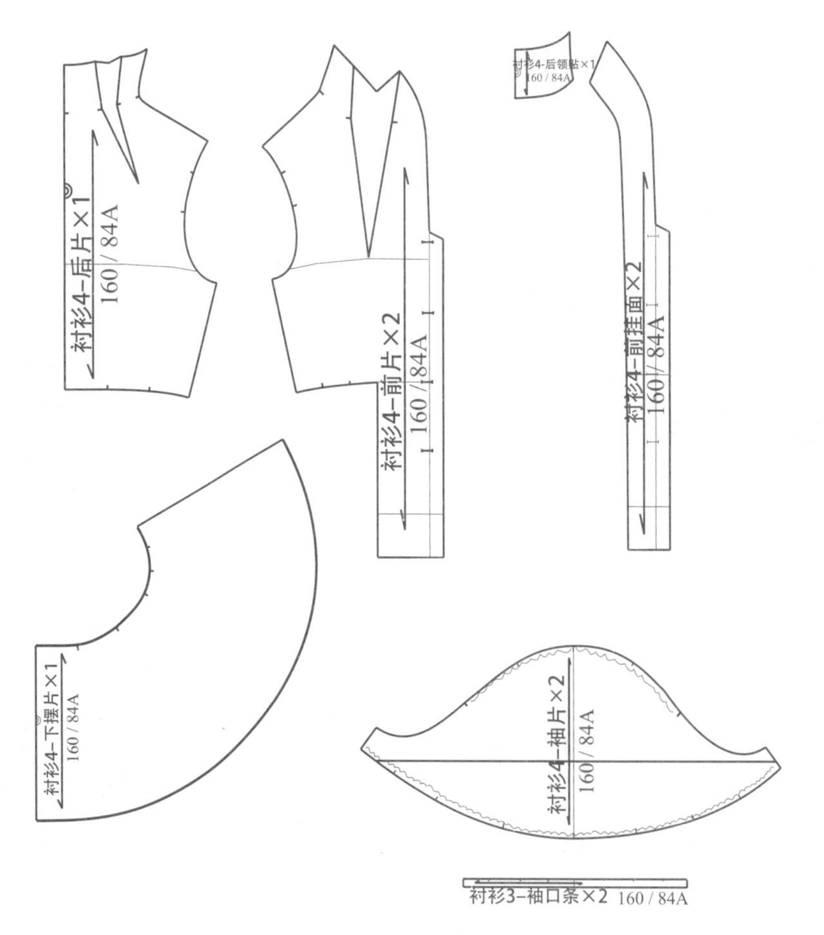

图6.4.3 样片描图

Chapter 7

第7章　外套

7.1 外套1——两面构成外套

● 款式分析(图7.1.1)

衣身廓形：X型；腰省、两面构成。

胸围线以上曲面量处理：

前片——适量的袖窿松量、领口省、侧缝省；

后片——适量的袖窿松量、底边开口省。

胸围线—腰围线—臀围线—底边的曲面量处理：

前片——底边开口省、侧缝；

后片——底边开口省、侧缝。

衣领造型：前连后断的连身立领。

衣袖造型：圆装袖；弯袖、一片袖、袖口省。

图7.1.1 款式插图

● 坯布准备(图7.1.2)

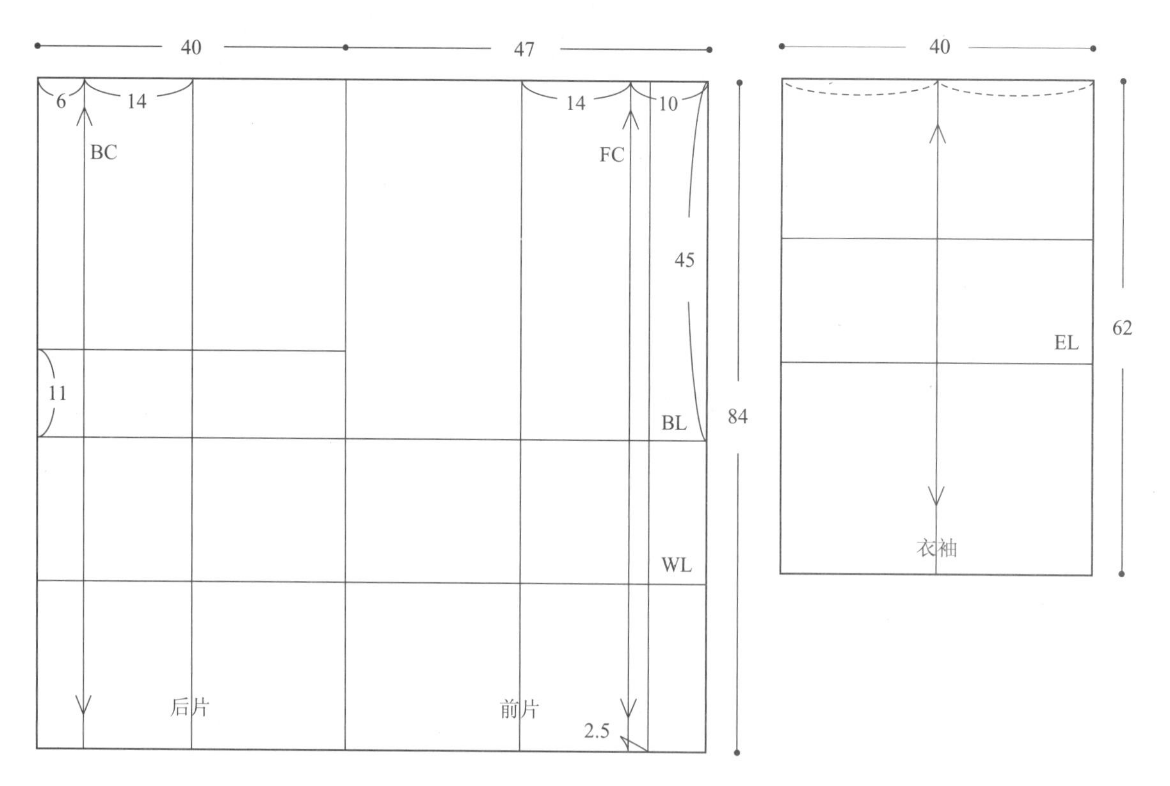

图7.1.2 坯布准备图(单位:cm)

● 操作步骤

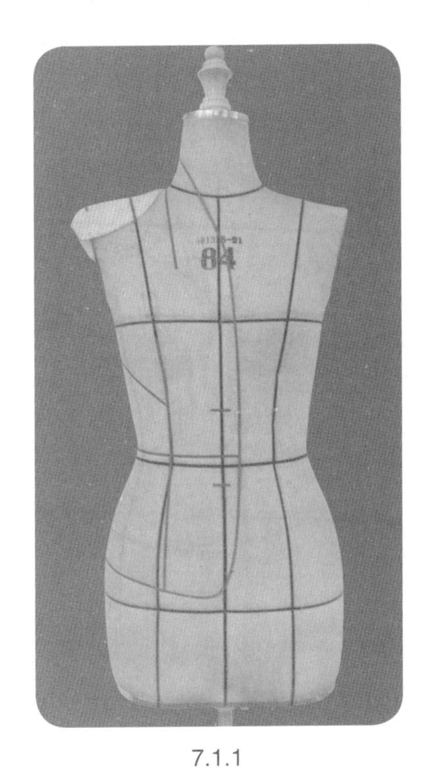

7.1.1

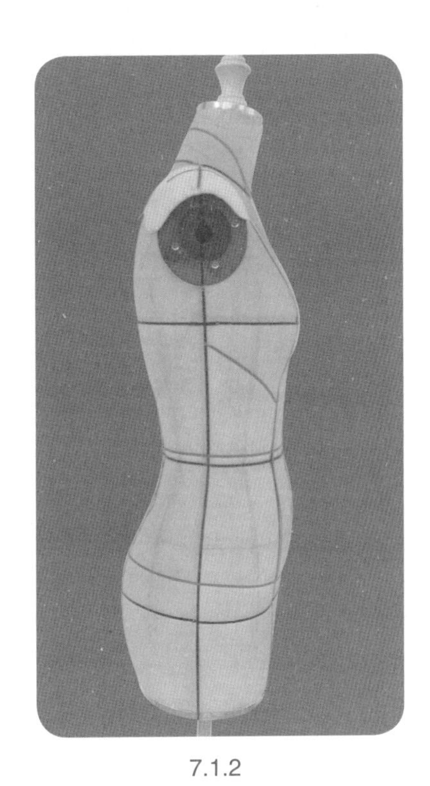

7.1.2

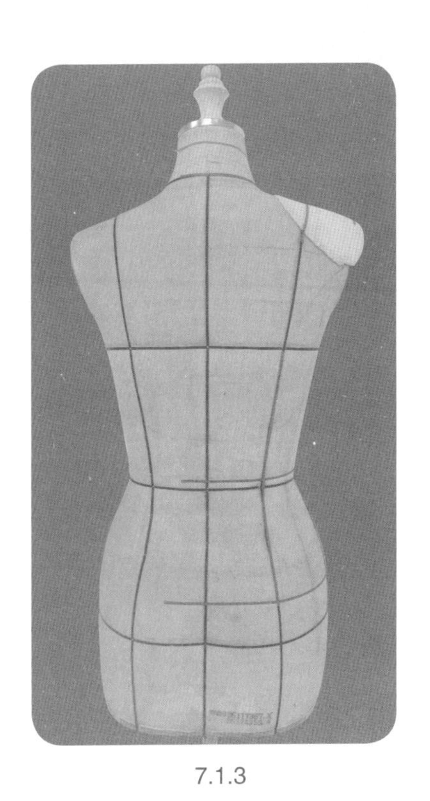

7.1.3

7.1.1 ~ 7.1.3　将服装采用的垫肩置于人台，贴置款式造型线。根据服装造型，服装的腰围线比人体腰围线适当上提。

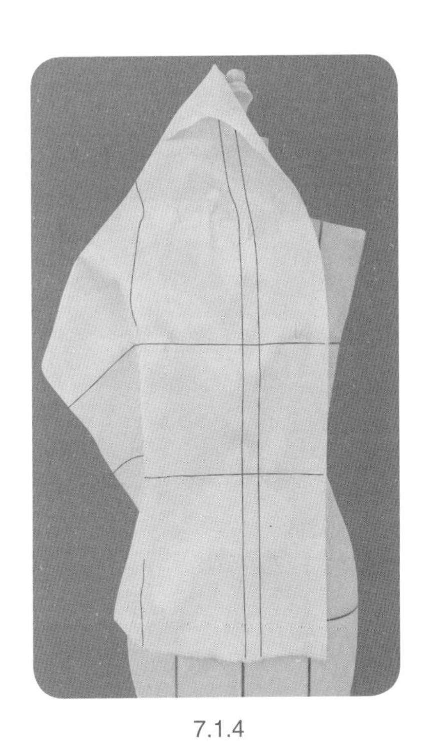

7.1.4

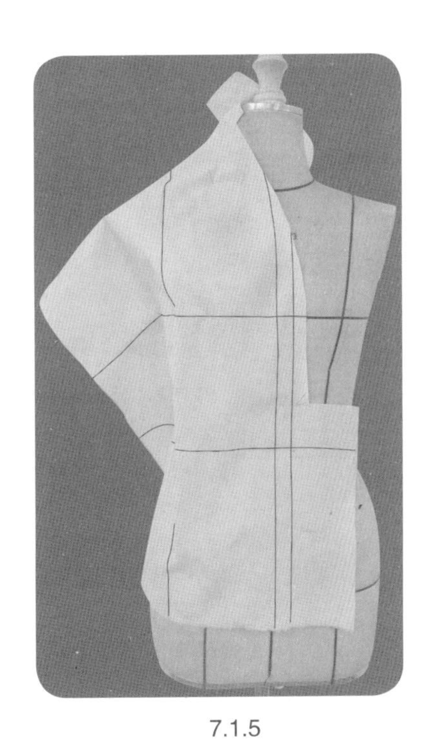

7.1.5

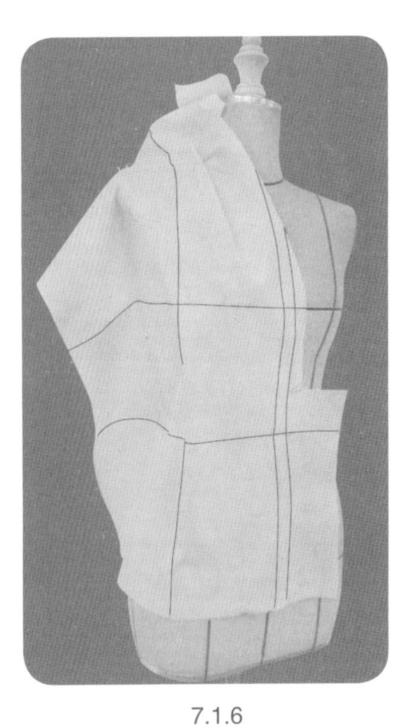

7.1.6

7.1.4　固定前片用布于人台。

7.1.5　适当修剪领口。

7.1.6　将袖窿部分浮余量转移至SNP点位置，形成领口省。

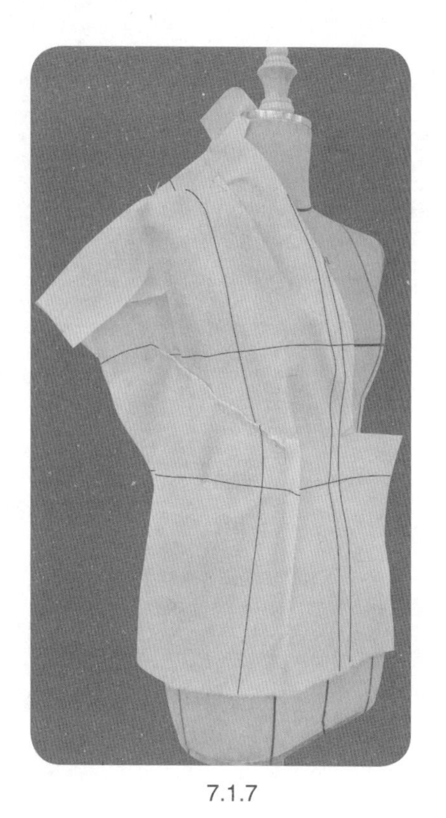

7.1.7

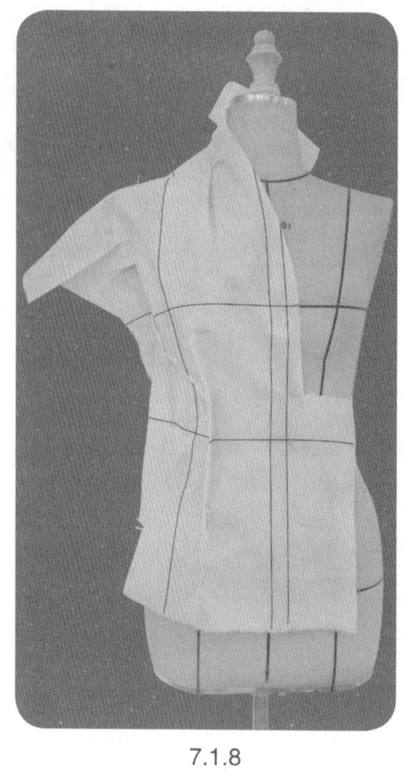

7.1.8

7.1.7、7.1.8　袖窿处余留适当松量，然后将剩余的浮余量转移至侧缝，形成侧缝省。注意侧缝省量与领口省量的平衡分配，同时初步设置底边开口腰省。

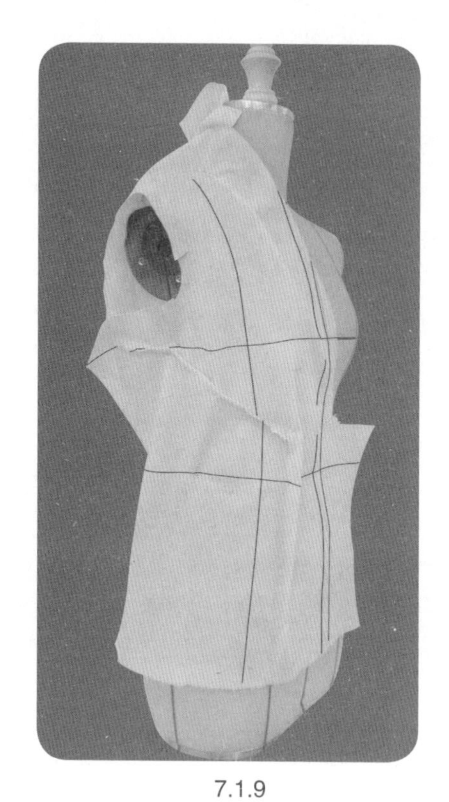

7.1.9

7.1.9　修剪袖窿，确认袖窿松量适当。

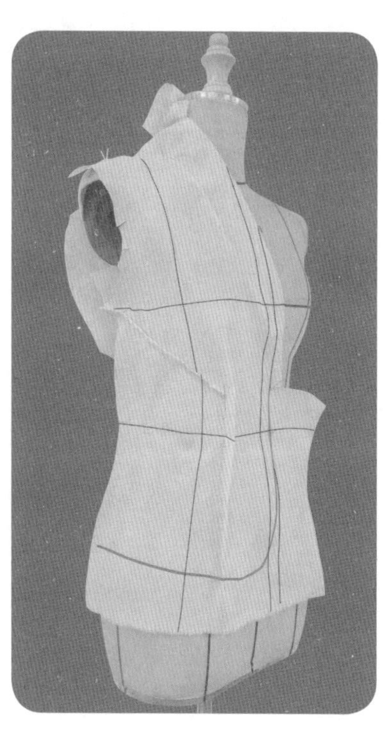

7.1.10

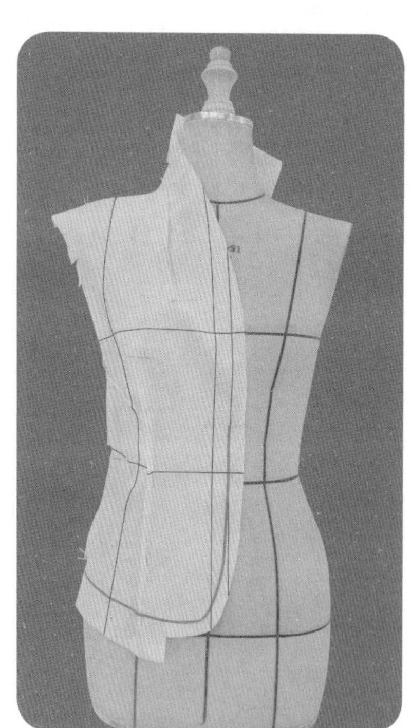

7.1.11

7.1.10、7.1.11　贴置门襟、底摆造型线，注意圆角底摆缝份的修剪方法。

7.1.12

7.1.12　修剪肩线至SNP点位置。

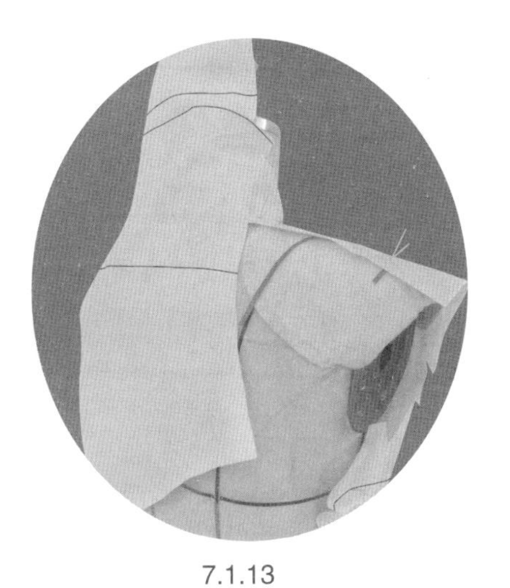

7.1.13

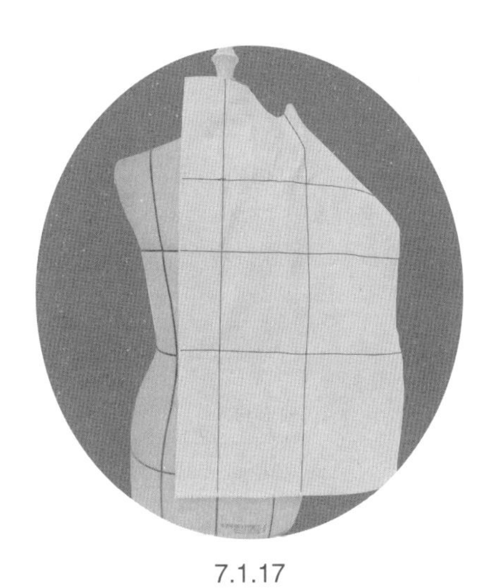

7.1.14

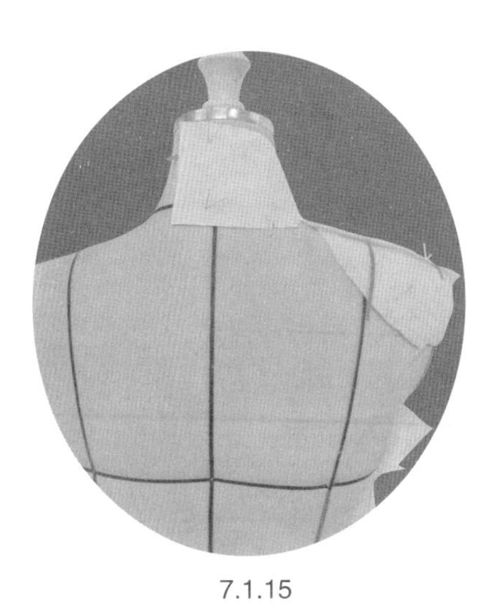

7.1.15

7.1.13 ~ 7.1.15　旋转用布，设置后领造型。

7.1.16

7.1.16　贴置后领以及肩线造型线，修剪多余缝份。前片初步造型完成。

7.1.17

7.1.17　固定后片用布于人台。

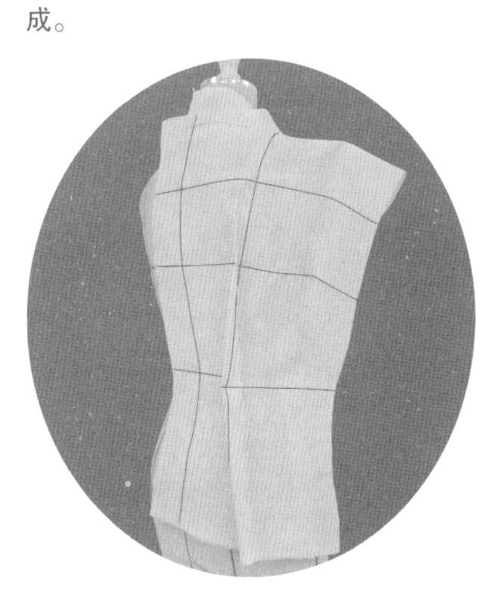

7.1.18

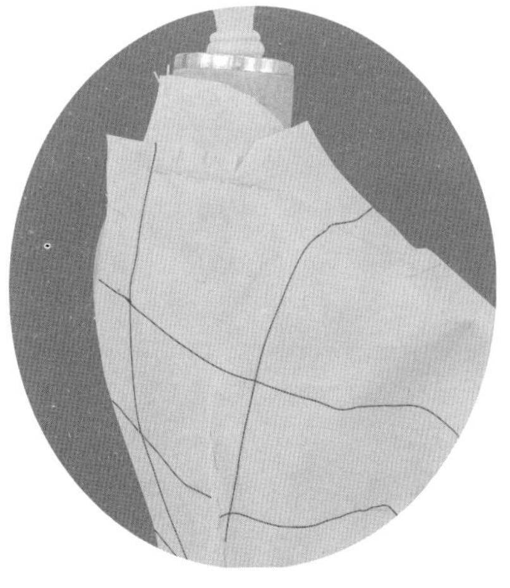

7.1.19

7.1.18、7.1.19　修剪后领口、肩线，沿衣领造型线和肩线固定前/后衣片。袖窿处余留适当松量，然后将肩胛部多余浮余量转移至下摆，设置底边开口腰省。

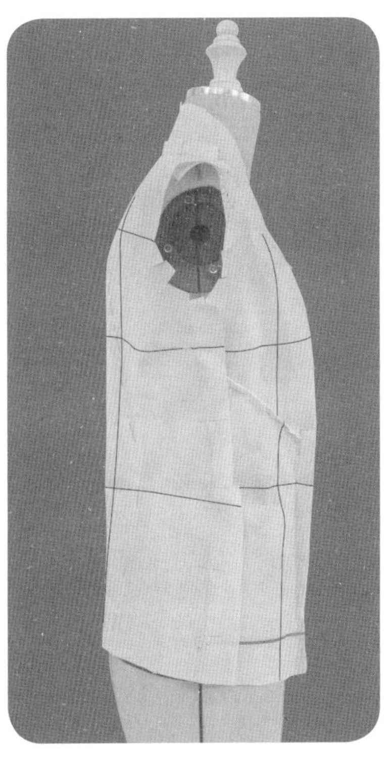

7.1.20

7.1.20　修剪侧缝，观察前、后吸腰造型，调整腰省位置以及腰省量的平衡。

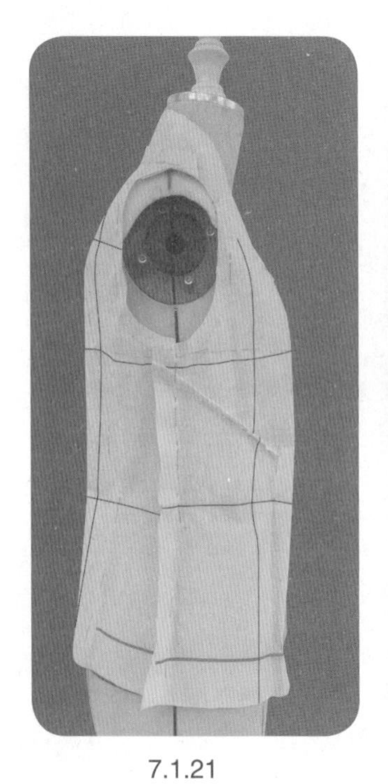

7.1.21

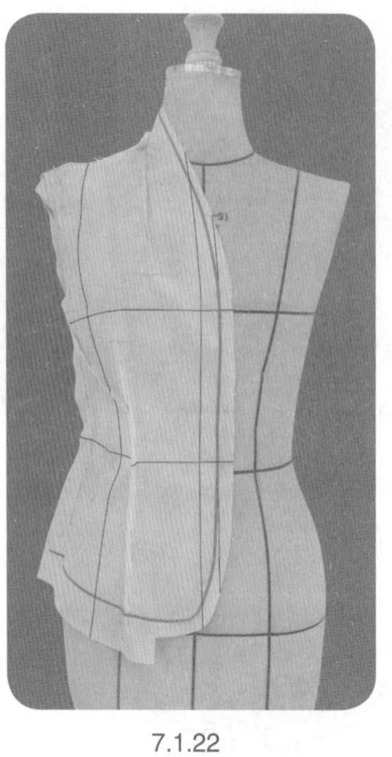

7.1.22

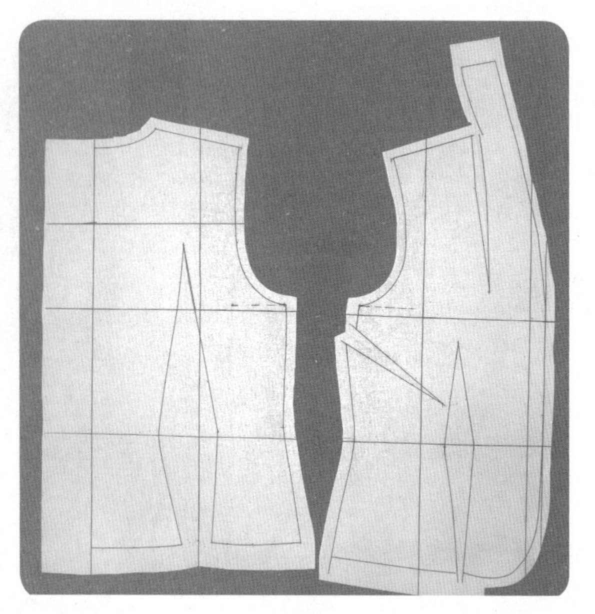

7.1.23

7.1.21　确定袖窿造型。

7.1.22　衣身初步造型完成。观察并确认后，标点描线。注意人体胸围线在服装上对应线的标记。

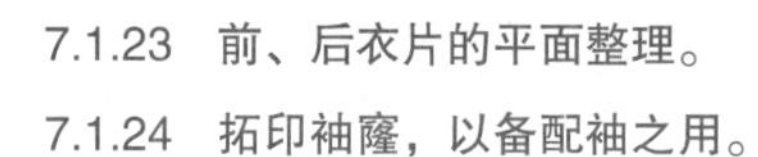

7.1.23　前、后衣片的平面整理。

7.1.24　拓印袖窿，以备配袖之用。

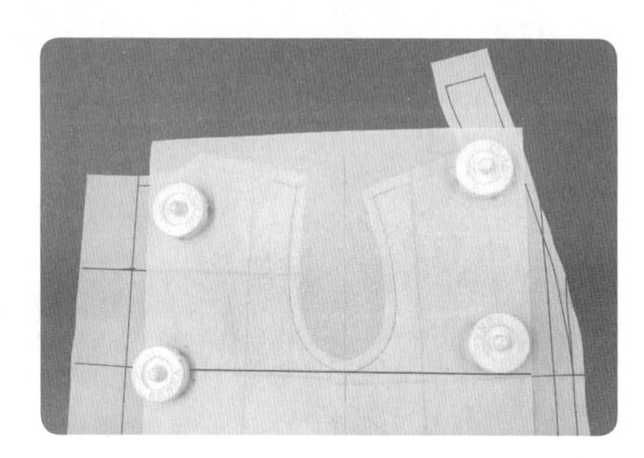

7.1.24

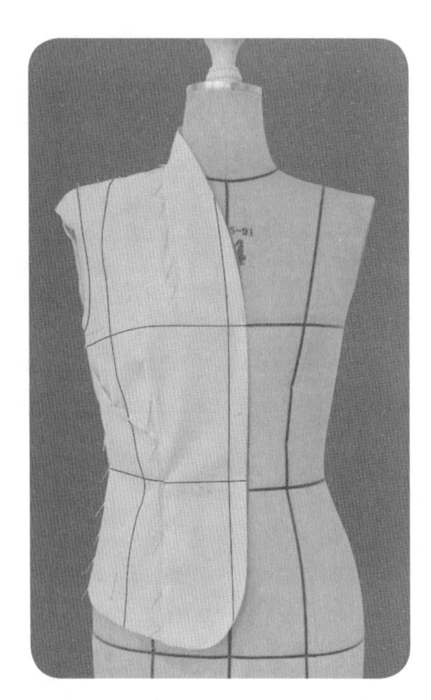

7.1.25

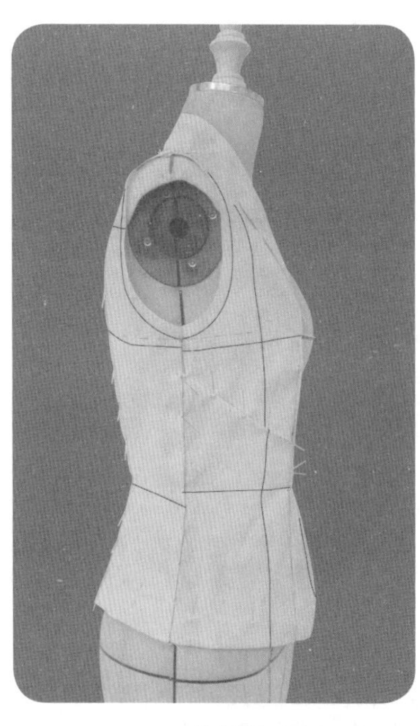

7.1.26

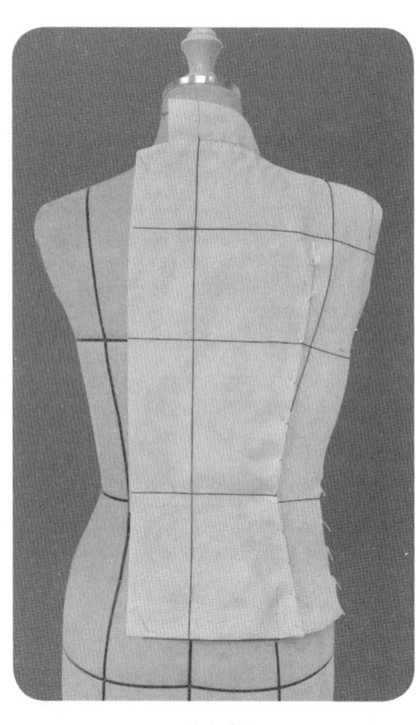

7.1.27

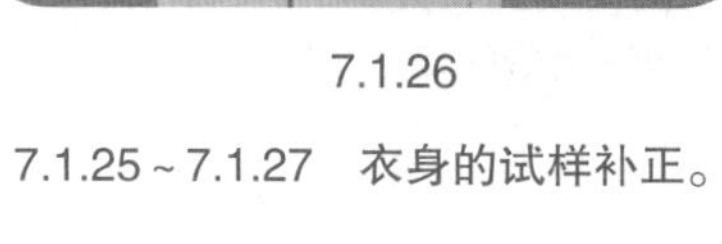

7.1.25 ~ 7.1.27　衣身的试样补正。

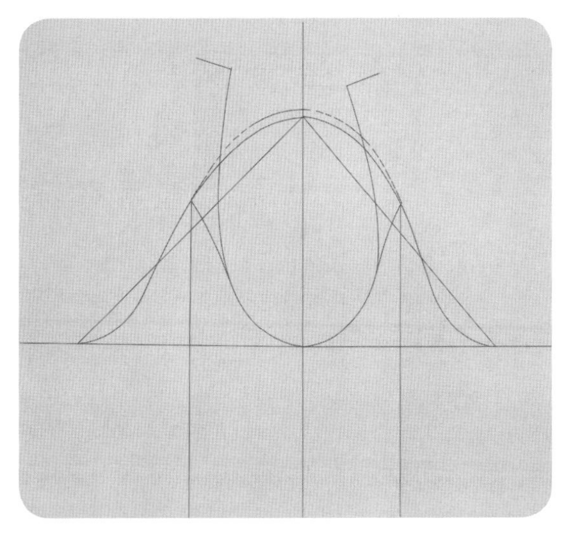

7.1.28

7.1.28　基于袖窿弧线绘制袖山弧线，设置塑造袖山造型的袖山追加量。

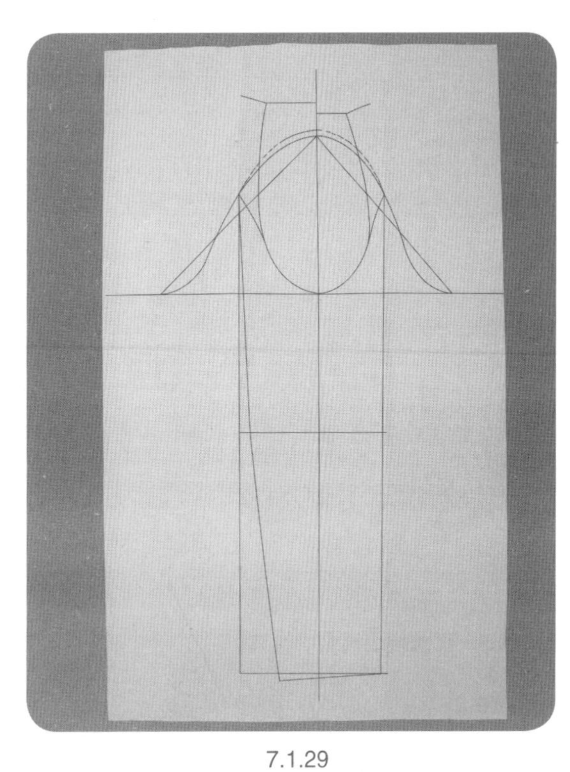

7.1.29

7.1.29　绘制弯袖袖身的模拟造型。

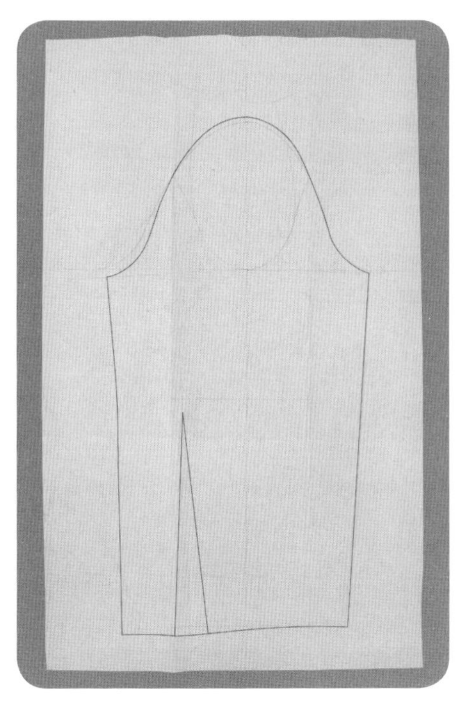

7.1.30

7.1.30　展开袖身，将弯袖量转化为袖口直省，并且注意袖山弧形的展开修正。

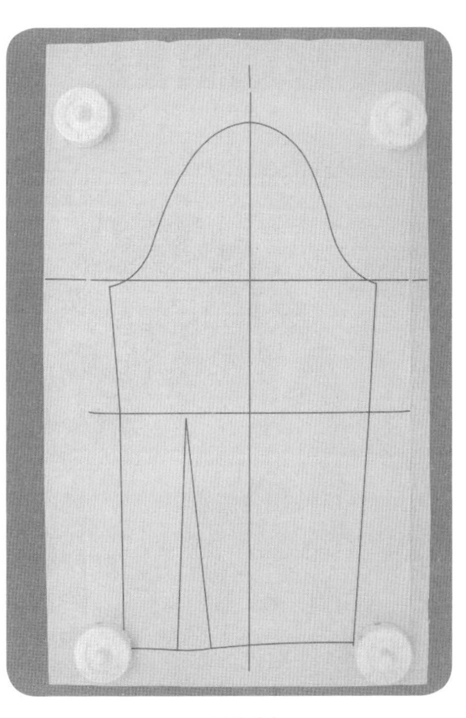

7.1.31

7.1.31　拓印衣袖布样。

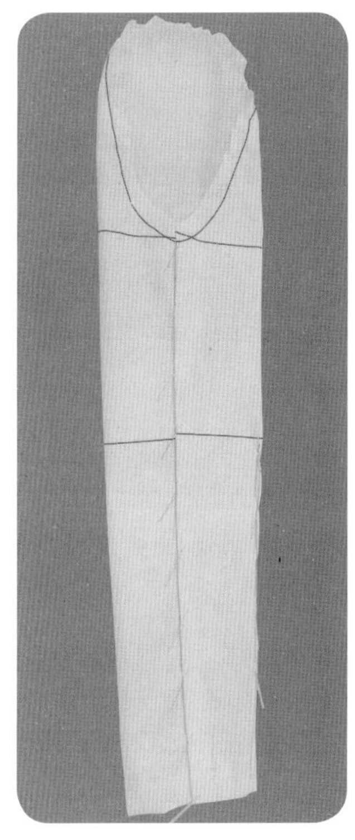

7.1.32

7.1.32　将衣袖用大头针假缝成型。

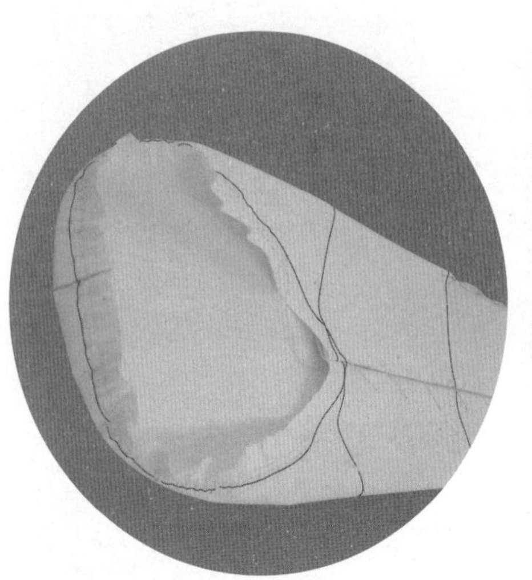

7.1.33

7.1.33 注意袖山造型的塑造。

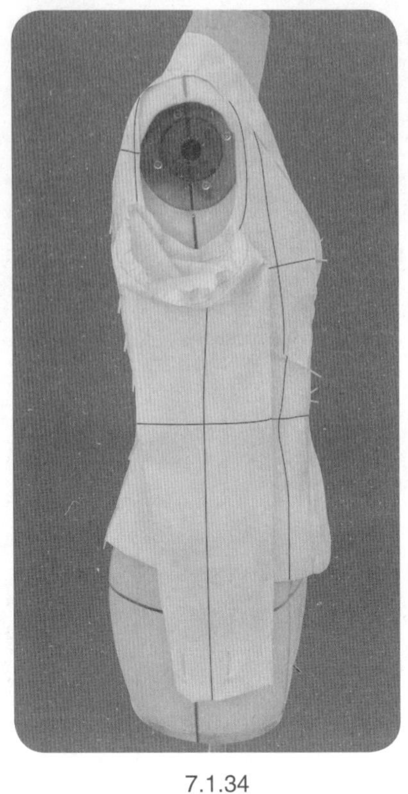

7.1.34

7.1.34 首先固定袖窿底部，注意保持袖窿底部的平整伏贴以及袖身的前倾度。

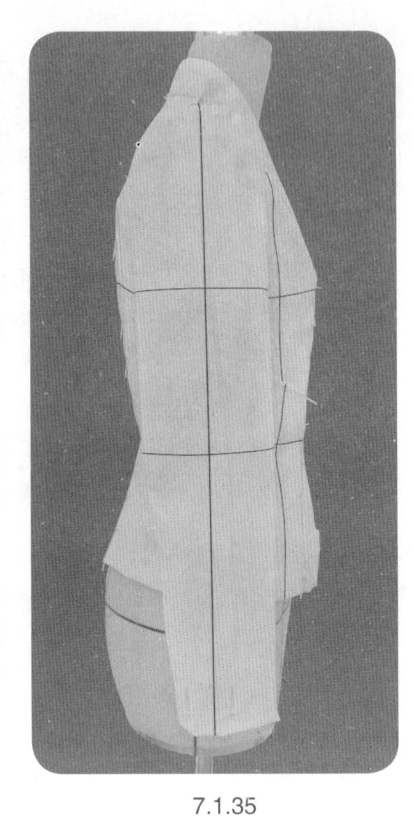

7.1.35

7.1.35 固定SP点，检查前、后袖山的吃势分配平衡以及衣袖的抬高斜度。

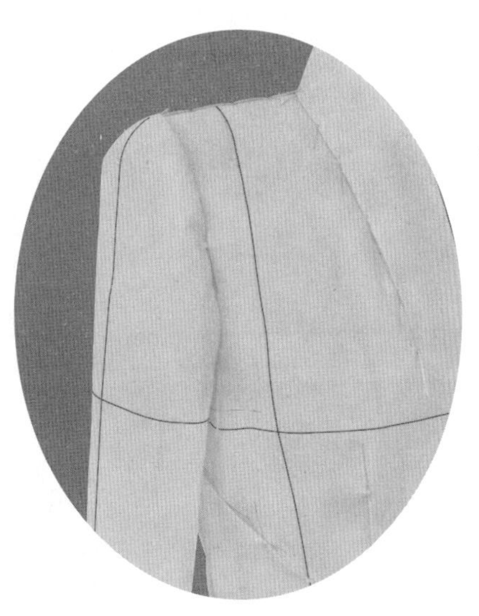

7.1.36

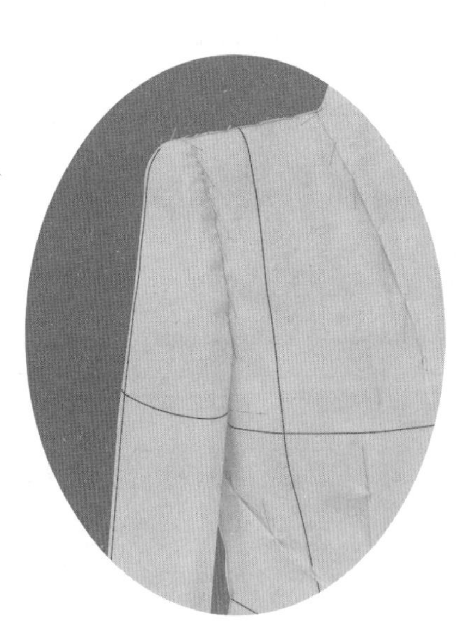

7.1.37

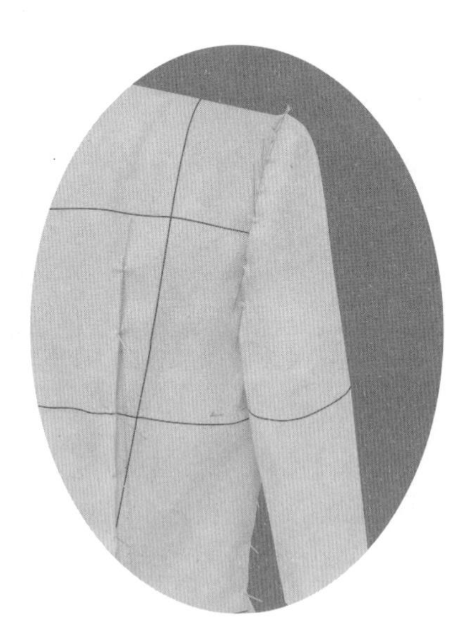

7.1.38

7.1.36 ~ 7.1.38 逐步细致地分配吃势，固定衣袖于袖窿。注意袖山造型要饱满圆顺。

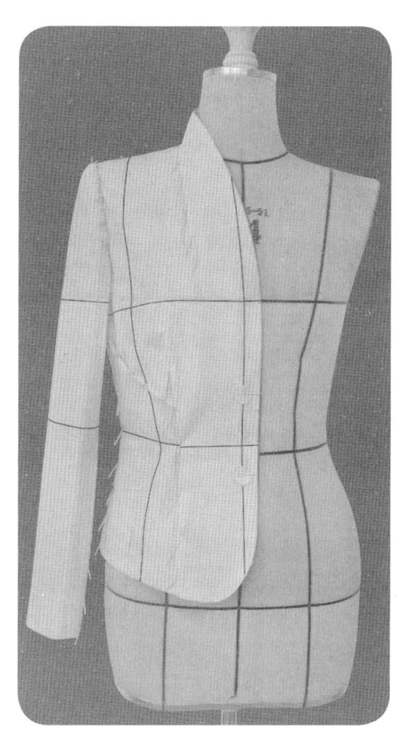

7.1.39

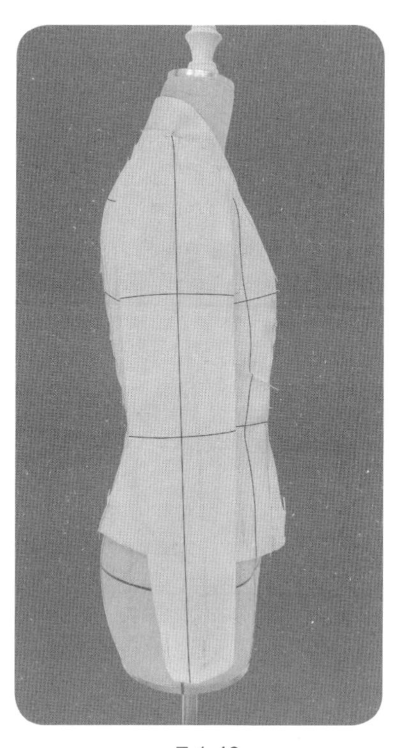

7.1.40

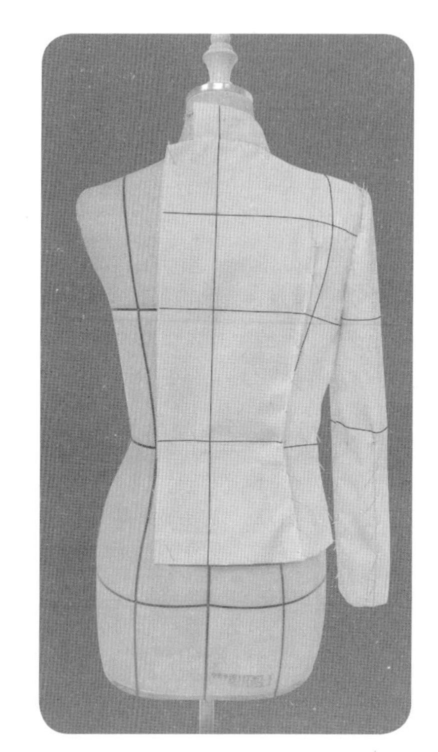

7.1.41

7.1.39 ~ 7.1.41　整体造型完成。

● 样片描图(图7.1.3)

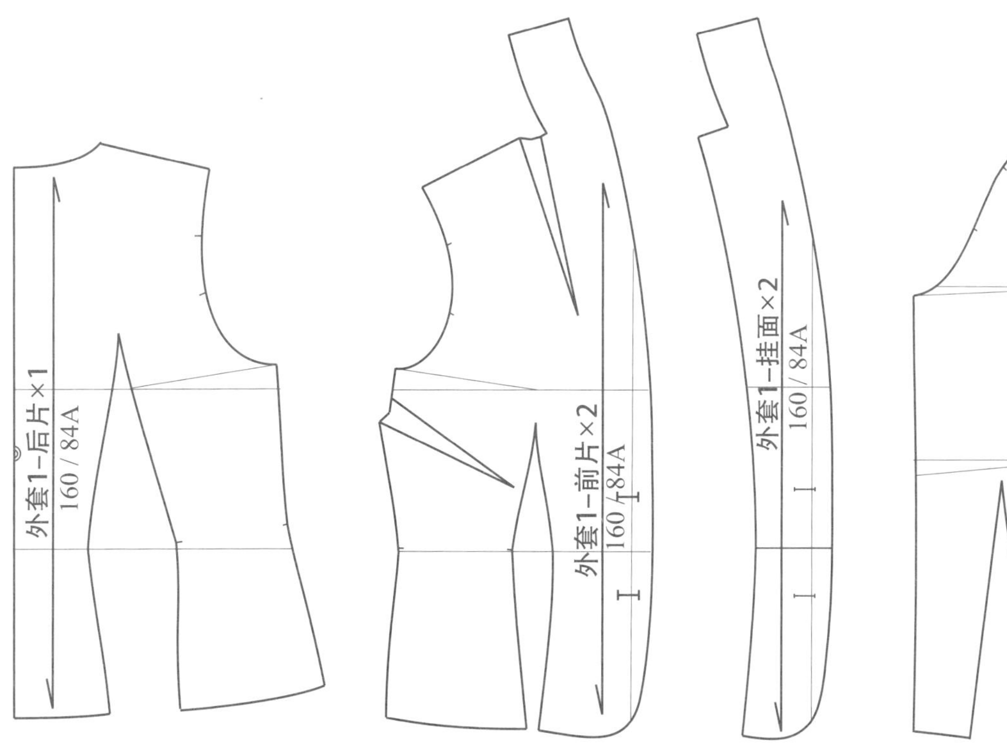

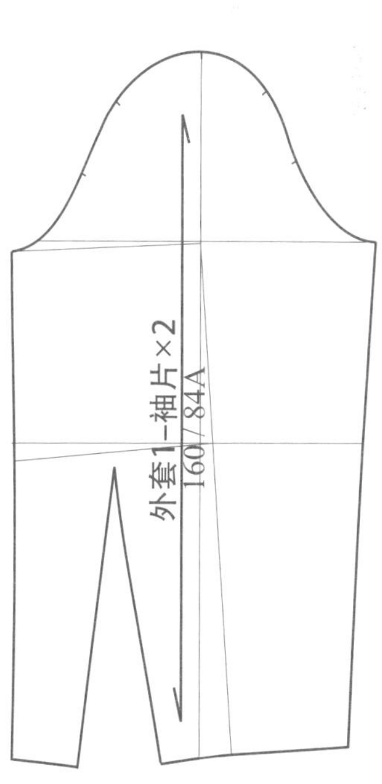

图7.1.3　样片描图

7.2 外套2——四面构成外套1

● 款式分析(图7.2.1)

衣身廓形：X型；肩缝公主线，四面构成。

胸围线以上曲面量处理：

　　前片——适量的袖窿松量、公主分割线；

　　后片——适量的袖窿松量、公主分割线。

胸围线—腰围线—臀围线—底边曲面量处理：

　　前片——公主分割线、侧缝；

　　后片——公主分割线、侧缝。

衣领造型：驳折领。

衣袖造型：圆装袖；弯袖、两片袖。

图7.2.1　款式插图

● 坯布准备(图7.2.2)

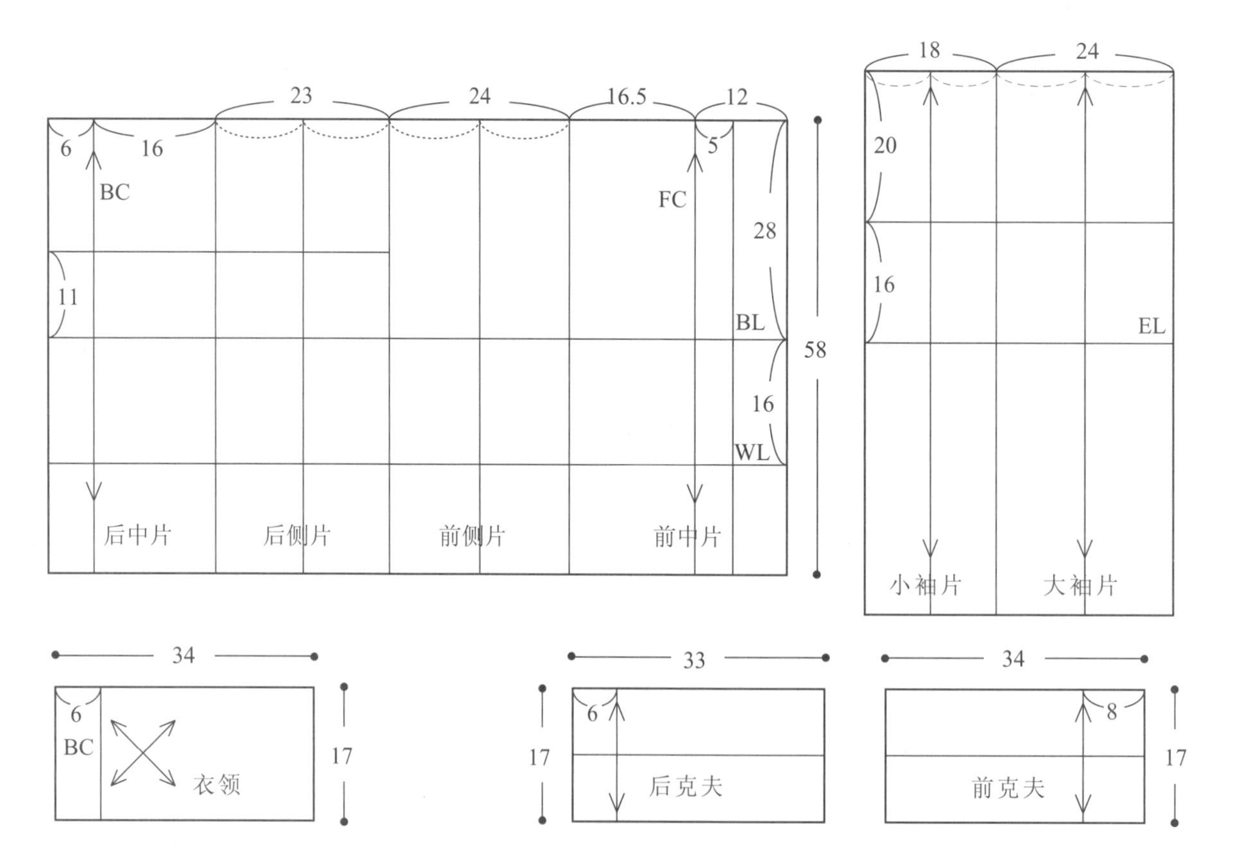

图7.2.2　坯布准备图(单位：cm)

操作步骤

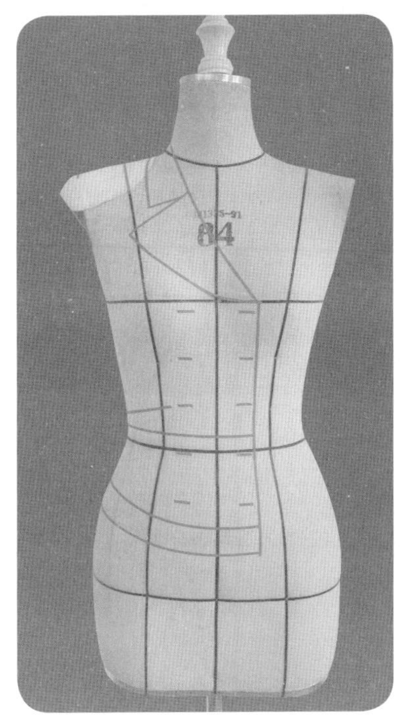

7.2.1

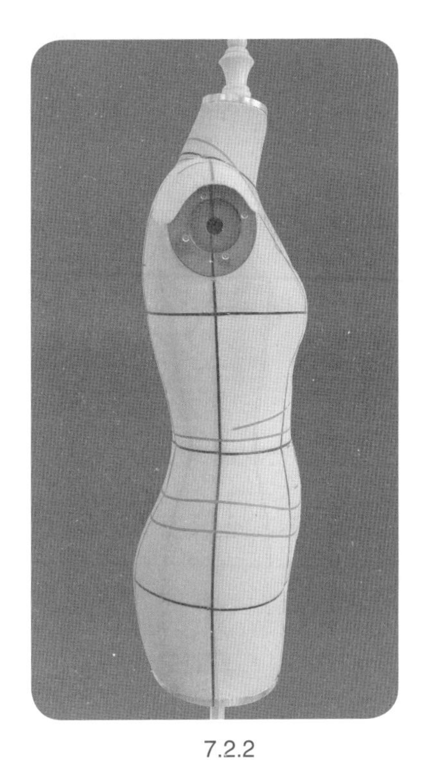

7.2.2

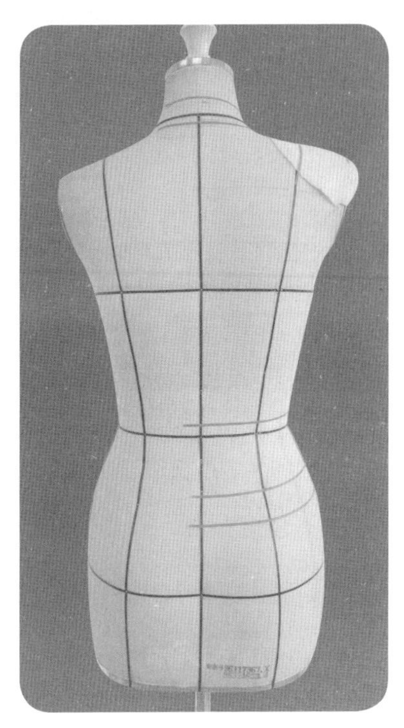

7.2.3

7.2.1 ~ 7.2.3 贴置款式造型线。

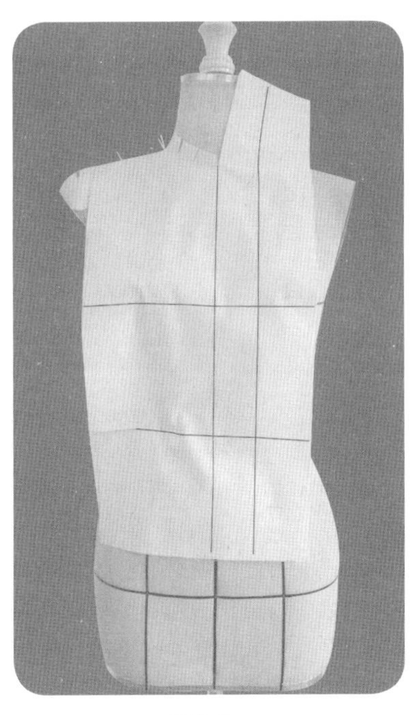

7.2.4

7.2.4 将前中片固定于人台。余留驳折领翻折用布，适当修剪领口。

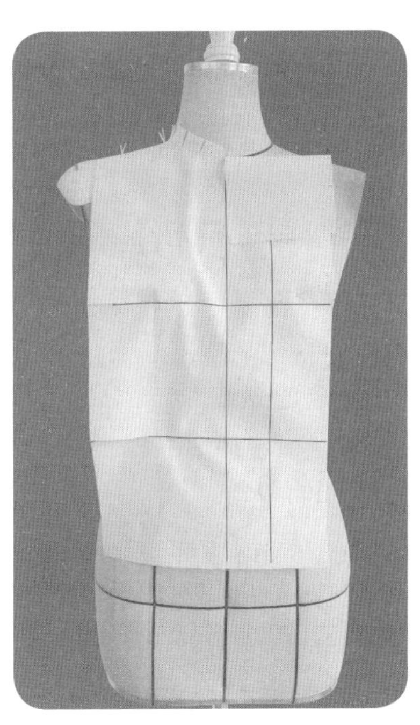

7.2.5

7.2.5 将肩部抚平并固定，分割线胸围线处用大头针固定，注意胸围松量的设置。

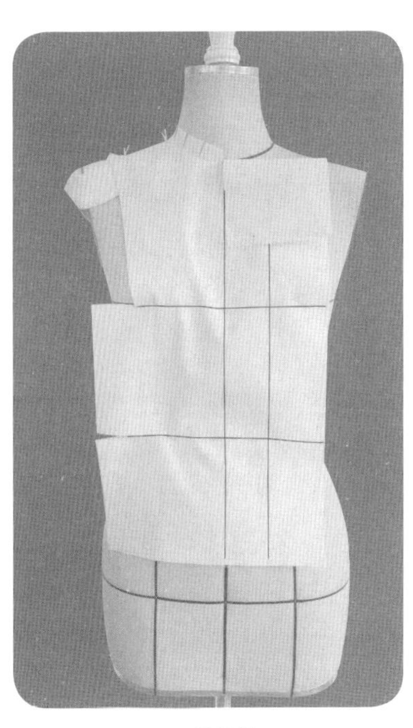

7.2.6

7.2.6 分割线宜采用分段修剪操作。首先是胸围线以上一段的分割线修剪。

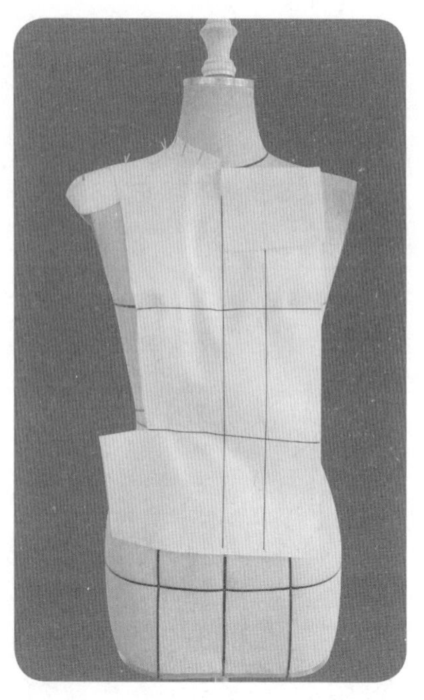
7.2.7

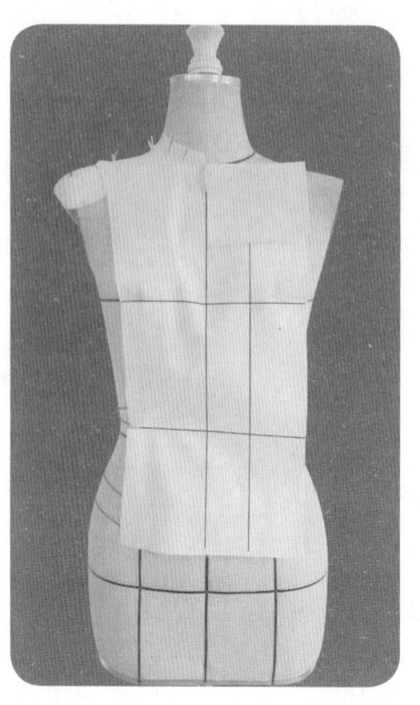
7.2.8

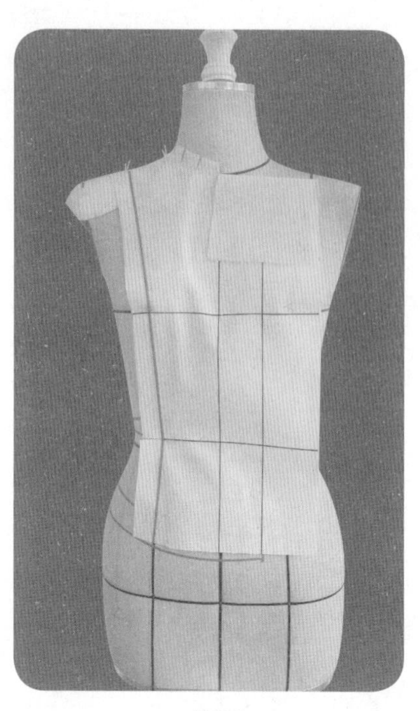
7.2.9

7.2.7　确认腰部松量，于分割线腰围处用大头针固定，完成胸围线至腰围线一段的分割线修剪。修剪后领口，用大头针固定SNP点。

7.2.8　设置适当的下摆松量，用大头针固定，修剪腰围线至底边一段的分割线。

7.2.9　设置分割造型线，适当修剪底边。前中片初步造型完成。

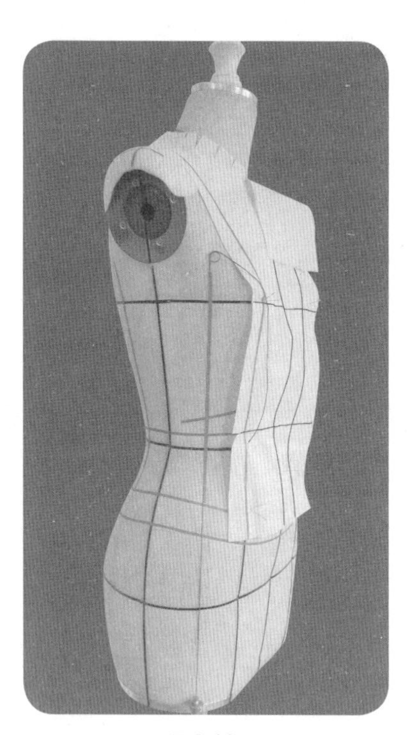
7.2.10

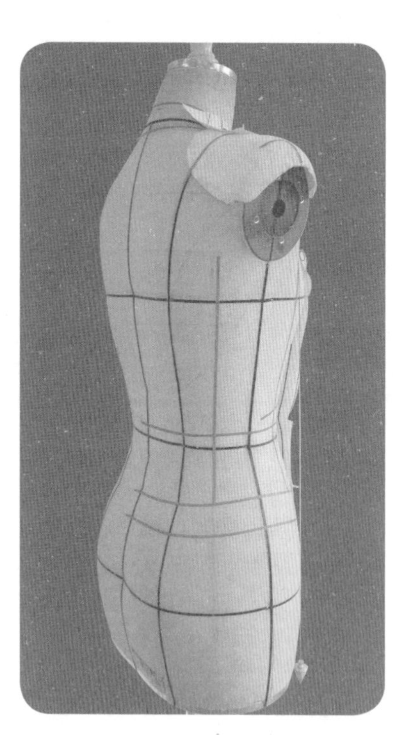
7.2.11

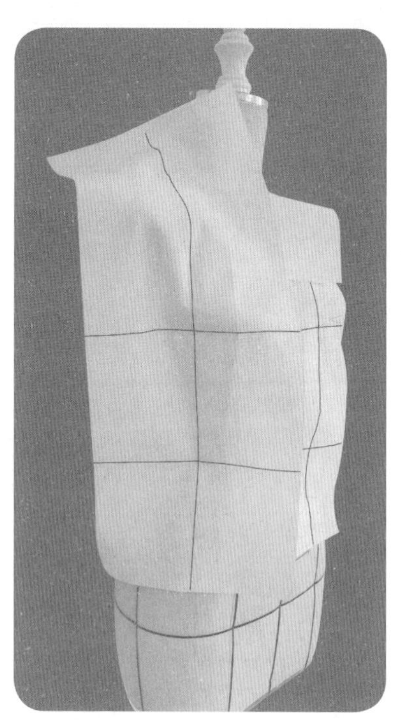
7.2.12

7.2.10 、7.2.11　设置侧片腰围中点铅垂线。

7.2.12　将侧片中线与铅垂标志线对齐，固定侧片用布于人台上。

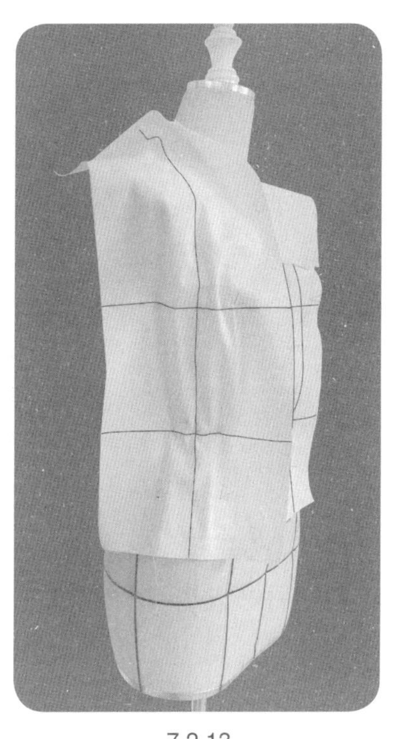

7.2.13

7.2.13 设置侧片胸围、腰围处松量，注意中线两边松量的平衡。

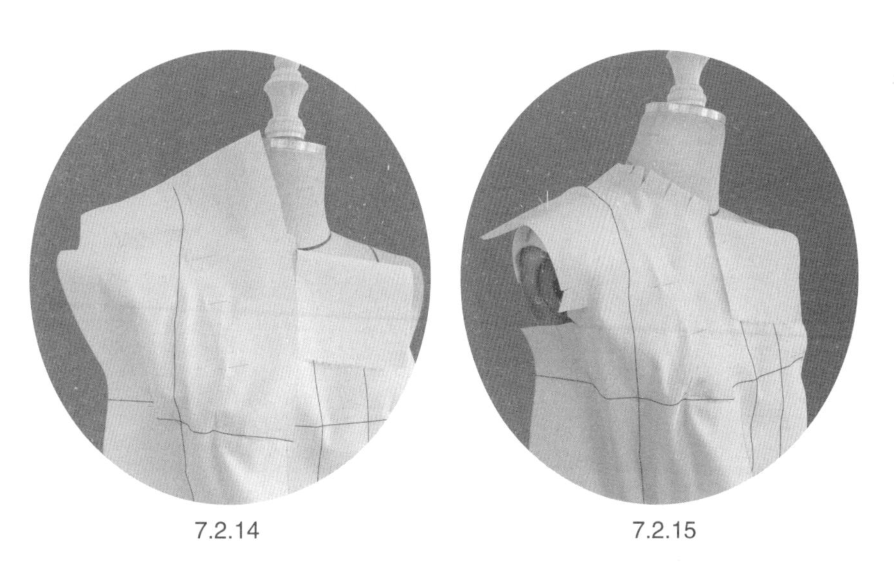

7.2.14 7.2.15

7.2.14、7.2.15 袖窿处余留适当松量，抚平肩部并固定，沿分割线合并前侧片与前中片。注意胸围线处修剪刀口，以便于弧线分割线的合并操作。

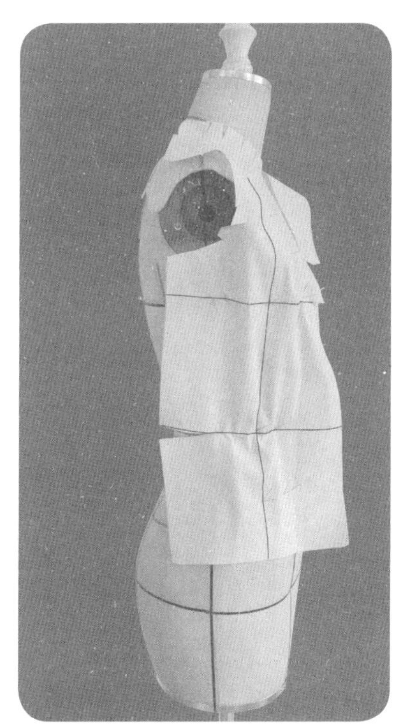

7.2.16

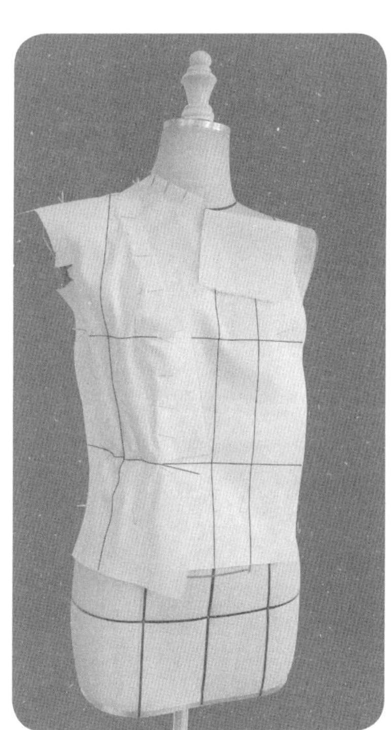

7.2.17

7.2.16、7.2.17 侧片胸围线至腰围线的侧缝线、公主分割线的操作。

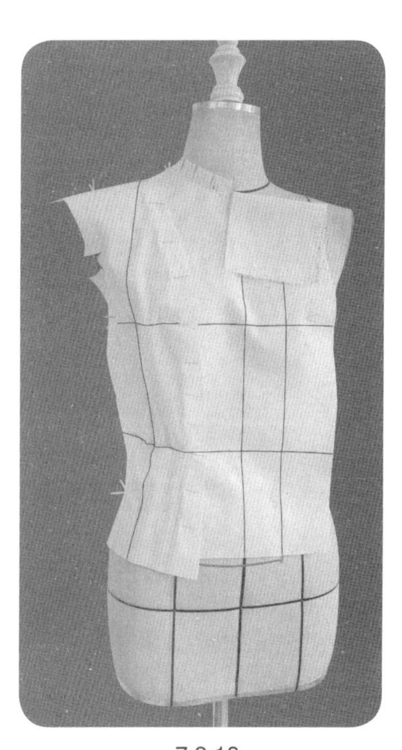

7.2.18

7.2.18 侧片腰围线至底边的侧缝线、公主分割线的操作。

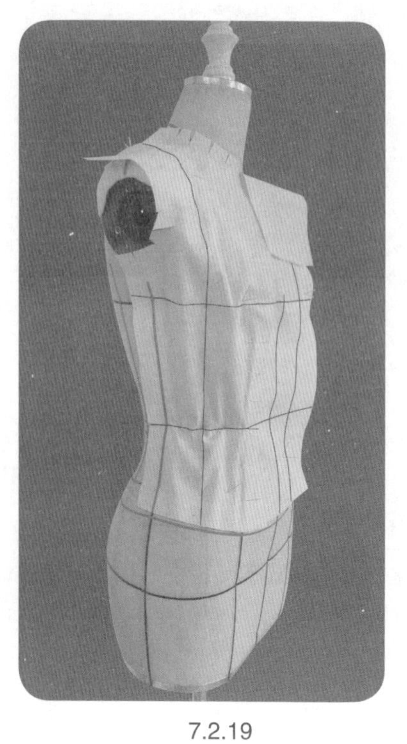

7.2.19

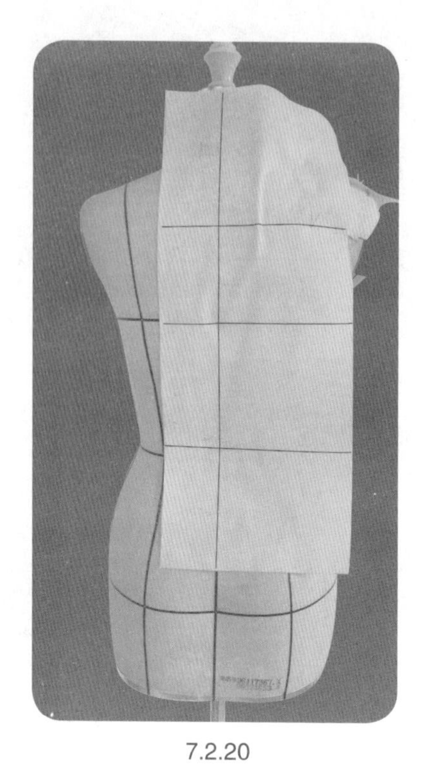

7.2.20

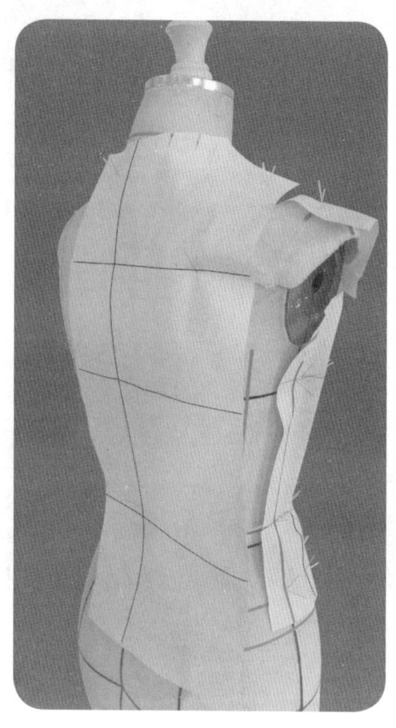

7.2.21

7.2.19　前侧片初步造型完成。

7.2.20　将后中片用布固定于人台上。

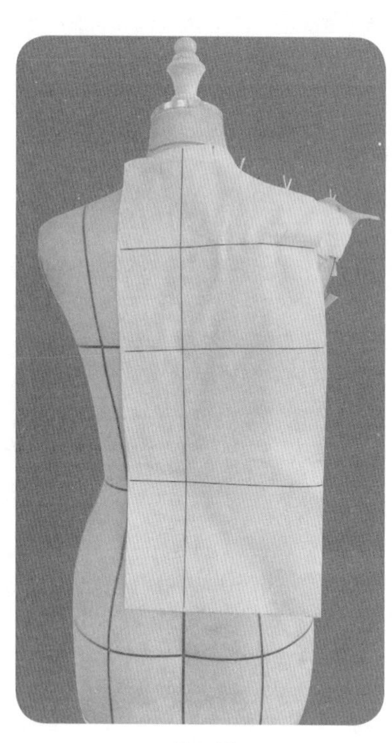

7.2.22

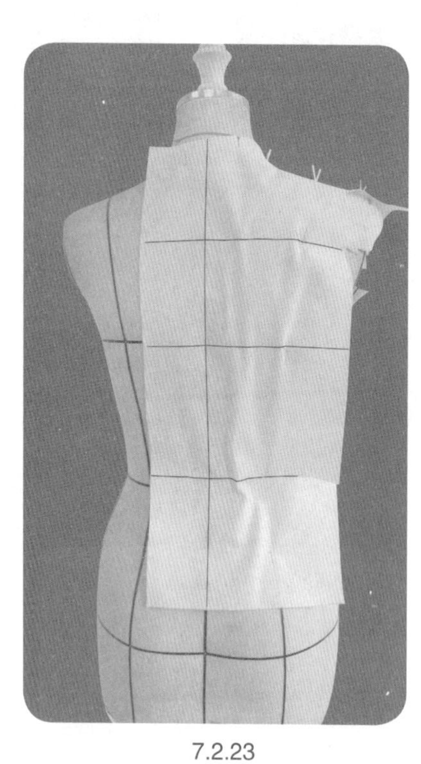

7.2.23

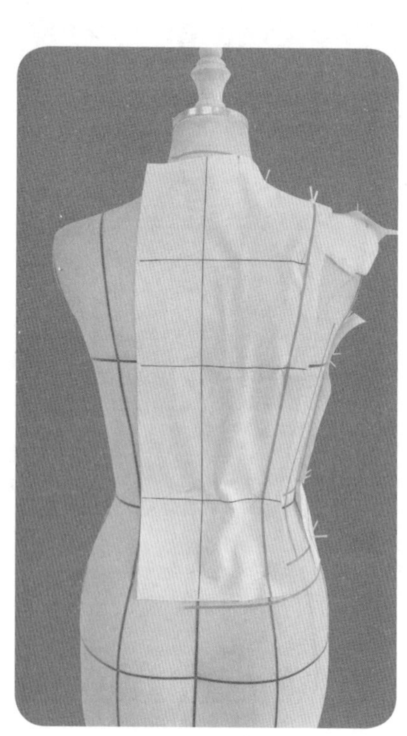

7.2.24

7.2.21 ~ 7.2.24　逐步完成后中片的操作。

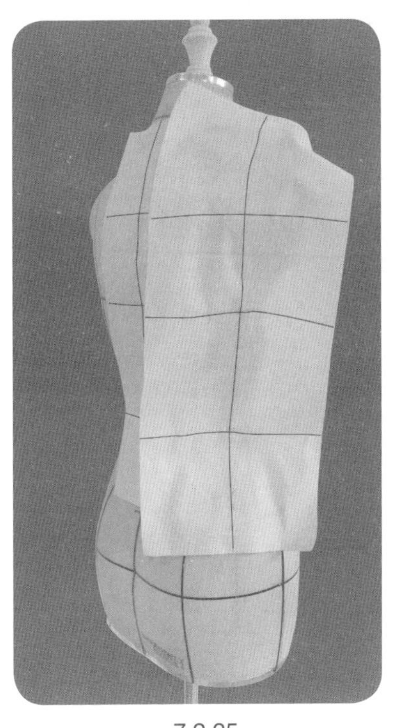

7.2.25

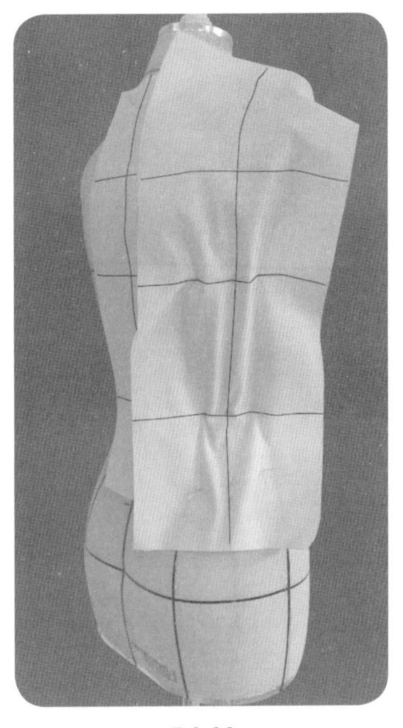

7.2.26

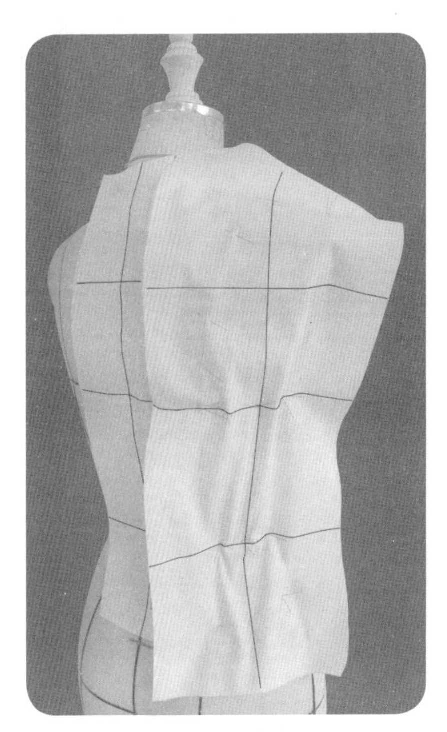

7.2.27

7.2.25 将后侧片用布的中线与铅垂标志线对齐，并固定用布于人台。

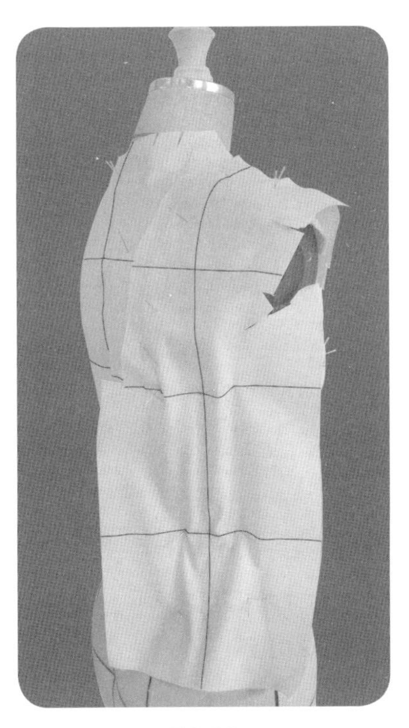

7.2.28

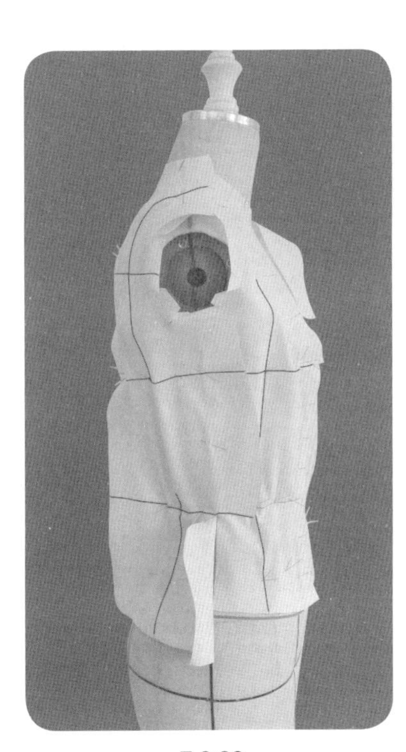

7.2.29

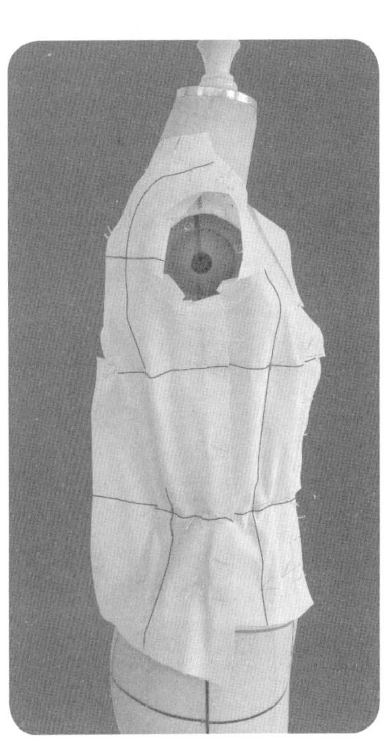

7.2.30

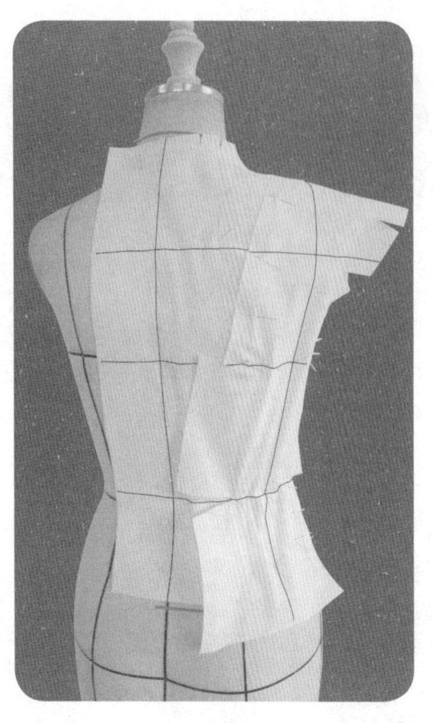
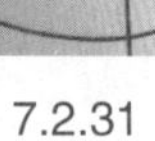

7.2.31

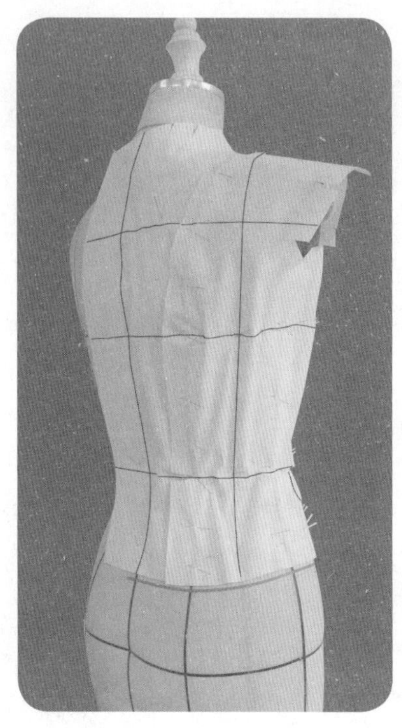

7.2.32

7.2.26 ~ 7.2.32　同前侧片的操作步骤，逐步完成后侧片的操作。

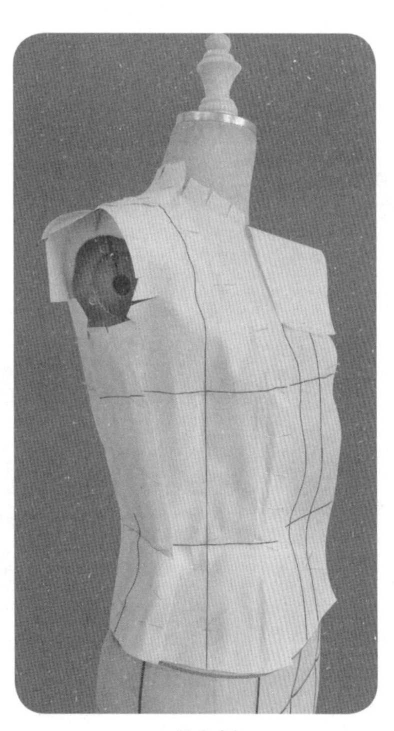

7.2.33

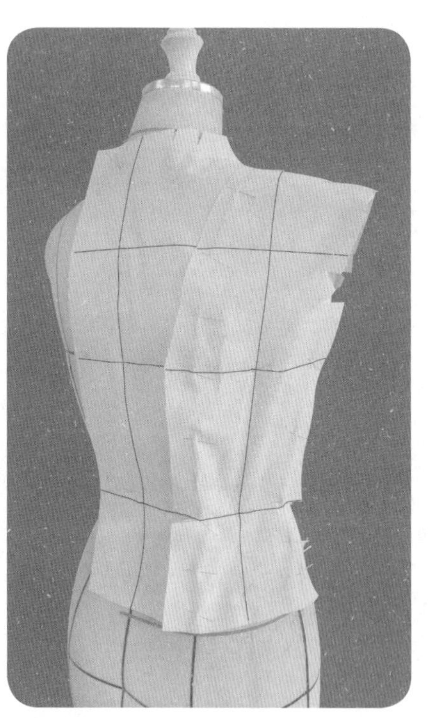

7.2.34

7.2.33、7.2.34　去除前/后侧片胸围、腰围处的松量固定针，观察并确认胸围、腰围松量，检查松量的平衡。

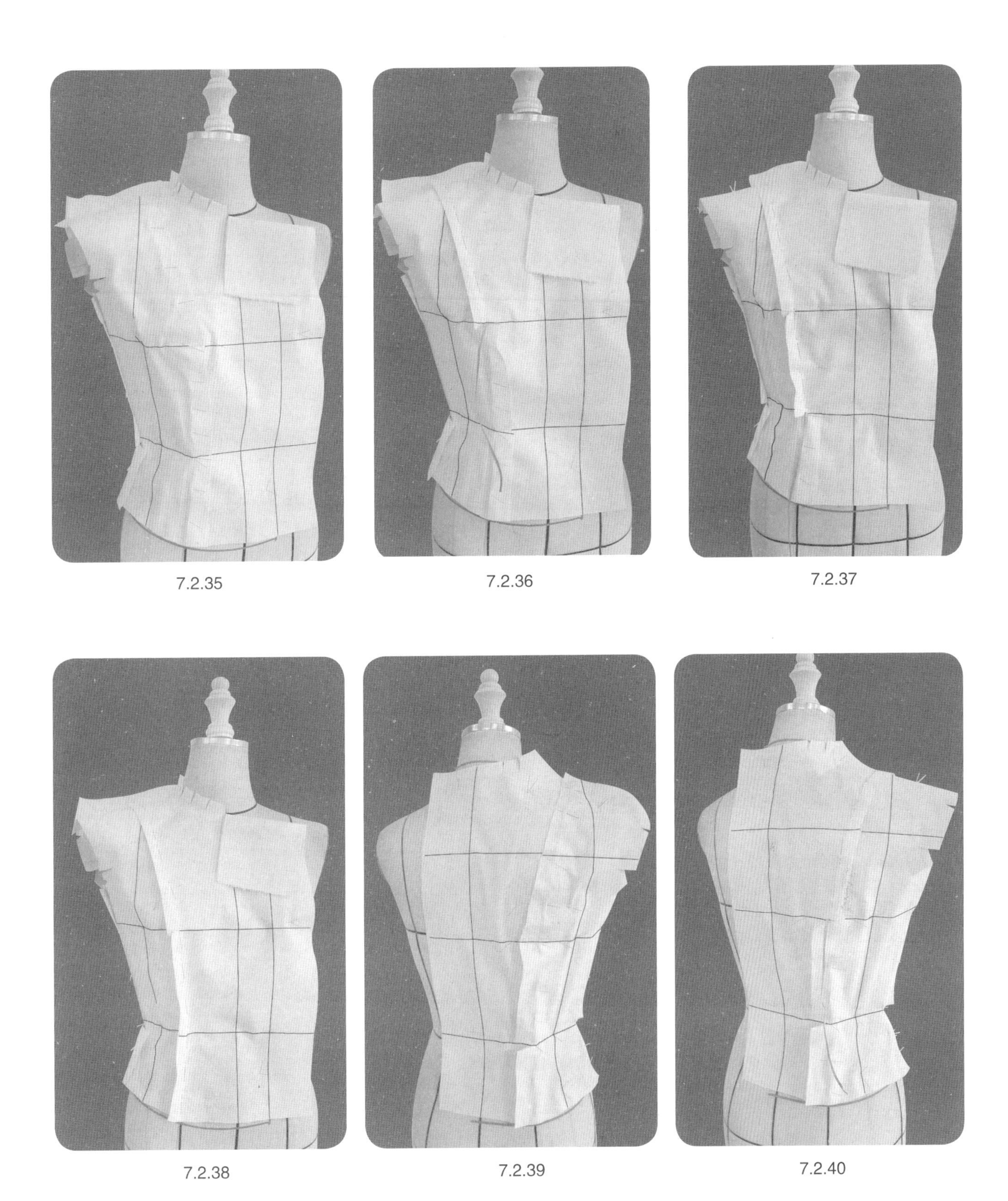

7.2.35　　7.2.36　　7.2.37

7.2.38　　7.2.39　　7.2.40

7.2.35 ~ 7.2.41　逐步转换分割线合并针法，由盖别针法转换为抓别针法，进一步确认准确的造型线。注意在针法转换过程中临时松量固定针的使用，保证在针法转化过程中松量不被丢失。

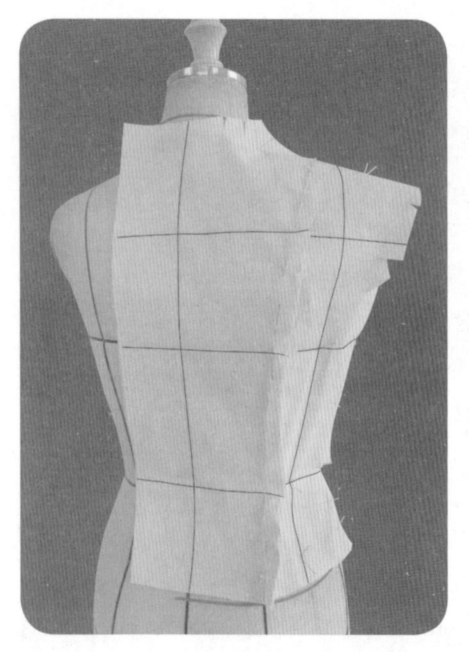

7.2.41

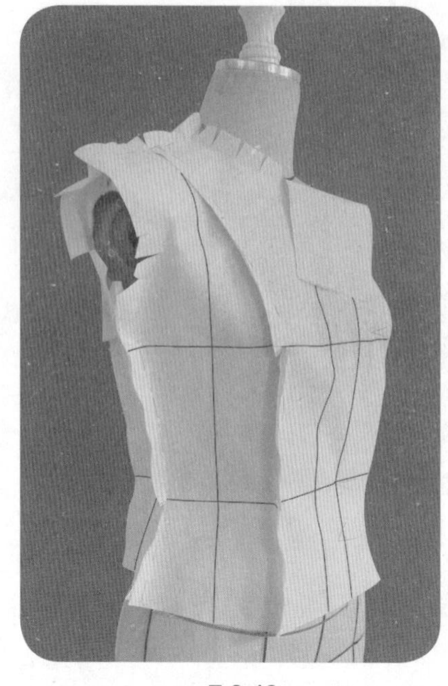

7.2.42

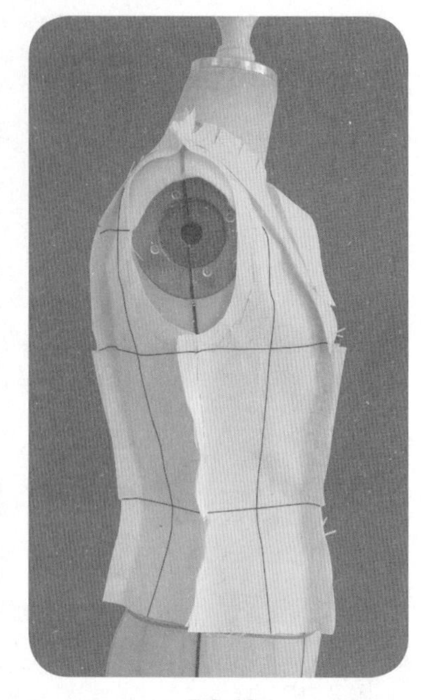

7.2.43

7.2.42　去除前、后侧片中线处的固定针，检查前、后侧片中线是否自然竖直，与人台的铅垂标志线对齐。

7.2.43　确定袖窿造型。

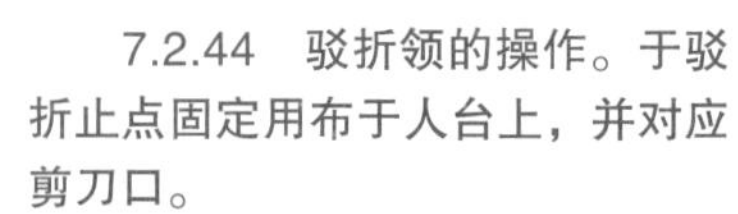

7.2.44　驳折领的操作。于驳折止点固定用布于人台上，并对应剪刀口。

7.2.45　对应驳折线翻折用布。

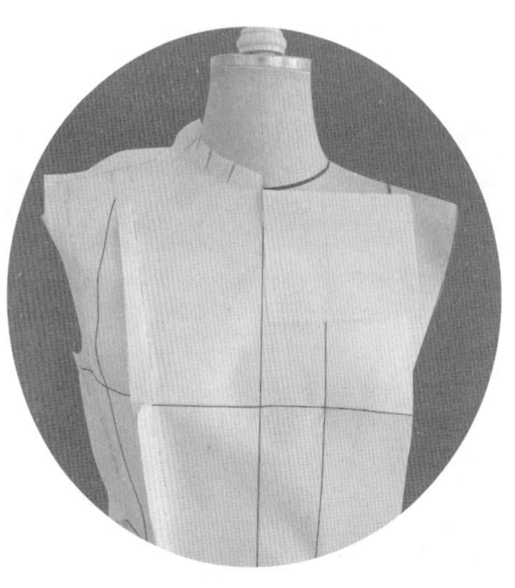

7.2.44

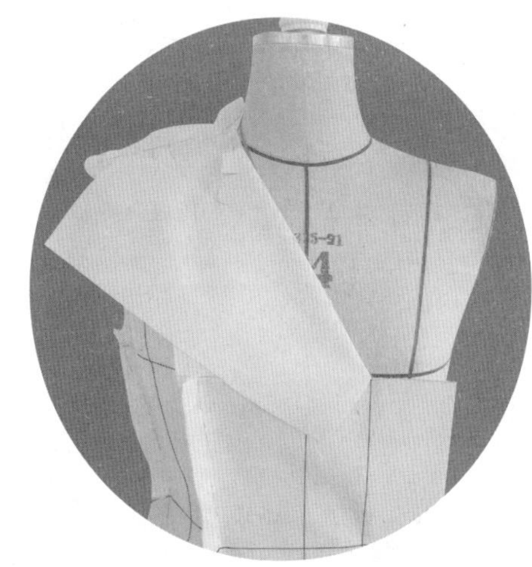

7.2.45

7.2.46、7.2.47　用大头针标记翻折线，贴置驳领造型线，修剪多余缝份。

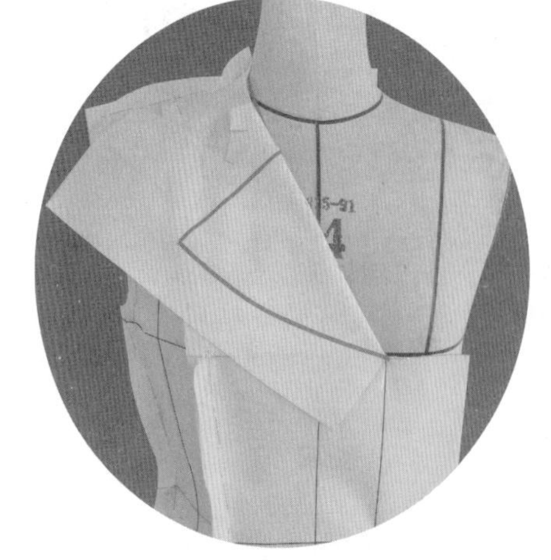

7.2.46

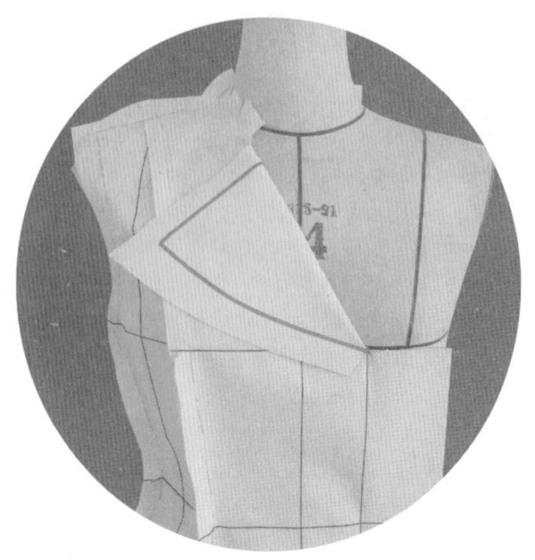

7.2.47

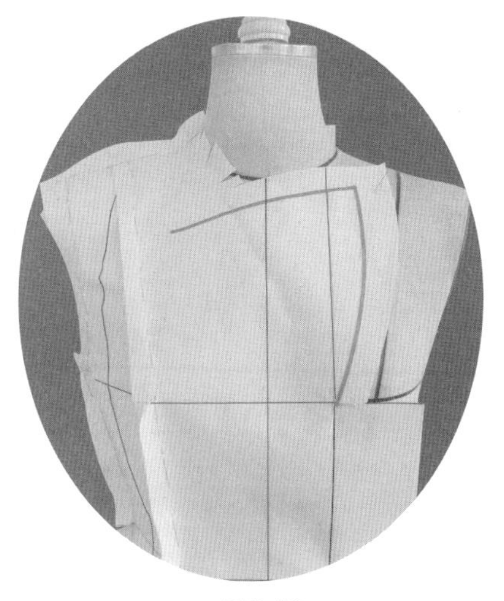
7.2.48

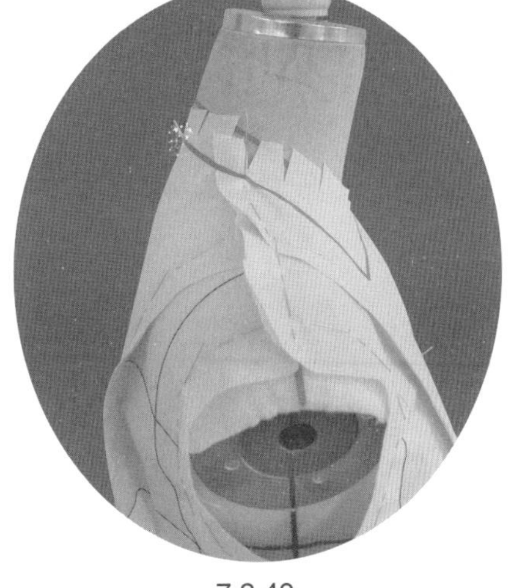
7.2.49

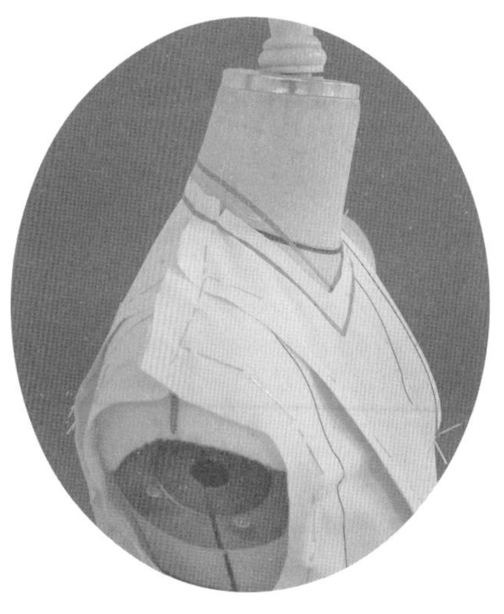
7.2.50

7.2.48 翻转驳头，对应驳领造型线贴置造型线。

7.2.49、7.2.50 贴置后领口线，修剪多余缝份，得到完整的驳折领领口线。

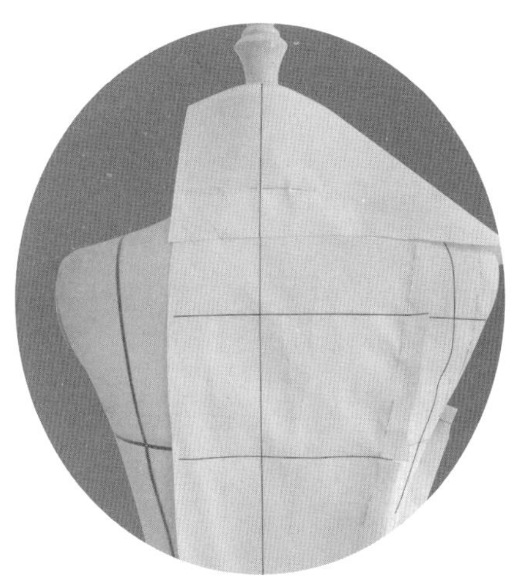
7.2.51

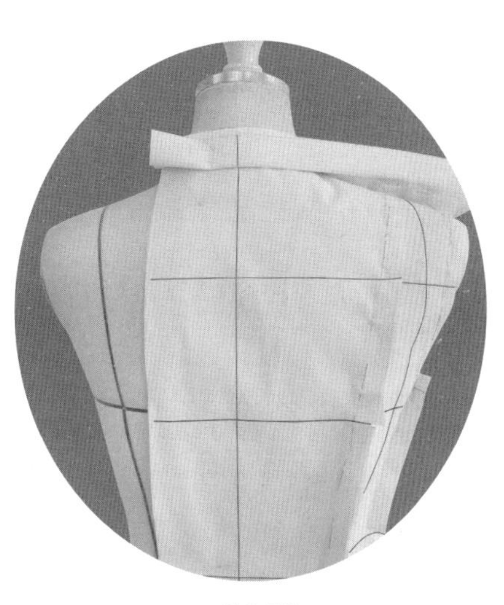
7.2.52

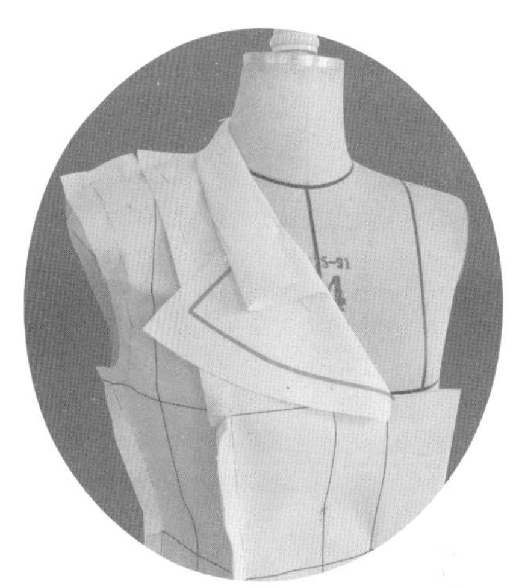
7.2.53

7.2.51 驳折领的翻领片操作类同连翻领的操作方法，参见操作步骤6.1.22、6.1.23。余留翻折X量，保持后中线的竖直，沿领口线固定领片与衣身。

7.2.52 余留立领高度，将翻领宽度进行三翻操作。

7.2.53 调整翻折X量，达到三点造型要求：一是翻折线与衣身驳领翻折线连接顺直；二是翻折线处的松量要适当；三是领外口线与衣身伏贴。

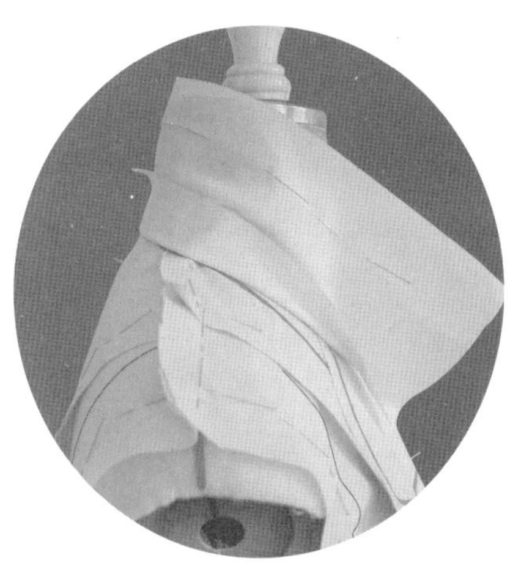
7.2.54

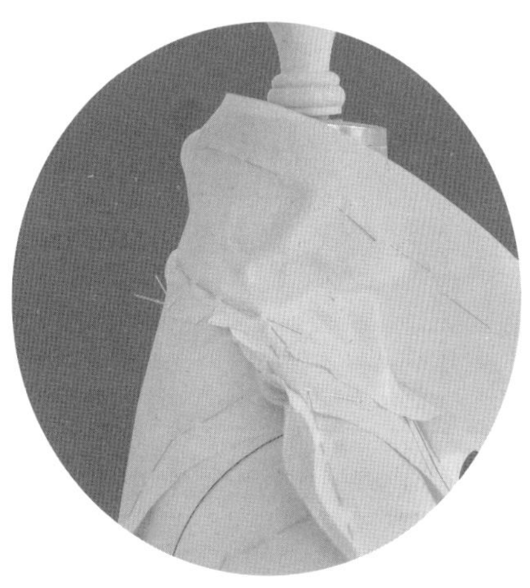
7.2.55

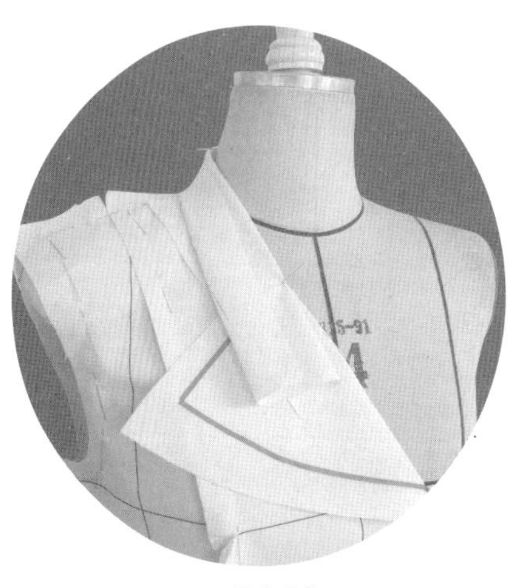
7.2.56

7.2.57

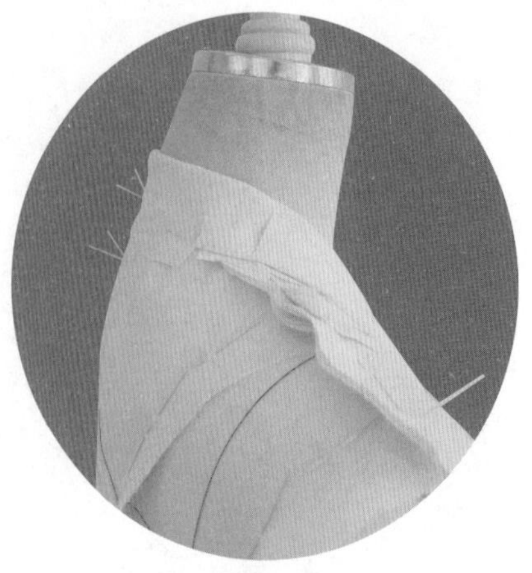

7.2.58

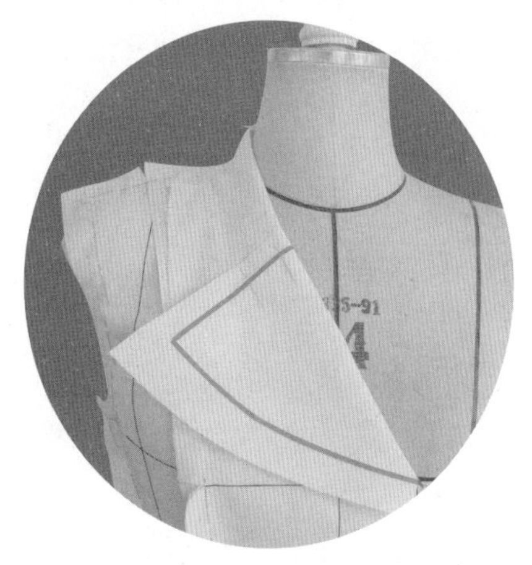

7.2.59

7.2.54～7.2.59　逐步修剪，使领口线与衣身伏贴。

7.2.60

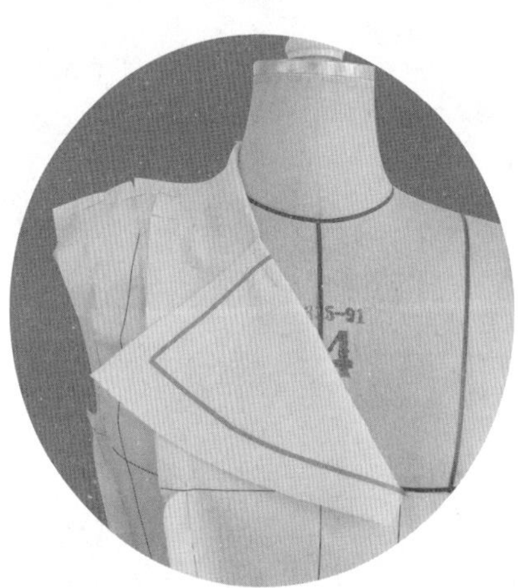

7.2.61

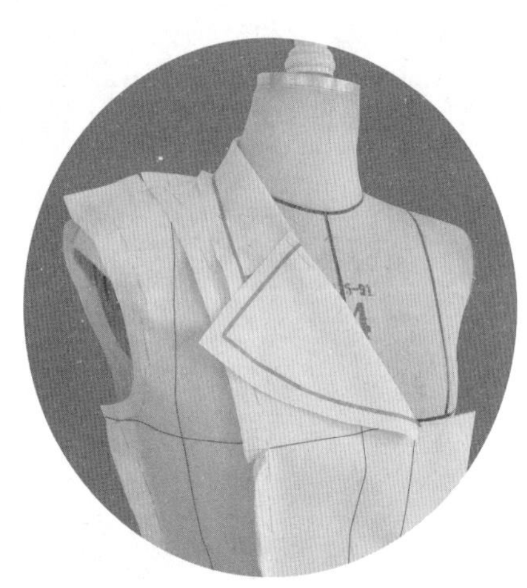

7.2.62

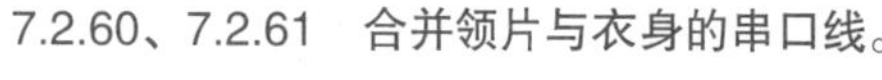

7.2.60、7.2.61　合并领片与衣身的串口线。

7.2.62　贴置领外口线造型线，驳领初步造型完成。

7.2.63

7.2.63　衣身与衣领样片的标点描线、平面整理。

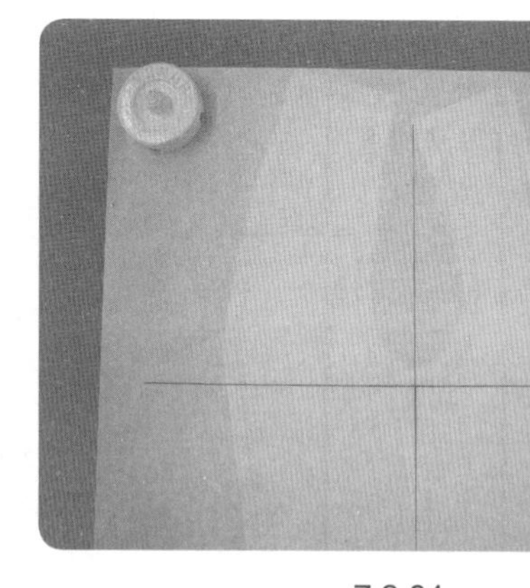

7.2.64

7.2.64　拓印袖窿，以备配袖之用。

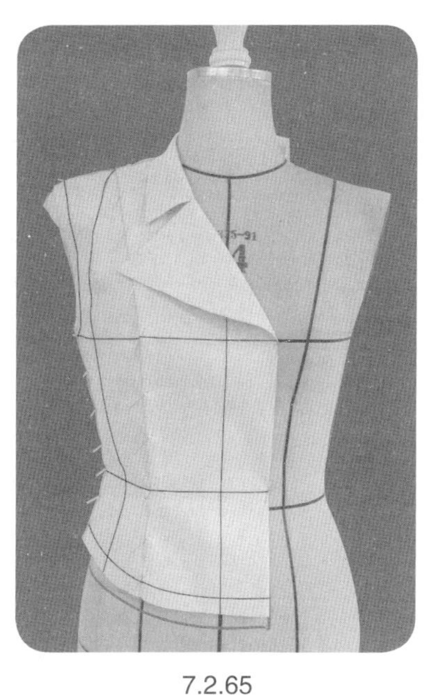
7.2.65

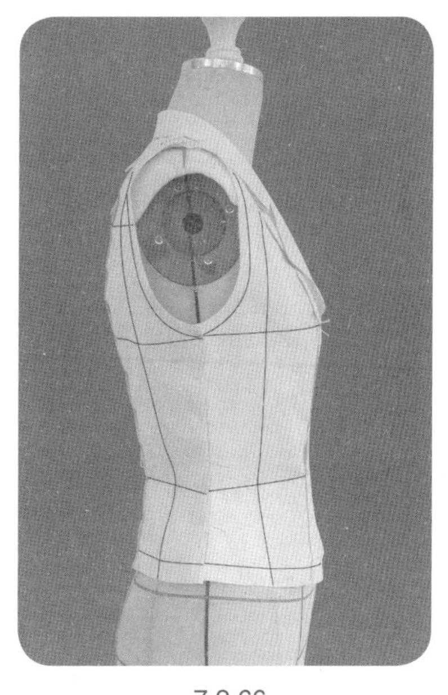
7.2.66

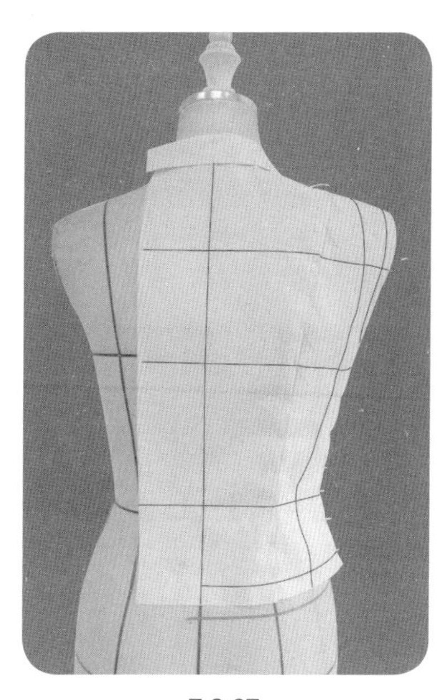
7.2.67

7.2.65 ~ 7.2.67　假缝衣身与衣领，试样补正。若有结构调整，则需要对应修改拓印的袖窿纸样。

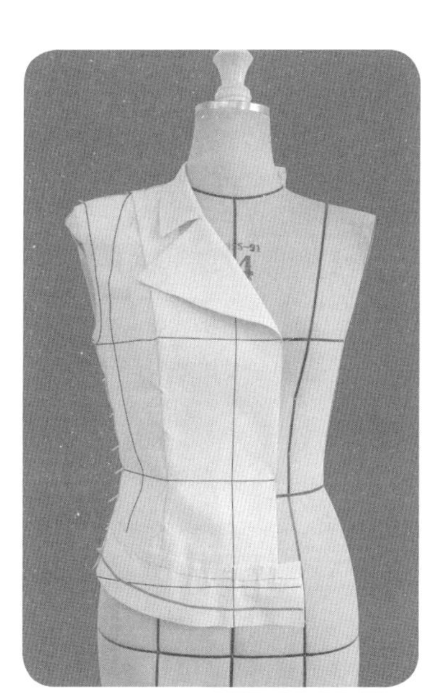

7.2.68

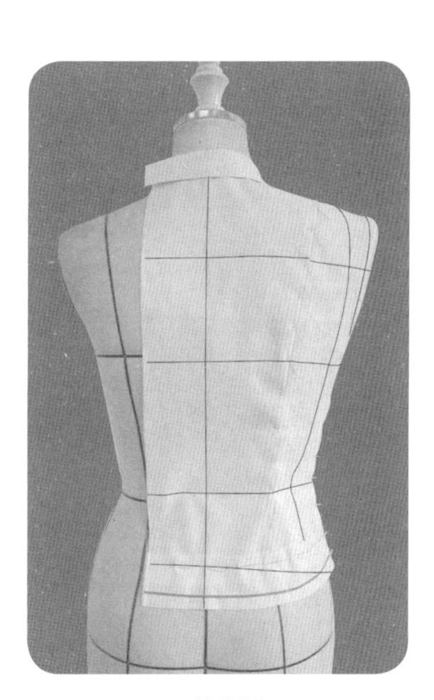
7.2.69

7.2.68、7.2.69　底摆克夫的操作。

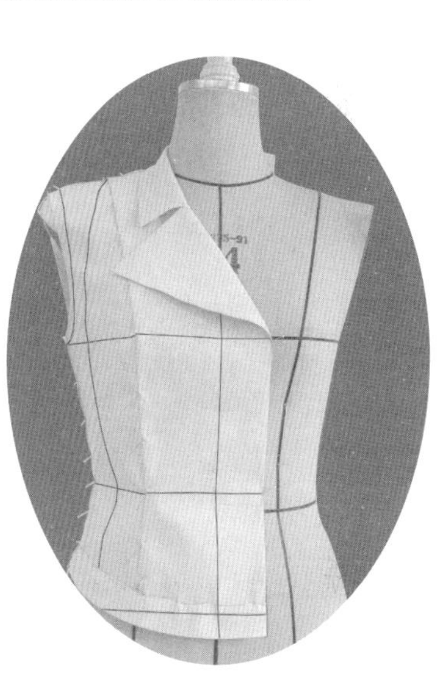
7.2.70

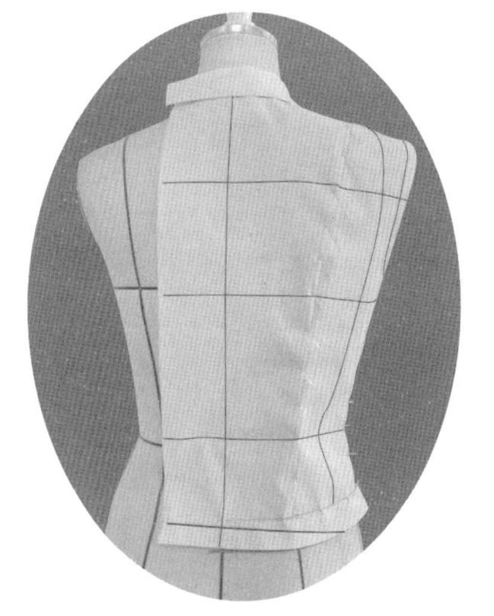
7.2.71

7.2.70、7.2.71　底摆克夫操作完成。试样补正。

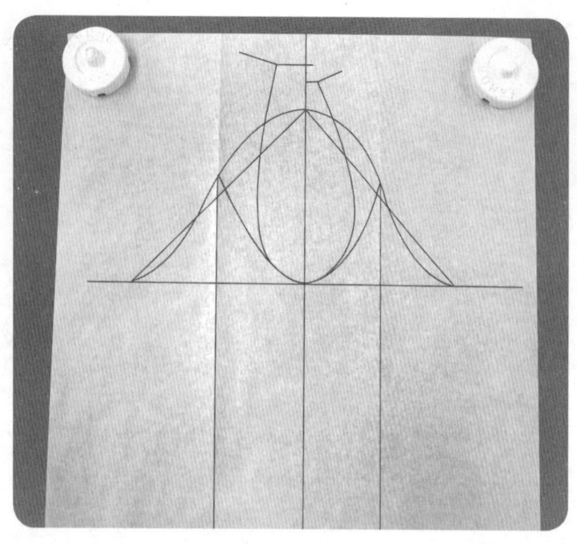

7.2.72

7.2.72　按照袖肥、袖山吃势要求，基于袖窿弧线设计袖山弧线。

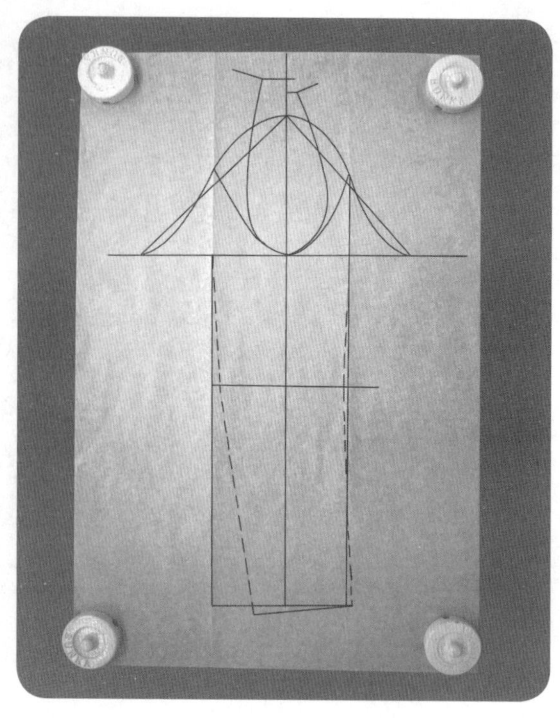

7.2.73

7.2.73　按照袖长、袖口大小要求，设计弯袖袖身模拟造型。

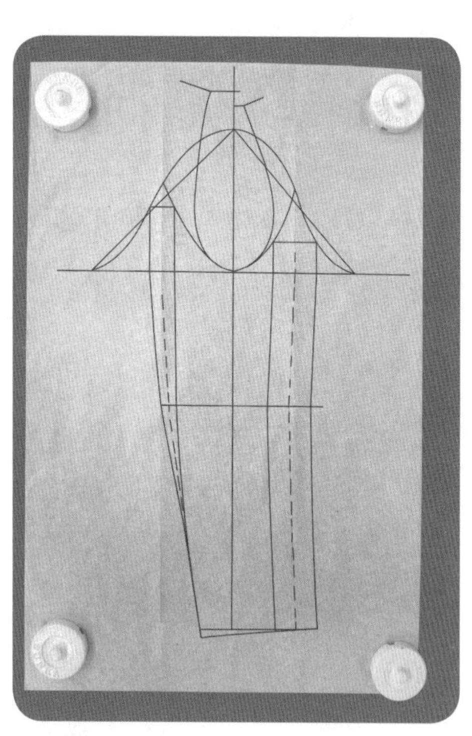

7.2.74

7.2.74　设计袖片分割线，展开袖身，完成两片袖衣袖纸样绘制。拓印衣袖布样，假缝衣袖。

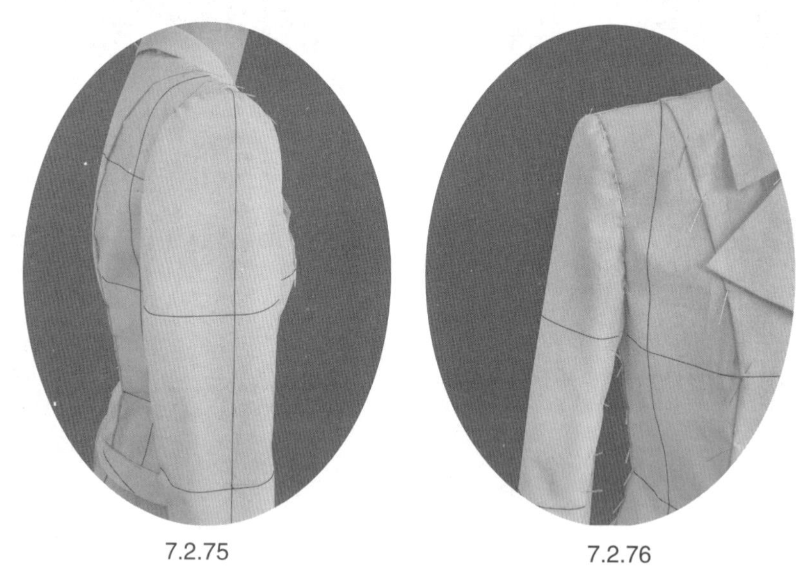

7.2.75　　　7.2.76

7.2.75、7.2.76　分配袖山吃势，完成衣袖的假缝调整，确定装袖对位点。

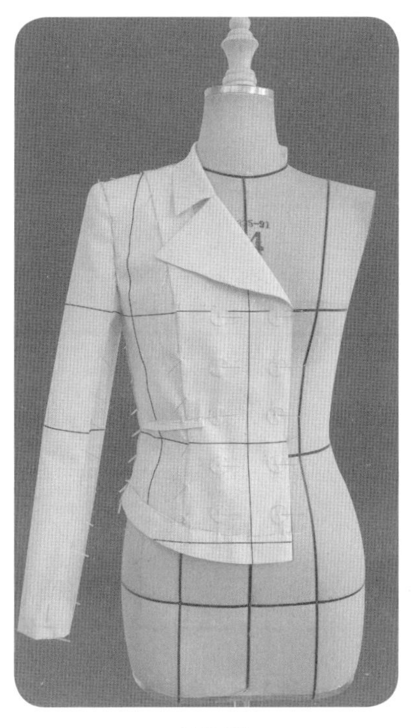
7.2.77

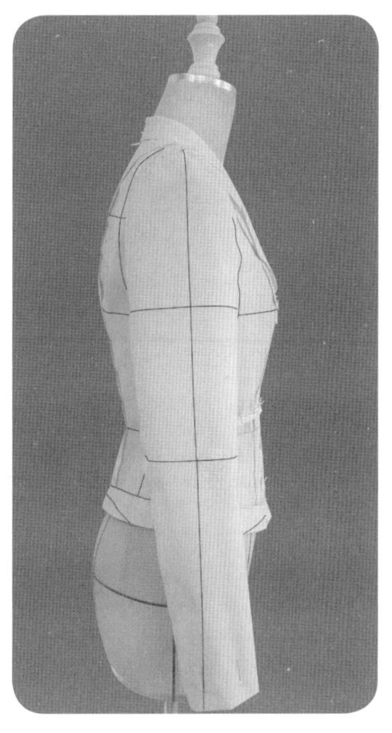
7.2.78

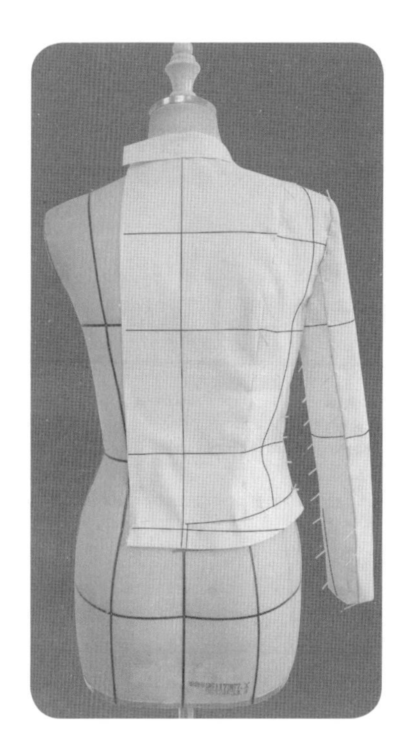
7.2.79

7.2.77 ~ 7.2.79 整体造型的完成。

● 样片描图(图7.2.3)

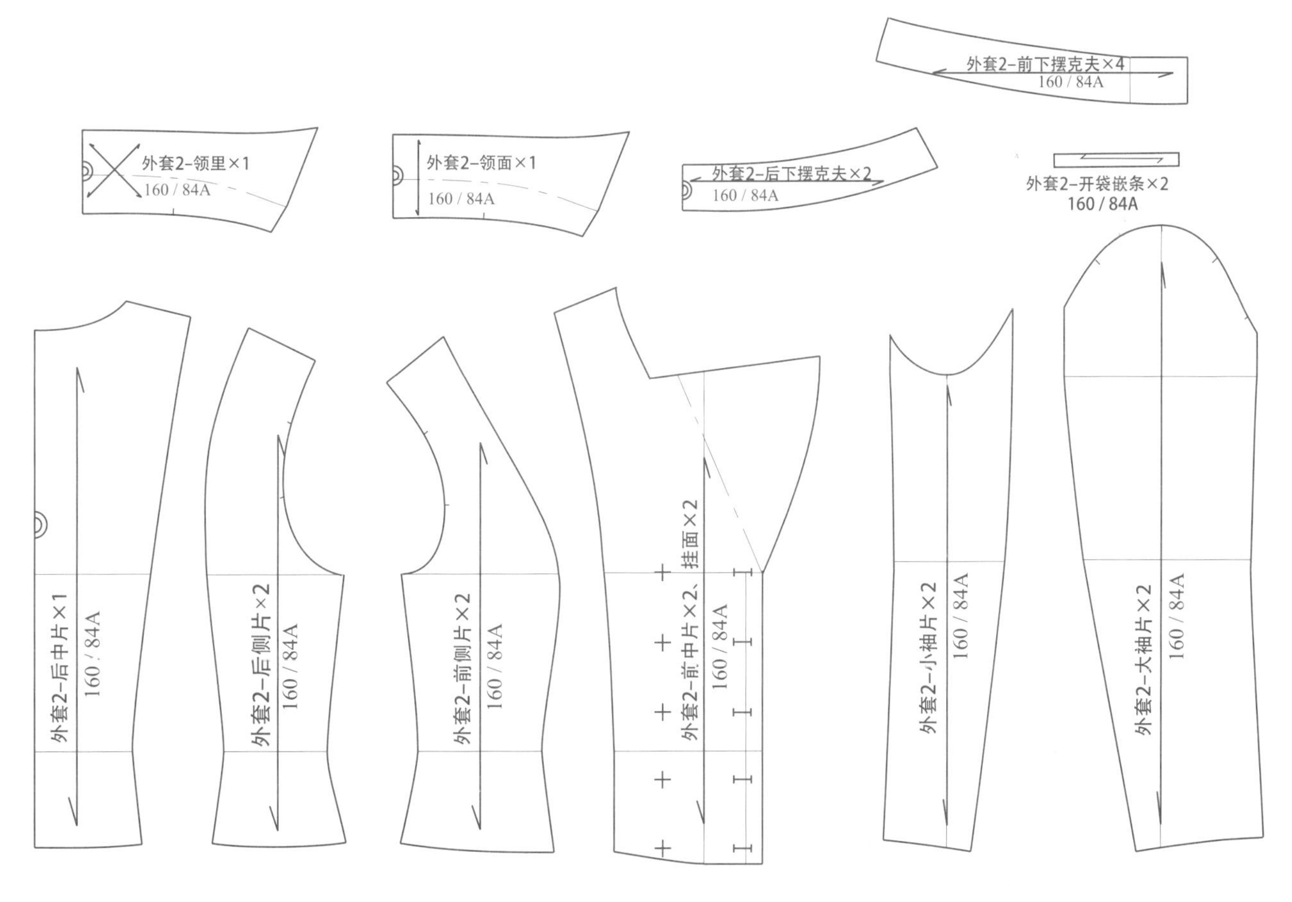

图7.2.3 样片描图

7.3 外套3——四面构成外套2

● **款式分析(图7.3.1)**

衣身廓形：X型；袖窿公主线、四面构成。

胸围线以上曲面量处理：

前片——适量的袖窿松量、公主分割线；

后片——适量的袖窿松量、肩线缝缩、袖窿缝缩。

胸围线—腰围线—底边的曲面量处理：

前片——公主分割线、侧缝；

后片——公主分割线、侧缝、后中线。

衣领造型：弯口驳折线驳折领。

衣袖造型：圆装袖；弯袖、两片袖。

图7.3.1 款式插图

● **坯布准备(图7.3.2)**

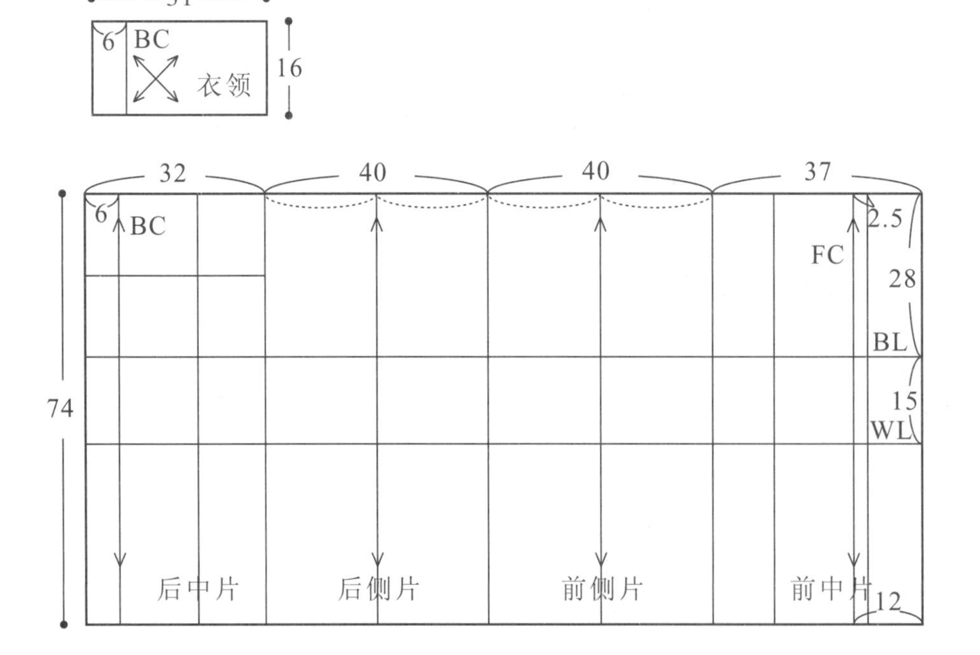

图7.3.2 坯布准备图(单位：cm)

操作步骤

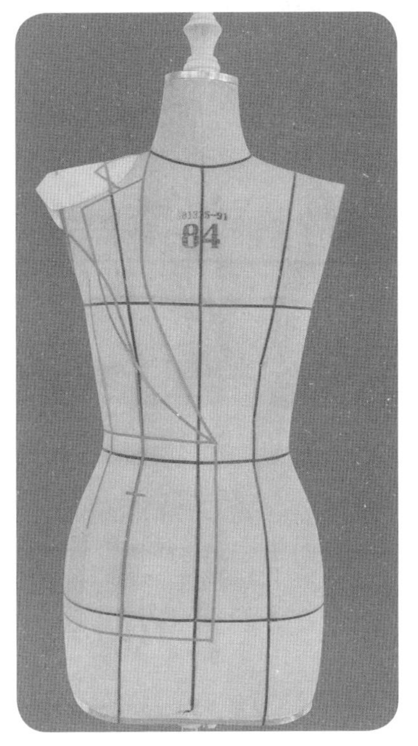

7.3.1

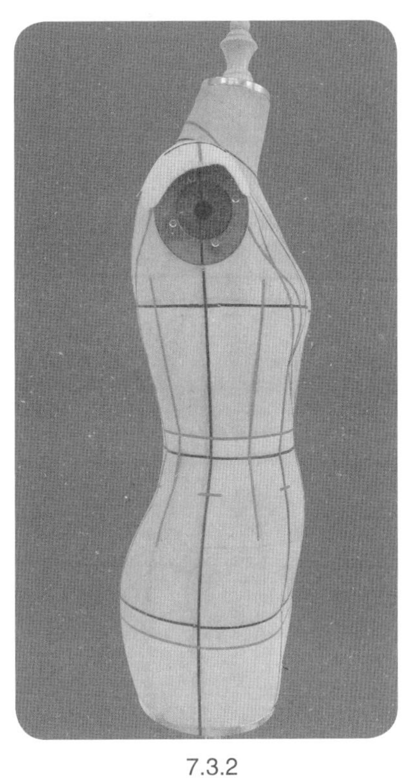

7.3.2

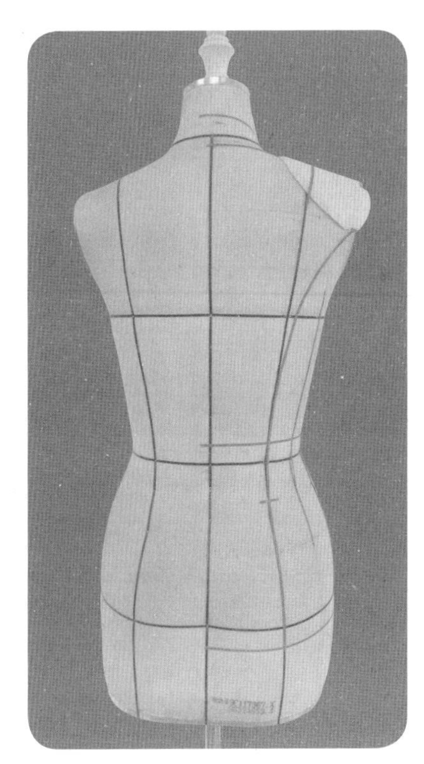

7.3.3

7.3.1 ~ 7.3.3　贴置款式造型线。

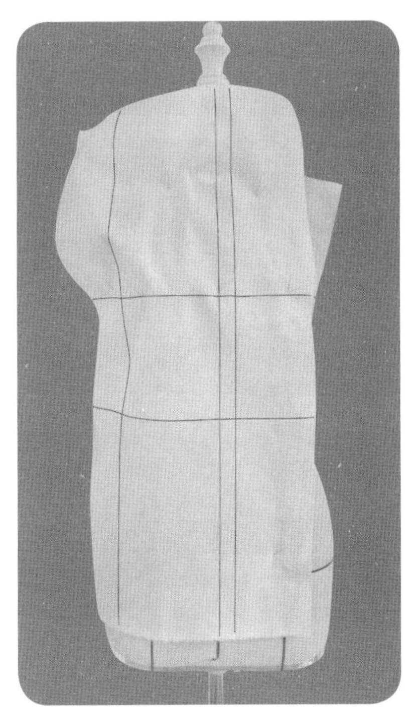

7.3.4

7.3.4　将前中片用布固定于人台。

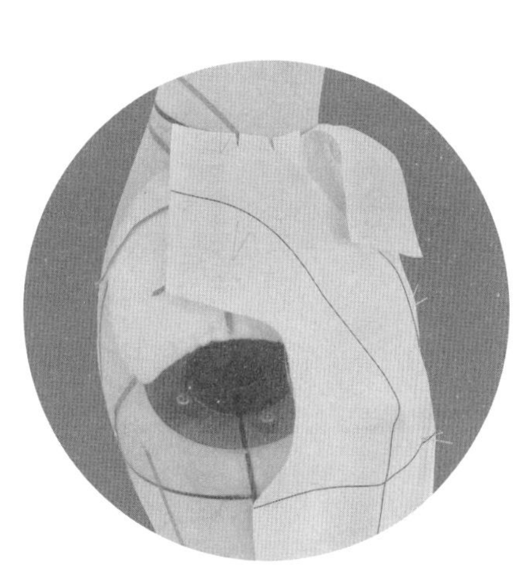

7.3.5

7.3.5　余留衣领翻折用布，适当修剪领口、肩线。

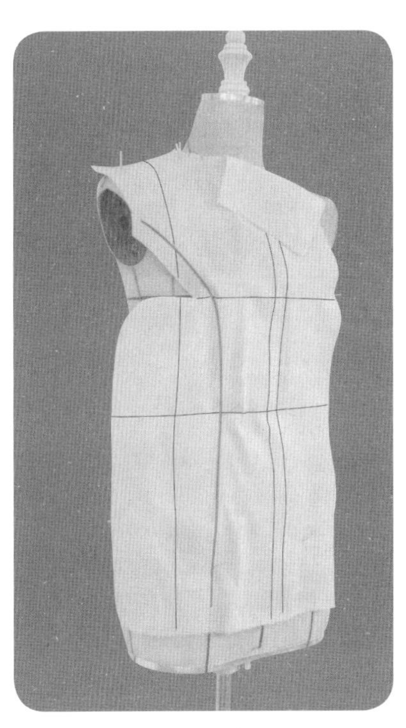

7.3.6

7.3.6　修剪公主分割线至胸围线。注意在前中片余留适当的胸围松量。

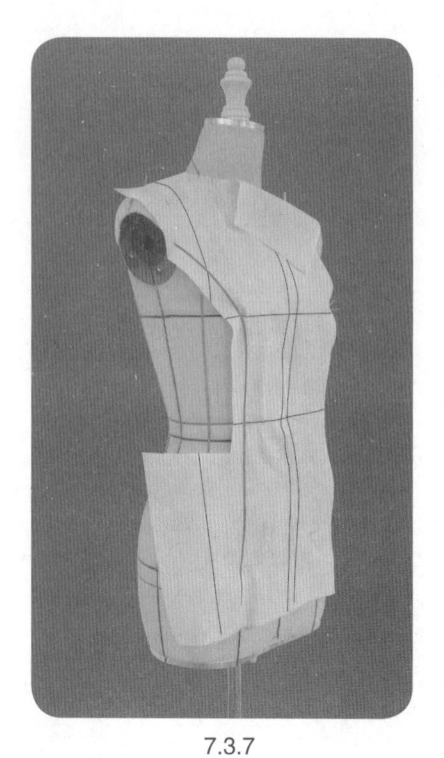

7.3.7

7.3.7 设置吸腰量，修剪公主分割线至衣裥处。

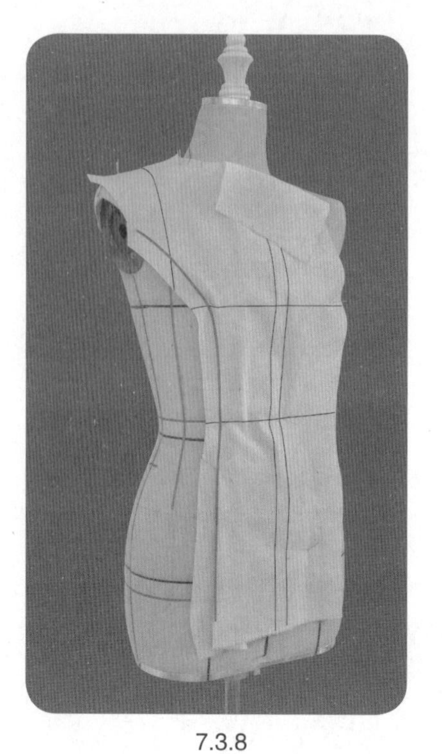

7.3.8

7.3.8 折叠用布，设置衣褶，修剪多余缝份量。

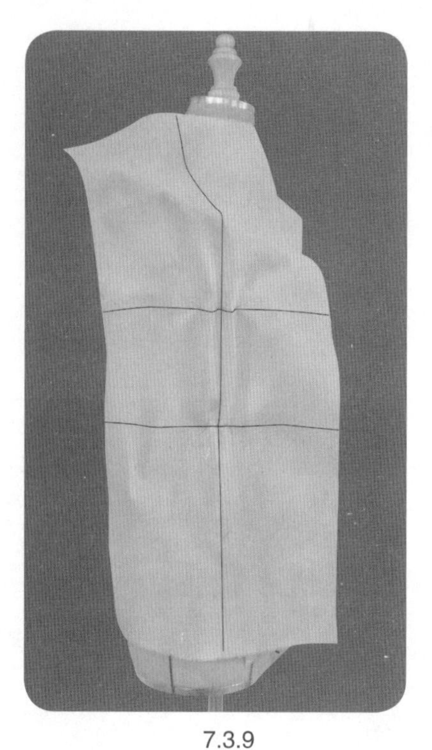

7.3.9

7.3.9 使前侧片用布中线保持竖直，固定用布于人台，设置胸围、腰围松量。

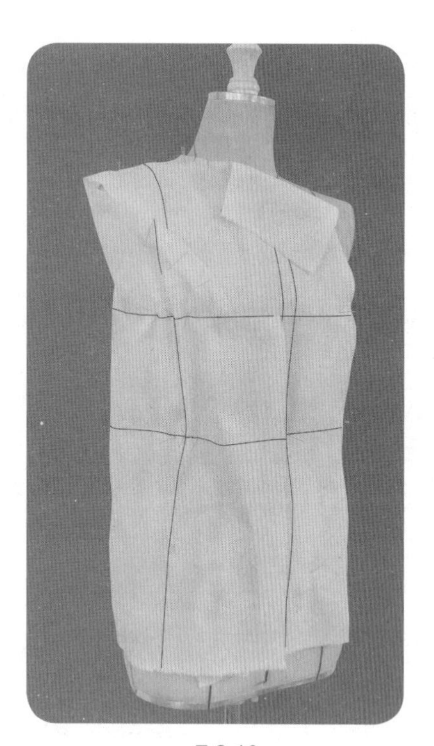

7.3.10

7.3.10 袖窿处余留适当松量后将多余浮余量转移至分割线，沿造型线合并前侧片、前中片至胸围线处。

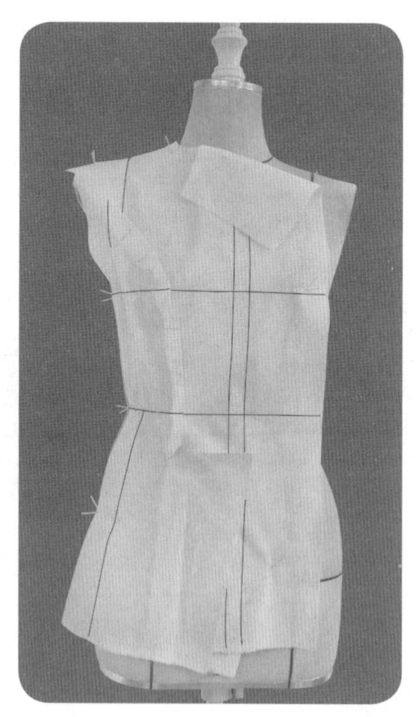

7.3.11

7.3.11 沿分割线合并前侧片与前中片至衣裥处。

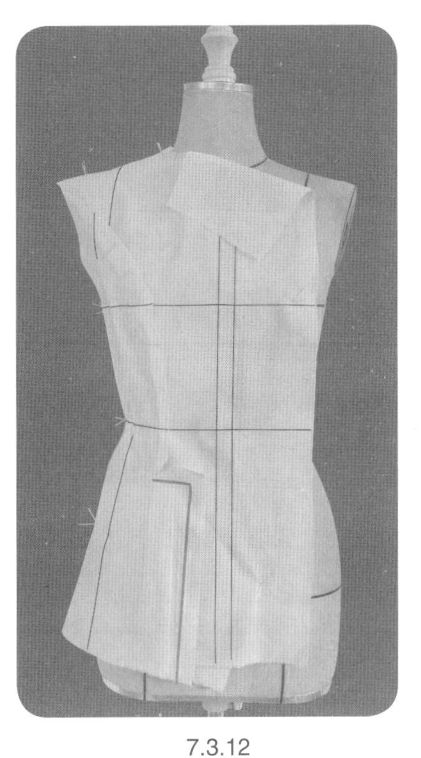

7.3.12

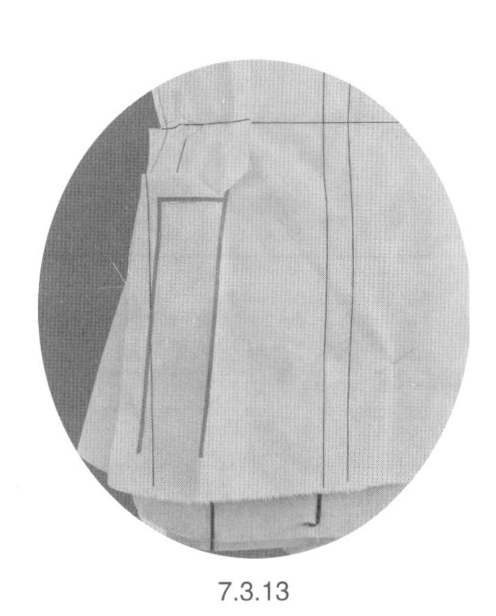

7.3.13

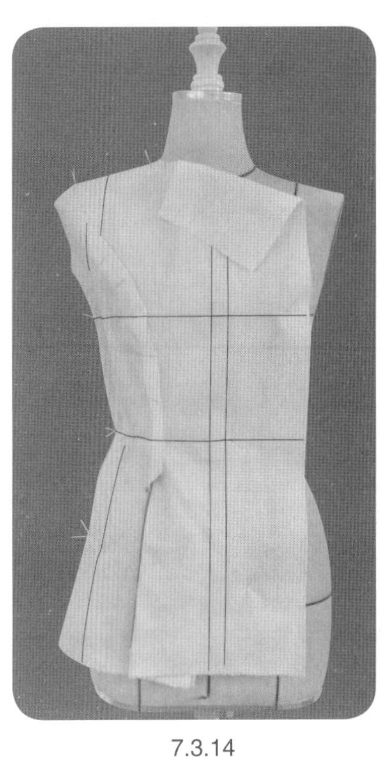

7.3.14

7.3.12 ~7.3.14　沿对位标记设置衣袖量，修剪多余缝份量。

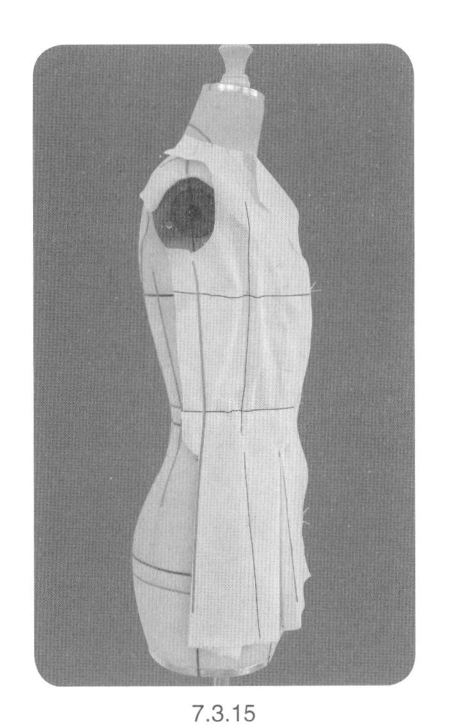

7.3.15

7.3.15　逐步修剪侧缝，设置衣袖量。侧片初步造型完成。

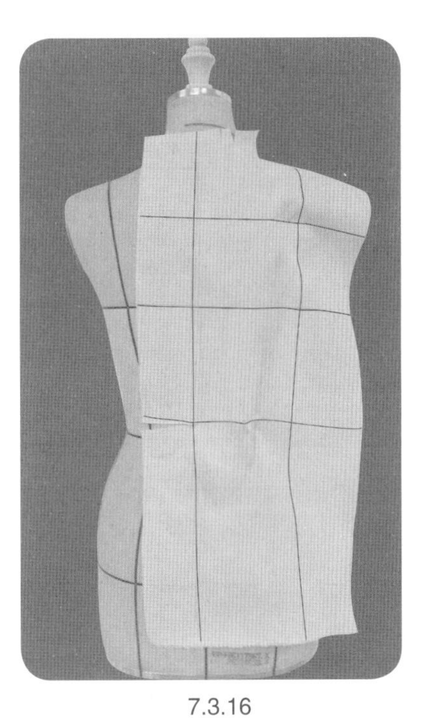

7.3.16

7.3.16　将后中片用布固定于人台，腰线处剪切刀口，设置适当的后中缝吸腰量。

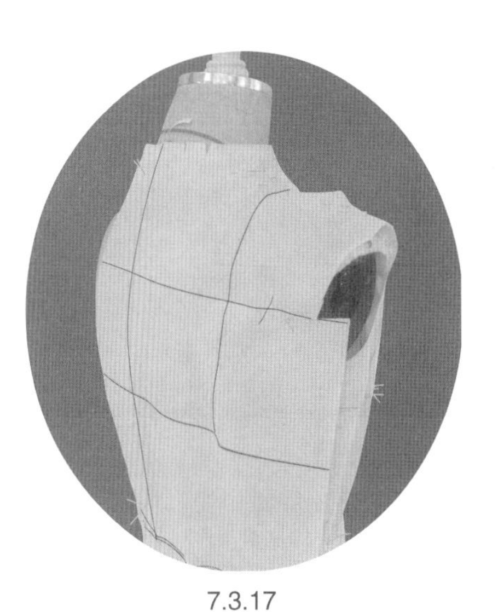

7.3.17

7.3.17　余留适当的领口松量，修剪后领口线。设置适当的肩线缝缩量，合并前、后肩线。

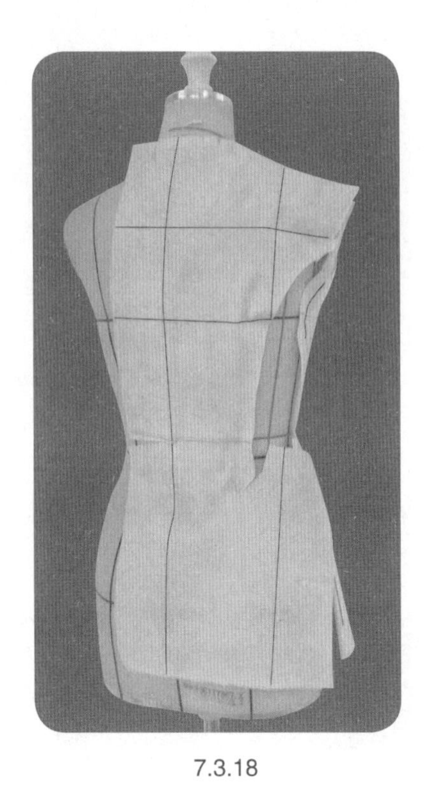

7.3.18

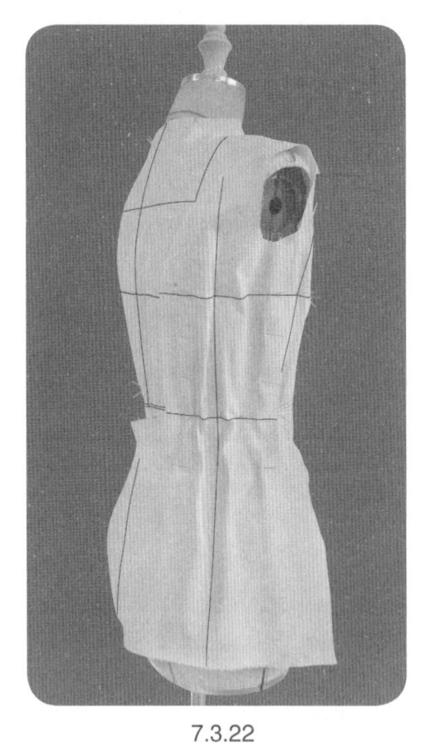

7.3.19

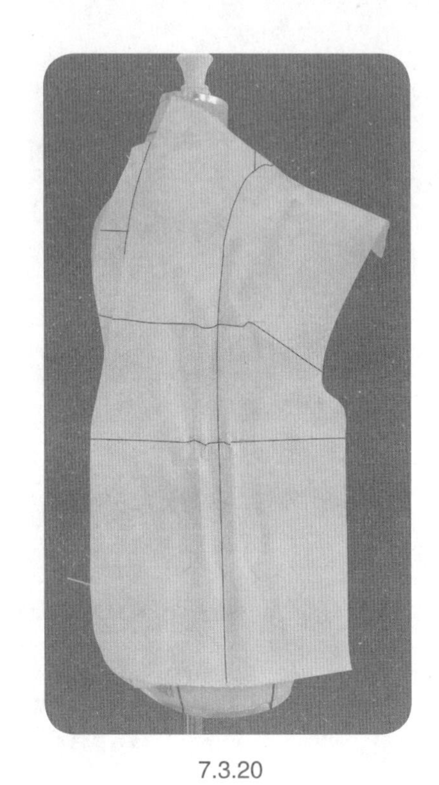

7.3.20

7.3.18、7.3.19 逐步完成公主分割线的修剪以及衣裥设置。

7.3.20 使后侧片用布中线保持竖直，固定用布于人台上，设置胸围、腰围松量。

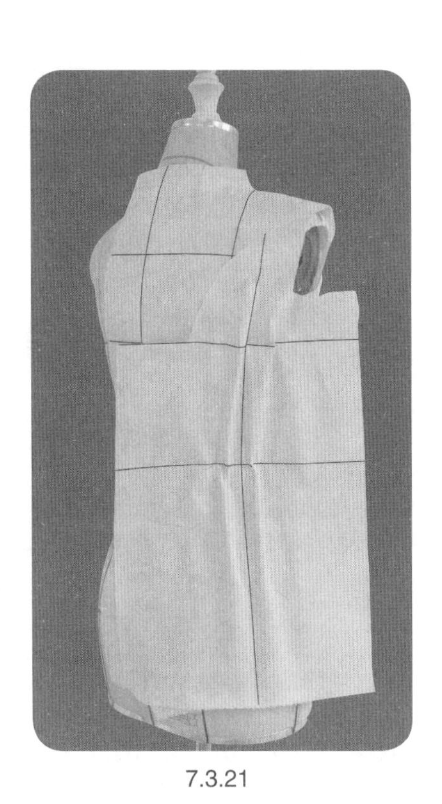

7.3.21

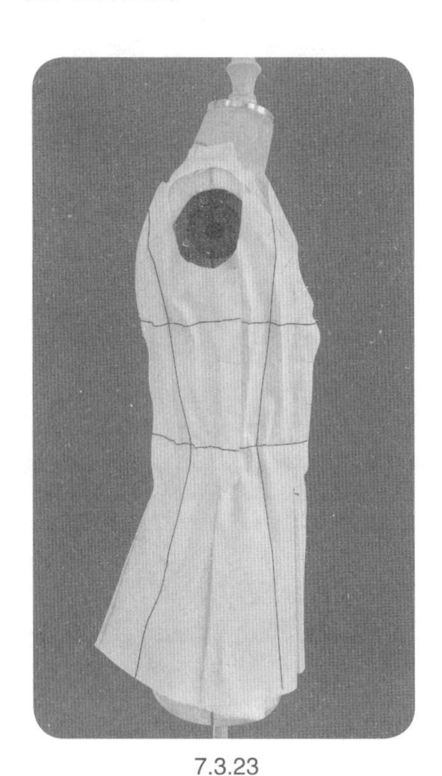

7.3.22

7.3.23

7.3.21、7.3.22 逐步操作公主分割线以及侧缝分割线。由于偏离肩胛骨曲面高点较远，所以后袖窿公主分割线不宜于处理肩胛骨浮余量，这也是过肩线公主线与过袖窿公主线的主要结构差异。

7.3.23 完成后侧片的初步操作。

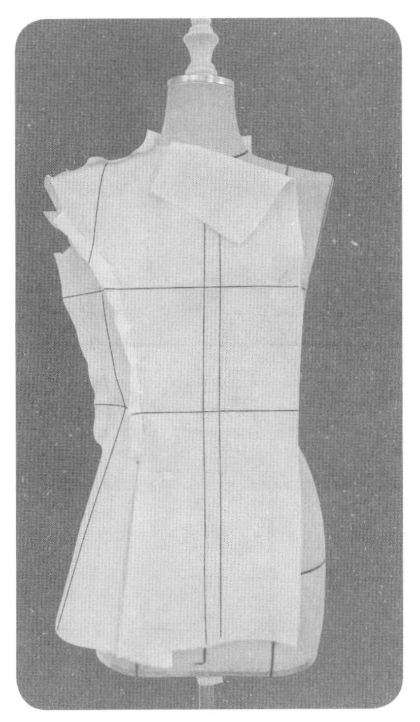

7.3.24

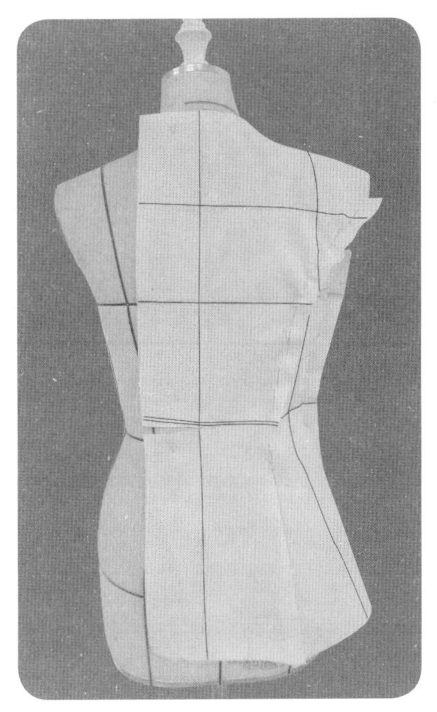

7.3.25

7.3.24、7.3.25 去除侧片的松量固定针，逐步将合并分割线的盖别针法转化为抓别针法，修剪缝份，检查是否松量适当、平衡。

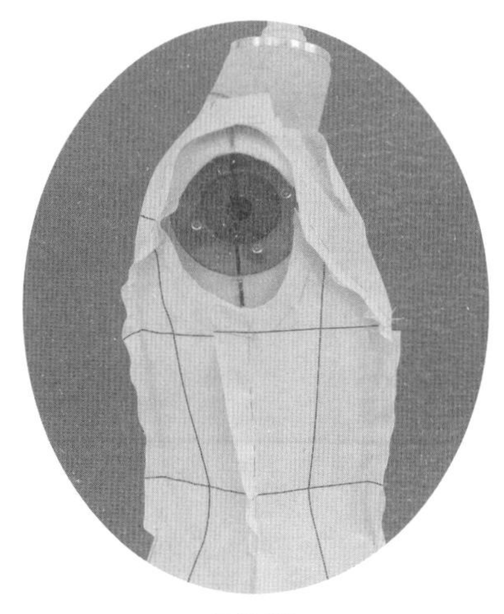

7.3.26

7.3.26 检查袖窿松量，确定袖窿造型。

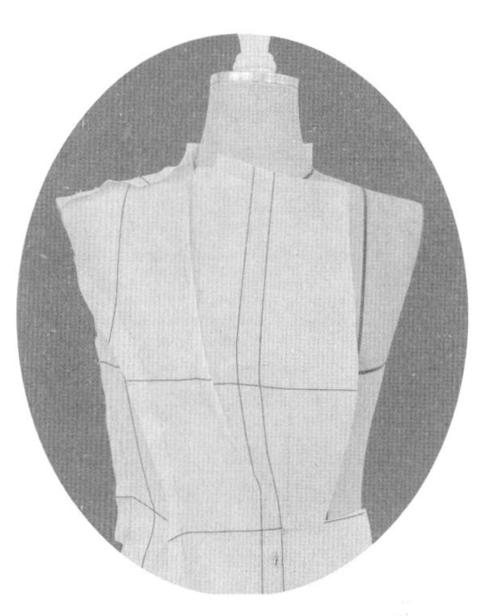

7.3.29

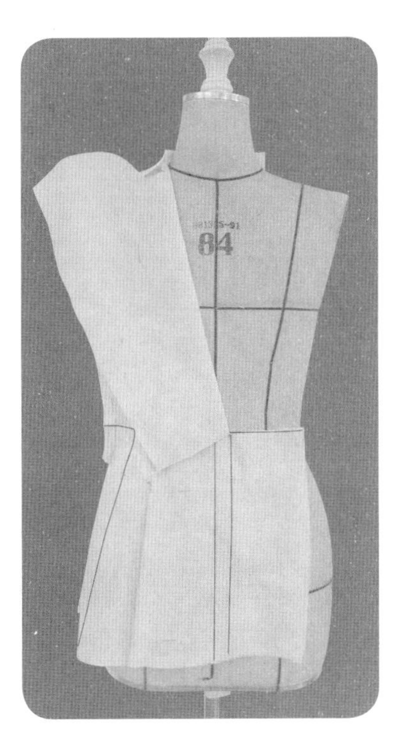

7.3.27

7.3.27 在驳折止点位置剪切刀口，用大头针固定驳折止点，翻折用布形成直线状的驳折线。

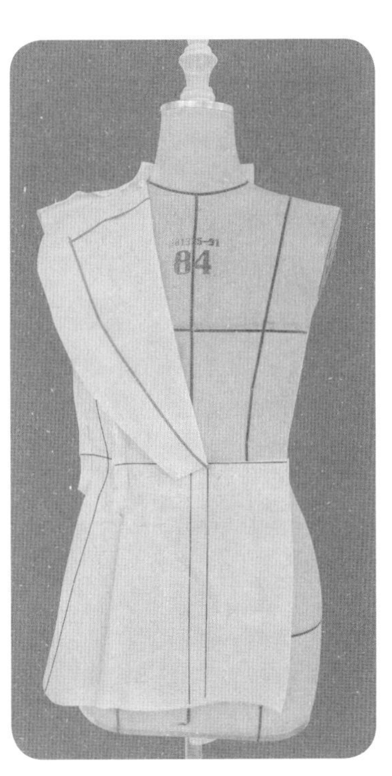

7.3.28

7.3.28 贴置驳头初步造型线，余留适当缝份，修剪多余用布。

7.3.30

7.3.29、7.3.30 靠近直线翻折线设置弯弧省，以形成弯形的驳折线。注意靠近驳折止点位置的省尖与驳折止点应有1～2cm的适当距离。

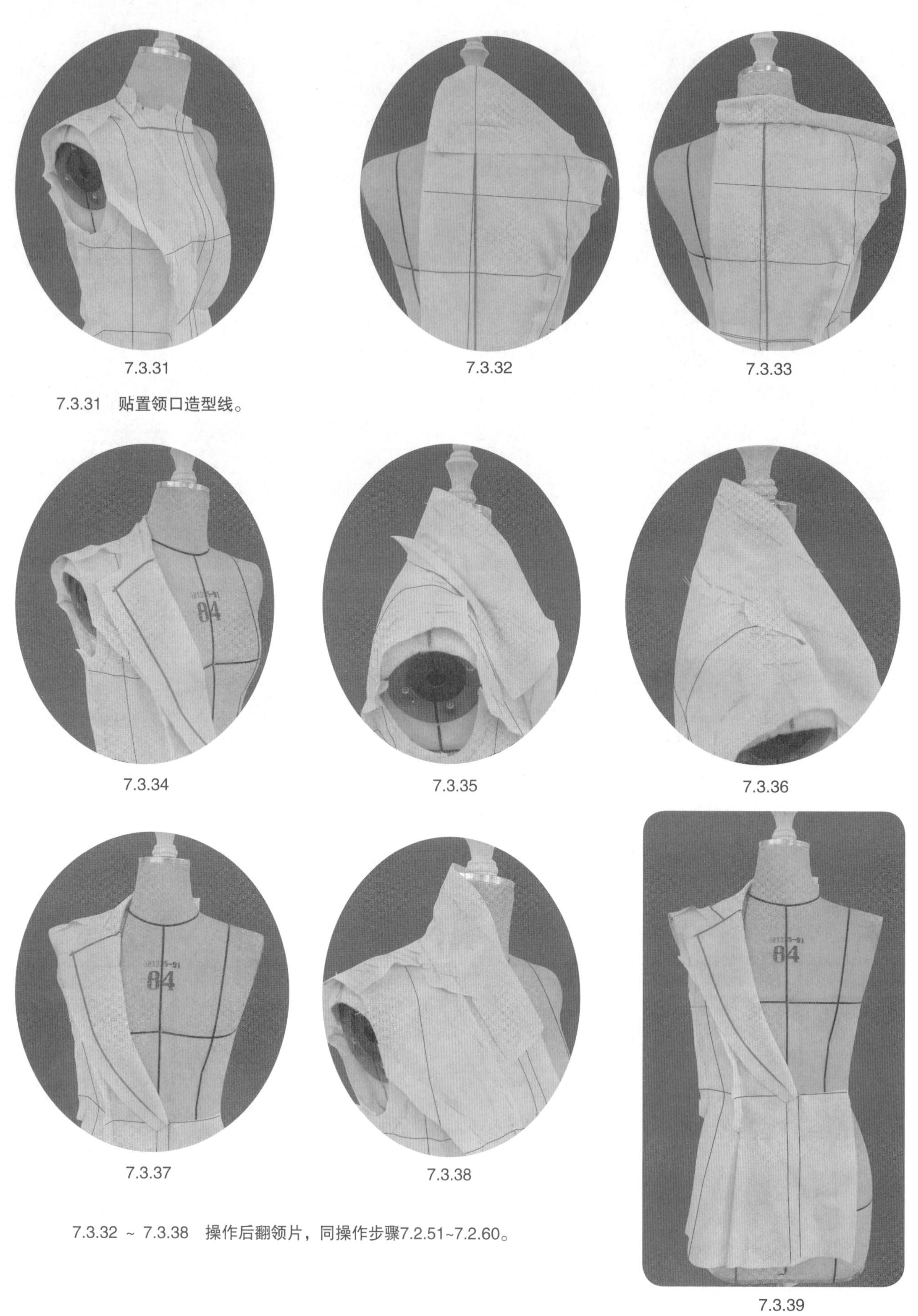

7.3.31 7.3.32 7.3.33

7.3.31 贴置领口造型线。

7.3.34 7.3.35 7.3.36

7.3.37 7.3.38

7.3.32 ~ 7.3.38 操作后翻领片，同操作步骤7.2.51~7.2.60。

7.3.39

7.3.39 弯口驳折领初步造型完成。

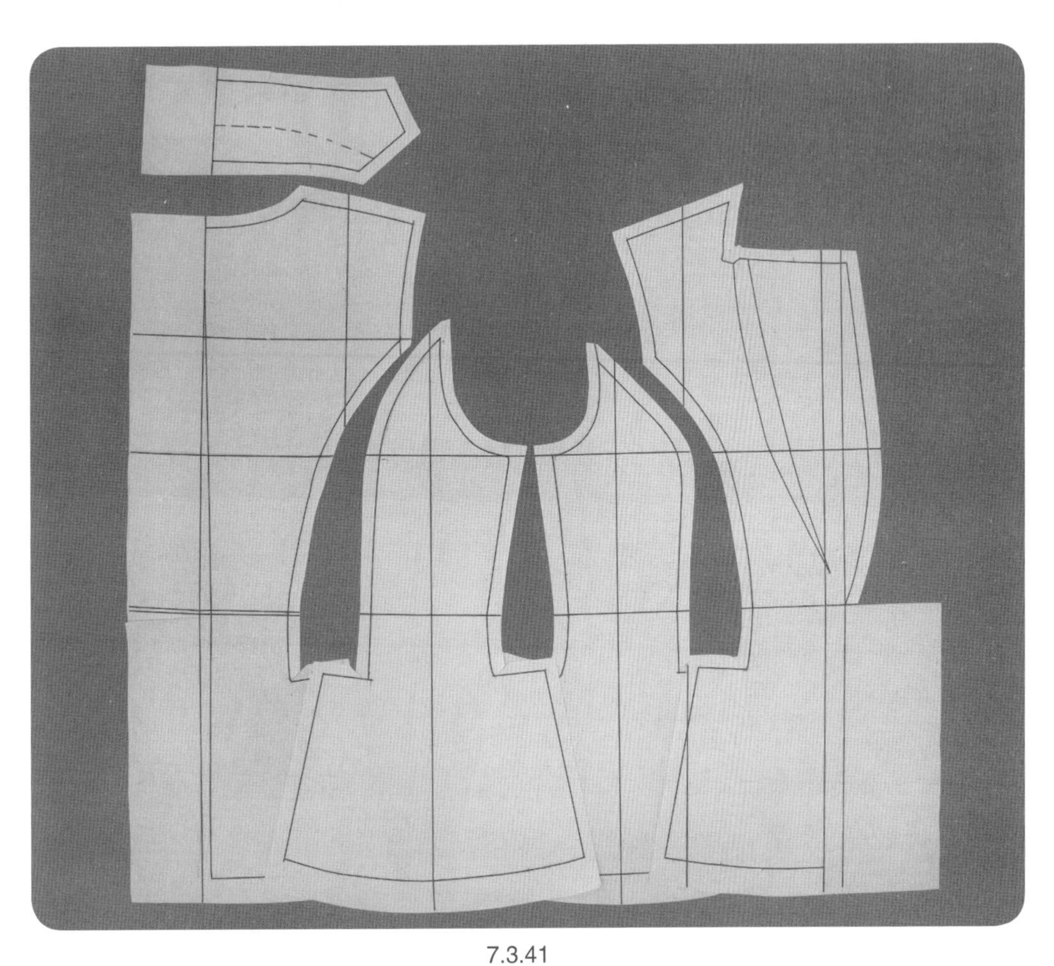

7.3.41

7.3.41　衣身、衣领样片的平面整理。

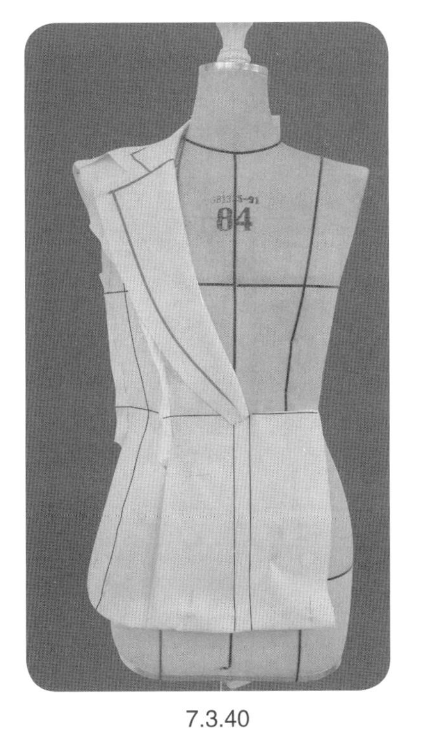

7.3.40

7.3.40　修剪翻折底边。衣身初步造型完成。标点描线。

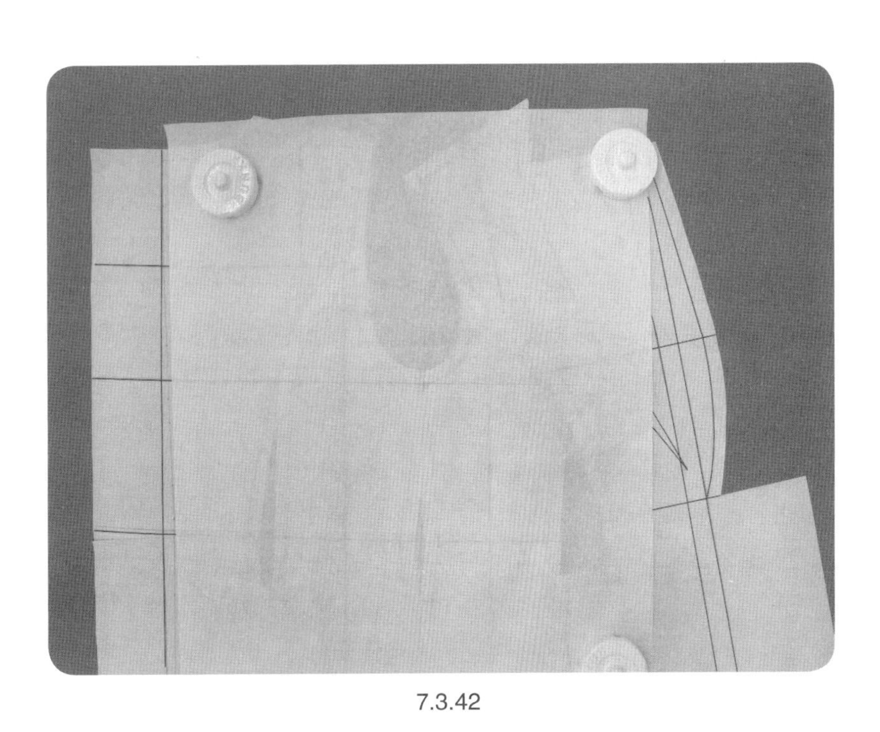

7.3.42

7.3.42　拓印袖窿，以备配袖之用。

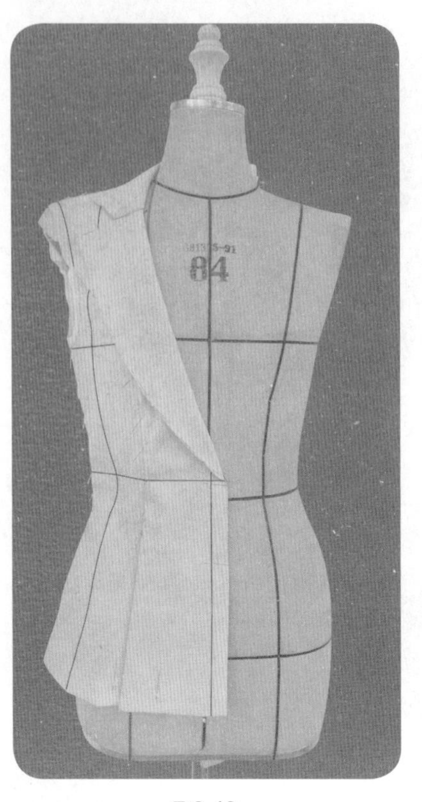

7.3.43

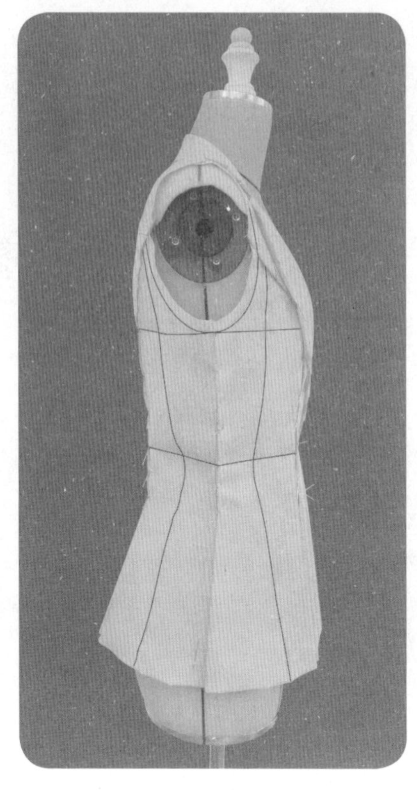

7.3.44

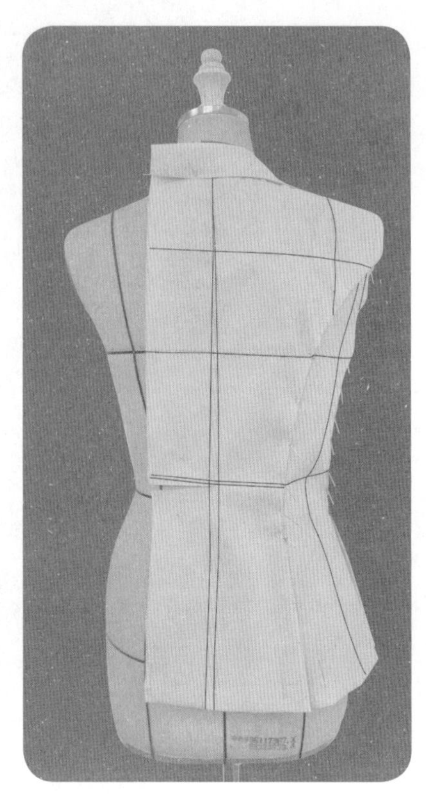

7.3.45

7.3.43 ~ 7.3.45　衣身、衣领的试样补正和造型确认。

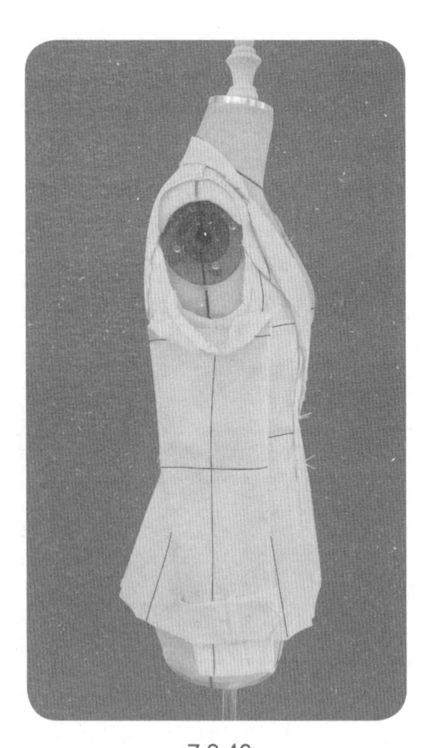

7.3.46

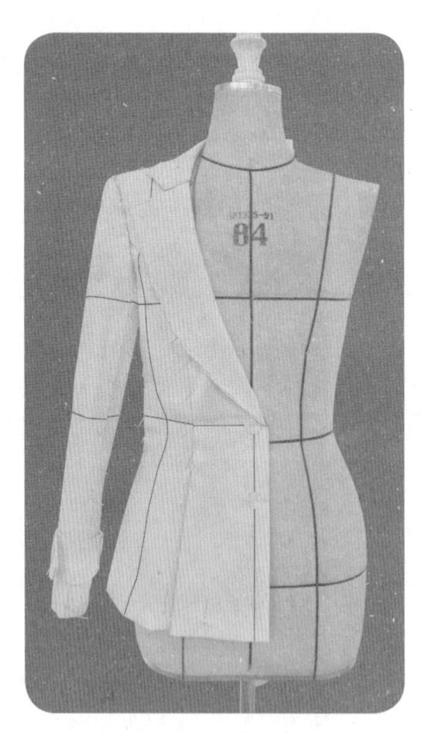

7.3.47

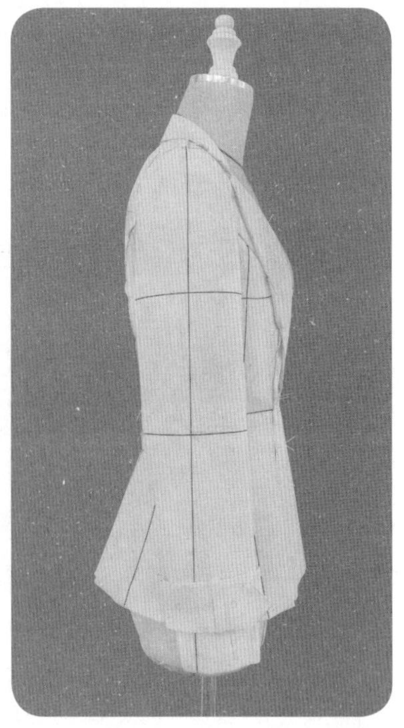

7.3.48

7.3.46　配袖以及装袖调整，参见操作步骤7.2.72~7.2.76。

7.3.47 ~ 7.3.49　整体造型完成。

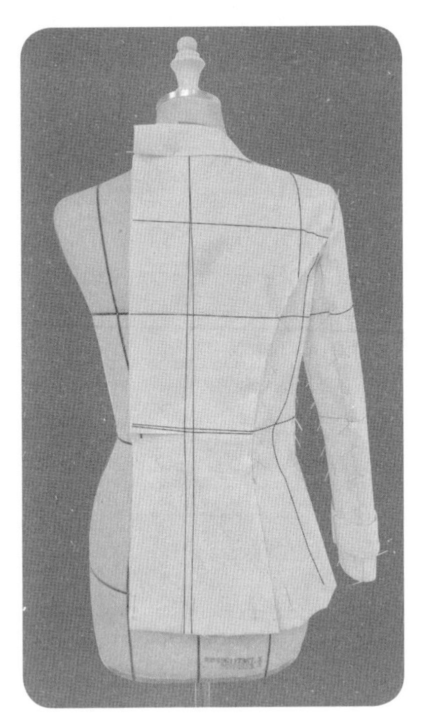

7.3.49

● 样片描图（图7.3.3）

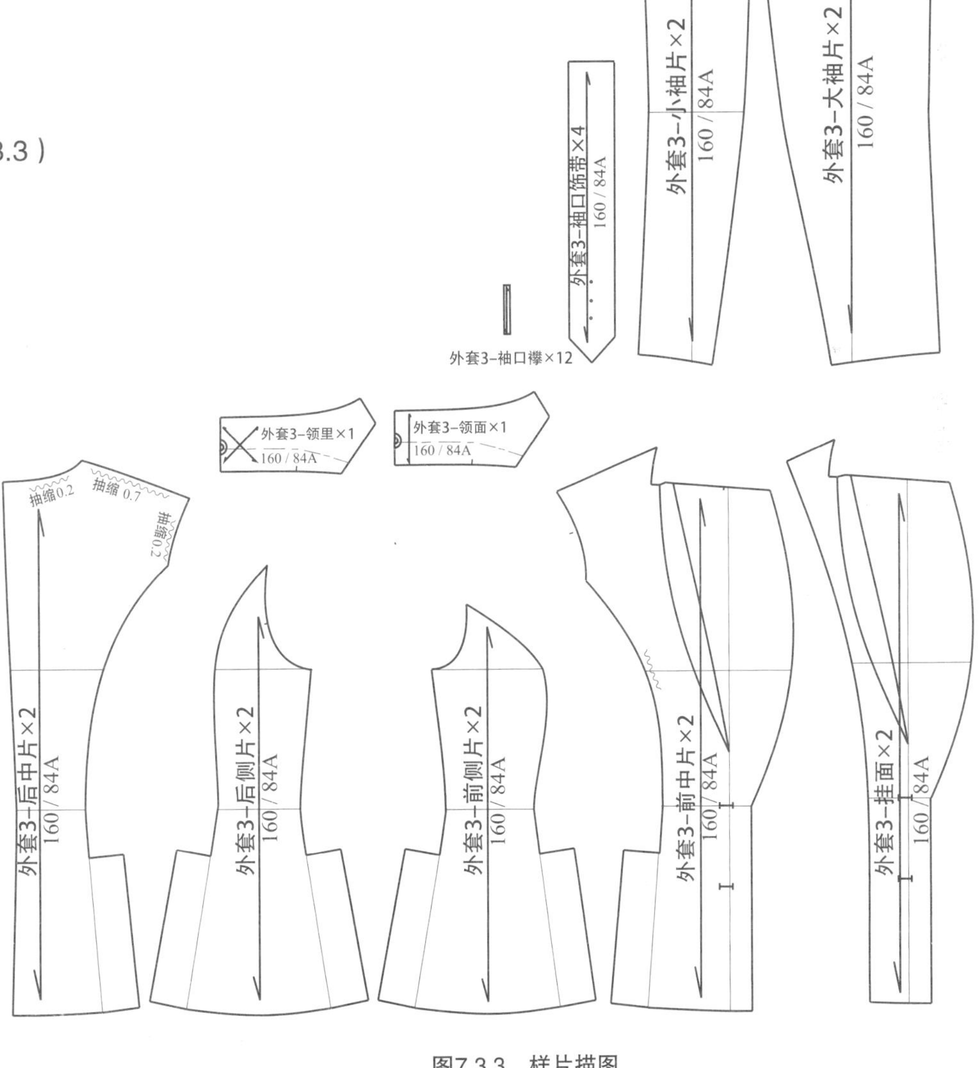

图7.3.3 样片描图

7.4 外套4——三面构成外套

● **款式分析(图7.4.1)**

衣身廓形：X型；三面构成。

胸围线以上曲面量处理：

前片——适量的袖窿松量、领底省；

后片——适量的袖窿松量、肩线缝缩、袖窿缝缩。

胸围线—腰围线—臀围线—底边的曲面量处理：

前片——公主分割线；

后片——公主分割线、后中线。

衣领造型：驳折领；青果领。

衣袖造型：圆装袖；弯袖、一片袖、肘部横省。

图7.4.1 款式插图

● **坯布准备(图7.4.2)**

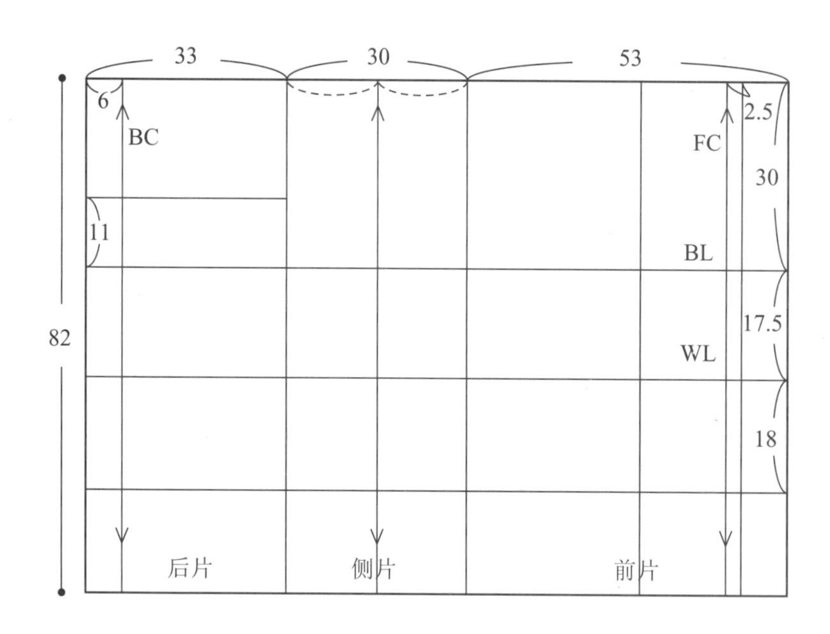

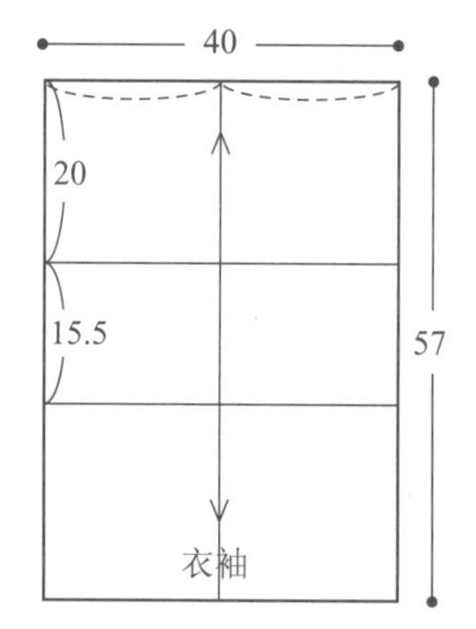

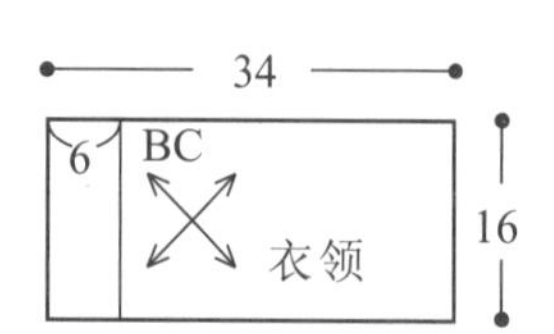

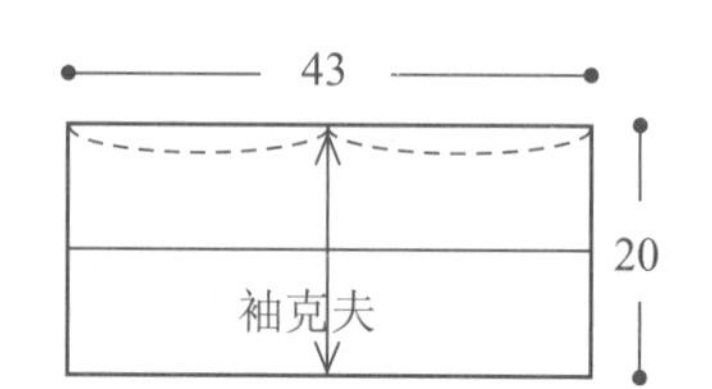

图7.4.2 坯布准备图(单位：cm)

● 操作步骤

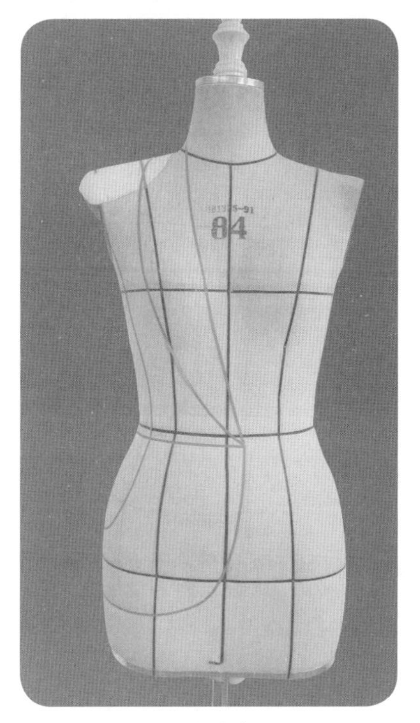

7.4.1

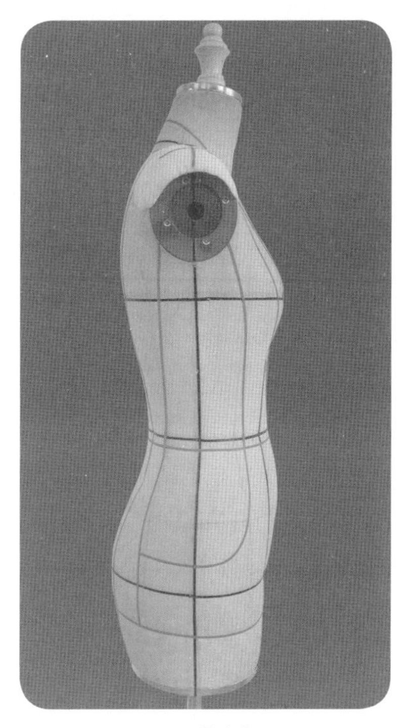

7.4.2

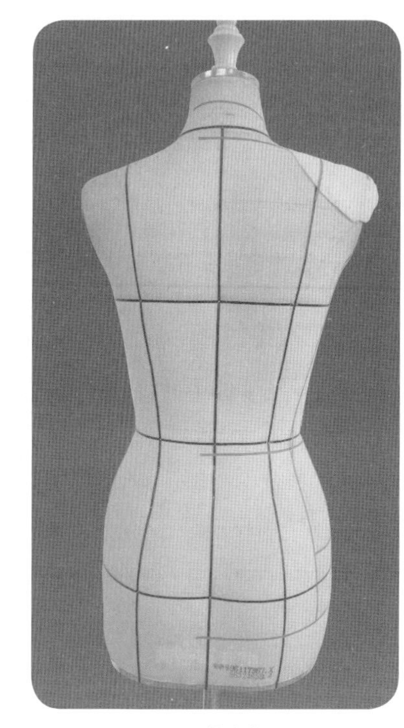

7.4.3

7.4.1 ~ 7.4.3 贴置款式造型线。

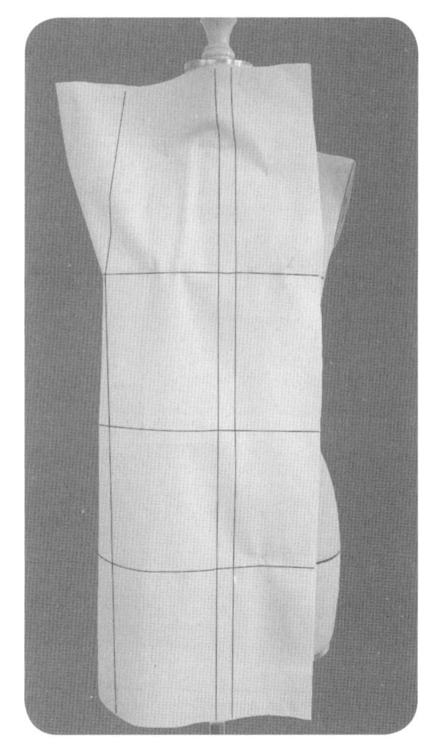

7.4.4

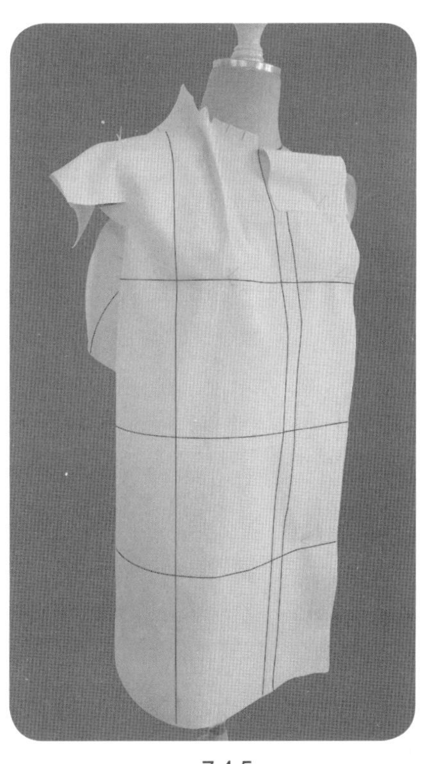

7.4.5

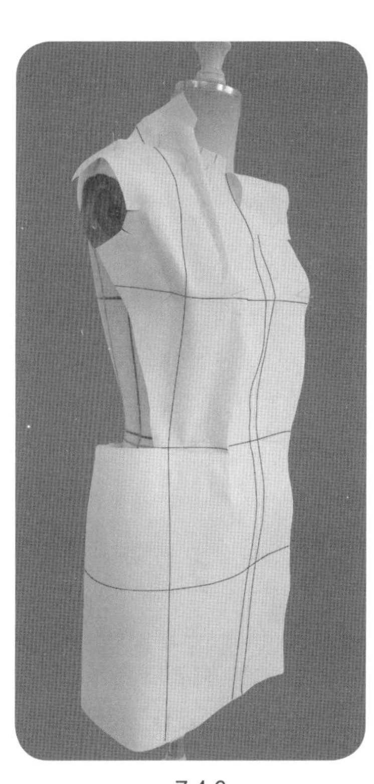

7.4.6

7.4.4 将前片用布固定于人台上。

7.4.5 袖窿处适当修剪刀口，余留适当袖窿松量，将多余的浮余量转移至领口，初步设置领底省。

7.4.6 设置胸围松量、腰围松量，余留适当缝份量，修剪分割线，修剪袖窿。

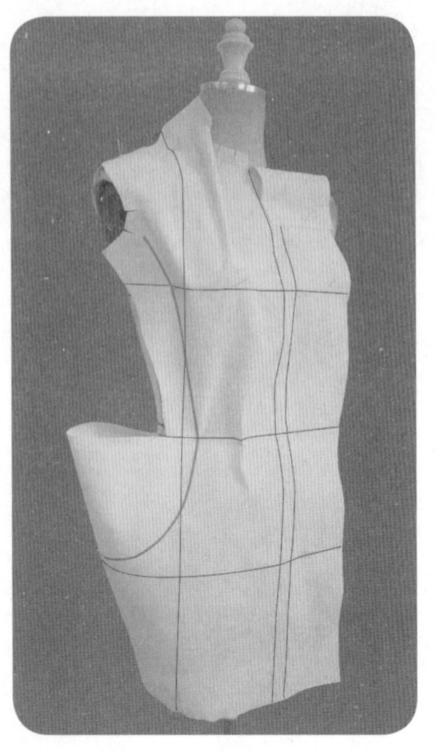

7.4.7

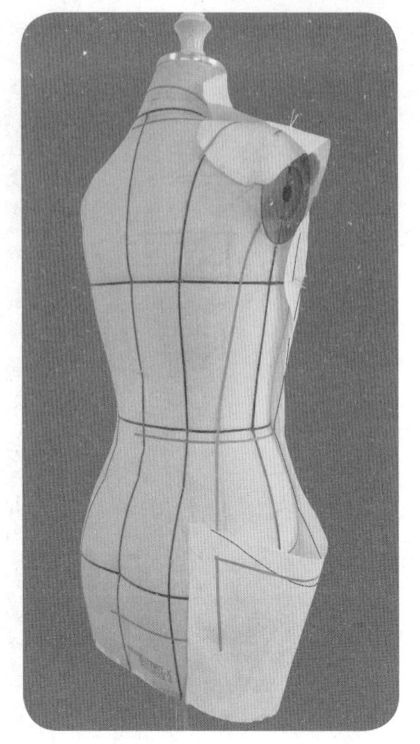

7.4.8

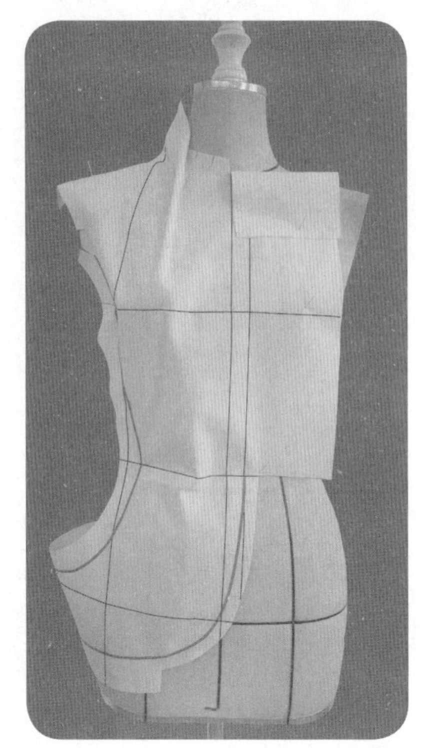

7.4.9

7.4.7　适当地逆时针旋转用布，形成下摆收小和袋口扩大的造型，贴置分割线造型，修剪多余缝份。

7.4.8、7.4.9　贴置造型线，修剪圆摆角造型。前片初步造型完成。

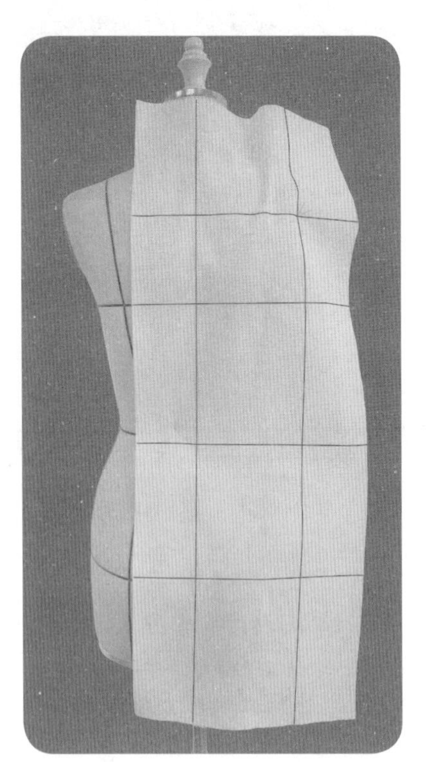

7.4.10

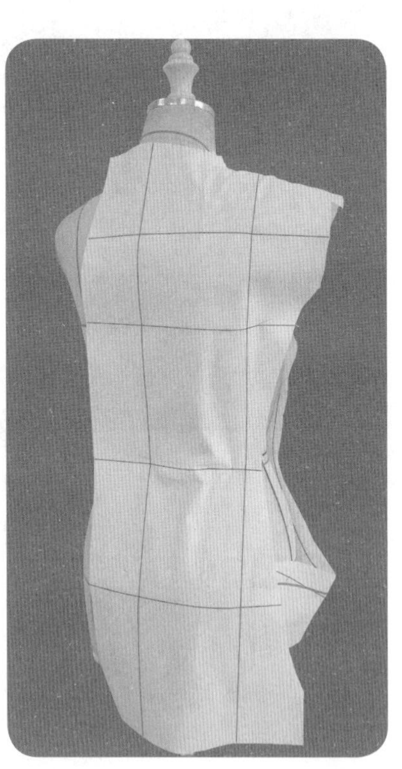

7.4.11

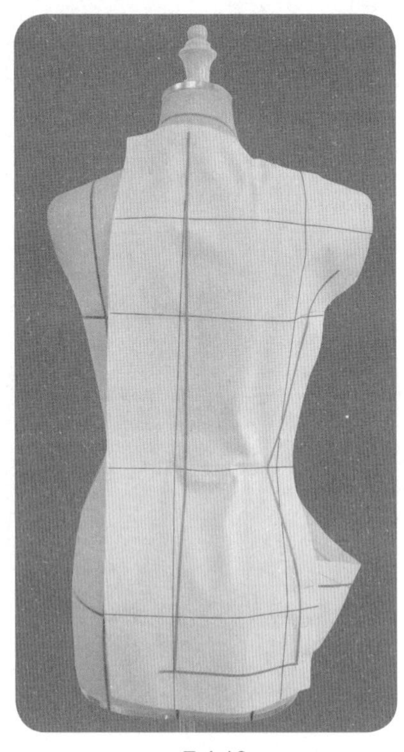

7.4.12

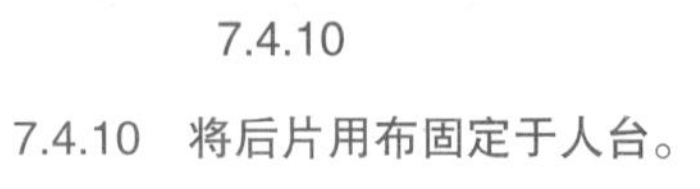

7.4.10　将后片用布固定于人台。

7.4.11、7.4.12　设置后中缝吸腰量，分散肩胛骨曲面浮余量于后领口松量、袖窿松量、肩线缝缩以及袖窿缝缩，注意胸围松量和腰围松量，修剪后公主线。

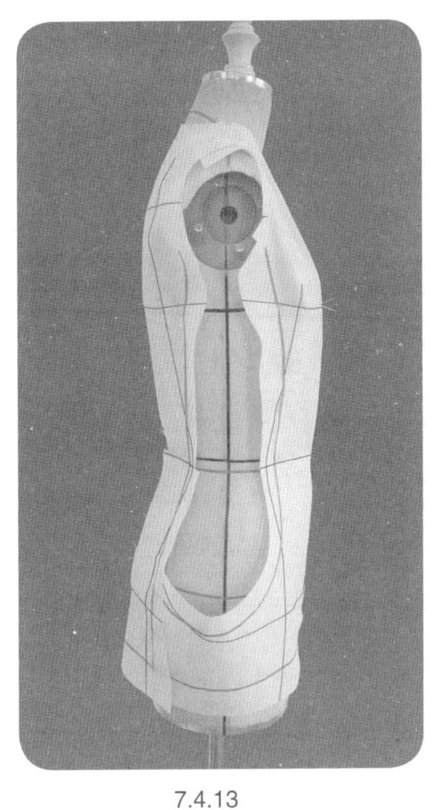

7.4.13

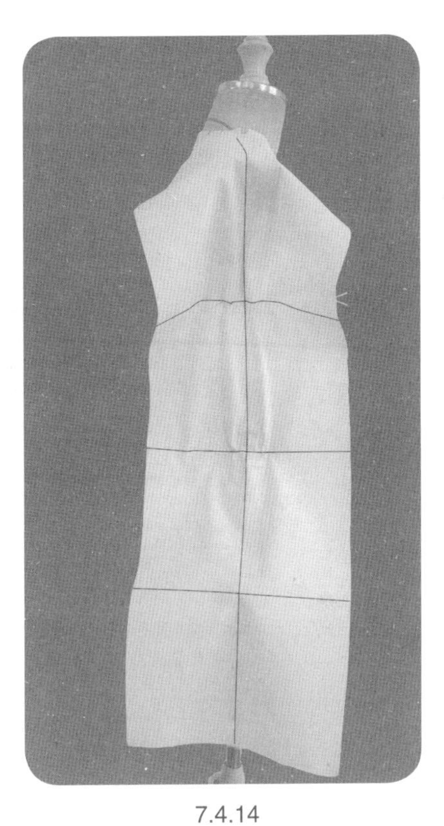

7.4.14

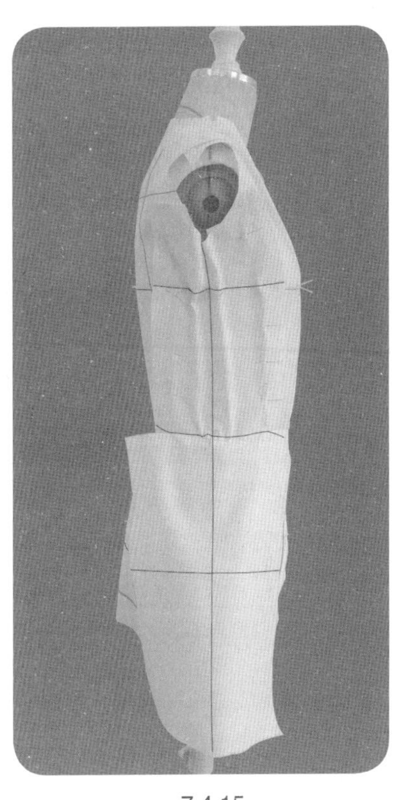

7.4.15

7.4.13 前片、后片初步造型完成。

7.4.14 保持侧片用布中线竖直，固定用布于人台上，设置胸围、腰围松量。

7.4.15 逐步修剪、合并侧片与前片分割线以及侧片与后片分割线。

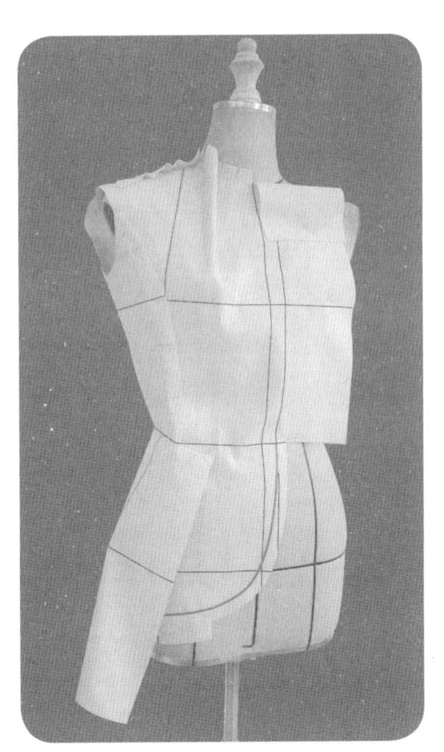

7.4.16

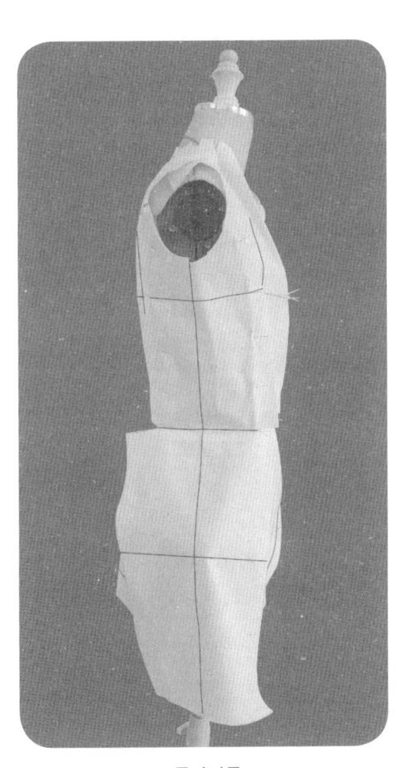

7.4.17

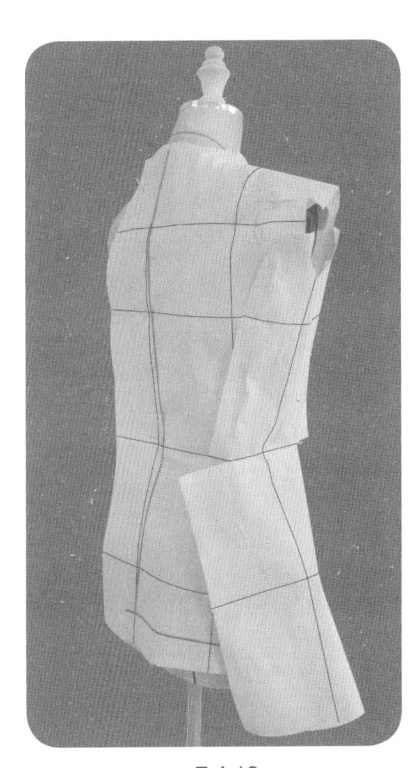

7.4.18

7.4.16 ~ 7.4.18 去除侧片松量固定针，检查胸围松量、腰围松量以及造型平衡。

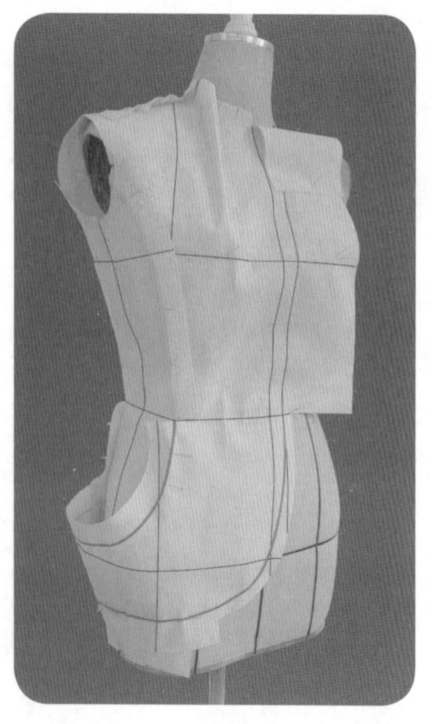

7.4.19

7.4.19　在腰线位置剪切准确的横向刀口，将侧片用布内置。

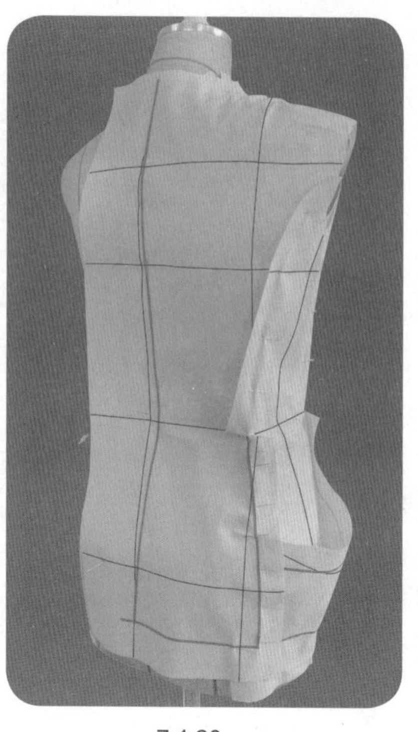

7.4.20

7.4.20　沿后公主分割线合并后片、侧片以及前片。注意在后片分割线中臀位置处设置适当缝缩量，以塑造后片底摆的收窄造型。

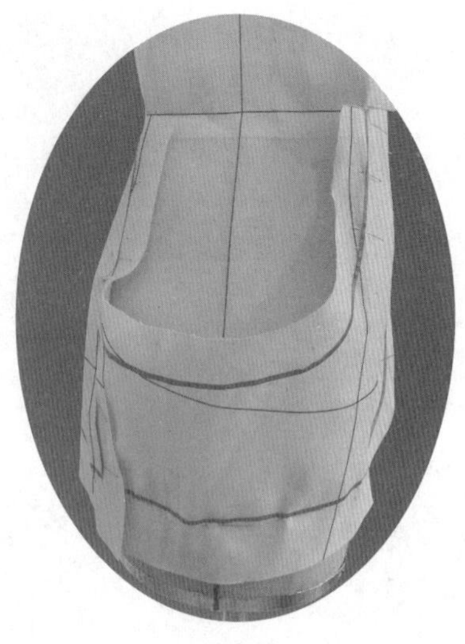

7.4.21

7.4.21　在侧片底边设置衣裥以配合下摆的收窄以及满足与前片底边的对位等长。

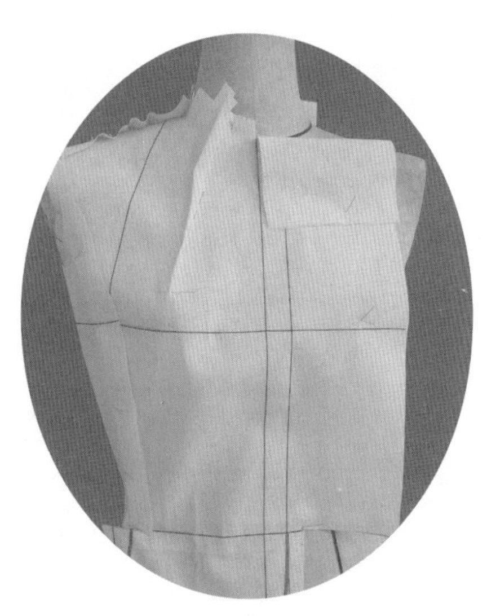

7.4.22

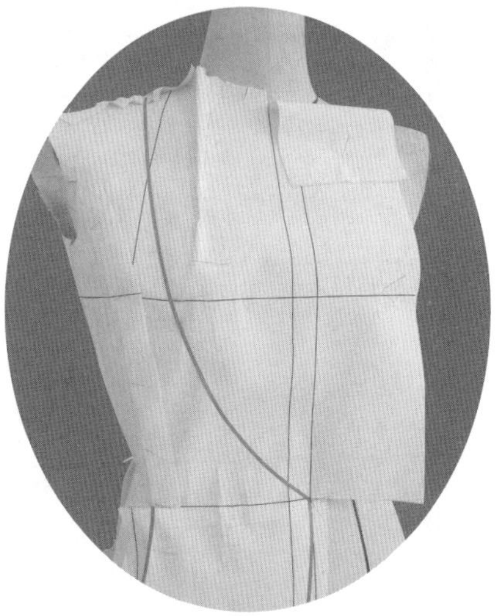

7.4.23

7.4.22、7.4.23　调整领底省，将其置于驳领宽度之内。

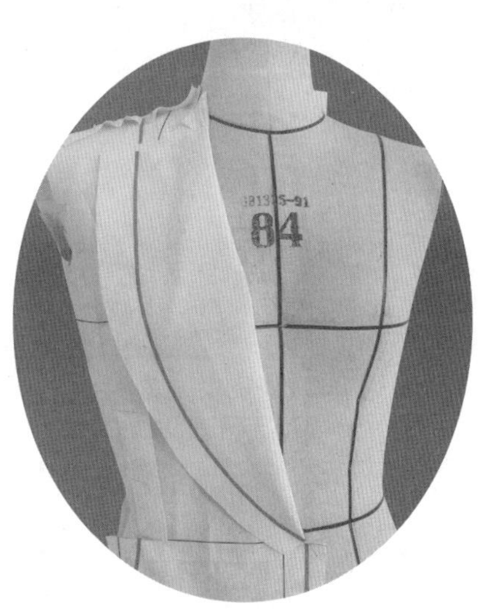

7.4.24

7.4.24　翻折用布，贴置驳领造型，修剪多余缝份。

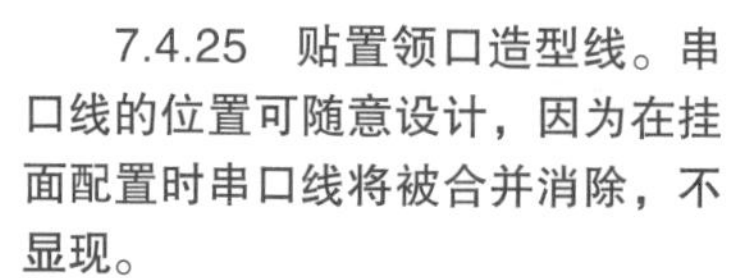

7.4.25　贴置领口造型线。串口线的位置可随意设计，因为在挂面配置时串口线将被合并消除，不显现。

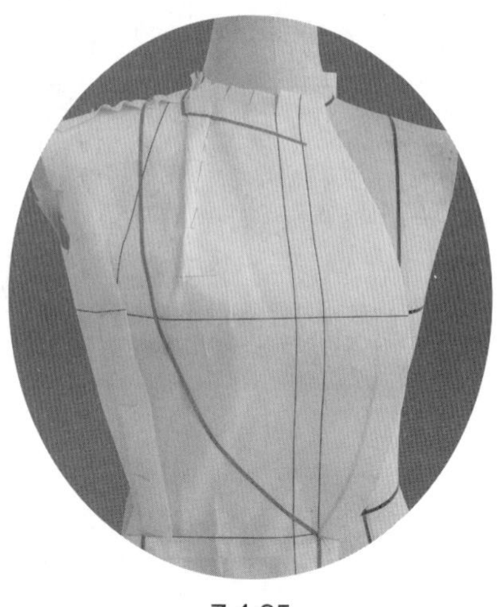

7.4.25

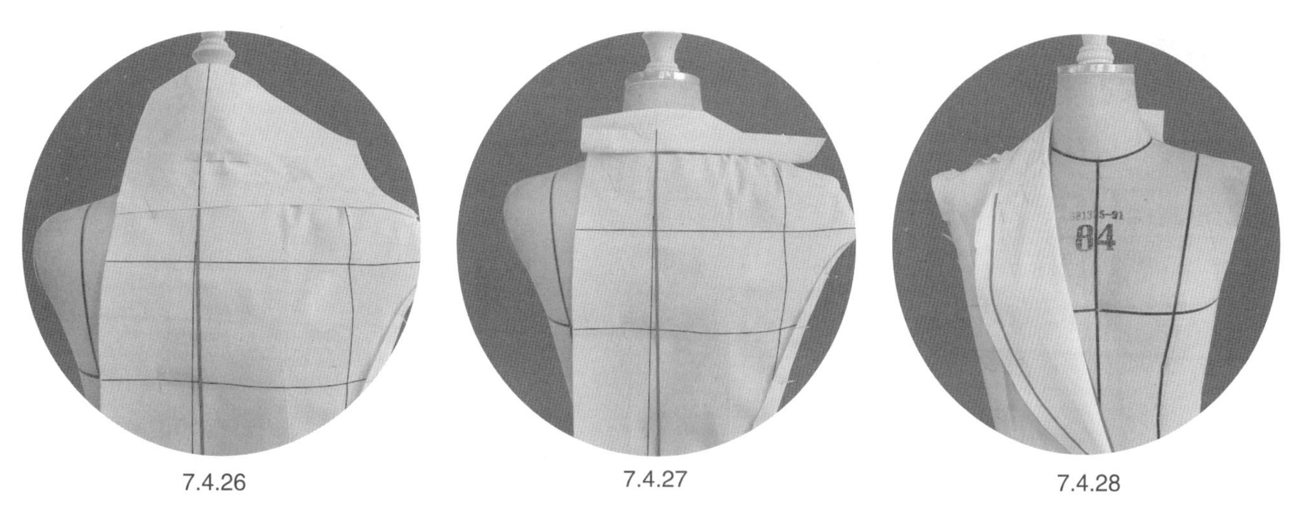

7.4.26　　7.4.27　　7.4.28

7.4.26 ~ 7.4.29　逐步完成后翻领片的操作，同操作步骤7.2.51~7.2.60。

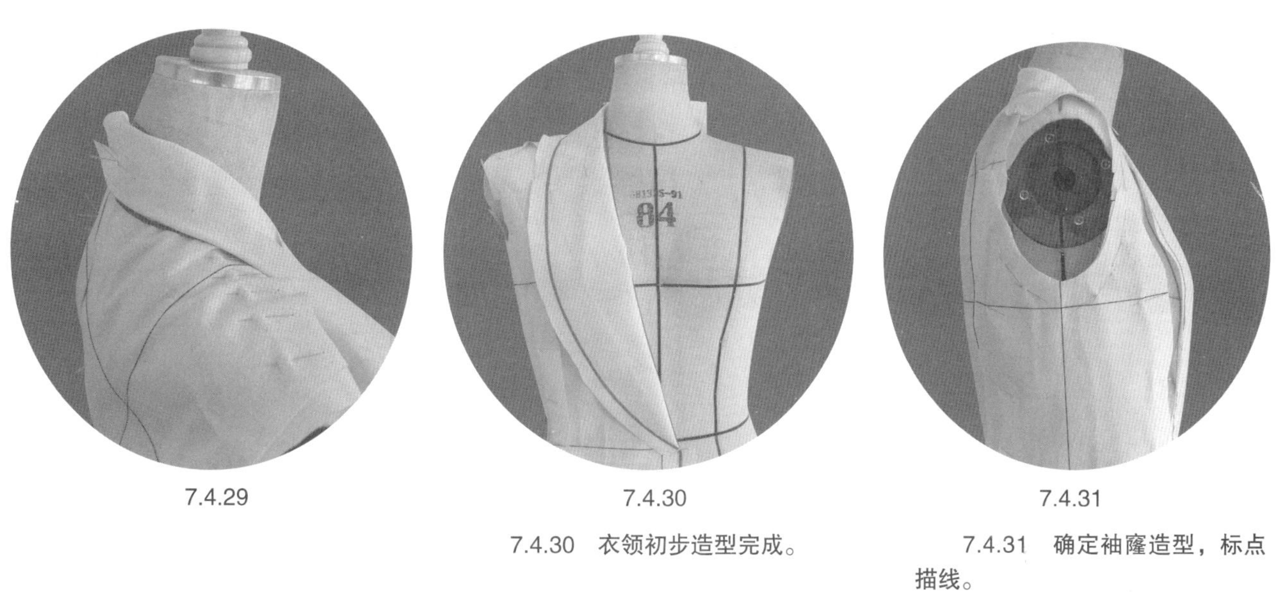

7.4.29　　7.4.30　　7.4.31

7.4.30　衣领初步造型完成。

7.4.31　确定袖窿造型，标点描线。

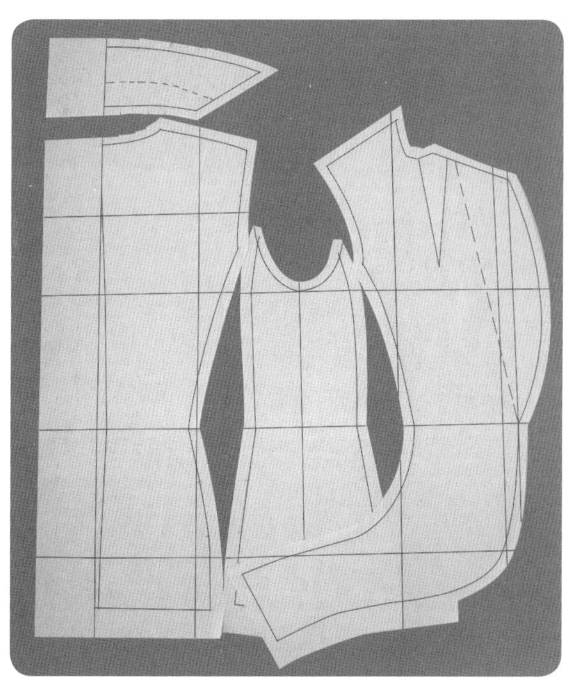

7.4.32

7.4.32　衣身、衣领样片的平面整理。

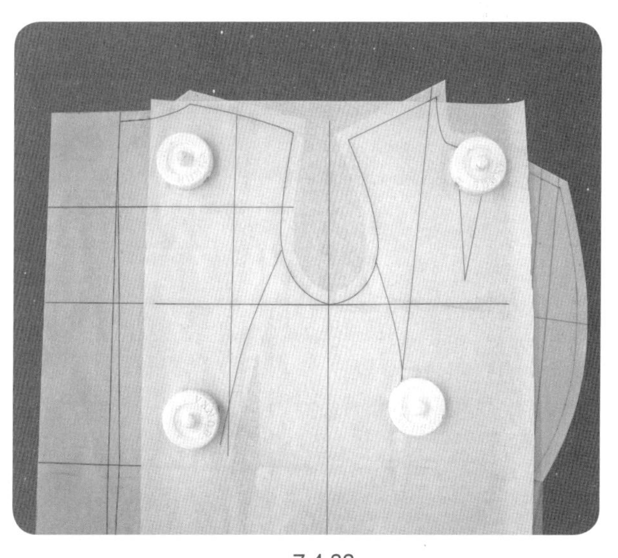

7.4.33

7.4.33　拓印袖窿，以备配袖之用。

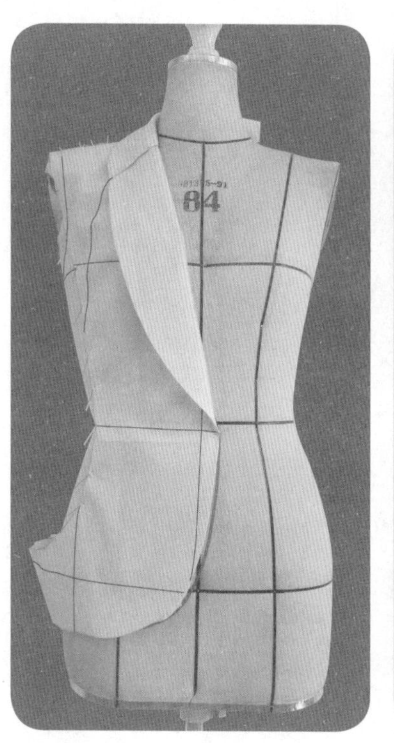

7.4.34

7.4.35

7.4.36

7.4.34、7.4.35　假缝衣身、衣领，试样补正，确认造型。

7.4.36　确定袖肥、袖山吃势，基于袖窿弧线完成袖山弧线的绘制。确定袖长、袖口大小，绘制弯袖身模拟图。展开袖身，袖身弯量转化为肘部横省。

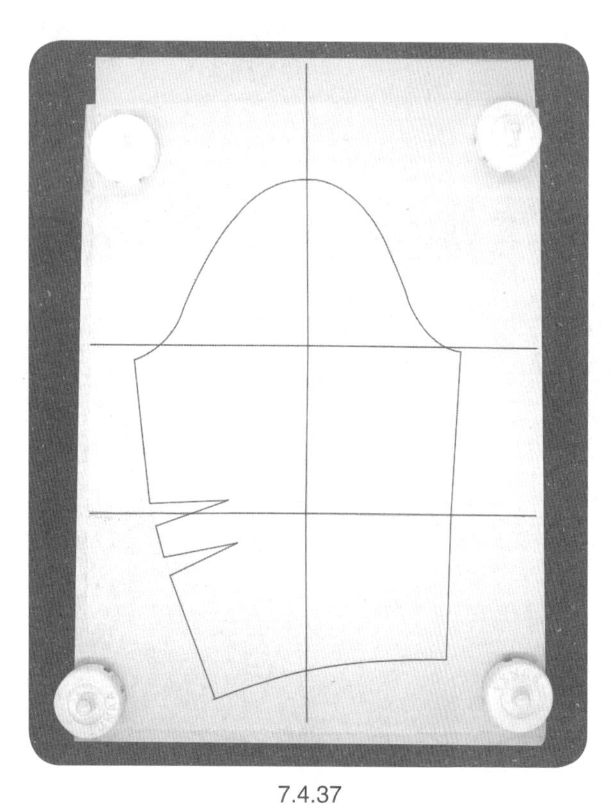

7.4.37

7.4.37　拓印衣袖布样。

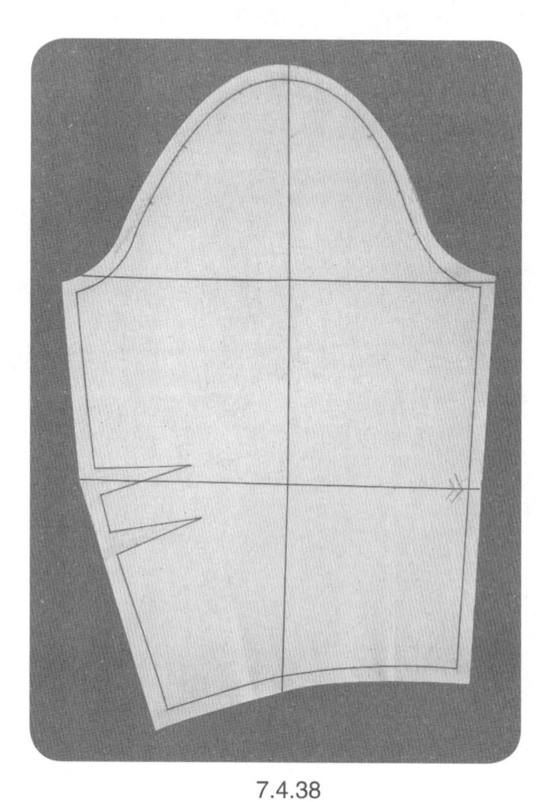

7.4.38

7.4.38　修剪缝份。

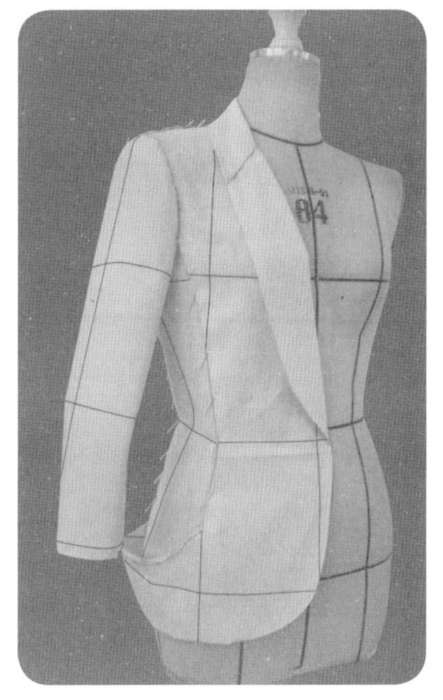

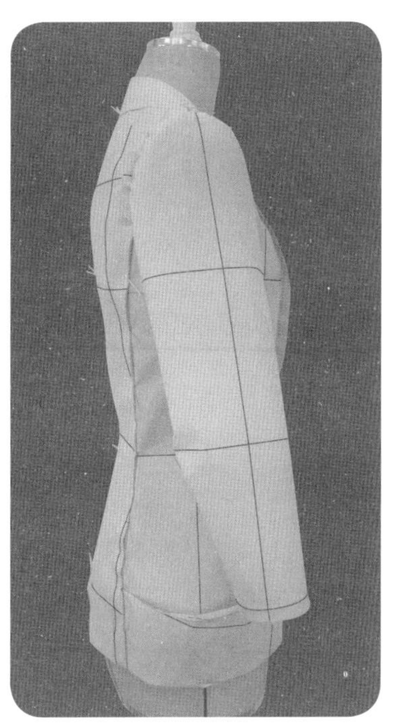

7.4.39

7.4.40

7.4.39 、7.4.40　装配衣袖，调整袖山弧线以及吃势分配。

7.4.41

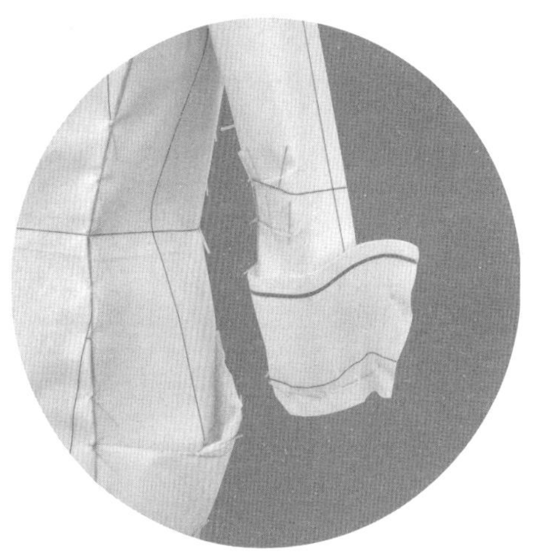

7.4.42

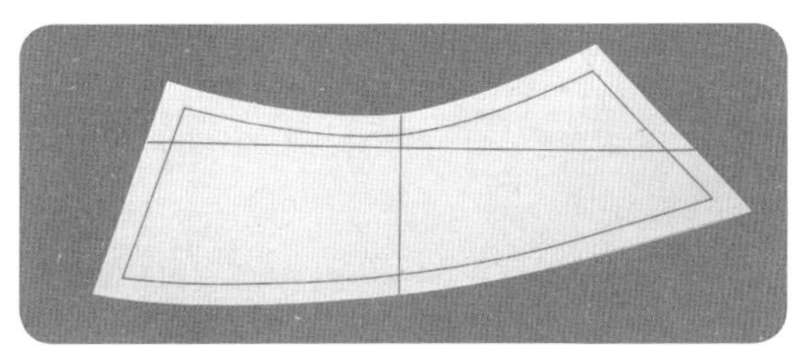

7.4.43

7.4.41 ~ 7.4.43　配置袖口翻边克夫。

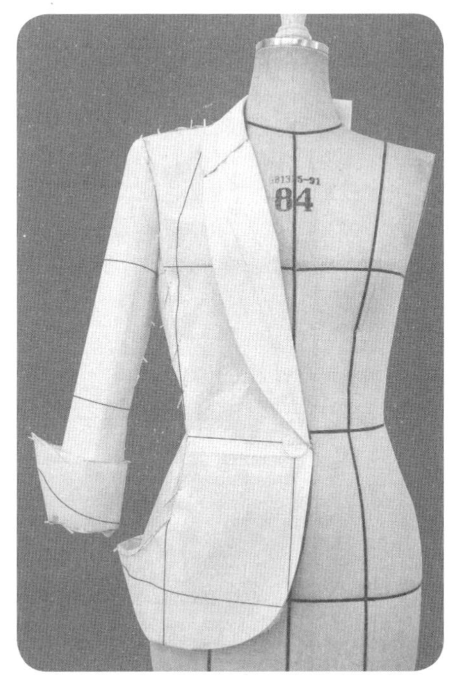

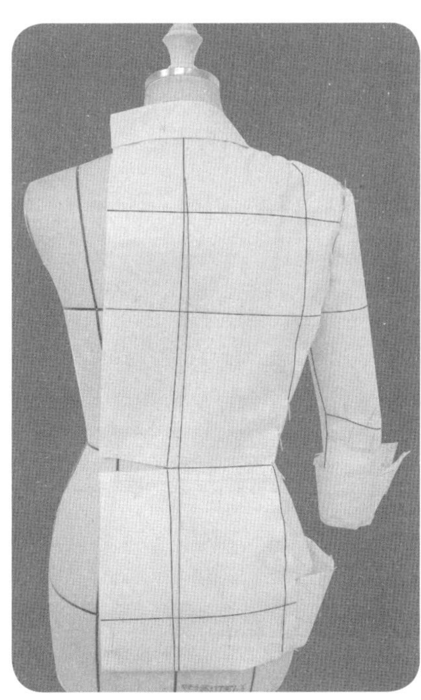

7.4.44

7.4.45

7.4.44 、7.4.45　整体造型完成。

● 样片描图(图7.4.3)

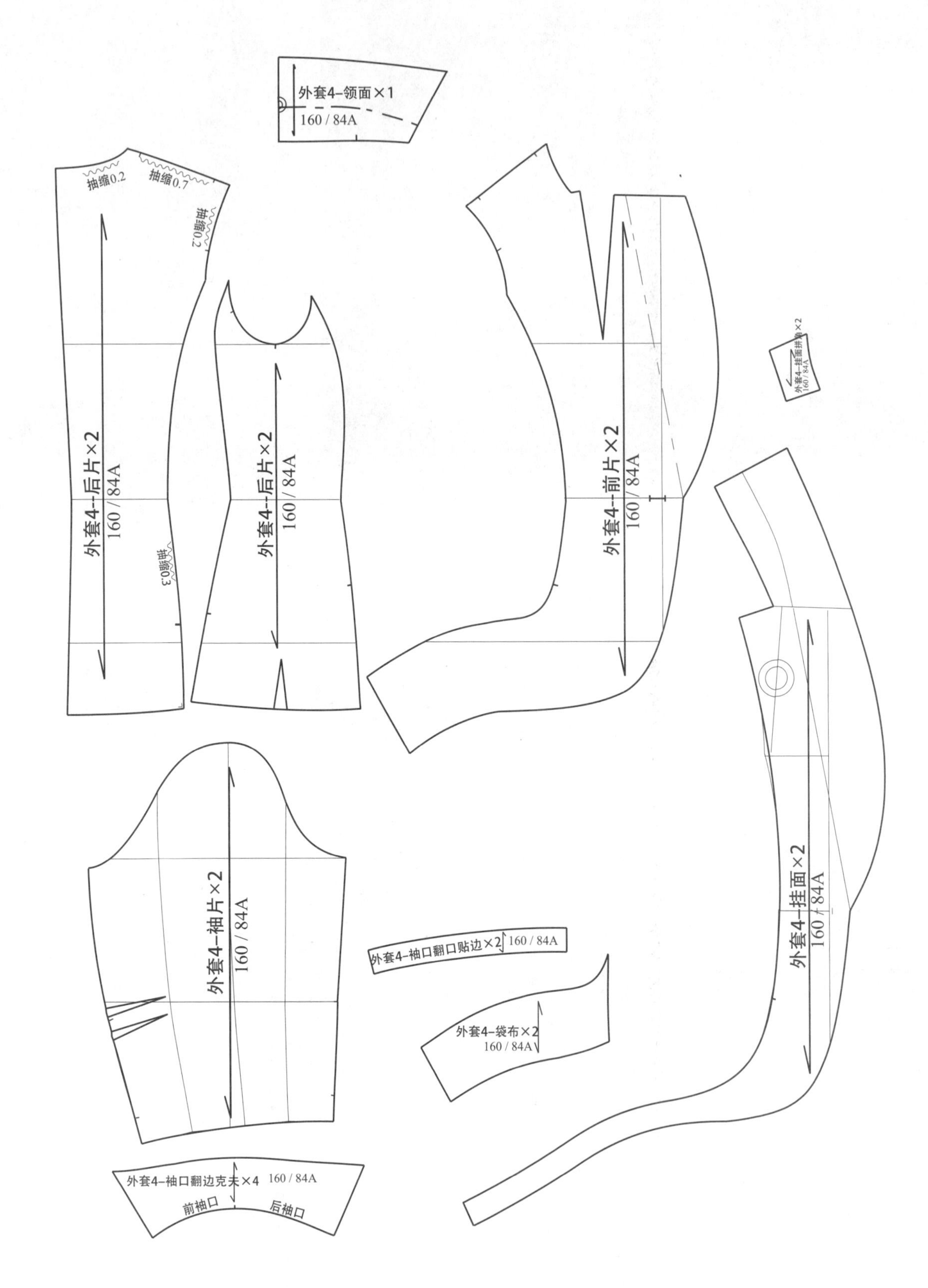

图7.4.3 样片描图

Chapter 8

第8章 大衣

8.1 大衣1——无省道大衣

● 款式分析(图8.1.1)

衣身廓形：H型且稍A型，两面构成。

胸围线以上曲面量处理：

前片——将适量的袖窿松量转移为A型量、领口缝缩、袖窿缝缩。

后片——将适量的袖窿松量转移为A型量、领口缝缩、肩线缝缩、袖窿缝缩。

衣领造型：横开领较大的连翻领。

衣袖造型：圆装袖；直袖、一片袖。

图8.1.1 款式插图

● 坯布准备 (图8.1.2)

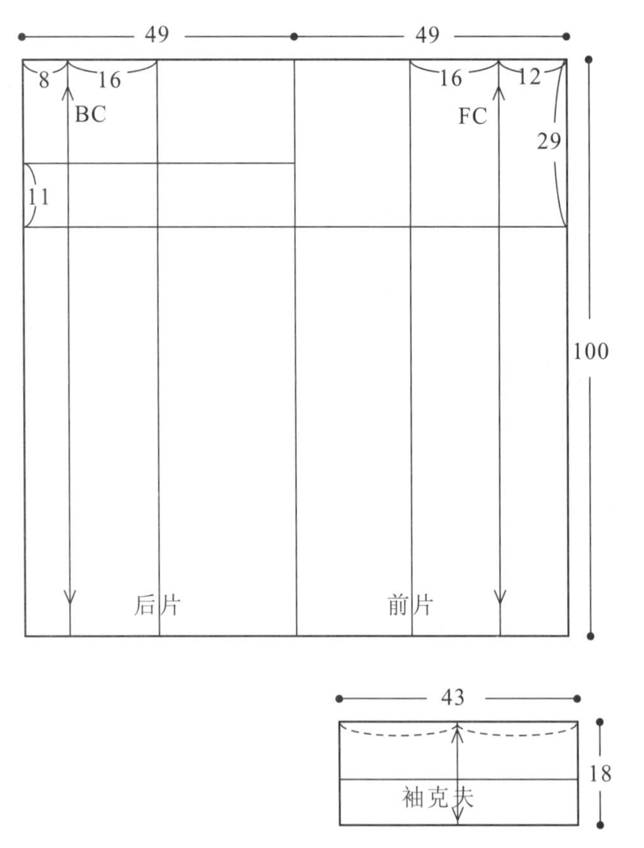

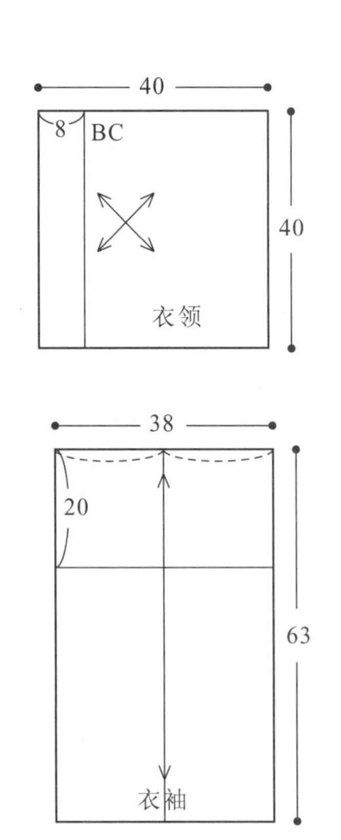

图8.1.2 坯布准备图(单位:cm)

操作步骤

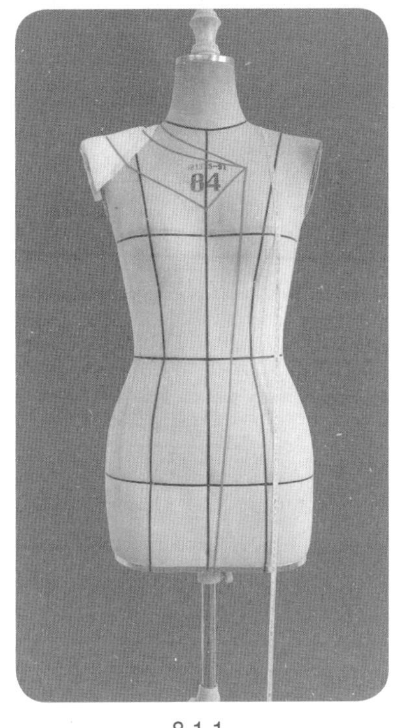

8.1.1

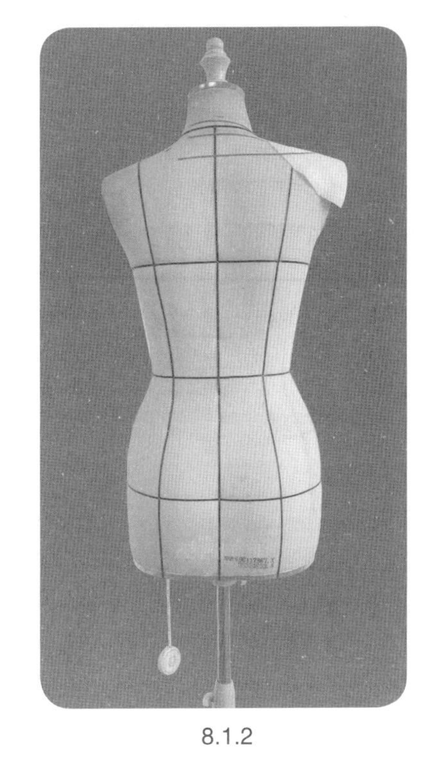

8.1.2

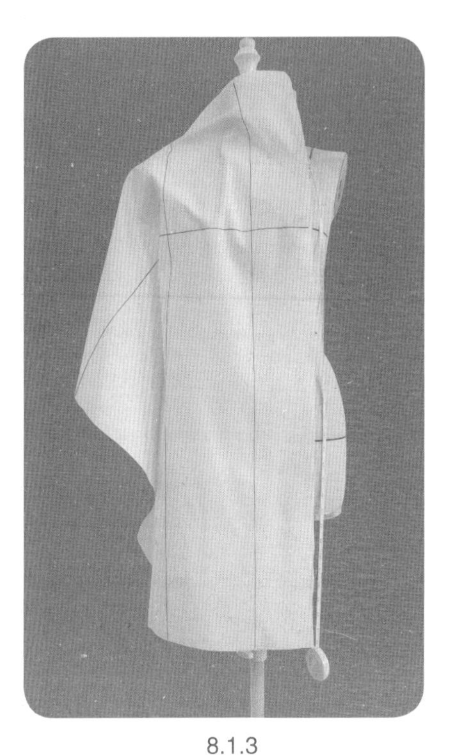

8.1.3

8.1.1、8.1.2　贴置款式造型线。

8.1.3　将前片用布固定于人台。

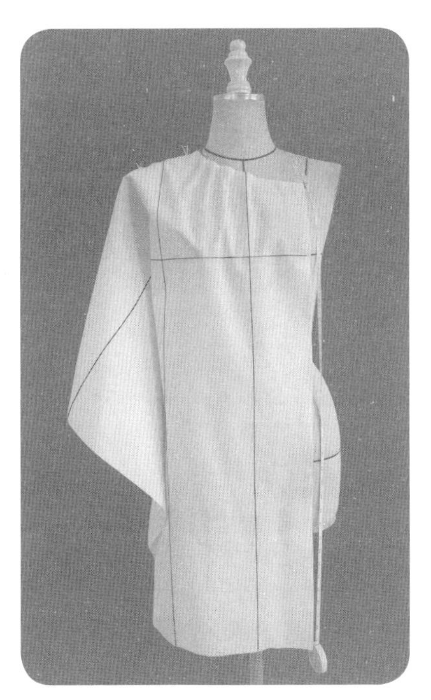

8.1.4

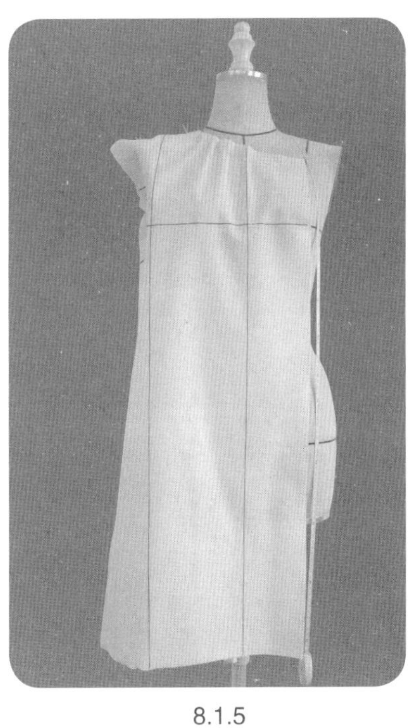

8.1.5

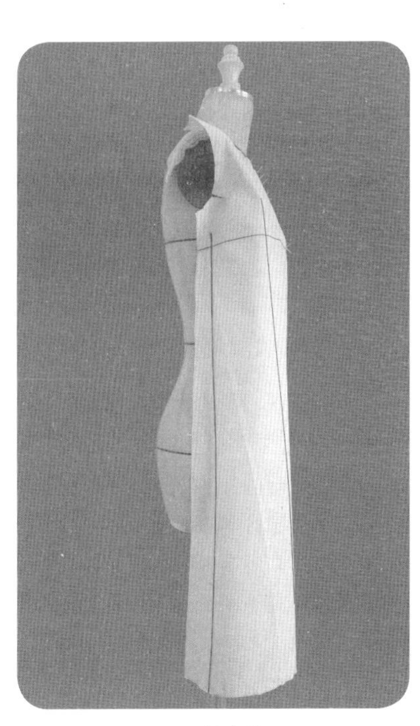

8.1.6

8.1.4　适当修剪领口线，余留袖窿松量，将多余浮余量部分转移至下摆，形成A型造型量，其余转移至领口，以领口缝缩方式处理。

8.1.5　注意下摆A型量、袖窿松量以及领口缝缩量的平衡分配。

8.1.6　前片初步造型完成。

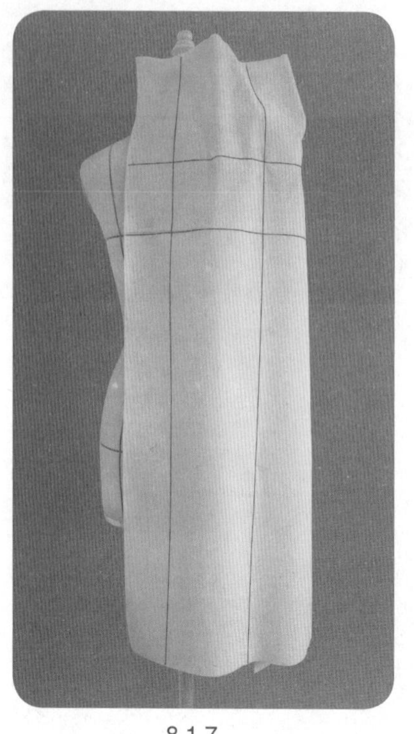

8.1.7

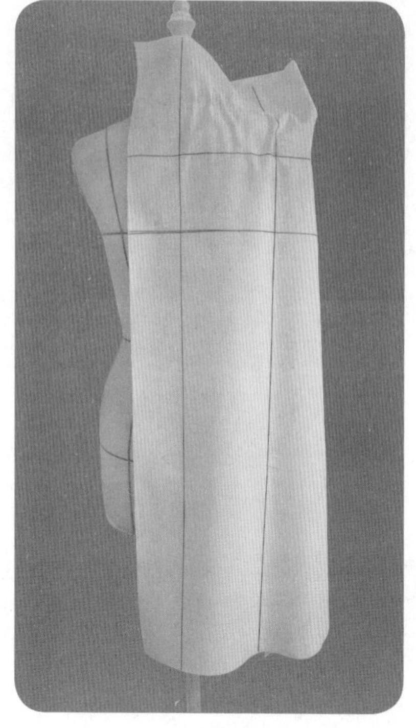

8.1.8

8.1.9

8.1.7　将后片用布固定于人台。

8.1.8、8.1.9　将肩胛骨浮余量平衡分配为袖窿松量、下摆A型造型量、领口缝缩量、肩线缝缩量，逐步完成后片的操作。

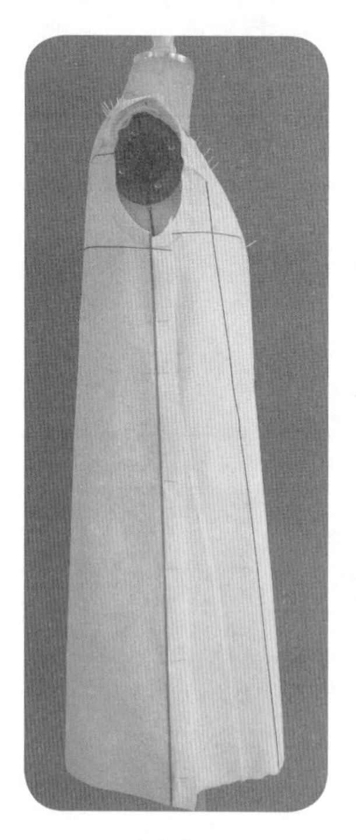

8.1.10

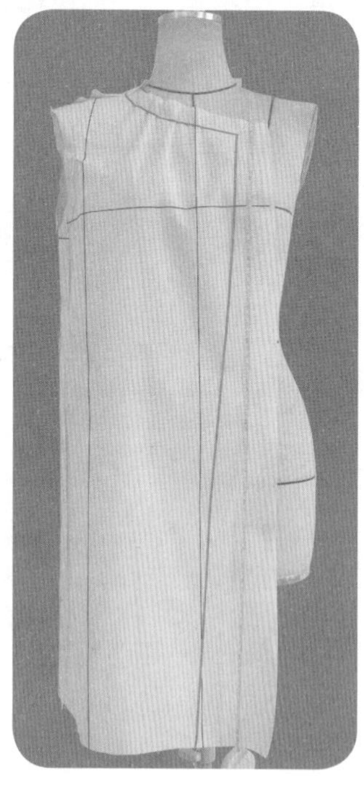

8.1.11

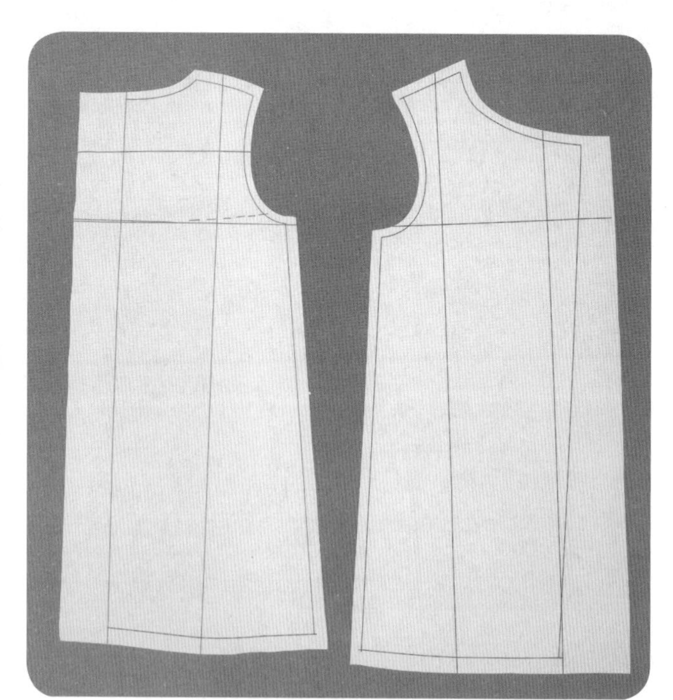

8.1.12

8.1.10　确定袖窿造型。衣身初步造型完成。

8.1.11　标点描线。

8.1.12　前、后衣片的平面整理。拓印袖窿。

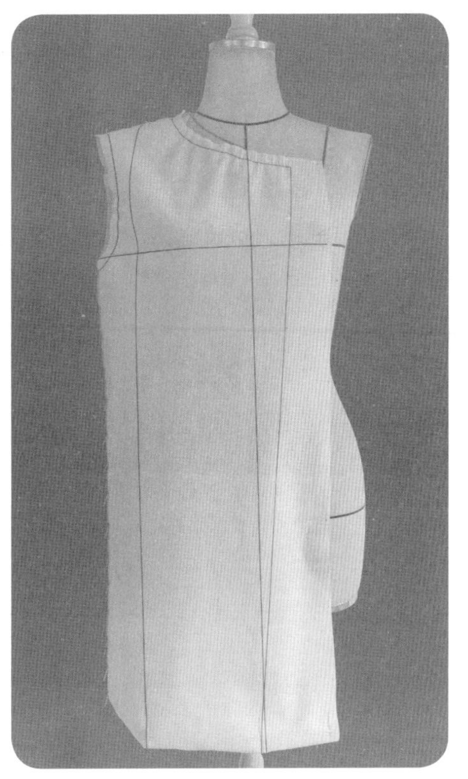

8.1.13

8.1.14

8.1.13、8.1.14　衣身造型的试样补正、造型确认。

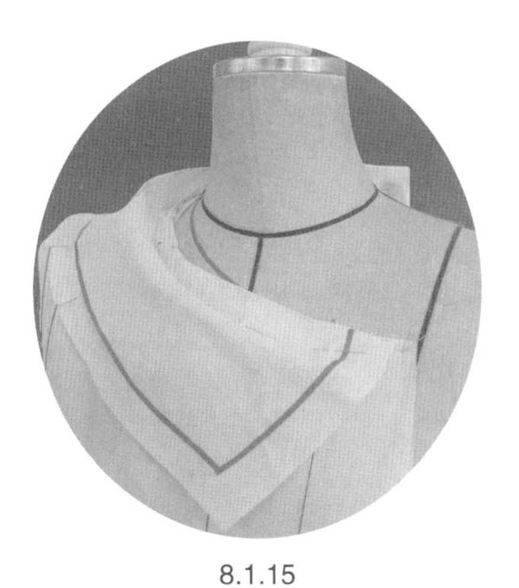

8.1.15

8.1.15 ~ 8.1.16　衣领的操作。横开领较大，翻领与立领的宽度差异也较大，故采用X翻折调整量较大的连翻领操作方法，参见操作步骤6.3.22 ~ 6.3.35。

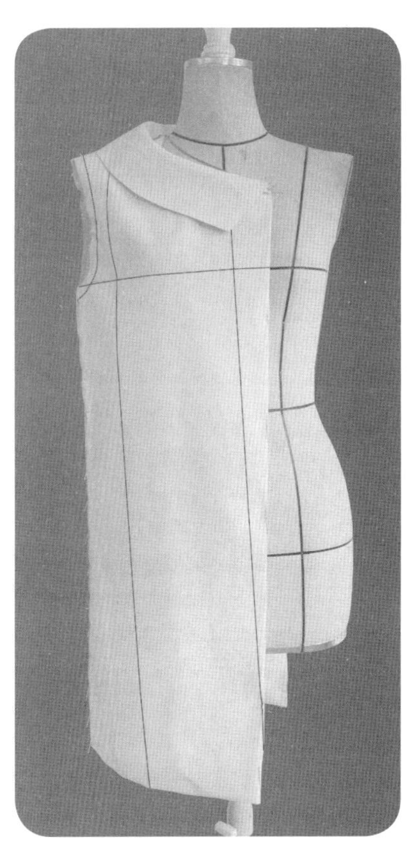

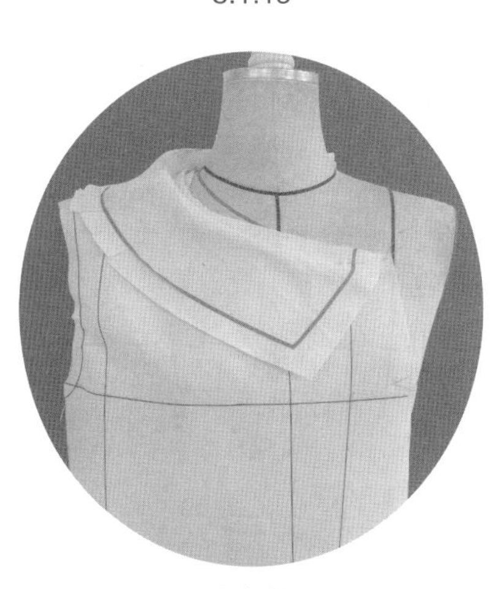

8.1.16

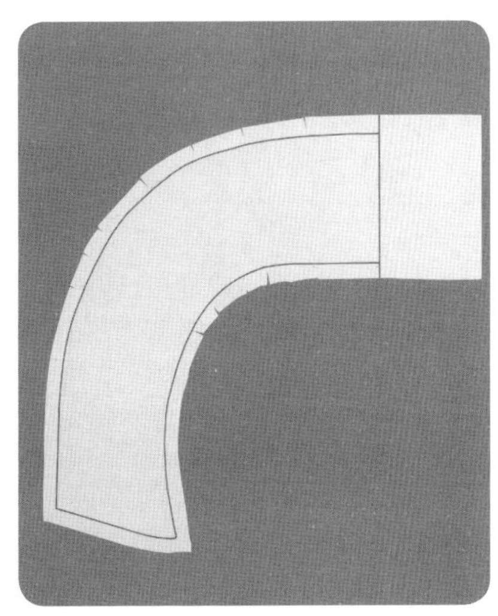

8.1.17

8.1.18

8.1.17　衣领样片的平面整理。

8.1.18　假缝衣领与衣身，试样补正。

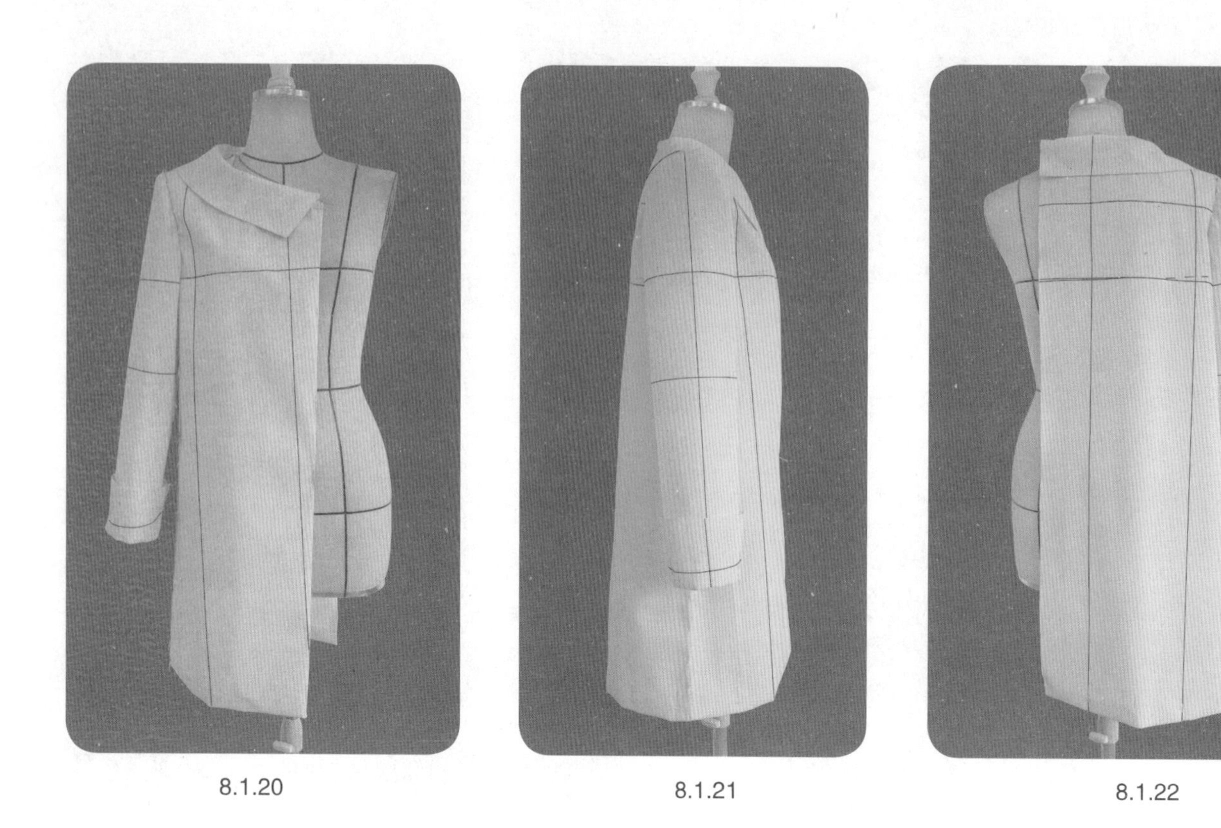

8.1.20　　8.1.21　　8.1.22

8.1.20 ~ 8.1.22　完成衣袖的假缝与调整，袖山吃势分配以及装袖对位点标记。整体造型完成。

● 样片描图(图8.1.3)

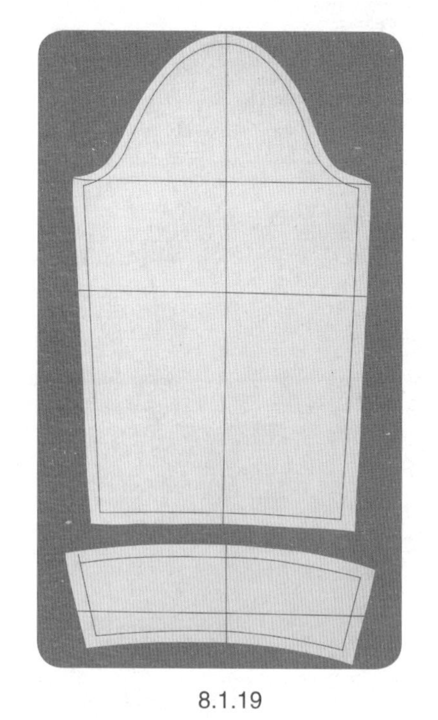

8.1.19

8.1.19　配置一片直身圆装袖的纸样并拓印布样，参见操作步骤6.1.44~6.1.60。

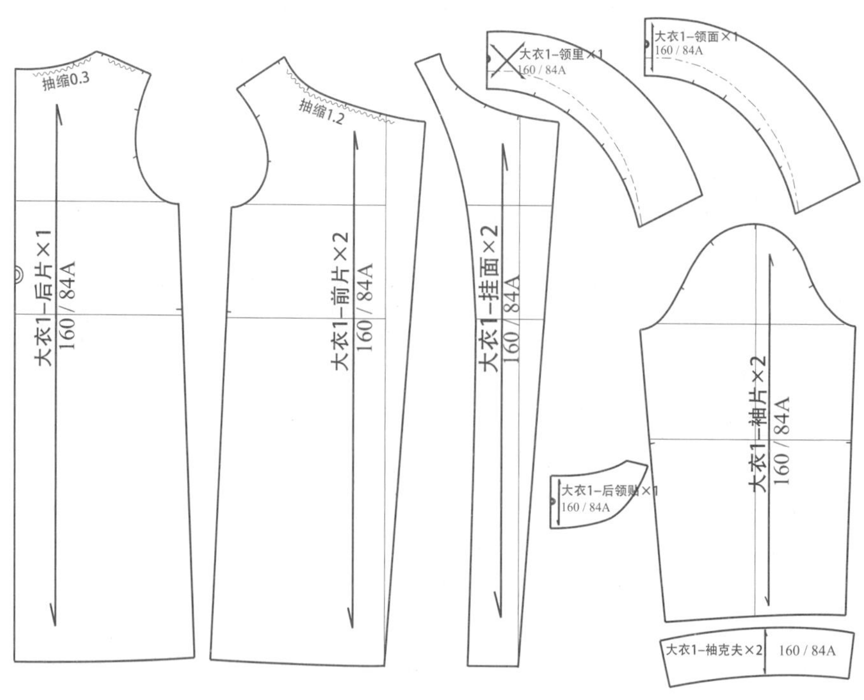

图8.1.3　样片描图

8.2　大衣2——连身袖大衣

图8.2.1　款式插图

● 款式分析(图8.2.1)

裙身廓形：X型；公主分割线、四面构成。

胸围线以上曲面量处理：

前片——适量的袖窿松量、公主分割线；

后片——适量的袖窿松量、领口松量、肩线缝缩。

胸围线—腰围线—臀围线—底边的曲面量处理：

前片——公主分割线、侧缝；

后片——公主分割线、后中缝、侧缝。

衣领造型：驳折领。

衣袖造型：连身袖。

● 坯布准备(图8.2.2)

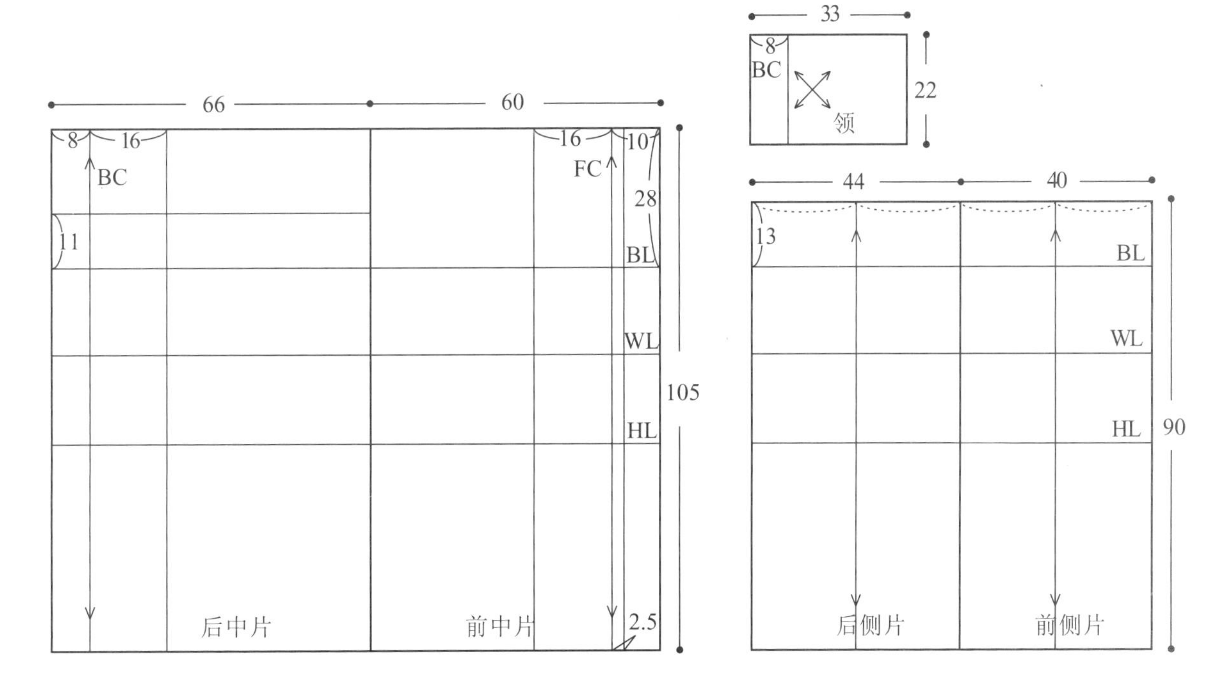

图8.2.2　坯布准备图(单位：cm)

● 操作步骤

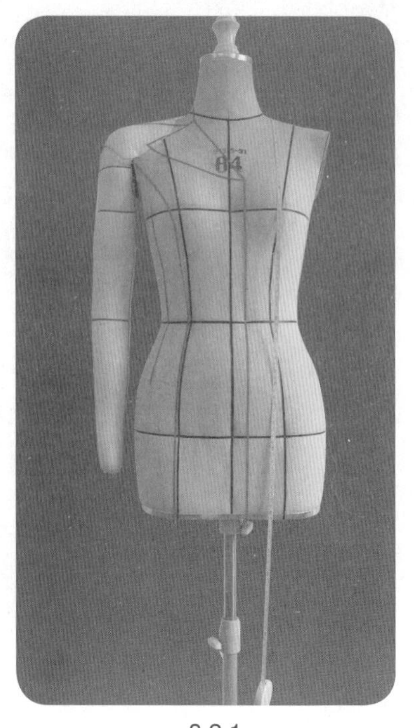

8.2.1

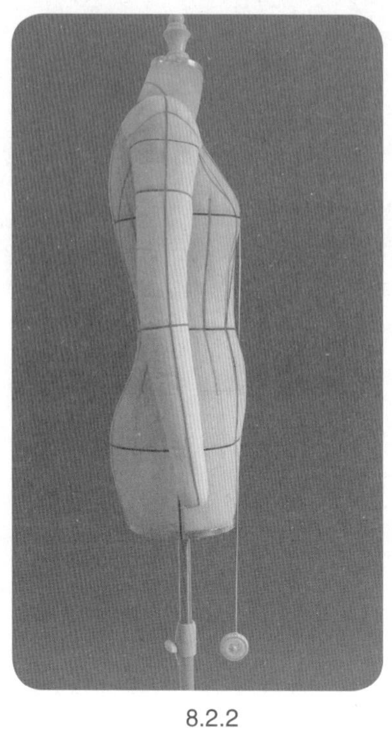

8.2.2

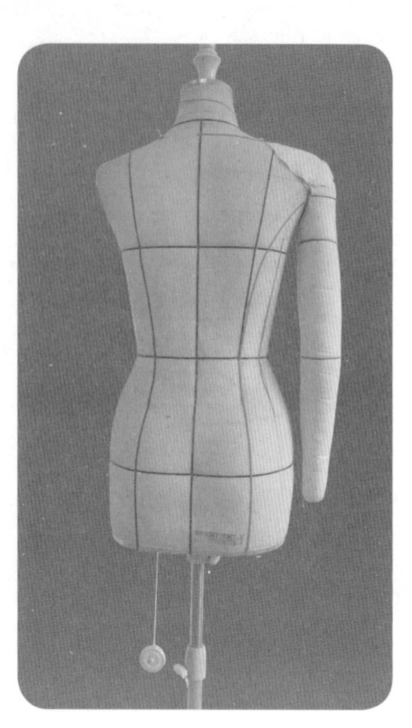

8.2.3

8.2.1 ~ 8.2.3　将手臂装到人台上，固定垫肩于人台，贴置款式造型线。

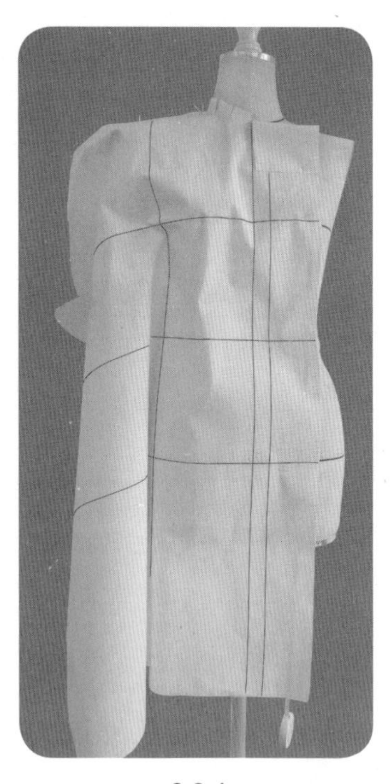

8.2.4

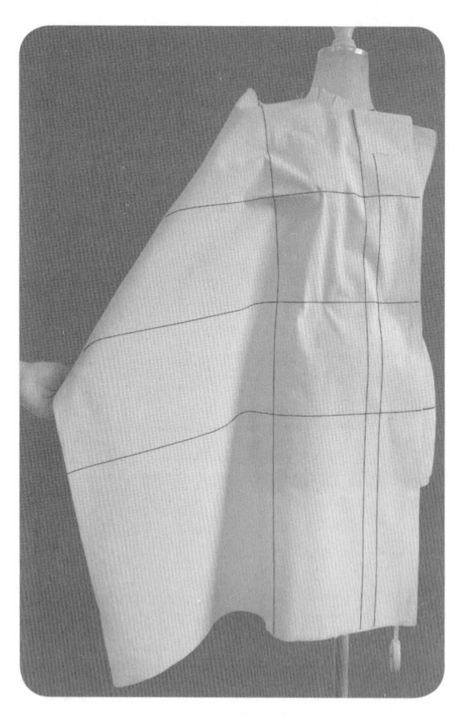

8.2.5

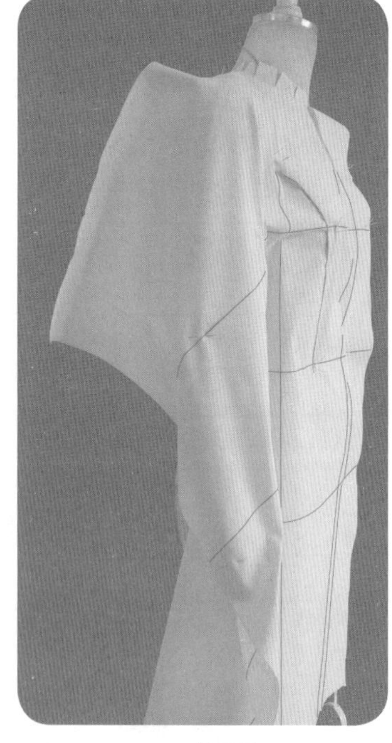

8.2.6

8.2.4　固定前中片用布于人台。保持胸围线水平，胸围处余留适当松量，余留翻折驳领用布，适当修剪领口。

8.2.5、8.2.6　抚平肩部，公主线袖窿点（设为前A点）处用大头针固定；将手臂抬至适当高度，在袖中斜线处固定，设置前袖片用布。

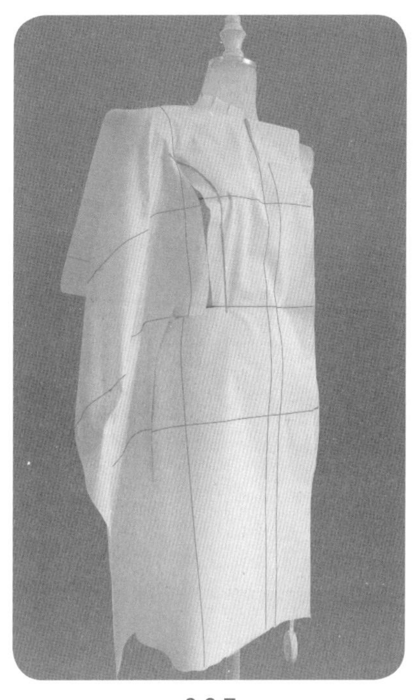

8.2.7

8.2.7　贴置公主分割线，修剪刀口。注意在腰围线以下余留下摆用布量，腰围线以上余留的缝份不可过多，靠近前A点处缝份接近1cm，并剪切斜向刀口。

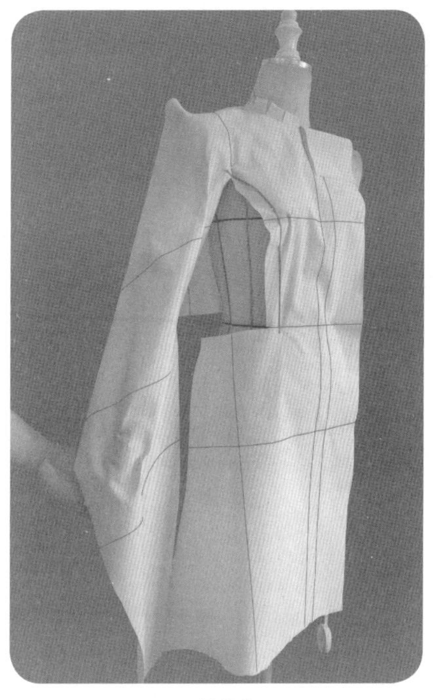

8.2.8

8.2.8　翻转用布，形成衣袖前片造型；设置袖口大小、袖肥大小，用大头针固定袖底缝位置。

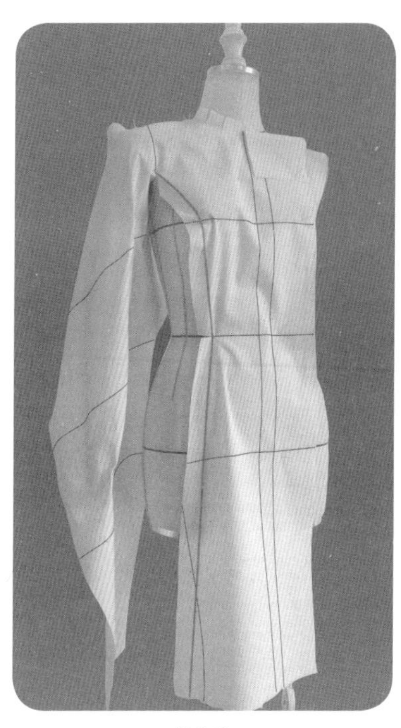

8.2.9

8.2.9　设置下摆量，贴置分割造型线，修剪缝份。

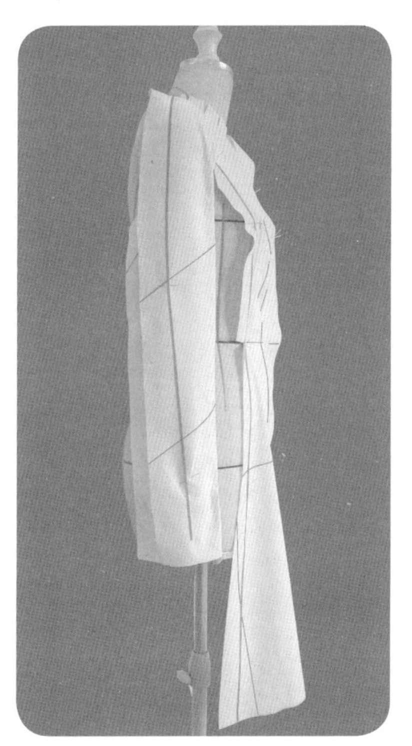

8.2.10

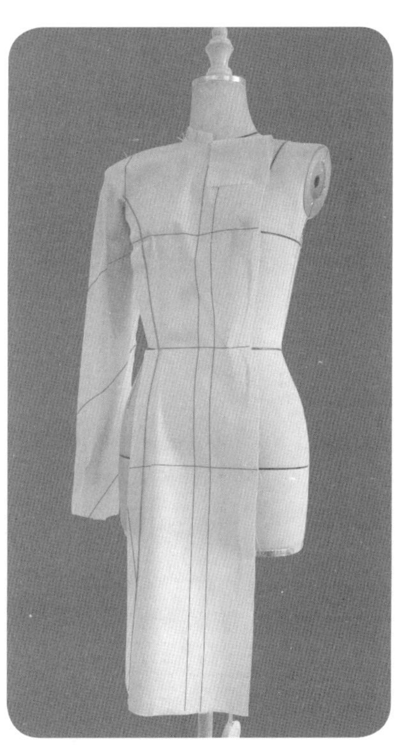

8.2.11

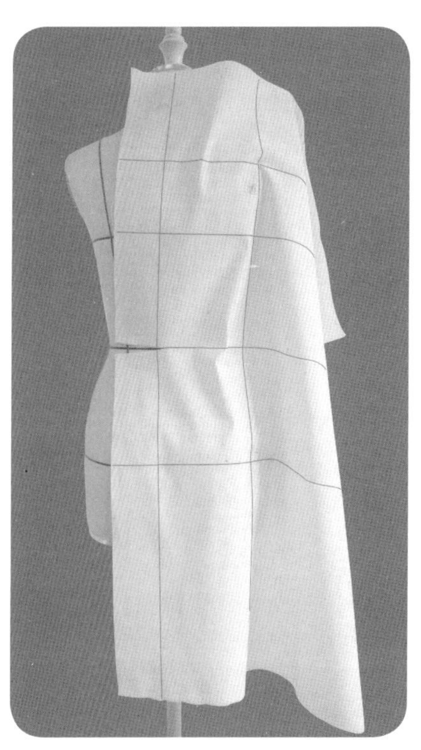

8.2.12

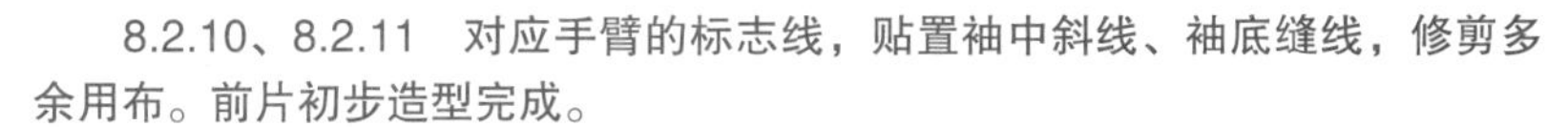

8.2.10、8.2.11　对应手臂的标志线，贴置袖中斜线、袖底缝线，修剪多余用布。前片初步造型完成。

8.2.12　将后中片用布固定于人台上，设置后中缝吸腰量，注意余留肩胛横线处的纬向松量。

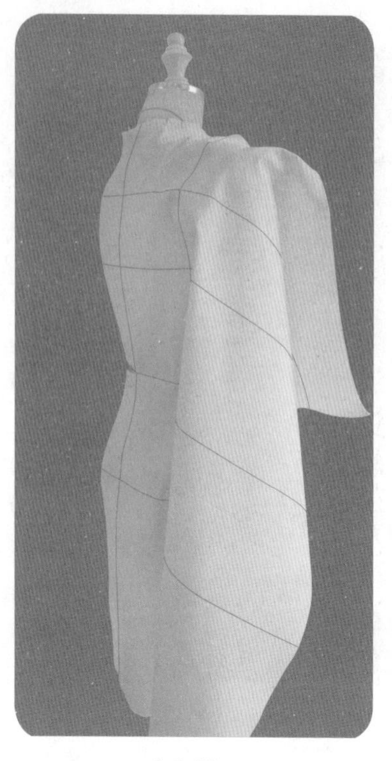

8.2.13

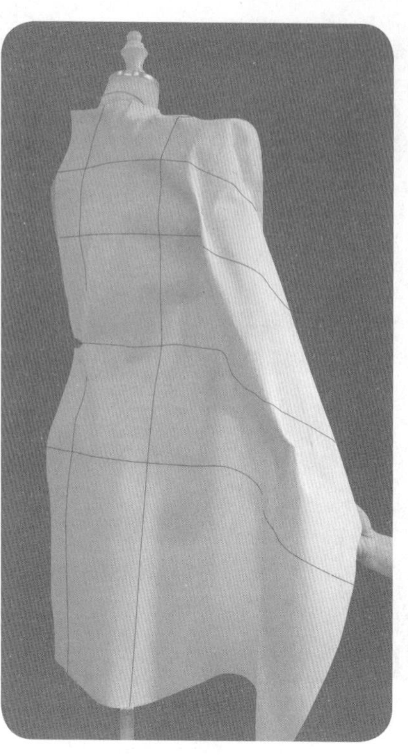

8.2.14

8.2.15

8.2.13 余留后领口松量，修剪缝份；将肩胛曲面浮余量分散于肩线缝缩和袖窿；公主线袖窿点（设为后A点）处用大头针固定。

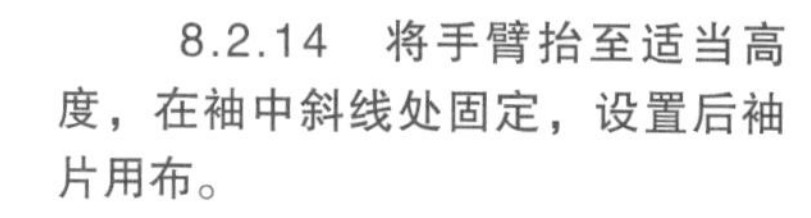

8.2.14 将手臂抬至适当高度，在袖中斜线处固定，设置后袖片用布。

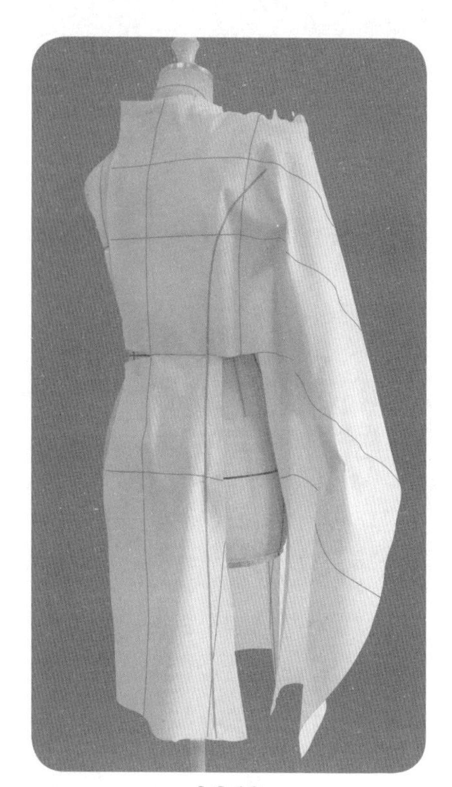

8.2.16

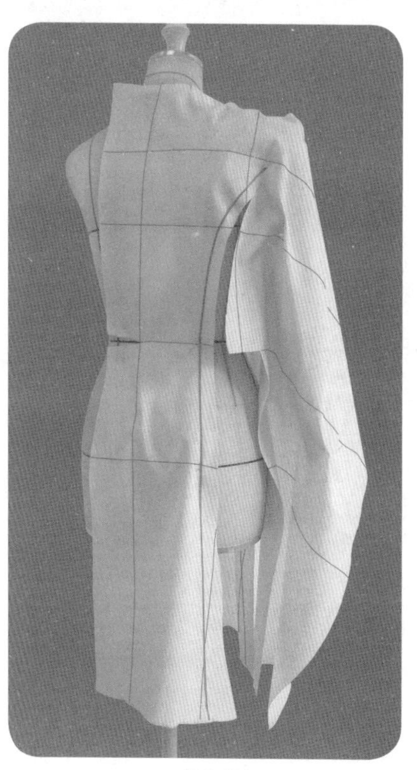

8.2.17

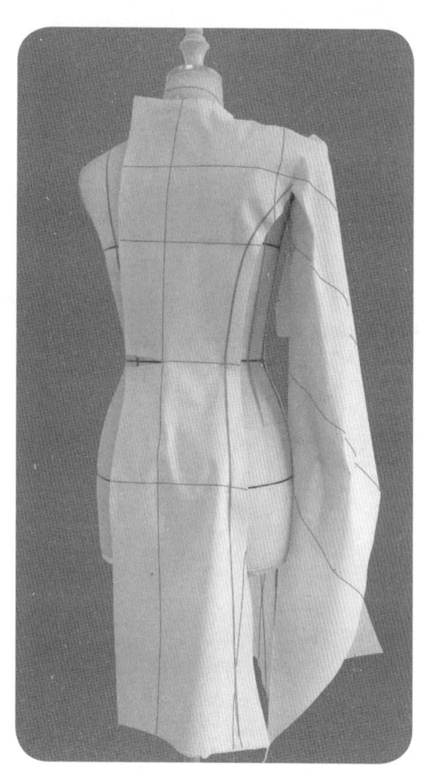

8.2.18

8.2.15 ~ 8.2.18 与前中片操作相同，逐步完成后公主分割线的修剪。

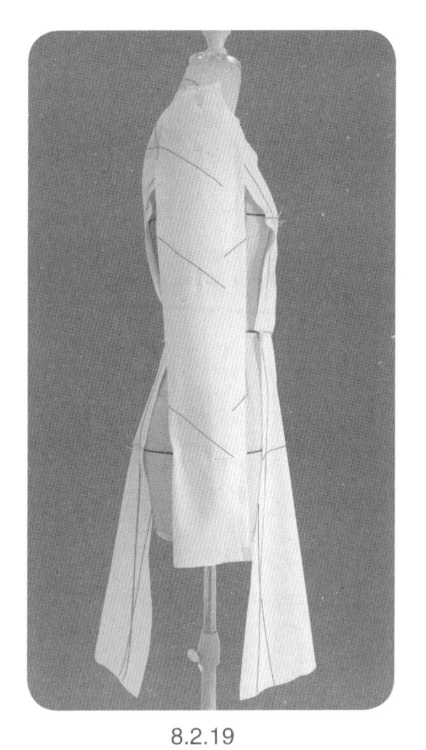

8.2.19

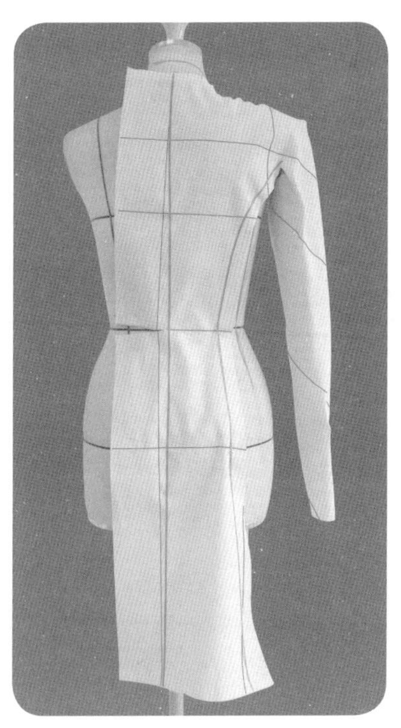

8.2.20

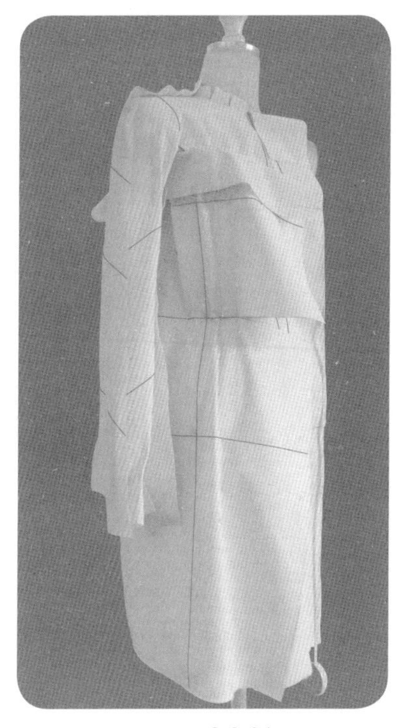

8.2.21

8.2.19　沿袖中斜线、袖底缝线合并前、后袖片，修剪缝份。

8.2.20、8.2.21　保持前侧片用布中线竖直，固定用布于人台上，设置胸围、腰围、臀围松量。

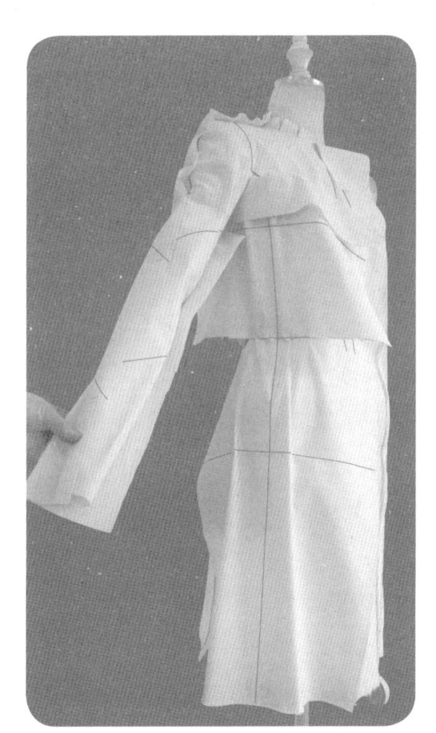

8.2.22

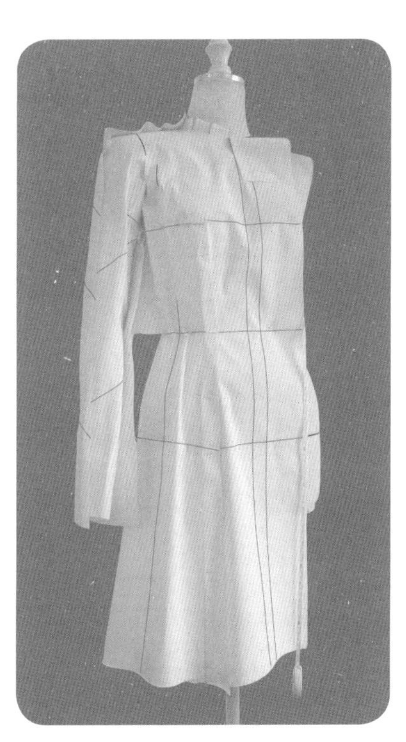

8.2.23

8.2.24

8.2.22 、8.2.23　逐步完成公主分割线、侧缝的操作。

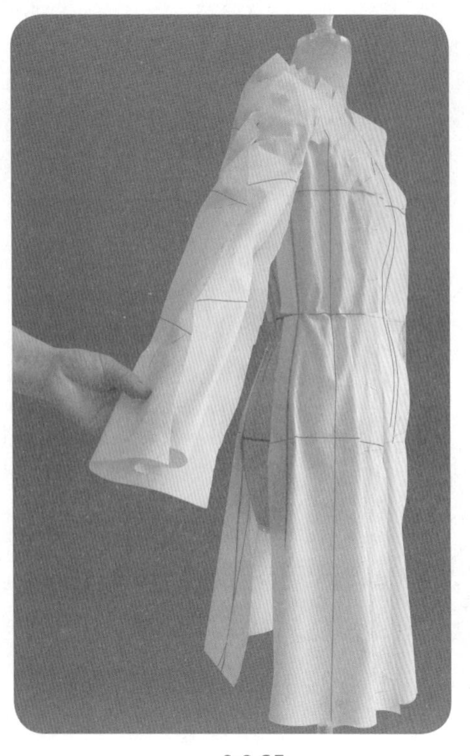

8.2.25

8.2.26

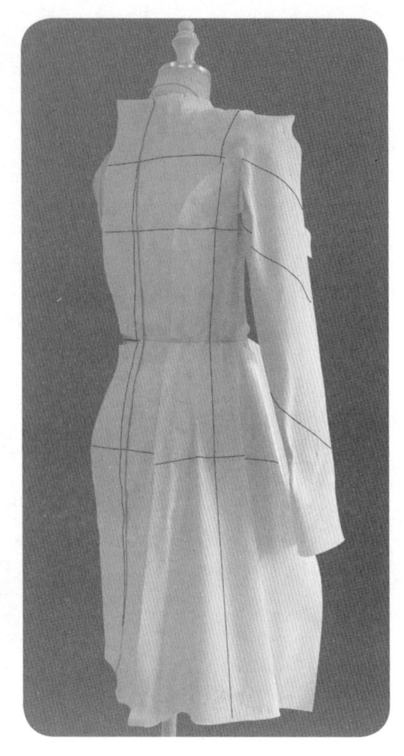

8.2.27

8.2.24、8.2.25 修剪袖窿。前侧片初步造型完成。

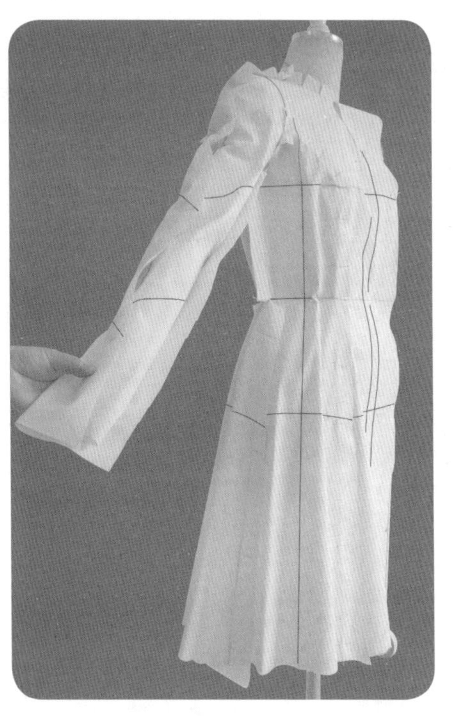

8.2.28

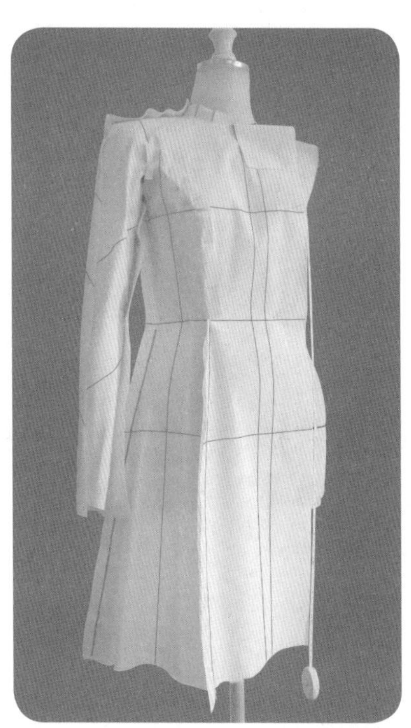

8.2.29

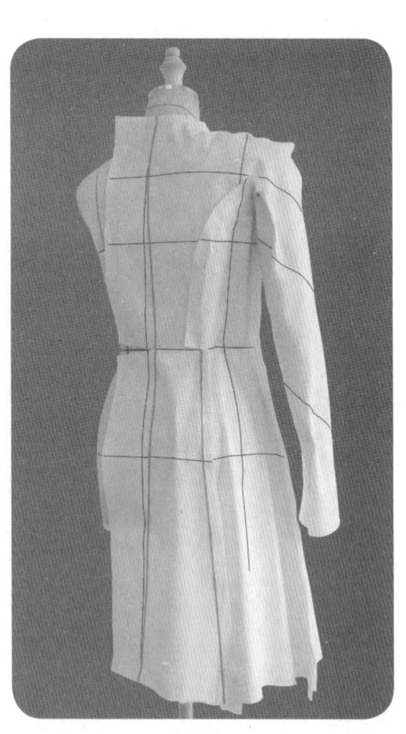

8.2.30

8.2.26 ~ 8.2.28 同前侧片操作，逐步完成后侧片的修剪。

8.2.29、8.2.30 合并前、后侧片侧缝。去除固定松量的大头针，检查胸围、腰围松量以及下摆的造型，观察松量、造型的平衡性。

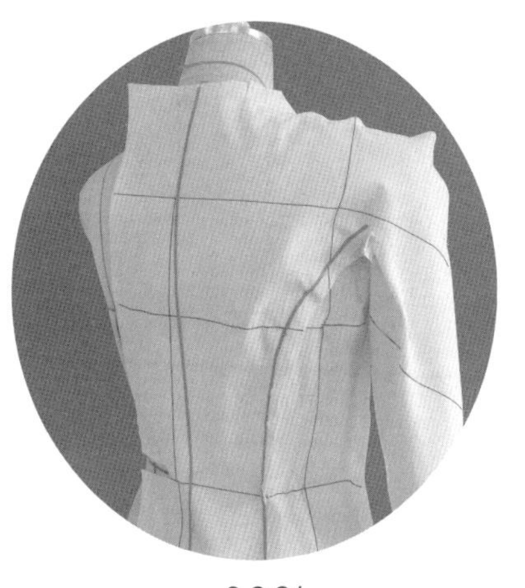

8.2.31

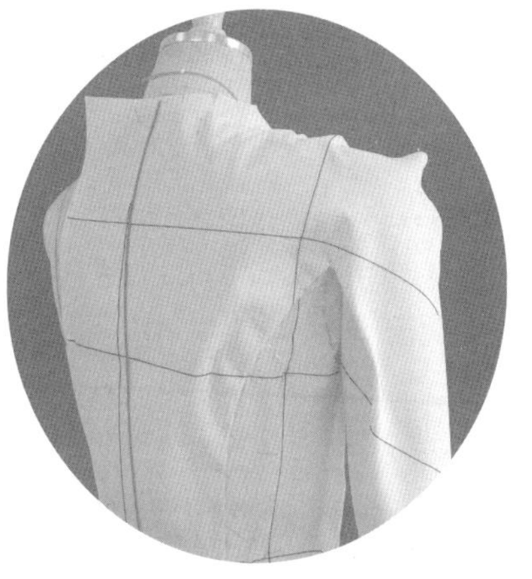

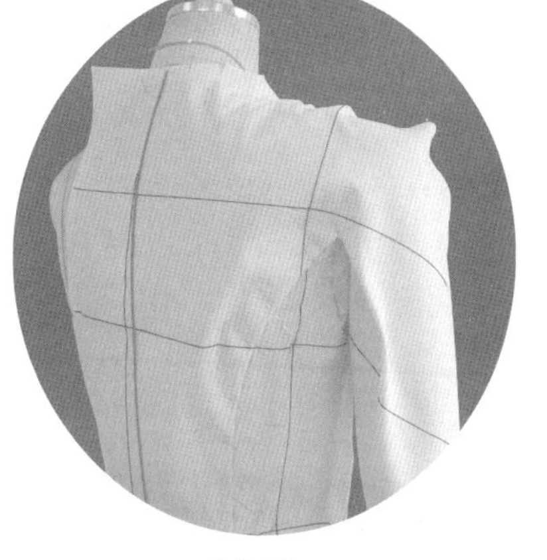

8.2.32

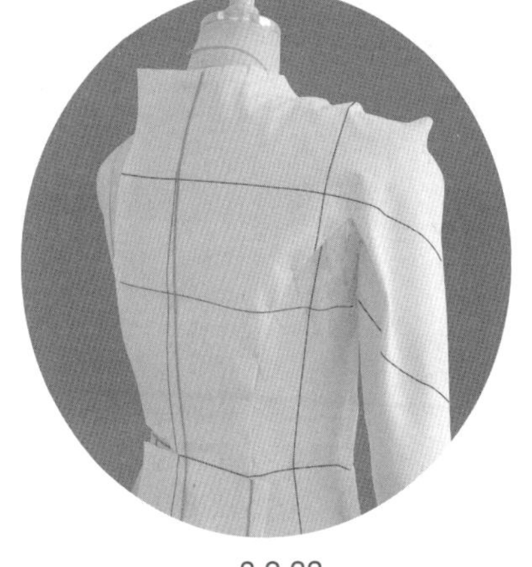

8.2.33

8.2.31、8.2.32　用大头针临时固定松量，逐步将合并分割线的盖别合并针法转变为抓别合并针法，进一步调整分割线，精确修剪缝份。

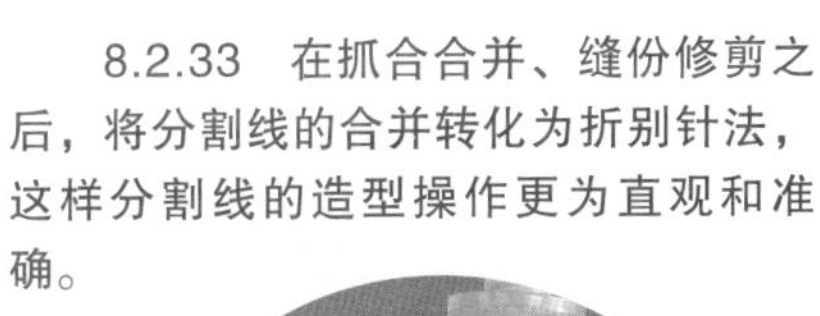

8.2.33　在抓合合并、缝份修剪之后，将分割线的合并转化为折别针法，这样分割线的造型操作更为直观和准确。

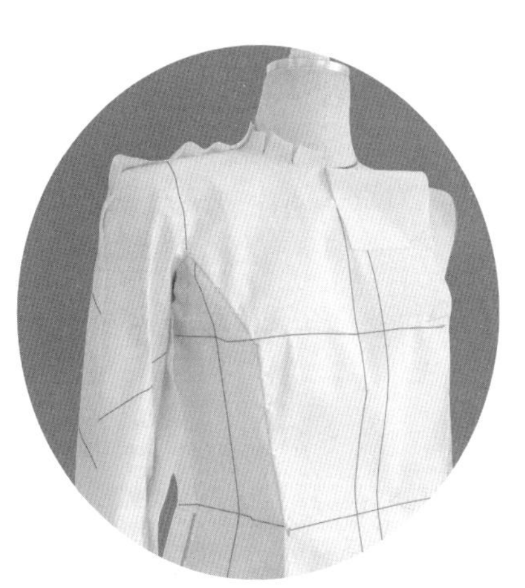

8.2.34

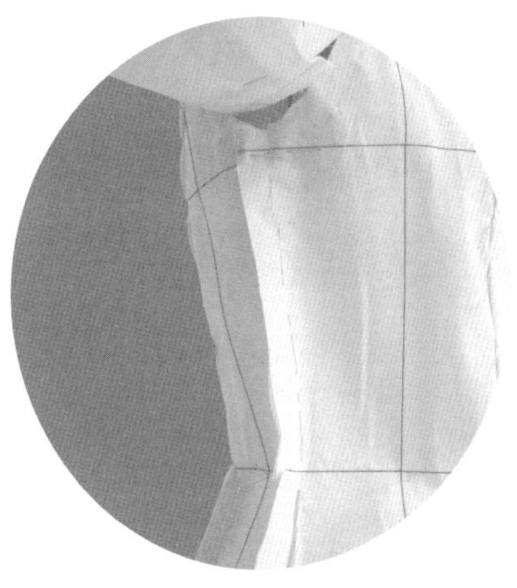

8.2.35

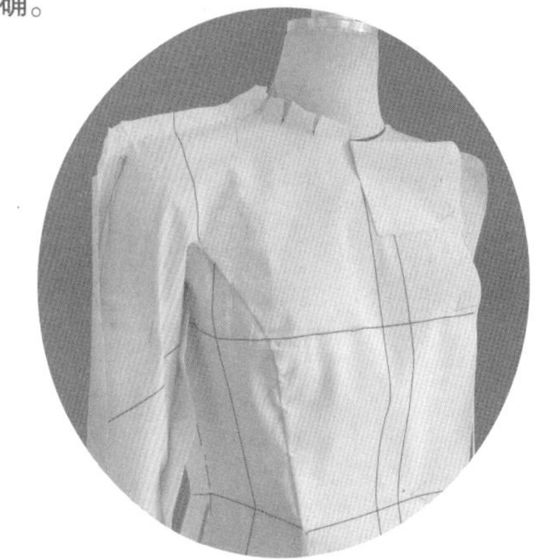

8.2.36

8.2.34、8.2.35　确定前A点至后A点的袖窿造型。

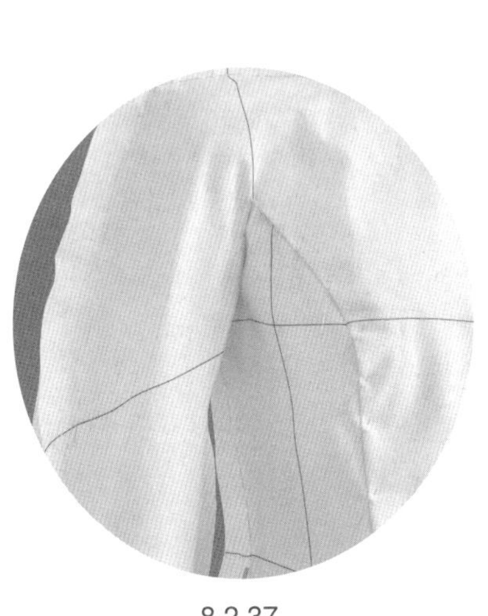

8.2.37

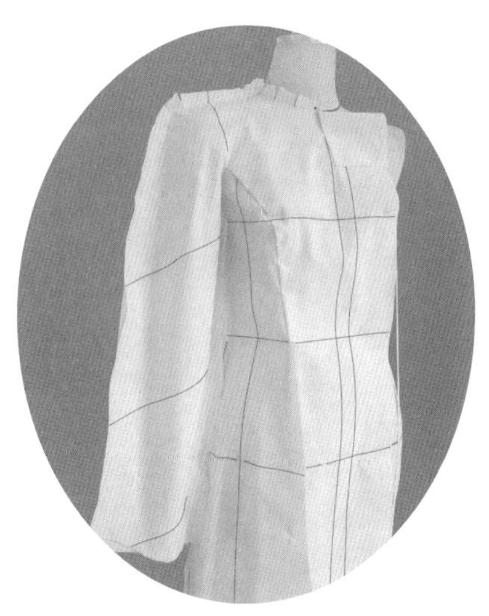

8.2.38

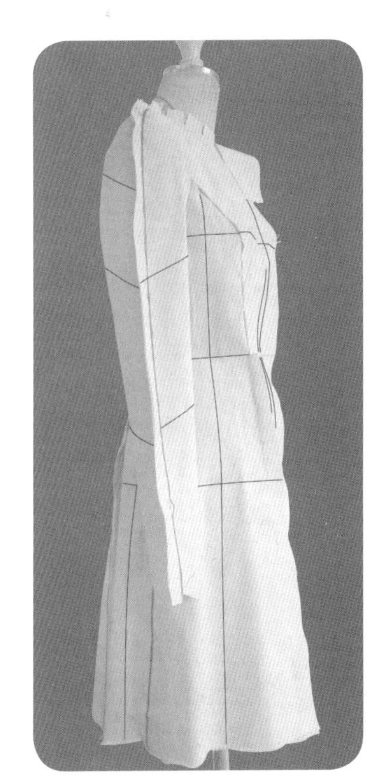

8.2.39

8.2.36 ~ 8.2.39　将肩线、袖中斜线合并针法逐步转化为抓合针法，调整造型，修剪缝份。

8.2.40

8.2.40　将服装从人台上脱下，从前A点至后A点沿袖窿弧线固定衣袖与袖窿。

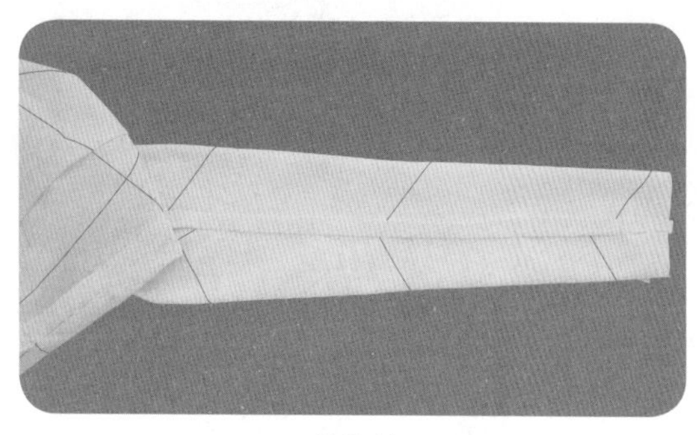

8.2.41

8.2.41　对应袖窿底点，调整袖底缝。

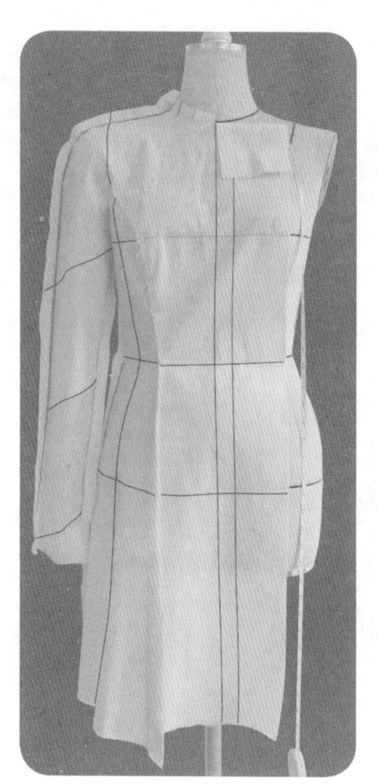

8.2.42

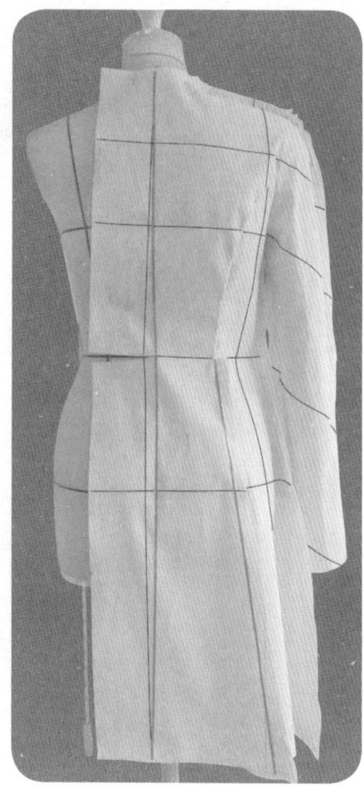

8.2.43

8.2.42、8.2.43　将服装穿回于人台上，观察并确认衣身、衣袖造型。

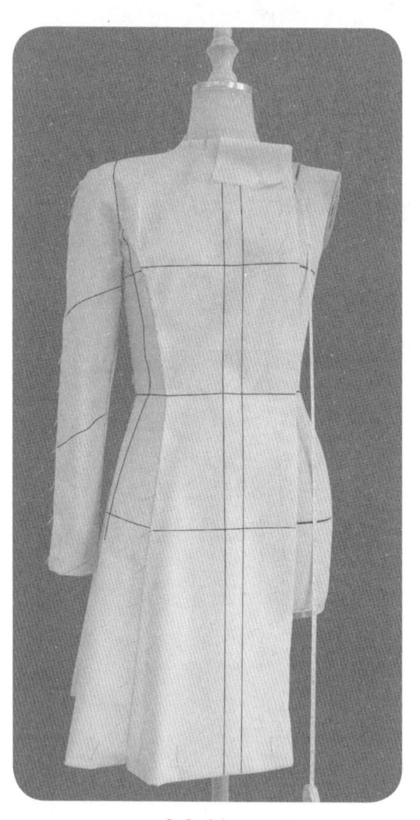

8.2.44

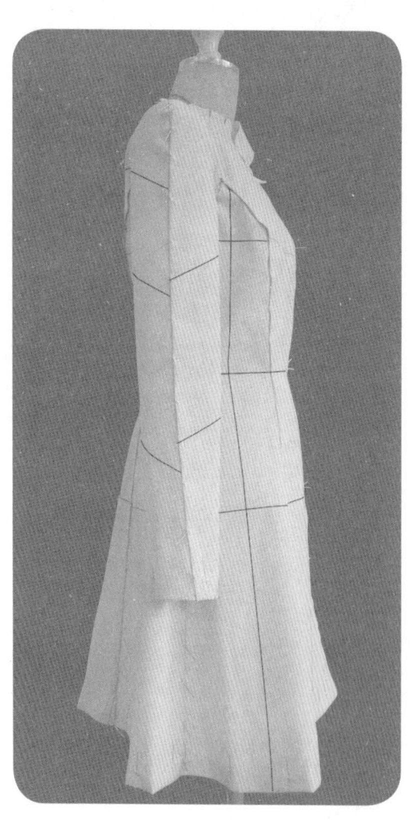

8.2.45

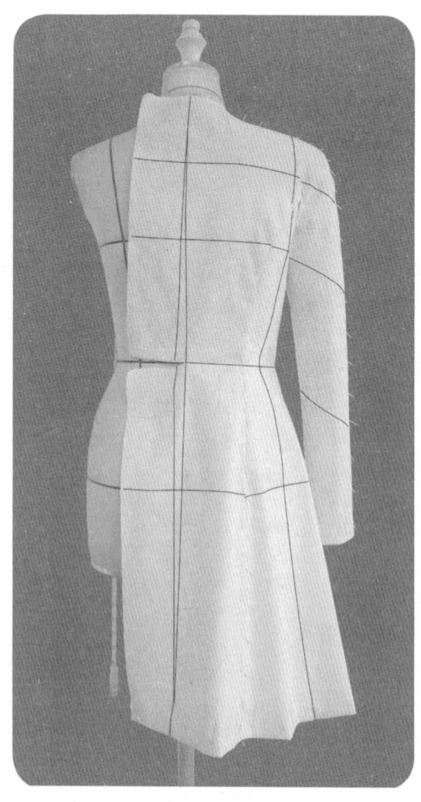

8.2.46

8.2.44 ~ 8.2.46　操作过程中的衣身、衣袖样片的平面整理。用大头针假缝，确认造型后再继续衣领部分的操作。

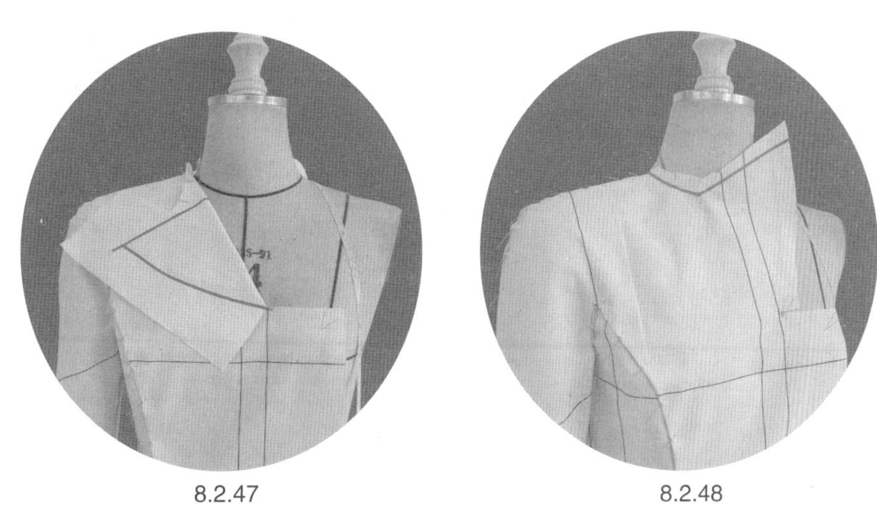

8.2.47　　8.2.48

8.2.47　翻折用布，贴置驳领造型线。　　8.2.48　贴置领口线。

8.2.49　　8.2.50　　8.2.51

8.2.52　　8.2.53　　8.2.54

8.2.49 ~ 8.2.54　逐步完成后翻领片的操作。

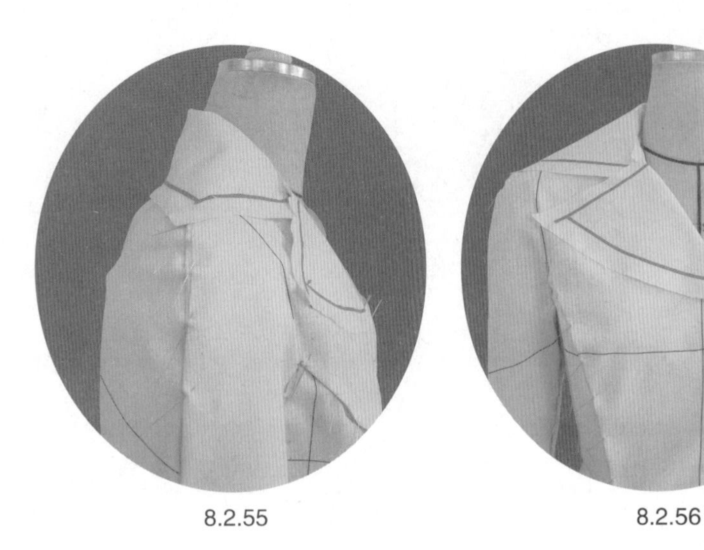

8.2.55　　8.2.56

8.2.55、8.2.56　贴置外领口造型线。衣领初步造型完成。

8.2.57

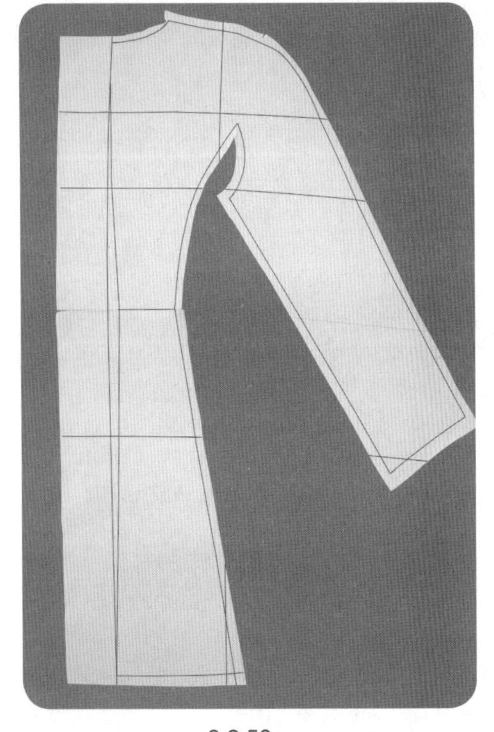

8.2.58

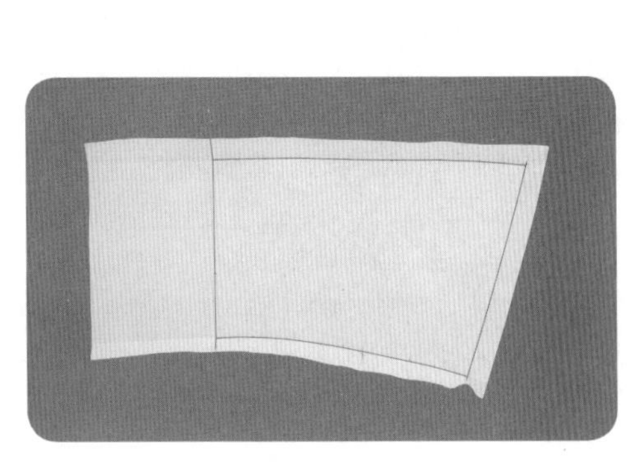

8.2.59

8.2.60

8.2.57 ~ 8.2.60　样片的平面整理。

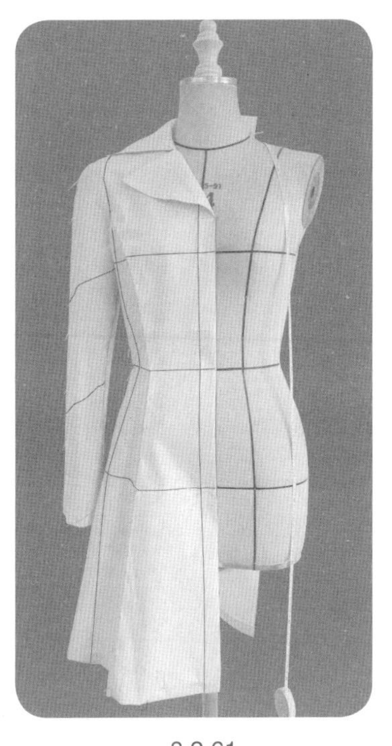

8.2.61

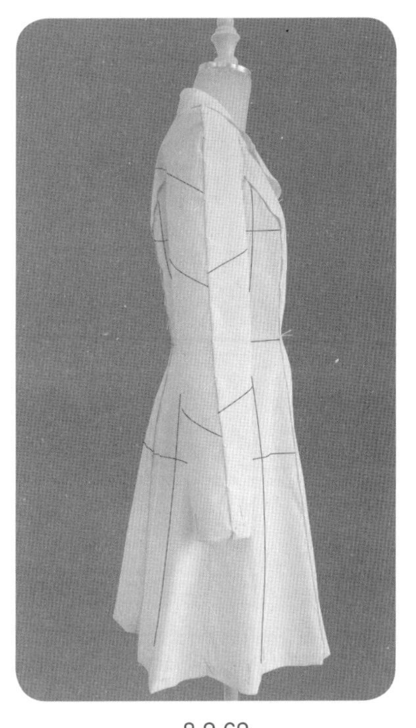

8.2.62

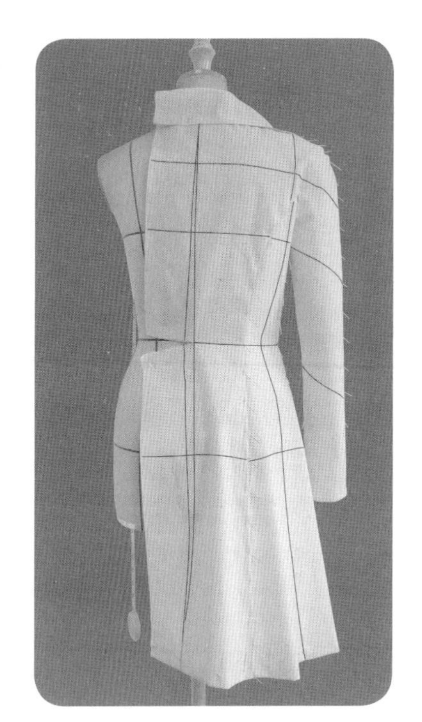

8.2.63

8.2.61 ~ 8.2.63 整体造型完成。

- 样片描图(图8.2.3)

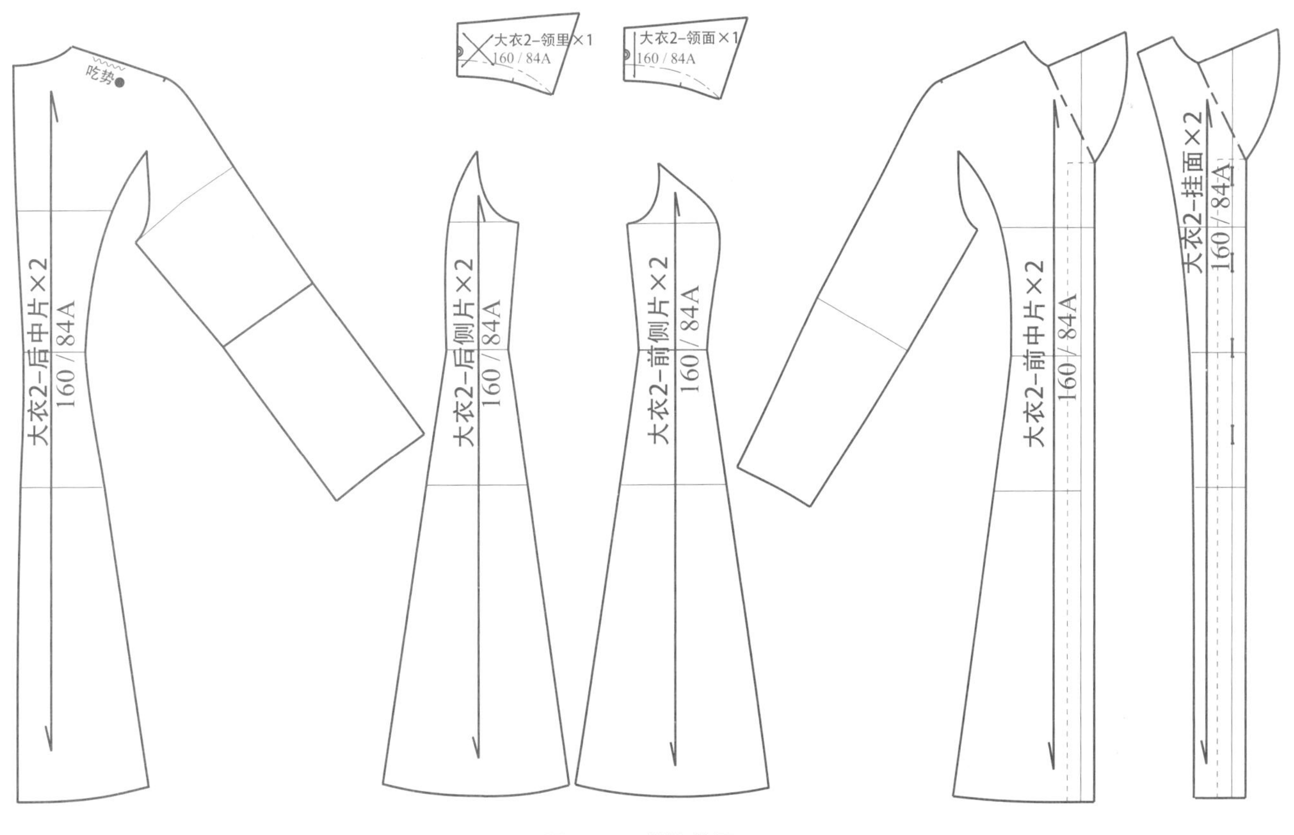

图8.2.3 样片描图

8.3 大衣3——插肩袖大衣

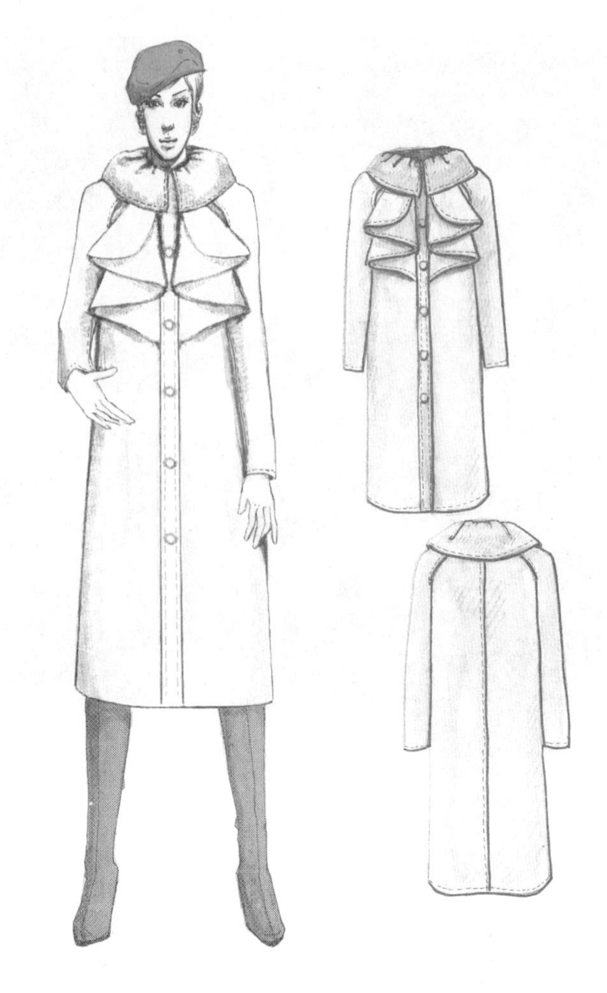
图8.3.1 款式插图

● 款式分析（图8.3.1）

衣身廓形：H型且稍A型。

胸围线以上曲面量处理：

前片——适量的袖窿松量、转移为A型量、劈门量、插肩分割线缝缩；

后片——适量的袖窿松量、转移为A型量、插肩分割线缝缩。

衣领造型：翻立领；装饰衣褶。

衣袖造型：插肩袖。

● 坯布准备（图8.3.2）

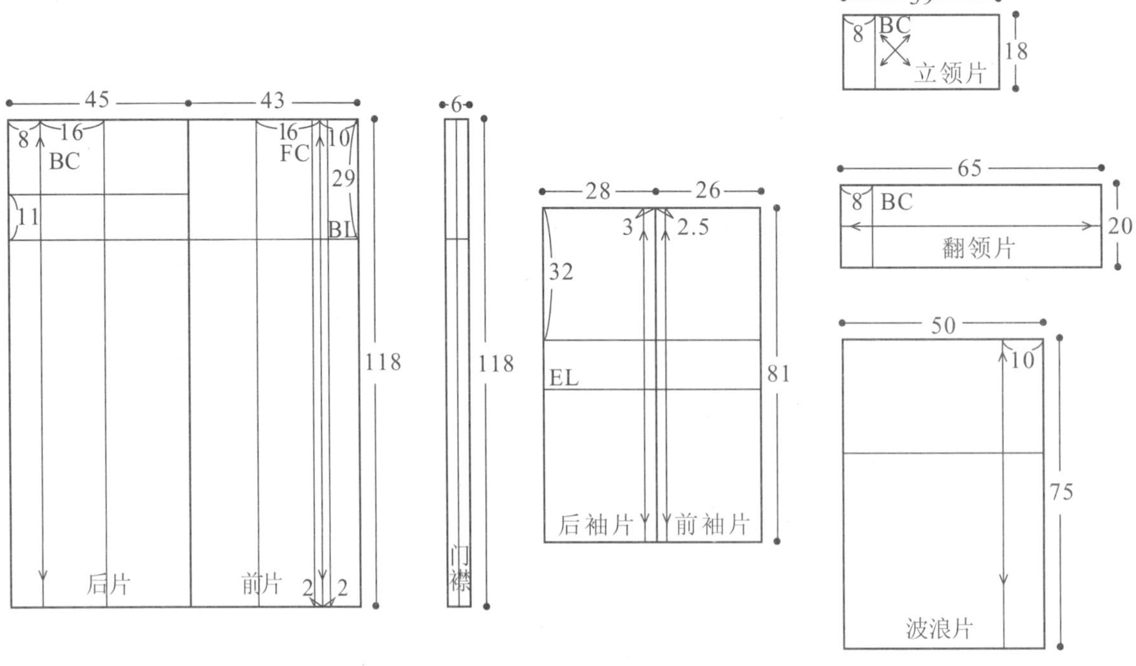

图8.3.2 坯布准备图（单位：cm）

操作步骤

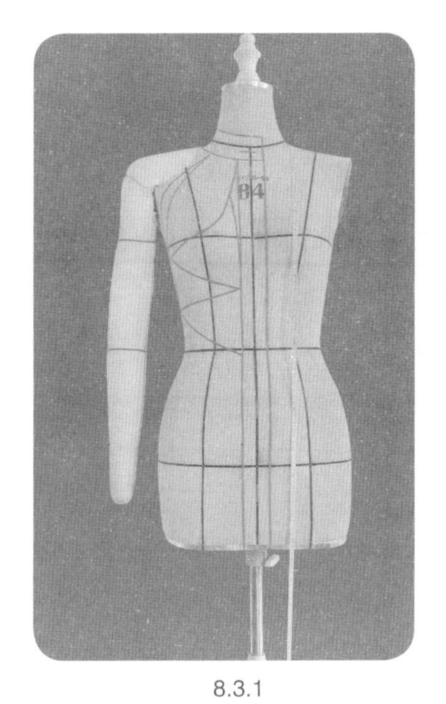

8.3.1

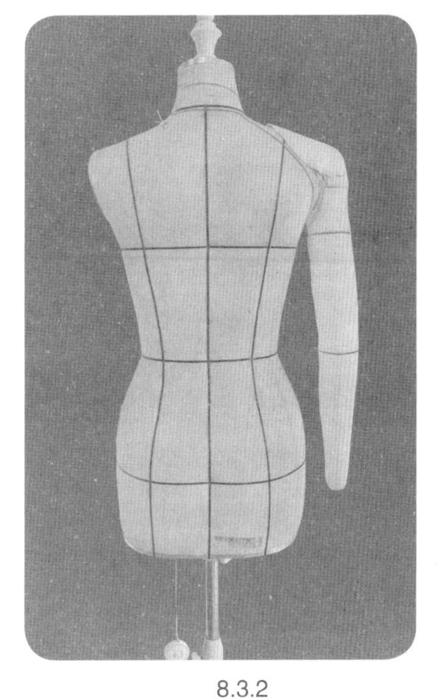

8.3.2

8.3.1、8.3.2　贴置款式造型线。

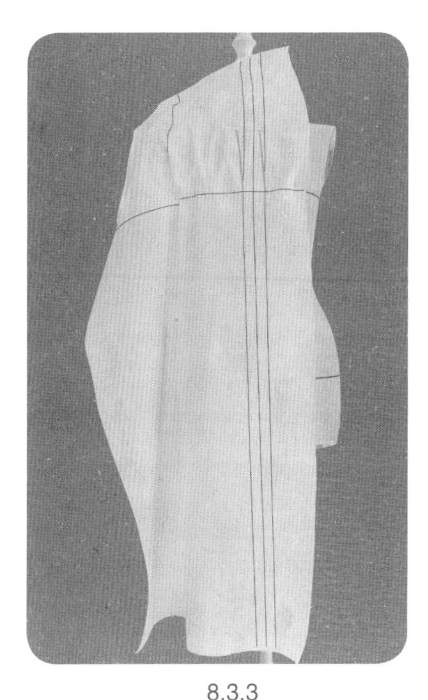

8.3.3

8.3.3　固定前片用布于人台上。将适量的袖窿浮余量转移至门襟，形成撇门。

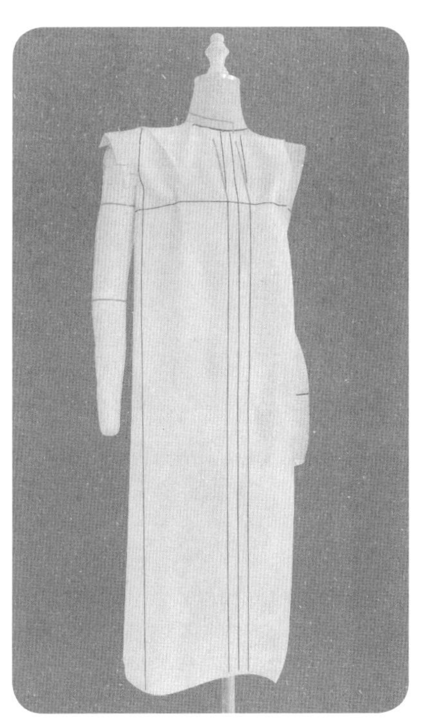

8.3.4

8.3.4　根据衣身造型，将适量的袖窿浮余量转移至下摆，形成稍A型；袖窿处余留适当松量后，将多余的浮余量以临时肩省形式处理。注意要考虑面料的缩缩特性，观察插肩分割线处的省道余量大小，以确定临时省道量的大小。

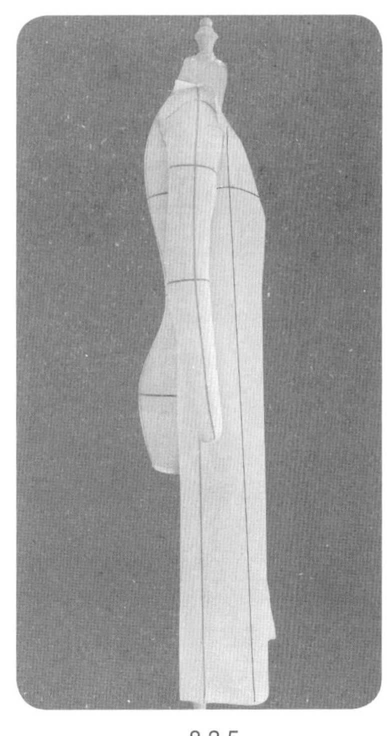

8.3.5

8.3.5　按基础圆装袖袖窿修剪袖窿造型；修剪侧缝。前片初步造型完成。

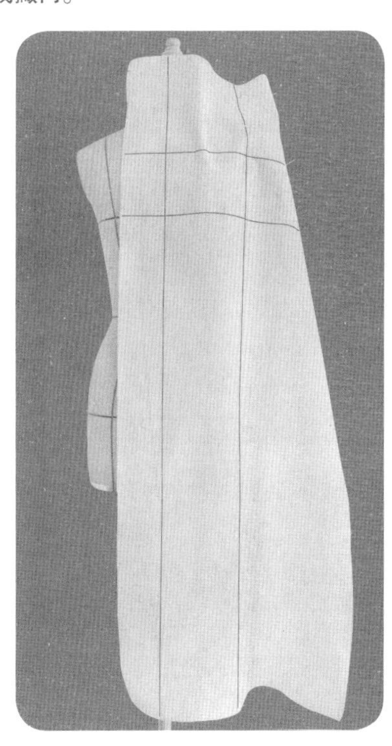

8.3.6

8.3.6　固定后片用布于人台上。

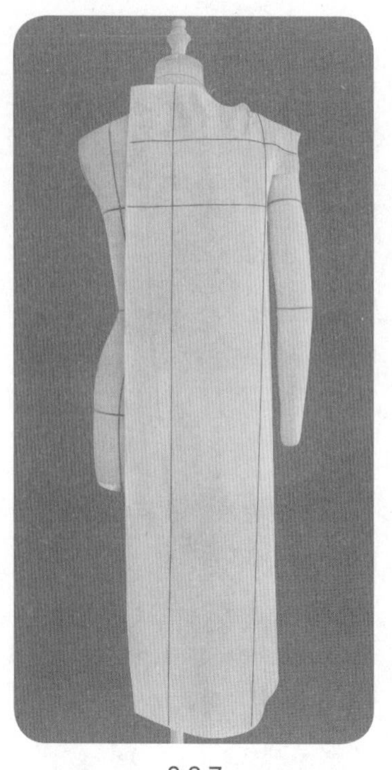

8.3.7

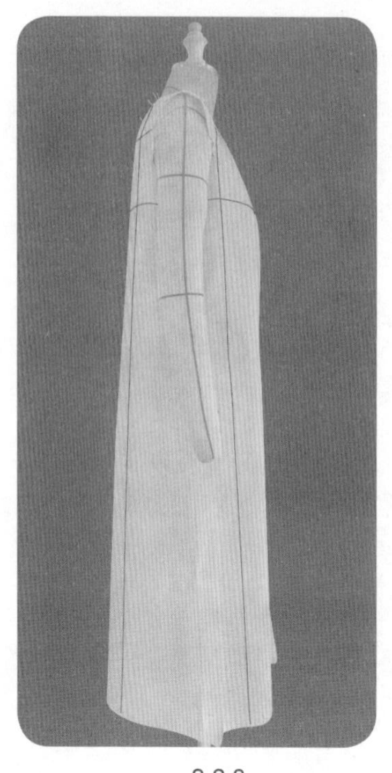

8.3.8

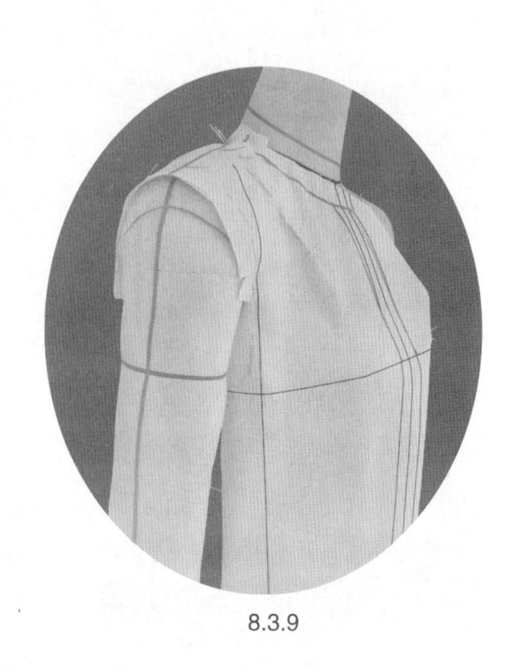

8.3.9

8.3.7 将肩胛骨曲面量适当分配于领口松量、下摆A型量、袖窿松量，剩余量设置为临时肩省。

8.3.8 按基础圆装袖袖窿修剪袖窿造型，合并前、后侧缝。后片初步造型完成。

8.3.9 确定袖窿造型，衣身初步造型完成。标点描线。注意插肩袖分割线的确定。

8.3.10

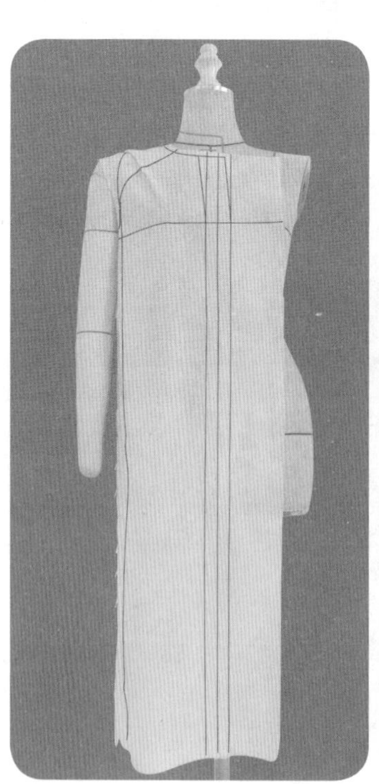

8.3.11

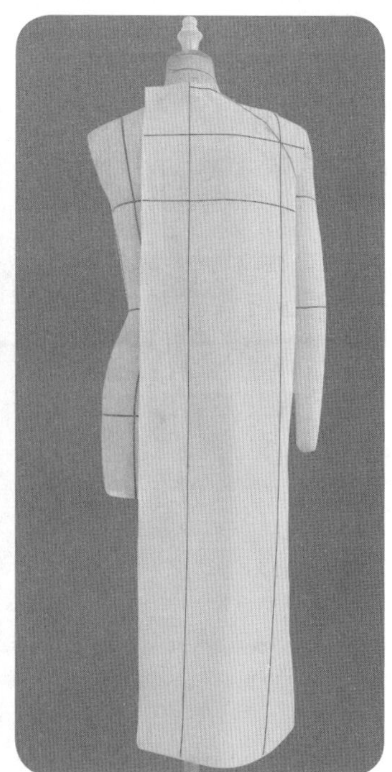

8.3.12

8.3.10 前、后衣片的平面整理。

8.3.11、8.3.12 衣身的试样补正和造型确认。

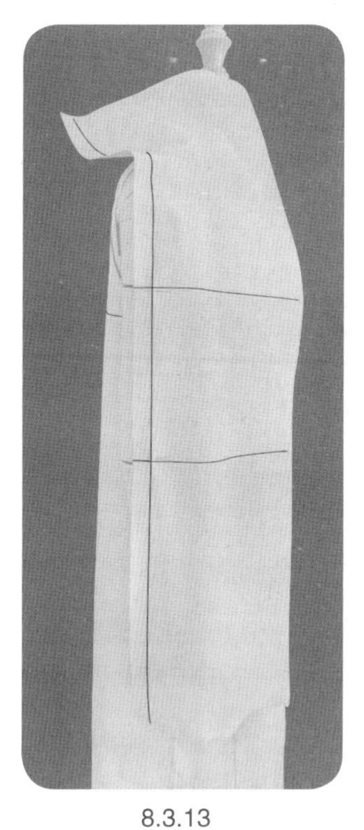

8.3.13

8.3.13　将前袖片用布固定于人台上。

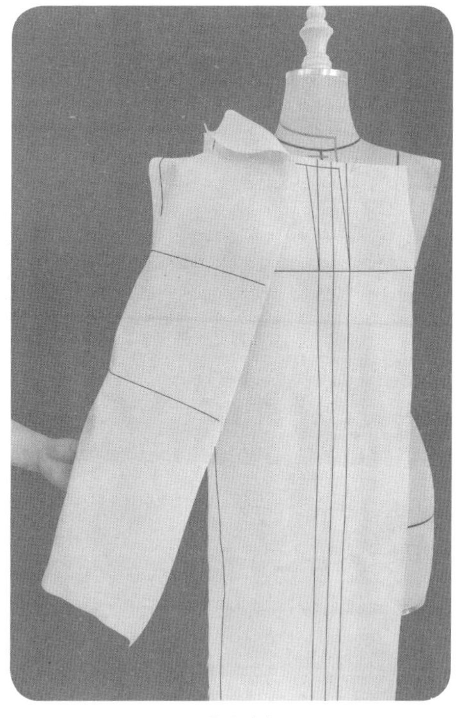

8.3.14

8.3.14　抬起手臂，设定衣袖活动量，抚平肩部，固定肩线。

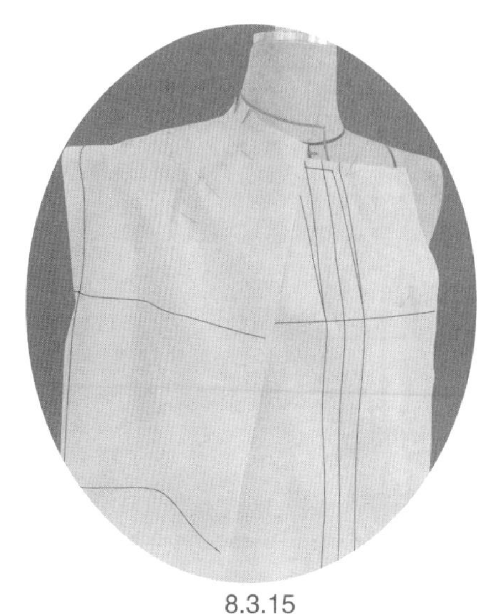

8.3.15

8.3.15　沿插肩袖分割线合并衣袖与衣身。

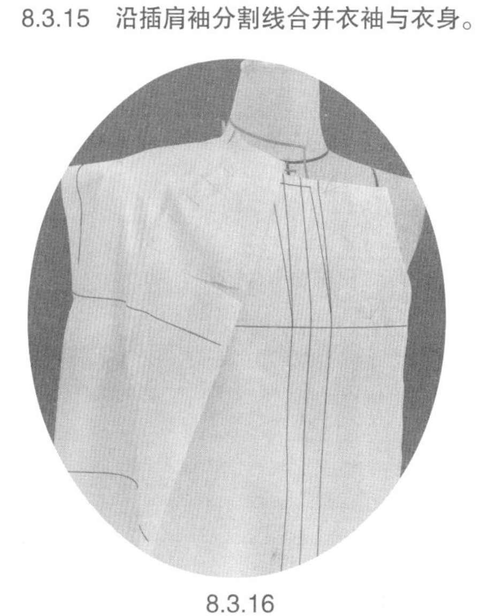

8.3.16

8.3.16　对应胸宽位置剪刀口。

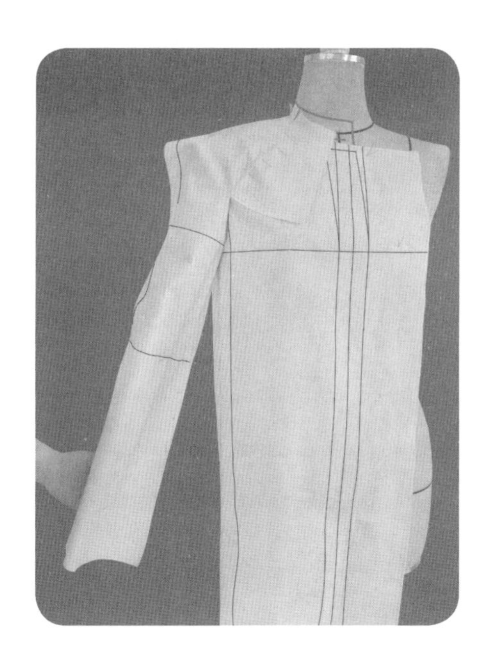

8.3.17

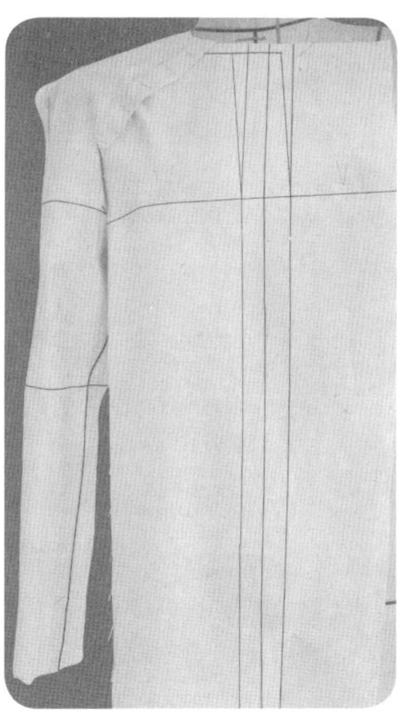

8.3.18

8.3.17、8.3.18　翻转用布，设置袖口、袖肥大小。

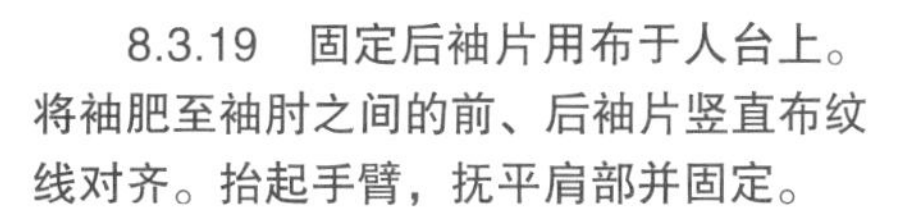

8.3.19　固定后袖片用布于人台上。将袖肥至袖肘之间的前、后袖片竖直布纹线对齐。抬起手臂，抚平肩部并固定。

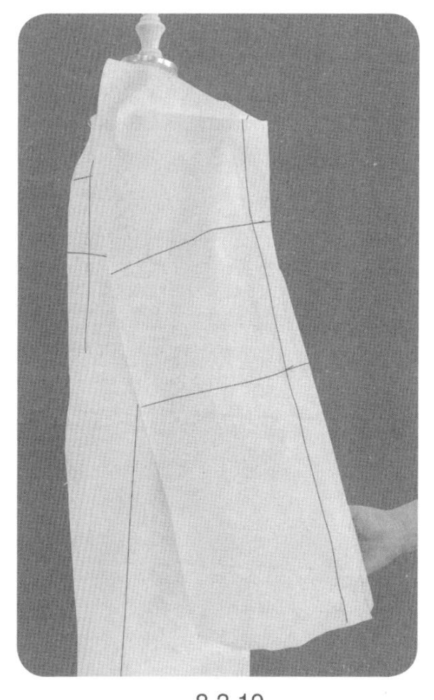

8.3.19

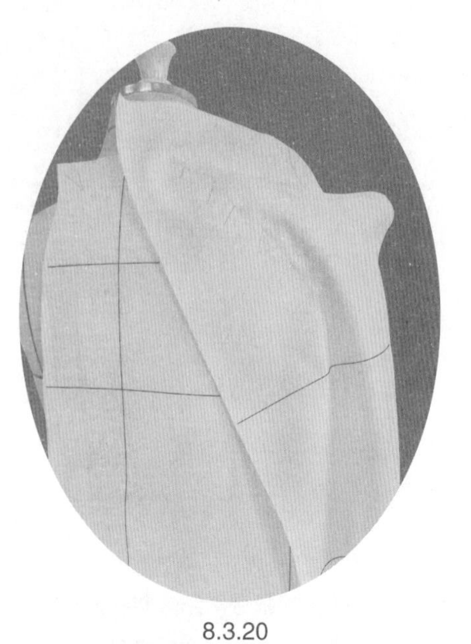

8.3.20

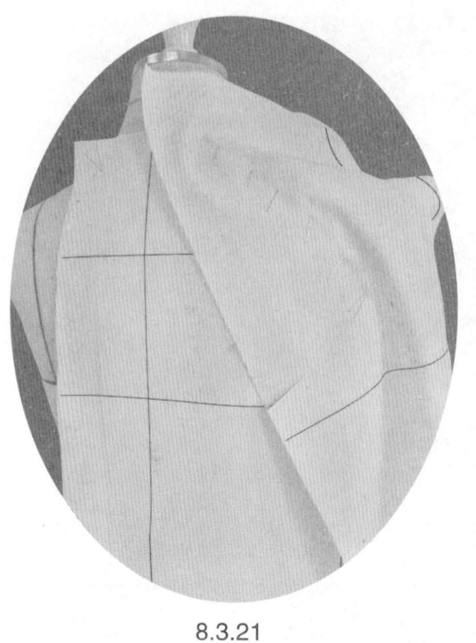

8.3.21

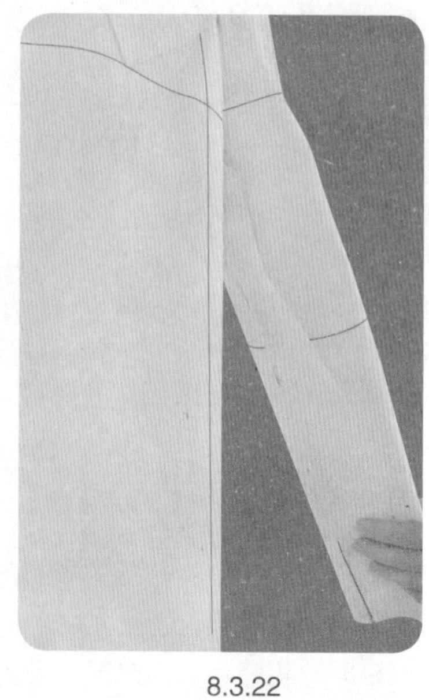

8.3.22

8.3.20　设置适当的后袖山活动量，沿插肩袖分割线合并衣袖与衣身。

8.3.21　对应背宽处剪切刀口。

8.3.22、8.3.23　翻转用布，设置袖口、袖肥大小。

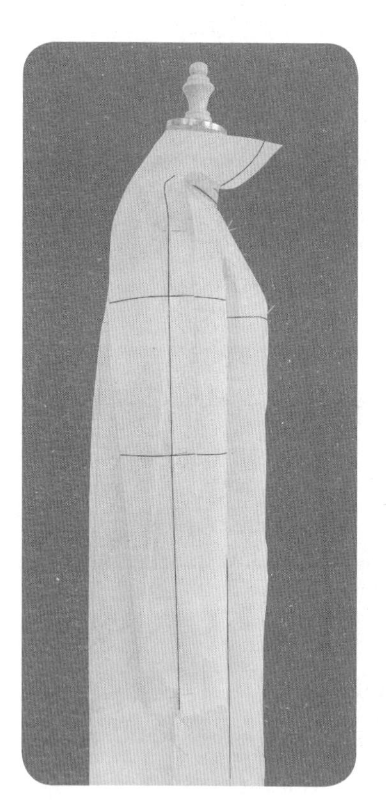

8.3.23

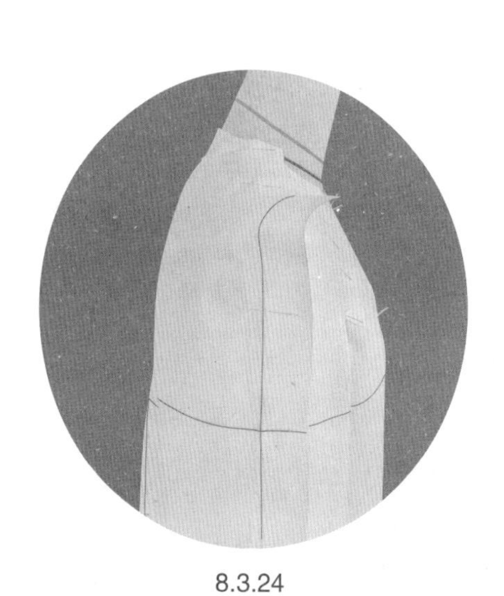

8.3.24

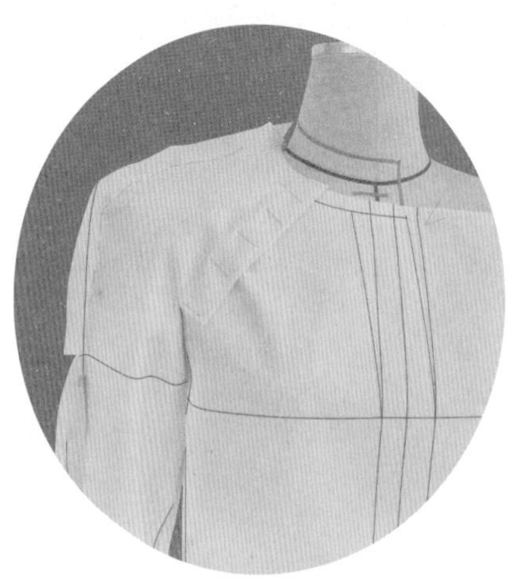

8.3.25

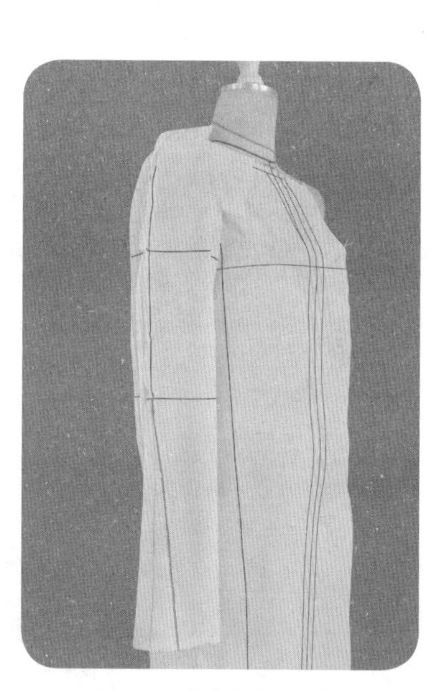

8.3.26

8.3.24 ~ 8.3.26　逐步合并前、后片肩线以及袖中缝，注意保持袖中缝的圆顺。

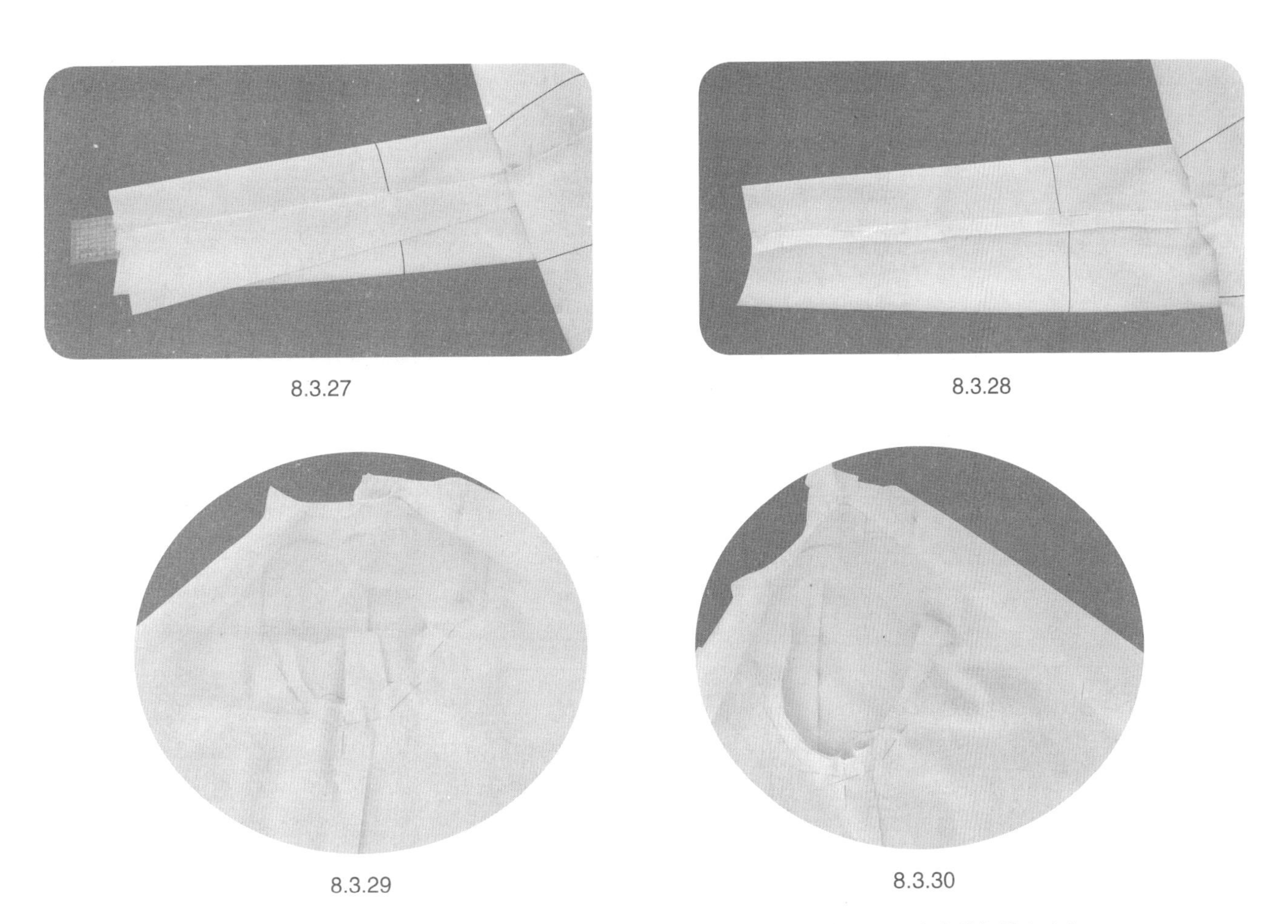
8.3.27 8.3.28

8.3.29 8.3.30

8.3.27 ~ 8.3.30 将服装从人台上取下，整理袖底缝，沿袖窿弧线固定衣袖与袖窿底部。

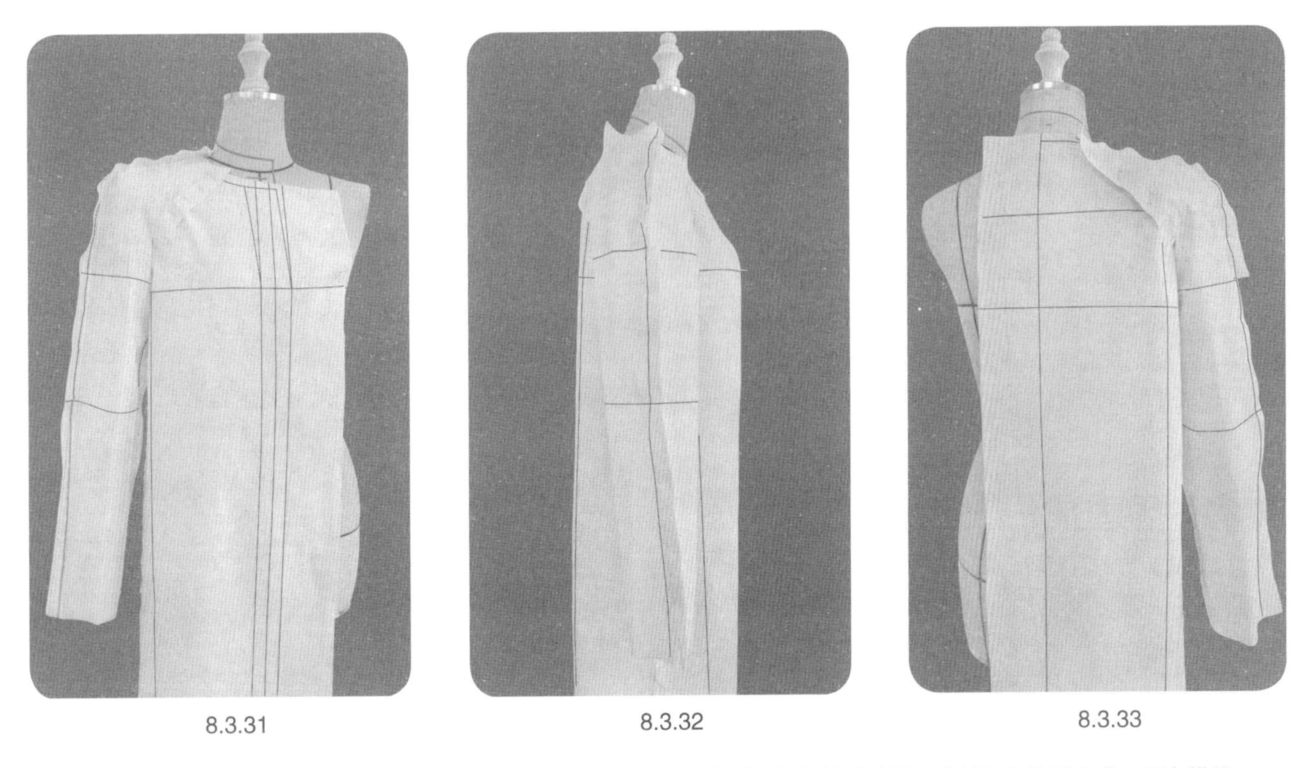
8.3.31 8.3.32 8.3.33

8.3.31 ~ 8.3.33 将服装穿回于人台，观察并确认衣袖造型以及衣袖活动性。衣袖初步造型完成。标点描线。

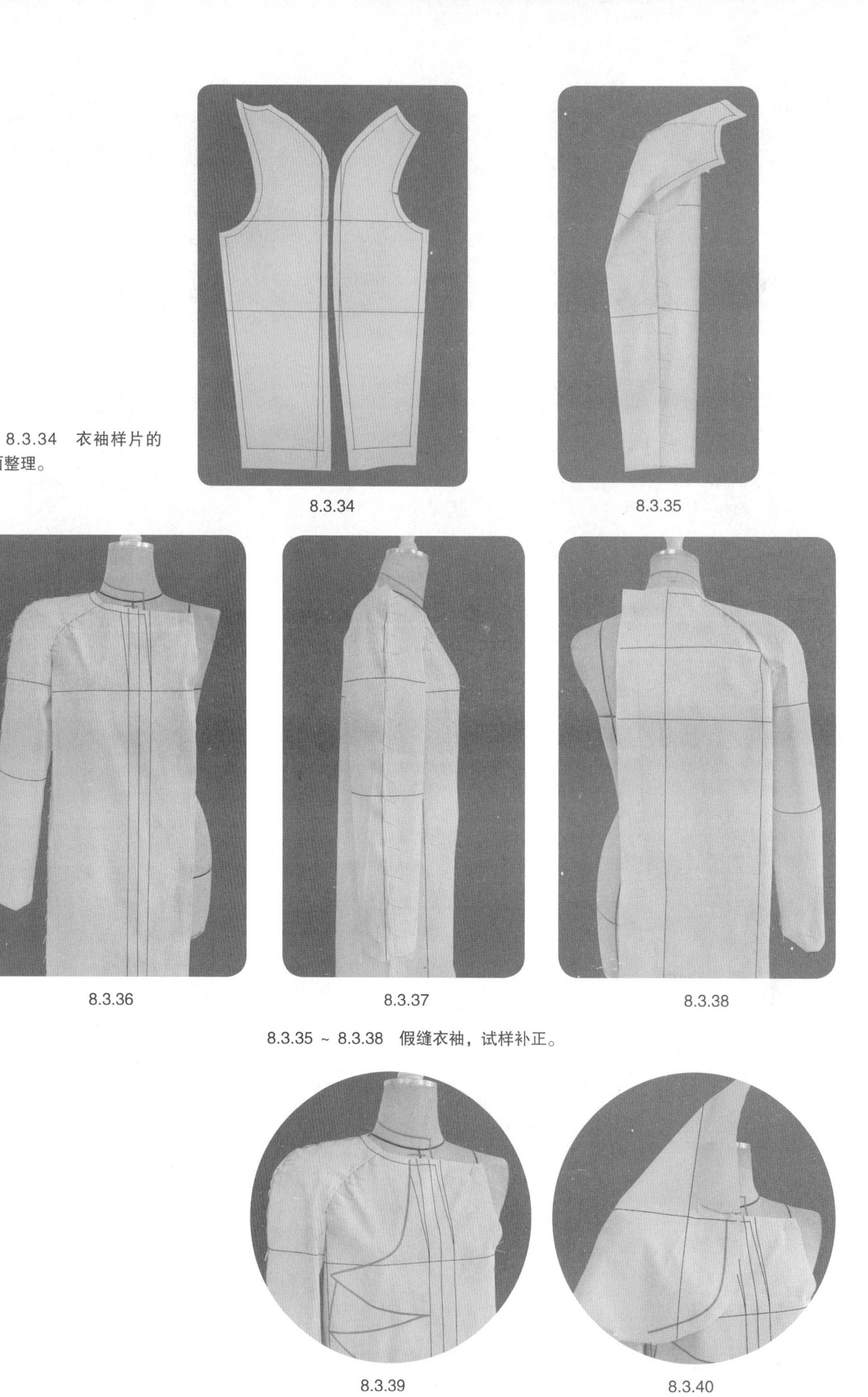

8.3.34　衣袖样片的平面整理。

8.3.34

8.3.35

8.3.36

8.3.37

8.3.38

8.3.35 ~ 8.3.38　假缝衣袖，试样补正。

8.3.39

8.3.40

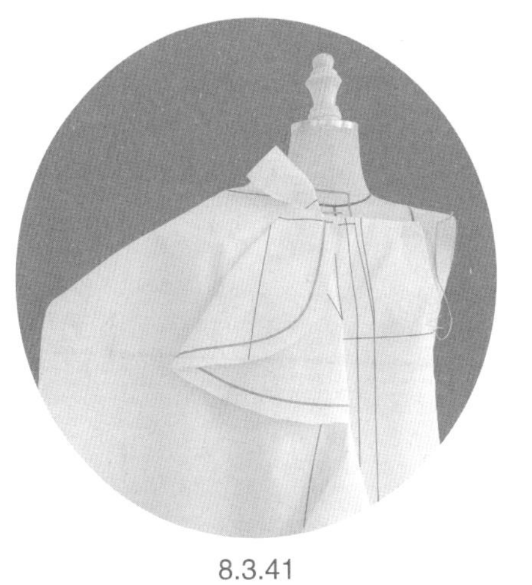

8.3.41

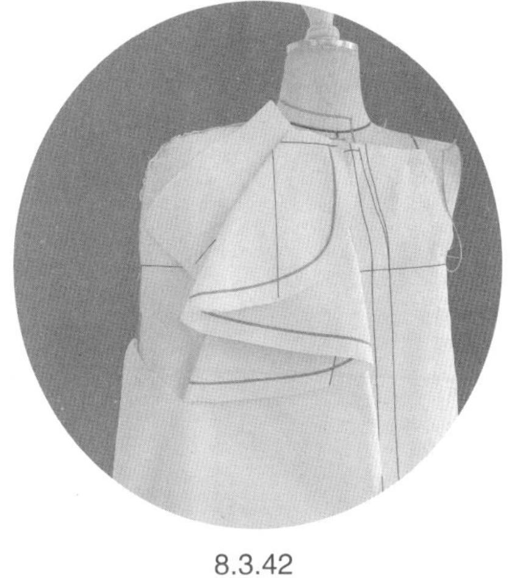

8.3.42

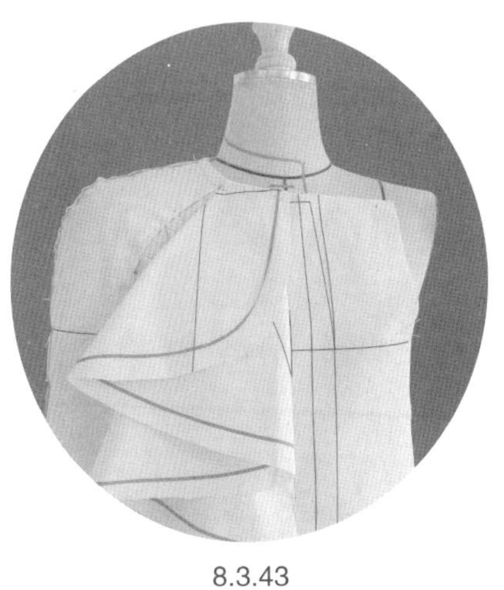

8.3.43

8.3.39 ~ 8.3.43　波浪装饰领片的操作。

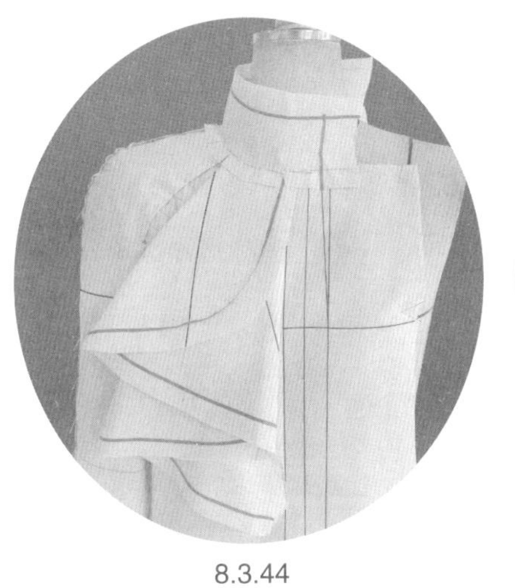

8.3.44

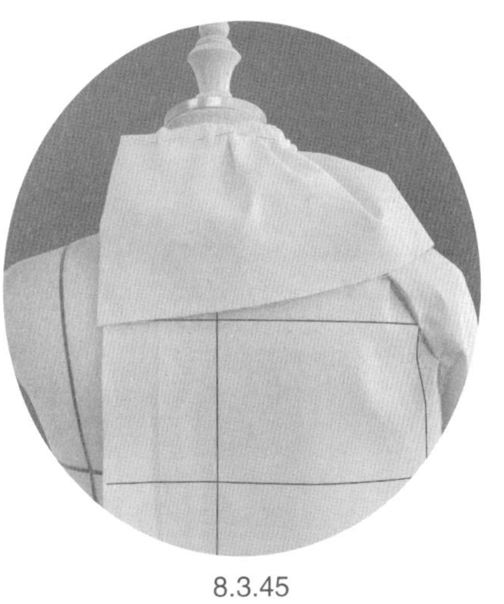

8.3.45

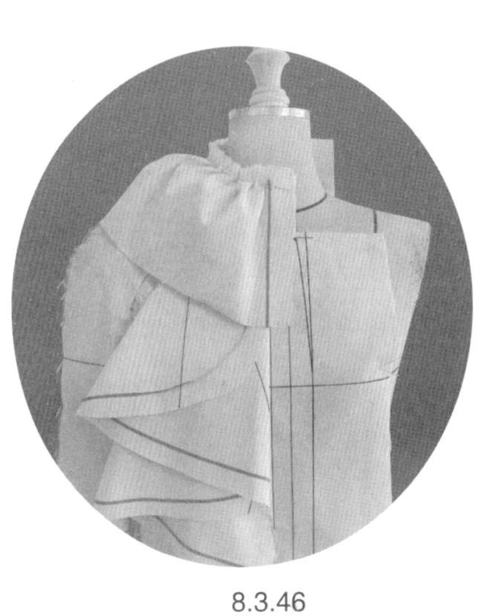

8.3.46

8.3.44　翻立领立领片的操作。

8.3.45　设置适当的衣褶量，完成翻领片的初步造型操作。

8.3.46　衣领初步造型完成。标点描线。

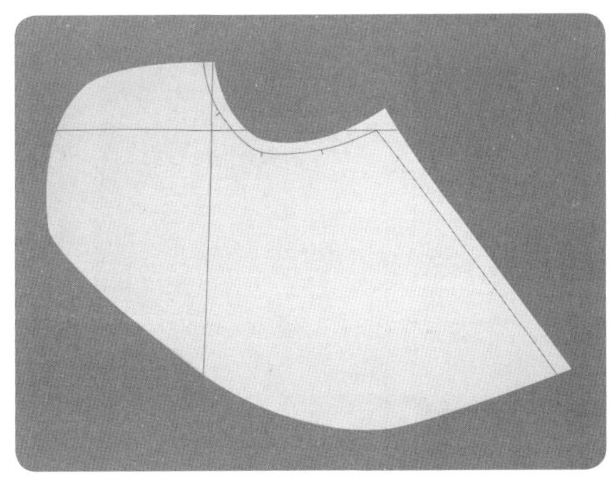

8.3.47

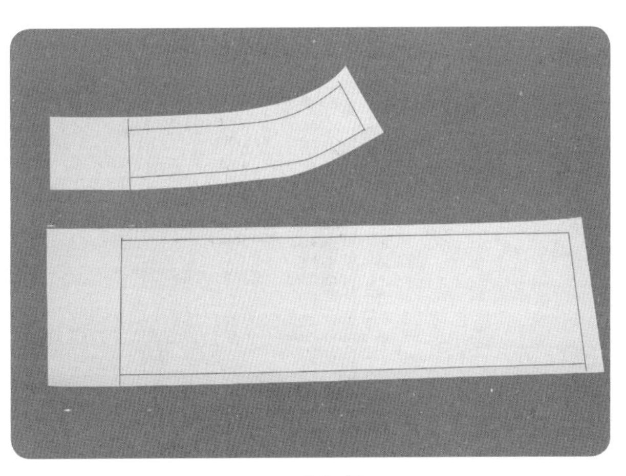

8.3.48

8.3.47、8.3.48　衣领样片的平面整理。

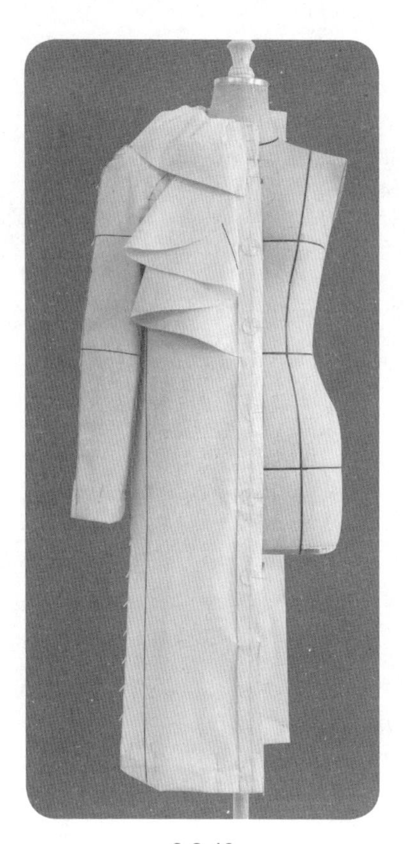

8.3.49

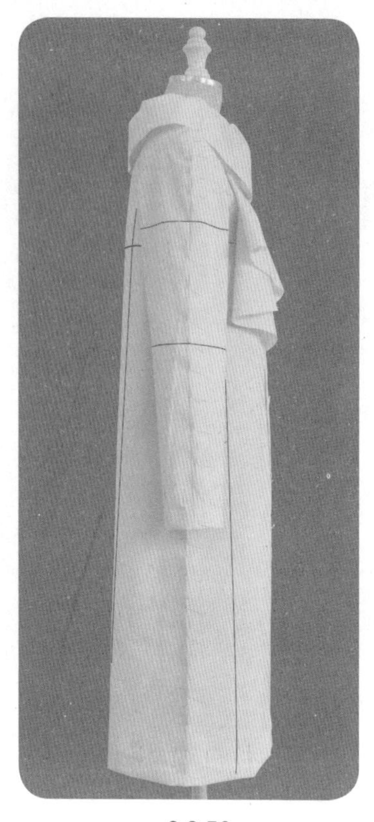

8.3.50

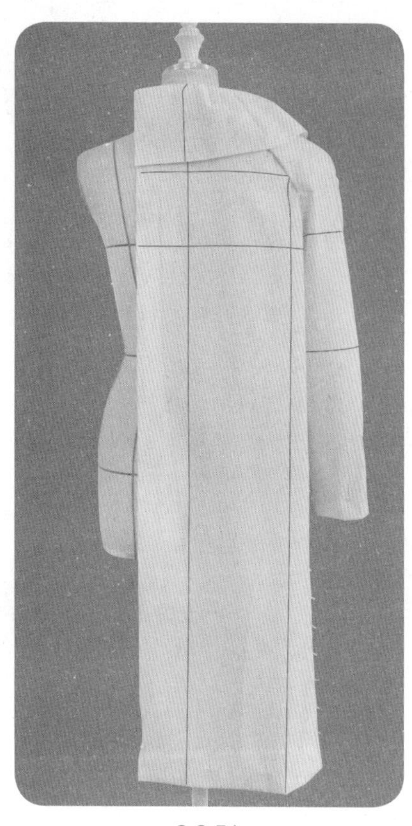

8.3.51

8.3.49 ~ 8.3.51　假缝衣领与衣身，确认造型。整体造型完成。

● 样片描图（图8.3.3）

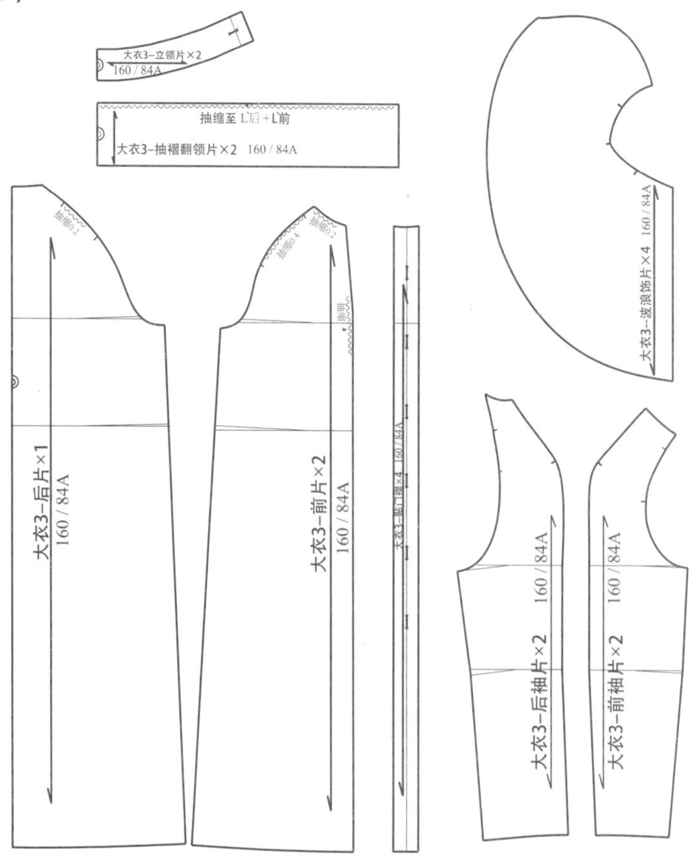

图8.3.3　样片描图

Chapter 9

第9章　旗袍

9.1　旗袍1——基本款旗袍

● 款式分析（图9.1.1）

衣身廓形：X形；连腰型。

结构要素：

省道——前片有侧缝胸省、连腰胸腰腹省，

后片有连腰肩背腰臀省；

分割线——侧缝线、肩线。

胸围线以上曲面量处理：

前片——侧缝省；

后片——肩线缝缩、袖窿弧线缝缩。

胸围线—腰围线—臀围线曲面处理：

前片——连腰胸腰腹省、侧缝；

后片——连腰肩背腰臀省、侧缝。

衣领造型：基础领口+立领。

衣袖造型：无袖。

细节设计：单侧斜襟、单侧钮扣开启；侧开衩、圆下摆。

松量设计：胸围松量3~4cm；腰围松量3~4cm；臀围松量3~4cm；领围松量2cm。

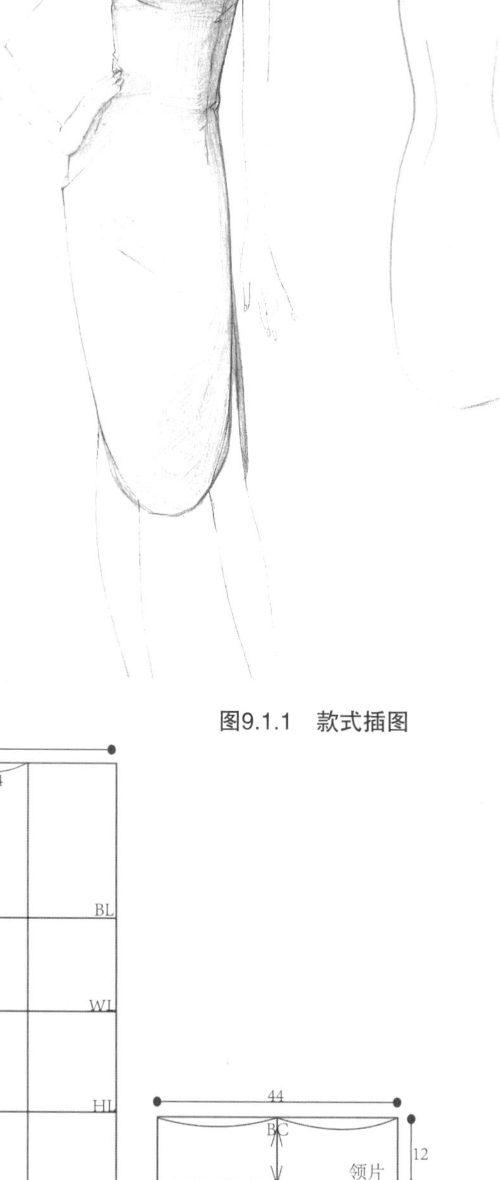

图9.1.1　款式插图

● 坯布准备（图9.1.2）

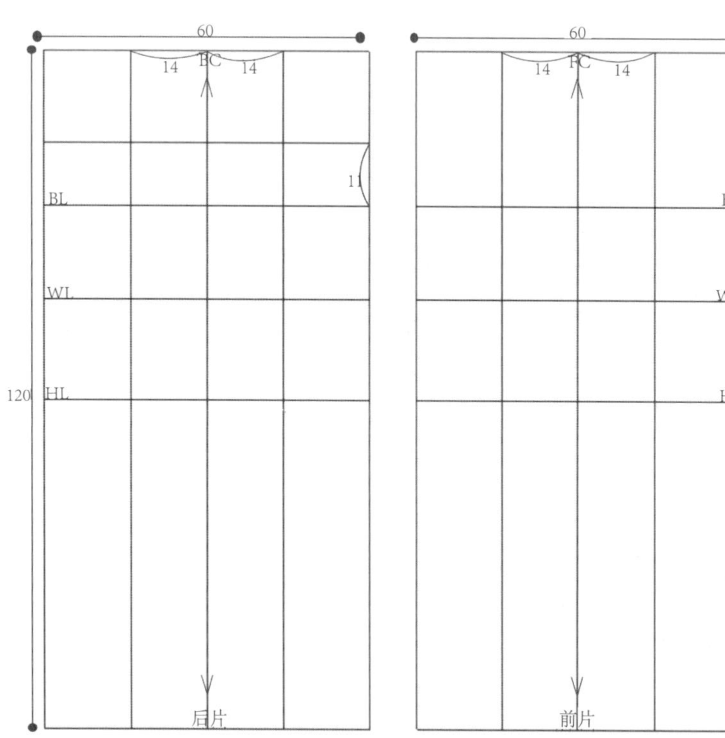

图9.1.2　坯布准备图（单位：cm）

操作步骤

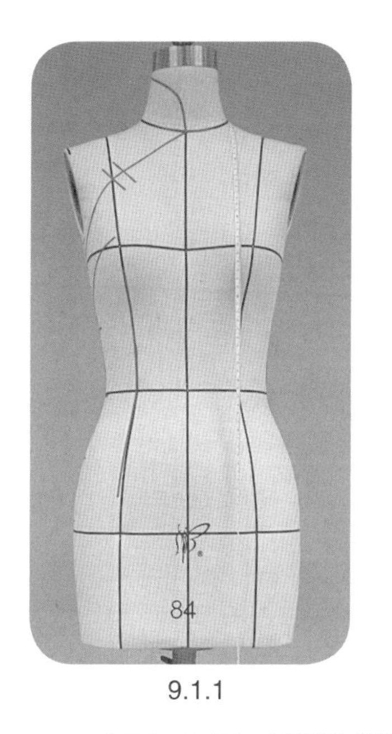

9.1.1

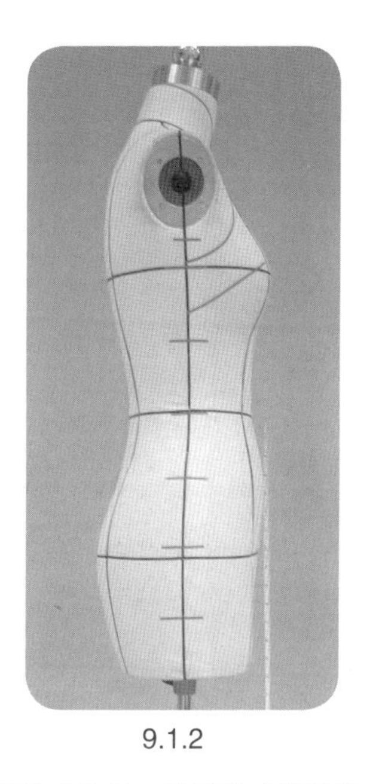
9.1.2

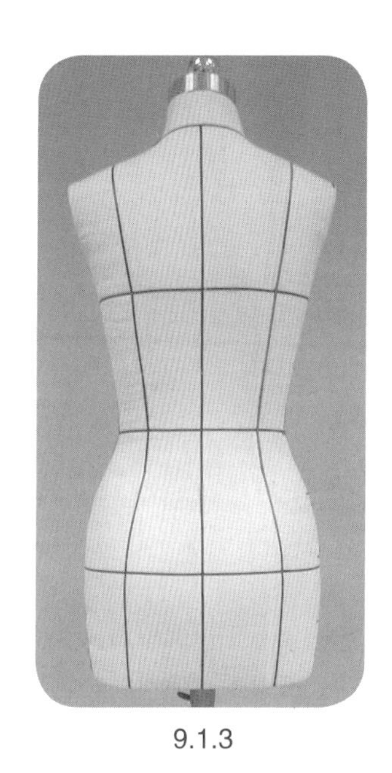
9.1.3

9.1.1~9.1.3 根据款式造型和款式分析，贴置款式造型线。注意从侧面观察，衣领造型线要圆顺，侧缝省位置和衣襟的高低位置要恰当。

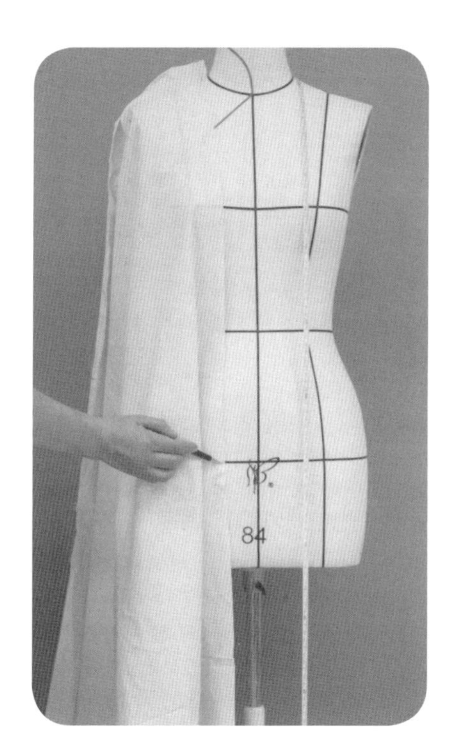

9.1.4

9.1.4 量取用布。为完成整体试样，前、后片需完整量取用布。虽然前片为单侧开襟不对称款式，但单侧开襟线远离胸部曲面高处，不承担曲面造型量，可以连片裁剪，在衣片的平面整理时进行分割处理即可，故前片也可整片取布。用布长度为量取 SNP 点到下摆位置，上下各加放 3~4cm，前、后片用布宽度的量取要注意胸围和臀围的比较，较大位置处两边各加放 3~4cm。注意要去除布边，若门幅宽度许可时则前、后片相连量取用布及画线，若门幅不足时则前、后片分别量取用布及画线。

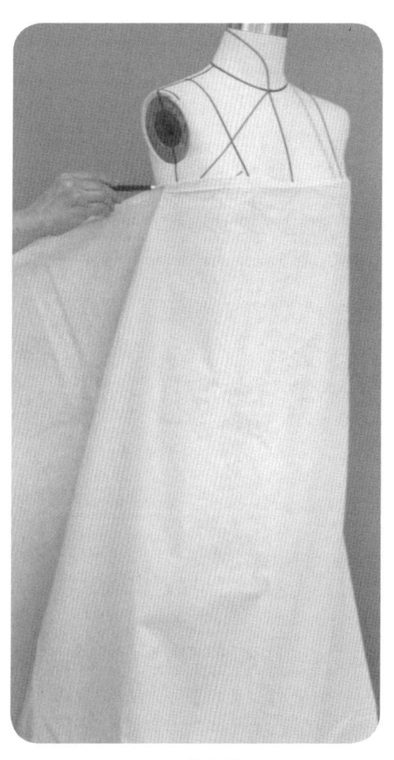
9.1.5

9.1.5 绘制基础布纹线。对应人台基础标示线，点取绘制胸围线、腰围线和臀围线，前、后片中心线，后片肩背横线。整烫用布，保持纵横布纹线的横平竖直。

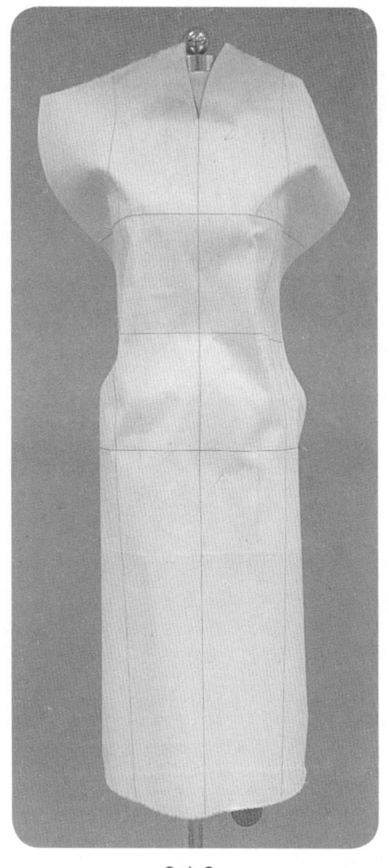

9.1.6

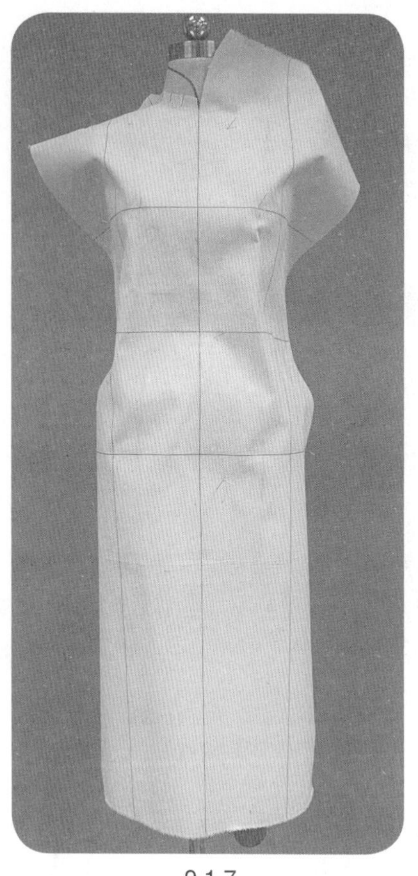

9.1.7

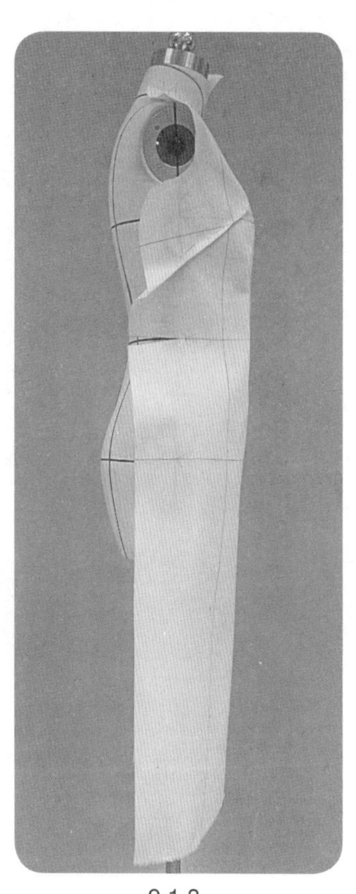

9.1.8

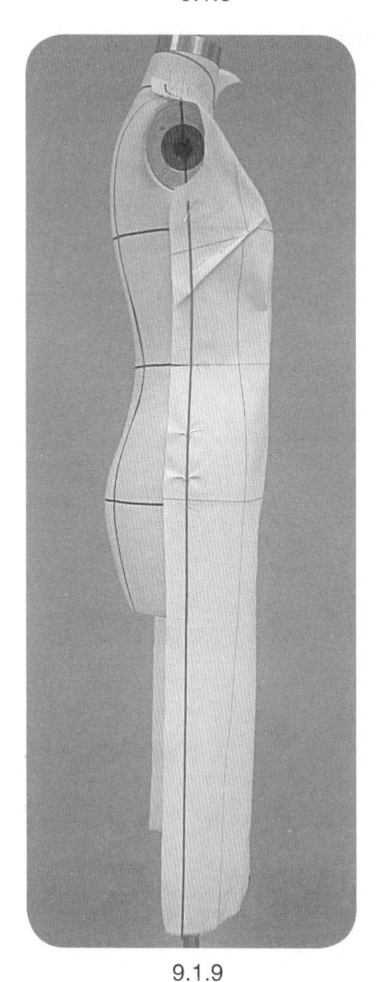

9.1.9

9.1.10

9.1.6　固定前片用布于人台上。注意前中心线、胸围线、腰围线、臀围线要与人台标示线对齐。前中心线处用交叉针固定；胸围、腰围处预留适当松量，固定侧缝处；胸点以内预留适当松量，将BP点附近固定；BP点以上提直布纹线并在适当处固定。

9.1.7　修剪领口。从中心线剪开，修剪左侧领口线，预留1.5~2cm的缝份量，修剪刀口，领口处预留适当的松量，用大头针固定SNP点。

9.1.8　①修剪肩线。抚平肩部，用大头针固定SP点，预留肩线缝份，修剪肩线。②修剪袖窿。将袖窿处的浮余量转移至侧缝省，剪刀口，修剪袖窿。侧缝省的别针顺序为省底、省尖和省边。注意侧缝胸省的省尖位置一般高于BP点位置。

9.1.9　进行侧缝处理。在侧缝的腰、臀位置设置适当的缝缩量，以形成下摆的收窄造型。恰当的侧缝缝缩量保证了侧缝开衩的完美闭合，此为旗袍的关键工艺之一。保证侧缝线的自然竖直，贴肩线、侧缝线粘带。

9.1.10　固定后片用布于人台上。保持基础布纹线与人台标示线的对齐，依次固定中心线位置、肩背处、侧缝的胸围处和臀围处。

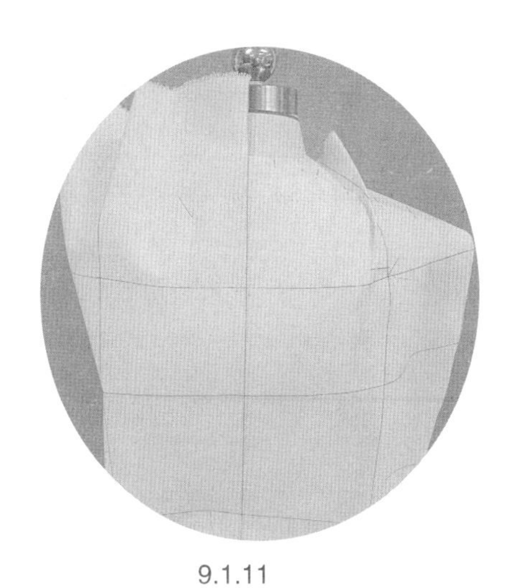

9.1.11

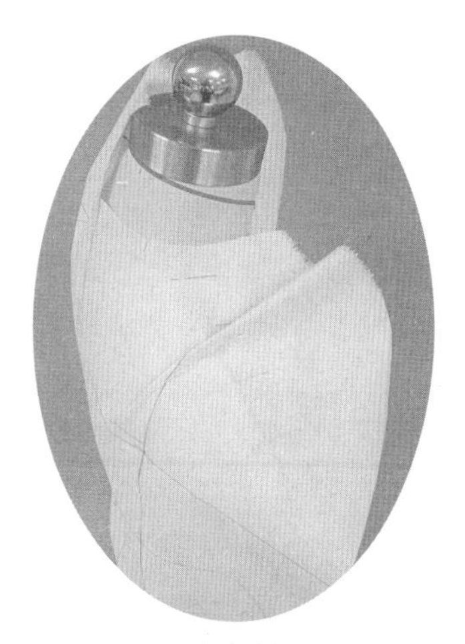

9.1.12

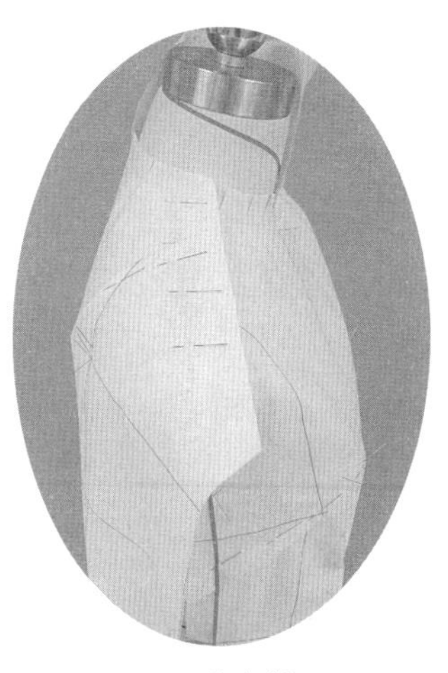

9.1.13

9.1.11　进行后领口线的修剪。

9.1.12、9.1.13　固定肩线，设置后肩线省道。用平叠针法固定前、后片肩线。

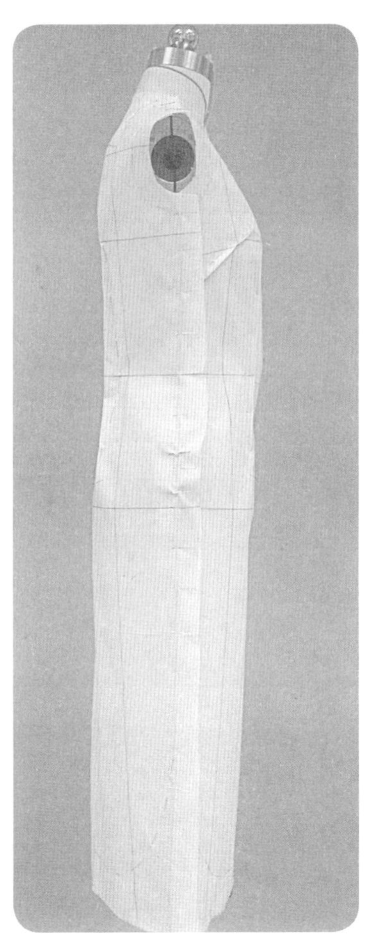

9.1.14

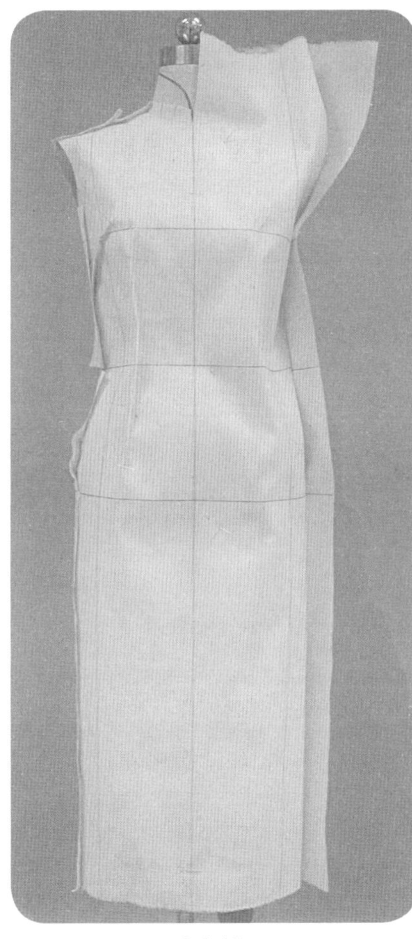

9.1.15

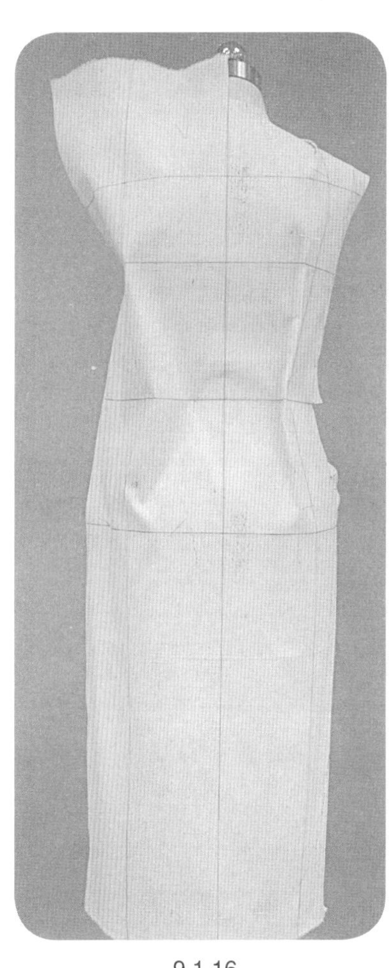

9.1.16

9.1.14　修剪后袖窿；用平叠针法固定前、后片侧缝，侧缝合并别至下摆，在之后的试样中再打开，以达到开衩的完美闭合。

9.1.15、9.1.16　分配腰省量和侧缝量，设置前、后片腰省。注意腰省位置要恰当，以达到最大收腰效果。前片连腰省的别针顺序为省量最大处、胸部曲面高处省尖、腹部曲面高处省尖，完成后一般呈现自然的稍外斜状态。后腰省的肩背处省尖一般高于胸围线。

用大头针别出袖窿造型。依次别出SP点、袖窿底点、前胸宽点和后背宽点，再以大头针别出弧顺的袖窿弧线造型。SP点比人体的SP点可适当内移2cm左右，袖窿底点比人体胸围线抬高2~2.5cm，前胸宽和后背宽处适当内移0.5~0.8cm。

用大头针别出下摆圆弧造型。

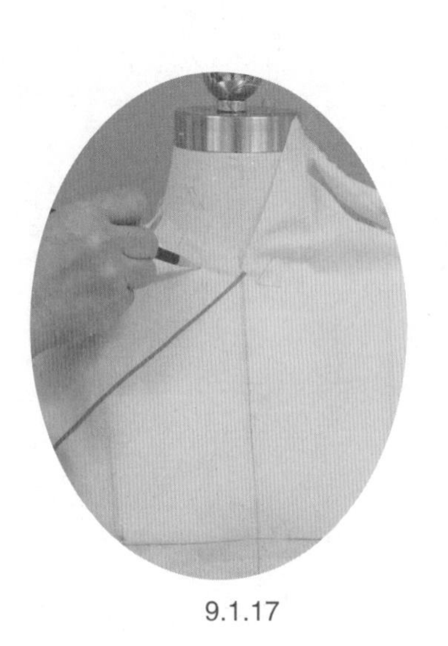

9.1.17

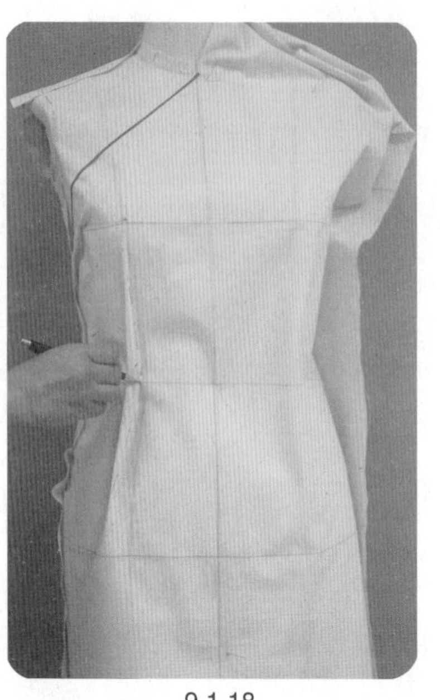

9.1.18

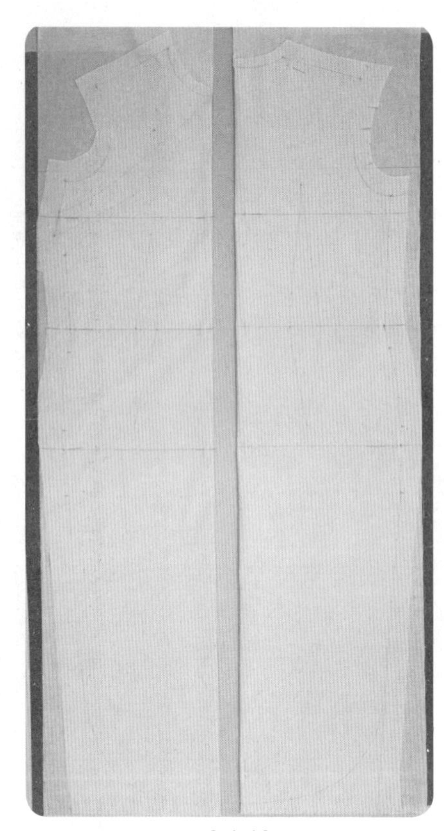

9.1.19

9.1.17 、9.1.18　贴置衣襟线，标点描线。依次点取外轮廓线和内部结构线。

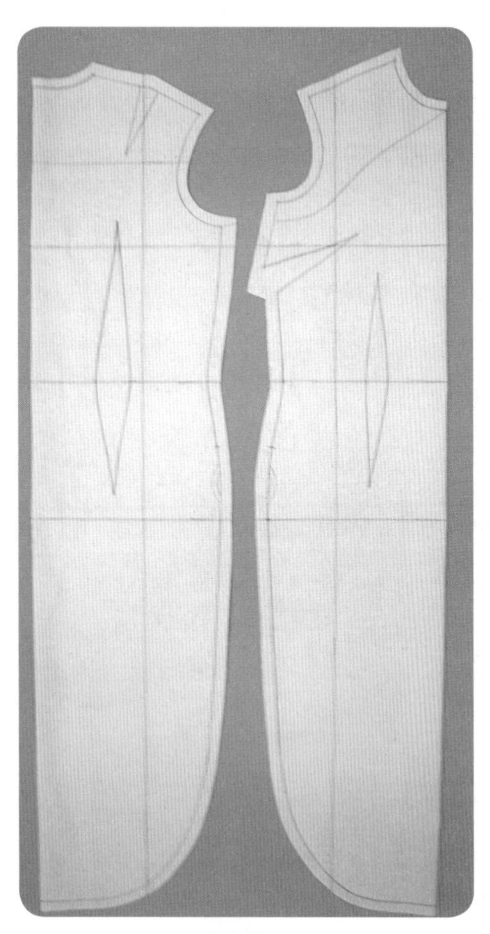

9.1.20

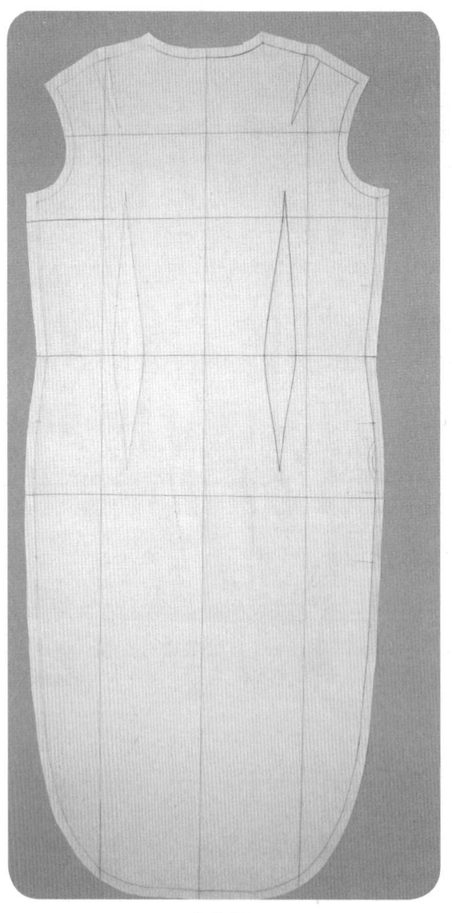

9.1.21

9.1.19 ~ 9.1.21　以中心线对折前、后片用布，保证胸围线、腰围线和臀围线的对齐，用大头针固定两层布，铺垫复写纸，连点成线，修剪缝份，缝份为 1~1.2cm。

9.1.22 、9.1.23 绘制前片单侧衣襟线，并拓印出小片。

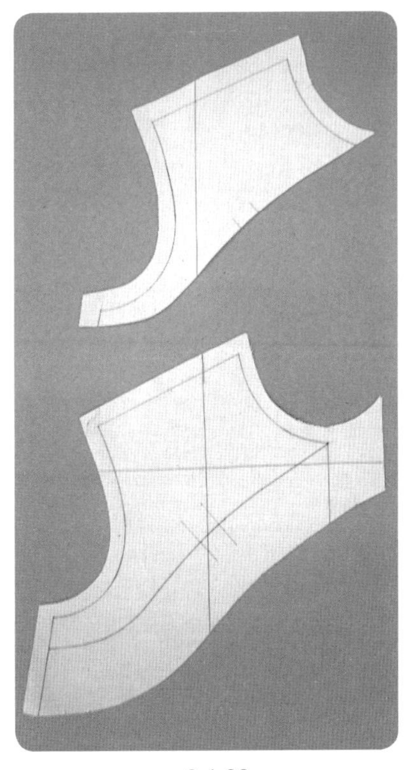

9.1.22

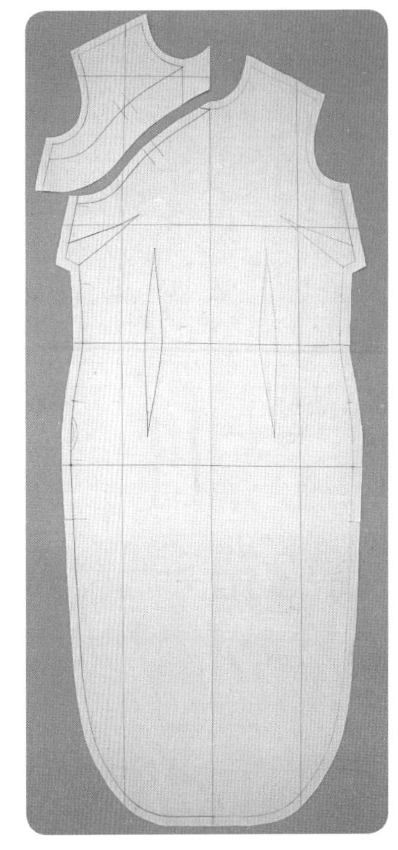

9.1.23

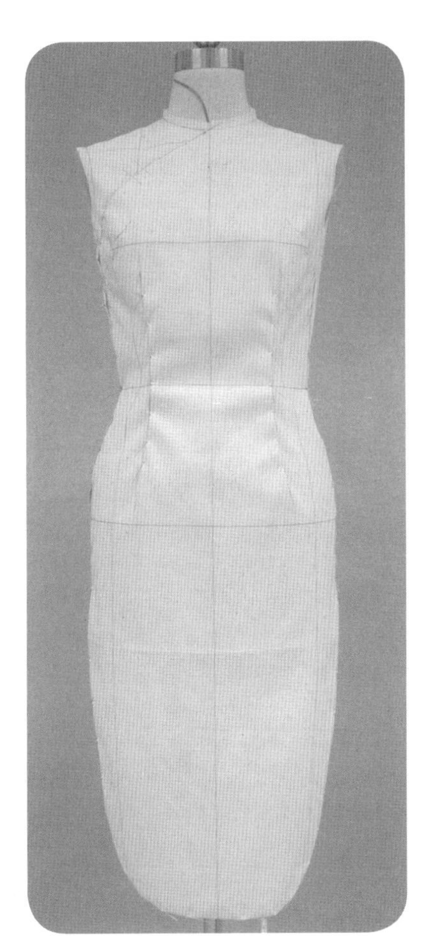

9.1.24

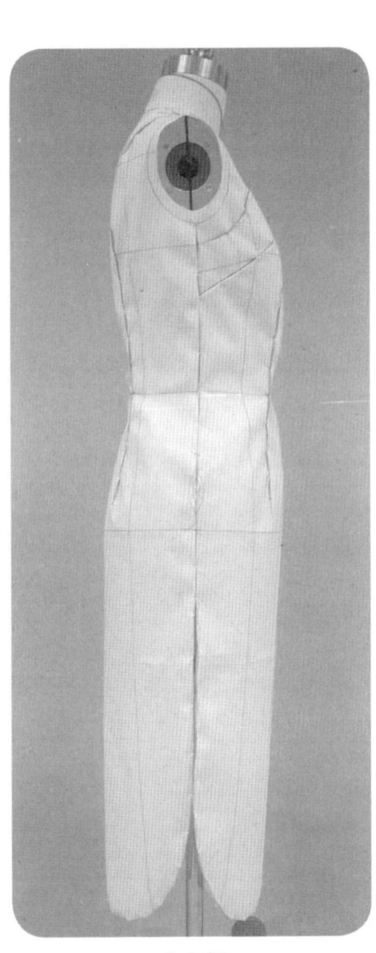

9.1.25

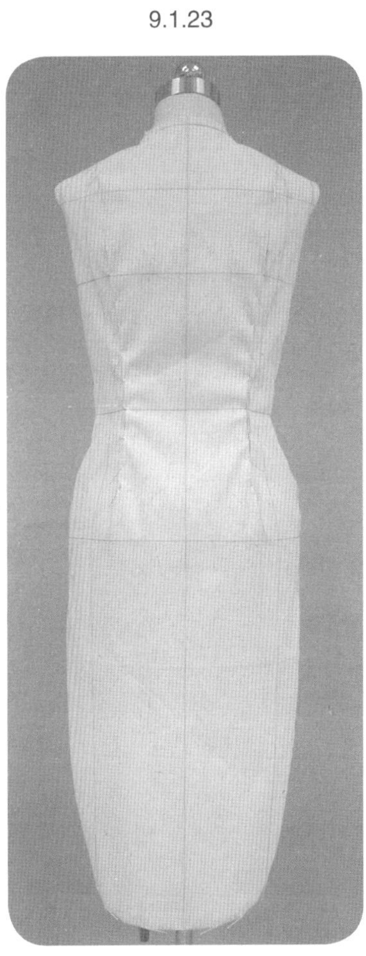

9.1.26

9.1.24 ~ 9.1.26 进行衣身的试样补正。用大头针拼合前、后片，使之穿着于人台上，不合适处加以调整补正。

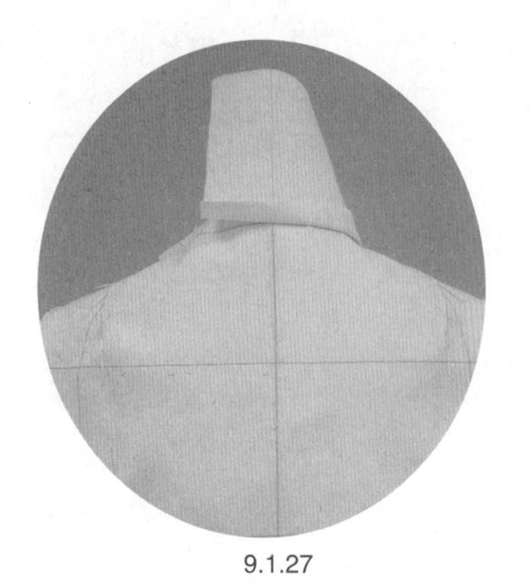

9.1.27

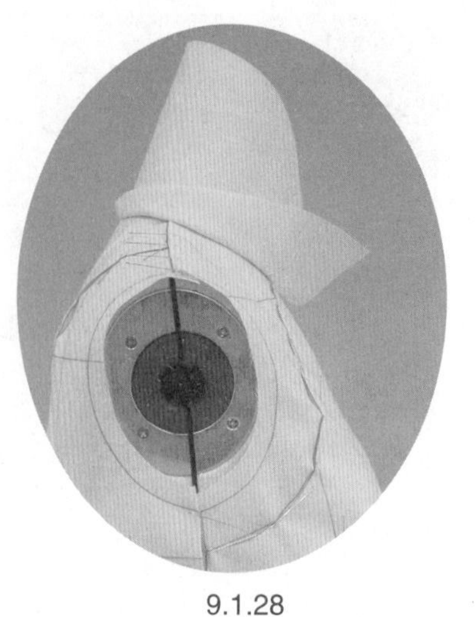

9.1.28

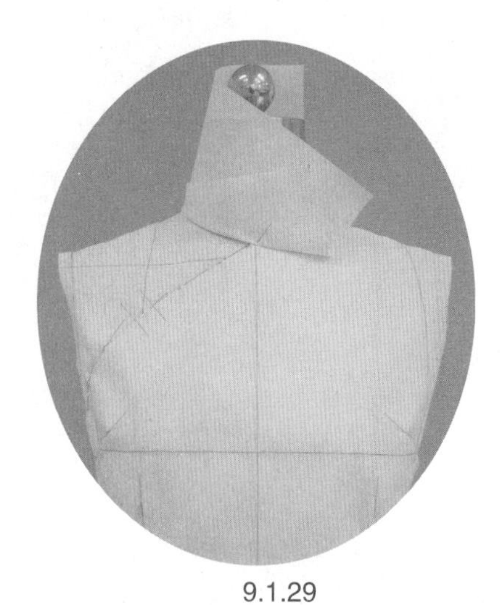

9.1.29

9.1.27　保持领片用布的后中心线竖直，沿后领口弧线别合领片用布于衣身 2~3 针。

9.1.28　把领片下口缝份余量上翻，调整领上口松量。

9.1.29　在 FNP 点处固定领片上翻量。

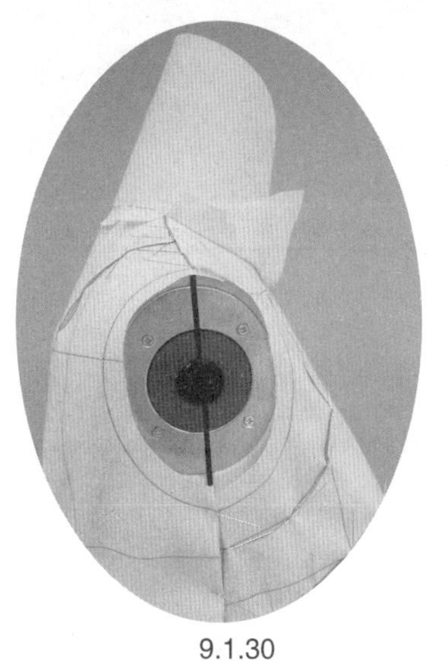

9.1.30

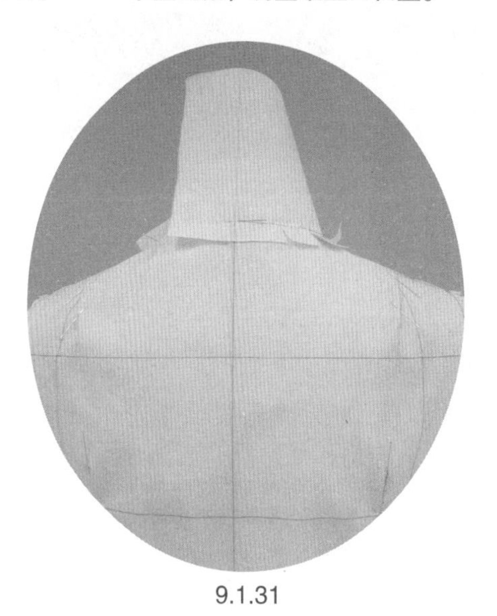

9.1.31

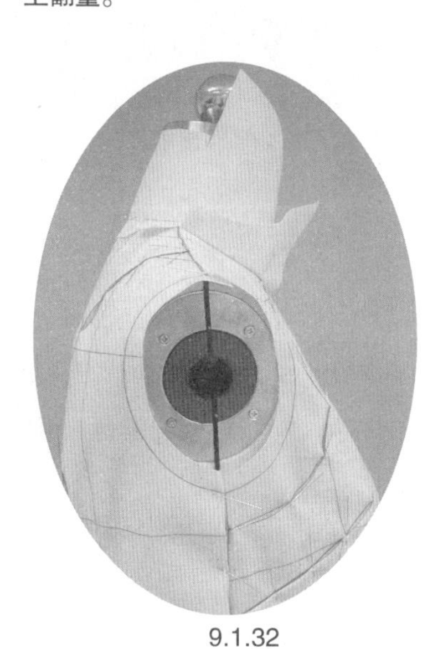

9.1.32

9.1.30 、9.1.31　在 SNP 点处剪刀口，修剪后领口弧线，并沿领口弧线别合领片于衣身。

9.1.32　修剪上领口弧线，检查并确认上领口松量。

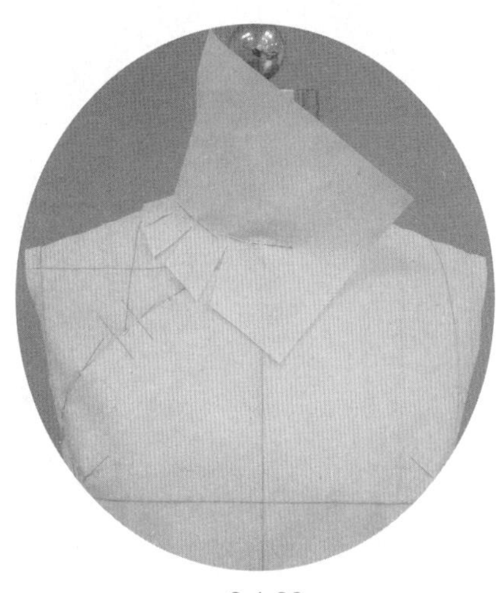

9.1.33

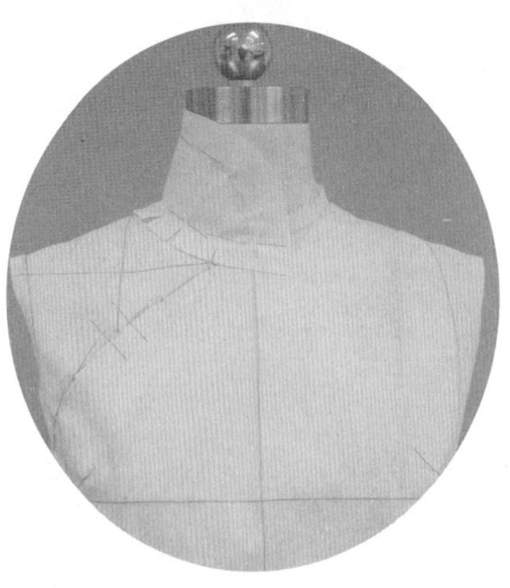

9.1.34

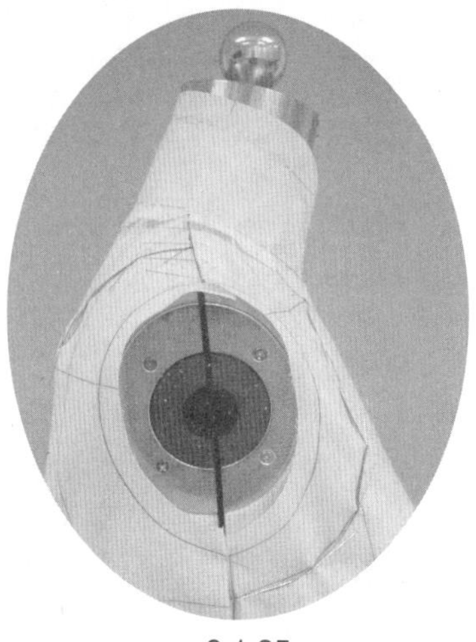

9.1.35

9.1.33　逐渐剪刀口，修剪并别合前领口弧线。

9.1.34 、9.1.35　修剪领上口造型，检查并确认松量。完成领片初步造型。

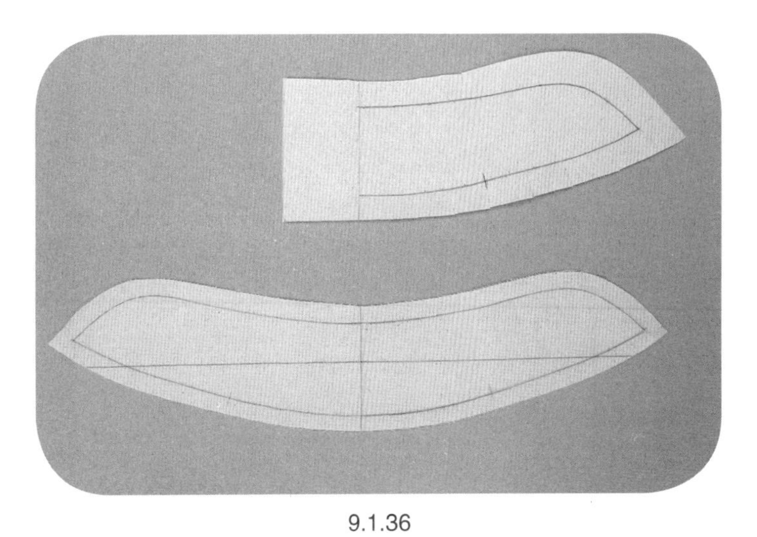

9.1.36

9.1.36　对领片进行标点描线，拓印整片衣领。

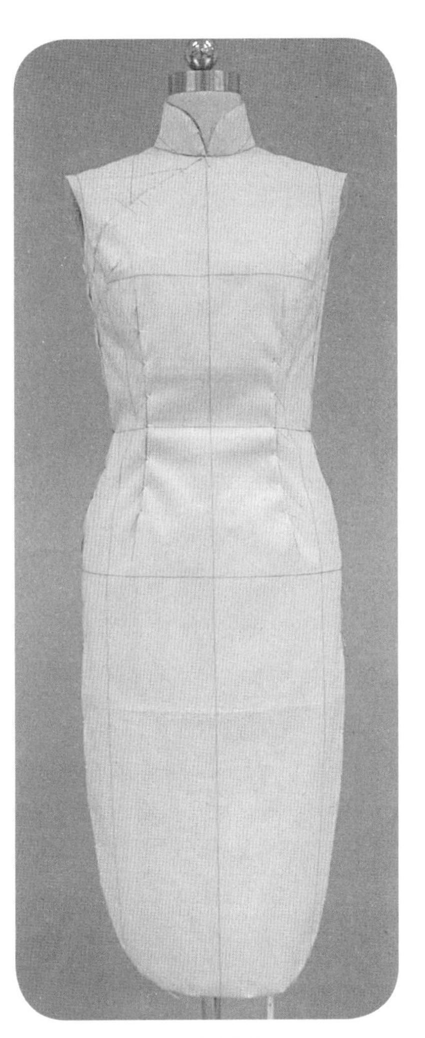

9.1.37

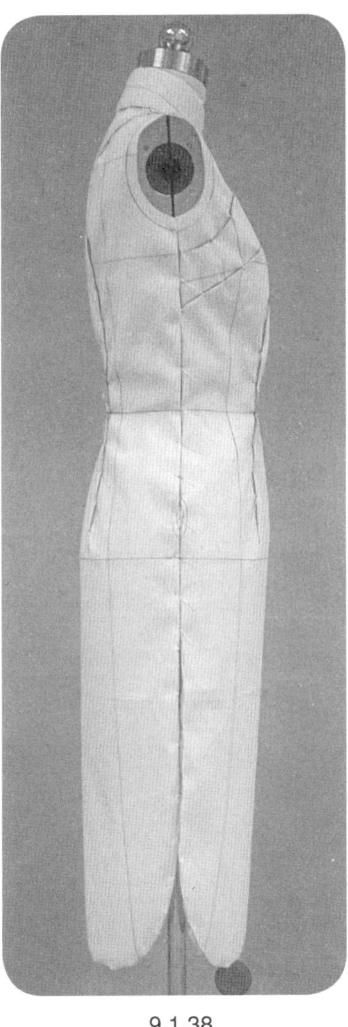

9.1.38

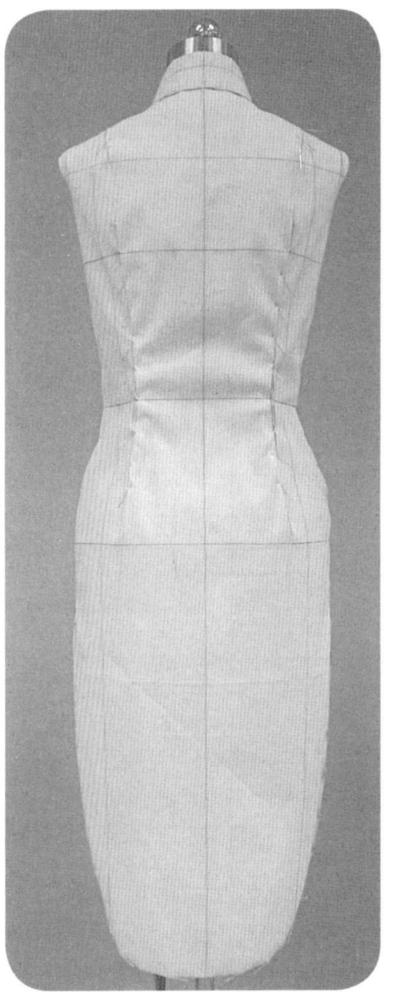

9.1.39

9.1.37 ~ 9.1.39　进行衣领的试样补正，完成整体造型。

● 样片描图（图9.1.3）

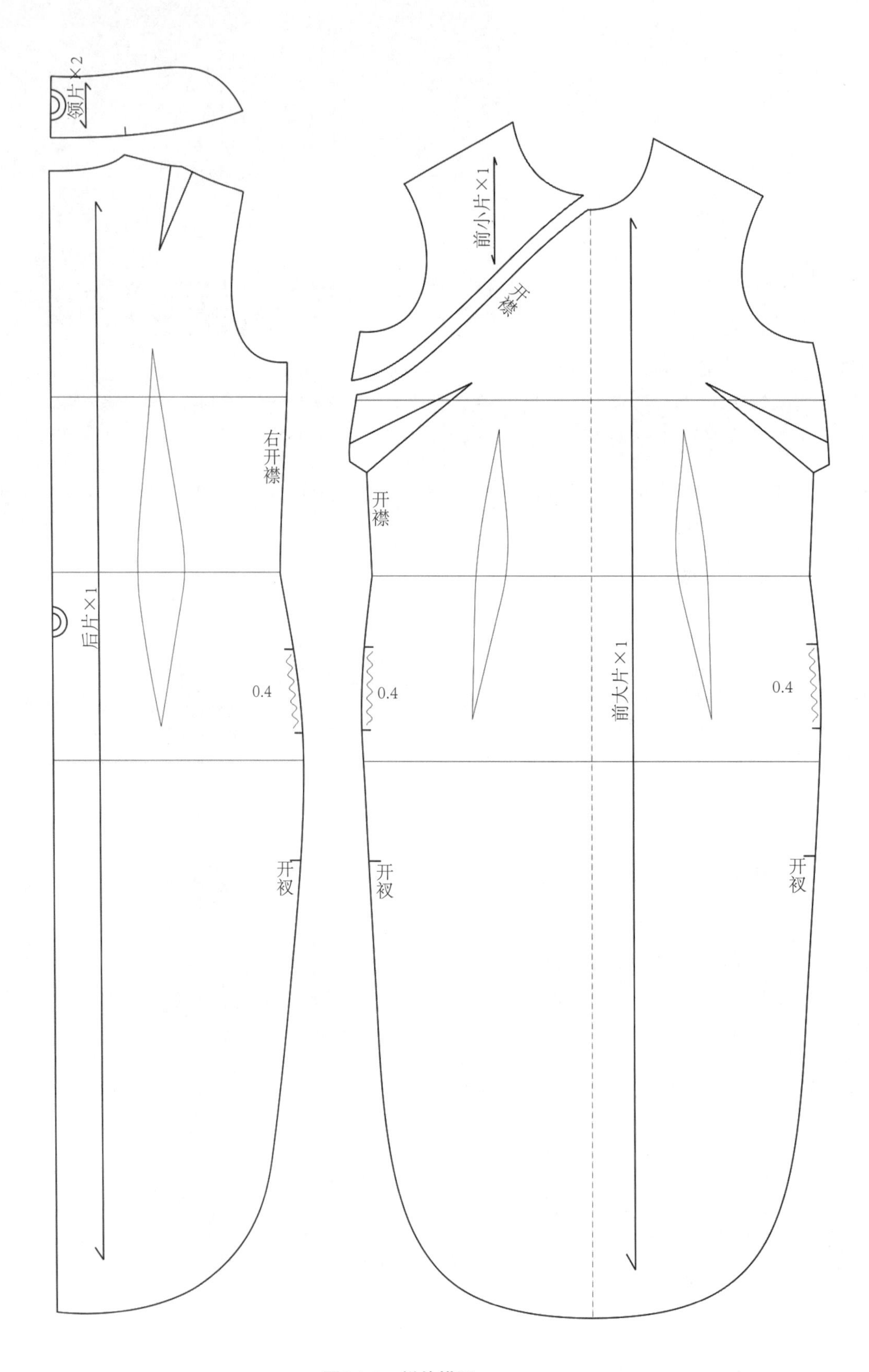

图9.1.3 样片描图

9.2 旗袍2——水滴领旗袍

● **款式分析（图9.2.1）**

衣身廓形：X形；连腰型。

结构要素：

省道——前片有侧缝胸省、连腰胸腰腹省，后片有连腰肩背腰臀省；

分割线——侧缝线、肩线。

胸围线以上曲面量处理：

前片——侧缝省；

后片——后领口线缝缩、肩线缝缩、袖窿弧线缝缩。

胸围线—腰围线—臀围线曲面处理：

前片——连腰胸腰腹省、侧缝；

后片——后中心线、连腰肩背腰臀省、侧缝。

衣领造型：立领；水滴领口造型。

衣袖造型：无袖（显露肩端），注意袖窿弧线上的松量处理。

细节设计：侧开衩，后中心装拉链。

松量设计：胸围松量3~4cm；腰围松量3~4cm；臀围松量3~4cm；领围松量2cm。

图9.2.1　款式插图

● **坯布准备（图9.2.2）**

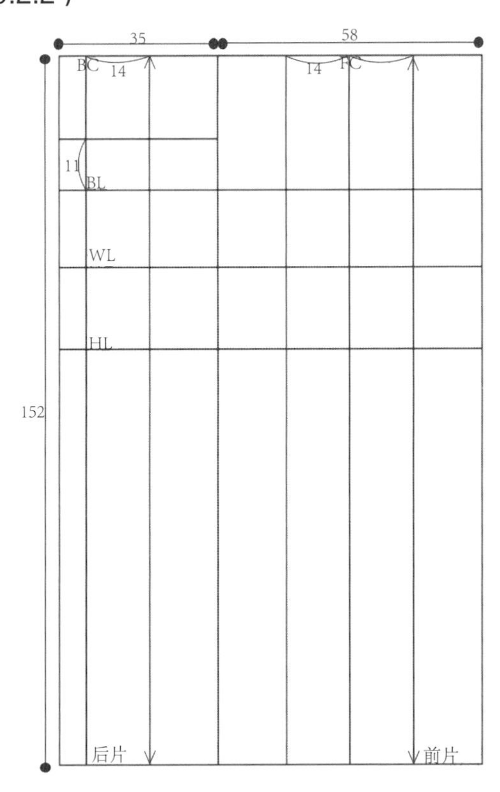

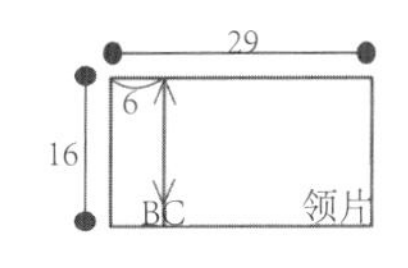

图9.2.2　坯布准备图（单位：cm）

● 操作步骤

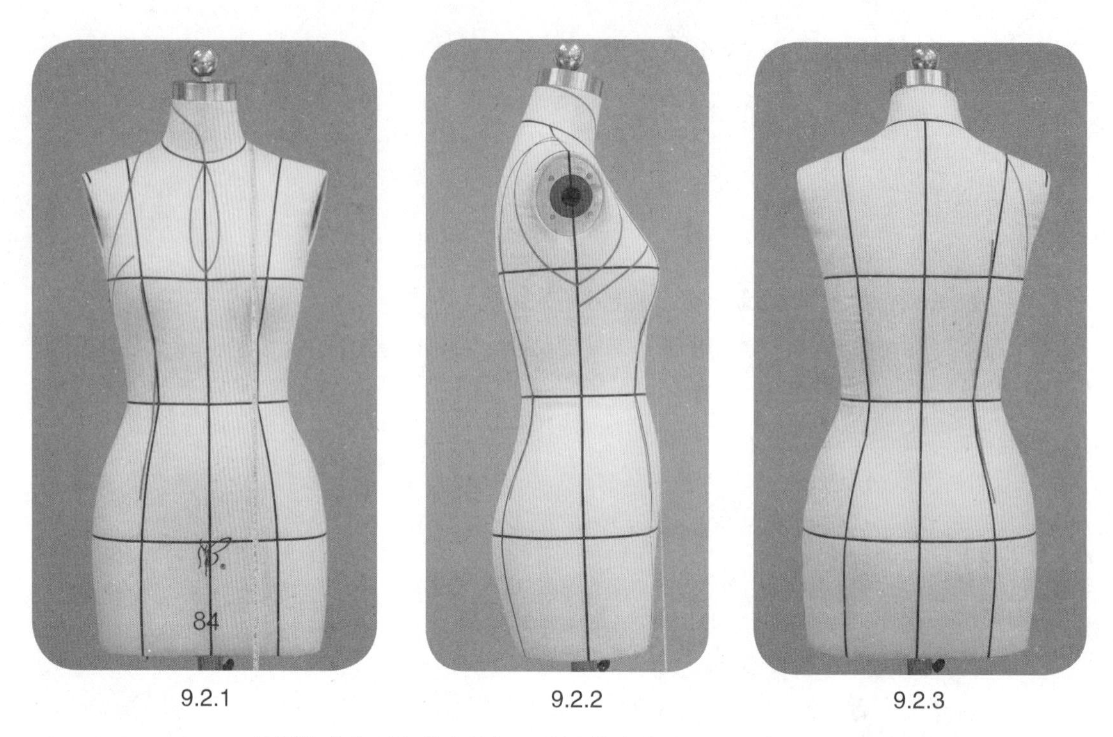

9.2.1　　9.2.2　　9.2.3

9.2.1 ~ 9.2.3　根据款式造型和款式分析，贴置款式造型线。注意观察衣领造型线、袖窿弧线是否圆顺、美观以及侧缝省位置是否恰当。

9.2.4

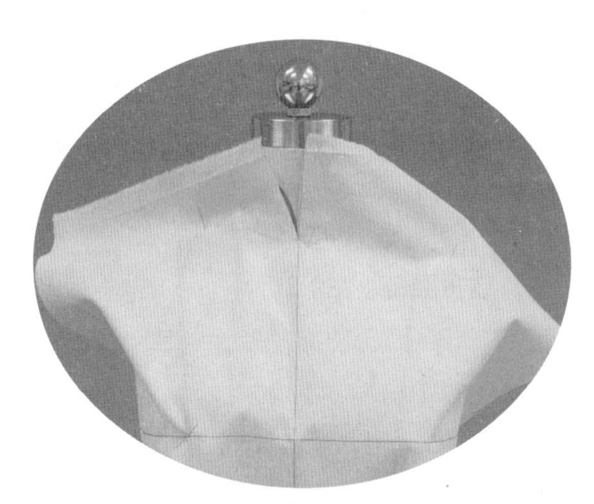

9.2.5

9.2.4　量取用布以及绘制基础布纹线的方法基本同“9.1 旗袍 1——基本款旗袍”的操作，但由于后中心线处装拉链，故后片分为两片取布，后中心加放 5cm 余量（用布参见图 9.2.2）。将前片用布固定于人台上。

9.2.5　服装对称，立裁初步造型时只需操作左侧的一半。从中线剪开，修剪前领口弧线。水滴形领口造型不承担任何结构量，为了减少面料变形，只需在描点步骤中点取造型线即可。

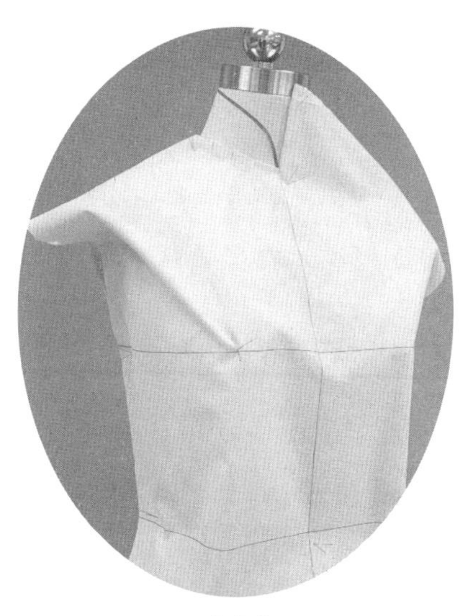

9.2.6

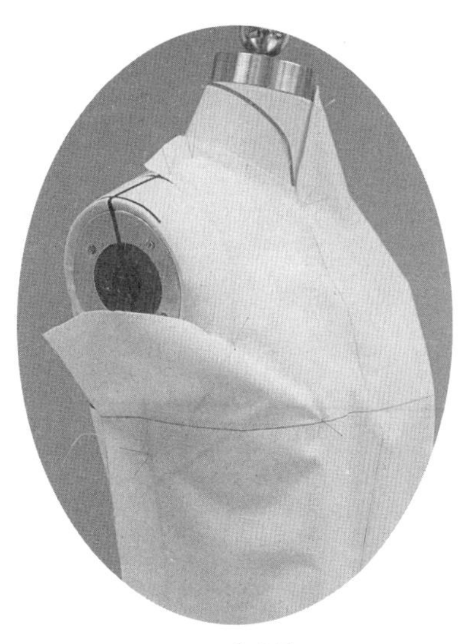

9.2.7

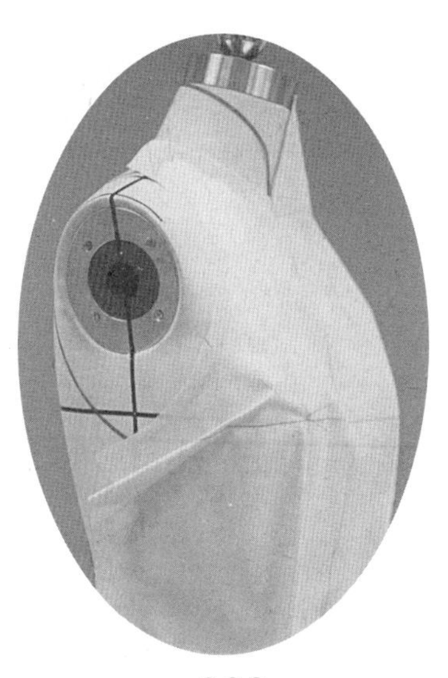

9.2.8

9.2.6　完成领口修剪，固定 SNP 点。抚平肩部，固定 SP 点。把胸围线以上的浮余量转移至袖窿。

9.2.7　分段修剪袖窿弧线，保证袖窿弧线的伏贴。

9.2.8　把胸围线以上的浮余量转移至侧缝省位置，形成侧缝省。抓取省底量，观察并挑取省尖，别插省边。

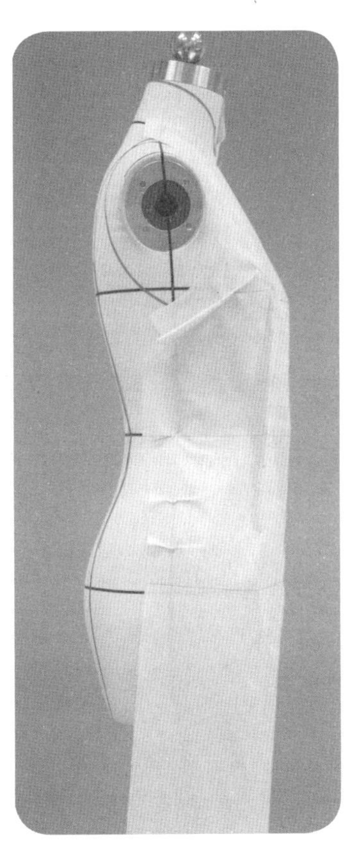

9.2.9

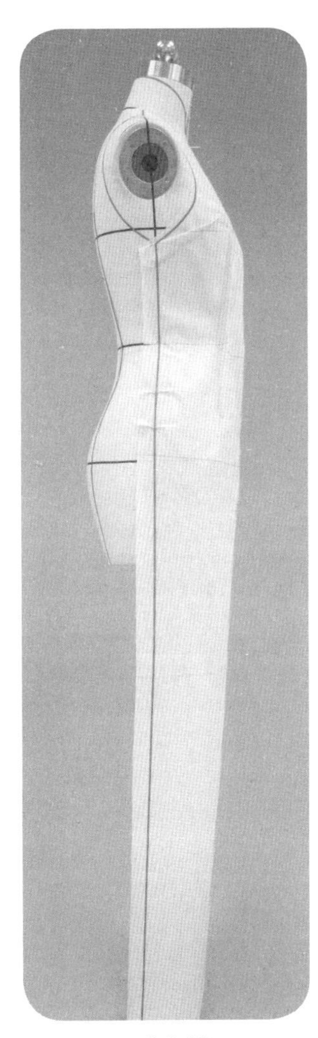

9.2.10

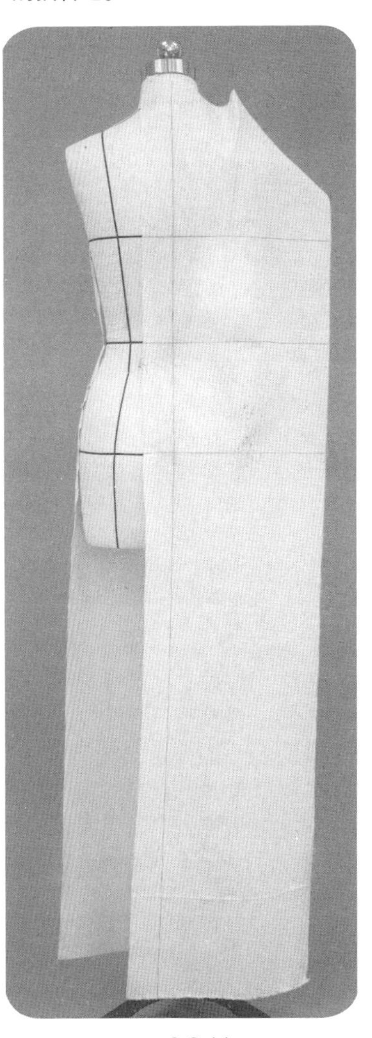

9.2.11

9.2.9　分配前腰省和侧缝腰省量，用大头针固定前腰省量以及侧缝腰围线处，修剪腰围线以上的侧缝。在腰围线至臀围线间的侧缝处设置适当的缝缩量，以形成下摆的收窄造型。

9.2.10　贴置侧缝线，预留缝份，修剪侧缝。

9.2.11　把后片用布固定于人台上。

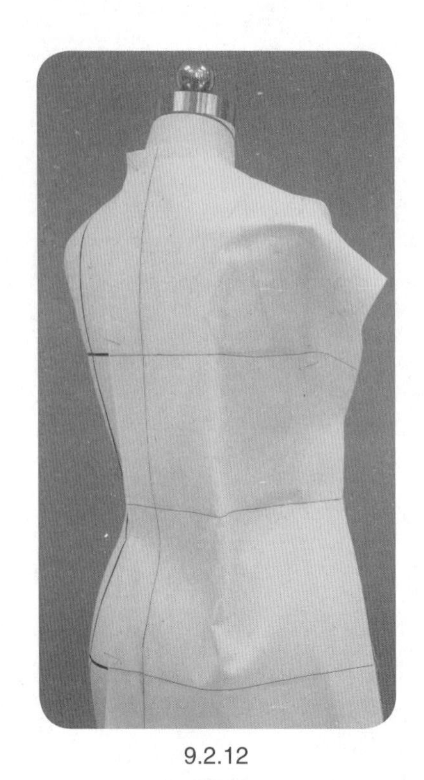

9.2.12

9.2.13

9.2.12 ~ 9.2.13　领口处预留少量松量以及 0.2cm 的缝缩量，修剪后领口弧线。因肩线比较短，所以只能设置少量的缝缩量。把余留的肩背曲面浮余量分配至袖窿处，由于袖窿造型为显露肩端的无袖，故预留在袖窿弧线上的缝缩量也不能过多。

9.2.14　分配后中心线、后腰省、后片侧缝的吸腰量。修剪腰围线以上的侧缝。

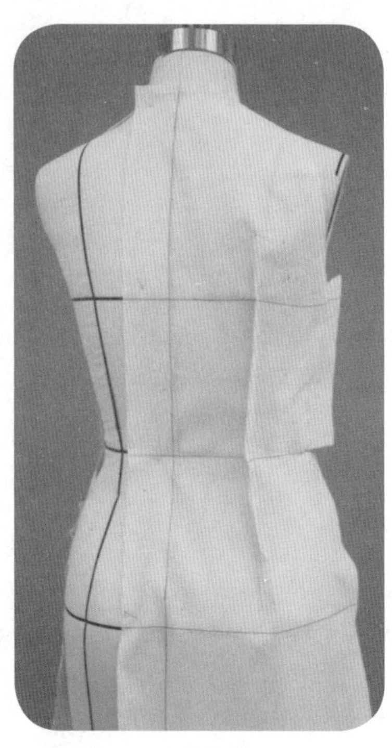

9.2.14

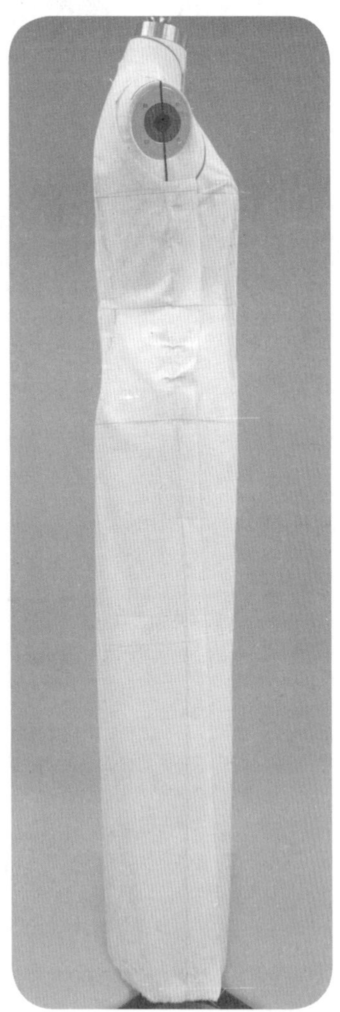

9.2.15

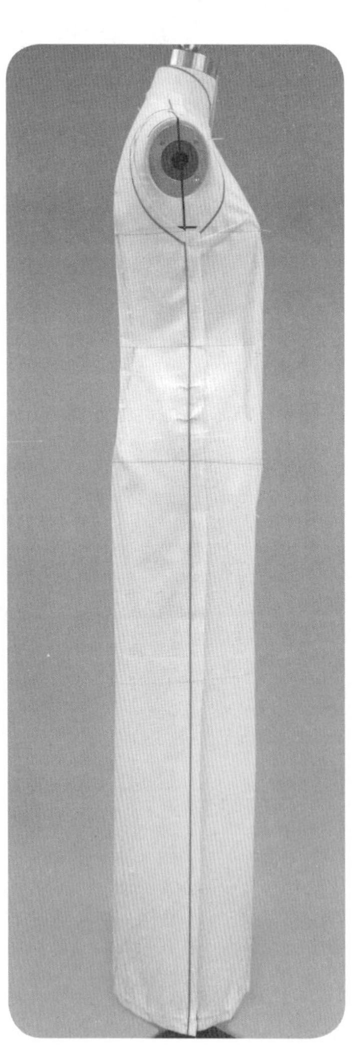

9.2.16

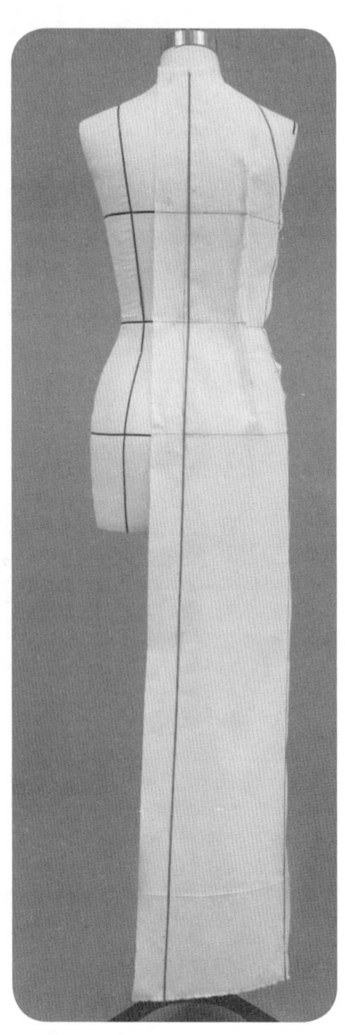

9.2.17

9.2.15　在腰围线至臀围线之间设置侧缝缝缩量，塑造下摆的收窄造型。

9.2.16 、 9.2.17　贴线描点，记录衣身造型线。

9.2.18　连点成线，修剪缝份，整理、拓印前后左右片，方法同“9.1 旗袍 1——基本款旗袍”的操作。

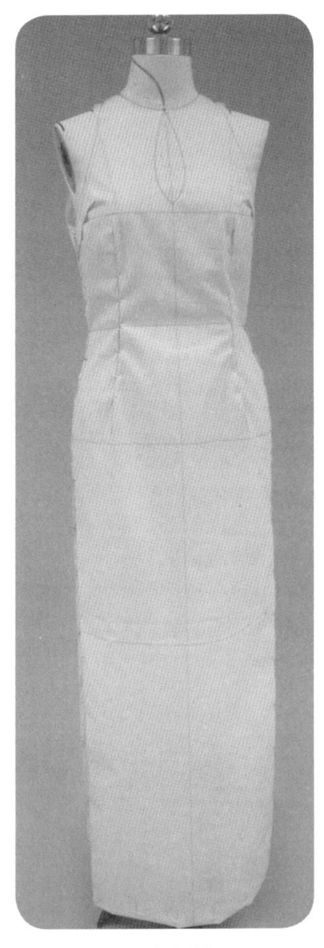
9.2.19

9.2.20

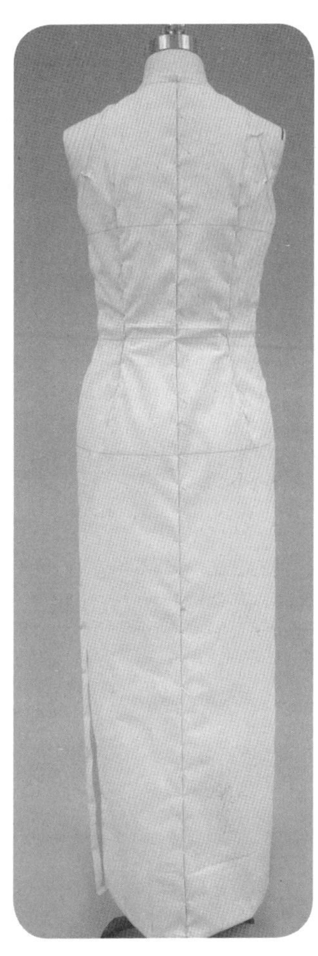
9.2.21

9.2.19 ~ 9.2.21　进行衣身的试样补正。

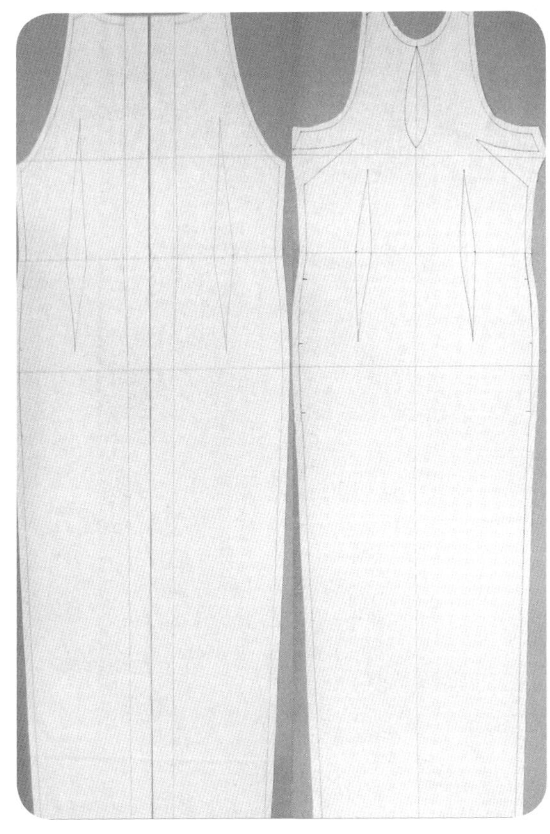
9.2.18

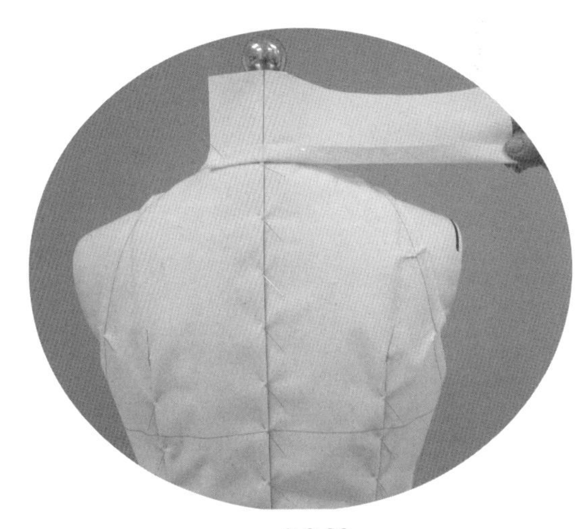
9.2.22

9.2.22　准备立领片用布。在后领口线中心线处用平叠针法固定领片用布与后衣片，保证后中心线的竖直，下方预留 1.5cm 缝份余量即可。翻转缝份，固定用布于人台上。

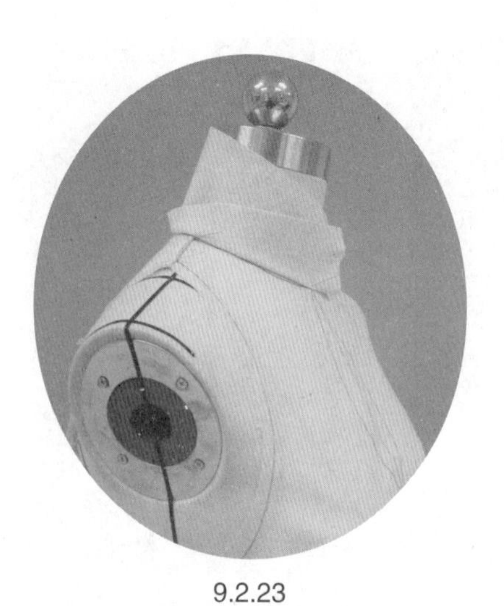

9.2.23

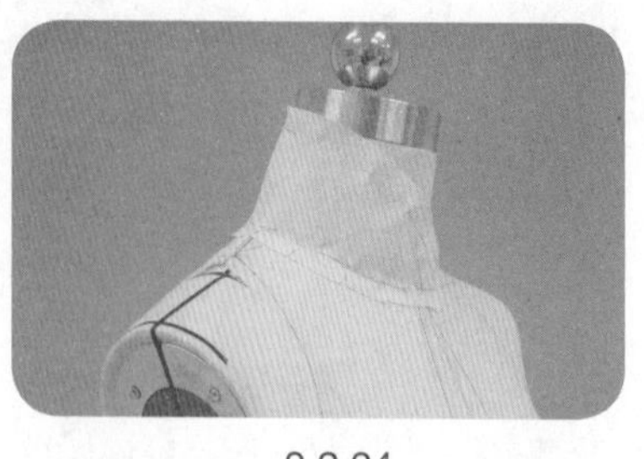

9.2.24

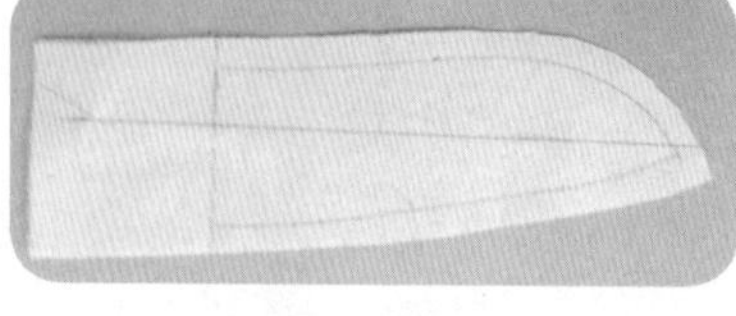

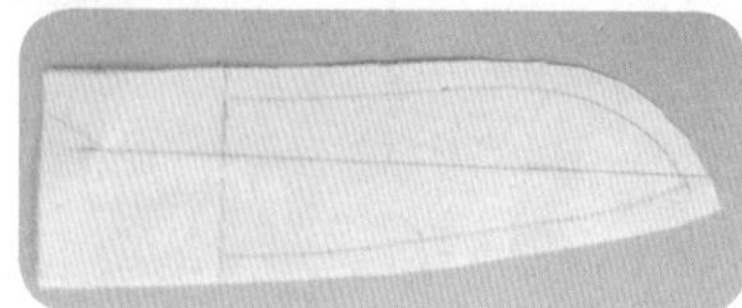

9.2.25

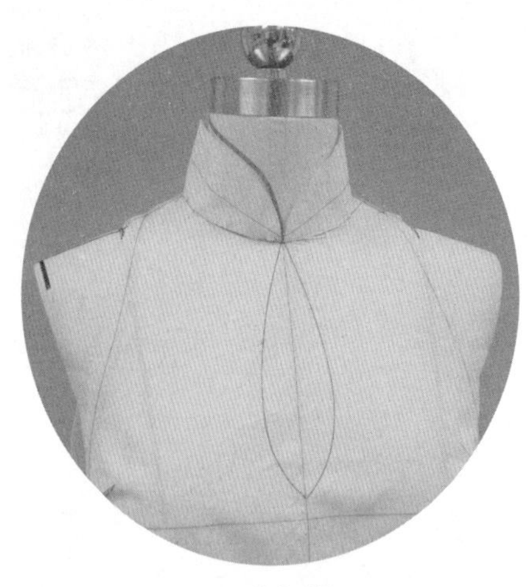

9.2.26

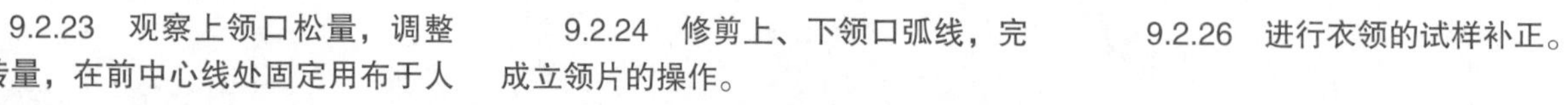

9.2.23　观察上领口松量，调整翻转量，在前中心线处固定用布于人台上。

9.2.24　修剪上、下领口弧线，完成立领片的操作。

9.2.25　标点描线，平面整理衣领片。

9.2.26　进行衣领的试样补正。

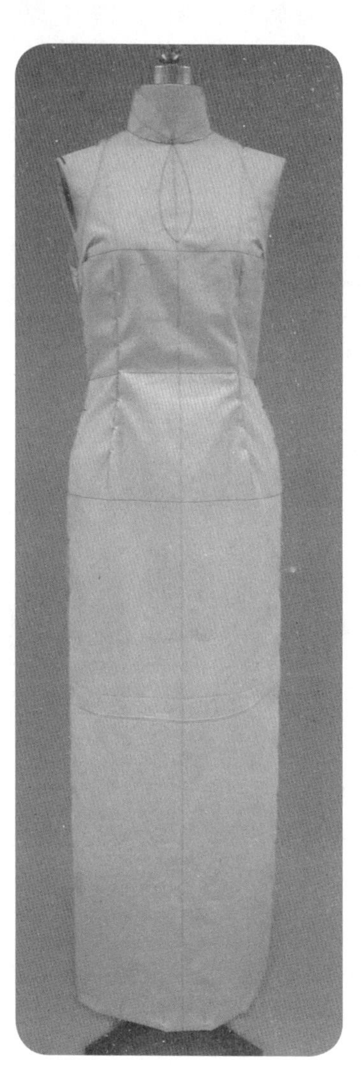

9.2.27

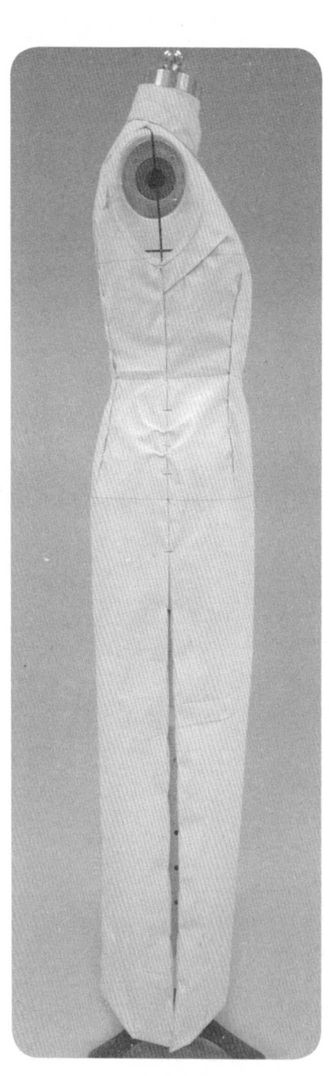

9.2.28

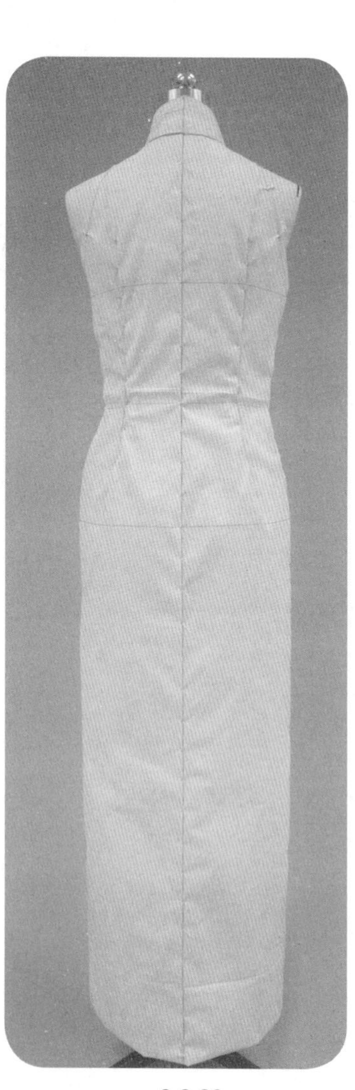

9.2.29

9.2.27 ～ 9.2.29　完成整体造型。

● 样片描图（图9.2.3）

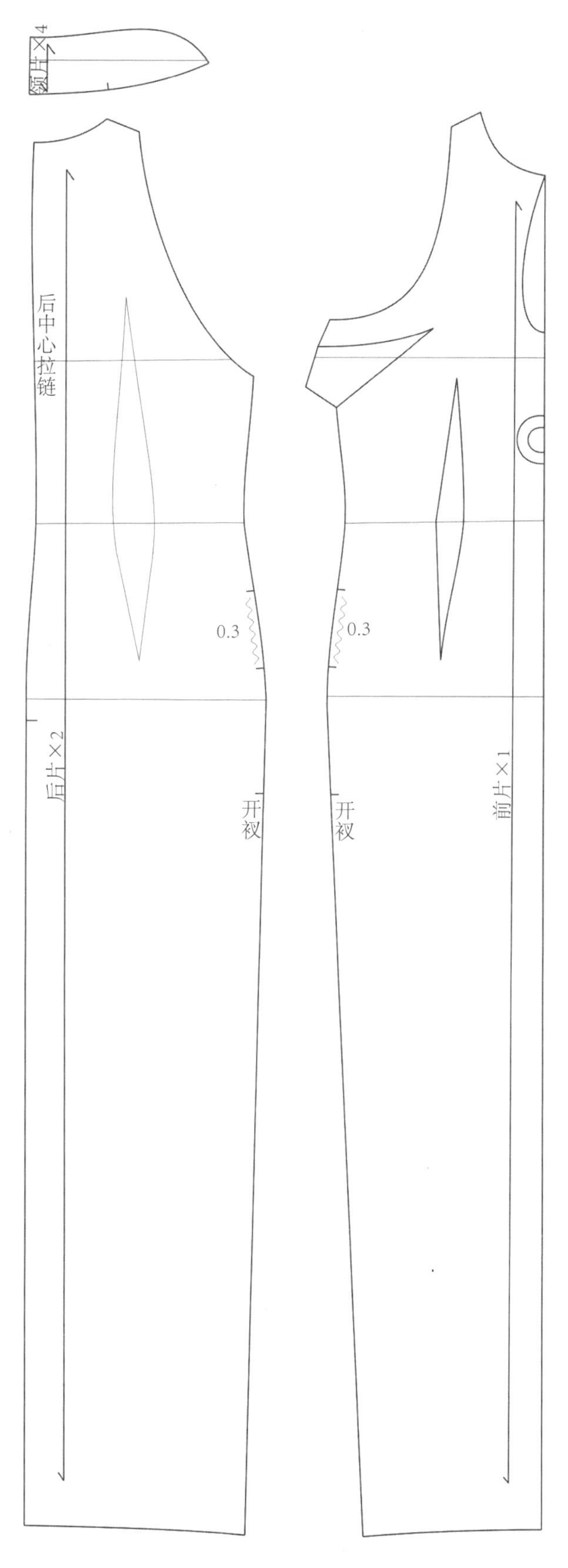

图9.2.3 样片描图

9.3 旗袍3——落肩袖旗袍

● 款式分析（图9.3.1）

衣身廓形：X形；连腰型。

结构要素：

省道——前片有侧缝胸省、连腰胸腰腹省，
后片有连腰肩背腰臀省；

分割线——侧缝线、肩线。

胸围线以上曲面量处理：

前片——前袖窿适当松量、侧缝省；

后片——后袖窿适当松量、肩线缝缩。

胸围线—腰围线—臀围线曲面处理：

前片——连腰胸腰腹省、侧缝；

后片——连腰肩背腰臀省、侧缝。

衣领造型：立领；领口线适当开大，上领口松量稍微增大。

衣袖造型：拖肩类无袖。

细节设计：一字平襟；侧开衩；后中心装拉链。

松量设计：胸围松量3~4cm；腰围松量3~4cm；臀围松量3~4cm；领围松量3cm。

图9.3.1 款式插图

● 坯布准备（图9.3.2）

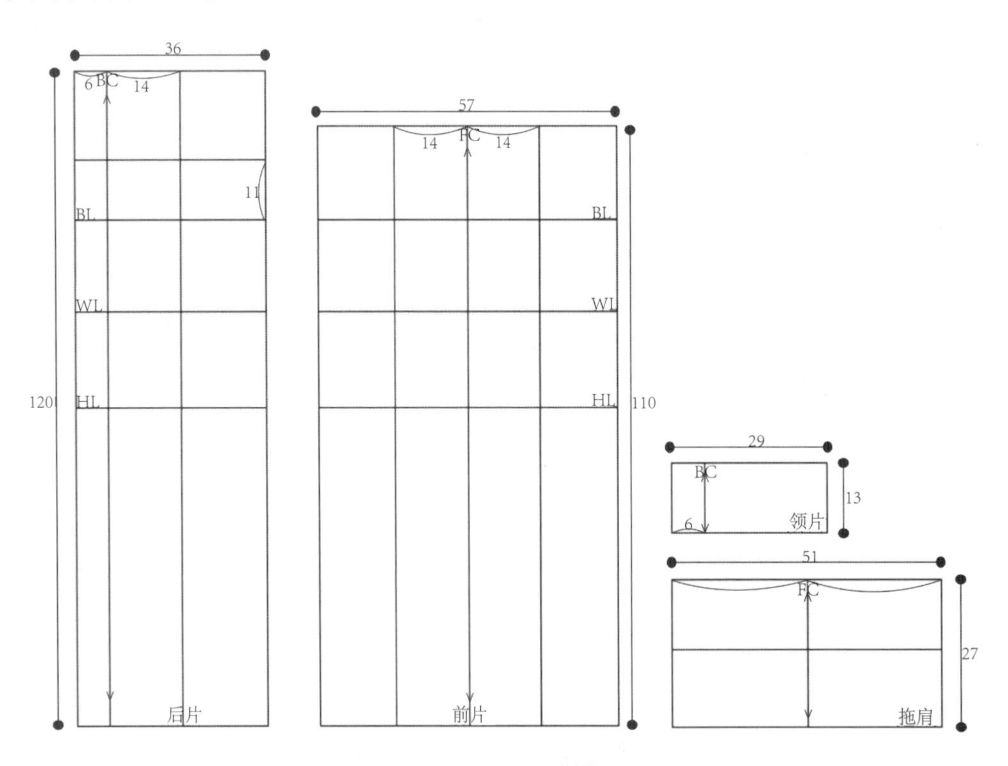

图9.3.2 坯布准备图（单位：cm）

● 操作步骤

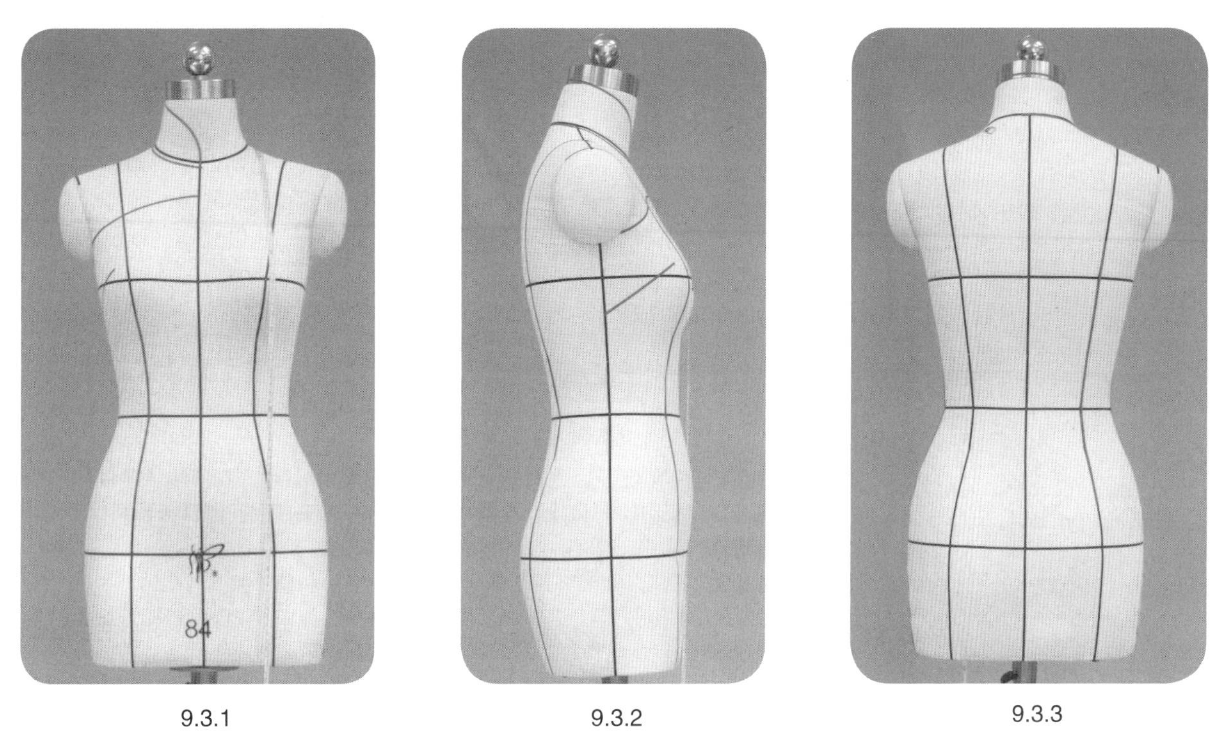

9.3.1　　9.3.2　　9.3.3

9.3.1 ~ 9.3.3　根据款式造型，贴置款式造型线。适当开大领口，表现为 SNP 点的适当开大以及 FNP 点的适当开低。装配人台挡臂，以方便拖肩无袖的裁剪操作。

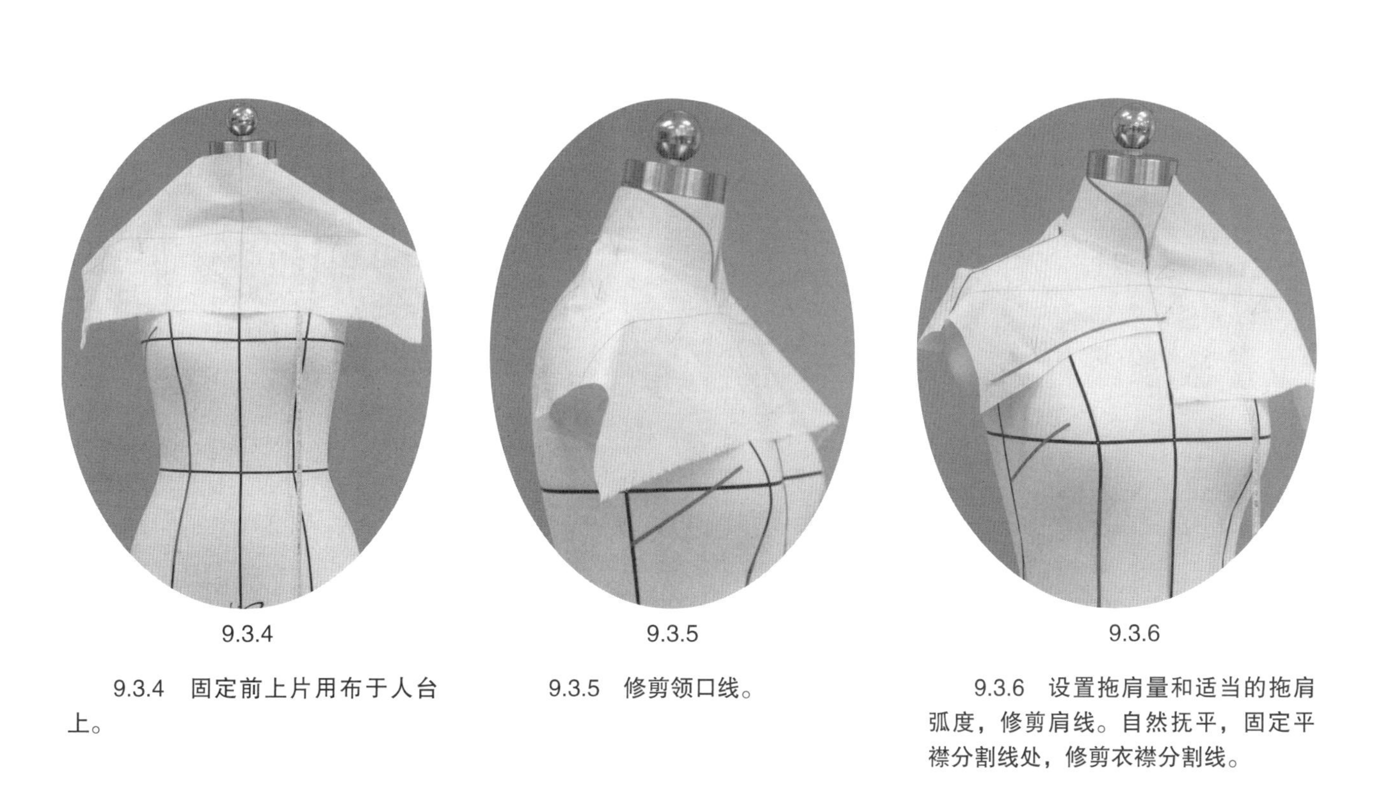

9.3.4　　9.3.5　　9.3.6

9.3.4　固定前上片用布于人台上。

9.3.5　修剪领口线。

9.3.6　设置拖肩量和适当的拖肩弧度，修剪肩线。自然抚平，固定平襟分割线处，修剪衣襟分割线。

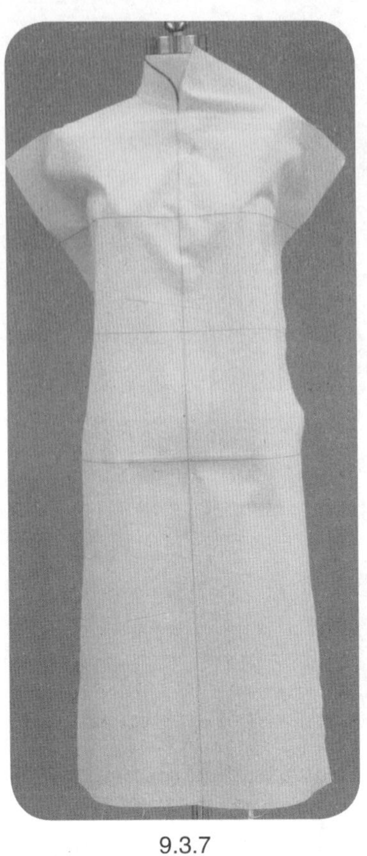

9.3.7

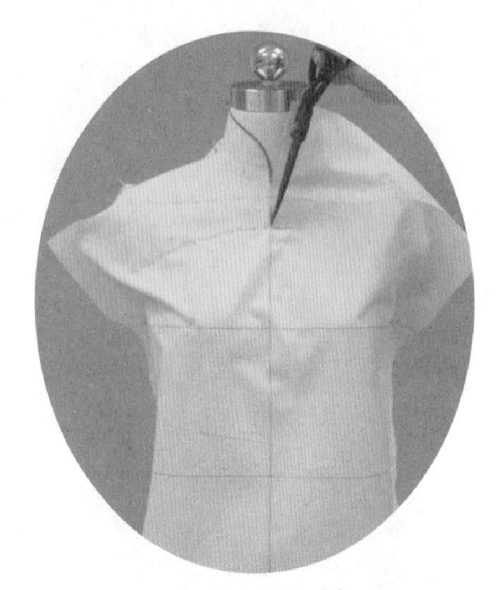

9.3.8

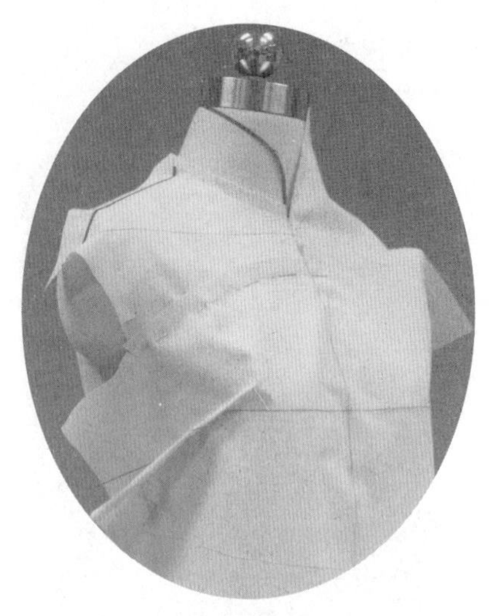

9.3.9

9.3.7　固定前下片用布于人台上，注意前中心线、胸围线、腰围线和臀围线的横平竖直以及对齐，依次固定前中心线、胸围线和臀围线的侧缝位置以及 BP 点。注意保证胸围松量、臀围松量以及 BP 点以内的松量。

9.3.8　衣襟分割线处用平叠针法拼合前上片和前下片。

9.3.9　衣襟分割线距离胸部曲面高处较远，几乎不承担曲面浮余量，但对前袖窿造型有贡献。把胸部曲面浮余量转移至侧缝省，形成侧缝省。

9.3.10　分配前腰省和前侧缝的吸腰量，根据下摆收窄程度设置腰围线至臀围线的侧缝缝缩量。

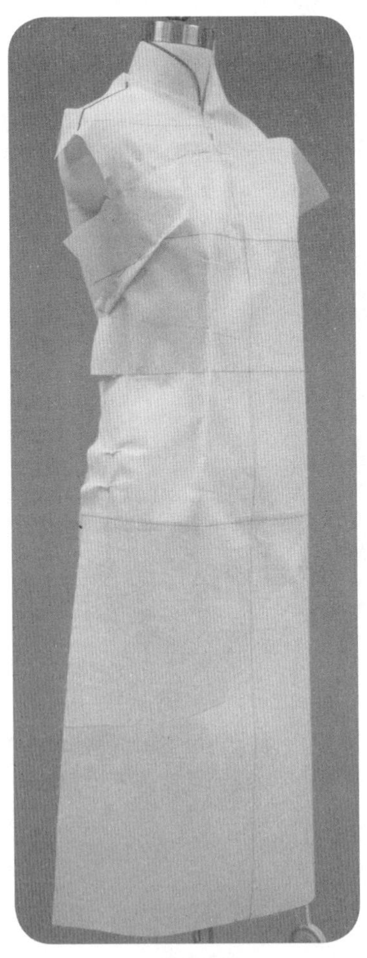

9.3.10

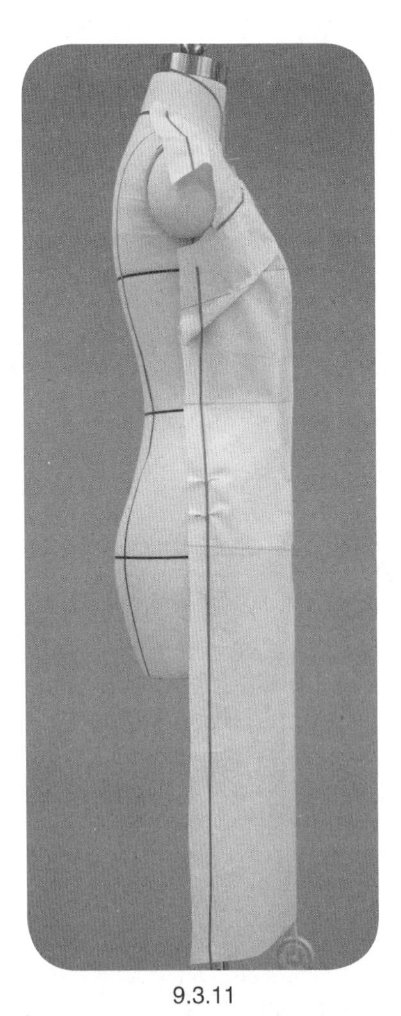

9.3.11

9.3.11　贴置侧缝线，修剪侧缝。

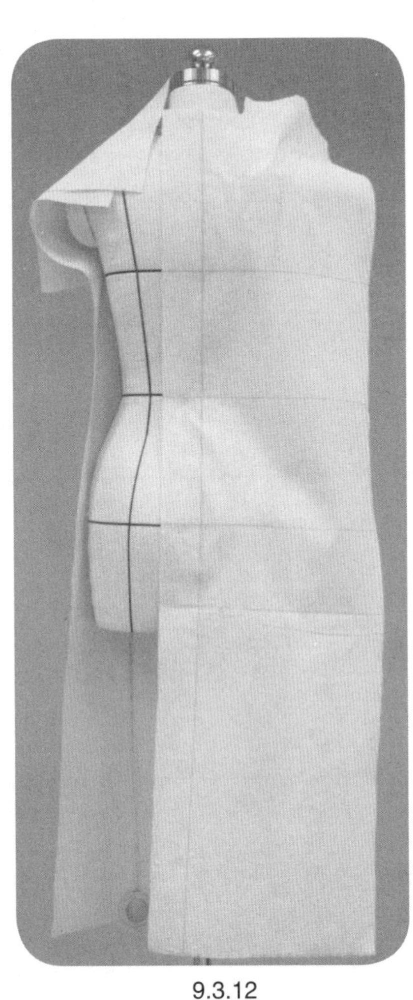

9.3.12

9.3.12　把后片用布固定于人台上。

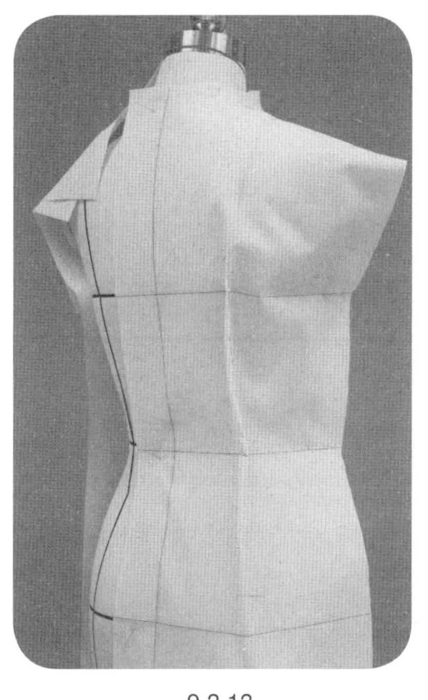

9.3.13

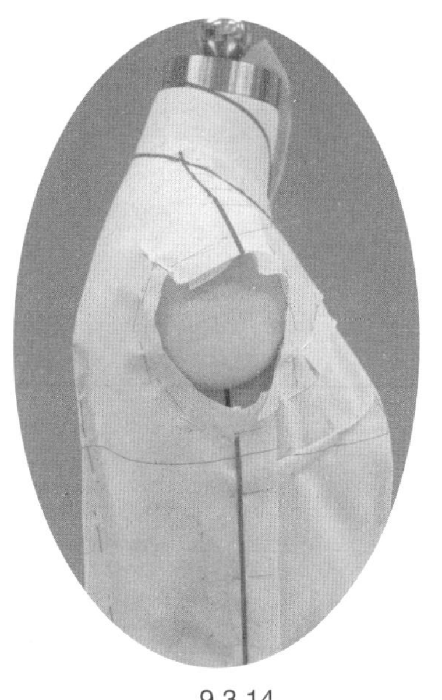

9.3.14

9.3.13　拖肩袖的后袖窿处需要适当的松量，故将肩背曲面浮余量分一部分作为适当的后袖窿松量，剩余的量缝缩于肩线和袖窿弧线。

9.3.14　完成后片腰省和侧缝的操作，用大头针别出袖窿造型。袖窿表现为 SP 点处向外扩出，可根据款式来扩出 3~6cm；适当抬高袖窿底点（由于为拖肩袖造型，所以要注意其可穿着性以及舒适性），可配合拖肩量来抬高 1~1.5cm；前胸宽、后背宽适当扩大，可配合拖肩程度来扩大 1~2cm，但一般均小于拖肩量。

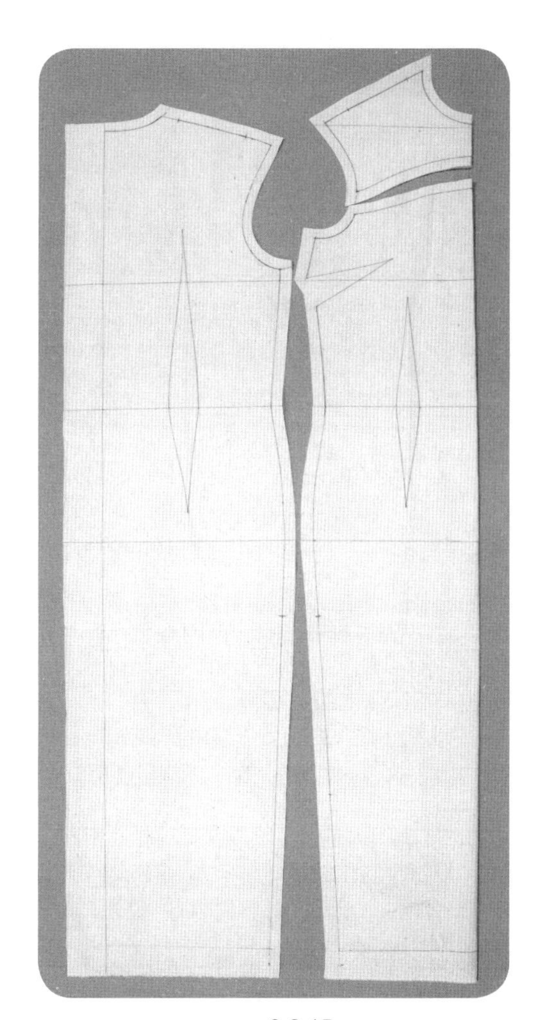

9.3.15

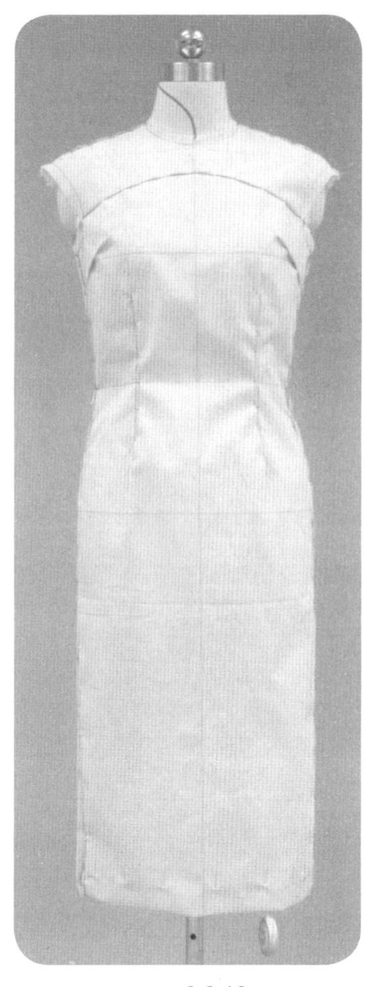

9.3.16

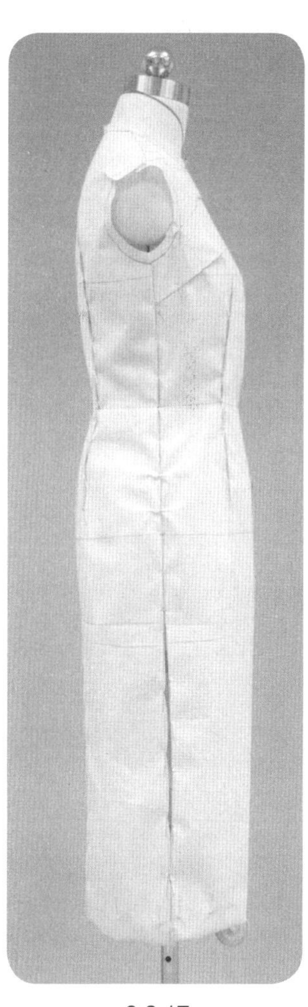

9.3.17

9.3.15　标点描线，平面整理衣身衣片。

9.3.16 、9.3.17　用大头针别缝，试样补正，完成衣身造型。

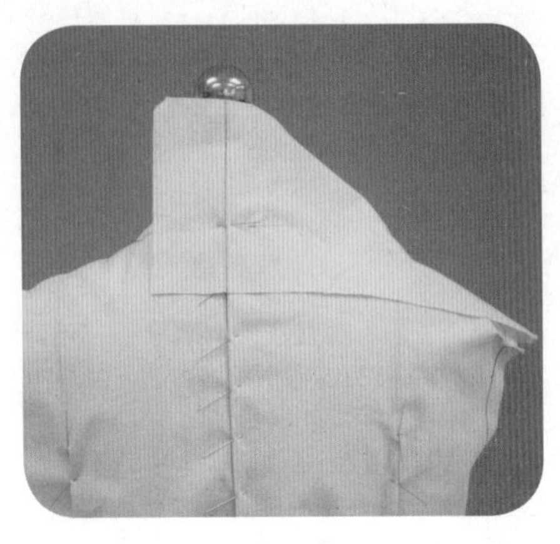

9.3.18

9.3.18　准备衣领用布，进行立领的操作。后中心线处固定衣领用布与衣片。

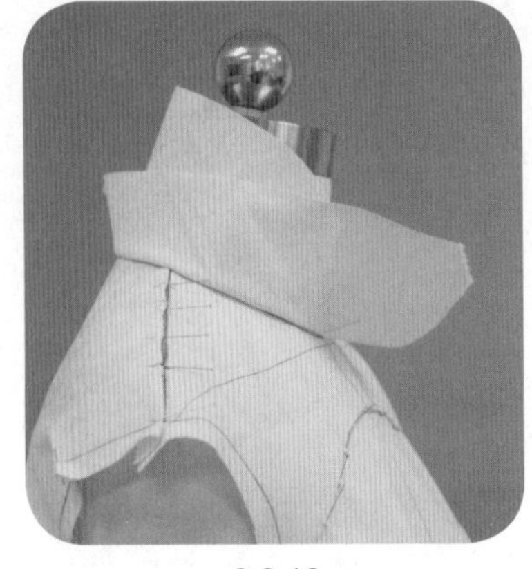

9.3.19

9.3.19　观察上领口松量，调整翻转量。

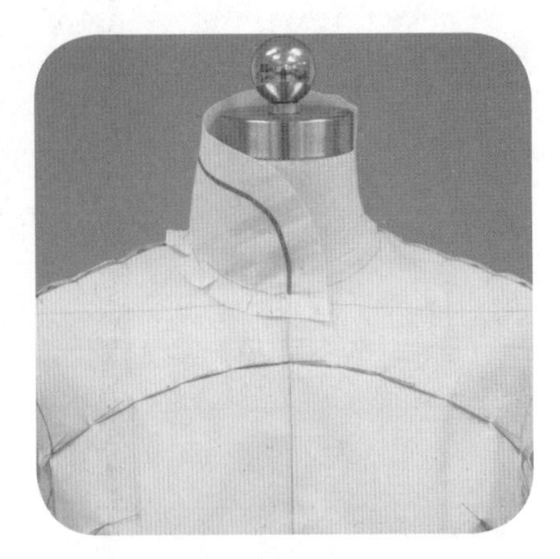

9.3.20

9.3.20　修剪上、下领口弧线，完成立领造型。

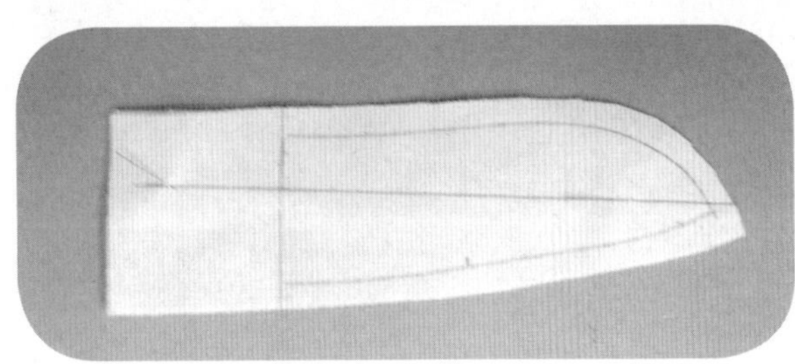

9.3.21

9.3.21　标点描线，平面整理衣领片。

9.3.22

9.3.22　进行衣领的试样补正。

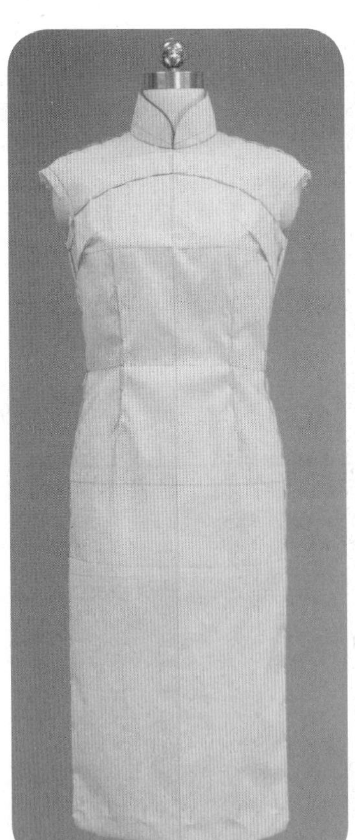

9.3.23

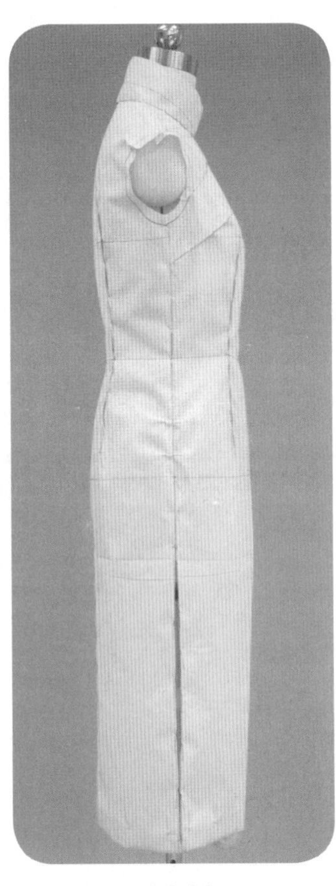

9.3.24

9.3.23 ~ 9.3.25　完成整体造型。

● 样片描图（图9.3.3）

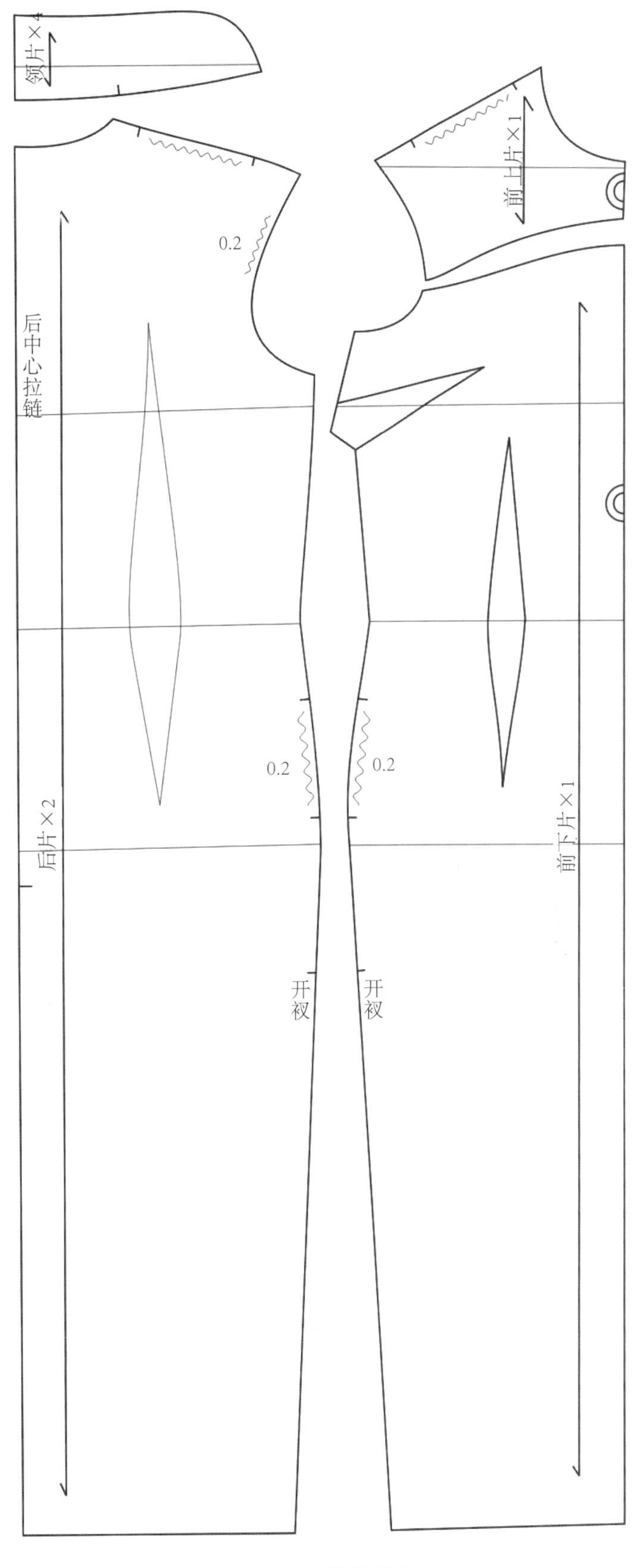

图9.3.3 样片描图

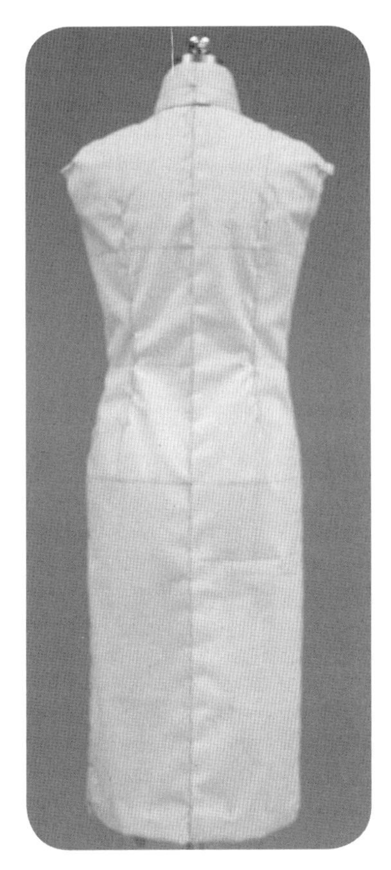
9.3.25

9.4 旗袍4——圆装袖旗袍

● 款式分析（图9.4.1）

衣身廓形：X形；连腰型。

结构要素：

省道——前片有侧缝胸省、连腰胸腰腹省，

后片有连腰肩背腰臀省；

分割线——侧缝线、肩线。

胸围线以上曲面量处理：

前片——前袖窿适当松量、侧缝省；

后片——后袖窿适当松量、肩线缝缩。

胸围线—腰围线—臀围线曲面处理：

前片——连腰胸腰腹省、侧缝；

后片——连腰肩背腰臀省、侧缝。

衣领造型：立领；领口线开大，上领口松量较大。

衣袖造型：圆装袖；两片式弯袖。

细节设计：单侧斜襟、单侧纽扣开启。

松量设计：胸围松量3~4cm；腰围松量4~5cm；臀围松量4~5cm；领围松量4~5cm。

图9.4.1 款式插图

● 坯布准备（图9.4.2）

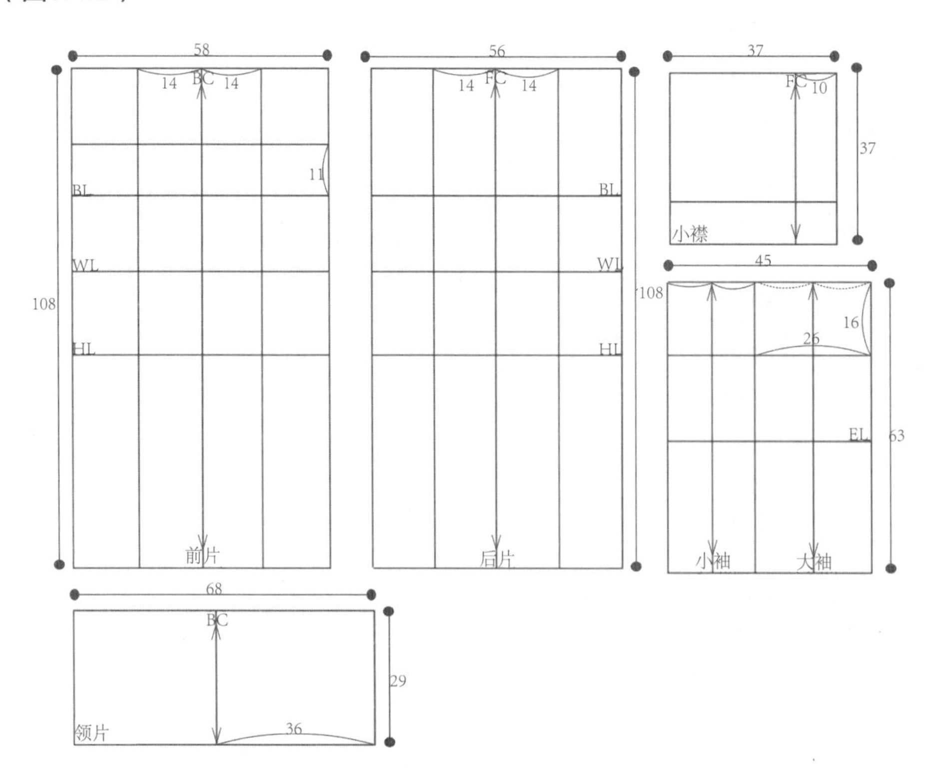

图9.4.2 坯布准备图（单位：cm）

● 操作步骤

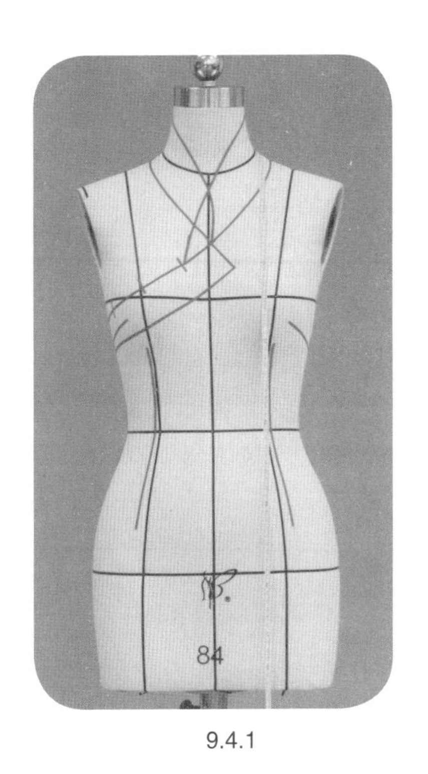

9.4.1

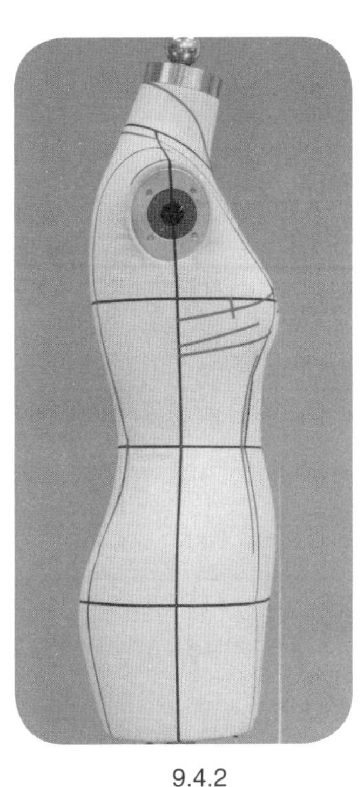
9.4.2

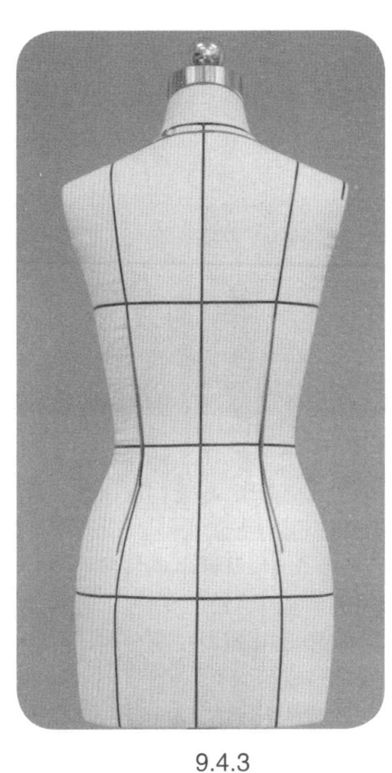
9.4.3

9.4.1 ~ 9.4.3 根据款式造型，贴置款式造型线。由于侧开襟片覆盖胸部曲面高处，所以需要有结构省道的设计。服装整体呈现不对称形式，需要整体贴线，但同时要保证其他对称造型的对称性。

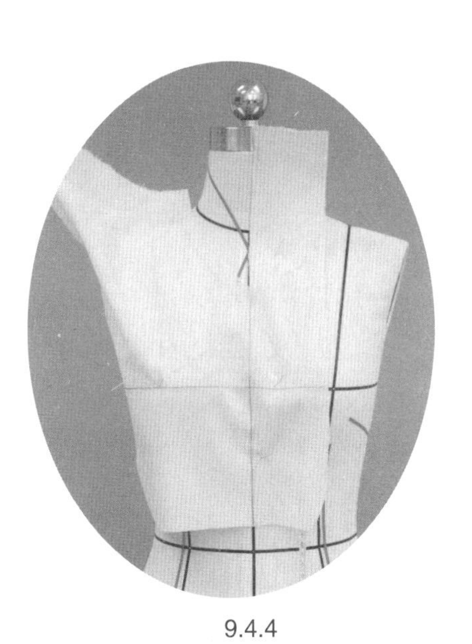
9.4.4

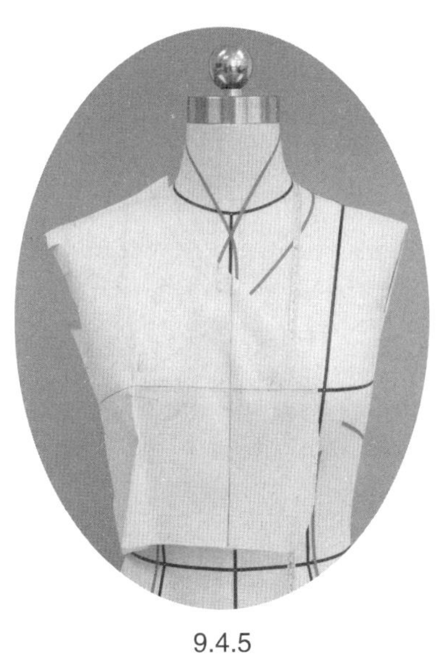
9.4.5

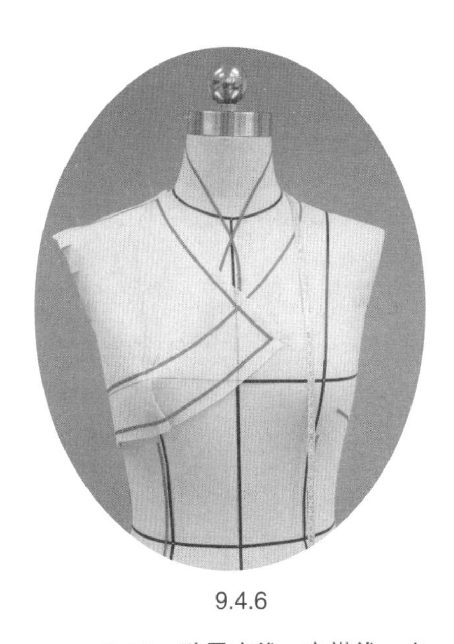
9.4.6

9.4.4 把衣襟片用布固定于人台上，依次固定前中心线位置、近 SP 点位置、侧缝位置以及 BP 点附近，注意胸围松量的设置。

9.4.5 因领口为开大的领口线，所以领口线上会出现多余的浮余量需要处理。保持胸围线水平，将领口线上的浮余量分上、下两部分分别转移至胸省处设置为胸省，满足胸部曲面形态。

9.4.6 贴置肩线、衣襟线，完成衣襟片的裁剪。

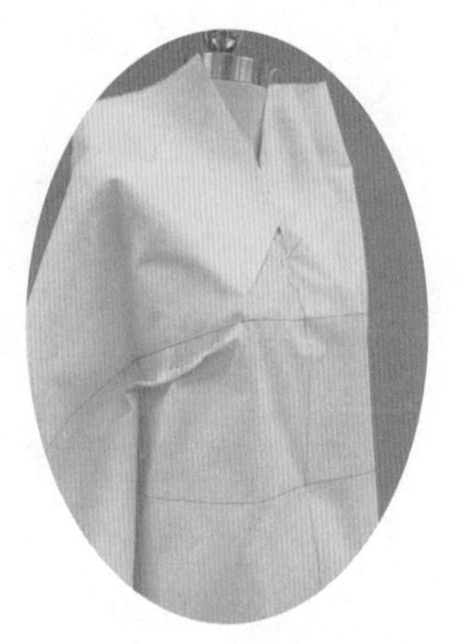

9.4.7

9.4.7 把前大片用布固定于人台上，依次固定前中心线、侧缝线，注意设置臀围和胸围的松量。

9.4.8 保持中心线的竖直，依次完成左侧衣襟分割线的拼合、侧缝省的设置、腰省和侧缝的吸腰量分配、腰围线以上侧缝的修剪以及腰围线以下侧缝线的修剪。侧缝处不需设置缝缩量，自然形成略呈现小 A 字形造型的直下摆造型。

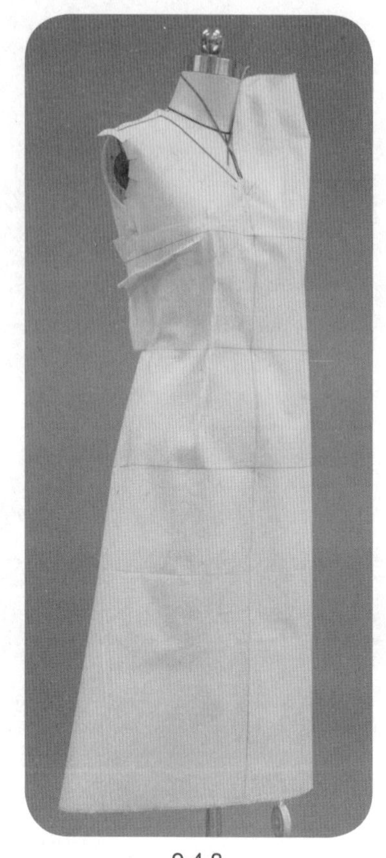

9.4.8

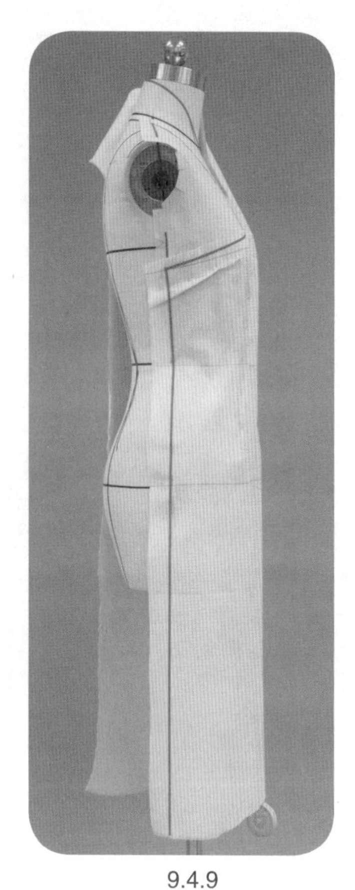

9.4.9

9.4.9 初步完成左侧造型。

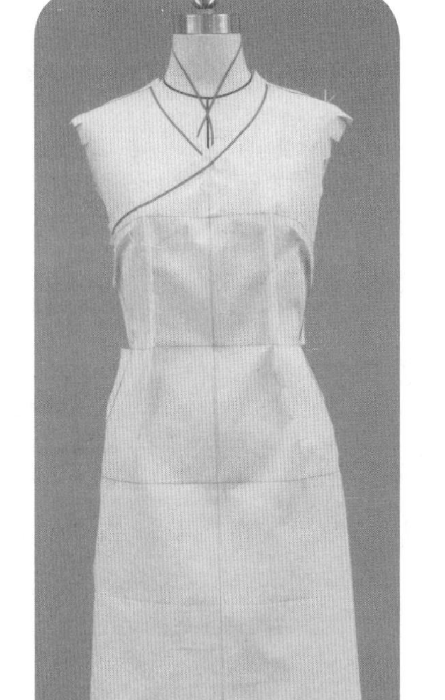

9.4.10

9.4.10 完成右侧的操作，注意保证对称部分的对称性。

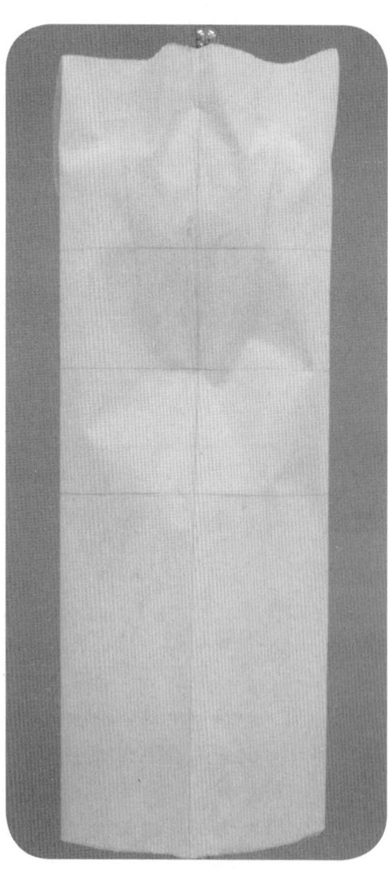

9.4.11

9.4.11 后片为完全的对称造型，整体取布，但操作一半即可。

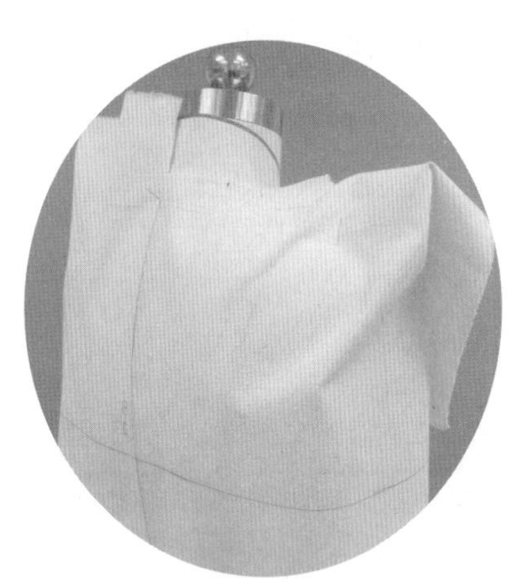

9.4.12

9.4.12 把肩背曲面浮余量处理于肩线缝缩、袖窿松量以及少量的领口线缝缩和袖窿线缝缩。

9.4.13 依次完成领口线、肩线、袖窿的修剪，分配腰省和侧缝的吸腰量，完成腰省的抓别以及侧缝处与前衣片的平叠拼合。

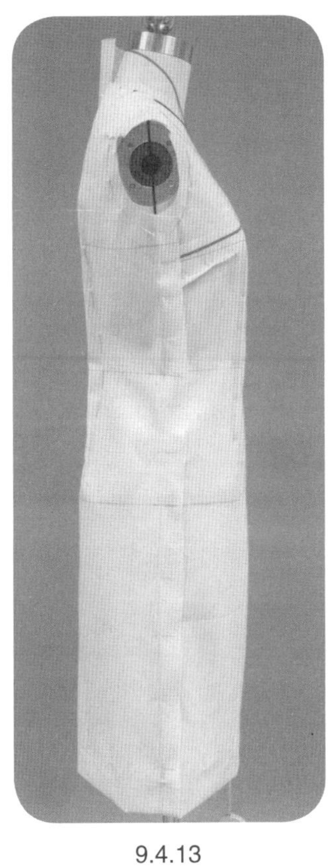
9.4.13

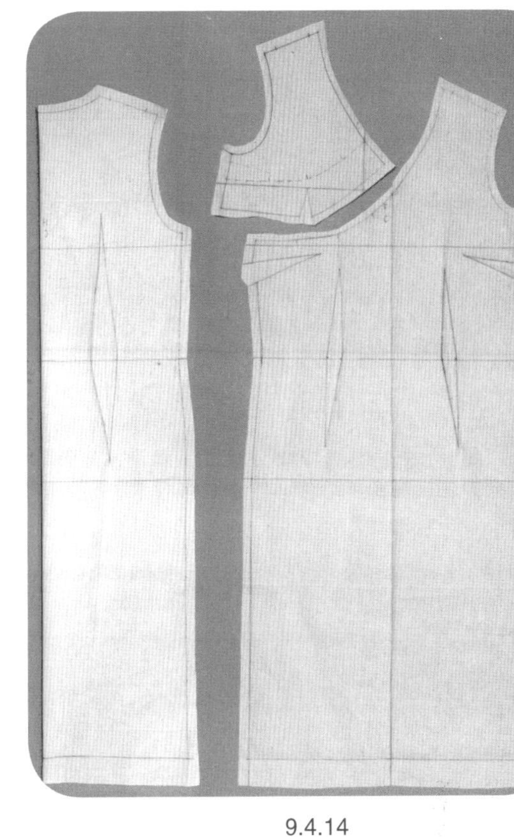
9.4.14

9.4.14 标点描线，平面整理衣身衣片，拓印袖窿弧线。

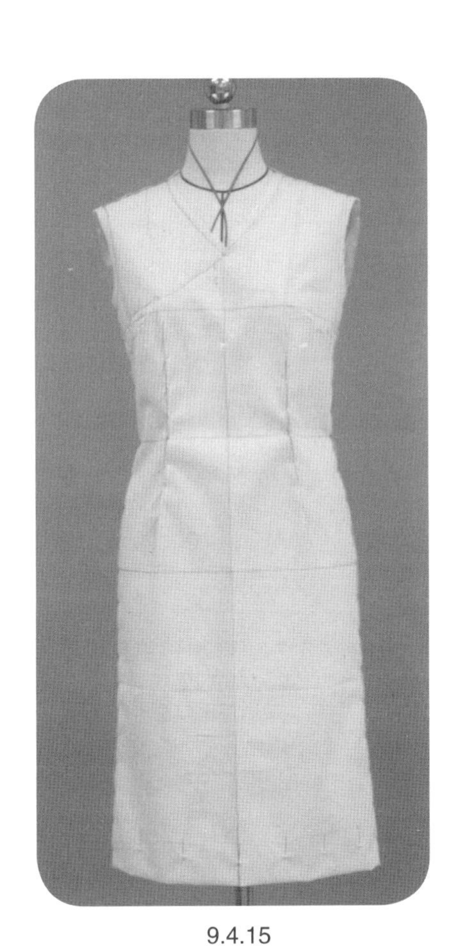
9.4.15

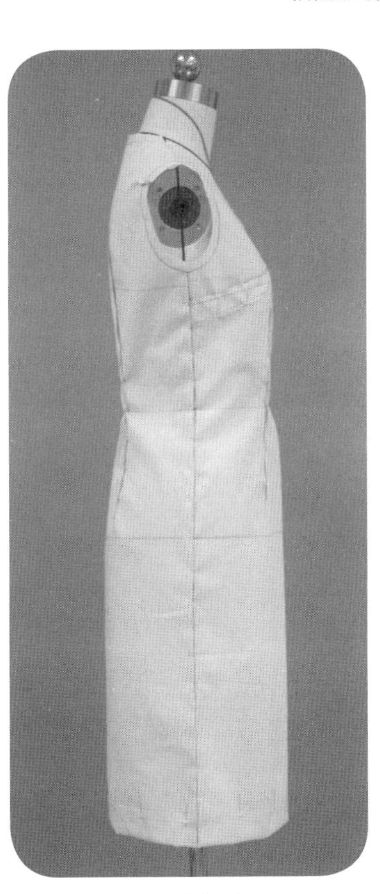
9.4.16

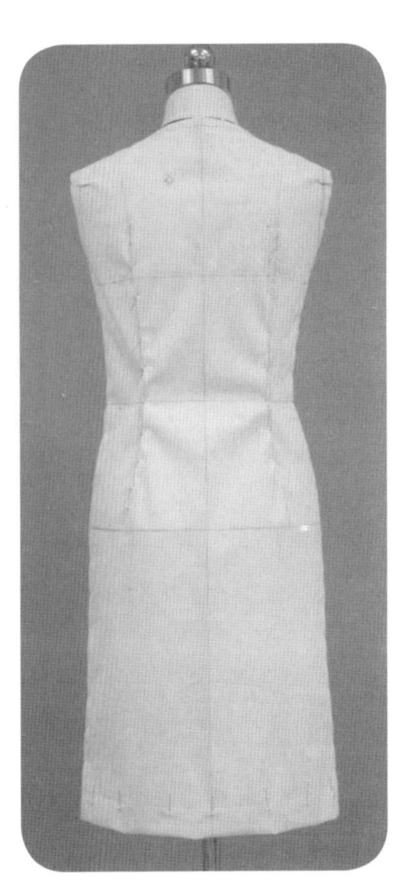
9.4.17

9.4.15 ~ 9.4.17 试样补正衣身。

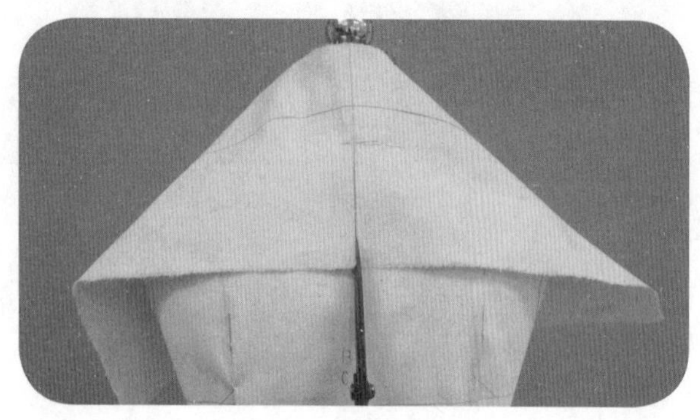

9.4.18

9.4.18　准备领片用布，对齐领片与衣身的后中心线，在 BNP 点处固定领片于衣身上。衣领为上领口松量较大且前领口开深的立领，因此衣领后中心处的下方要预留较多的用布余量。

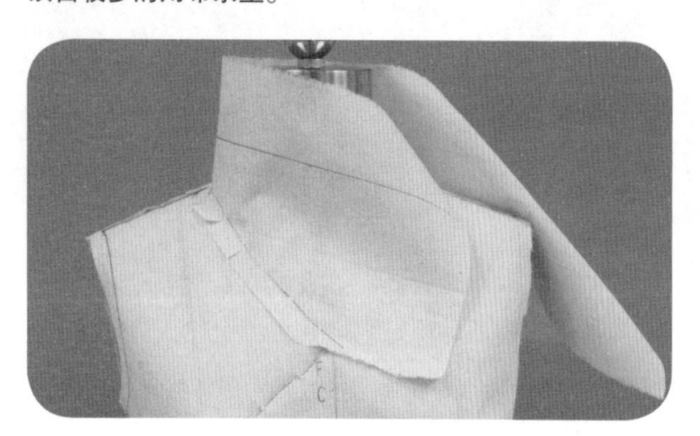

9.4.19

9.4.19　观察并设置上领口松量，逐步修剪、拼合领片与领口线。

9.4.20

9.4.20　完成左领片的操作，同样完成右领片的操作。

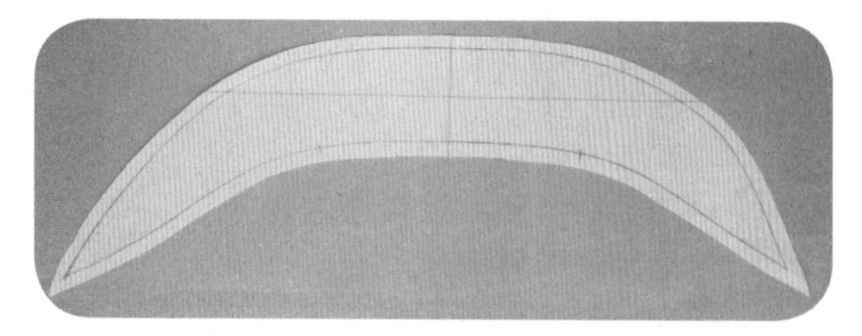

9.4.21

9.4.21　进行标点描线，平面整理衣领片。

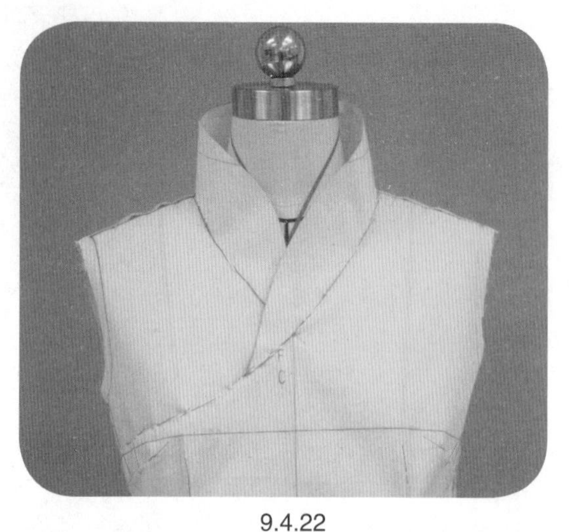

9.4.22

9.4.22　进行衣领的试样补正。

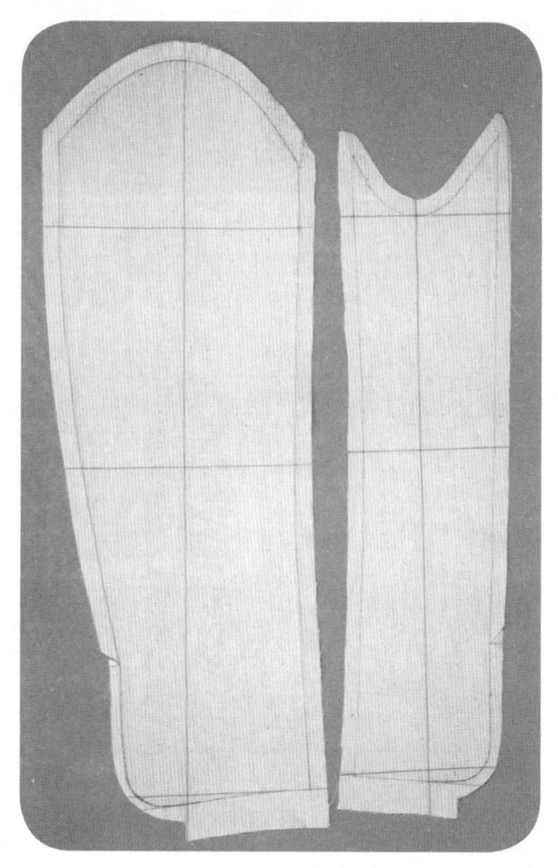

9.4.23

9.4.23　平面配置衣袖，拓印为布样。方法参见《服装结构平面解析·基础篇》中 7.2 以及“7.2 外套 2——四面构成外套 1”。建议袖长 56cm、袖肥 31~32cm、袖口 21~22cm、袖山缝缩量 2~9.3cm。参见衣袖结构图。

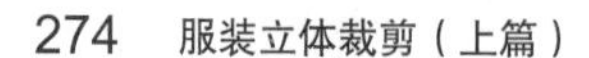

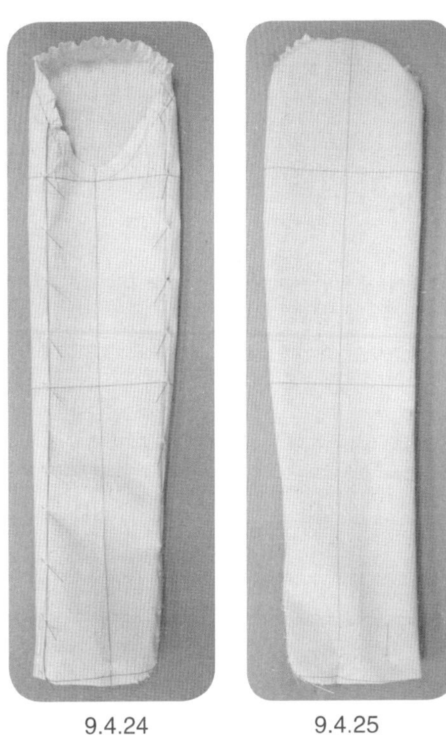

9.4.24　　9.4.25

9.4.24 、9.4.25　拼合大、小袖片，抽缩袖山缝缩量。

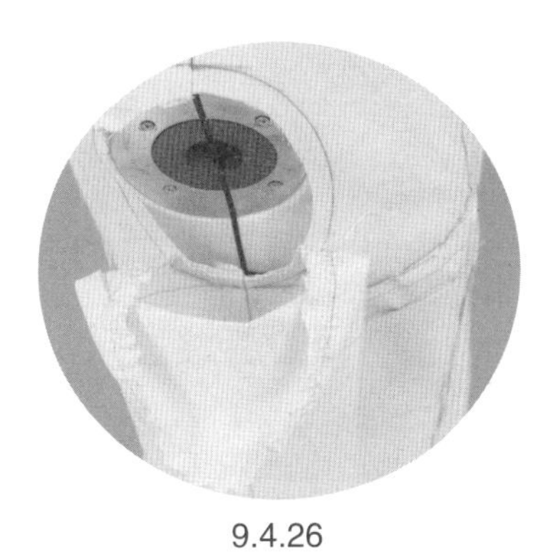

9.4.26

9.4.26　袖底对合袖窿底，保持平服，用大头针别合。

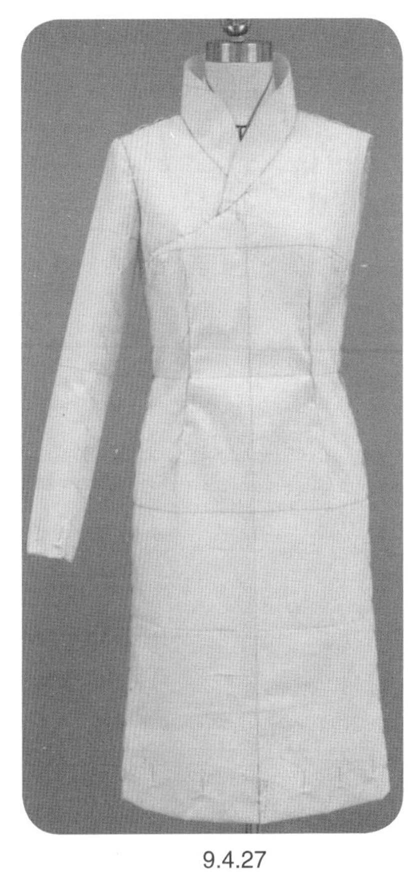

9.4.27

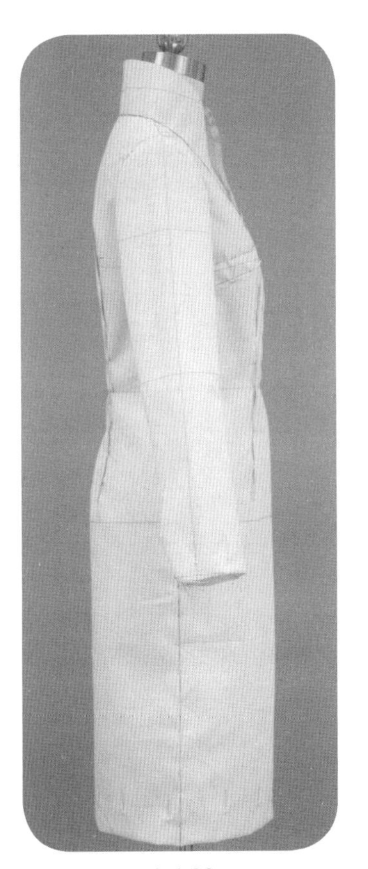

9.4.28

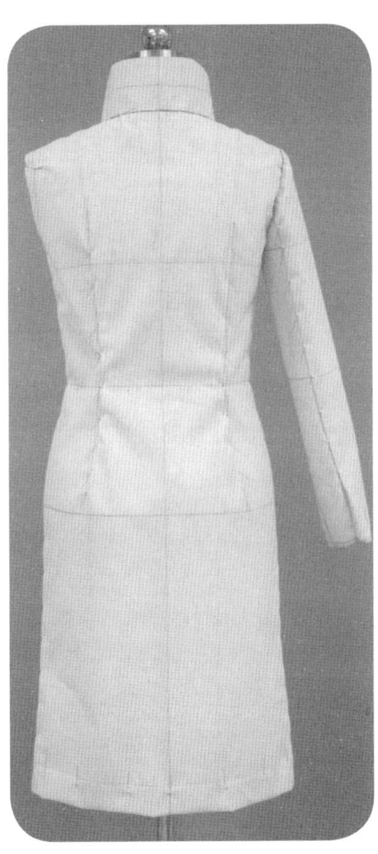

9.4.29

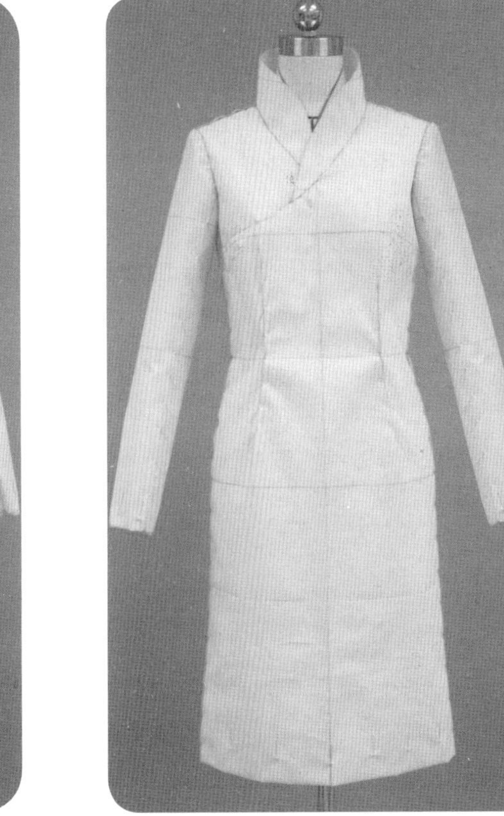

9.4.30

9.4.27 ~ 9.4.29　依次别合SP点、袖山5cm处，合理分配缝缩量，塑造袖山的圆润以及袖身的饱满立体造型。点出衣袖和袖窿的装袖对位标记。

9.4.30　整体造型完成。

● 样片描图（图9.4.3）

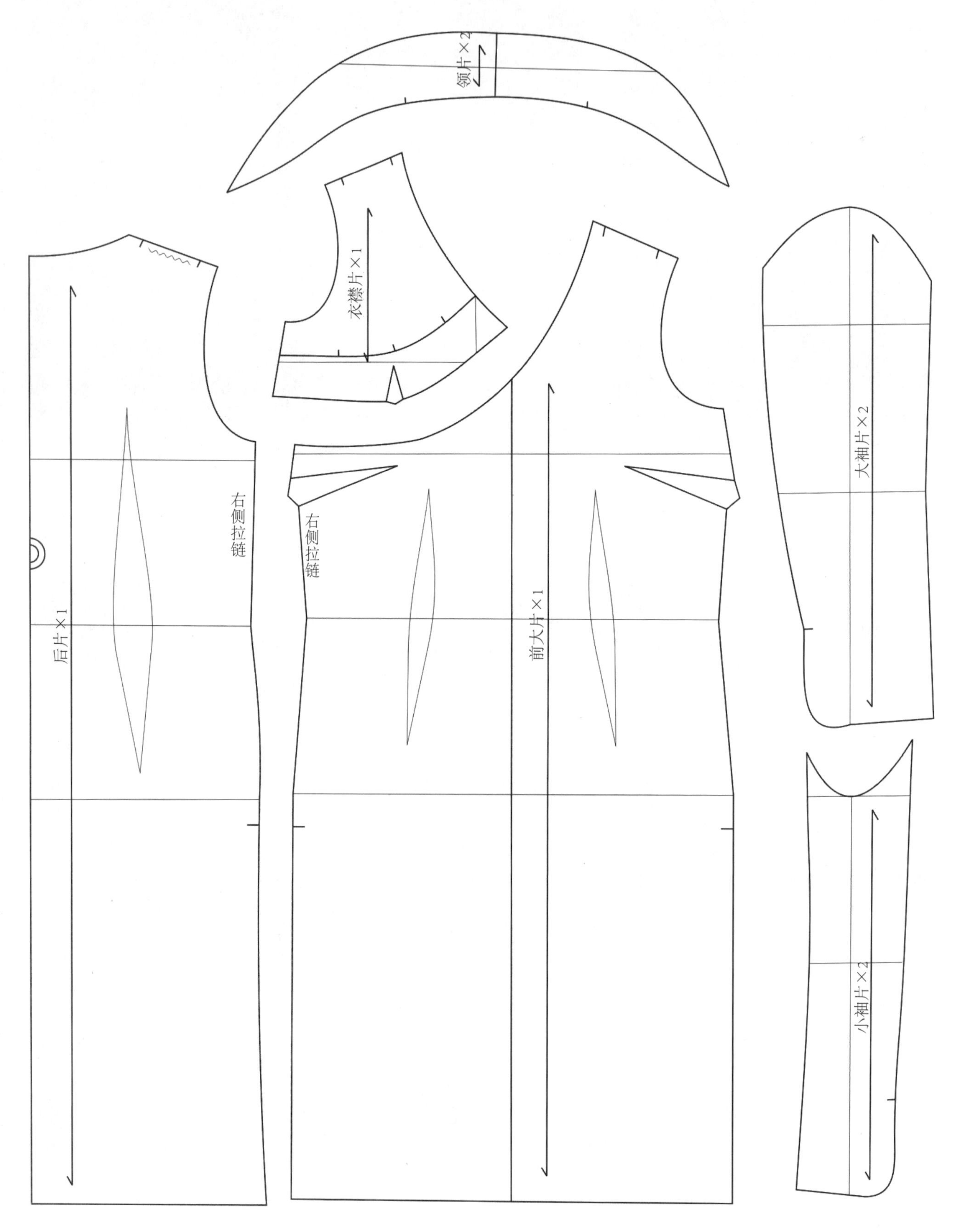

图9.4.3 样片描图

9.5 旗袍5——连身立领旗袍

● **款式分析（图9.5.1）**

衣身廓形：X形；连腰型。

结构要素：

省道——前片有侧缝胸省、连腰胸腰腹省，

后片有连腰肩背腰臀省；

分割线——侧缝线、肩线。

胸围线以上曲面量处理：

前片——前袖窿适当松量、侧缝省；

后片——后袖窿适当松量、后领口省。

胸围线—腰围线—臀围线曲面处理：

前片——连腰胸腰腹省、侧缝；

后片——连腰肩背腰臀省、侧缝。

衣领造型：连身立领。

衣袖造型：圆装袖；一片式、泡泡半袖。

细节设计：平襟；侧开衩；右侧缝装拉链。

松量设计：胸围松量3~4cm；腰围松量3~4cm；

臀围松量3~4cm；领围松量3cm。

图9.5.1　款式插图

● **坯布准备（图9.5.2）**

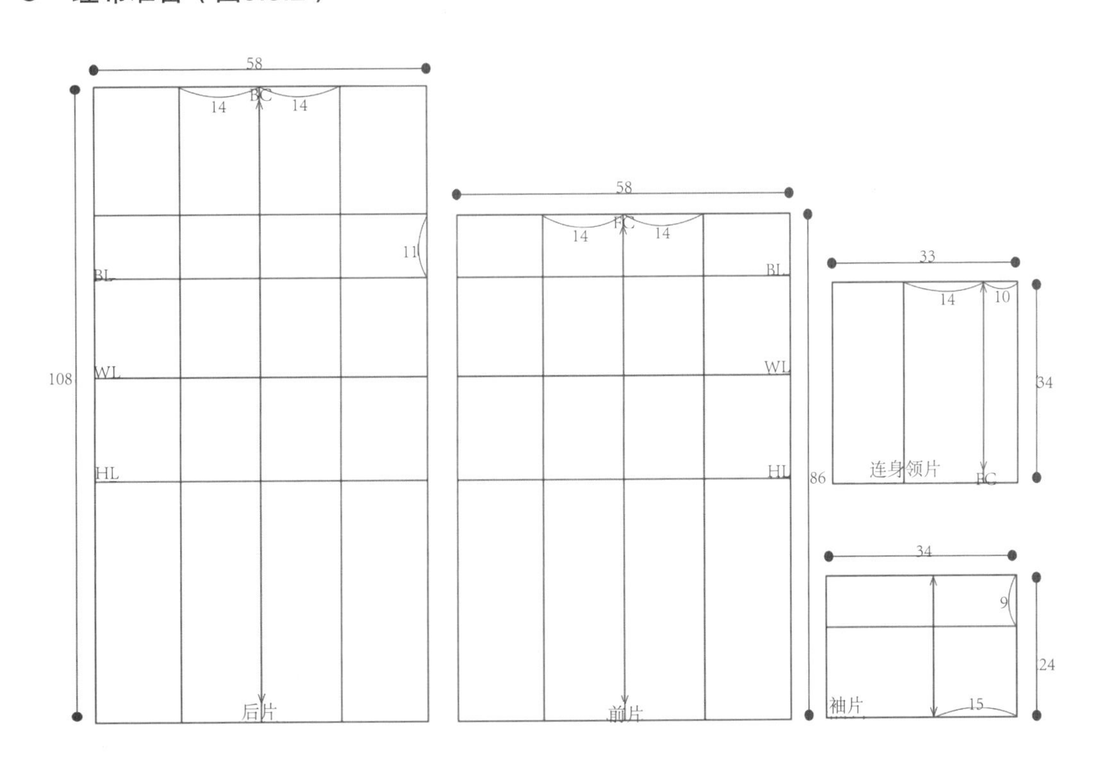

图9.5.2　坯布准备图　（单位：cm）

● 操作步骤

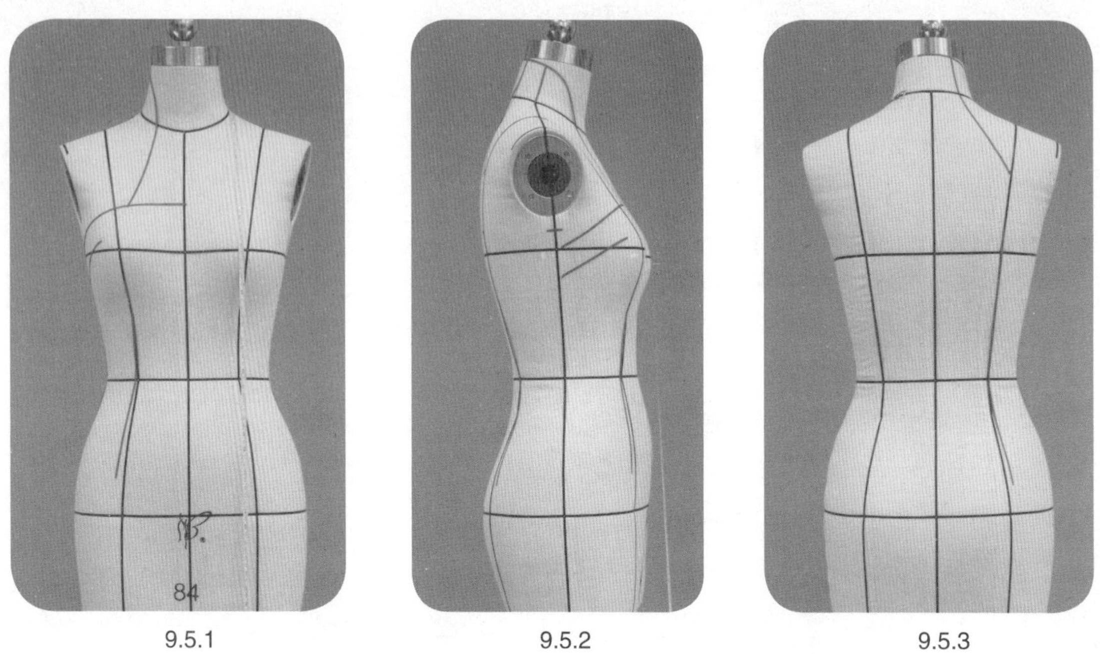

9.5.1　　　　9.5.2　　　　9.5.3

9.5.1 ~ 9.5.3　根据款式造型，贴置款式造型线。量取用布，绘制基础布纹线。用布请注意从衣领的高度开始量取。

9.5.4　把前上片固定于人台上，在分割线处适当修剪刀口。

9.5.5　在袖窿处修剪刀口，检查袖窿松量，修剪袖窿。

9.5.6　将立领造型肩线转折位置用大头针固定，并剪刀口。

9.5.7　调整前领上口松量，修剪肩线。完成前上片初步造型。

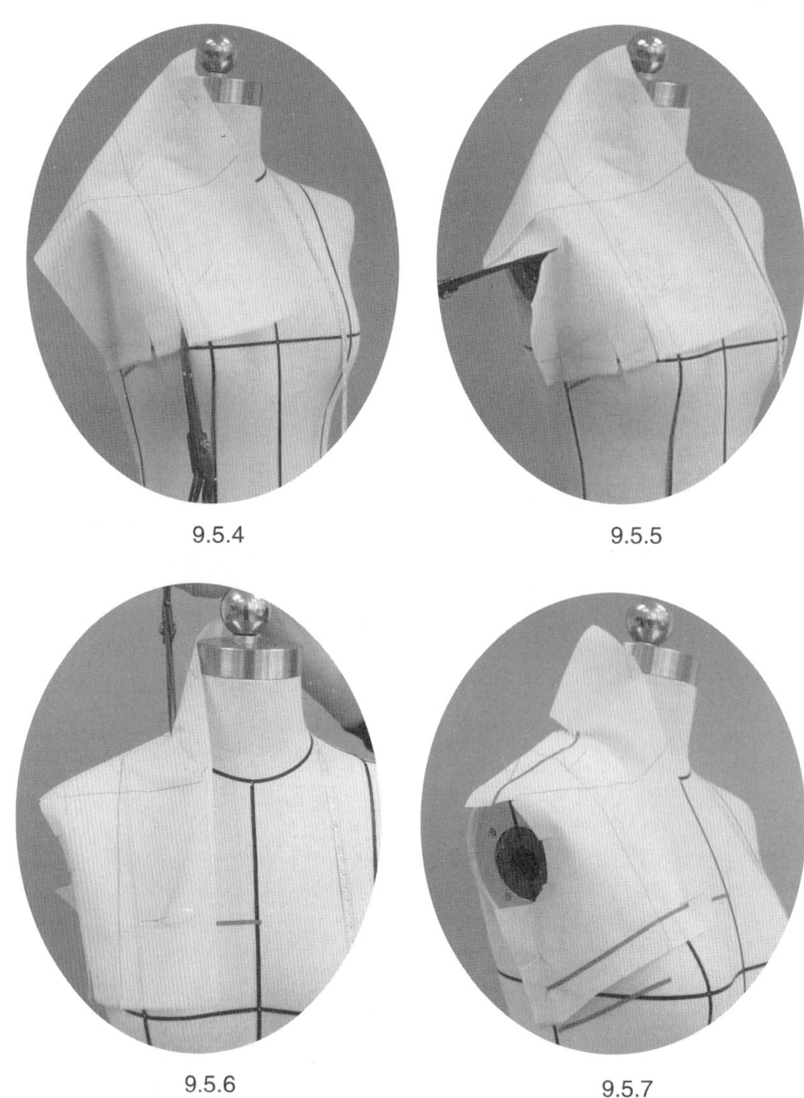

9.5.4　　　　9.5.5

9.5.6　　　　9.5.7

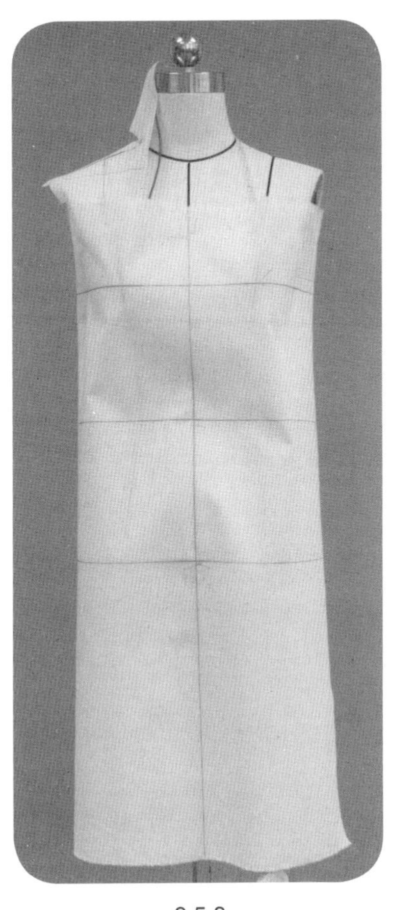

9.5.8

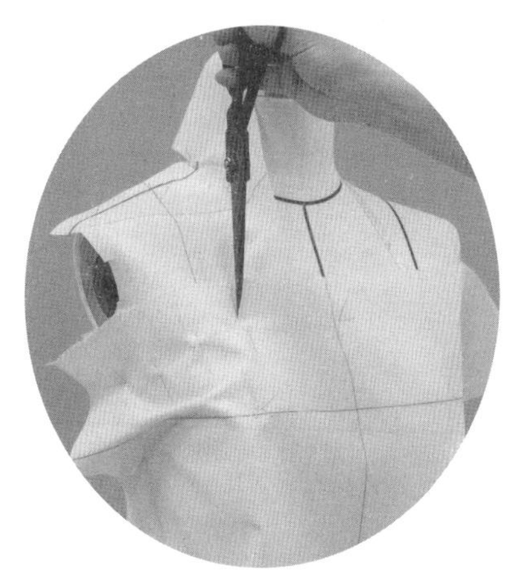

9.5.9

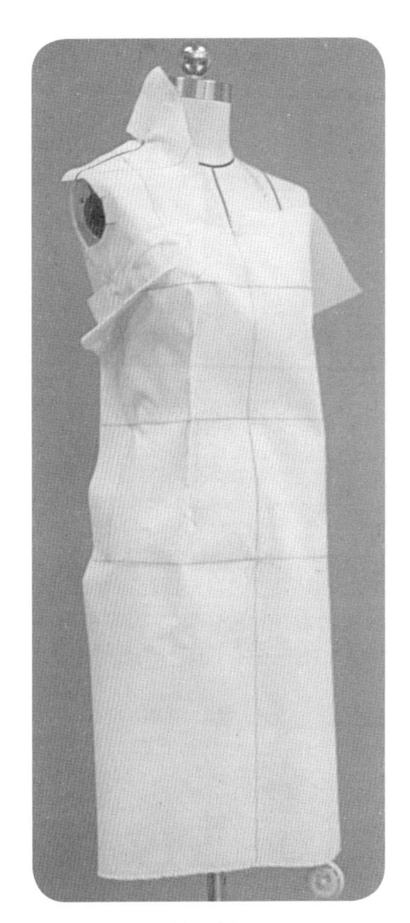

9.5.10

9.5.8　把前下片用布固定于人台上。注意前中心线、胸围线、腰围线、臀围线等布纹线与人台标示线对齐。依次固定前中心位置，预留围度松量，固定侧缝胸围线处、臀围线处以及BP点附近。

9.5.9　把曲面浮余量转移至侧缝省，用平叠针法拼合上下两片。

9.5.10　抓别侧缝省，分配腰省和侧缝的吸腰量。

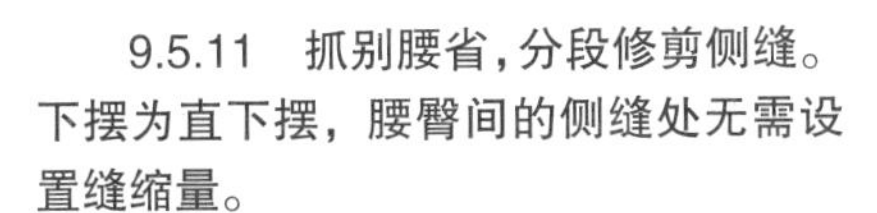

9.5.11　抓别腰省，分段修剪侧缝。下摆为直下摆，腰臀间的侧缝处无需设置缝缩量。

9.5.12　把后片用布固定于人台上，注意布纹线的横平竖直。依次固定后中心线、后侧纵线位置。

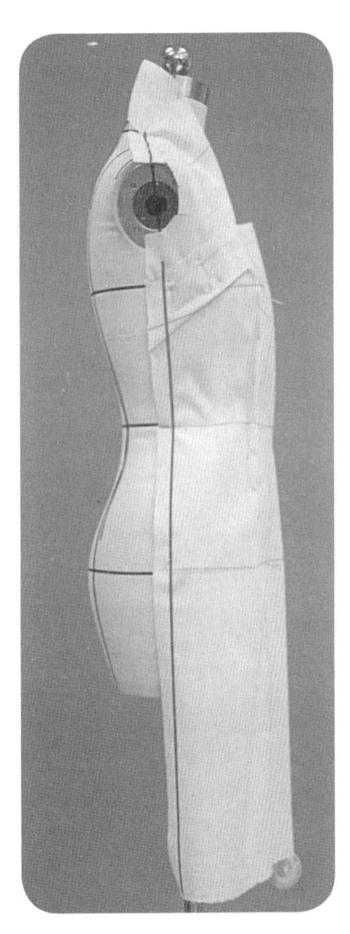

9.5.11

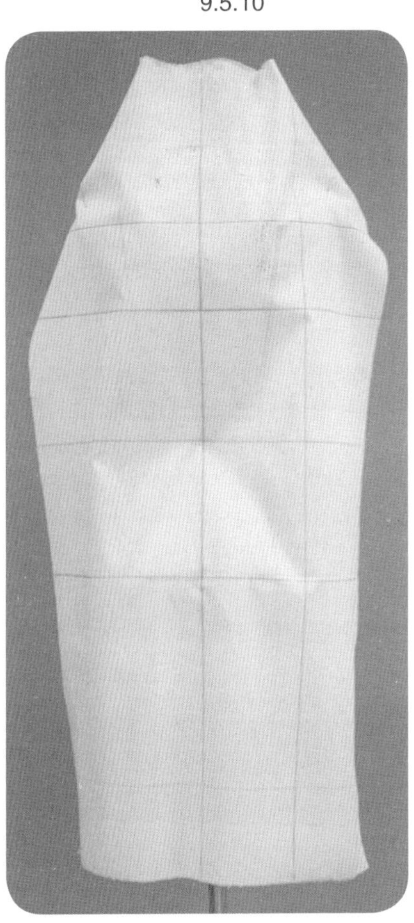

9.5.12

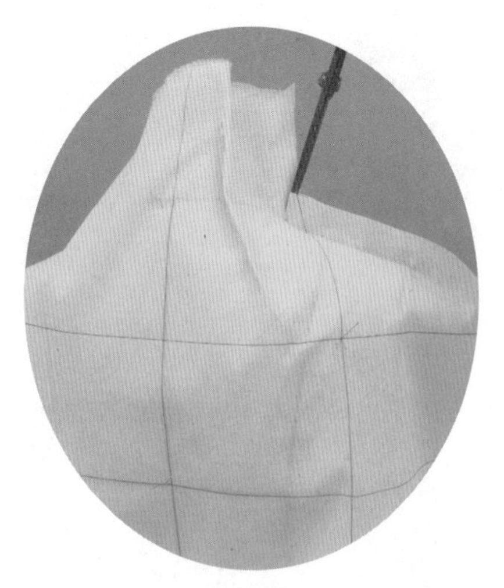

9.5.13

9.5.13　把肩背曲面浮余量转移至后领口省，肩线处用抓合针法别合前、后片。注意在衣领转折位置修剪刀口。

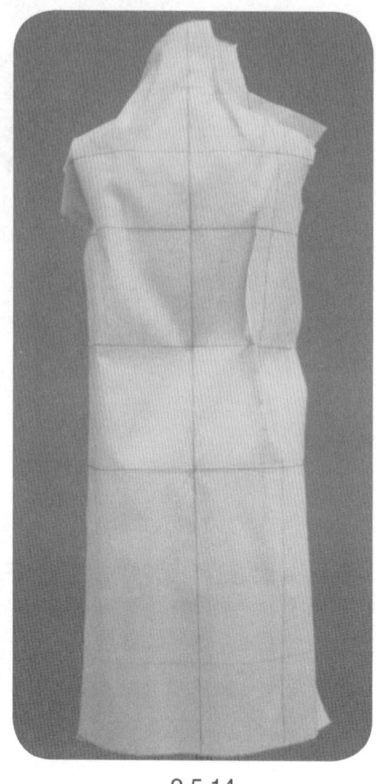

9.5.14

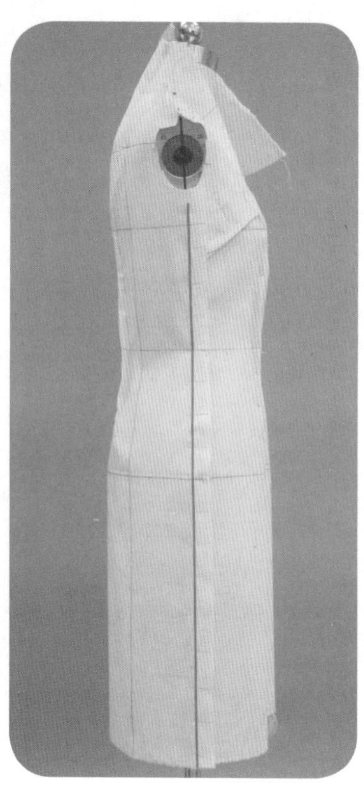

9.5.15

9.5.14　预留胸围松量，在胸围线侧缝位置用平叠针法别合前、后片。预留臀围松量，在臀围线侧缝位置用平叠针法别合前、后片。分配腰省和侧缝的吸腰量，抓别腰省，别合前、后片侧缝腰围线处。

9.5.15　修剪侧缝。

9.5.16

9.5.16　用大头针别出袖窿造型。SP 点可缩进 1~1.5cm，袖窿底点在胸围线上 1~2cm，前胸宽和后背宽适当减小。观察衣身整体造型，确认后标点描线。

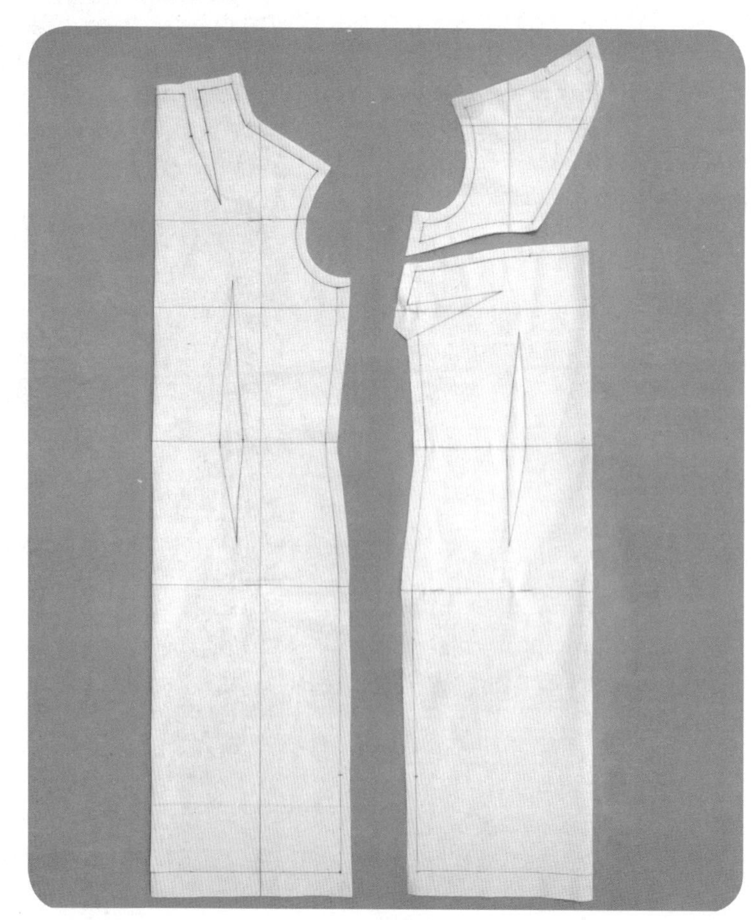

9.5.17

9.5.17　平面整理衣身衣片。

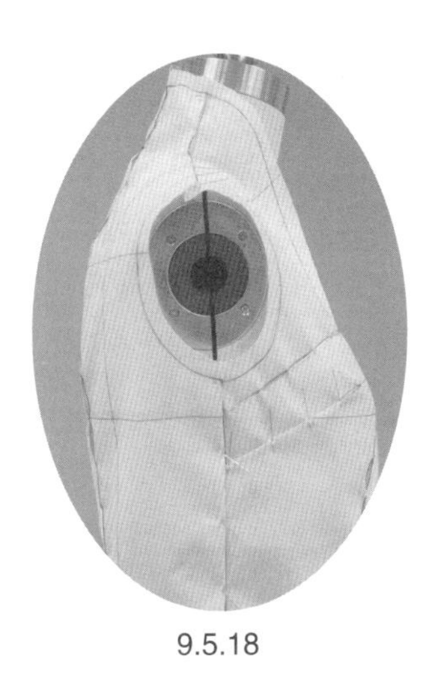
9.5.18

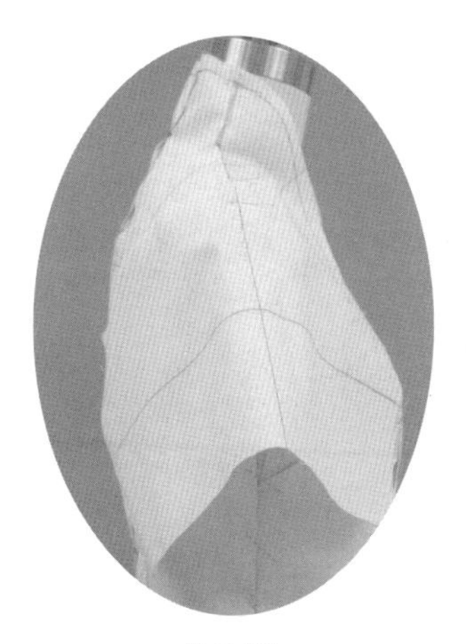
9.5.19

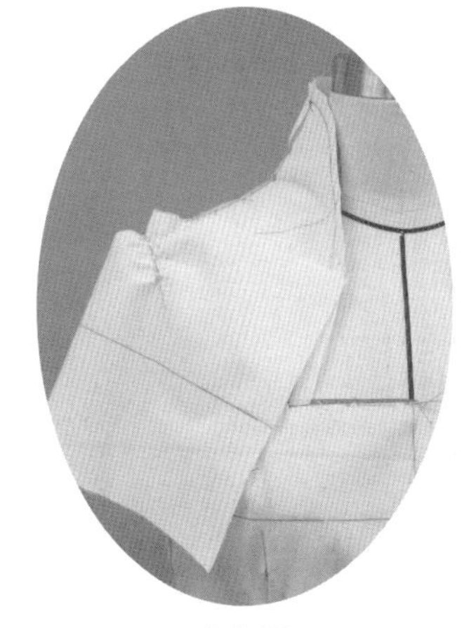
9.5.20

9.5.18 进行衣身的试样补正，再次确认袖窿的造型。

9.5.19 取衣袖用布，将其于SP点固定于衣身上。

9.5.20 、9.5.21 保证袖中斜线的上下斜度和前后斜度，前、后袖山设置衣褶，用平叠针法别合衣袖与衣身，注意前、后的平衡操作。

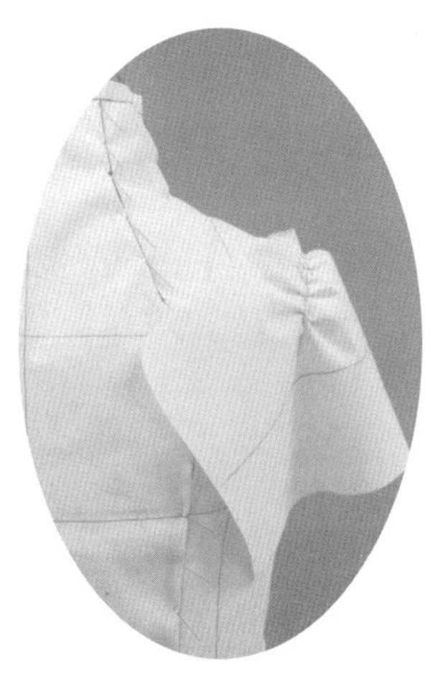
9.5.21

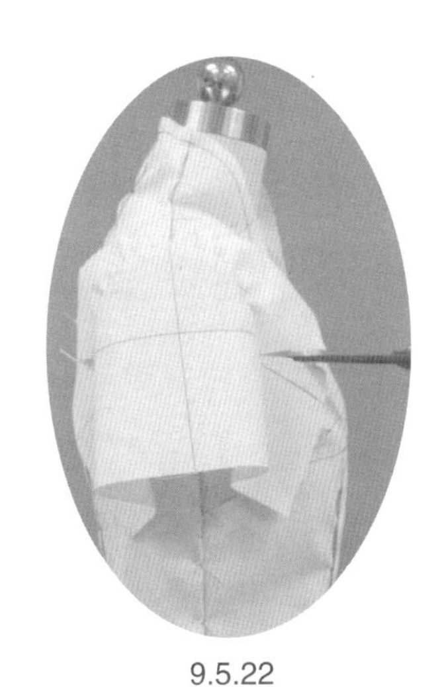
9.5.22

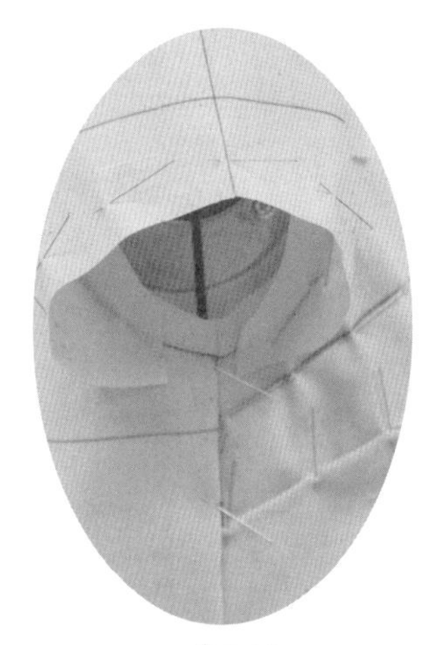
9.5.23

9.5.22 别合至前胸宽点和后背宽点位置附近，水平修剪刀口。

9.5.23 翻转衣袖用布，用抓合针法别合袖窿下方。

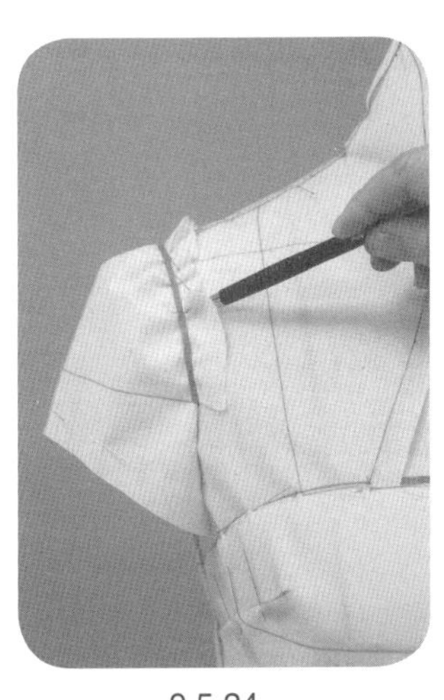
9.5.24

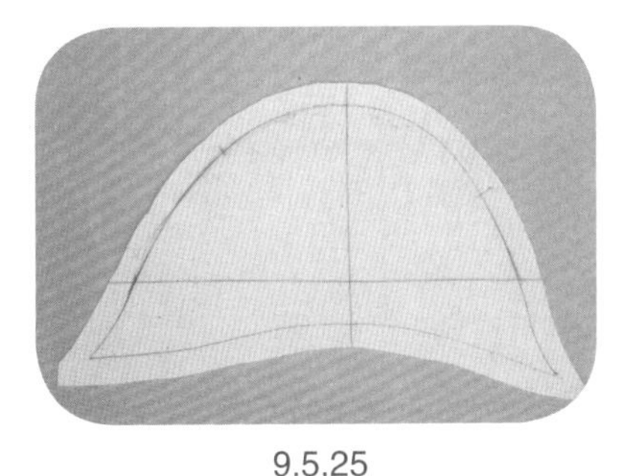
9.5.25

9.5.25 平面整理衣袖片。

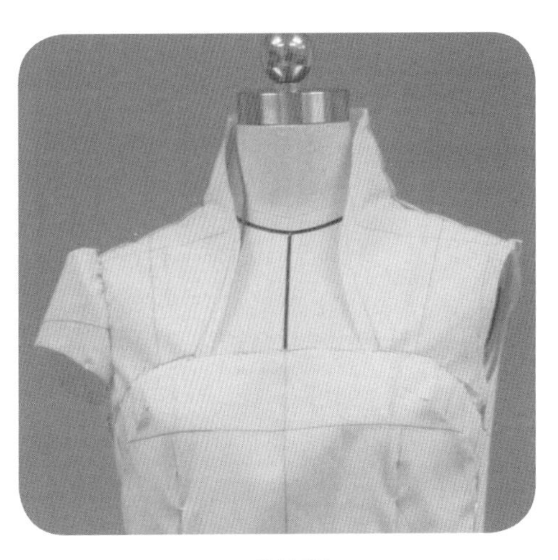
9.5.26

9.5.24 标点描线。可用大头针别出袖口造型，要注意袖山位置与衣身的对位点设置。

9.5.26 试样补正，观察装袖效果。把袖山衣褶用线抽缩，对齐对位点，把衣袖别合于衣身上。

9.5.27 ~ 9.5.29 完成整体造型。

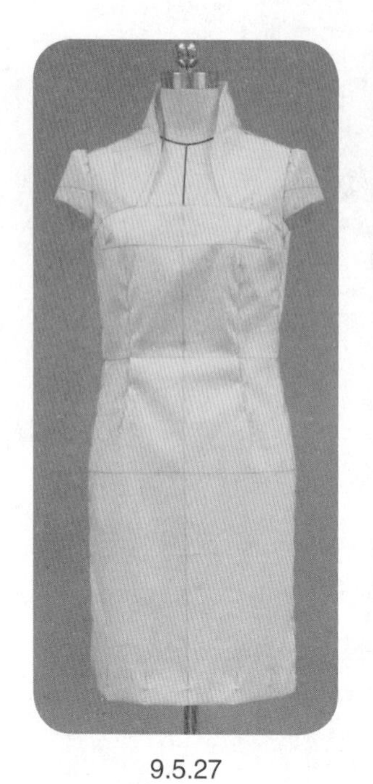

9.5.27

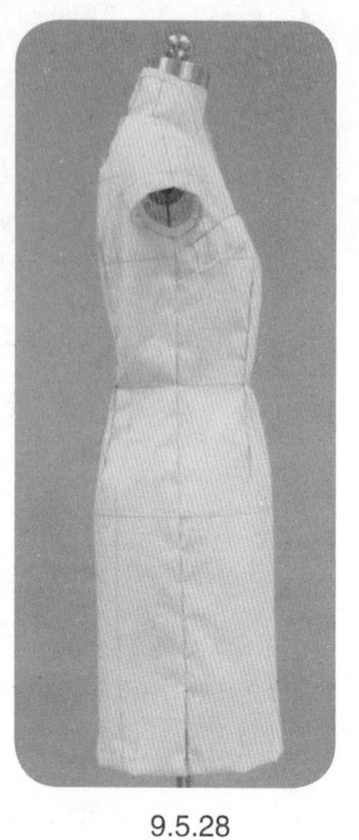

9.5.28

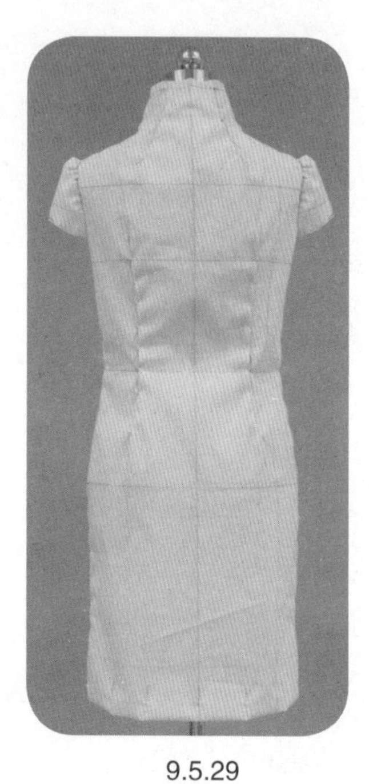

9.5.29

● 样片描图（图9.5.3）

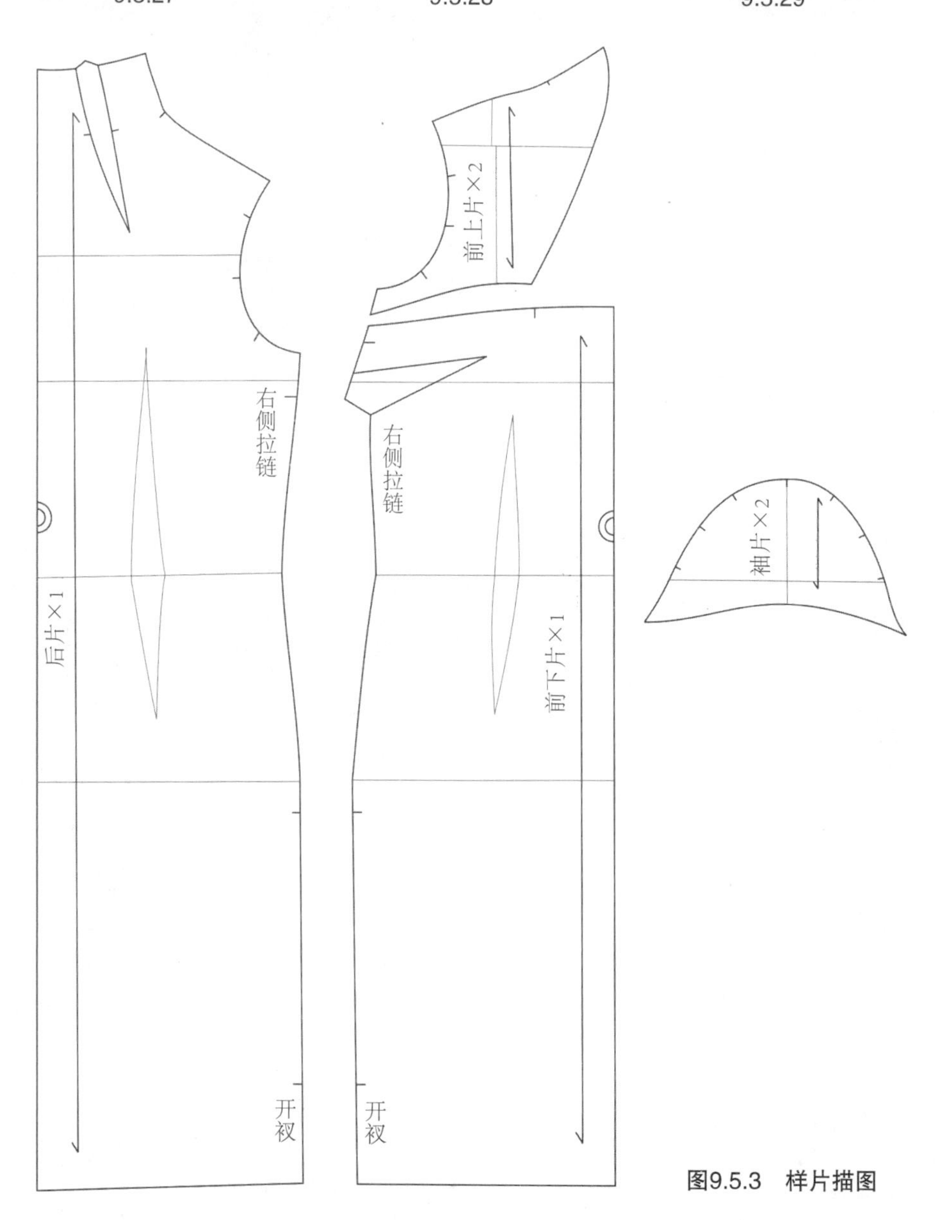

图9.5.3 样片描图

9.6 旗袍6——插肩袖旗袍

● 款式分析（图9.6.1）

衣身廓形：X形；连腰型。

结构要素：

省道——前片有侧缝胸省、连腰胸腰腹省，

后片有连腰肩背腰臀省。

分割线——侧缝线、肩线。

胸围线以上曲面量处理：

前片——前袖窿适当松量、侧缝省；

后片——后袖窿适当松量、肩线缝缩。

胸围线—腰围线—臀围线曲面处理：

前片——连腰胸腰腹省、侧缝；

后片——连腰肩背腰臀省、侧缝。

衣领造型：立领（领口线适当开大，上领口松量稍微增大。

衣袖造型：无袖（拖肩类）。

细节设计：平襟；侧开衩；后中心装拉链。

松量设计：胸围松量3~4cm；腰围松量3~4cm；臀围松量3~4cm；领围松量3cm。

图9.6.1 款式插图

● 坯布准备（图9.6.2）

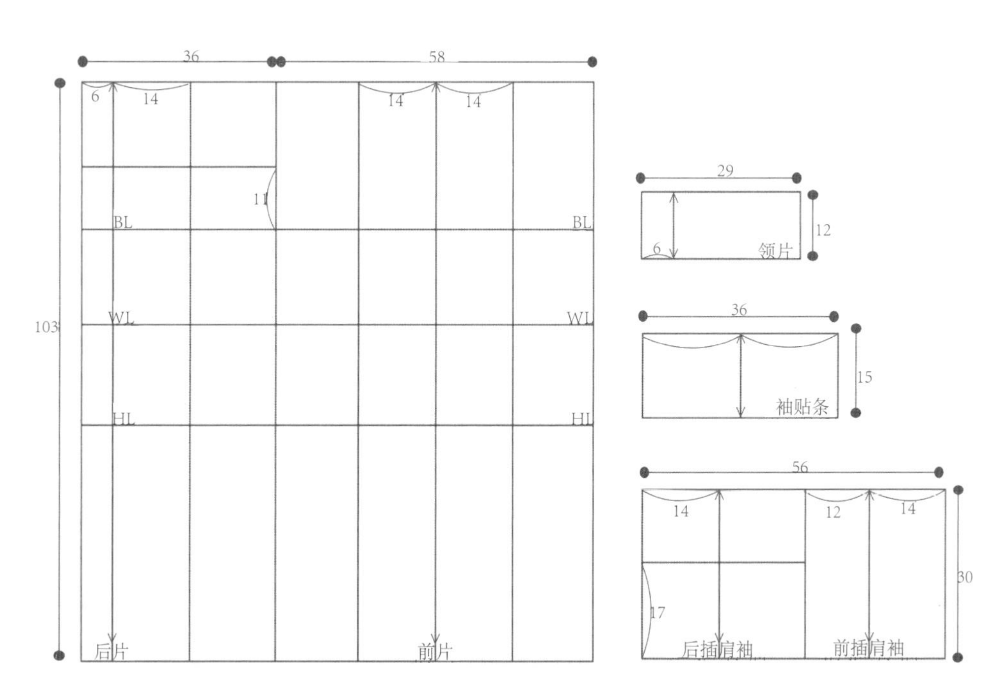

图9.6.2 坯布准备图（单位：cm）

● 操作步骤

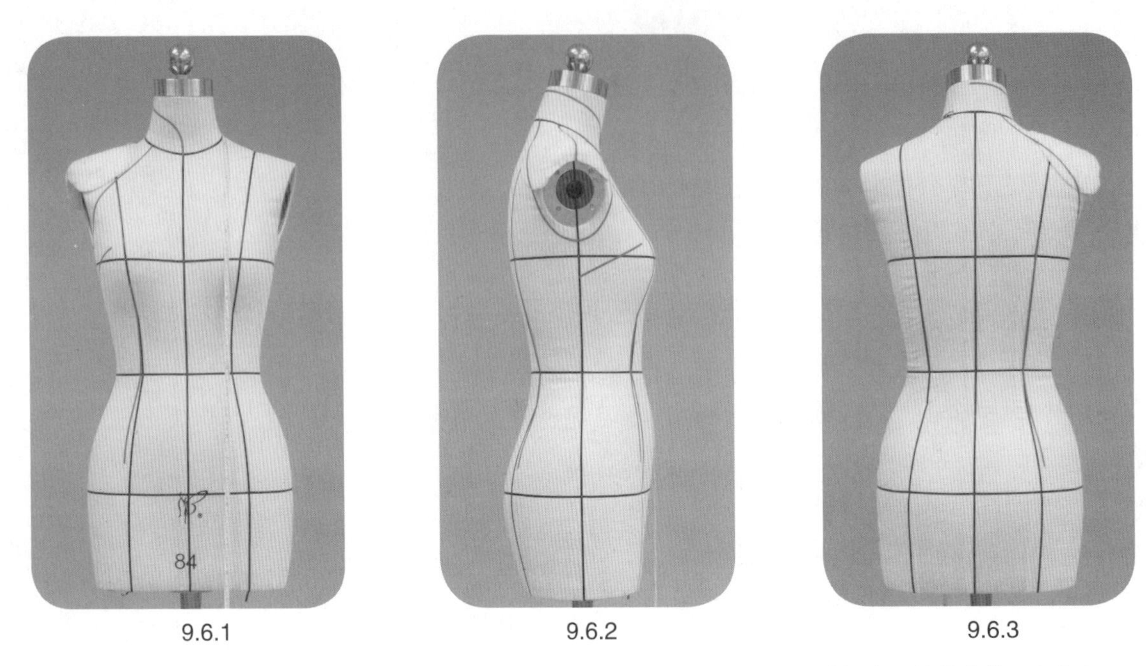

9.6.1　　　　9.6.2　　　　9.6.3

9.6.1 ~ 9.6.3　根据款式造型贴置款式造型线。款式要强调肩部造型，选择合适的垫肩装于人台上。插肩袖分割线在前胸宽、后背宽处不易减少太多，一般前胸宽减少 0.5~1.5cm，后背宽减少 1~2cm。

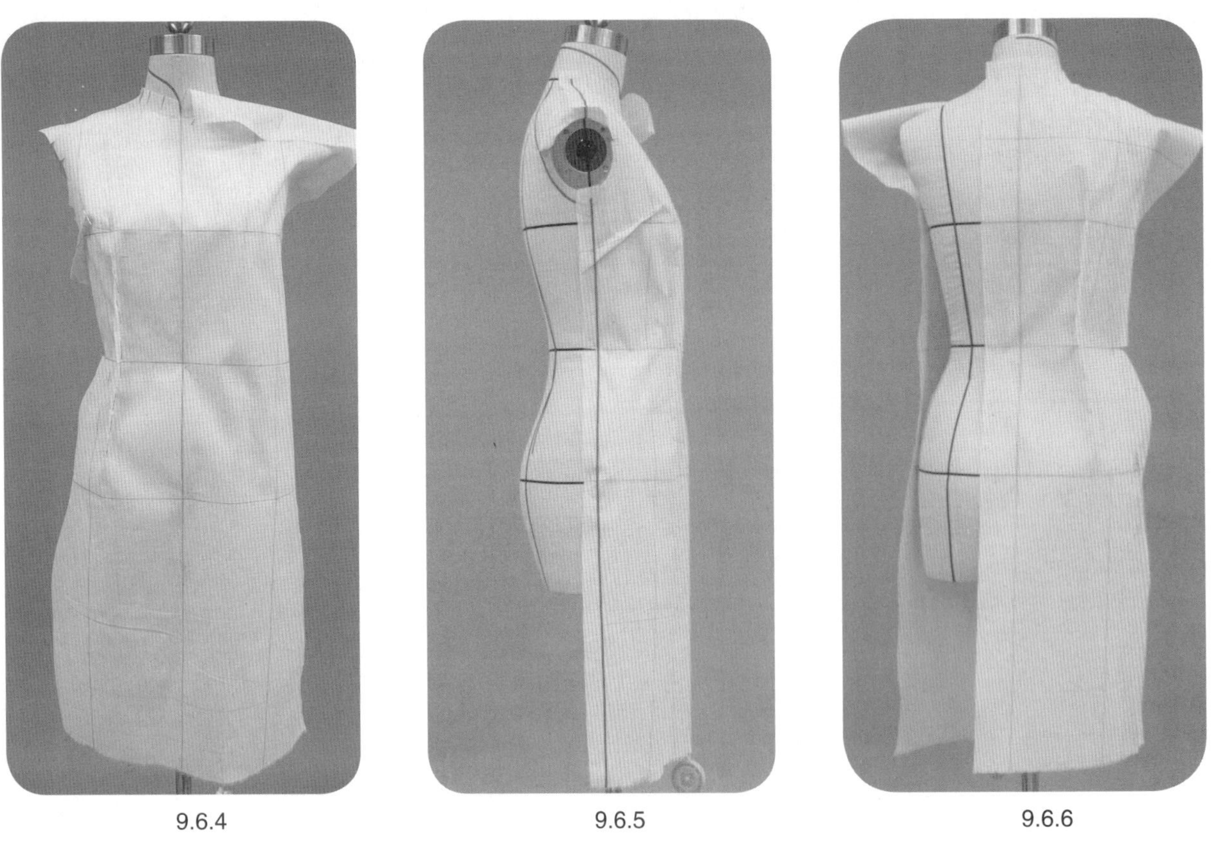

9.6.4　　　　9.6.5　　　　9.6.6

9.6.4 、9.6.5　同圆装袖旗袍，完成前片的操作。

9.6.6　将后片的肩背部曲面量分配于肩线缝缩、后袖窿缝缩。

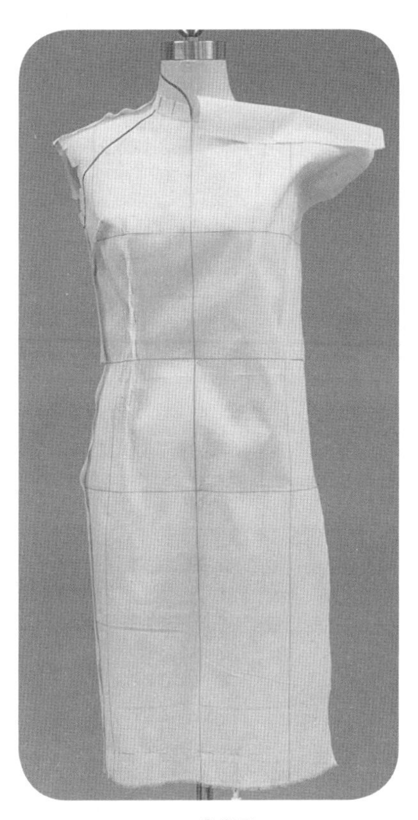

9.6.7

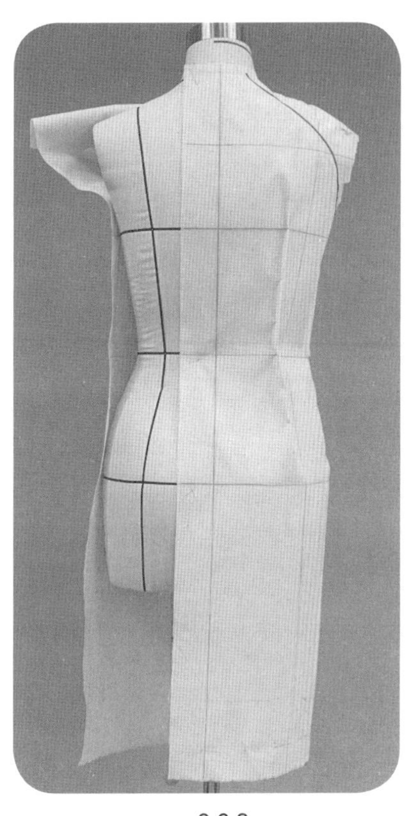

9.6.8

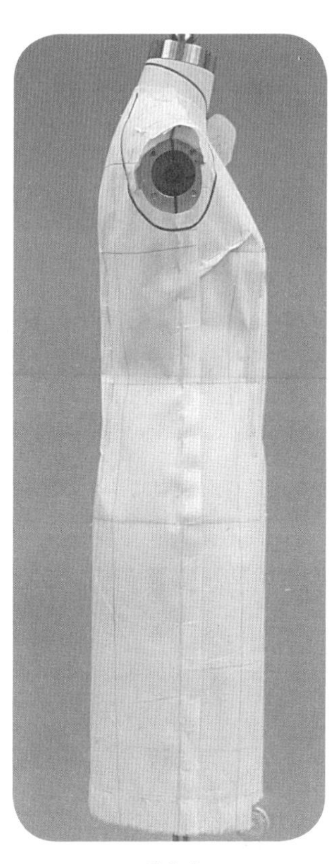

9.6.9

9.6.7 ~ 9.6.9 用大头针别出同圆装袖的袖窿弧线，之后用粘带贴出或用大头针别出插肩袖分割线。

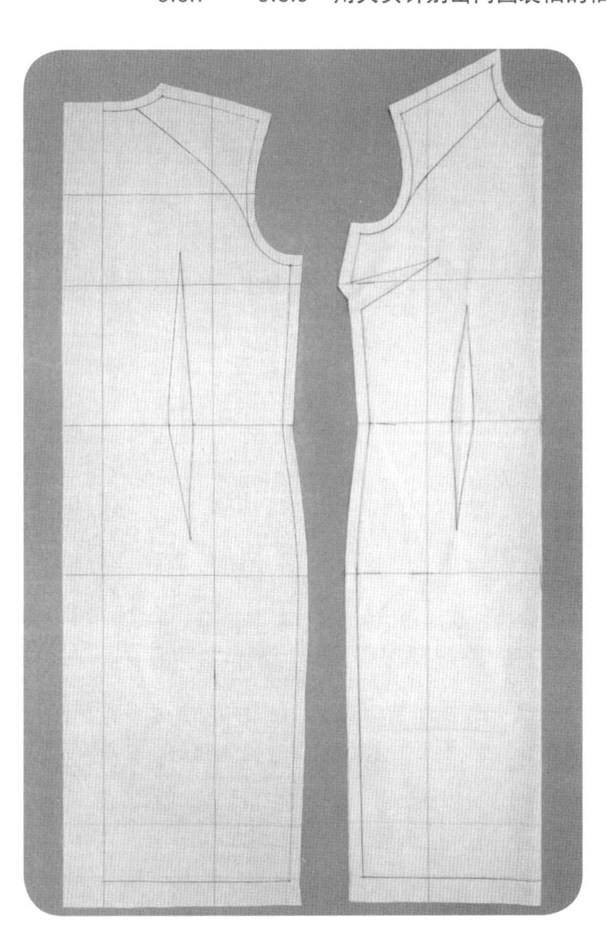

9.6.10

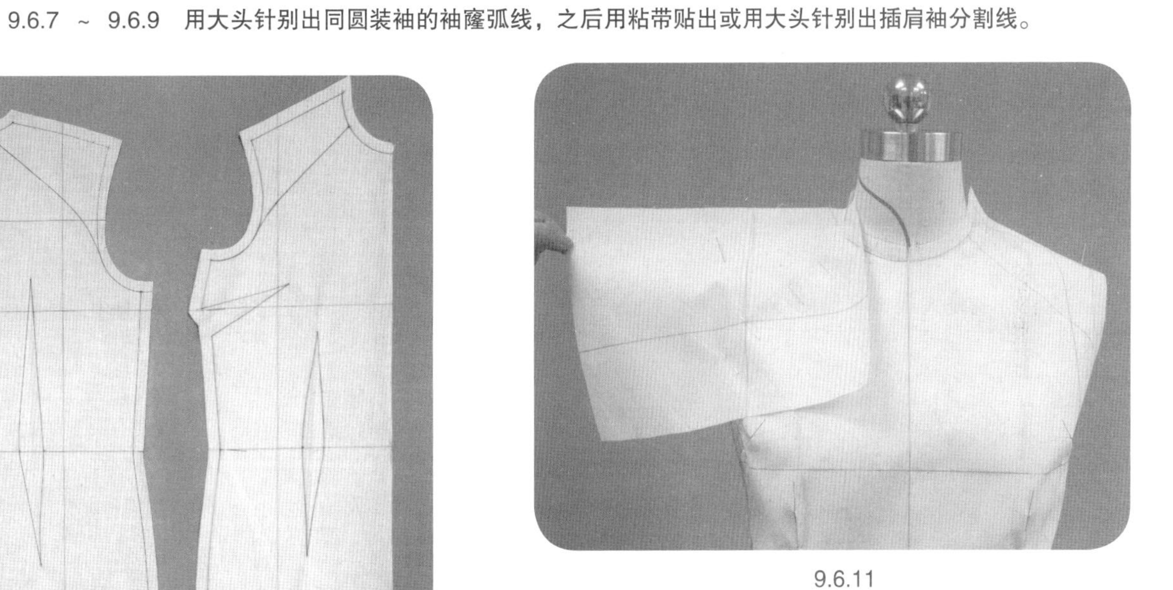

9.6.11

9.6.11 把袖片用布别合于衣身。

9.6.10 进行标点描线，平面整理衣身衣片。绘制出基础袖窿线以及插肩袖分割线。

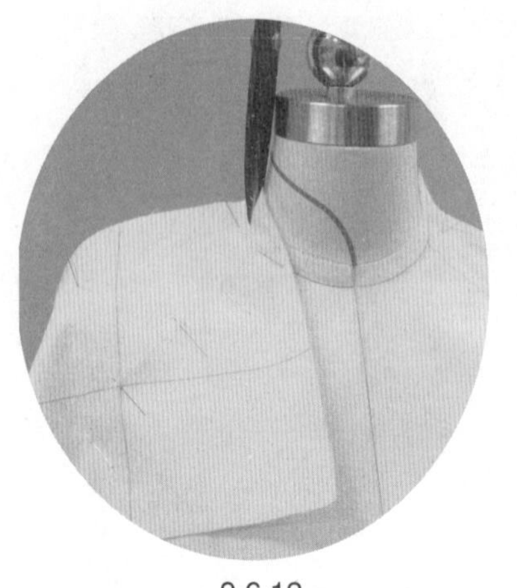

9.6.12

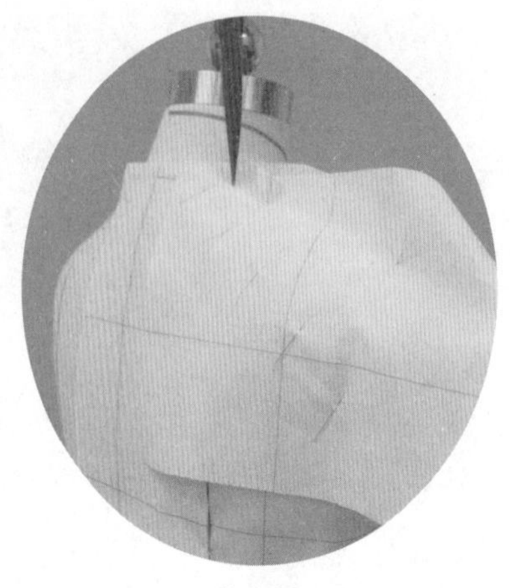

9.6.13

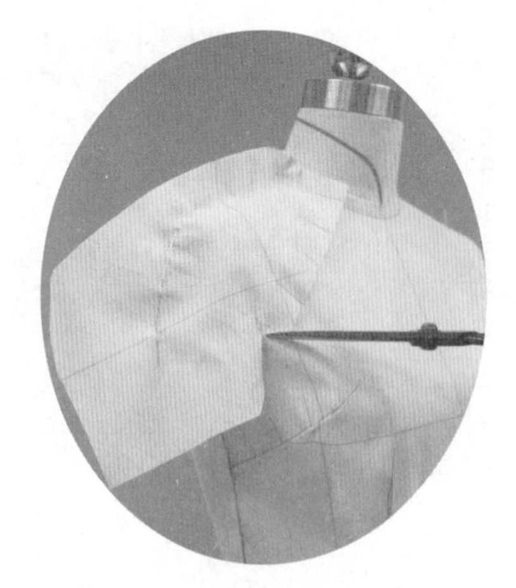

9.6.14

9.6.12 、9.6.13　将前、后袖片分别别合至前胸宽处、后背宽处。

9.6.14　修剪刀口，翻转衣袖用布，别合到止点。

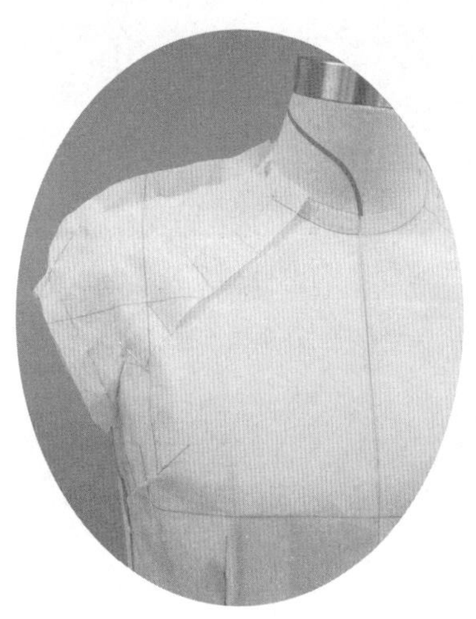

9.6.15

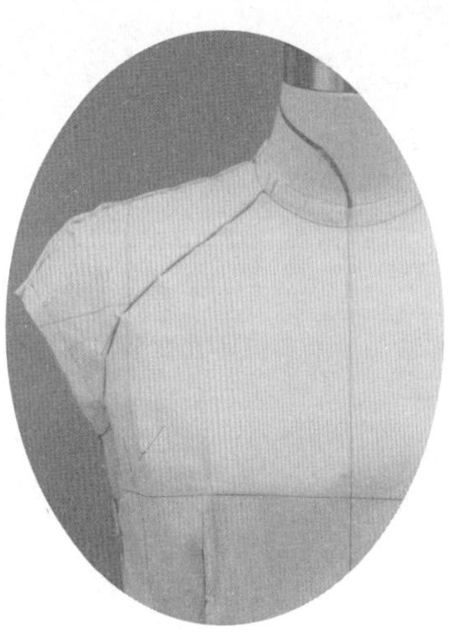

9.6.16

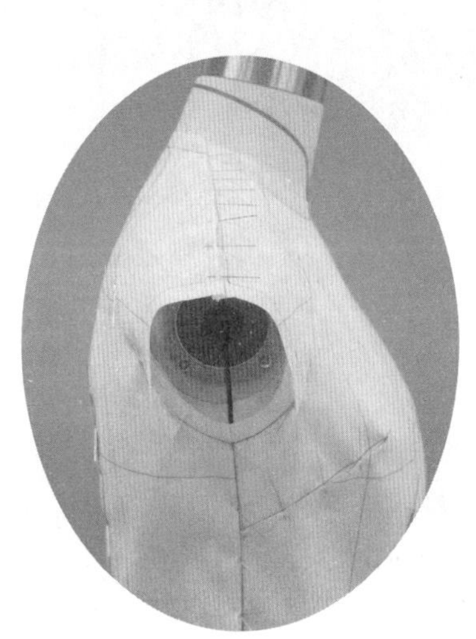

9.6.17

9.6.15　确定肩线造型和袖口造型。

9.6.16 ~ 9.6.18　进行标点描线、平面整理衣袖片，然后将其折别别合于衣身，进行试样补正。

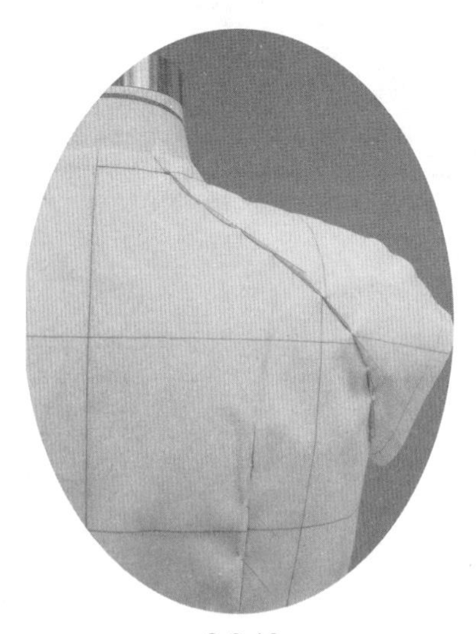

9.6.18

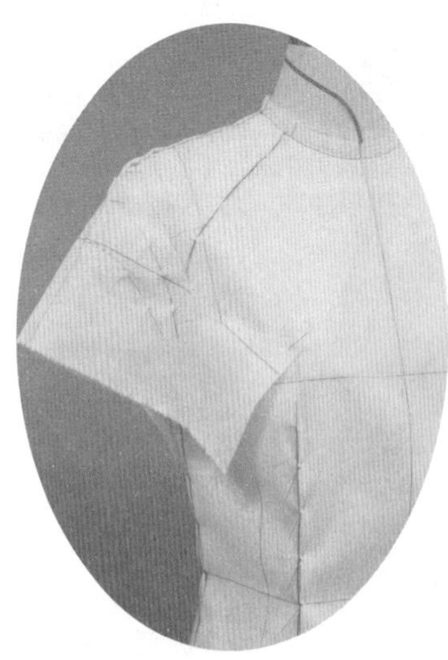

9.6.19

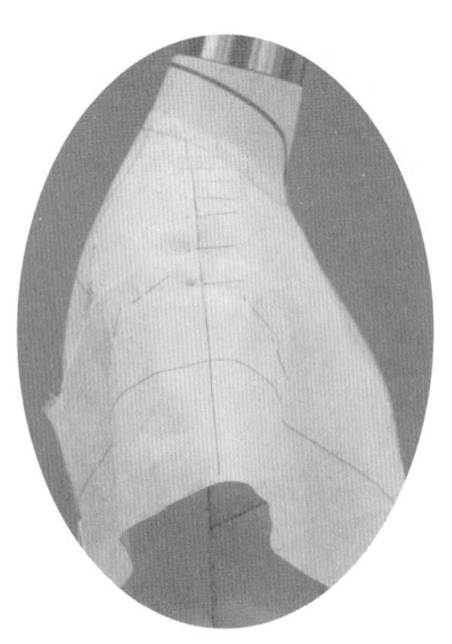

9.6.20

9.6.19　对齐袖中线，别合袖口条于衣袖袖口。

9.6.20 、9.6.21　修剪刀口，翻转用布，别合袖窿底部。

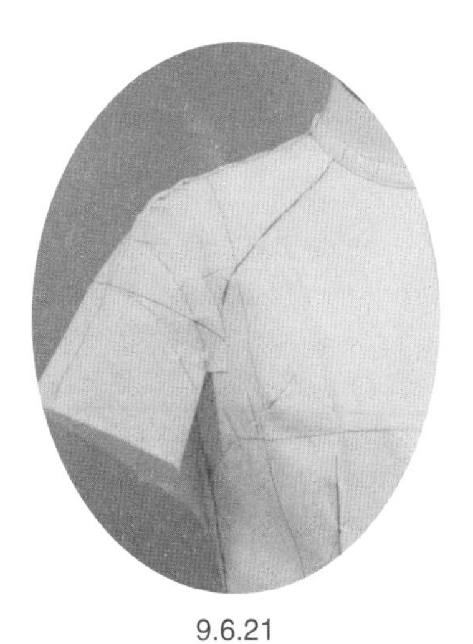

9.6.21

9.6.22

9.6.22　对袖口条进行标点描线及平面整理，然后将其别合于衣袖袖口和袖窿底。进行试样补正，完成立领的操作。

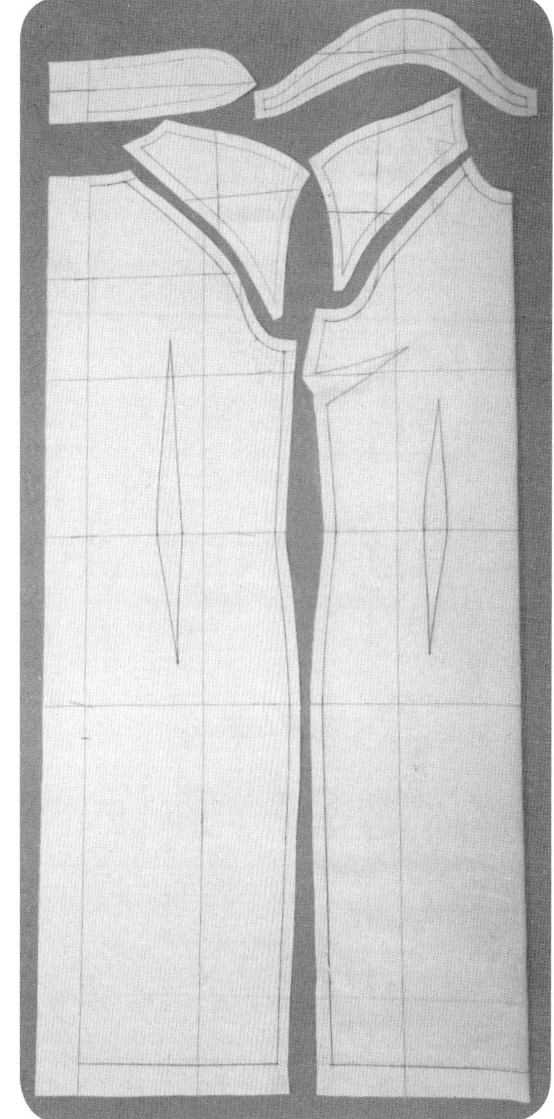

9.6.23

9.6.23　整理布样。在造型整体完成后，再修剪掉衣片肩头部分。

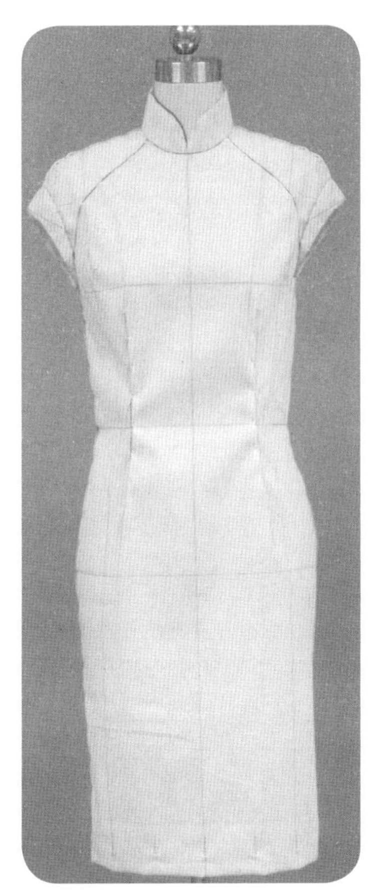

9.6.24

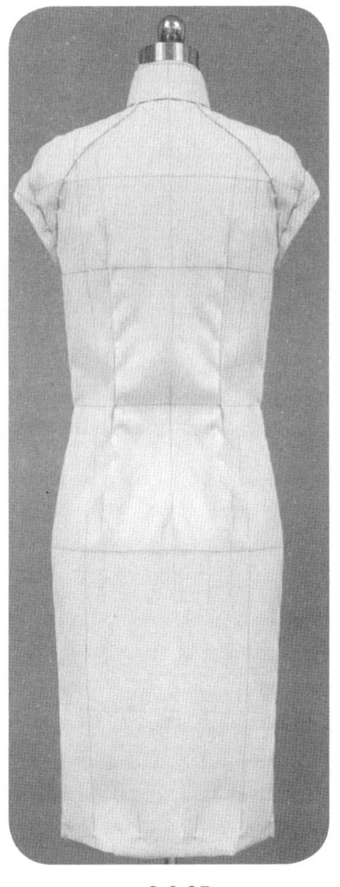

9.6.25

9.6.24 、9.6.25　整体造型完成。

● 样片描图（图9.6.3）

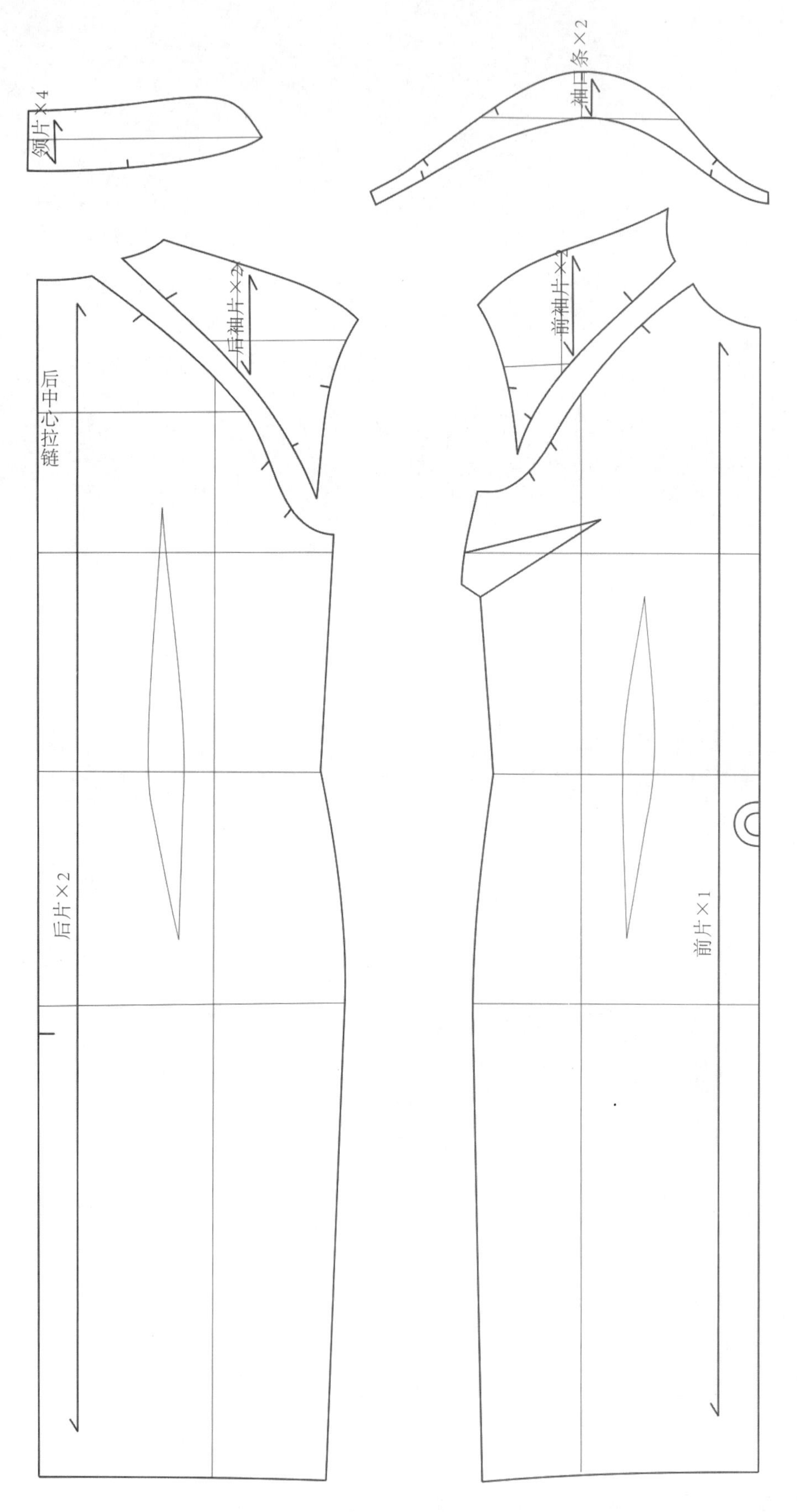

图9.6.3 样片描图

Chapter 10

第10章 婚礼服

10.1 裙撑

● 准备材料

网纱：门幅 110cm，10m长。
鱼骨片：1cm宽，8m长。
橡筋：3cm宽，60cm长。

● 操作步骤

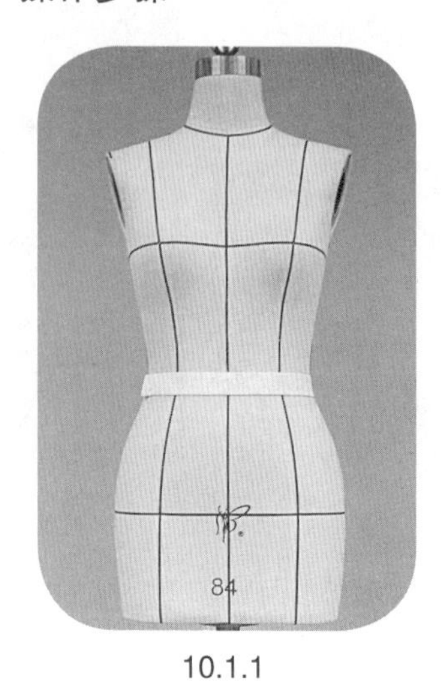
10.1.1

10.1.1　将松紧度合适的弹性橡筋围于腰围处，以实现不开口穿脱为好。

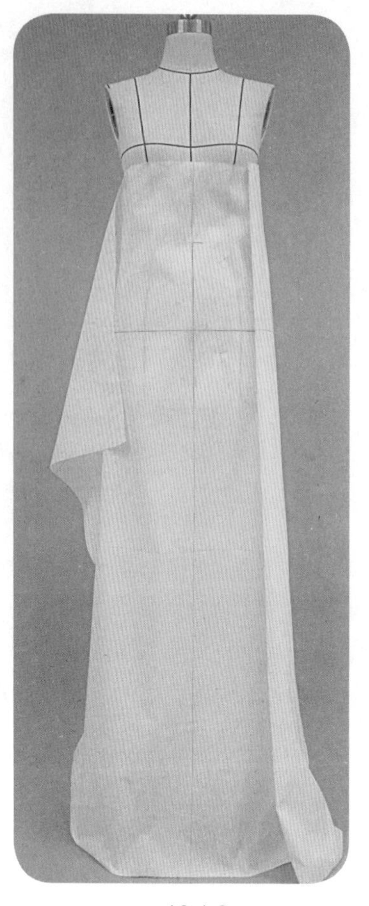
10.1.2

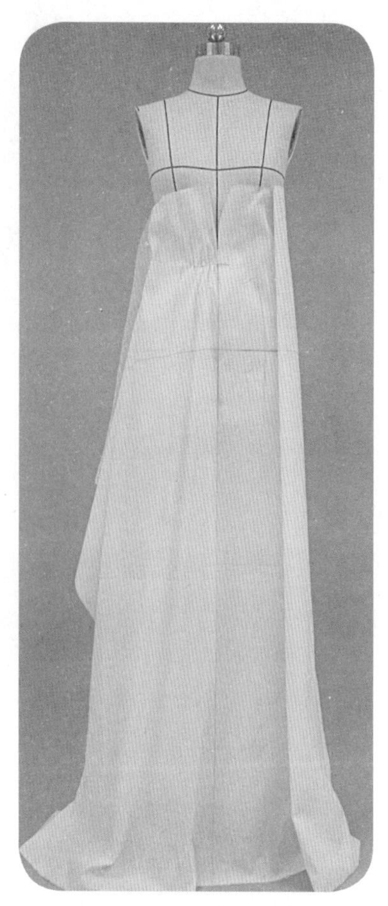
10.1.3

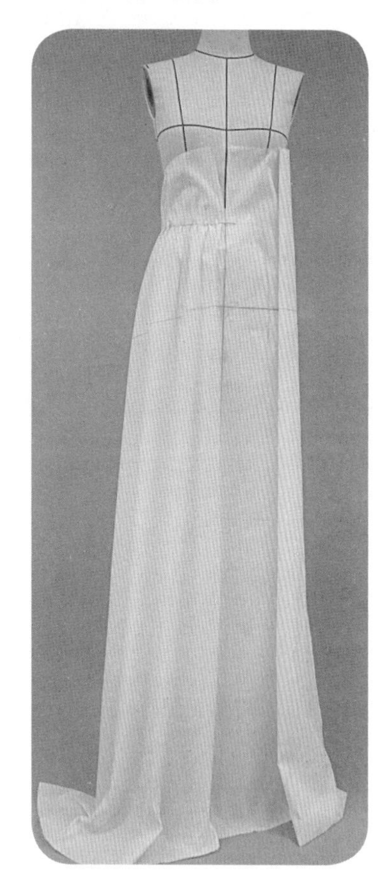
10.1.4

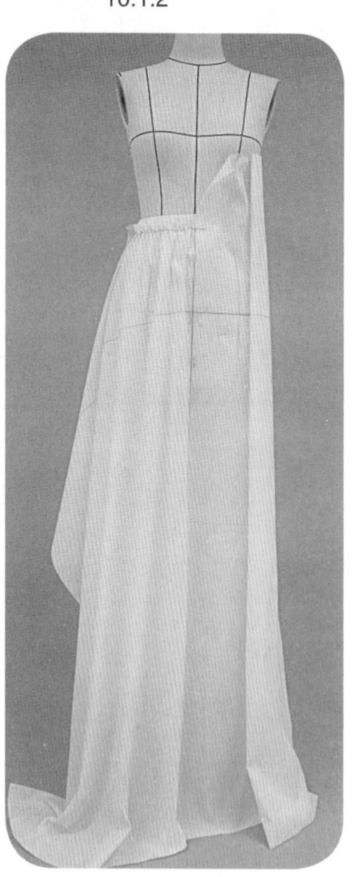
10.1.5

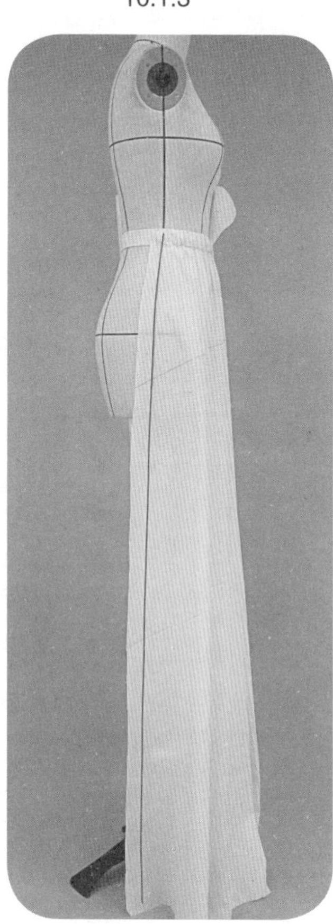
10.1.6

10.1.2 ~ 10.1.6　首先进行裙撑底布的操作。裙造型为衣褶加波纹的大A字形裙。

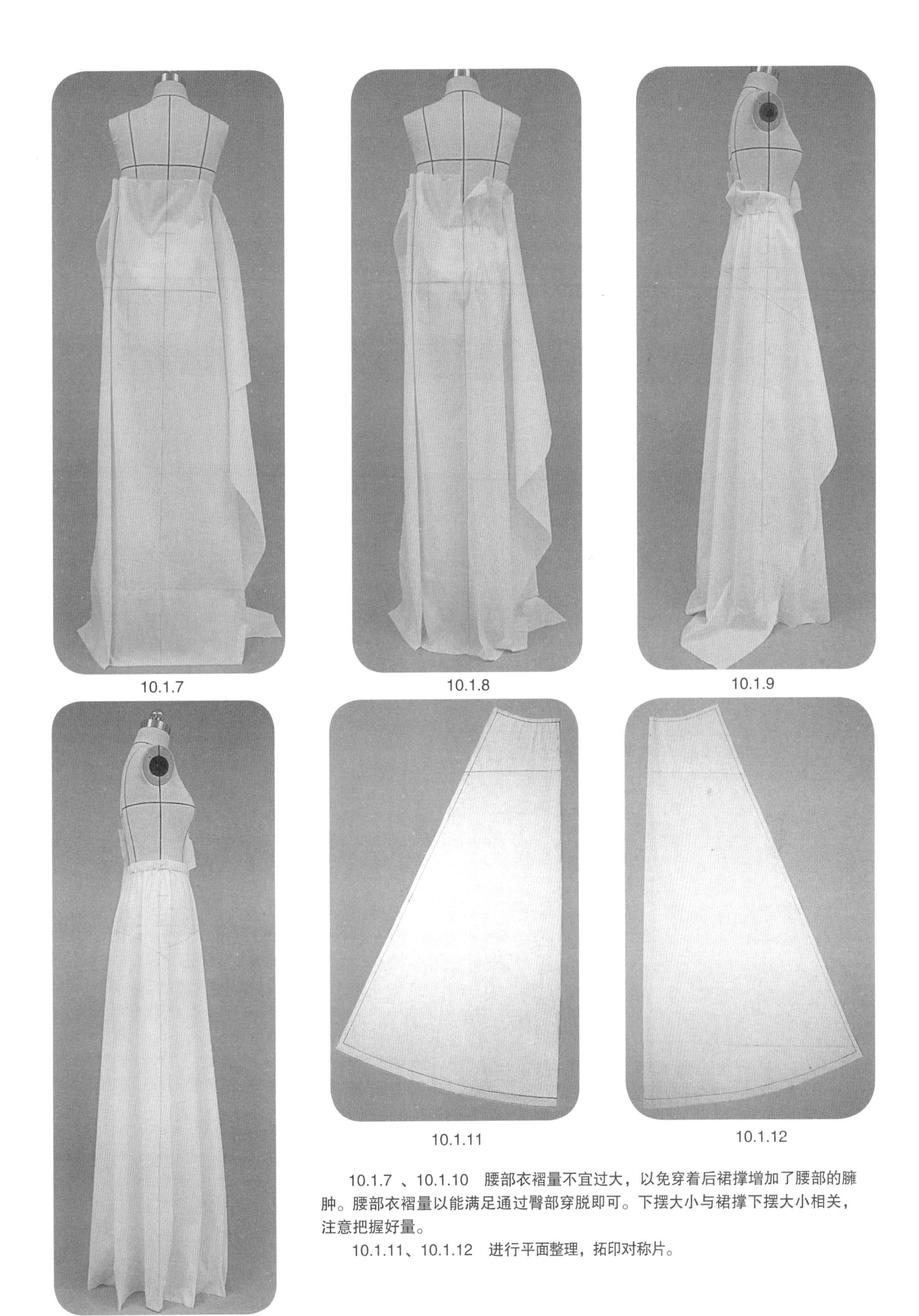

10.1.7

10.1.8

10.1.9

10.1.10

10.1.11

10.1.12

10.1.7 、10.1.10　腰部衣褶量不宜过大，以免穿着后裙撑增加了腰部的臃肿。腰部衣褶量以能满足通过臀部穿脱即可。下摆大小与裙撑下摆大小相关，注意把握好量。

10.1.11、10.1.12　进行平面整理，拓印对称片。

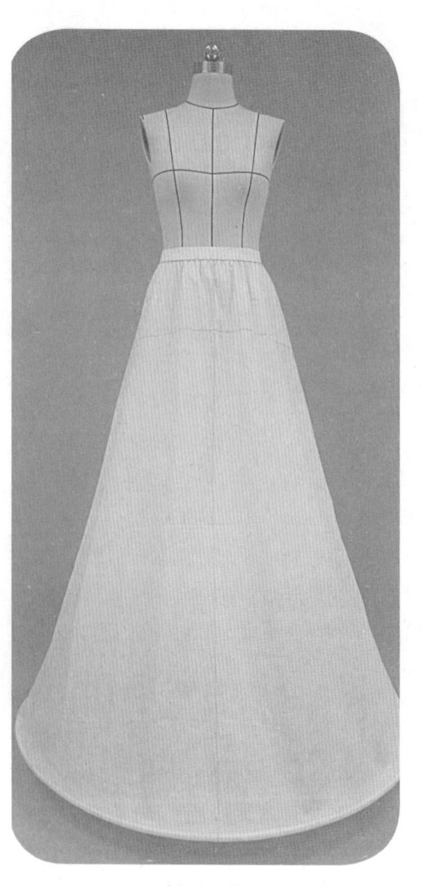

10.1.13

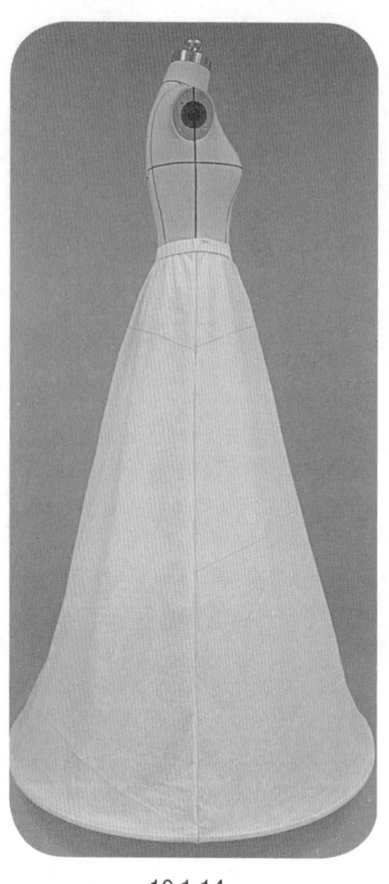

10.1.14

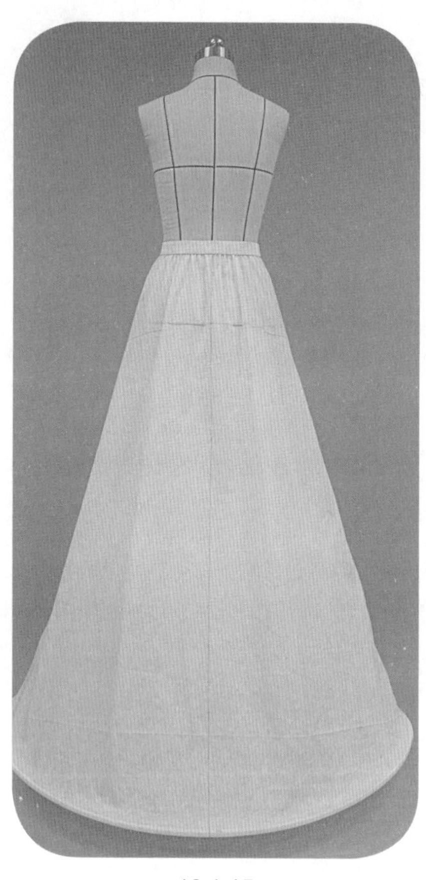

10.1.15

10.1.13 ~ 10.1.15　缝合底裙前、后片以及与腰部橡筋缝合，底边处用卷边缝形成通道，将鱼骨片串于其中，形成支撑造型。

10.1.16

10.1.16　裁剪宽度适当的网纱，在上端进行抽缩缝纫。

10.1.17

10.1.18　　10.1.19　　10.1.20

10.1.17 ~ 10.1.19　将第一段网纱别合于底裙适当位置。

10.1.21　　10.1.22　　10.1.23

10.1.20 ~ 10.1.23　同样，将抽缩缝纫网纱别于适当位置，完成第一到第四段网纱。

10.1.24　外层网纱为整层形式，以覆盖内部网纱的层阶形态，形成完美裙撑。

10.1.24

10.1.25　　　　10.1.26　　　　10.1.27

10.1.25 ~ 10.1.27　依据大头针定位，缝纫网纱与垫布，完成裙撑制作。

10.2 胸衣

● **准备材料**

鱼骨：0.5cm宽，5m长。　　气眼：16个。

棉绳：直径0.3cm，6 m长。　　面料：门幅 110cm，2m长。

● **操作步骤**

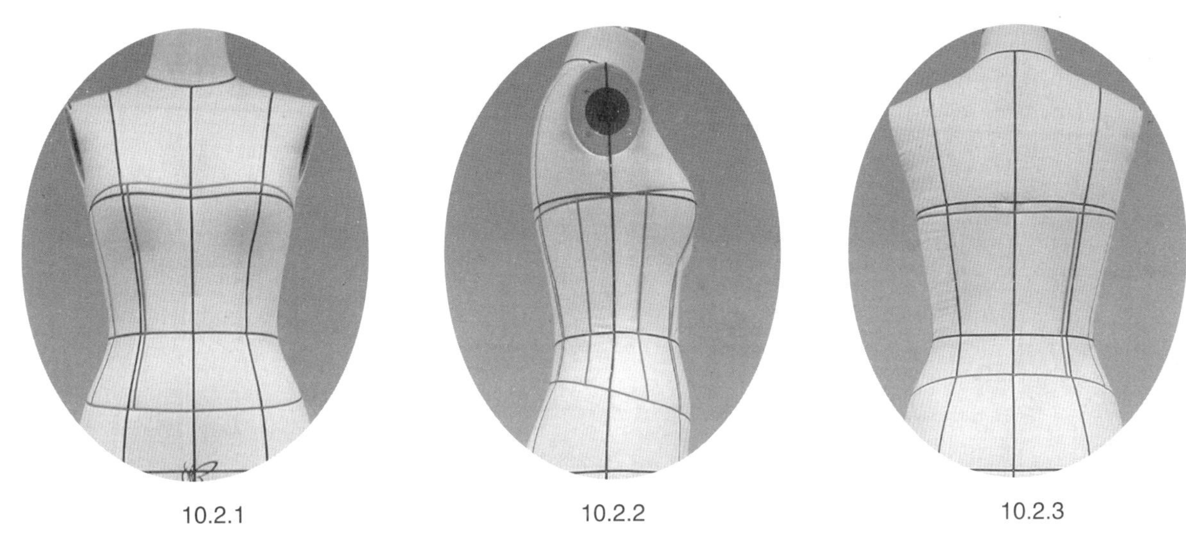

10.2.1　　10.2.2　　10.2.3

10.2.1 ~ 10.2.3　贴置款式造型线。胸衣是穿在礼服内的内衣，要配合礼服造型。

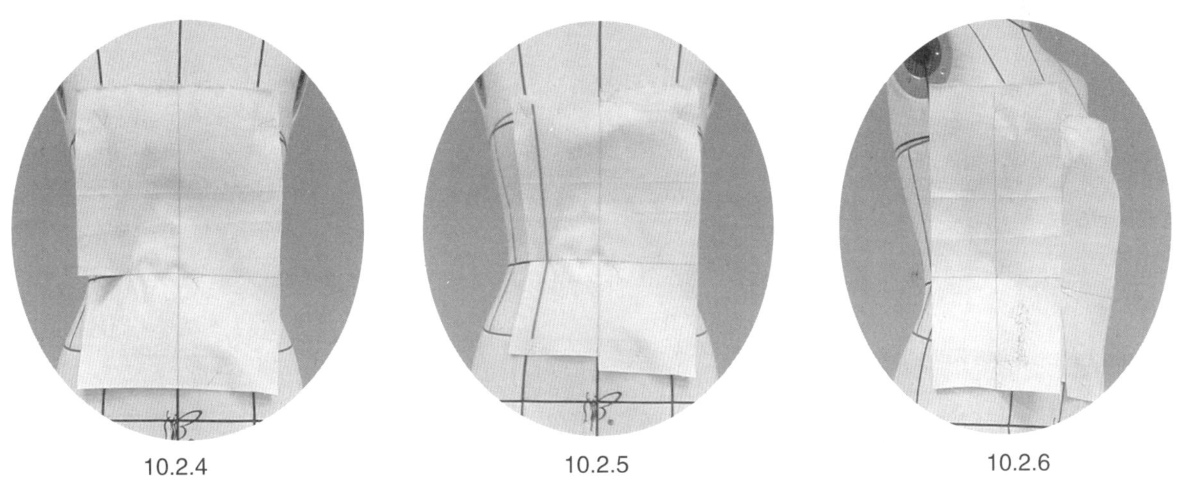

10.2.4　　10.2.5　　10.2.6

10.2.4 ~ 10.2.6　依次进行前中片、前侧片的裁剪操作，保持布纹的横平竖直，分割线要分段修剪、合并。

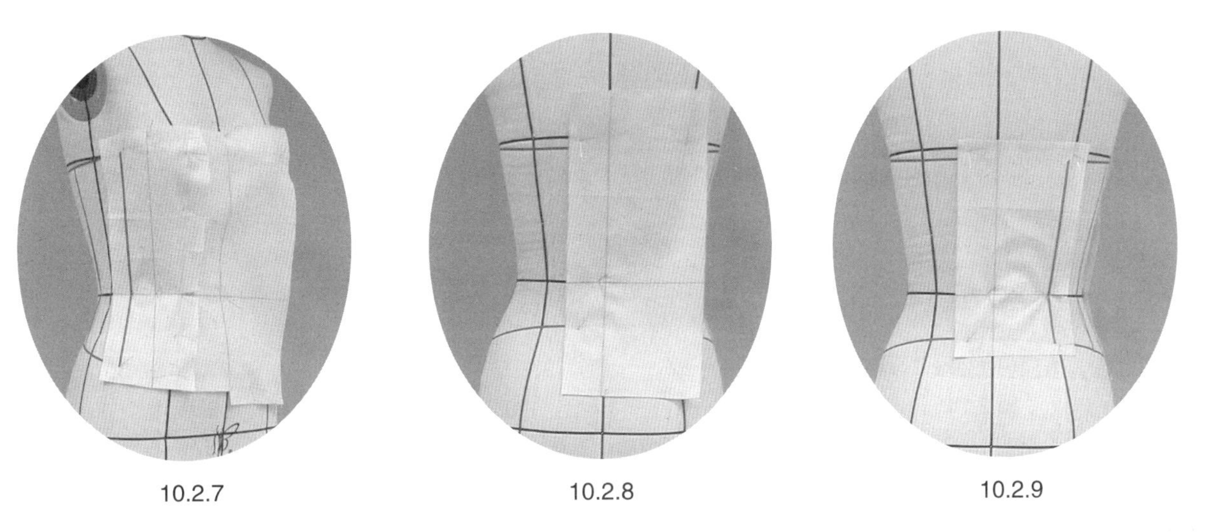

10.2.7　　10.2.8　　10.2.9

10.2.7～10.2.11　同理，依次进行后中片、后侧片的操作以及侧片的操作。

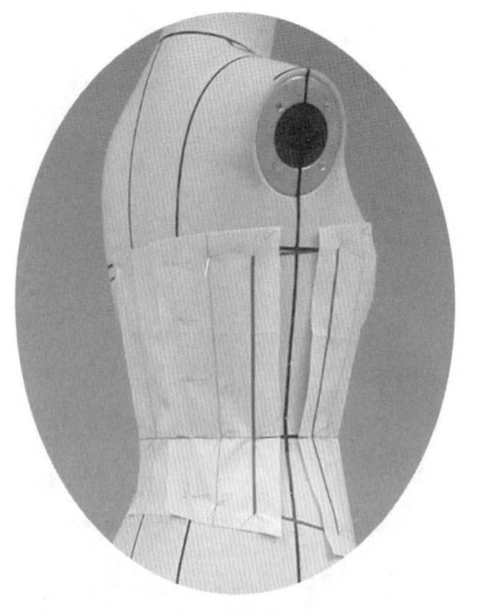

10.2.10

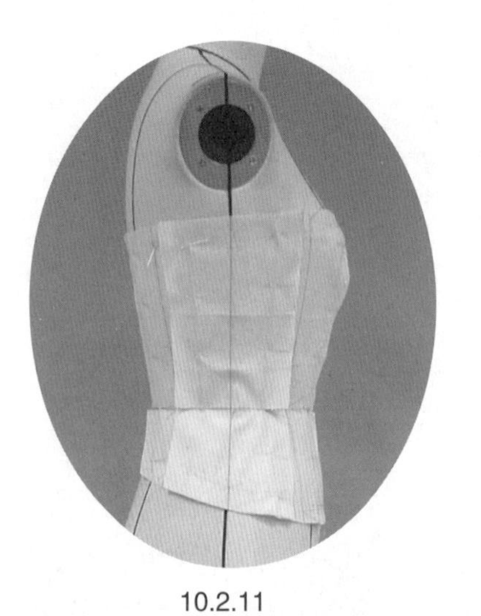

10.2.11

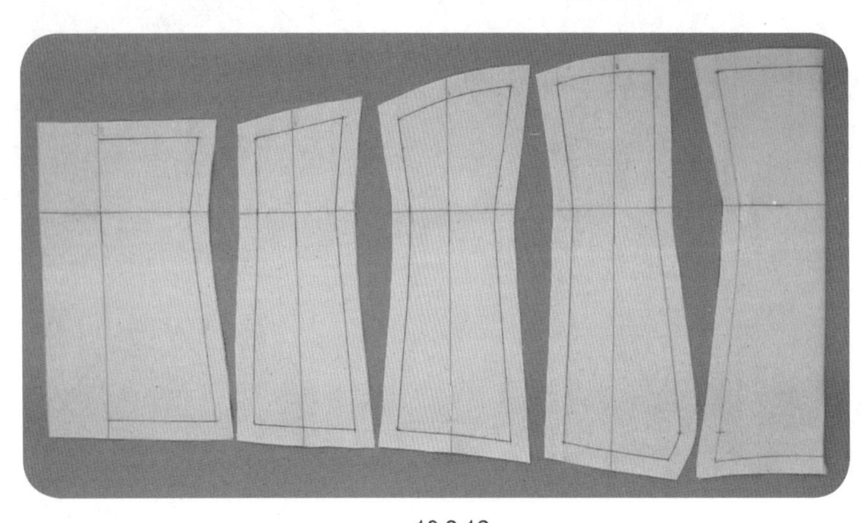

10.2.12

10.2.12　进行胸衣样片的标点描线、平面整理。

10.2.13

10.2.13　取大小适量的布，在上面缉缝规则的塔克，备用。

10.2.14

10.2.14　将前侧片以及后侧片样片拓印为塔克装饰样片。

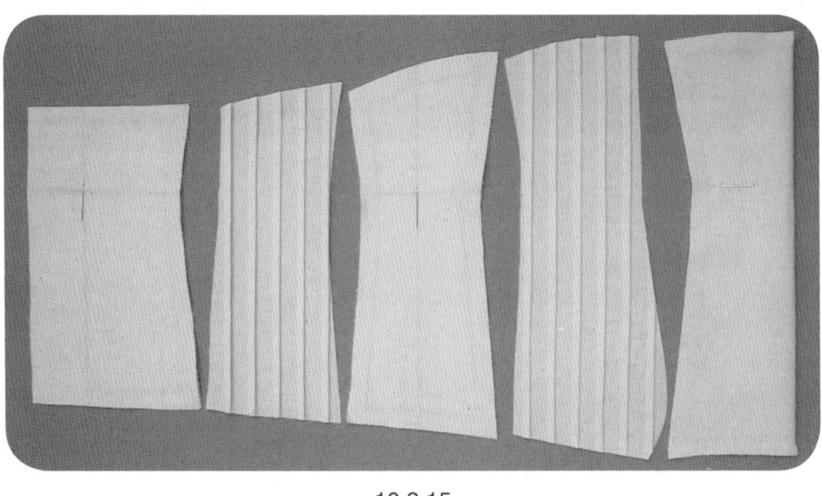

10.2.15

10.2.15　完成面布、里布样片的裁剪。

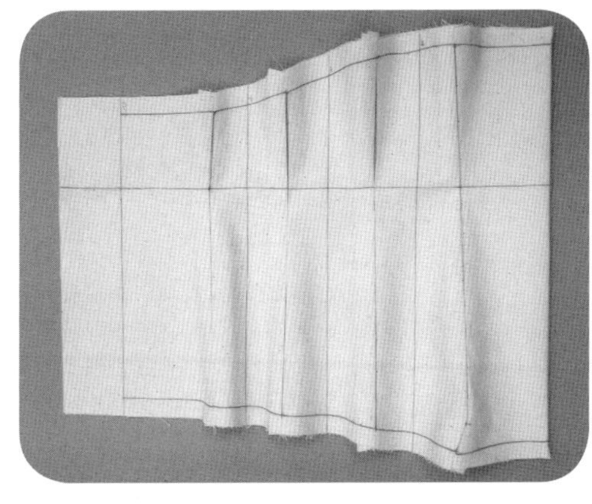

10.2.16

10.2.16　缝合样片。面布分割缝处用骑缝缝型，形成穿鱼骨的通道，在适当高度缉压缝止口。

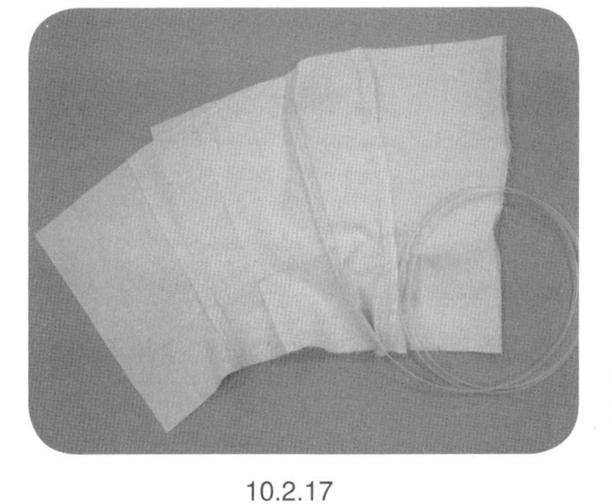

10.2.17

10.2.17　沿面布分割线骑缝通道，并穿入鱼骨。

10.2.18

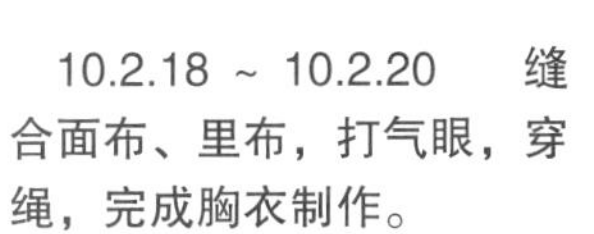

10.2.18 ~ 10.2.20　缝合面布、里布，打气眼，穿绳，完成胸衣制作。

10.2.19

10.2.20

10.3 婚礼服1——鱼尾曳地婚礼服

● 款式分析（图10.3.1）

设计重点：纵向分割形成鱼尾造型；长拖尾烘托出隆重感；弧线露背显得高雅、性感；为经典婚纱代表作之一。

衣身廓形：X形；鱼尾型。

结构要素：

里布——纵向分割线；

垫布——纵向分割线、斜向分割线；

面布——纵向分割线、斜向分割线、横向衣褶。

细节设计：后中心装拉链。

松量设计：胸围松量0.5~1cm；腰围松量2~3cm；臀围松量3~4cm。

图10.3.1　款式插图

● 坯布准备（图10.3.2）

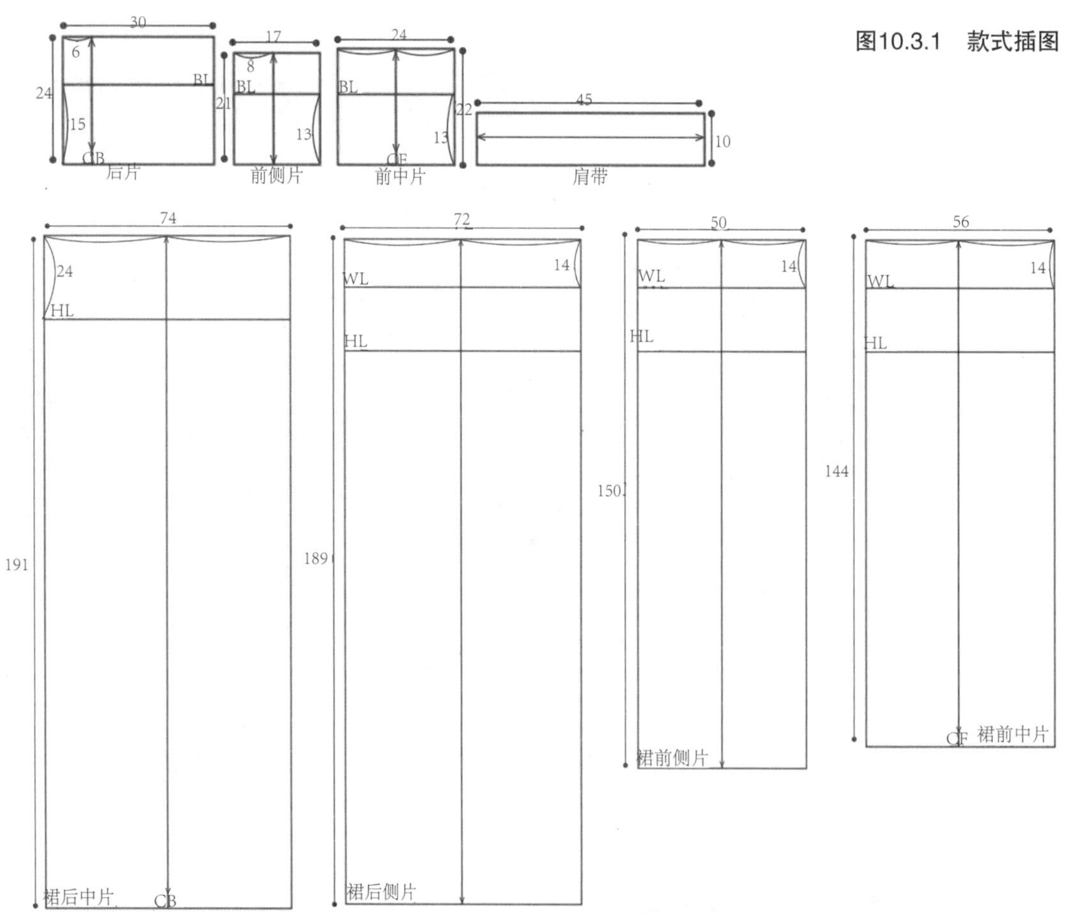

图10.3.2　坯布准备图（单位：cm）

操作步骤

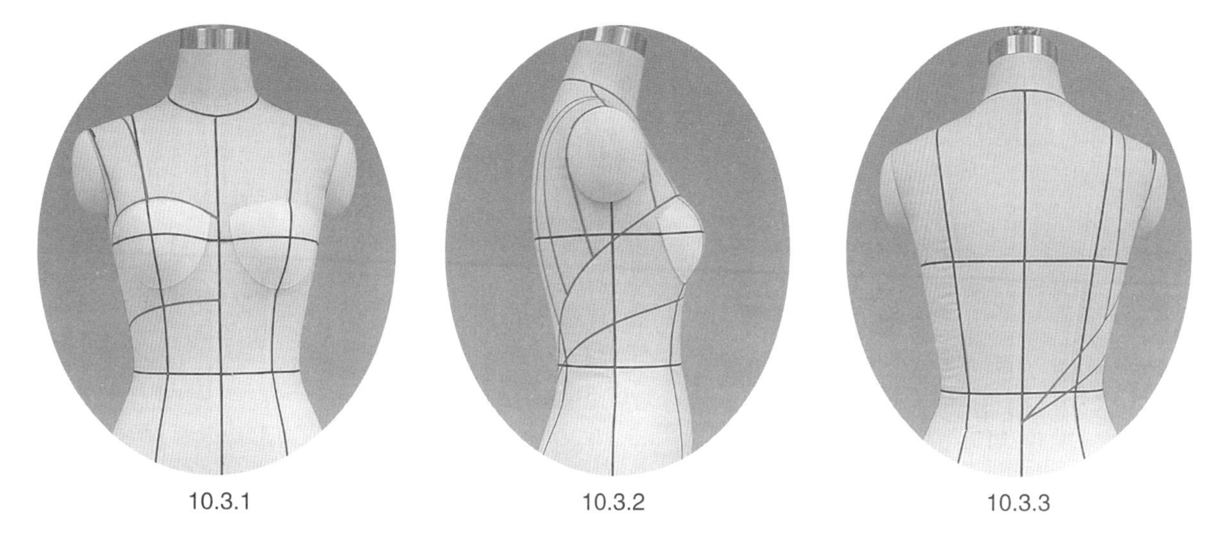

10.3.1　　10.3.2　　10.3.3

10.3.1 ~ 10.3.3　装置胸垫，贴置款式造型线，注意弧线的弧度美感。

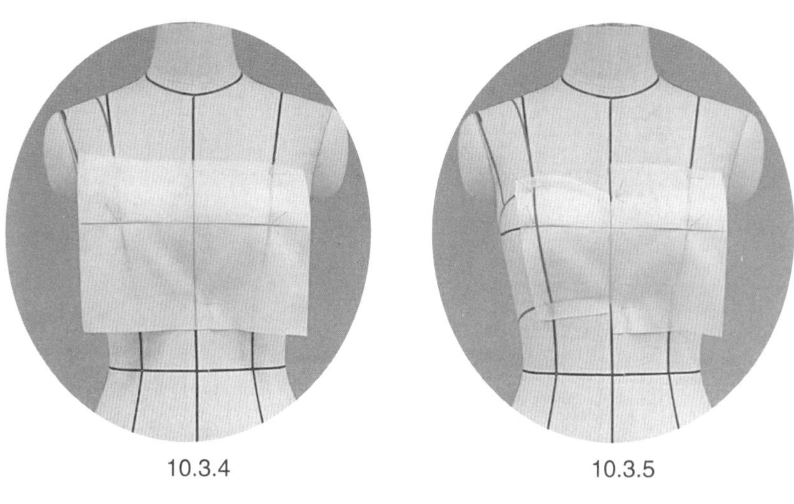

10.3.4　　10.3.5

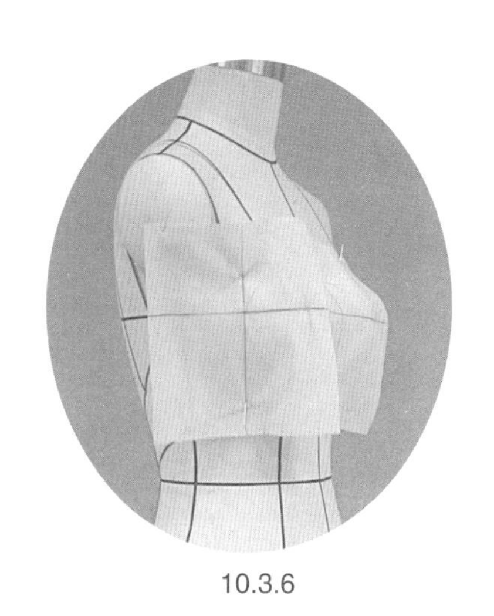

10.3.6

10.3.4、10.3.5　上衣前中片的操作。注意领口的伏贴和高腰围线处的小小松量。

10.3.6、10.3.7　上衣前侧片的操作。注意保证布纹的横平竖直，上口的伏贴分割线可采用平叠针法或者抓合针法。

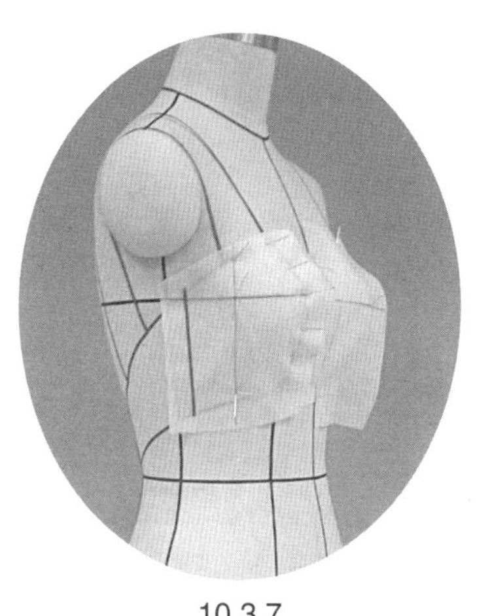

10.3.7

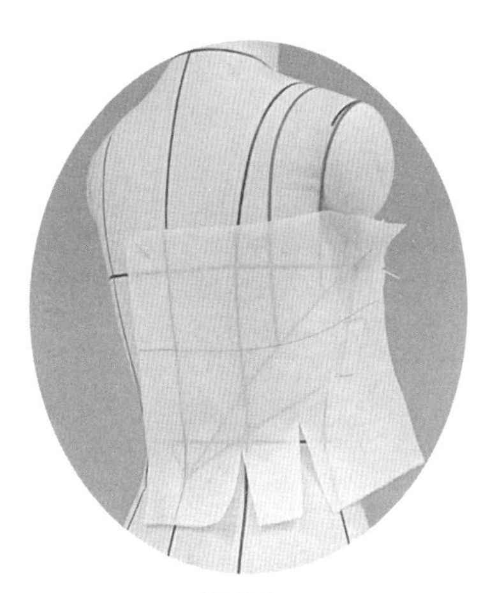

10.3.8

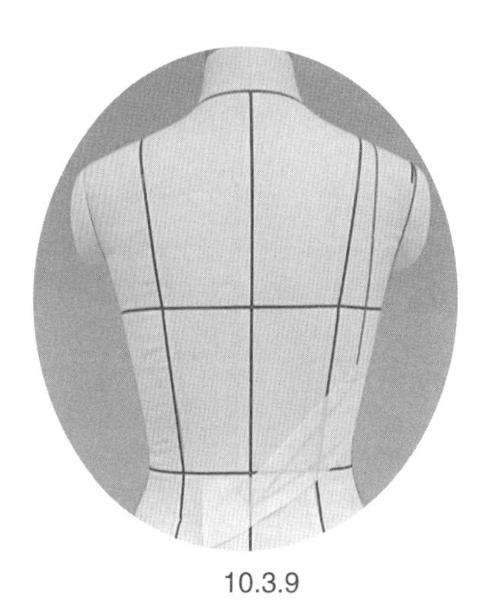

10.3.9

10.3.8 ~ 10.3.10　上衣后片的操作。低露背设计。剪刀口并抚平，修剪多余量用布，用平叠针法将侧缝与前片别合。注意侧缝位置设置为适当前偏。

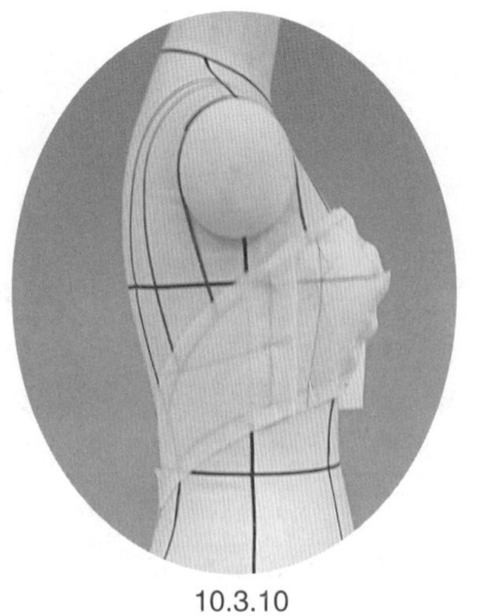
10.3.10

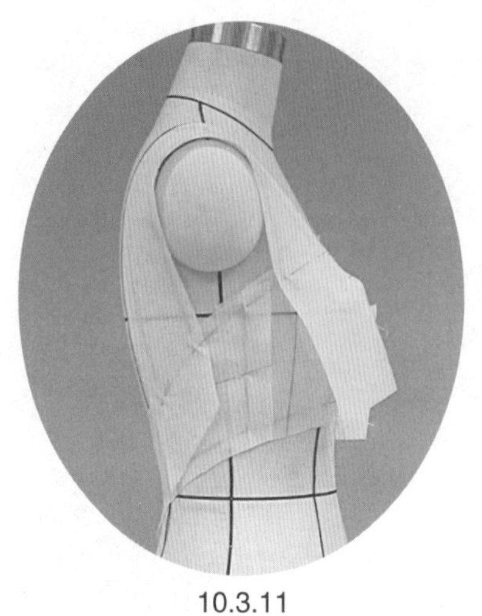
10.3.11

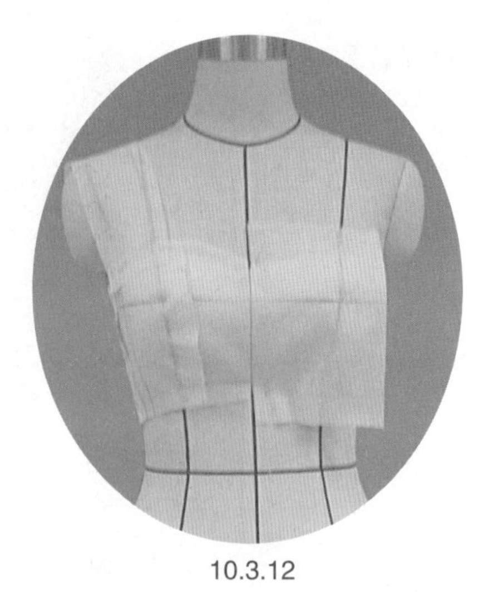
10.3.12

10.3.11 ~ 10.3.13 肩带的操作。注意肩带的受力部位，合理剪裁，完成修剪。

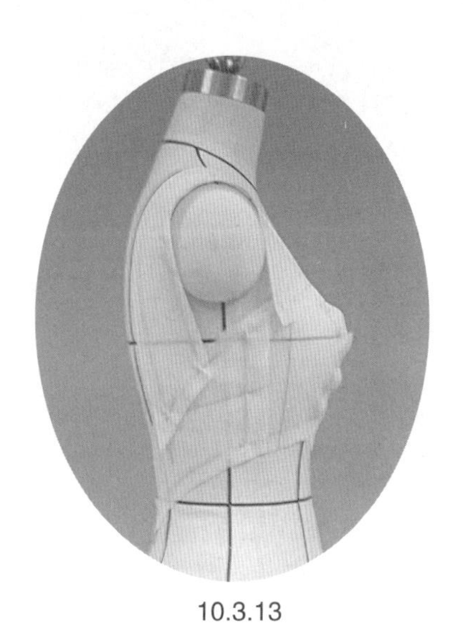
10.3.13

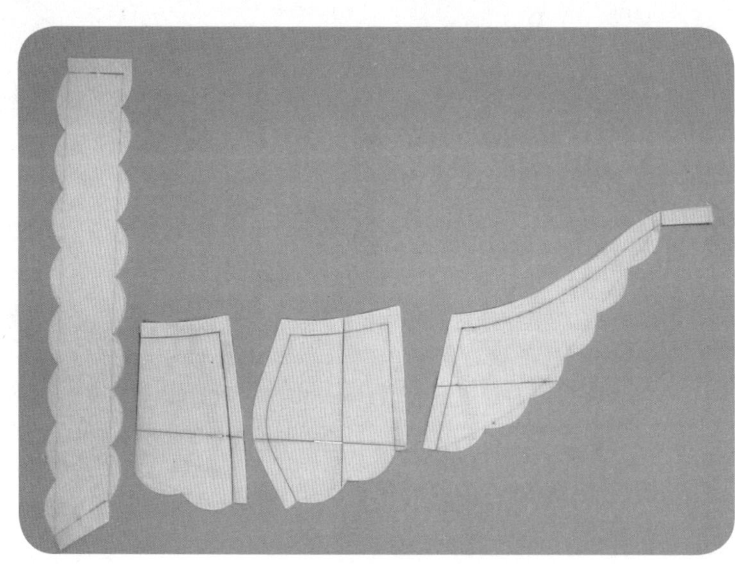
10.3.14

10.3.14 进行上衣样片的标点描线，修剪出蕾丝花边造型，进行平面整理，拓印对称片。

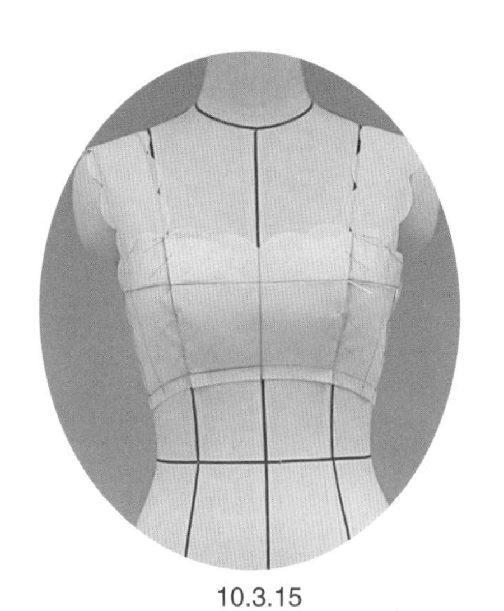
10.3.15

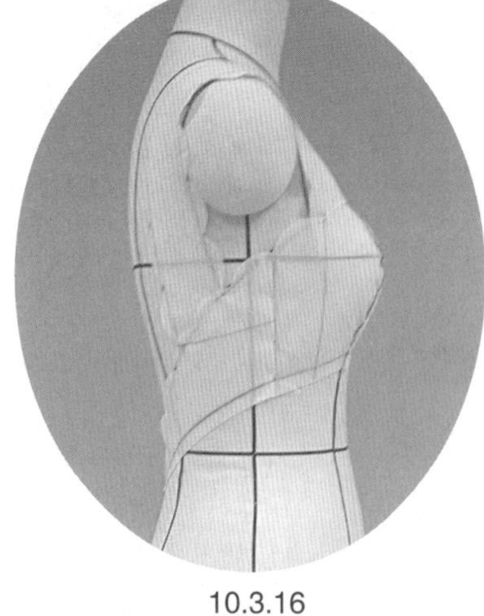
10.3.16

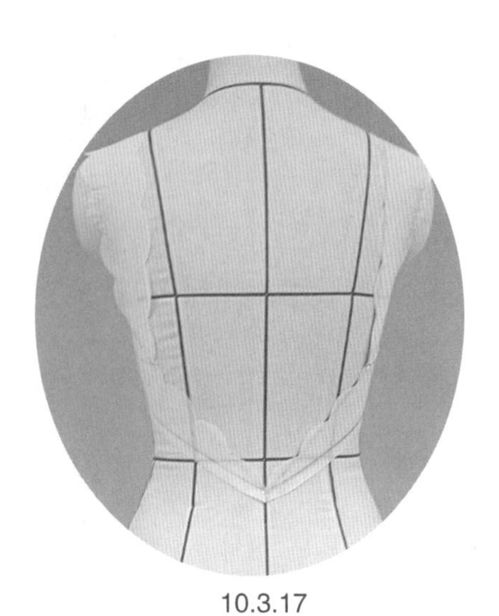
10.3.17

10.3.15 ~ 10.3.17 进行上衣的试样补正、造型确认。

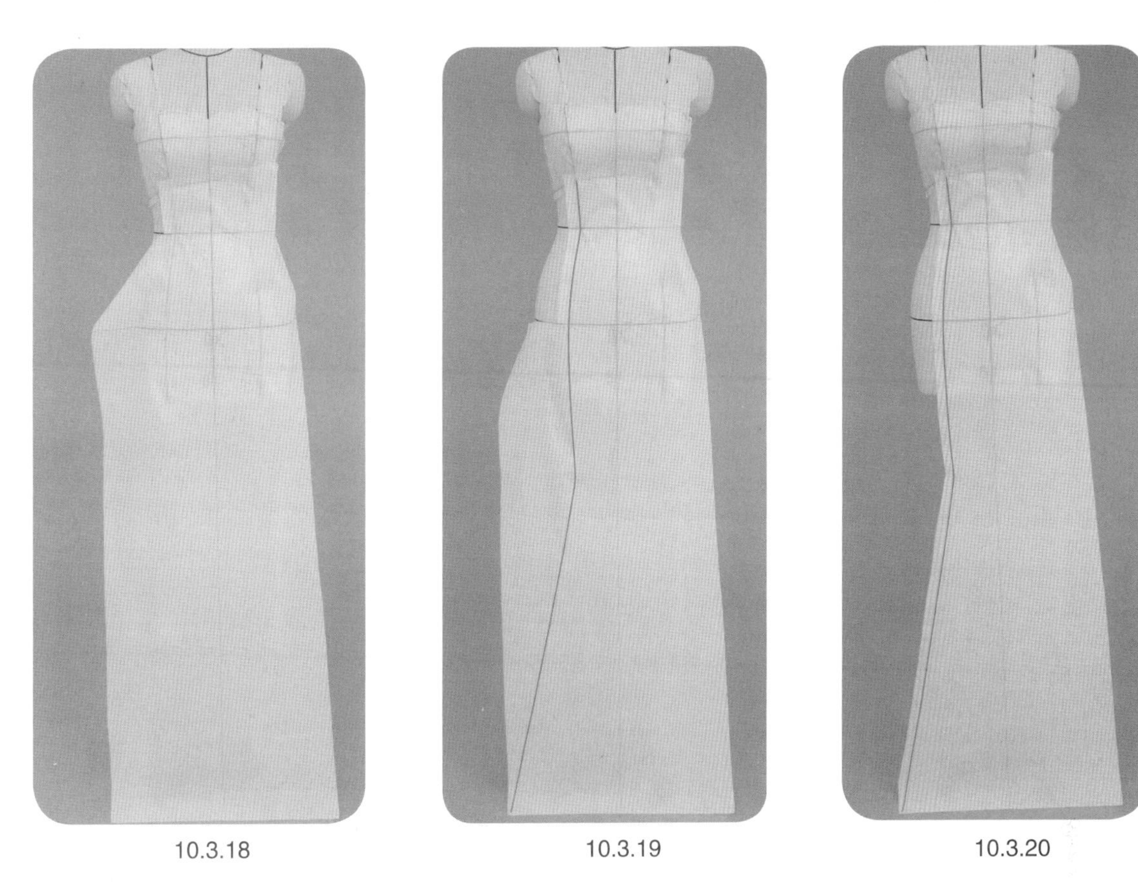

10.3.18　　10.3.19　　10.3.20

10.3.18 ~ 10.3.20　裙身为全连的纵向分割鱼尾造型。分割线从上至下分为高腰至腰围线、腰围线至臀线、臀线至鱼尾转折线、鱼尾转折线至下摆的分段操作。

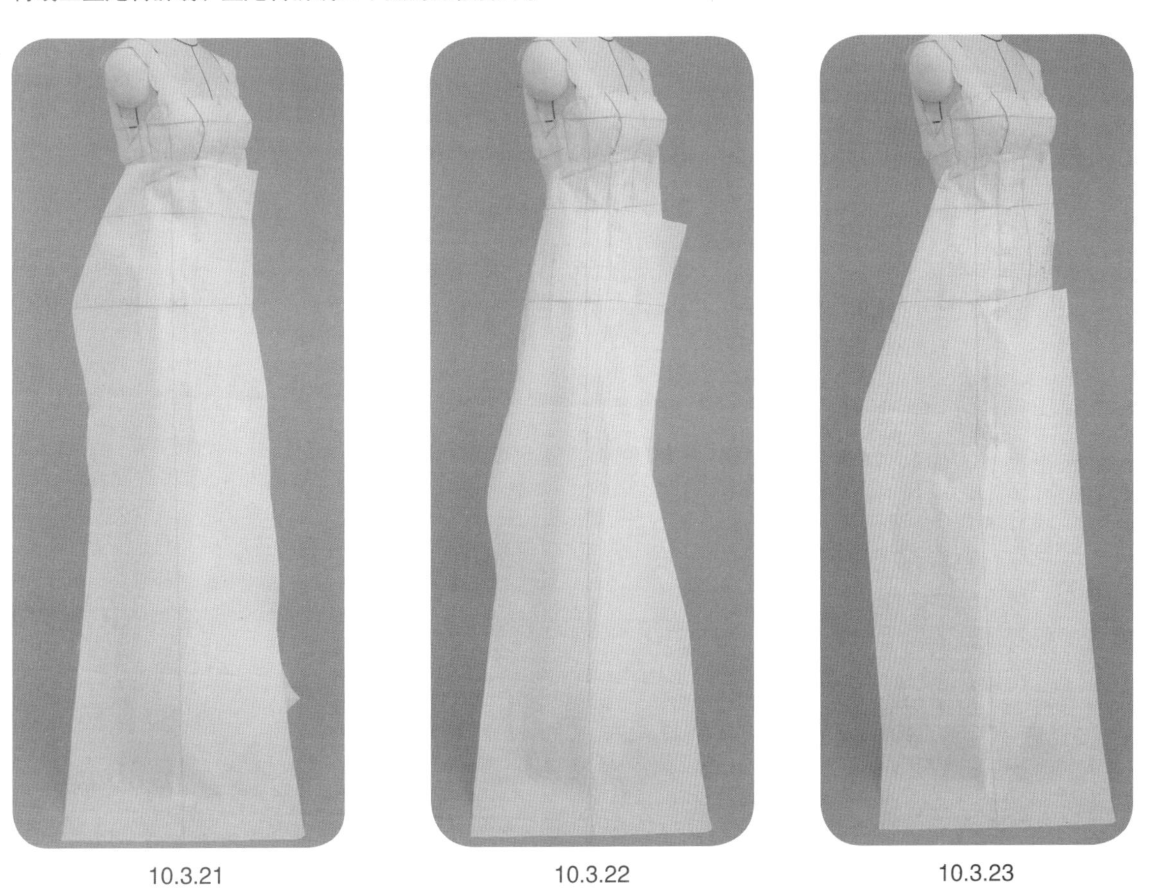

10.3.21　　10.3.22　　10.3.23

10.3.21 ~ 10.3.24　侧片的操作要点为保持纵向中心布纹线的竖直，平衡分配各段造型量于前侧分割线以及侧缝分割线。

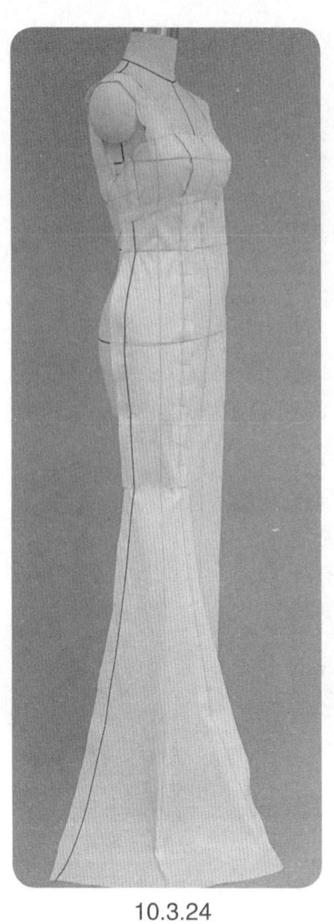

10.3.24

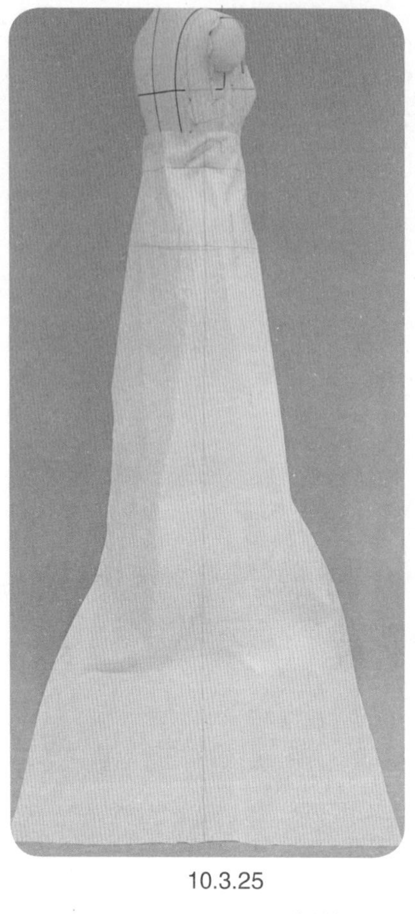

10.3.25

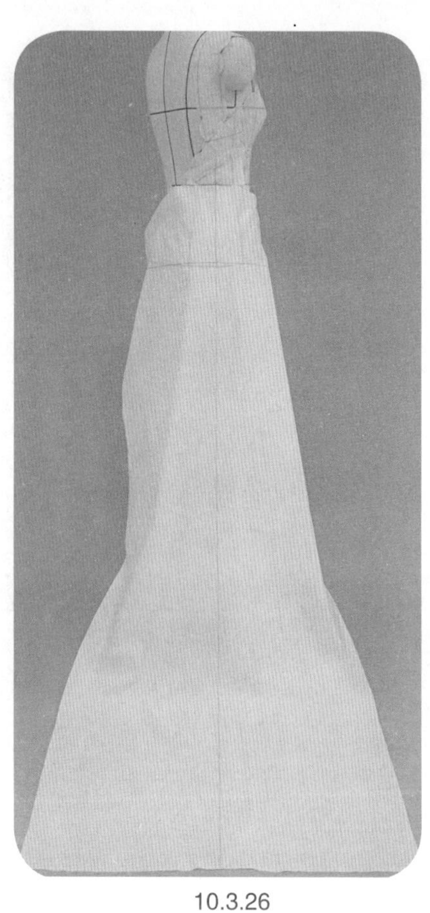

10.3.26

10.3.25 ~ 10.3.27　后侧片的操作。注意拖尾波浪量较大且底摆拖长的圆弧造型。

10.3.27

10.3.28

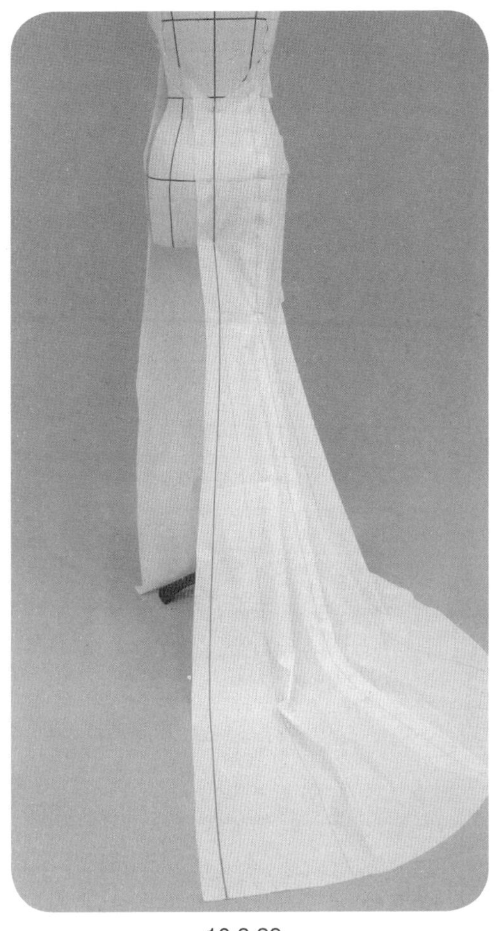
10.3.29

10.3.30

10.3.28 、10.3.29 同理操作后中片。

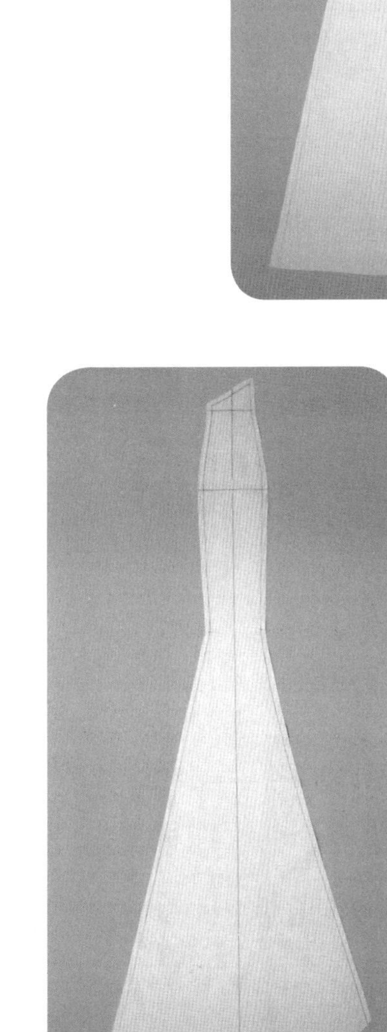
10.3.31

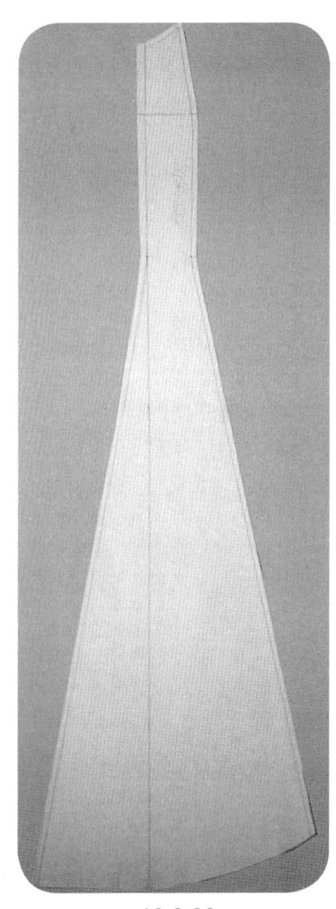
10.3.32

10.3.30 ~ 10.3.32 进行裙片的标点描线和平面整理，拓印对称片。

10.3.33

10.3.34

10.3.33 ~ 10.3.35　进行裙片的试样补正、造型确认。

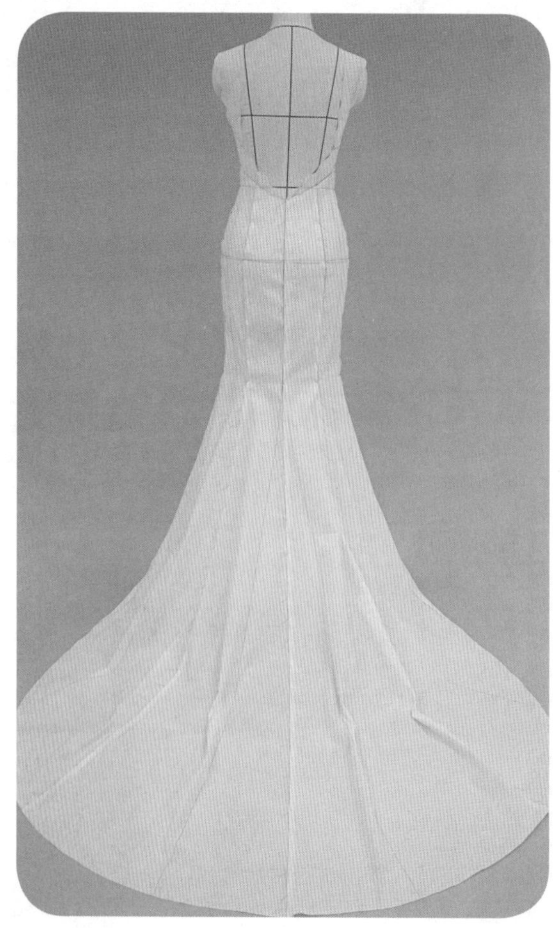

10.3.35

● 样片描图（图10.3.3）

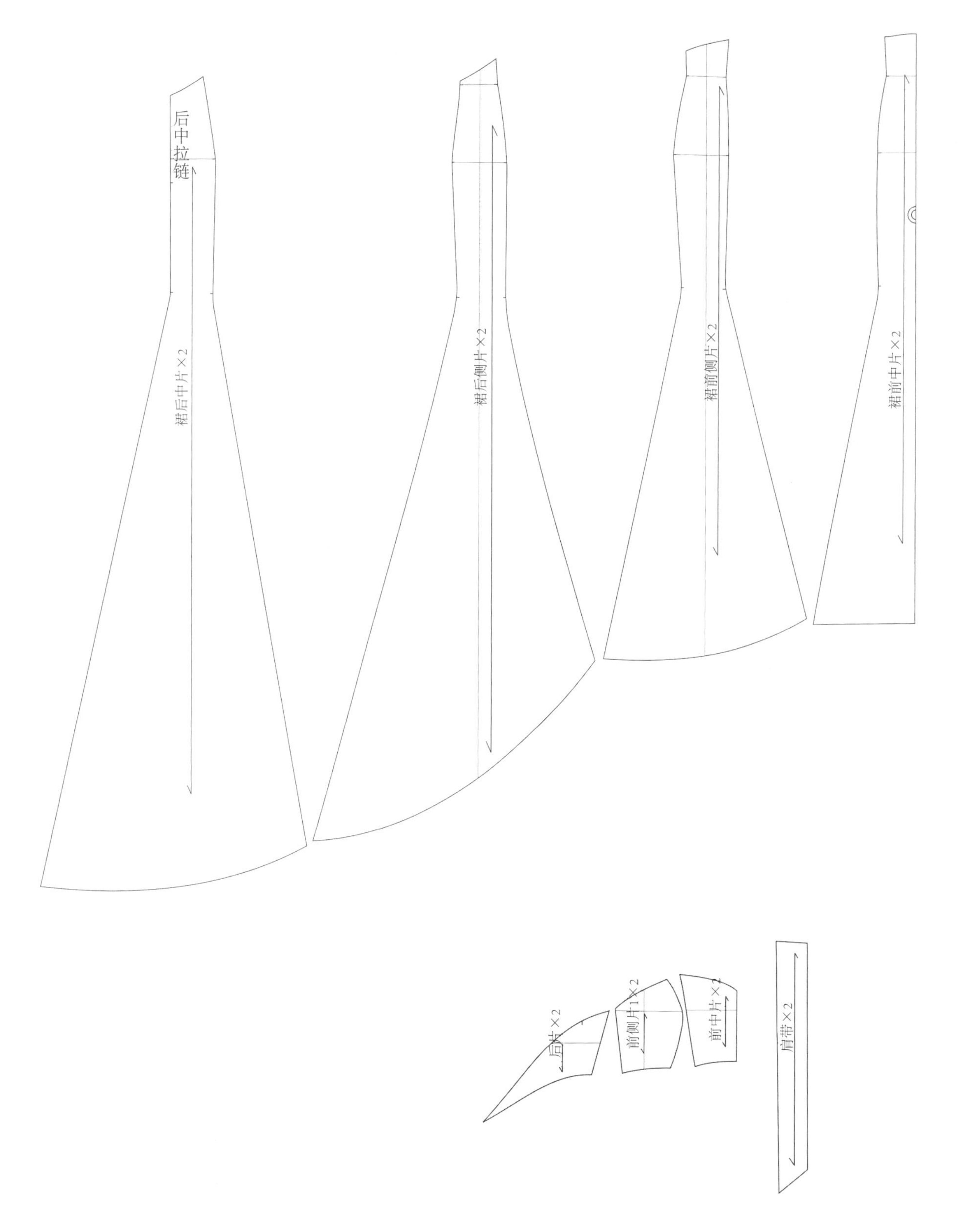

图10.3.3 样片描图

10.4 婚礼服2——鱼骨裙撑曳地婚礼服

图10.4.1 款式插图

● 款式分析（图10.4.1）

设计重点：公主婚礼服经典款之一。低胸线、落肩袖，无法承担服装的重量，因此上衣的纵向分割线处会串撑鱼骨片支撑。蓬大的裙摆需要裙撑支撑。裙撑造型需与裙外廓形一致。

衣身廓形：X形；断腰型。

结构要素：

上衣——纵向分割线；

裙子——衣裥+波浪。

细节设计：后中心装拉链。

松量设计：胸围松量0.5~1cm；腰围松量2~3cm。

● 坯布准备（图10.4.2）

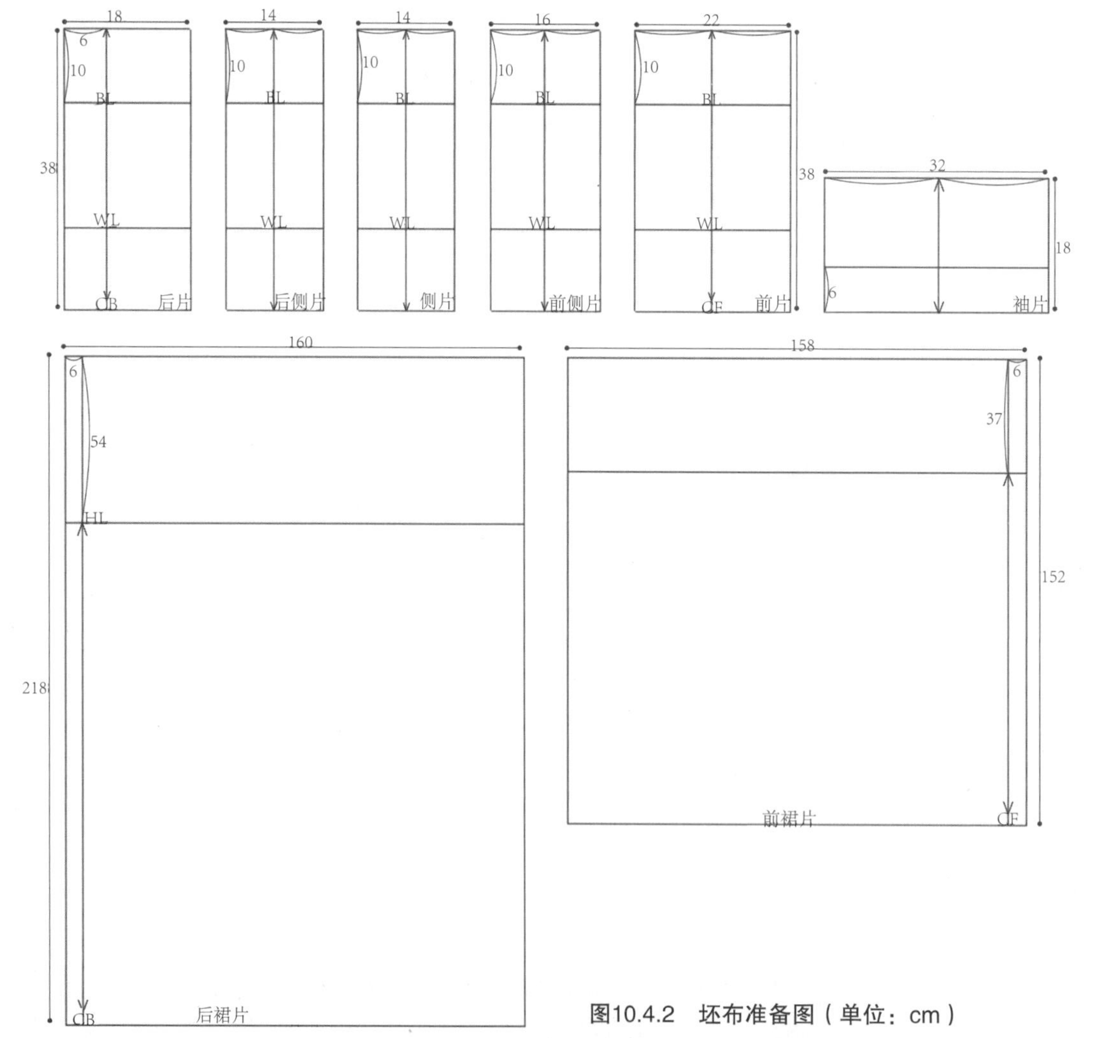

图10.4.2 坯布准备图（单位：cm）

● 操作步骤

10.4.1

10.4.2

10.4.3

10.4.4

10.4.5

10.4.6

10.4.1 ~ 10.4.10 把裙撑穿着于人台上，贴置款式造型线。首先进行上衣里布的操作。注意分割线的位置设计，由于上衣分割线处串撑鱼骨，所以为穿得贴身、舒适，采用五面构成形式。各片的操作依次进行，要保证布纹线的横平竖直，平衡分配曲面量于各分割线之内。

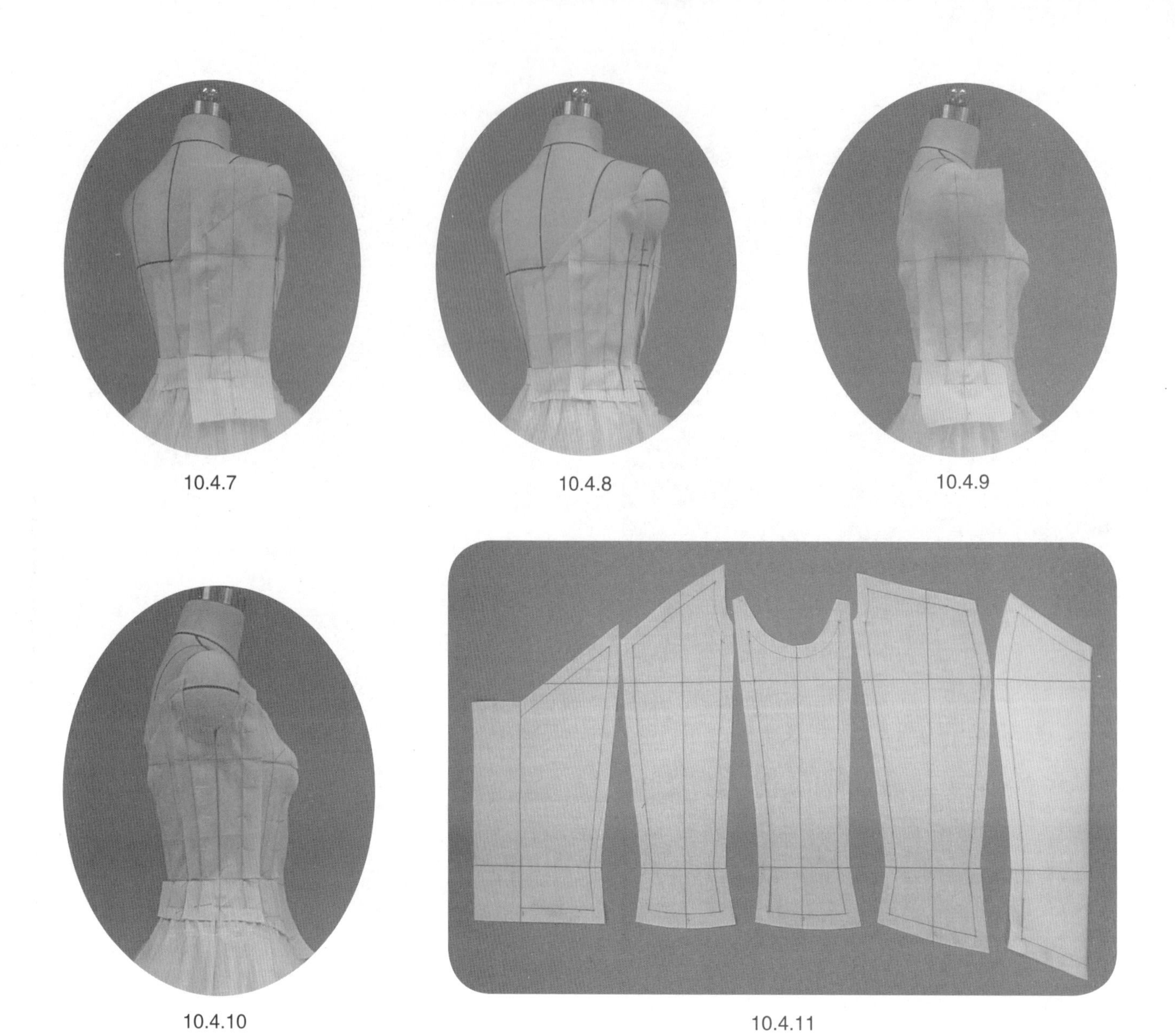

10.4.7　10.4.8　10.4.9

10.4.10　10.4.11

10.4.11　进行里布样片的标点描线和平面整理，拓印对称片。

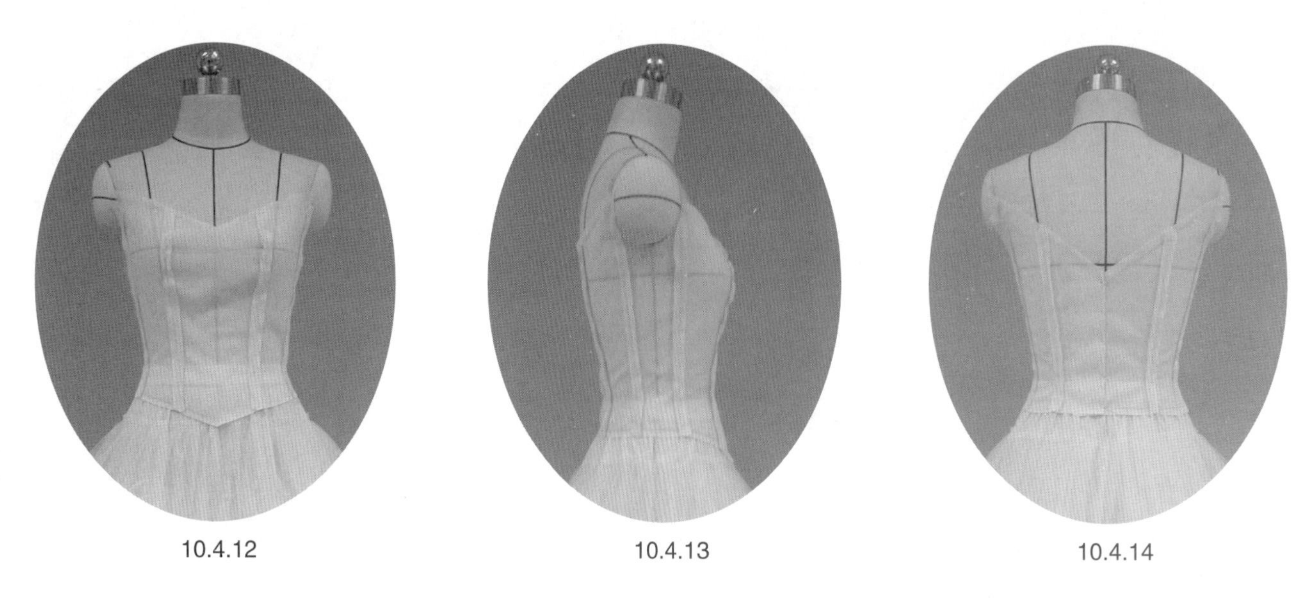

10.4.12　10.4.13　10.4.14

10.4.12 ~ 10.4.14　进行里布上衣的试样补正、造型确认。

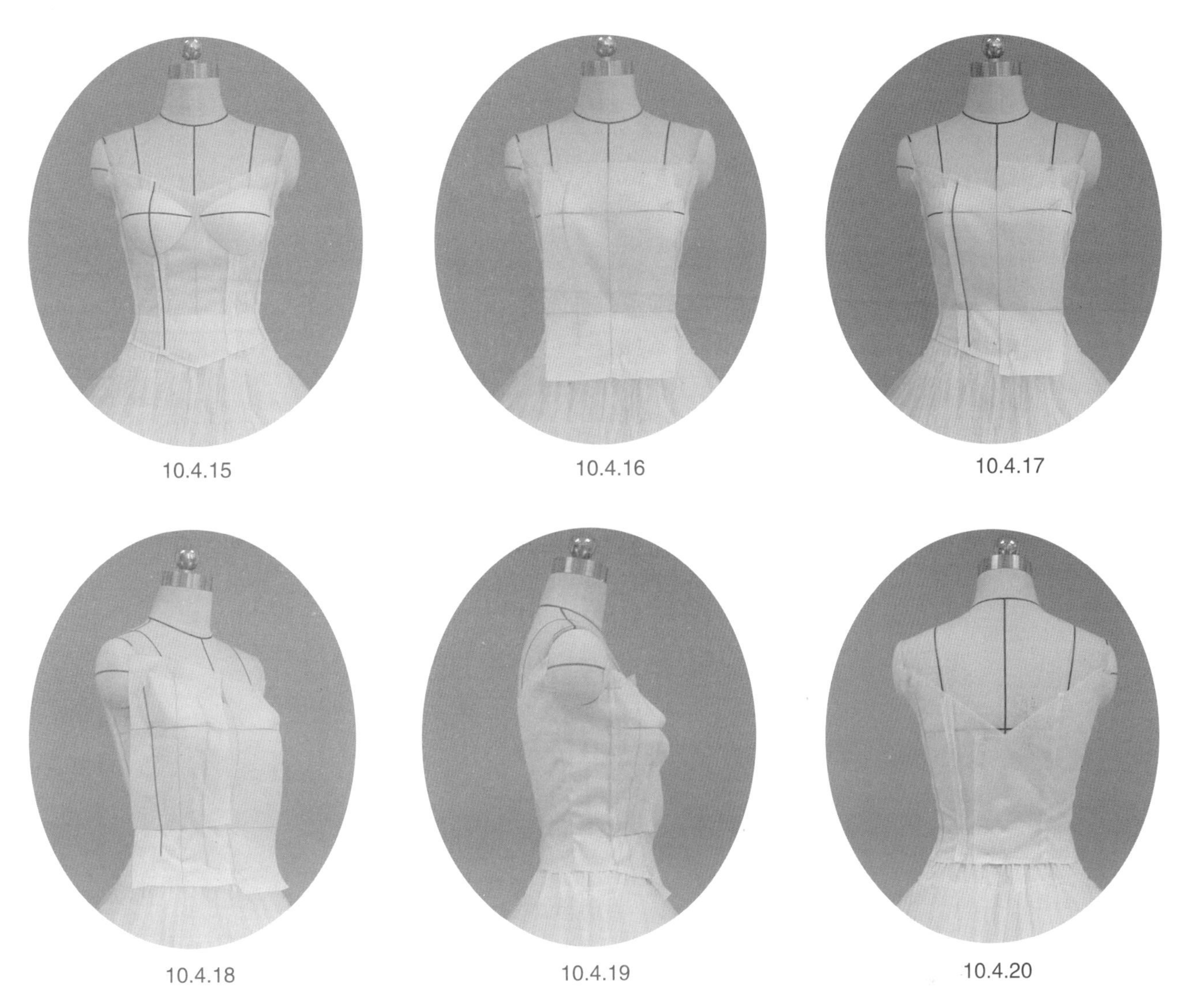
10.4.15　10.4.16　10.4.17
10.4.18　10.4.19　10.4.20

10.4.15 ~ 10.4.21　里布与面布样板的差异为胸垫厚度，可在完成里布造型后装置胸垫。进行面布操作。操作要点同里布，只是胸部曲面程度更大，分割线曲度也更大。

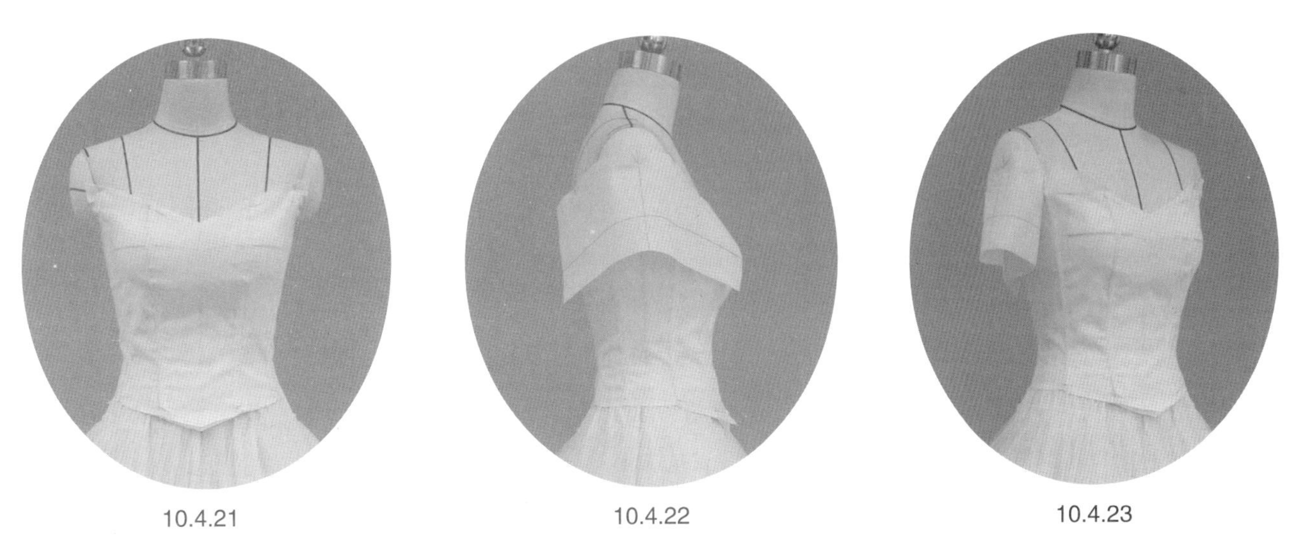
10.4.21　10.4.22　10.4.23

10.4.22 、10.4.23　半袖的操作。保持纵向布纹中线的上下斜度和前后斜度，弥合袖窿弧线，操作衣袖。

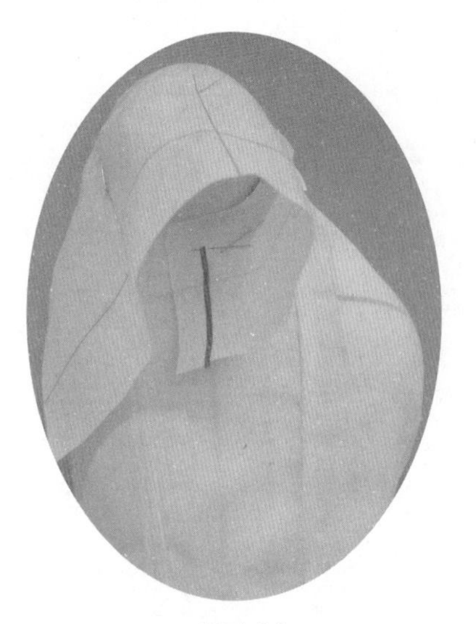

10.4.24

10.4.25

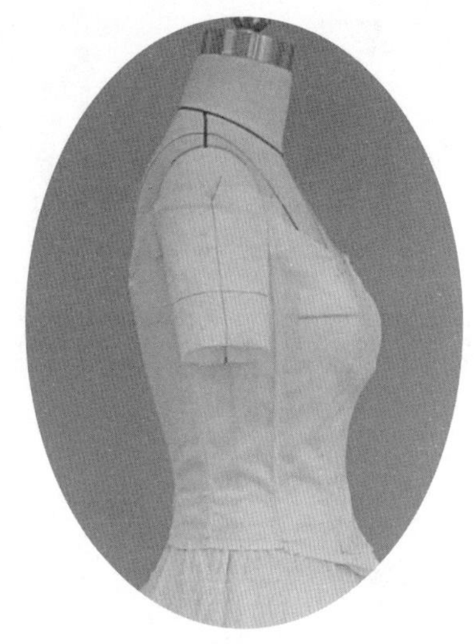

10.4.26

10.4.24　在衣袖用布于胸宽点位置剪刀口。翻转用布，形成袖管状形态。提拉用布，调整袖口大小。别合袖窿底弧线。

10.4.25 ～ 10.4.29　同理操作后袖片，确定袖上口和袖口弧线，完成衣袖造型。

10.4.27

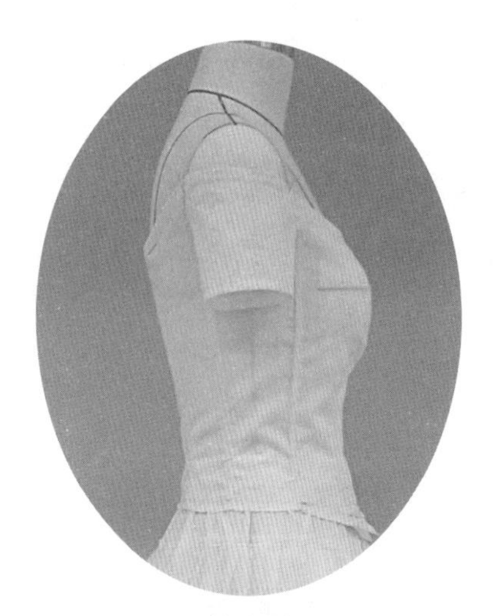

10.4.28

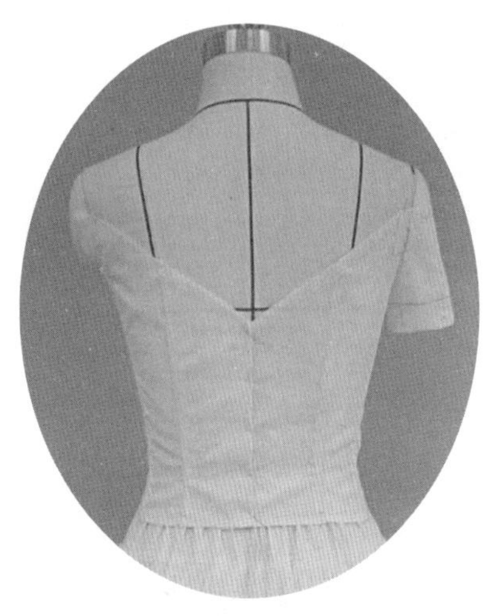

10.4.29

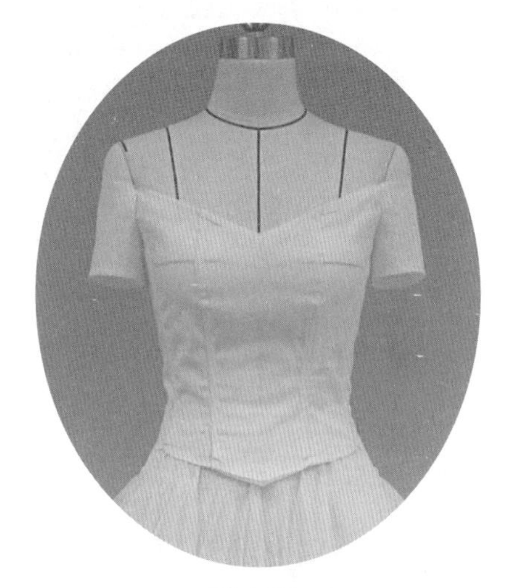

10.4.30

10.4.30　进行衣袖的标点描线、平面整理，拓印出对称片，将衣袖别于衣身上，进行试样补正。

10.4.31　　10.4.32

10.4.33　　10.4.34

10.4.31 ～ 10.4.35　裙造型为衣裥加波浪造型。于腰围线处，边设置衣裥边旋转用布，追加下摆波浪量，使每一个衣裥中都包含波浪量，形成蓬大的裙身造型。

10.4.35

10.4.36

10.4.37

10.4.38

10.4.36 ~ 10.4.38 精心修剪后裙片的长拖尾圆摆造型，完成裙片操作。

10.4.39 ~ 10.4.41 进行裙片的标点连线、平面整理，然后拓印出对称片。进行整体造型确认，完成造型。

10.4.39

10.4.40

10.4.41

● 样片描图（图10.4.3）

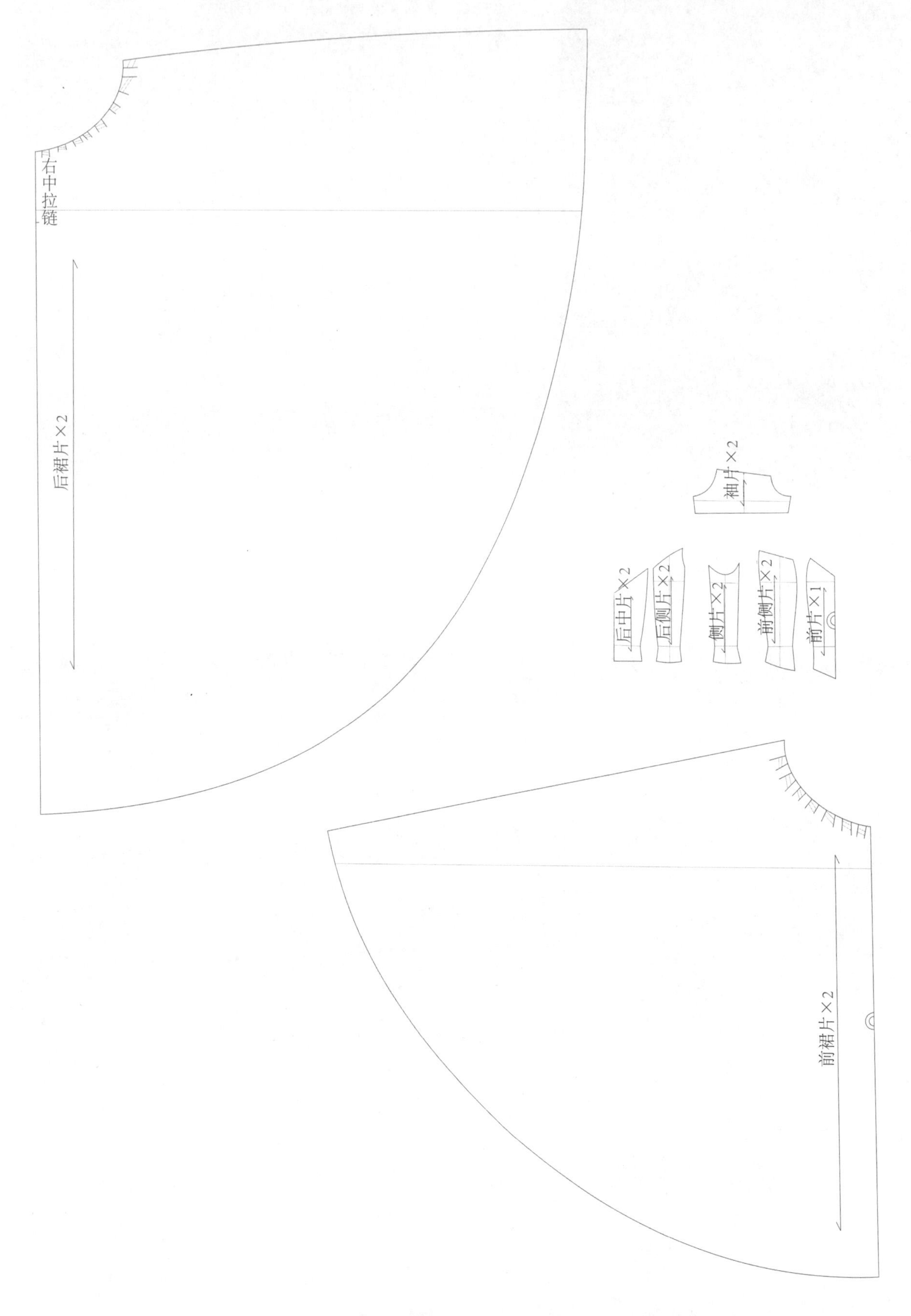

图10.4.3　样片描图

附录：《服装立体裁剪（上篇）》款式体系指引

说明：款式体系中如3.1，则表示第3章中3.1节中的款式；以此类推。

● 衣身体系

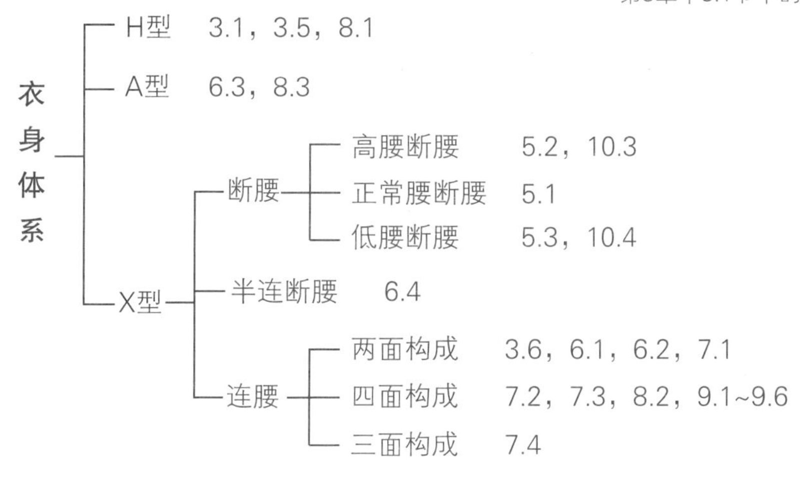

● 衣领体系

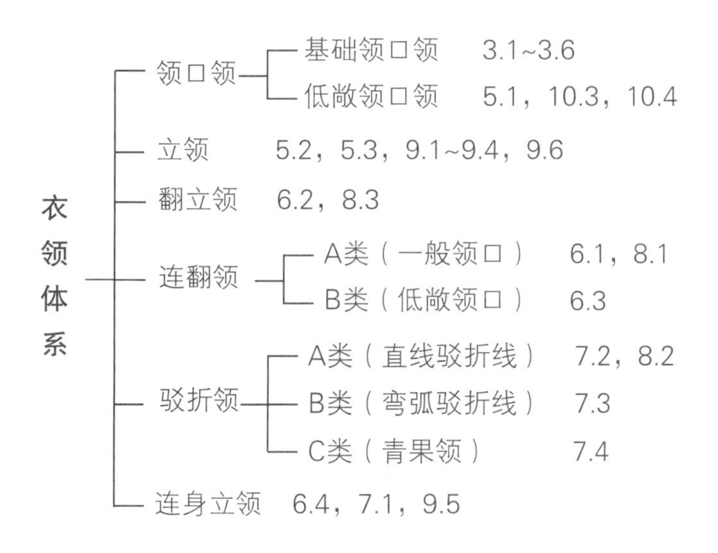

● 衣袖体系

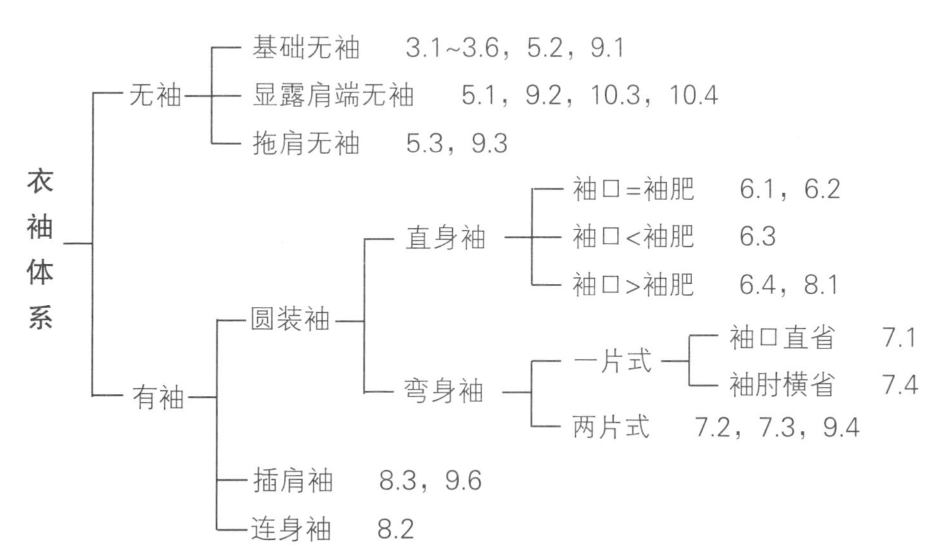

图书在版编目 (CIP) 数据

服装立体裁剪. 上篇, 原型•裙•衬衣•外套•大衣•旗袍•婚纱 / 刘咏梅著. -- 上海 : 东华大学出版社, 2023.2
ISBN 978-7-5669-2178-9

Ⅰ. ①服… Ⅱ. ①刘… Ⅲ. ①立体裁剪—高等学校—教材 Ⅳ. ① TS941.631

中国国家版本馆 CIP 数据核字 (2023) 第 015283 号

责任编辑：谭　英
封面设计：蒋雪静

服装立体裁剪（上篇）：原型・裙・衬衣・外套・大衣・旗袍・婚纱
Fuzhuang Liti Caijian

刘咏梅　著
东华大学出版社出版
上海市延安西路 1882 号
邮政编码：200051 电话：（021）62193056
出版社网址　http://www.dhupress.net
天猫旗舰店　http://www.dhdx.tmall.com
印刷：上海万卷印刷股份有限公司
开本：889 mm×1194 mm　1/16　　印张：20　　字数：704 千字
2023 年 06 月第 1 版　　2024 年 08 月第 2 次印刷
ISBN 978-7-5669-2178-9
定价：69.00 元